高等学校教学用书

工程制图及计算机绘图

（第二版）

施岳定　主　编
黄长林　崔培英　副主编

浙江大學出版社

内 容 简 介

本书依据普通高校工程制图教学基本要求和成人高校工程制图教学基本要求，以及工科学生计算机绘图基本能力培养要求而编写。

本书主要内容有：正投影法基础、截切体与相贯体、组合体、机件形状表达方法、零件图、装配图、计算机交互绘图系统、二维图形的计算机绘制、三维图形的计算机绘制、展开图和焊接图等。

本书满足教学改革和更新内容的需要，具有掌握概念、强化应用的特点。适合各类普通高校和成人高校非机械非土建类本、专科各专业学生使用。

图书在版编目（CIP）数据

工程制图及计算机绘图／施岳定主编．—2 版．—杭州：浙江大学出版社，2001.8(2019.6 重印)
ISBN 978-7-308-02795-3

Ⅰ.工…　Ⅱ.施…　Ⅲ.①工程制图②自动绘图—图形软件，AutoCAD 2000　Ⅳ.TB23

中国版本图书馆 CIP 数据核字（2001）第 054497 号

工程制图及计算机绘图
施岳定　主编

责任编辑　王　波
出版发行　浙江大学出版社
（杭州市天目山路 148 号　邮政编码 310007）
（网址：http://www.zjupress.com）
排　　版　杭州中大图文设计有限公司
印　　刷　浙江省良渚印刷厂
开　　本　787mm×1092mm　1/16
印　　张　22
字　　数　563 千
版 印 次　2001 年 8 月第 2 版　2019 年 6 月第 14 次印刷
印　　数　29501—30500
书　　号　ISBN 978-7-308-02795-3
定　　价　28.00 元

第二版前言

本书自第一版出版以来，以其突出重点，精选内容，在体系和内容的编排上具有启发性和实用性等特点，受到兄弟院校师生和广大读者的欢迎，被许多院校采用作为教材，已连续印刷多次。本书既可作为工程制图及计算机绘图课程的教材，也可单独作为工程制图课程或计算机绘图课程的教材。随着教学改革的深入和新的制图国家标准的陆续发布，现对部分内容作了适当扩充和修订，但仍保持了第一版的内容体系的主要特点。

1. 教材中凡与新的国家标准有关的内容，全部采用新的国家标准。

2. 为了加强投影基础训练，在点、直线、平面的投影分析中增加了直线与平面、平面与平面相对位置的投影分析和作图方法。

3. 更新了计算机绘图部分内容，除了计算机绘图基本知识外，着重介绍了 AutoCAD 2000 的基本功能和常用操作，并配有较多练习图例，以满足计算机绘图基本能力培养的要求。

4. 对与教材相配套的习题集也作了适当调整和补充。

参加编写和修订的有(以章节先后为序)：施岳定(绪论，第一章第一、二、五、六节，第二章第三节，第四章，第七章，第八章，第十二章，第十三章、附录二、三、五)，黄长林(第一章第三、四节，第九章，第十章，第十一章)、崔培英(第二章第一、二、四节，第三章)、陈婕(第五章)、王之煦(第六章，附录一、四、六、七)。本书由施岳定任主编，黄长林、崔培英任副主编。

虽然我们希望并努力将本书修订成为一本适合于大多数学校应用、份量适当、利于教学和便于自学的教材，但难免存在不足之处，请使用本教材的师生和读者批评指正。

本书适用于普通高校、自考、远程教育、成人高校等各类高校非机械非土建类各专业。

编　者

2001 年春于求是园

前　言

本书根据国家教委1995年印发的工程制图教学基本要求和最近制定的成人高等教育工程制图教学基本要求,并充分考虑当前各类高校非机械非土建类本、专科各专业本课程教学改革的需要,以及工科学生应具备计算机绘图基本知识和基本操作能力的要求而编写的。本书适用于普通高校和各类成人高校(函授大学、夜大学、电视大学、职工大学等)非机械非土建类各专业,以及其他少学时专业,同时也可供在职人员计算机绘图培训使用。

本书是浙江大学国家工科基础课程工程制图教学基地系列教材之一。

本书既可作为工程制图及计算机绘图课程的教材,也可单独作为工程制图课程或计算机绘图课程的教材。

编写本书的指导思想是:立足于改革和创新。依据非机械类及较少学时专业的需要,重点放在投影制图基础以及读图能力的培养上。计算机绘图部分注重绘图操作能力的培养。力求联系实际,精选内容,加强应用,使教材的内容和体系具有科学性、启发性和实用性。同时,力求对学时不同、要求有别的不同专业都能适用。

本书具有以下特点:

1. 充分考虑各学校对课程教学改革的要求,更新部分内容,删繁就简,突出基本要求。

2. 在保证成人教育与普通高校"大体一致"的前提下,充分考虑了成人教育中"掌握概念、强化应用"的特点。

3. 采用了最近几年修订或制定的有关制图新标准。

4. 从"体"出发阐述正投影的基本规律,把空间几何元素的投影特性融合在立体的投影作图中,加强了体的投影分析,以加强应用能力的培养。

5. 在机件表达方法和机械图中,选用了较多实际图例,具有较强针对性和实用性,并配以大量立体图,有助于阐明问题和方便自学。每章后还附有思考题。

6. 满足了工科学生必须具备的计算机绘图基本能力培养的要求。

本书是在浙江大学工程及计算机图学教研室多次编写的《机

械制图》、《画法几何及工程制图》教材和多年来的教学实践基础上，吸收各校同行老师的成功经验，特别是本室许多老教授们的成功经验编写的。在编写过程中，王之煦、周广仁、杨纪生、谭建荣、陆国栋、徐慧萍等老师提出了许多宝贵意见。

参加本书编写的有(以章节先后为序)：施岳定(绪论，第一章第一、二、五、六节，第四章，第七章，第八章，第十二章，第十三章)、黄长林(第一章第三、四节，第九章，第十章，第十一章)、崔培英(第二章，第三章)、陈婕(第五章)、王之煦(第六章、附录)。本书由施岳定任主编。

本书虽经多次修改，但难免存在不足之处，恳请使用本教材的师生和读者批评指正。

编　者

1998 年秋于求是园

目　　录

绪　论

图样是随着人类历史和技术知识的发展而产生的。从事工程设计和技术工作的科学家、工程师和技师必须把自己脑海中的发明意图和设计思想用图样的形式表达出来，才能够与别人交流，使之变成现实的新产品，以不断提高人们衣、食、住、行的质量和增加新的内容，为人类创造一个更为舒适和理想的工作环境和生活空间。

在工程技术中，按一定的投影方法和有关规定绘制的用于工程技术设计、施工或产品制造的图样称为工程图样。工程图样是表达和交流技术思想的必备工具，是工程界的共同技术语言，也是工程技术部门的一项重要技术文件。因此，掌握这种工程语言，绘制和阅读工程图样是每一个从事工程设计和技术工作的工程技术人员都必须具备的基本能力。

本课程研究绘制和阅读工程图样的基本原理和方法，培养学生的形象思维能力，是一门既有系统理论又有较强实践性的技术基础课，其作用不仅在于培养学生的制图能力，而且在学生对三维形状与相关位置的空间思维能力和形象创造能力的培养上有着不可替代的作用。

当前在工业发达国家，工程图纸都是通过计算机来绘制的。我国的大型建筑设计院、能源电力勘测设计部门、机电行业中的大中型企业，现在也都纷纷甩掉图板，采用计算机绘图。可以预见，在不久的将来，计算机绘图将是主要的出图方式。这就要求未来的工程技术人员必须了解计算机绘图的基本原理，掌握计算机绘图的基本操作方法。

本课程主要包括投影制图基础、机械图和计算机绘图等部分。投影制图基础部分主要学习用正投影法表达空间几何形体的基本原理和方法，训练用仪器和徒手绘图的操作技能，培养绘制和阅读投影图的基本能力，学习机件的各种表达方法以及标注尺寸的基本方法等。机械图部分主要培养绘制和阅读常见机器或部件的零件图和装配图的基本方法，并以培养读图能力为主。计算机绘图部分主要学习计算机绘图的基本原理和熟悉计算机绘图支撑系统软件(本书选用了 AutoCAD 软件)的操作流程。

本课程的主要任务是：

1. 学习正投影法的基本原理及其应用。
2. 培养绘制和阅读机械图样的基本能力。
3. 培养对三维形状与相关位置的空间逻辑思维能力和形象思维能力。
4. 培养计算机绘图的基本能力。

在学习中，应坚持理论联系实际。在认真学习投影原理、理解基本概念的基础上，由浅入深地通过一系列的绘图和读图实践，不断地由物画图，由图想物，分析和想象空间形体与图纸上图形之间的对应关系，逐步提高投影作图能力、形体表达能力和空间思维能力。通过完成与本教材配套的习题集相关作业来培养绘图和读图能力；通过上机操作，培养计算机绘图的基本能力。

熟悉和遵守有关制图的国家标准，懂得查阅附录中的标准和有关资料。

由于图样在生产中起着很重要的作用，绘图和读图的差错都会给生产和工作带来损失，所以做作业时，还必须养成耐心细致的工作作风和严肃认真的工作态度。

本课程为学生的绘图和读图以及计算机绘图能力打下一定基础，在后继课程、工作实践中，还要注意学习和提高。

○第一章

制图的基本知识

本章要点 熟悉制图国家标准的一些基本规定和常用制图工具的用法；掌握图线的画法和几何图形的基本作图方法；熟悉尺寸标注的基本规定；了解计算机绘图的初步知识。

第一节 制图基本规定

在现代化的工业生产中，图样是主要的技术资料，为了便于生产和技术交流，对于图样的内容、格式、表达方法以及尺寸注法等都必须作出统一的规定。国家标准《技术制图》是技术基础标准，在内容上具有统一性和通用性，它涵盖了机械、电气、建筑、土木、水利等各技术行业。国家标准《机械制图》是我国颁布的一项重要技术标准。《技术制图》和《机械制图》国家标准统一规定了生产和设计部门应该共同遵守的画图规则。

我国国家标准的代号为“GB”(GB/T 为推荐性国家标准)，是由“国标”两字的汉语拼音的第一个字母“G”和“B”组成，字母后面的两组数字，分别表示标准顺序号和标准批准的年份，例如“GB/T17451 — 1998 技术制图 图样画法 视图”即表示制图标准：图样画法的视图部分，顺序号为 17451，批准发布年份为 1998 年。

现在先简要介绍图纸幅面和格式、比例、字体、图线、剖面符号、尺寸注法等近年来新修订的有关制图标准，其余部分将在有关章节中阐述。

一、图纸幅面和格式(GB/T 14689 — 93)

1. 图纸幅面尺寸

绘制图样时，应采用表 1-1 中所规定的图纸基本幅面尺寸。表中的幅面代号意义见图 1-1、图 1-2。

表 1-1 图纸基本幅面尺寸 mm

幅面代号	A0	A1	A2	A3	A4
$B \times L$	841 × 1189	594 × 841	420 × 594	297 × 420	210 × 297
a	25				
c	10			5	
e	20		10		

必要时，也允许选用所规定的加长幅面。这些幅面的尺寸是由基本幅面的短边成整数倍增

加后得出的。

2. 图框格式

在图纸上必须用粗实线画出图框，其格式分为不留装订边（如图 1-1 所示）和留有装订边（如图 1-2 所示）两种，但同一产品的图样只能采用一种格式。

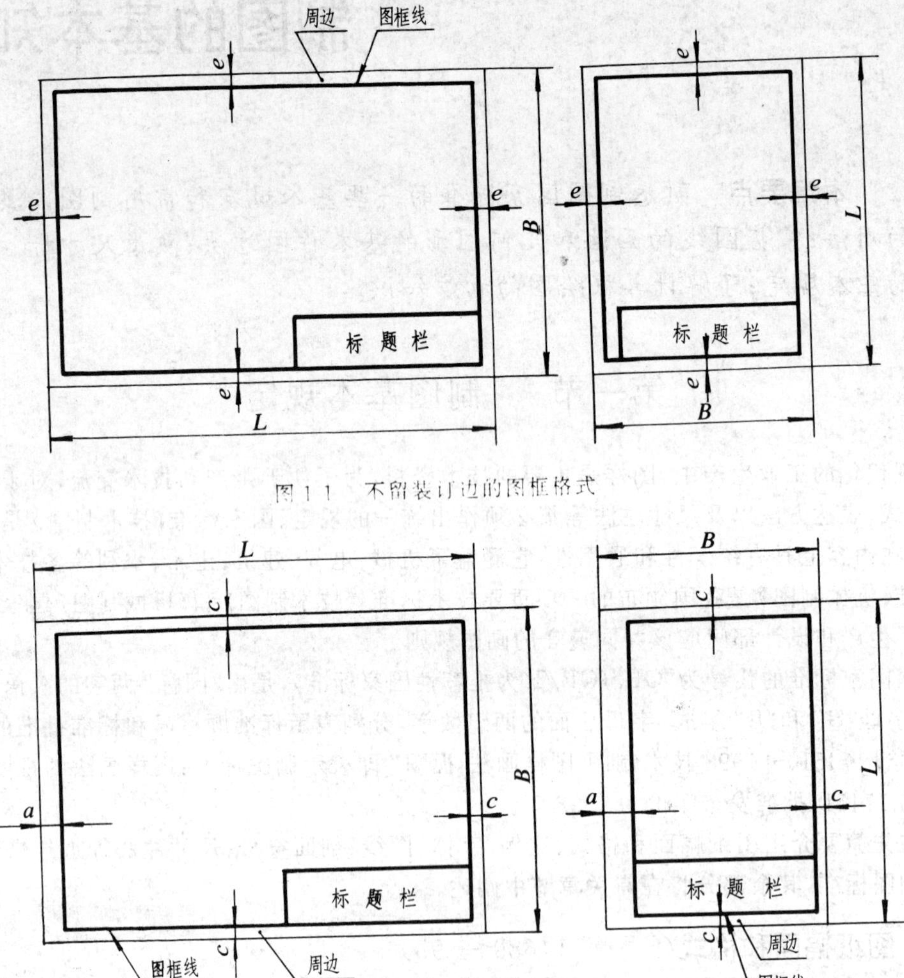

图 1-1 不留装订边的图框格式

图 1-2 留有装订边的图框格式

二、标题栏(GB 10609.1 — 89)

每张图纸都应有标题栏，标题栏的格式已在国家标准中作了规定（见本书附录一）。它一般配置在图样的右下角。生产实际技术图样的，应按标准格式绘制标题栏。本课程的一般作业、零件图、装配图建议采用图 1-3(*a*) 和图 1-3(*b*) 所示的格式。

三、比例(GB/T 14690 — 93)

比例是图中图形与其实物相应要素的线性尺寸之比。需要按比例绘制图样时，应由表 1-2 规定的系列中选取适当的比例。必要时，也允许选取表 1-3 中的比例。

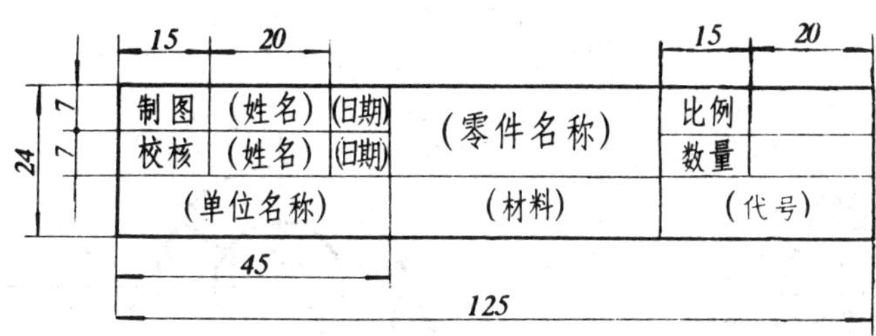

(a) 零件图标题栏

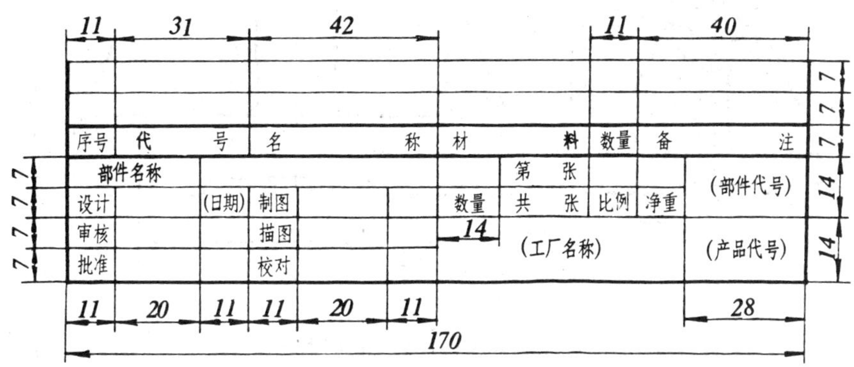

(b) 装配图标题栏和明细栏

图 1-3 标题栏和明细栏

表 1-2 由规定的系列中选取适当的比例

种 类	比 例		
原值比例	1∶1		
放大比例	5∶1 5×10^n∶1	2∶1 2×10^n∶1	 1×10^n∶1
缩小比例	1∶2 1∶2×10^n	1∶5 1∶5×10^n	1∶10 1∶1×10^n

表 1-3 必要时,也允许选取的比例

种 类	比 例				
放大比例	4∶1 4×10^n∶1	2.5∶1 2.5×10^n∶1			
缩小比例	1∶1.5 1∶1.5×10^n	1∶2.5 1∶2.5×10^n	1∶3 1∶3×10^n	1∶4 1∶4×10^n	1∶6 1∶6×10^n

注:表 1-2、表 1-3 中的 n 为正整数。

比例符号应以"∶"表示。比例的表示方法为 1∶1、1∶500、20∶1 等。

比例一般应标注在标题栏中的比例栏内。必要时,可在视图名称的下方或右侧标注比例,如:

$$\frac{\text{I}}{2:1} \qquad \frac{A\text{ 向}}{1:100} \qquad \frac{B-B}{2.5:1} \qquad \underline{\text{平面图}}\ 1:100$$

图 1-4 为用不同比例绘制的图形。

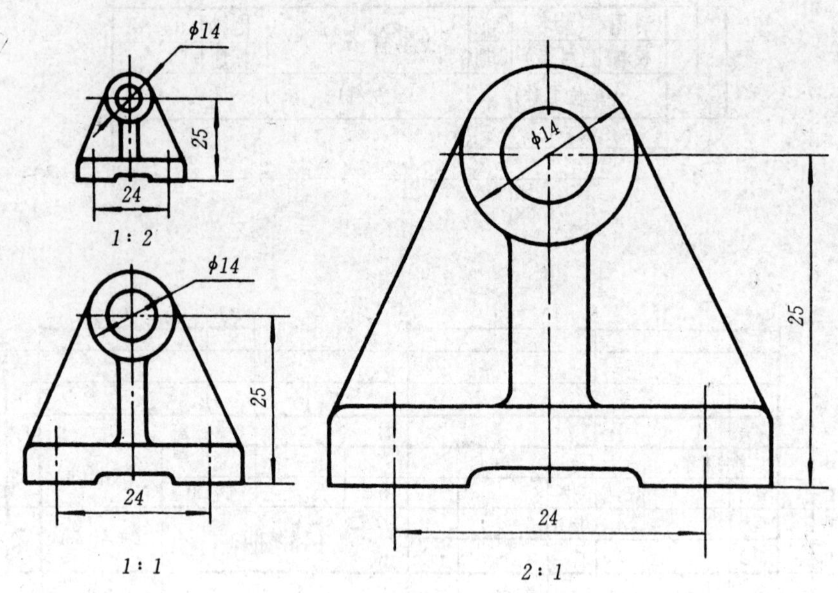

图 1-4 用不同比例绘制的图形

四、字体(GB/T 14691 — 93)

图样上除了机件图形之外,还需用文字和数字说明物体的大小和技术要求以及其他内容。图样中书写的字体必须做到字体工整、笔画清楚、间隔均匀、排列整齐。

字体高度(用 h 表示)的公称尺寸系列为:1.8,2.5,3.5,5,7,10,14,20(mm)。字体高度代表字体的号数。

如需要书写更大的字,其字体高度应按 $\sqrt{2}$ 的比率递增。

汉字应写成长仿宋体字,并应采用我国正式推行的简化字。汉字的高度不应小于 3.5mm,其字宽一般为 $h/\sqrt{2}$。书写长仿宋体字的要领是:横平竖直、注意起落、结构均匀、填满方格。

字母和数字分 A 型和 B 型。字体的笔画宽度用 d 表示。A 型字体的笔画宽度 $d = h/14$,B 型字体的笔画宽度 $d = h/10$。

在同一图样上,只允许选用一种型式的字体。

字母和数字可写成斜体和直体。斜体字字头向右倾斜,与水平基准线成 75°。绘制图样时,一般用 B 型斜体字。

图 1-5 为长仿宋体汉字示例。图 1-6 为 B 型斜体拉丁字母示例。图 1-7 为 B 型斜体阿拉伯数字与罗马数字示例。

五、图线(GB/T 17450 — 1998)

1. 线型及图线尺寸

国家标准《技术制图》中,规定了 15 种基本线型,见表 1-4 所示。

10 号字

字体工整笔画清楚间隔均匀排列整齐

7 号字

横平竖直注意起落结构均匀填满方格

5 号字

技术制图机械电子汽车航空船舶土木建筑矿山井坑港口纺织服装

图 1-5　长仿宋体汉字示例

ABCDEFGHIJKLMNOPQRSTUVWXYZ

abcdefghijklmnopqrstuvwxyz

图 1-6　拉丁字母示例

0123456789

I II III IV V VI VII VIII IX X

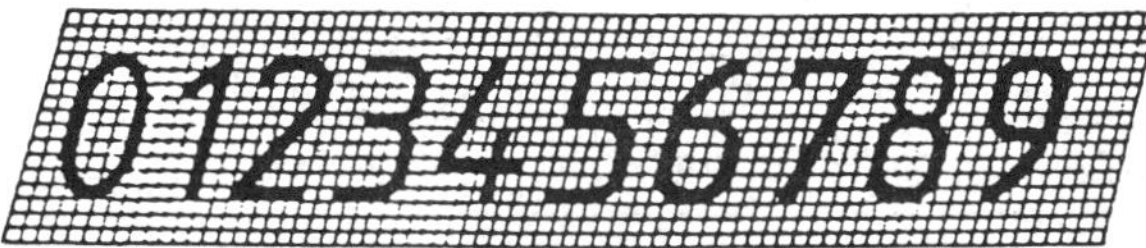

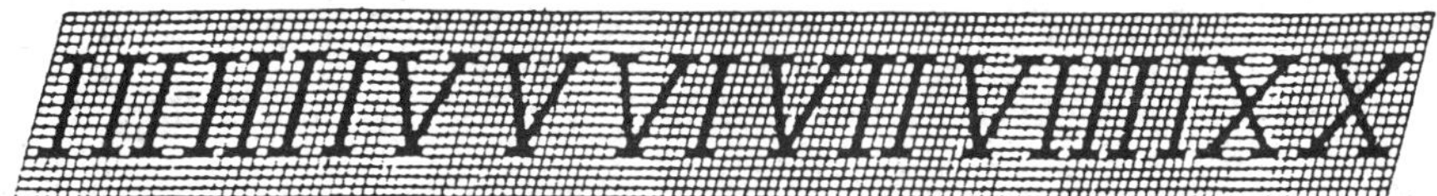

图 1-7　阿拉伯数字与罗马数字示例

表 1-4　基本线型

代码 No.	基　本　线　型	名　　称
01		实线
02		虚线
03		间隔画线
04		点画线
05		双点画线
06		三点画线
07		点线
08		长画短画线
09		长画双短画线
10		画点线

续　表

代码 No.	基　本　线　型	名　　称
11		双画单点线
12		画双点线
13		双画双点线
14		画三点线
15		双画三点线

基本线型可能的变形如表 1-5 所示。

表 1-5　基本线型的变形

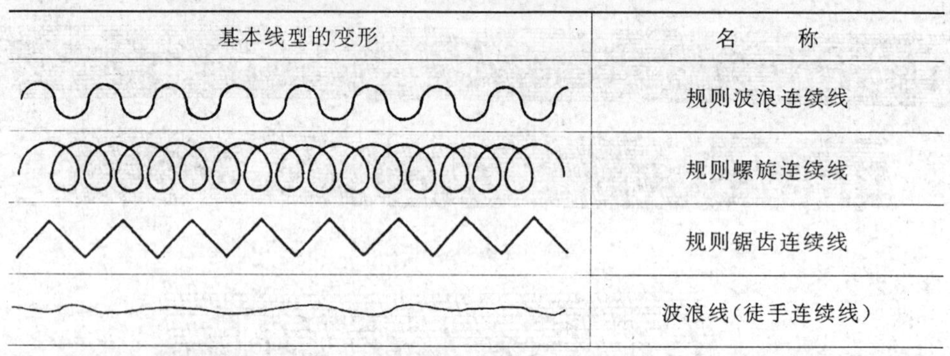

基本线型的变形	名　　称
	规则波浪连续线
	规则螺旋连续线
	规则锯齿连续线
	波浪线(徒手连续线)

注:此表仅包括了 No. 01 基本线型的变形,No. 02 ～ 15 可用同样的方法变形表示。

所有线型的图线宽度应按图样的类型和尺寸大小在下列数系中选择。该数系的公比为 $1:\sqrt{2}$(≈1:1.4):0.13mm、0.18mm、0.25mm、0.35mm、0.5mm、0.7mm、1mm、1.4mm、2mm。

线的宽度分粗线、中粗线和细线,其宽度比例为 4:2:1,粗线的宽度用 d 表示。

在手工绘图时,线素(线型中不连续线的独立部分,如点、长度不同的画和间隔)的长度宜符合表 1-6 的规定。

表 1-6　线素的长度

线　素	线　型　No.	长　度
点	04 ～ 07,10 ～ 15	≤0.5d
短间隔	02,04 ～ 15	3d
短画	08,09	6d
画	02,03,10 ～ 15	12d
长画	04 ～ 06,08,09	24d
间隔	03	18d

2. 图线的应用

建筑图样上，可以采用三种线宽，其比例关系是 4∶2∶1，机械图样上采用两种线宽，其比例关系是 2∶1。机械图样上，常用的线型为粗实线、细实线、[细]波浪线、[细]双折线、粗虚线、[细]虚线、粗点画线、[细]点画线、[细]双点画线，其一般应用见表 1-7。

表 1-7　常用图线的名称、型式、宽度及其应用

No.	图线名称	线　型	图线宽度	一　般　应　用
01	粗实线	 （粗实线）	d	A1 可见轮廓线 A2 可见过渡线
	细实线	 （细实线）	$d/2$	B1 尺寸线及尺寸界线 B2 剖面线 B3 重合断面的轮廓线 B4 螺纹的牙底线及齿轮的齿根线(圆) B5 引出线 B6 分界线及范围线 B7 弯折线 B8 辅助线 B9 不连续的同一表面的连线 B10 成规律分布的相同要素的连线
	[细]波浪线	 （波浪线）	$d/2$	C1 断裂处的边界线 C2 视图和剖视的分界线
	[细]双折线	 （双折线）	$d/2$	D1 断裂处的边界线
02	[细]虚线	 （虚线）	$d/2$	F1 不可见轮廓线 F2 不可见过渡线
04	[细]点画线	 （点画线）	$d/2$	G1 轴线 G2 对称中心线 C3 轨迹线 C4 节圆及节线
	粗点画线	 （粗点画线）	d	J1 有特殊要求的线或表面的表示线
12	[细]双点画线	 （双点画线）	$d/2$	K1 相邻辅助零件的轮廓线 K2 极限位置的轮廓线 K3 坯料的轮廓线或毛坯图中制成品的轮廓线 K4 假想投影轮廓线 K5 试验或工艺用结构(成品上不存在)的轮廓线 K6 中断线

3. 图线的画法

同一图样中同类图线的宽度应基本一致。虚线、点画线、双点画线的长度应各自大致相等，一般在图样中要显得匀称协调，建议采用如图 1-8 所示的图线规格。

画点画线和虚线时，还应遵守图 1-9 的画法，在较小的图形上绘制点画线或双点画线有困难时，可用细实线代替。

图线一般应用示例如图 1-10 所示。

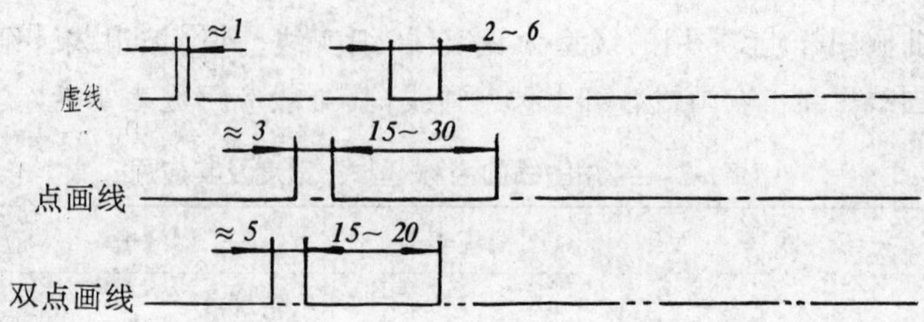

图 1-8　建议采用的图线规格

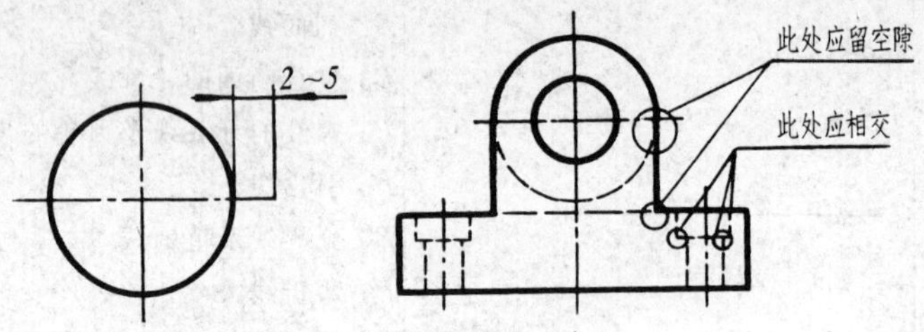

图 1-9　画点画线和虚线应遵守的画法

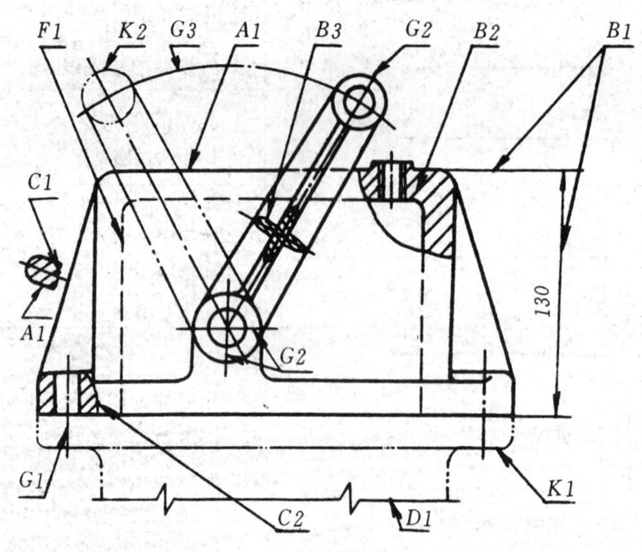

图 1-10　图线应用示例

六、尺寸注法(GB 4458.4 — 84)

图形只表示出机件的形状,而机件的大小则由图样上标注的尺寸来决定,所以标注尺寸是绘图中的一项重要而细致的工作。

尺寸注法的基本规则,列表说明于表 1-8。

对于尺寸注法,在第四章、第七章的有关章节中将作进一步介绍。

表 1-8　尺寸注法的基本规则

说　　明	图　　例
1. 机件的真实大小应以图样上所注的尺寸数值为依据，与图形的大小及绘图的准确无关。 2. 图样中的尺寸单位为毫米(mm)，此时不需注明。 3. 机件的每一尺寸，一般只注一次，并注在表示该结构最清晰的图形上。 4. 图样中所标注的尺寸，为该图样所示机件的最后完工尺寸，否则应另加说明。	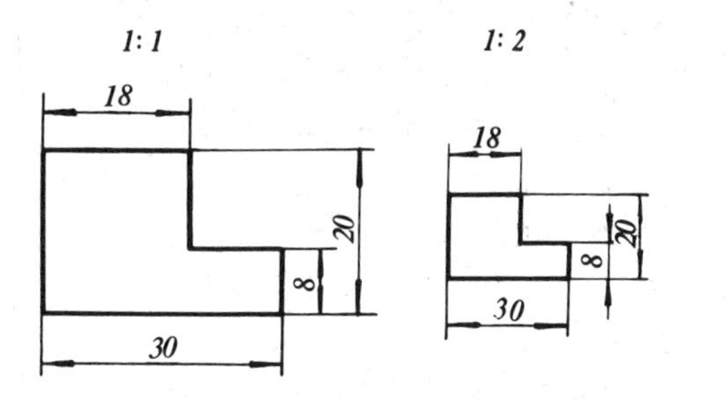
1. 尺寸一般由：① 尺寸界线，② 尺寸线，③ 尺寸数字组成。 2. 尺寸线用细实线绘制，其终端有两种形式： *a*. 箭头：适用于各种类型的图样。 *b*. 斜线：斜线用细实线绘制，其方向和画法如右图所示，此时尺寸线与尺寸界线必须互相垂直。 当尺寸线与尺寸界线相互垂直时，同一张图样中只能采用一种尺寸线终端形式。当采用箭头时，在地位不够的情况下，允许用圆点或斜线代替箭头。 3. 尺寸线与所注尺寸平行。 4. 尺寸界线用细实线绘制，并应由图形的轮廓线、轴线或对称中心线处引出。也可利用轮廓线、轴线或对称中心线作尺寸界线。	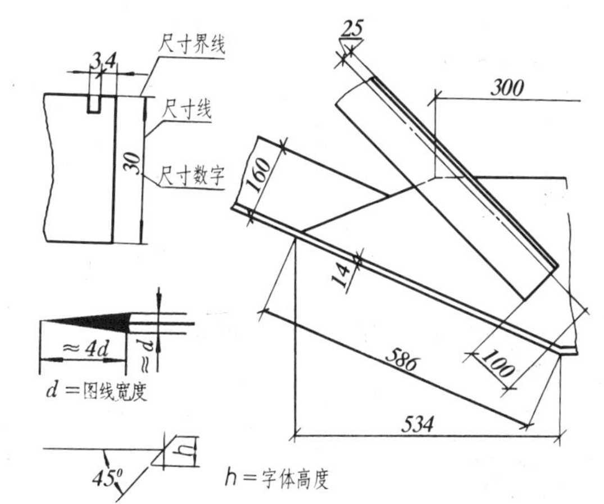
1. 线性尺寸数字一般应注写在尺寸线上方，也允许注写在尺寸线中断处。 2. 线性尺寸数字的方向，一般应按右图(*a*)所示方向注写，并尽可能避免在图示 30° 范围内标注尺寸，当无法避免时可按右图(*b*)所示的形式标注。 3. 在不致引起误解时，也允许将非水平尺寸的数字水平地注写在尺寸线的中断处，如右图(*c*)所示。但在一张图样中，应尽可能采用一种方法。	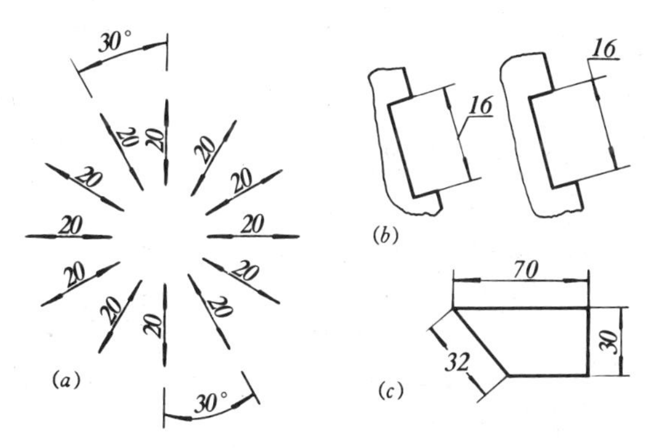
标注角度的数字一律应水平填写在尺寸线中断处，必要时也可按右图形式允许将数字写在尺寸线旁边，或引出标注。尺寸线用圆弧时，圆心为角度顶点。	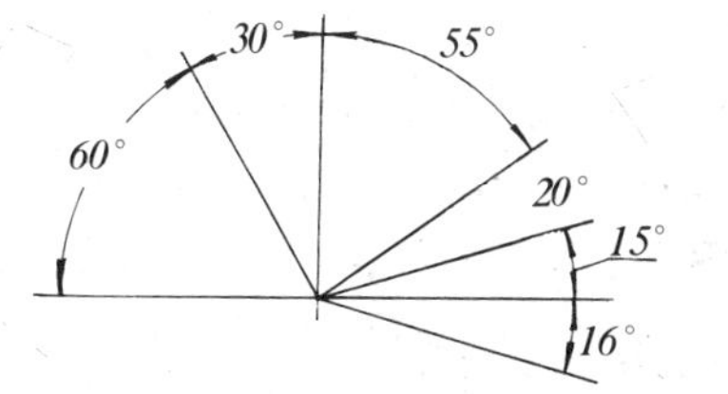

续　表

说　　明	图　　例
1. 标注直径尺寸时应在数字前加符号“ϕ”，标注半径尺寸时应在数字前加符号“R”，标注球面尺寸时应在数字前面加符号“$S\phi$”或“SR”。 2. 对于螺钉、铆钉、轴类端部的球面，在不致引起误解的情况下允许省略符号“S”。 3. 圆的直径和圆弧半径的尺寸线终端应画成箭头。 4. 当圆弧的半径过大或在图纸范围内已无法标出其圆心位置时，可按右图所示的形式标注。	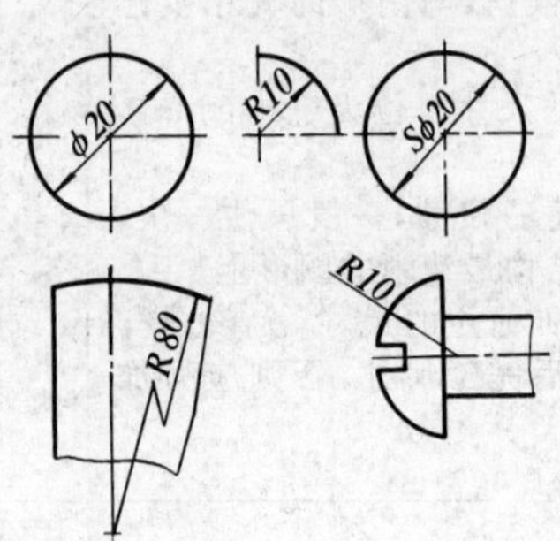
在没有足够的位置画箭头或写数字时，尺寸可按右图所示的形式标注。	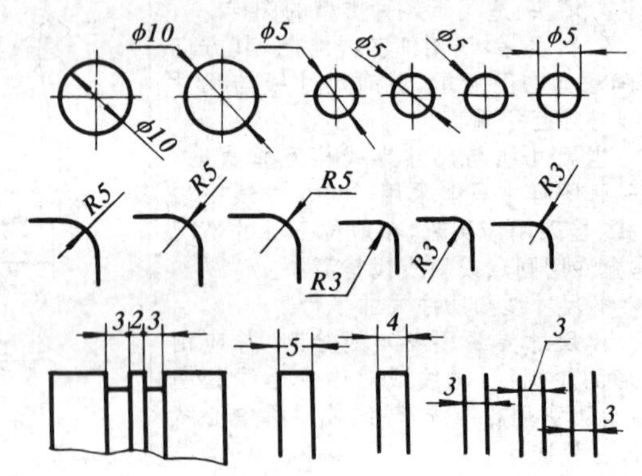
标注斜度和锥度时，用规定的符号表示，符号所示方向应与斜度和锥度方向一致。(锥度注法引用 GB/T15754—1995)	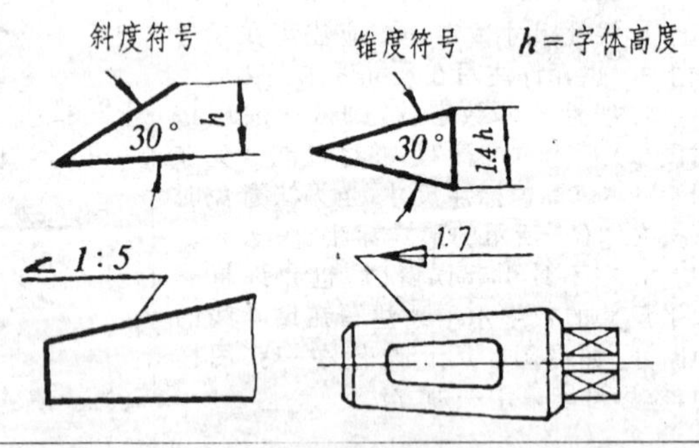
只用一个视图表示的片状零件，其厚度可用符号“δ”表示。如右图中的“$\delta3$”表示板厚为 3mm。	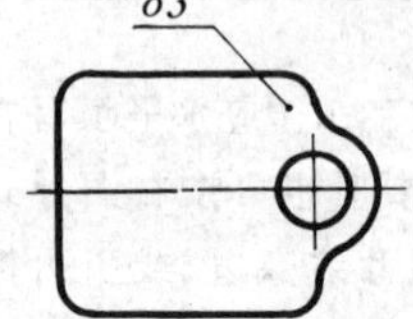

续　表

说　　明	图　　例
在光滑过渡处标注尺寸时，必须用细实线将轮廓线延长，从它们的交点引出尺寸界线。	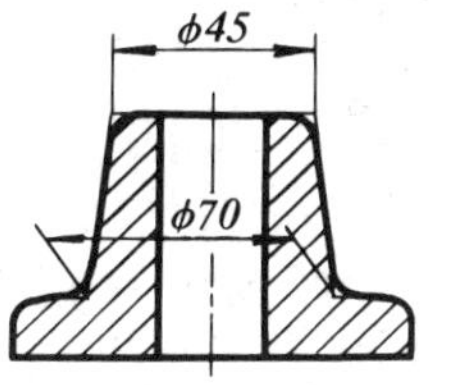
对称机件的图形，如只画出一半或大于一半时，尺寸线应略超过对称中心线或断裂线，此时仅在尺寸线的一端画箭头。	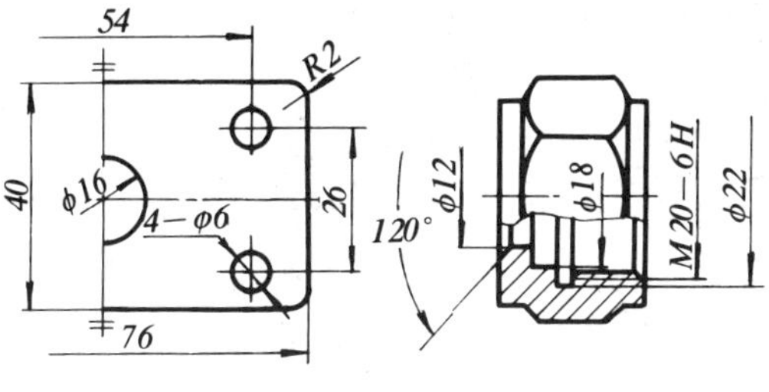

图 1-11 为尺寸注法的正误对比示例，其说明如下：

1）尺寸界线一般应与尺寸线垂直。数字不能被图线通过。

2）引线应在轮廓线以外转折。

3）尺寸线不能与图形上其他图线重合。

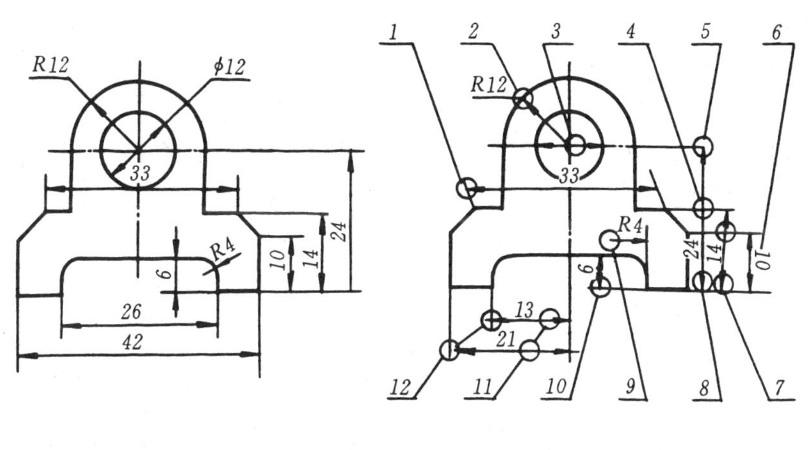

（a）正确　　　　（b）错误

图 1-11　尺寸注法正误对比示例

4）小尺寸应在大尺寸内侧，尽量避免尺寸线与尺寸界线相交。

5）尺寸界线应略超过尺寸线。

6）尺寸数字书写方向应正确。

7）线性尺寸的尺寸线应与所注的线段平行。

8）尺寸线与轮廓线间距不应小于 5mm。

9）半径尺寸应注写在过该圆弧圆心的尺寸线上。

10）小尺寸的尺寸箭头可画在尺寸界线外侧。

11）对称图形尺寸应注全长而不是一半。

12）箭头应与尺寸界线接触，不能超过或留有间隙。

第二节　手工绘图工具及其使用

在手工绘图时，正确、熟练地使用绘图工具和仪器对提高绘图速度和保证绘图质量起着重要作用。

常用的绘图工具和仪器包括：图板、丁字尺、三角板、圆规、分规、比例尺、曲线板、铅笔以及一些其他用品，如图1-12所示。

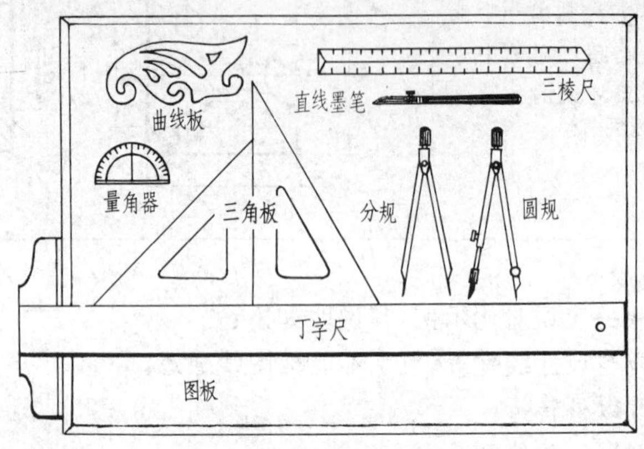

图1-12　制图主要工具及仪器

下面分别介绍各种工具及仪器的使用方法。

一、图板和丁字尺

图板是绘图时的垫板，图纸用胶带纸固定在图板上。绘图时，使丁字尺的尺头靠紧图板的左导边。丁字尺用来画水平线，与三角板配合使用可画垂直线及倾斜线。丁字尺的用法见图1-13。

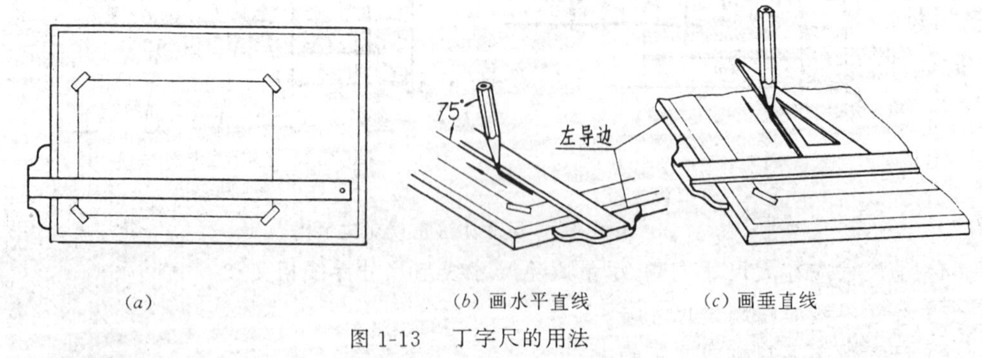

(*a*)　(*b*) 画水平直线　(*c*) 画垂直线

图1-13　丁字尺的用法

二、三角板

一副三角板分45°与30°(60°)两块，除与丁字尺配合画垂直线外，还可画15°角倍数的斜线(图 1-14(*a*));或两块三角板配合画任意角度的平行线(图 1-14(*b*))。

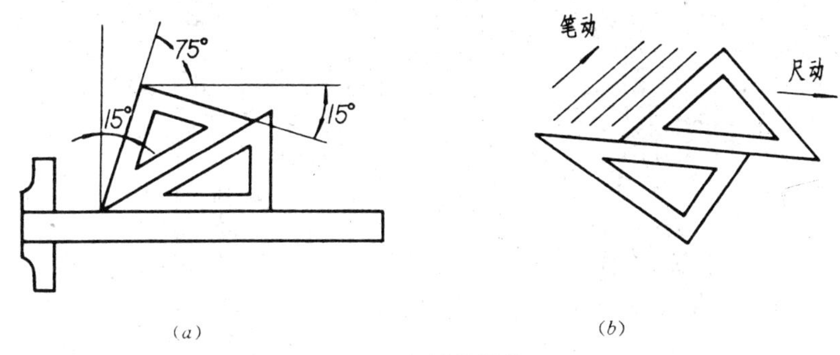

图 1-14　三角板的用法

三、圆规

圆规用来画圆,要求在画圆时,圆规的针脚和铅芯都应与纸面垂直,如图 1-15 所示。

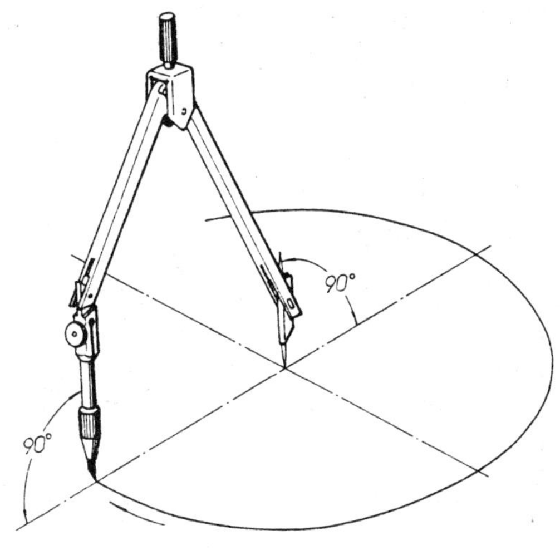

图 1-15　圆规的用法

四、分规

分规可用来截取某一定长线段或等分线段与圆弧,如图 1-16(*a*)、(*b*) 所示。

五、比例尺

比例尺又称三棱尺,尺面上有不同比例的刻度,可按需要的比例,直接在尺面上截取所需长度,如图 1-16(*a*) 所示。常用的比例尺上有 1∶100、1∶200、1∶300、1∶400、1∶500、1∶600 六种刻度。

六、曲线板

曲线板是用来画非圆曲线的常用工具。作图时先把已求出的各点徒手勾描连接起来,然后选择曲线板上曲率合适部分逐段贴合,勾描成光滑的曲线。每段吻合的点至少要有四个。曲线板的用法见图 1-17。

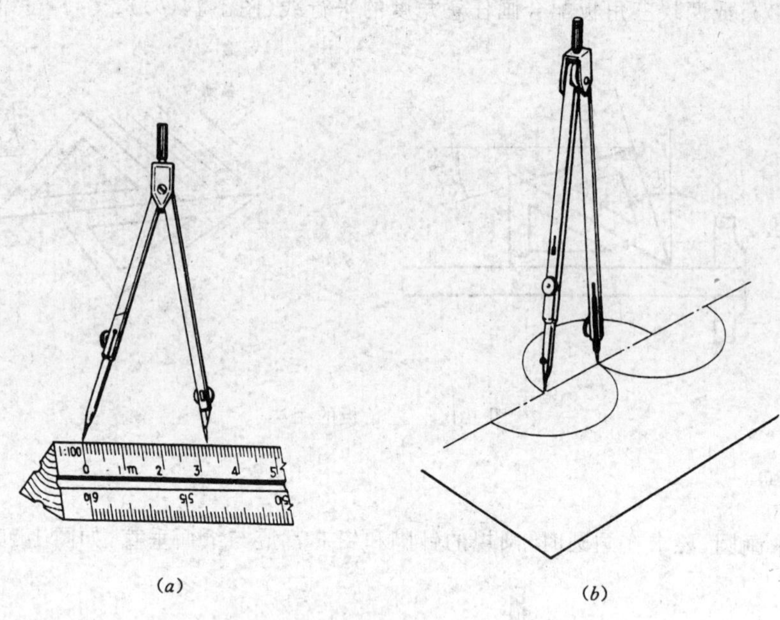

图 1-16　分规的用法

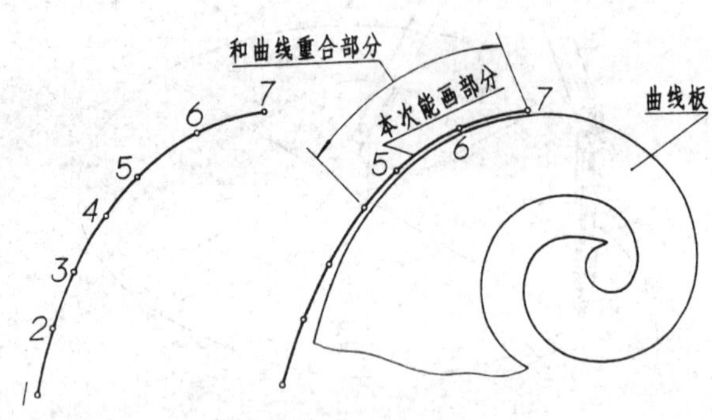

图 1-17　曲线板的用法

七、铅笔

绘图铅笔用标号 B 或 H 表示铅芯的软硬。一般描粗时用 B 或 HB 铅笔；写字与画细线时用 HB 或 H 铅笔；打底稿时用 H 或 2H 铅笔。铅芯形状（包括圆规用铅芯的形状）见图 1-18。

八、直线墨笔

直线墨笔是在描图时用来描绘直线的。直线墨笔叶片部分的结构见图 1-19(*a*)。用吸管或小钢笔往叶片内加注墨水，加注墨水高度一般为 5 ～ 8mm，如图 1-19(*b*) 所示。如果直线墨笔叶片外侧沾有墨水，必须及时用软布拭净，以免描线时沾污图纸。

画线时，直线墨笔应位于铅垂面内，并使笔杆向画线前进方向稍微倾斜，如图 1-19(*b*) 所示。图 1-19(*c*) 所示为不正确的画线方法，由于直线墨笔向外或向内倾斜，造成图线内侧墨水渗入尺底或外侧很不光洁。

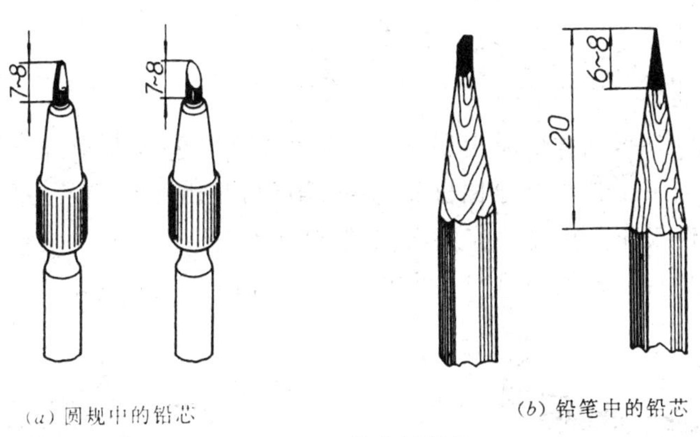

(*a*) 圆规中的铅芯　　(*b*) 铅笔中的铅芯

图 1-18　铅芯的形状

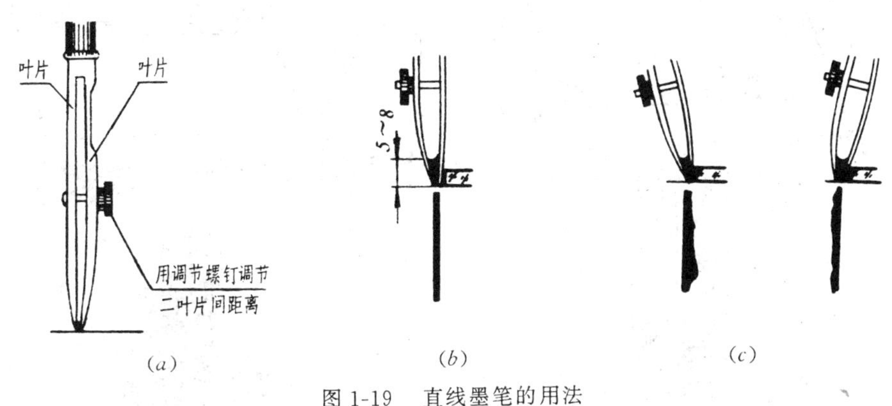

(*a*)　　(*b*)　　(*c*)

图 1-19　直线墨笔的用法

九、针管绘图笔

针管绘图笔(图 1-20) 是带有储墨水装置的上墨工具。由于使用方便，储水量大，目前已逐步用针管笔来代替直线墨笔上墨描图。

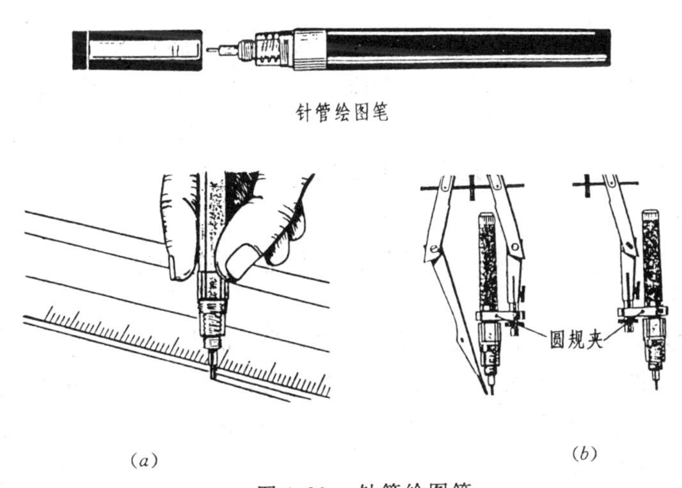

(*a*)　　(*b*)

图 1-20　针管绘图笔

我国已有 0.2～1.2mm 9 种针管笔，可供描绘不同粗细的各种图线使用。所用墨水是专用的碳素墨水。图 1-20(*a*) 表示配合直尺画直线。如果利用圆规夹插入圆规脚内，可以画圆，如图

1-20(*b*) 所示。

十、绘图机

在设计和制图工作中，图样的精度和绘图的速度是两个基本要求。随着生产技术的发展，图板、丁字尺等常用绘图工具将被绘图机所代替。绘图机是由图板、直角尺及量角器等元件组成的，所有元件的定位工作全由左手完成，而右手则可用于绘图工作。

绘图机有下列两种：臂式绘图机和导轨式绘图机，如图 1-21 所示。

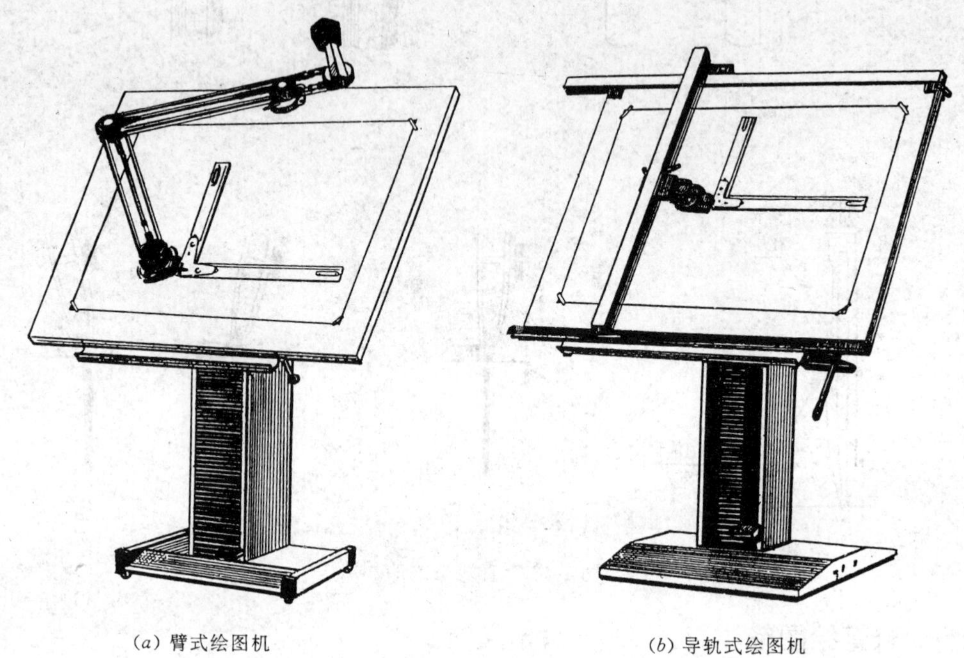

(*a*) 臂式绘图机　　(*b*) 导轨式绘图机

图 1-21　绘图机

目前使用的臂式绘图机(如图 1-21(*a*) 所示)，其特点是结构轻巧，使用方便，适用于绘制中、小幅面的图样。

导轨式绘图机(如图 1-21(*b*) 所示)是最近二十几年才发展起来的。绘图用直角尺可沿着横梁作Y轴方向移动，横梁本身可沿着纵向导轨作X方向移动。这种绘图机的优点是结构刚度好，因此能保证有较高的绘图精度，使用方便。它适合于绘制大幅面的图样。由于其性能比臂式绘图机好，因此实际上臂式绘图机已逐步被导轨式绘图机所取代。

第三节　计算机绘图概述

长期以来，无论是二维的平面图，还是三维的立体图，都以手工形式绘制，绘图用的图纸钉在光滑的图板上，用绘图工具，如直尺、丁字尺、圆规、曲线板、三角尺等辅助绘图，用字规写字，用橡皮擦搭配擦图板来修改图形。这种手工绘图方式效率低、精度差、劳动强度大，已经越来越不适应市场经济的快节奏特点。

随着计算机技术的发展，出现了计算机绘图(CG：Computer Graphics)，给绘图工作带来了革命性的变革。计算机绘图是应用计算机输入设备，直接在屏幕上进行图形绘制和修改，然后通过输出设备，如绘图机和打印机等输出精美图形。计算机绘图不仅绘图和修改速度快，精度高，而且管理方便，设计过程直观。表 1-9 列举了传统绘图工具与计算机绘图命令的对照。

表 1-9　传统制图工具与计算机绘图命令的对照

制图工具	作　　用	AutoCAD 绘图命令
直　　尺	画直线	LINE、PLINE、XLINE
圆　　规	画圆、圆弧	CIRCLE、ARC、FILLET
字　　规	书写文字	DTEXT、MTEXT
三 角 板	画垂直、水平线	ORTHO
椭 圆 板	画椭圆	ELLIPSE
曲 线 板	画光滑曲线	SPLINE
平 行 尺	画平行线	OFFSET
橡皮擦、擦线板	擦除图形	ERASE
方 格 纸	方便绘图	GRID
模 型 板	画各种模型	BLOCK、INSERT

计算机绘图不仅可以做到手工绘图所能做到的一切，还能做到手工绘图无法达到的事情，如图形的拷贝、镜像、阵列以生成多个相同图形；图形的局部显示放大以方便绘图；图形可随时放大、缩小和旋转；尺寸标注整体和半自动标注等；特别是利用计算机强大的计算功能生成三维实体，并可进行自动消隐、润色、赋材质生成真实感图像。

因此，当前在工业发达图家，工程图纸都是通过计算机来绘制。目前我国的大型土建设计院、能源电力勘测设计部门、机电行业中的大中型企业，都纷纷甩掉图板，采用计算机绘图。

计算机绘图已经成为主要的出图方式，这就要求工程技术人员必须了解和掌握计算机绘图，熟悉计算机绘图基本原理和绘图支撑系统软件的操作流程。

第四节　计算机绘图系统

计算机绘图系统主要由硬件和软件组成。图 1-22 所示是微机单机用户的计算机绘图系统的硬件配置。

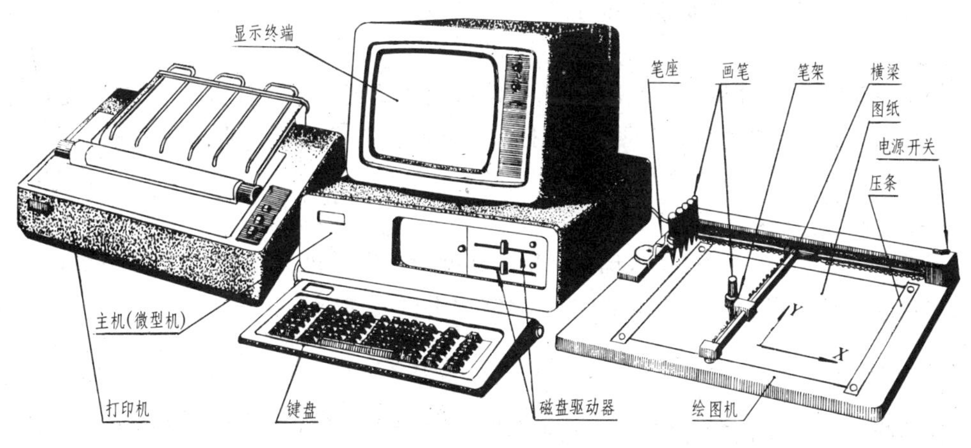

图 1-22　微机绘图系统硬件配置

一、硬件

计算机硬件一般是指主计算机及其他必要的外部设备(图形输入和图形输出设备)。

1. 计算机主机

计算机主机是计算机的主要部分,一般由中央处理单元(CPU)、主内存(RAM 及 ROM)等组成。它可将接收到的数据作存储、运算、判断及分析等处理,尔后通过显示器显示结果。主机是计算机绘图系统的核心系统。

2. 图形输入设备

输入设备将数据读入计算机,通过输入接口将信号翻译成主机能够识别和接受的信号形式,送往主存储器或中央处理单元。常用的输入设备有键盘、图形输入板、数字化仪、光笔、鼠标器和定标器、操纵杆等。下面介绍常用的几种:

(1) 键盘

键盘的主要功能是输入命令、数据等。键盘上除通常的 ASCII 编码的键外,还附有一些命令键和功能键,可以完成图形操作时的某一特定功能。

(2) 鼠标器

鼠标器是小型手动装置,在控制台上移动可以将信号输入计算机,从而控制光标的移动,主要完成拾取和选择功能。

(3) 扫描仪

图形扫描输入是将已绘好的工程图纸放在扫描仪上,经过光电扫描转换装置的作用,即可把图形的像素特征输入到计算机内,这种输入方式在对已有的图纸建立图形库,对将生成的图像进行识别和矢量化从而生成图形等方面具有重要意义。

3. 图形输出设备

图形输出设备是将计算机主机通过程序运算和数据处理送来的结果信息,经输出接口翻译并输出用户所需的结果。常用的输出设备有显示器、打印机和绘图机等。

(1) 显示器

显示器用来显示计算机处理的结果。显示器有单色和彩色两种。当前微机配置的显示器大多采用标准的阴极射线管(CRT) 结构。显示器必须由图形卡驱动,两者应互相配套。显示器和图形卡决定了显示图形的基本颜色和分辨率。

(2) 打印机

打印机用于实现字符和图形的硬拷贝。打印机相对绘图机来说价格较便宜,并能迅速绘制较复杂图形,通常用于快速绘制草图。激光打印机和喷墨打印机能绘制高质量的图形。上述两种打印机的共同缺点是只能绘制小幅面的图形。

(3) 绘图机

绘图机有笔式、喷墨式等多种,现在常用的是喷墨式绘图机。绘图机的价格较高,但它能在图纸尺寸范围内绘制符合专业要求的图纸,通常用于最终出图。

二、软件

软件是指命令计算机执行指定任务的程序。没有软件,计算机就不能发挥作用。计算机绘图系统的软件是实现计算机绘图的关键,软件水平的高低决定了绘图系统效率的高低以及使用的方便程度。

计算机图形系统的软件通常分为三部分：应用程序、数据库及图形系统。应用程序将信息存入数据库或从数据库中提取信息，还向图形系统传送图形命令，并要求图形系统读取输入设备的值，将一系列画图子程序转换成图形，显示在显示器上。而数据库是用于保存被显示的图形的信息。图形系统主要提供对图形的数据描述。

计算机绘图软件一般应包括以下主要内容：

(1) 二维绘图功能

二维绘图功能包括作点、直线、曲线、圆或圆弧等基本图形，包括文字注释、图案填充、尺寸整体标注，还包括图形编辑修改等操作。

(2) 三维实体造型功能

三维实体造型主要包括长方体、圆柱、圆锥、球、圆环等基本体的生成，包括并、交、差等布尔运算，包括消隐、着色、干涉检验等功能和三维实体编辑修改等。

(3) 曲面造型功能

曲面造型包括曲面生成和曲面编辑等。

(4) 作图辅助功能

作图辅助功能包括图形层次的控制、图元属性控制、图形变换操作、显示控制操作等。

(5) 具有数据库和文件管理功能

对包含图形几何数据和非几何信息的图形文件进行管理，包括存储、恢复、修正、输出等。

(6) 数据交换功能

不同系统之间、不同模块间可以进行数据交换。

以上只是一个图形软件的主要内容。不同的绘图软件，内容和特色可能有所不同。

目前在我国使用的计算机绘图及CAD软件很多，其中较著名的软件主要有：Autodesk公司的AutoCAD系统，PTC公司的Pro/Engineer系统，SDRC公司的I-DEAS系统，EDS公司的UG系统等。国内许多高等院校和软件公司也纷纷推出了具有自主版权的CAD软件。

AutoCAD图形软件是目前国内微机上使用最普遍的图形软件。它有方便的作图功能，可以按照人的操作迅速准确地形成所需图形。强大的编辑功能可以方便地修改图形，另外还有许多辅助功能也可使作图准确和简单。AutoCAD还提供丰富的外部接口与其他CAD系统进行通讯，同时提供编程功能，使图形处理自动化。

第五节　几何作图

机械图样中的图形都是由一些直线和圆弧组成的几何图形构成的，因此，熟练地掌握几何图形的正确画法，才能提高绘图速度和保证作图的准确性。下面介绍一些常用的几何图形的作图方法。

一、圆内接正多边形的画法

1. 作圆内接正五边形

(1) 已知一圆和直径，作半径 AO 的垂直平分线，得中点 B，如图1-23(a) 所示。

(2) 以点 B 为圆心，$B1$ 为半径，作圆弧交 AO 的延长线于点 C，$C1$ 即为正五边形边长，如图1-23(b) 所示。

(3) 以点 1 为圆心，$C1$ 为半径画圆弧，交圆周于点 2 和点 5，如图 1-23(c) 所示。

(4) 以点 2、点 5 为圆心，$C1$ 为半径画圆弧，交圆于 3、4 两点，连接 1 — 2 — 3 — 4 — 5 点即得圆内接正五边形，如图 1-23(d) 所示。

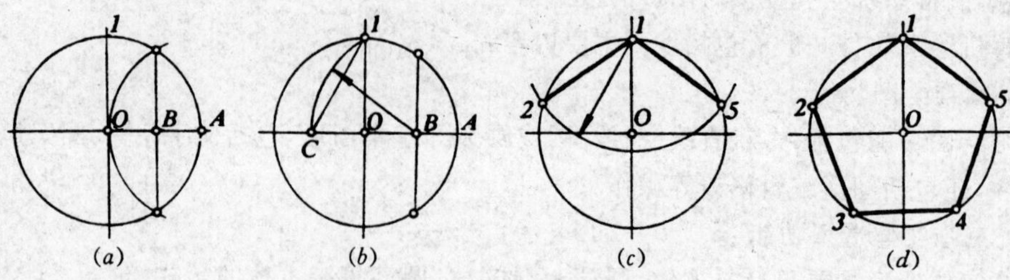

图 1-23　圆内接正五边形的画法

2. 作圆内接正六边形

第一种方法，用圆规等分，如图 1-24 所示。

(1) 已知一圆和圆心，如图 1-24(a) 所示。

(2) 作直径 ad，如图 1-24(b) 所示。

(3) 分别以 a、d 为圆心，用这个圆的半径 R 画弧交圆周于 b、f、c、e 四点，如图 1-24(c) 所示。

(4) 顺次连接各点，即得圆内接正六边形，如图 1-24(d) 所示。

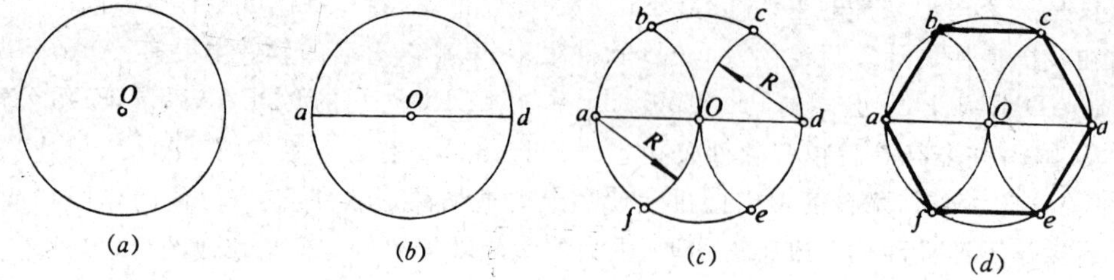

图 1-24　圆内接正六边形的画法(一)

第二种方法，用三角板画，如图 1-25 所示。

(1) 已知一圆和直径，如图 1-25(a) 所示。

(2) 分别过 a、d 点，作 60° 的斜线，如图 1-25(b) 所示。

(3) 翻转三角板画另一方向的 60° 斜线，如图 1-25(c) 所示。

(4) 连接 bc、ef 即得一内接正六边形，如图 1-25(d) 所示。

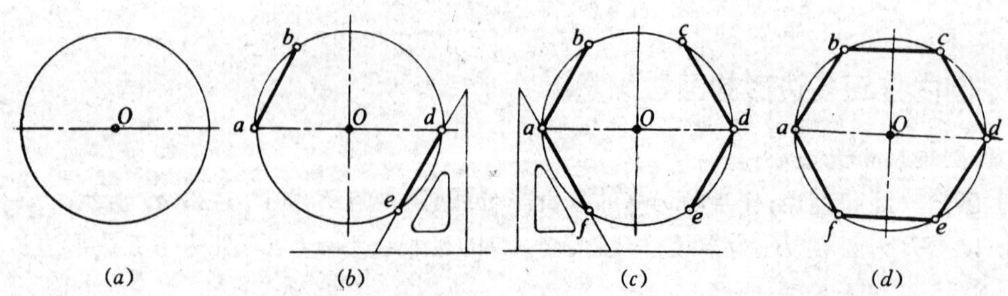

图 1-25　圆内接正六边形的画法(二)

二、椭圆的画法

椭圆有两种常用的画法，一种是同心圆法，另一种是四心圆弧法。这两种画法都需要给出椭圆的长轴和短轴尺寸。

1. 同心圆法作椭圆

如图1-26所示，以长半轴OA和短半轴OC为半径作同心圆。过O作若干射线与两圆相交，再由各交点分别作长、短轴的平行线，即可分别交得椭圆上各点，然后用曲线板逐段连接成椭圆。

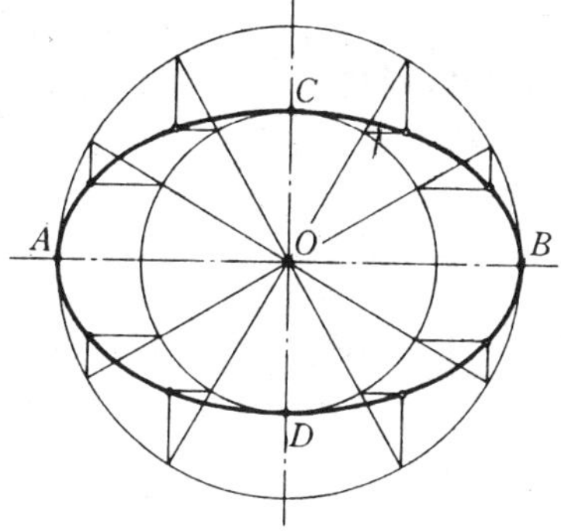

图1-26　同心圆法作椭圆

2. 四心圆弧法近似作椭圆

(1) 已知长轴ab，短轴cd作一近似椭圆。先画两条相互垂直的直线，其交点为O，并使$Oa = Ob = ab/2, Oc = Od = cd/2$，如图1-27($a$)所示。

(2) 连接ac，以O点为圆心，以Oa为半径画圆弧与短轴Oc的延长线交于e点，如图1-27(b)所示。

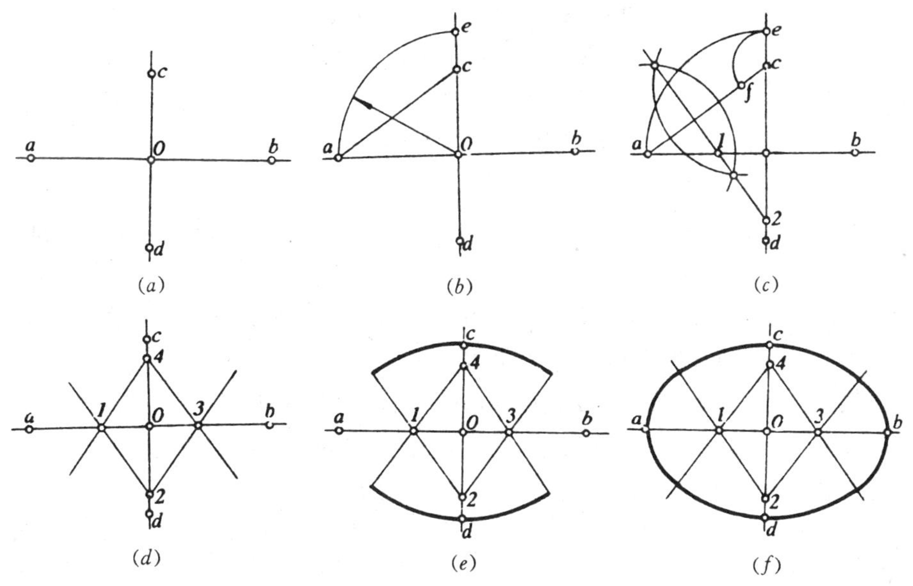

图1-27　椭圆的近似画法

(3) 以c为圆心，以ce为半径作圆弧与ac相交于点f。作af的垂直平分线，其延长线与长轴交于点1,与短轴交于点2,如图1-27(c)所示。

(4) 把点1对称地移到Ob线上就得点3。把点2对称地移到Oc线上就得点4。连接12、14、32、34,如图1-27(d)所示。

(5) 以点2为圆心,$2c$为半径,在21、23的延长线之间作圆弧。以点4为圆心,$4d$为半径在41、43的延长线之间作圆弧,如图1-27(e)所示。

(6) 分别以点1、点3为圆心,以$1a$、$3b$为半径作圆弧,即得一近似椭圆,如图1-27(f)所示。

三、圆弧连接

绘图时,经常需要用圆弧来光滑连接已知直线或圆弧。这个起连接作用的圆弧称为连接弧。作图时必须找出连接弧的圆心和切点,才能保证圆弧的光滑连接。

1. 圆弧连接两直线画法(图1-28)

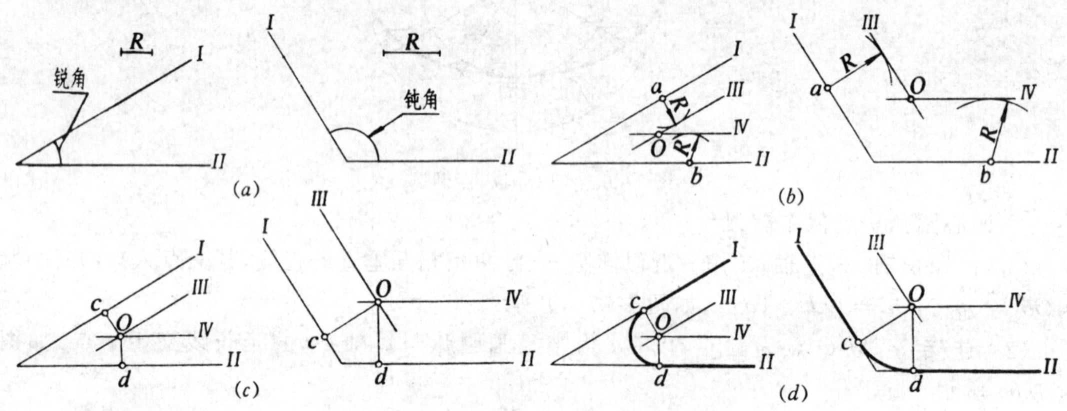

图1-28　圆弧连接两直线画法

(1) 已知直线Ⅰ、Ⅱ,连接圆弧半径R,求作两直线的连接弧,见图1-28(a)。

(2) 求连接弧R的圆心。任意取两直线上的点a、b为圆心,R为半径作圆弧,再作这两圆弧的切线Ⅲ、Ⅳ分别与直线Ⅰ、Ⅱ平行,切线Ⅲ、Ⅳ的交点即为所求连接弧的圆心,如图1-28(b)所示。

(3) 求连接弧的切点。从圆心O,分别向直线Ⅰ、Ⅱ作垂直线得垂足c、d,点c、d即为切点,如图1-28(c)所示。

(4) 以O为圆心,R为半径作圆弧,$\overset{\frown}{cd}$即为所求连接弧,如图1-28(d)所示。

2. 圆弧连接两圆弧的画法之一——外连接(图1-29)

(1) 已知两圆圆心O_1、O_2及半径R_1、R_2。求作用圆弧R外连接R_1和R_2,见图1-29(a)。

(2) 求连接弧R的圆心:以O_1为圆心,$R+R_1$为半径画弧,以O_2为圆心,$R+R_2$为半径画弧,两圆弧的交点O即为连接弧的圆心,如图1-29(b)所示。

(3) 求连接弧R的切点:连接O、O_1得点1,连接O、O_2得点2,点1、2即为切点,如图1-29(c)所示。

(4) 以O为圆心,R为半径画圆弧$\overset{\frown}{12}$。$\overset{\frown}{12}$即为连接弧,如图1-29(d)所示。

3. 圆弧连接两圆弧的画法之二——内连接(图1-30)

(1) 已知两圆圆心O_1、O_2及半径R_1、R_2。求作用圆弧R内连接R_1和R_2,见图1-30(a)。

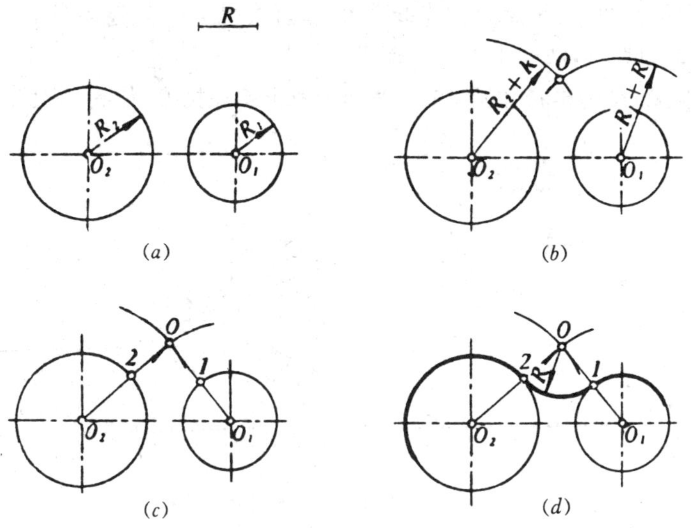

图 1-29　圆弧连接两圆弧的画法之一 —— 外连接

(2) 求连接弧 R 的圆心：以 O_1 为圆心，$R-R_1$ 为半径画弧，以 O_2 为圆心，$R-R_2$ 为半径画弧，两圆弧的交点 O 即为连接弧的圆心，如图 1-30(b) 所示。

(3) 求连接弧 R 的切点：连接 O、O_1 得点 1，连接 O、O_2 得点 2，点 1、2 即为切点，如图 1-30(c) 所示。

(4) 以 O 为圆心，R 为半径画圆弧 $\overset{\frown}{12}$。$\overset{\frown}{12}$ 即为连接弧，如图 1-30(d) 所示。

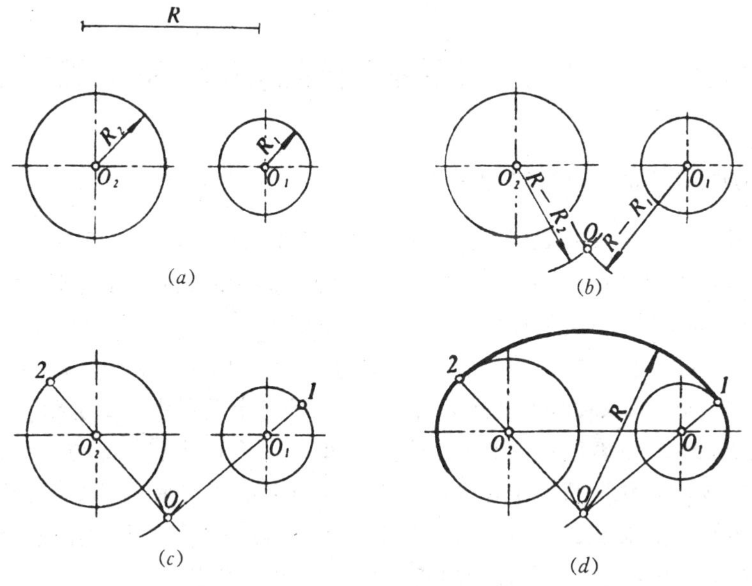

图 1-30　圆弧连接两圆弧的画法之二 —— 内连接

4. 圆弧连接圆弧与直线的画法(图 1-31)

(1) 已知直线 Ⅰ 和已知圆弧的圆心 O_1，半径 R_1。求作用圆弧 R 连接已知圆弧和直线，见图 1-31(a)。

(2) 求连接弧 R 的圆心：作直线 Ⅱ 平行直线 Ⅰ，其距离为 R。以 O_1 为圆心，$R+R_1$ 为半径画弧。直线 Ⅱ 和圆弧的交点 O 即为连接弧 R 的圆心，如图 1-31(b) 所示。

(3) 求连接圆弧 R 的切点：从点 O 向直线 Ⅰ 作垂直线得垂足 1，连接 O、O_1 与已知弧相交得交点 2。点 1、点 2 即为切点，如图 1-31(c) 所示。

(4) 以 O 为圆心，以 R 为半径作圆弧$\overset{\frown}{12}$。$\overset{\frown}{12}$ 即为所求的连接弧，如图 1-31(d) 所示。

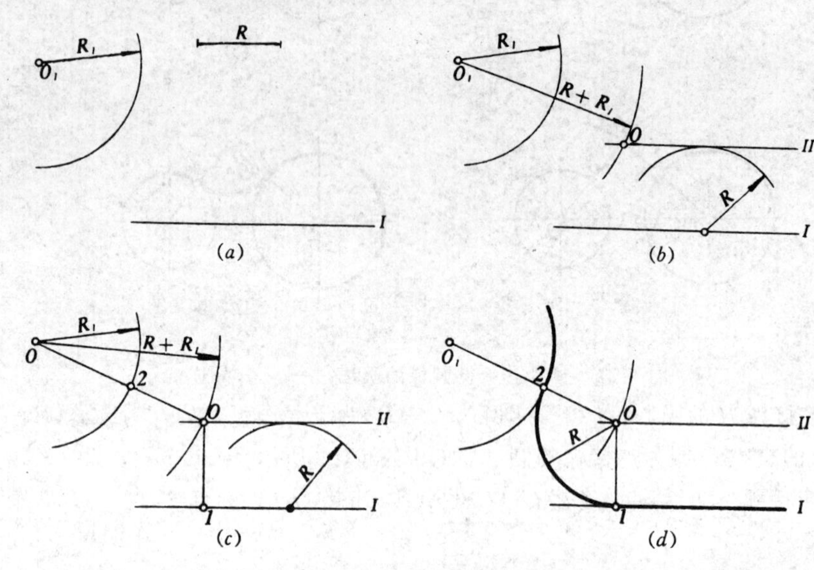

图 1-31　圆弧连接圆弧与直线画法

第六节　绘制平面图形的方法和步骤

一、平面图形的线段和尺寸分析

要正确、迅速地把平面图形(如图 1-32 所示的扳手) 画出来，必须对它的线段和尺寸进行分析，确定哪些线段的尺寸已全部给出，可以直接画出；哪些线段的尺寸还不够齐全，需要根据它们与其他线段的关系来求作，从而确定正确的画图步骤。

平面图形有两类尺寸。一类是确定图形各部分形状大小的定形尺寸，如图 1-32(a) 中各圆弧的半径和柄部的宽度和长度都是定形尺寸。另一类是确定图形中各部分形状间相对位置的定位尺寸，如图 1-32(a) 中确定六边形中心位置的尺寸 4.5、95 等就是定位尺寸。

画圆弧时，需要知道该圆弧的半径 R 和圆心 O 的两个定位尺寸。定形、定位尺寸齐全，可以直接画出的线段称为已知线段(弧)；只有一个定位尺寸，另一个定位尺寸需根据该线段与相邻已知线段的相切关系来求得的线段称为中间线段(弧)；没有定位尺寸，两个定位尺寸都要根据与相邻线段的相切关系才能求得的线段称为连接线段(弧)。

分析图 1-32(a) 可知，柄部的图形是已知线段；六边形的定形、定位尺寸齐全，也是已知线段；圆弧 $R9$、$R18$ 的定形、定位尺寸齐全，是已知弧；圆弧 $R16$、$R8$、$R4$ 没有定位尺寸，圆心位置要根据它们与两端线段的连接关系来确定，所以是连接弧。

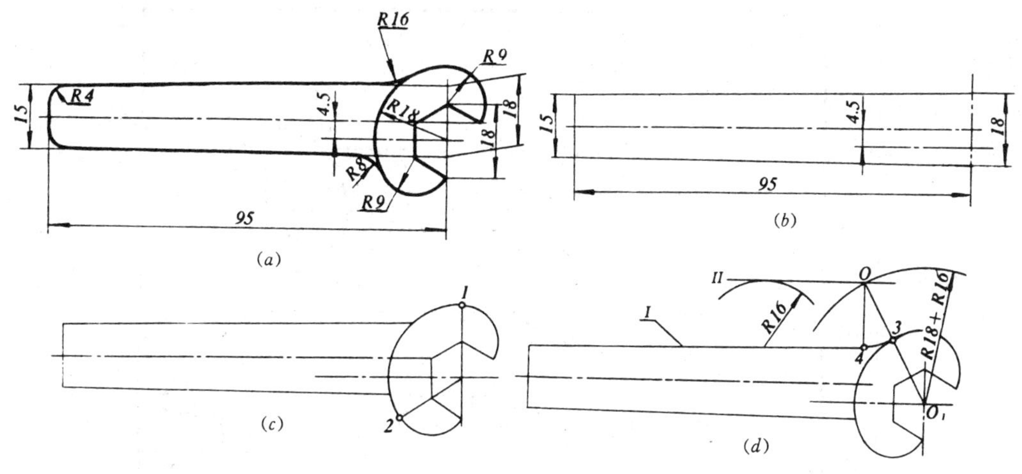

图 1-32　扳手的画法

二、平面图形的绘图步骤

下面通过绘制图 1-32 所示图形，说明平面图形的作图步骤。

(1) 准备工作。备齐绘图工具和仪器，选定比例和图幅，将图纸固定在图板上，画出图框和标题栏。

(2) 布图。根据所画图形大小合理布图，画出基准线(对称中心线、轴线、主要轮廓线等)，如图 1-32(*b*) 所示的点画线。

(3) 画底稿。用较硬铅笔(如 H 或 2H) 画图形底稿，底稿图形用细实线轻画。

1) 根据已知尺寸画出轴线、中心线和柄部的图形，如图 1-32(*b*) 所示。

2) 根据尺寸 18 作出六边形，根据 $R9$、$R18$ 画出弯头，它们相切在点 1、2，如图 1-32(*c*) 所示。

3) 求 $R16$ 连接弧的圆心：以 O_1 为圆心，$R = 18 + 16 = 34$ 为半径画弧，作直线 Ⅱ 平行于直线 Ⅰ，距离为 16，直线 Ⅱ 与圆弧的交点 O 即为圆心，点 3、4 为切点，如图 1-32(*d*) 所示，$R8$、$R4$ 的圆心和切点求法与前类同。

(4) 检查并加深。底稿完成后，要仔细校对，擦去多余的作图线，再按各种图线要求进行加深。同类线型尽量集中一起加深，可按点画线、粗实线、虚线和细实线的次序进行加深。

加深粗实线时，可用 HB 或 B 铅笔，圆规用的铅芯应比画线用的铅笔软一号为宜。先加深圆和圆弧，再自上而下加深所有水平线，自左而右加深所有垂直线，最后加深其余粗实线。

用 H 铅笔加深所有细线 —— 细实线、点画线和虚线，这些线型一般以清晰可见为宜。剖面线如画得太浓太密反而影响图样的清晰，如果底稿已很明显，一般可不再加深。剖面线等也可在加深时一次画成。

(5) 标注尺寸、画代(符) 号、书写必要的说明、填写标题栏等，完成图样，如图 1-33 所示。

三、画徒手草图的方法

徒手绘图是以目测比例，不用绘图仪器和工具徒手进行绘图，所画的图样称为草图。画设计草图以及在现场测绘时，都采用徒手画图的方法。画草图时，仍应基本上做到：图形正确，线型分明，比例匀称，字体工整，图面整洁。

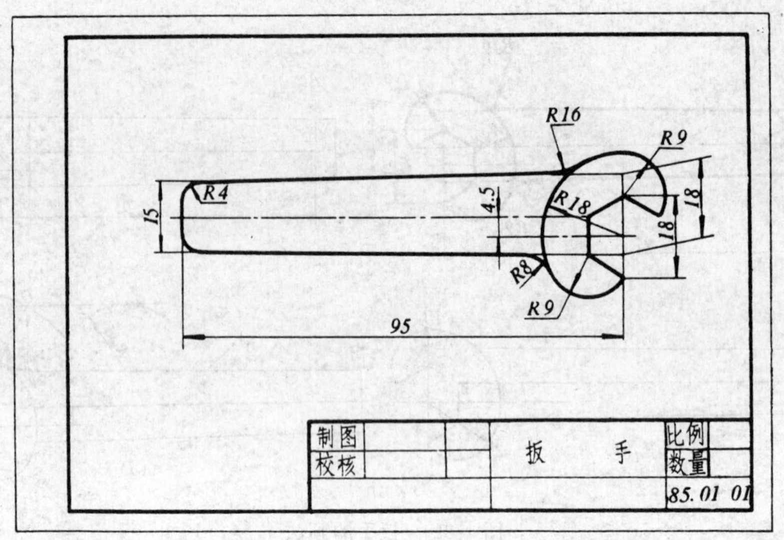

图 1-33　扳手的平面图形

初学画草图时，最好在方格纸上进行，这样可使直线画直并便于控制方向和比例。待绘图技巧进一步提高后，就可在空白纸上画图。

画草图一般选用 HB 或 B 铅笔，徒手绘图的主要技能是：

1. 画直线

画垂直线时使铅笔沿着方格纸的垂直线从上向下移动，画水平线时应从左向右移动，如图 1-34(*a*)、(*b*) 所示。画斜线时应从左下角向右上角或从左上角向右下角移动铅笔画出，如图 1-34(*c*)、(*d*)、(*e*) 所示。剖面线可利用方格的对角线方向画出，如图 1-34(*c*) 所示。画与水平线成 30°，60° 的斜线时，可按两直角边的近似比例关系，定出两端后再连成直线，如图 1-34(*d*)、(*e*) 所示。

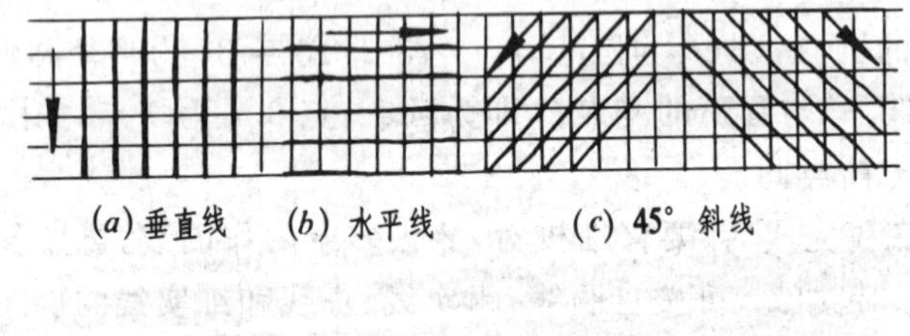

(*a*) 垂直线　(*b*) 水平线　(*c*) 45° 斜线

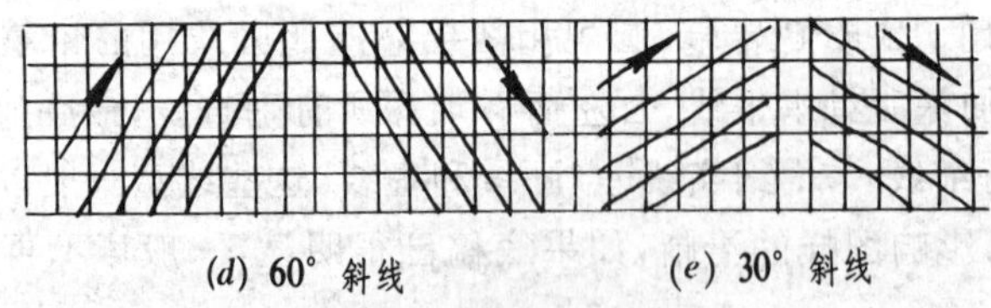

(*d*) 60° 斜线　(*e*) 30° 斜线

图 1-34　草图直线的画法

2. 画圆

画不太大的圆，应先画出两条互相垂直的中心线，再在中心线上按半径定四端点，然后连成圆，如图 1-35(*a*) 所示。如画的圆较大，可以再增画两条对角线，在对角上找四段半径的端点，然后通过这些点进行描绘，最后完成所画的圆，如图 1-35(*b*) 所示。

图 1-36 是草图画法的示例。

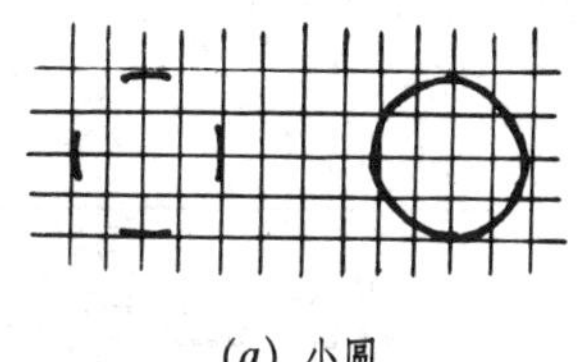
(a) 小圆

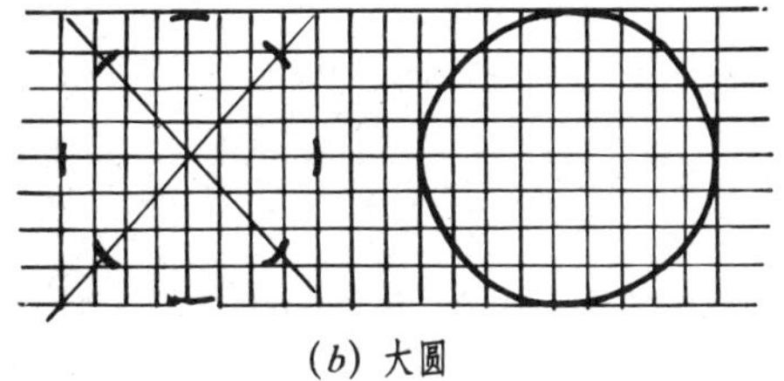
(b) 大圆

图 1-35　草图圆的画法

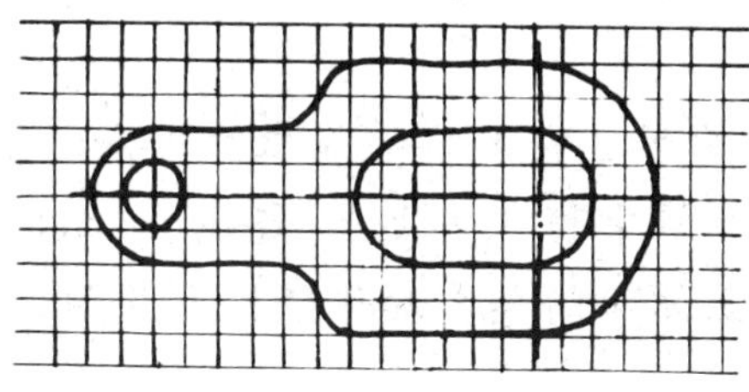

图 1-36　草图画法示例

思考题

1. 图纸幅面有哪些规格，A3 号纸的幅面多大？
2. 图样的比例是____与____之比。
3. 常用的图线有哪些？
4. 一个完整的尺寸，一般应由哪几个部分组成？
5. 圆弧连接的关键在于求出____和____。
6. 试述常用绘图工具与仪器的正确使用方法。
7. 试述用仪器绘图的正确步骤。
8. 怎样徒手画草图？

○第二章

正投影法基础

本章要点　掌握正投影法的基本原理和投影特性、三视图的形成及其投影规律；熟练掌握立体上点、直线、平面的投影特性和作图方法；熟练掌握基本立体和简单叠加体的投影和作图方法。

第一节　投影法的基本知识

一、投影法的基本概念

当太阳光或灯光照射物体时，会在墙壁上或地面上出现物体的影子。人们从这一现象中得到启示，并经过科学的抽象，总结出用投射在平面上的成像表示空间物体形状的投影法。

如图 2-1 所示，光源 S 称为投射中心，光线称为投射线，平面 P 称为投影面，投影面上的成像是空间物体的投影。

1. 中心投影法

中心投影法是由投射中心、物体和投影面组成，投射线汇交一点的投影法。如图 2-1 所示，所有的投射线都是从投射中心 S 发出，向四周辐射，$\triangle abc$ 是空间 $\triangle ABC$ 在 P 面上的投影。

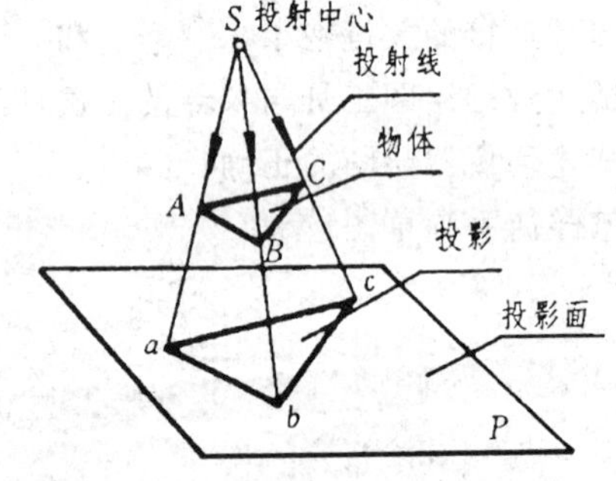

图 2-1　中心投影法

用中心投影法得到的物体投影的形状和大小与物体对投影面所处位置有关，投影不能反映物体表面真实形状和大小，但图形富有立体感，常用于建筑工程上的透视图（透视投影）。

2. 平行投影法

当将投射中心移至离投影面无限远处，投射线趋于相互平行，此种投影法称为平行投影法。在平行投影法中，物体的投影与物体相对投影面的距离无关，因而度量性能好，且画图简单，如图 2-2 所示，因此被广泛应用于工程图样中。

平行投影法按投射线与投影面是否垂直分为正投影法和斜投影法两种：

(1) 正投影法

即投射线与投影面垂直。在工程中主要采用正投影法绘制图形，如图 2-2(a) 所示。为叙述方便，后续章节中无特殊说明，均指这种投影方法。

(2) 斜投影法

即投射线与投影面倾斜的投影方法，如图 2-2(*b*) 所示。

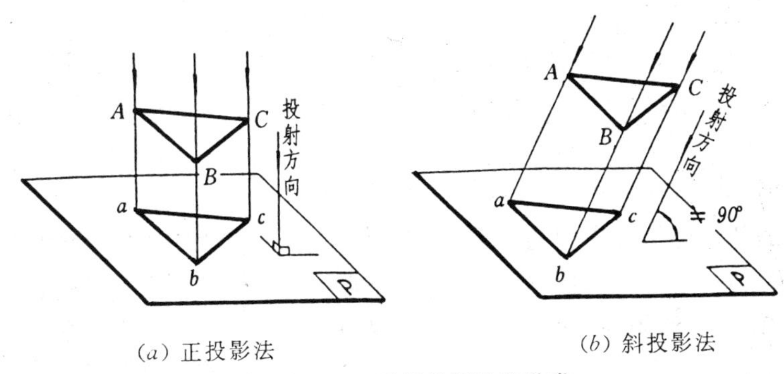

(*a*) 正投影法　　(*b*) 斜投影法

图 2-2　平行投影法的种类

二、正投影法中平面和直线的投影特性

1. 真实性

若空间一平面或一直线平行于投影面时，其投影反映平面的实形或直线的实长。如图 2-3(*a*) 所示，立体上 R 平面和 AB 棱线的投影 $r \cong R$，$ab = AB$。

2. 积聚性

若空间一平面或一直线垂直于投影面时，则平面的投影积聚为一直线，直线的投影积聚为一点。如图 2-3(*b*) 所示，立体上 Q 平面的投影为一直线 q，CD 棱线的投影为一点 $c(d)$(重合)。

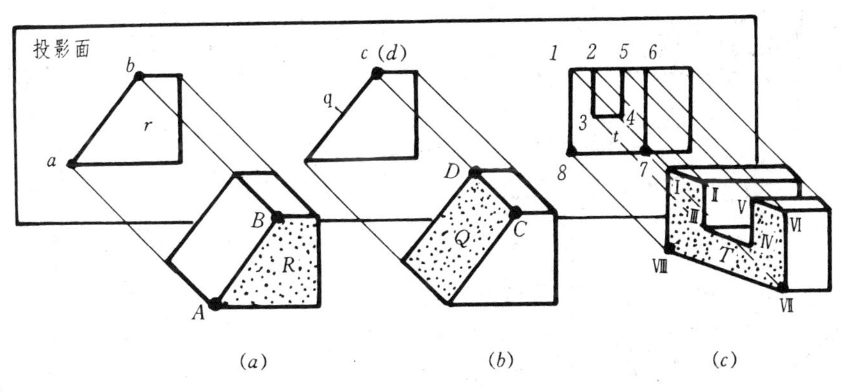

(*a*)　(*b*)　(*c*)

图 2-3　正投影法的基本性质

3. 类似性

若空间一平面或一直线倾斜于投影面时，则平面的投影与空间图形类似，即凸凹相同、边数相等，直线投影仍为一直线，但长度小于原直线。图 2-3(*c*) 中，T 平面为凹形，其投影也为凹形，但 $t \neq T$，棱线 $78 \neq$ ⅦⅧ。

物体的形状由表面的几何元素决定。由上述分析可知，空间物体上的几何元素相对于投影面的位置不同，其投影结果也不相同。因此，当我们绘制物体投影图时，应根据正投影法的基本投影性质，尽可能使物体上的平面和直线处于与投影面平行或垂直的位置。

第二节　三视图的形成及其投影规律

一、三面投影体系

使用正投影法，把物体放在观察者和投影面之间，观察者的视线代替投射线，并假想视线互相平行且垂直于投影面，这样得到的投影图按技术制图国家标准规定称为视图，如图 2-4 所示。

用一个投影面只能画出物体的一个视图，它只能反映平行于投影面的两个坐标方向的物体大小和形状，而不能表达物体的整体大小和形状。有时一个平面图形所对应的物体可以有多个，如图 2-5 所示。为了表示物体的整体大小和形状，必须从几个方向来观察，即从几个方向画出物体的投影图。

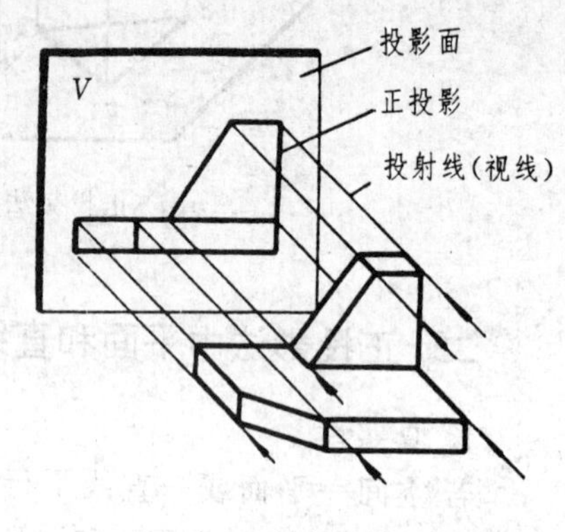

图 2-4　单面投影

国家标准《技术制图投影法》GB/T14692 — 93 规定：将物体置于三个相互垂直的投影面内，图 2-6 中的正立投影面 V 简称正面、水平投影面 H 简称水平面、侧立投影面 W 简称侧面，这样就构成投影的三投影面体系。这三个投影面之间的交线 OX、OY、OZ 称为投影轴，它们分别表示物体长、宽、高三个测量方向。

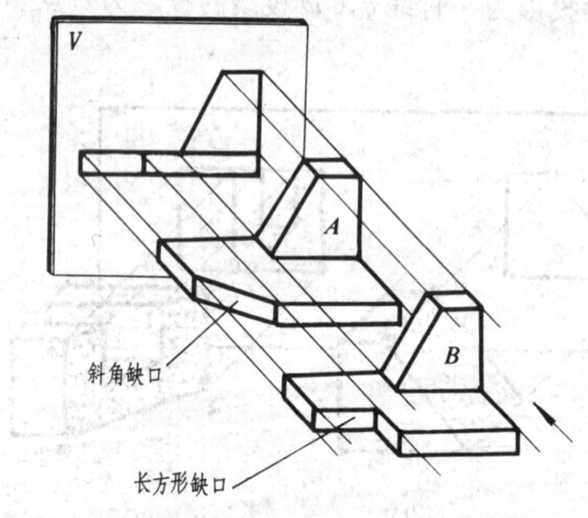

图 2-5　两物体在同一投影面上的投影

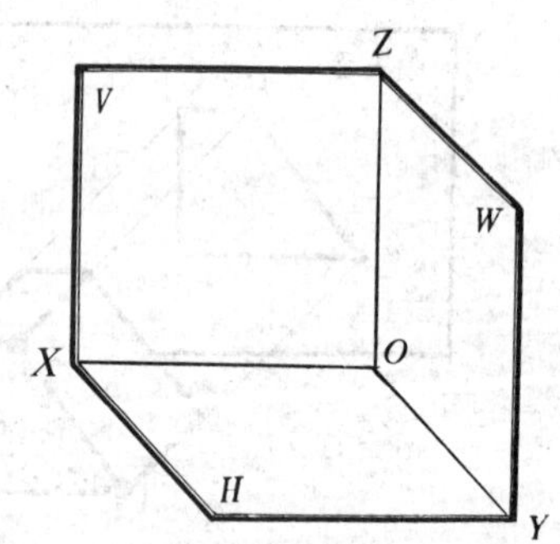

图 2-6　三投影面体系

二、三视图的形成

在三面投影体系中，物体向正面进行投射，得到的投影称为正面投影；向水平面投射，得到的投影称为水平投影；向侧面投射，得到的投影称为侧面投影。根据制图标准有关规定，物体的正面投影，称为主视图；水平投影称为俯视图；侧面投影称为左视图。在视图中，规定物体的可见轮廓线画成粗实线，不可见轮廓线画成虚线。

为了将三个视图画在同一张图纸上，技术制图国家标准规定正面保持不动，把水平面绕 OX 轴向下旋转 90°，把侧面绕 OZ 轴向右旋转 90°，这样就得到在同一平面上的三视图，如图

2-7(b) 所示。在工程图上，视图主要用来表达物体的形状，没有必要表达机件与投影面间的距离，因此，在绘图时不必画出投影轴，也不必画出投影间的连线，如图 2-7(c) 所示。通常视图间的距离，可根据图纸幅面，视图大小和尺寸标注等因素来确定。

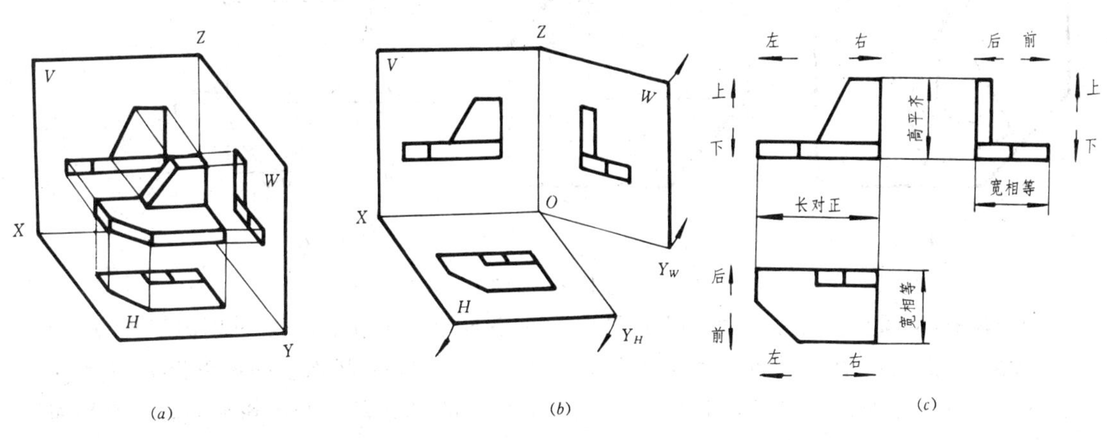

图 2-7　三视图的形成

三、三视图的投影规律

三视图的位置关系是：以主视图为准，俯视图在主视图的正下方，左视图在主视图的正右方。如果把物体左右方向的尺寸称为"长"，前后方向的尺寸称为"宽"，上下方向的尺寸称为"高"，则对照图 2-7(a)、(b) 可以看出：主视图反映物体的长和高，即左右和上下；俯视图反映物体的长和宽，即左右和前后；左视图反映物体的高和宽，即上下和前后。由此可得出三视图的投影规律，即三等规律为：

主视图和俯视图长对正；

主视图和左视图高平齐；

俯视图和左视图宽相等。

三等规律是画图和看图必须遵循的最基本的投影规律。

要特别注意：俯视图和左视图中靠近主视图的一边是物体的"后"边，而远离主视图的一边是物体的"前"边。因此在俯视图、左视图上度量宽度时，要注意量取尺寸的起点和方向，见图 2-7(c)。

第三节　立体上点、直线、平面的投影分析

物体的结构从几何角度去分析它，都可以归结为由几何元素点、线、面所构成。因此要掌握物体的投影，就必须学好点、线、面的投影规律和投影特性。

一、立体上点的投影

点是立体上最基本的几何元素，一般体现为棱线和棱线的交点、棱面的顶点等，如图 2-8(a) 中的 A 点。

1. 点的三面投影

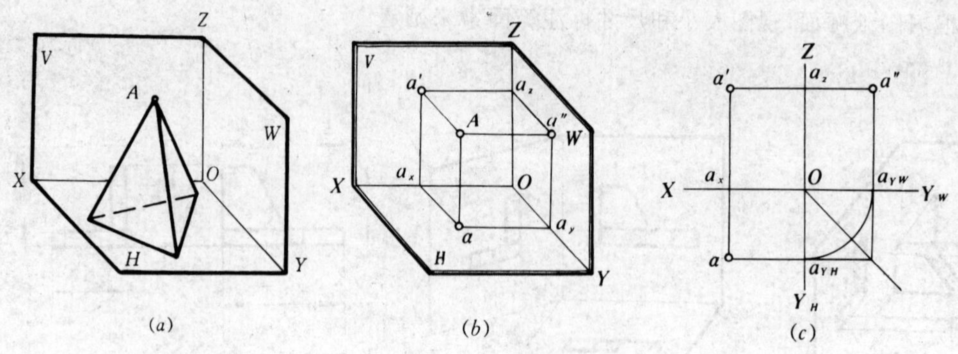

图 2-8　立体上点的投影

在图 2-8 中，空间点 A 处于 V 面、H 面和 W 面的三投影面体系中，A 点分别向 V 面、H 面和 W 面投射，A 点在 H 面上的投影为 a，在 V 面上的投影为 a'，在 W 面上的投影为 a''。投影法中对空间点和其投影的符号作了如上的规定。把空间状态的 A 点的三个投影展开在一个平面上，如图 2-8(c) 所示。为了在投影图上确定空间点的位置，应保留投影轴，其中 OY 轴随 H 面展开记作 OY_H，随 W 面展开记作 OY_W，从点的投影(图 2-8)可归纳出点在三投影面体系中的投影特性：

(1) A 点的正面投影 a' 和水平投影 a 的连线垂直于 OX 轴，即 $a'a \perp OX$。

因为过 A 点向投影面所作的垂直线 Aa' 和 Aa 组成的平面必然同时垂直于 H 面和 V 面，显然它垂直于 H 面和 V 面的交线 OX 轴，如图 2-8(b) 所示，所以 $a'a_X$ 和 aa_X 都垂直于 OX 轴。当 H 面绕 OX 轴旋转重合于 V 面位置时，$a'a_X$ 和 aa_X 成为垂直于 OX 的一条直线。

(2) A 点的正面投影 a' 和侧面投影 a'' 的连线垂直于 OZ 轴，即 $a'a'' \perp OZ$。证法同前。

(3) A 点的水平投影到 OX 轴的距离，等于侧面投影到 OZ 轴的距离，即 $aa_X = a''a_Z$。为了完成其作图，可按图 2-8(c) 用以 O 为圆心的圆弧或 45° 分角线表明其作图关系。

例 2-1　已知点 A 的正面投影 a' 和水平投影 a，求作其侧面投影 a''。

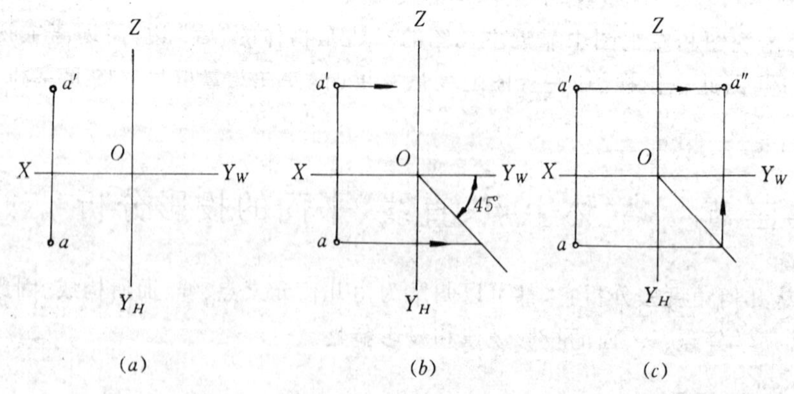

图 2-9　求点的第三投影

作图步骤见图 2-9：

(1) 利用点的投影规律，知 $a'a'' \perp OZ$，a'' 必在 $a'a_Z$ 的延长线上。

(2) 根据 $y_A = aa_X = a''a_Z$，按作图箭头所示，得到 a''，见图 2-9(c)。

2. 点的三面投影和直角坐标的关系

若把三投影面体系看作直角坐标体系，则 H 面、V 面和 W 面为坐标面，OX、OY 和 OZ 轴即为坐标轴，点 O 为坐标原点，这样空间点到投影面的距离可以用坐标表示。如图 2-10 所示。空间点 A 的坐标值在投影图上规定了增值方向：X 坐标自 O 向左；Y 坐标自 O 向下（或自 O 向右）；Z 坐标自 O 向上。由此，A 点的三面投影与坐标有如下关系：

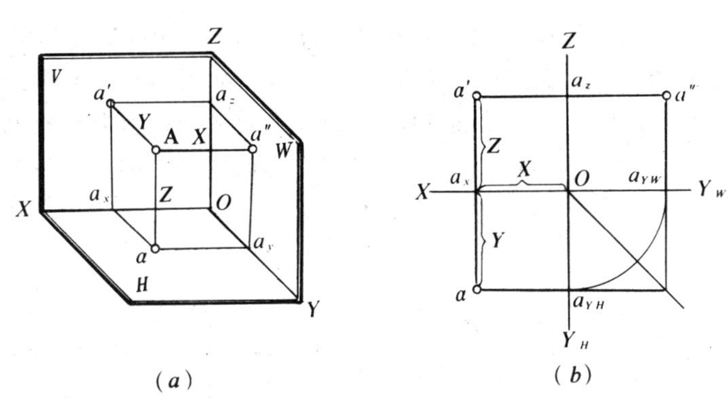

图 2-10　点的三面投影及其坐标

(1) A 点到 W 面的距离等于 Aa''，且 $Aa'' = a'a_Z = aa_{YH} = a_XO$ 为 A 点的 X 坐标；

(2) A 点到 V 面的距离等于 Aa'，且 $Aa' = a''a_Z = aa_X = a_{YH}O$ 为 A 点的 Y 坐标；

(3) A 点到 H 面的距离等于 Aa，且 $Aa = a''a_{YW} = a'a_X = a_ZO$ 为 A 点的 Z 坐标。

因此，当已知点的坐标（X、Y、Z），即可作出该点的投影。反之，知道点的投影图亦可测得点的坐标值。

例 2-2　已知空间点 $A(15,15,20)$，试作点 A 的三面投影。

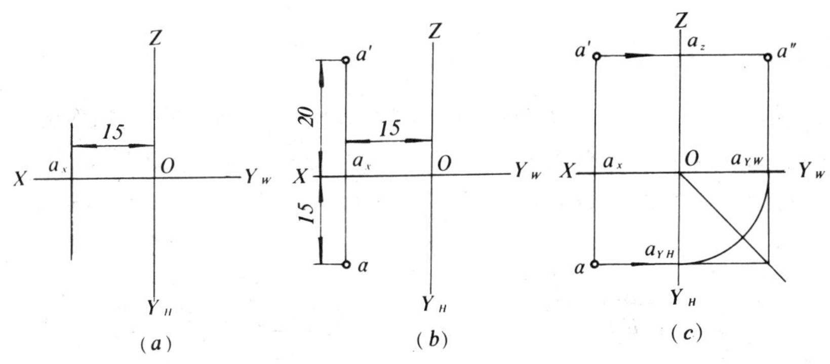

图 2-11　由点的坐标作三面投影

作图步骤见图 2-11：

(1) 作 X,Y,Z 轴得原点 O，然后在 OX 轴上自 O 向左量取 15mm（即 X 坐标），确定 a_X；

(2) 过 a_X 作 OX 轴垂直线，沿着 OY_H 轴方向自 O 向下量取 15mm（即 Y 坐标）得 a，再沿 OZ 轴方向自 O 向上量取 20mm（即 Z 坐标）确定 a'；

(3) 过 a' 作 OZ 轴的垂直线，从 a 作 OY_H 轴垂直线，再用 45° 分角线或圆弧求得 a''，即完成

点 A 的三面投影。

3. 两点的相对位置及重影点

(1) 两点的相对位置

空间点的位置可以用绝对坐标(即空间点对原点的坐标)来确定,也可以用相对于另一个已知点的相对坐标来确定。

如图 2-12(a) 所示,当 A 和 B 两点处在同一个三面体系中时,两点之间相对位置可以用两点同一方向的坐标差来反映。因为 X 坐标是表示点到 W 面的距离,故对两点 X 坐标值的比较就可判别两点的左右位置;Y 坐标是表示点到 V 面的距离,故对两点 Y 坐标值的比较就可判别两点的前后位置;Z 坐标是表示点到 H 面的距离,故对两点 Z 坐标值的比较就可判别两点的上下(高低)的位置。由图 2-12(b) 可测得 $A(20,20,12)$ 和 $B(10,12,20)$,设以点 B 为基准,则 A 与 B 两点的相对位置为:

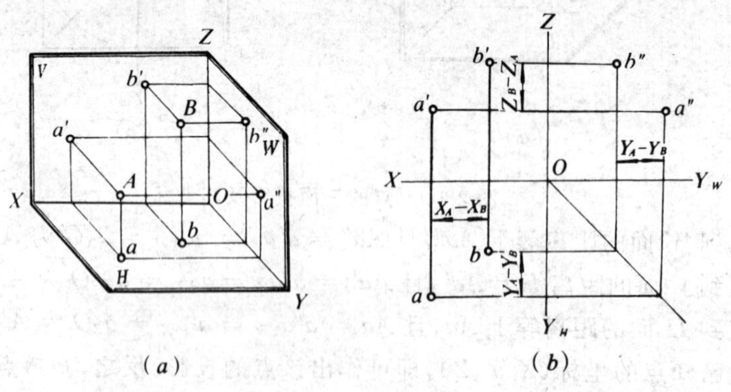

图 2-12 两点的相对位置

在 X 轴方向,$X_A > X_B$,点 A 在点 B 的左方;

在 Y 轴方向,$Y_A > Y_B$,点 A 在点 B 的前方;

在 Z 轴方向,$Z_A < Z_B$,点 A 在点 B 的下方。

(2) 重影点

当两点的某两个坐标相同时,该两点相对于这两个坐标轴组成的坐标面将处于同一投射线上,在此投影面上两点的投影将重合,则这两点称为该投影面的重影点。如图 2-13 中点 A 和点 B 的坐标值分别为:$A(15,20,15)$,$B(15,10,15)$ 两点的 X 和 Z 坐标分别相等,故 A、B 两点

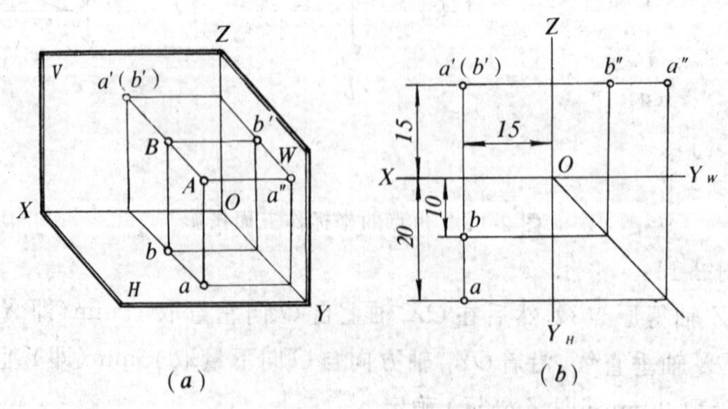

图 2-13 点的重影

的正面投影重合。由投影图或两点坐标可知 $Y_A > Y_B$，故相对于 V 面，点 A 在点 B 的前方 10mm，显然作正面投影时，点 A 遮住点 B，点 B 的正面投影为不可见。当点重影时，不可见的投影符号一般要加括号，即为 (b')。同理，若水平投影重影，则比较两点的 Z 坐标大小；若侧面投影重影，则比较两点的 X 坐标大小。重影点的可见性是根据不重影的投影图来确定的。

二、立体上直线的投影

1. 各种位置直线的投影特性

空间一直线的投影可由直线上两点（通常取直线上两个端点）的同面投影来确定。

在三面投影体系中，直线与投影面的相对位置可以分为下列三种情况：

(1) 投影面平行线

只平行于某一投影面，而对另外两投影面倾斜的直线，称为投影面平行线。在投影面平行线中，平行于水平投影面的直线称为水平线；平行于正面投影面的直线称为正平线；平行于侧面投影面的直线称为侧平线。表 2-1 列出了投影面平行线的投影特性。

表 2-1　投影面平行线的投影特性

	立体图	三视图	投影图	投影特性
正平线	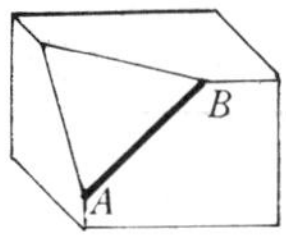	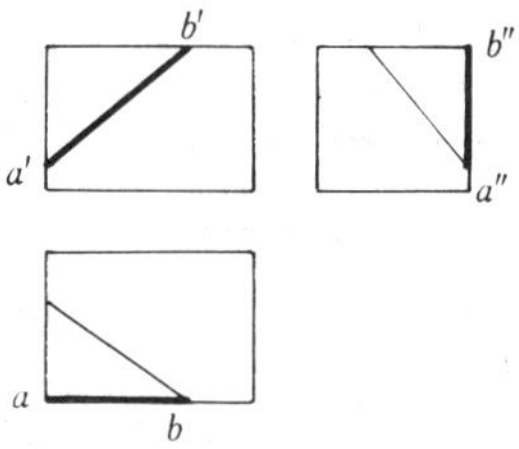	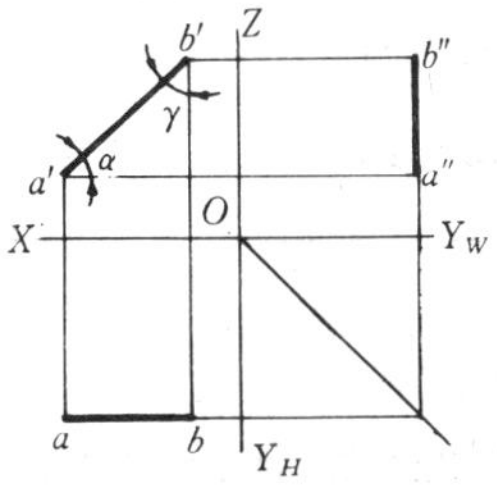	1. $ab // OX$，$a''b'' // OZ$，长度缩短。 2. $a'b'$ 反映实长。 3. α、γ 为实角。
水平线	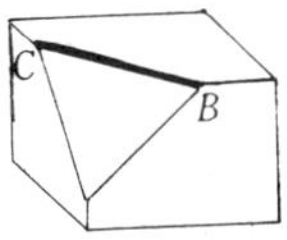	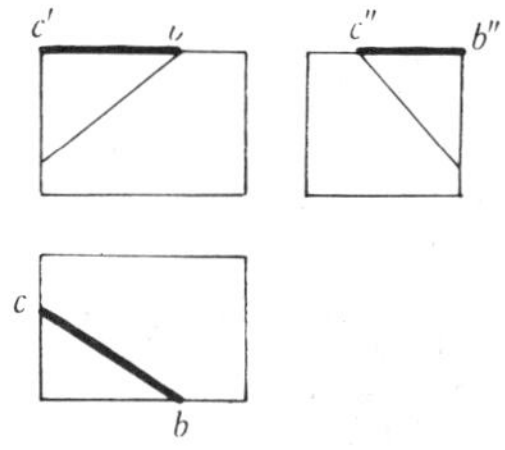	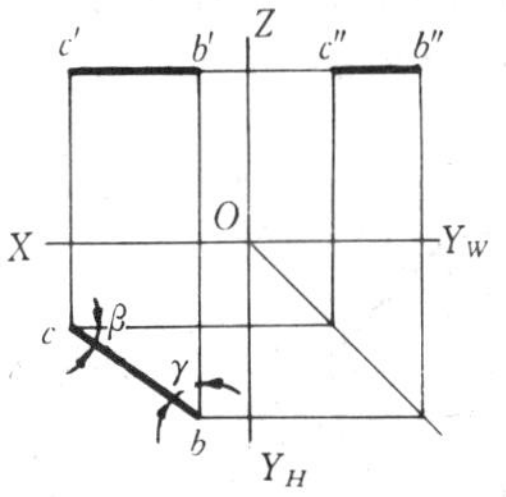	1. $c'b' // OX$，$c''b'' // OY_W$，长度缩短。 2. cb 反映实长。 3. β、γ 为实角。
侧平线	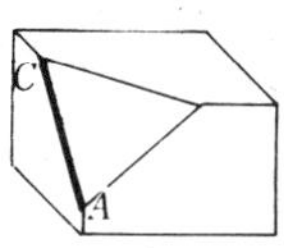	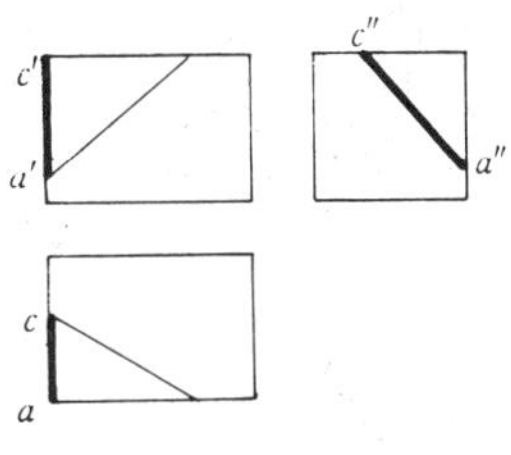	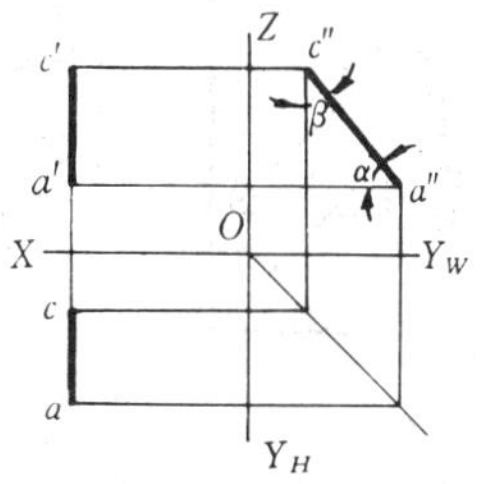	1. $c'a' // OZ$，$ca // OY_H$，长度缩短。 2. $c''a''$ 反映实长。 3. α、β 为实角。

[注] α 为直线对 H 面的真实倾角；β 为直线对 V 面的真实倾角；γ 为直线对 W 面的真实倾角。

(2) 投影面垂直线

垂直于某一投影面，而对另外两投影面平行的直线，称为投影面垂直线。在投影面垂直线中，垂直于水平投影面的直线称为铅垂线；垂直于正面投影面的直线称为正垂线；垂直于侧面投影面的直线称为侧垂线。表 2-2 列出了投影面垂直线的投影特性。

表 2-2　投影面垂直线的投影特性

	立体图	三视图	投影图	投影特性
正垂线				1. $a'b'$ 积聚成一点。 2. ab // OY_H，$a''b''$ // OY_W，并反映实长。
铅垂线				1. ac 积聚成一点。 2. $a'c'$ // OZ，$a''c''$ // OZ，并反映实长。
侧垂线				1. $a''d''$ 积聚成一点。 2. $a'd'$ // OX，ad // OX，并反映实长。

(3) 一般位置直线

对三个投影面都倾斜的直线，称为一般位置直线。图 2-14(a) 为三棱锥立体图，棱线 SA 为一般位置线，对三个投影面都是倾斜的。因此，一般位置直线的三个投影都是小于实长的倾斜直线，并且也不反映和各投影面的真实夹角，见图 2-14(b)、(c)。

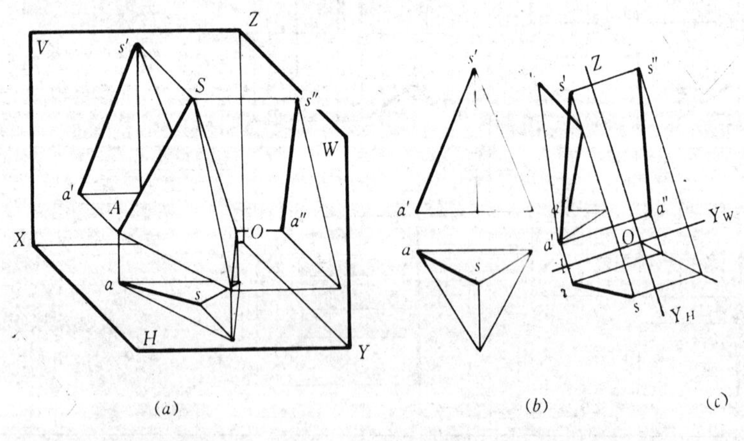

图 2-14　一般位置直线

2. 直线上点的投影

点在直线上，则点的各个投影必定在该直线的同面投影上；反之，若点的各个投影在直线的同面投影上，则该点一定在直线上。如图 2-15(a) 所示，K 在 AB 上，k' 在 $a'b'$ 上，k 在 ab 上，

k'' 在 $a''b''$ 上。

点分割线段成定比，则分割线段的各个同面投影之比等于其线段之比，如图 2-15(b) 所示。

$$AK : KB = a'k' : k'b' = ak : kb = a''k'' : k''b''$$

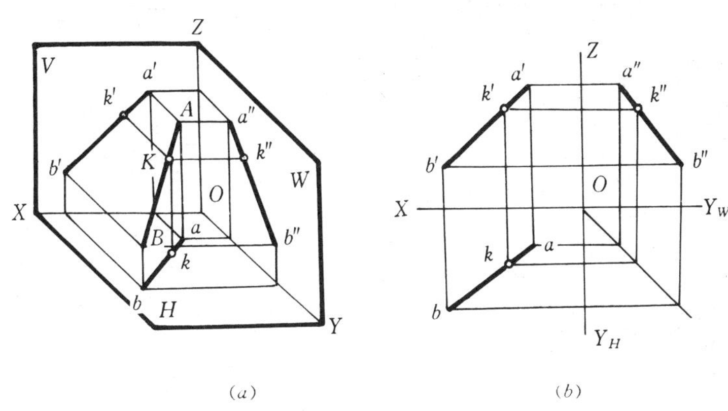

(a)　　　　(b)

图 2-15　直线上的点

3. 两直线的相对位置

空间两直线的相对位置有三种情况，即平行、相交和交叉，它们的投影特性分别叙述如下：

(1) 两直线平行

若空间两直线相互平行，则两直线的同面投影也相互平行，即若 $AB \parallel CD$，则 $ab \parallel cd$，$a'b' \parallel c'd'$，如图 2-16 所示。

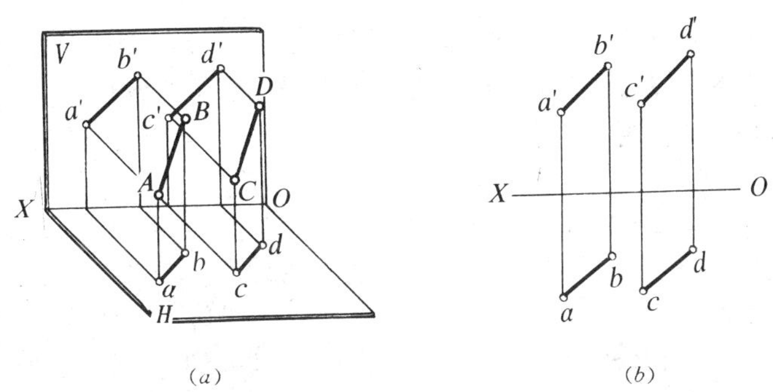

(a)　　　　(b)

图 2-16　两直线平行

如果从投影图上要判别一般位置的两条直线是否平行，只要看它们的两个同面投影是否平行即可。但当两直线为投影面平行线时，则有时需要观察第三个同面投影。例如，图 2-17(a) 中 AB、CD 是两条侧平线，它们的正面投影及水平投影均互相平行，即 $a'b' \parallel c'd'$、$ab \parallel cd$；但它们的侧面投影并不平行，因此 AB、CD 两直线空间并不平行，如图 2-17(b) 所示。

(2) 两直线相交

若两直线空间相交，则它们的所有同面投影亦分别相交，且交点的投影符合点的投影规律。

如图 2-18(a) 所示，两直线 AB、CD 相交于 K 点，K 点是两直线的共有点，所以 ab 与 cd 交于 k，$a'b'$ 与 $c'd'$ 交于 k'，kk' 连线必垂直于 OX 轴，如图 2-18(b) 所示。

(3) 两直线交叉

在空间既不平行又不相交的两直线，称为两直线交叉，即为异面直线。交叉的两直线在空

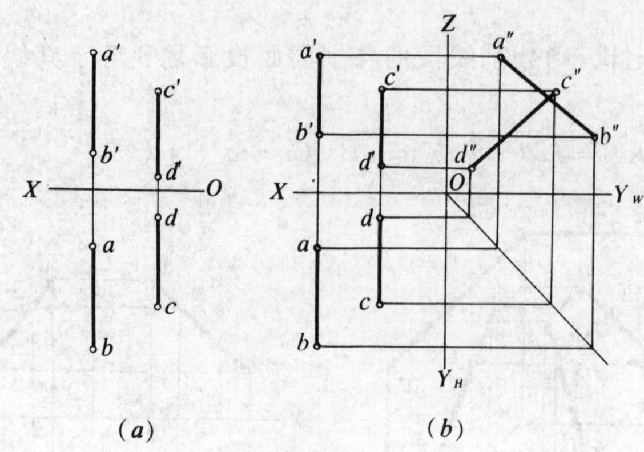

图 2-17　判别两侧平线是否平行

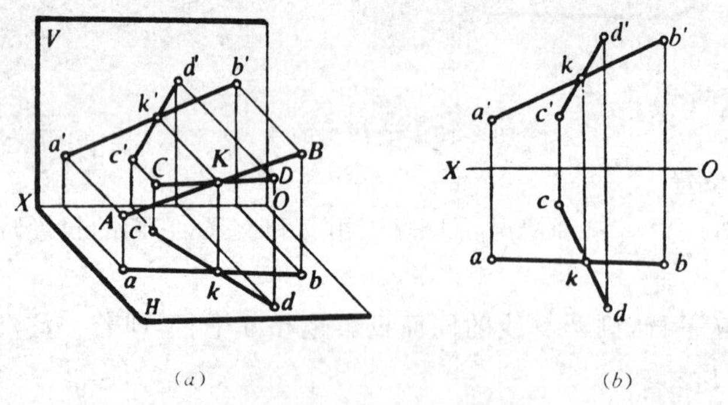

图 2-18　相交的两直线

间不存在交点，然而，它们在投影图上的同面投影可能相交，但交点不符合点的投影规律。投影的交点是两直线上的重影点，如图 2-19 所示。在图 2-17(*b*) 交叉两直线的两个同面投影可能会有平行的情况，但该两直线的第三个面投影是不会平行的。图 2-20 为交叉两直线上重影点可见性的判别。

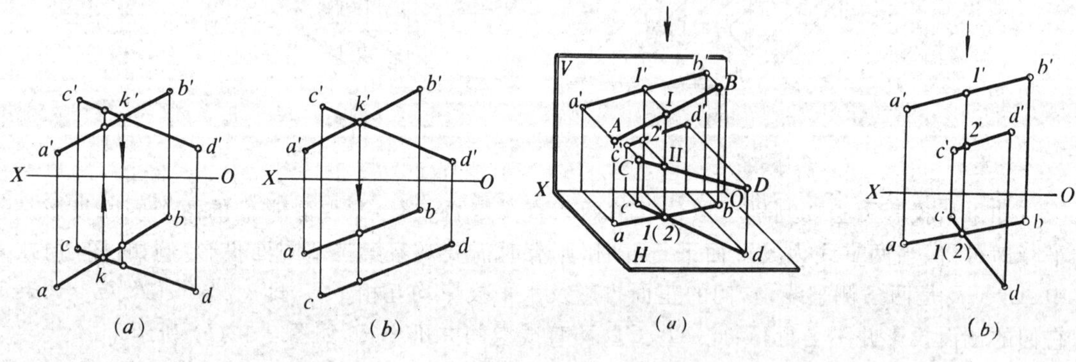

图 2-19　交叉两直线的投影

图 2-20　判别重影点的可见性

三、立体上平面的投影

1. 平面的表示法

立体上每个平面在三投影面体系中的投影，是由围成该平面的点和线等几何元素的同面投影来确定的，因此，在投影图上可以用下列任一组几何要素的投影表示平面，如图 2-21 所示。

(1) 不属于同一直线的三点；

(2) 一直线和不属于该直线的一点；

(3) 两相交直线；

(4) 两平行直线；

(5) 任意平面图形，如三角形、圆形等。

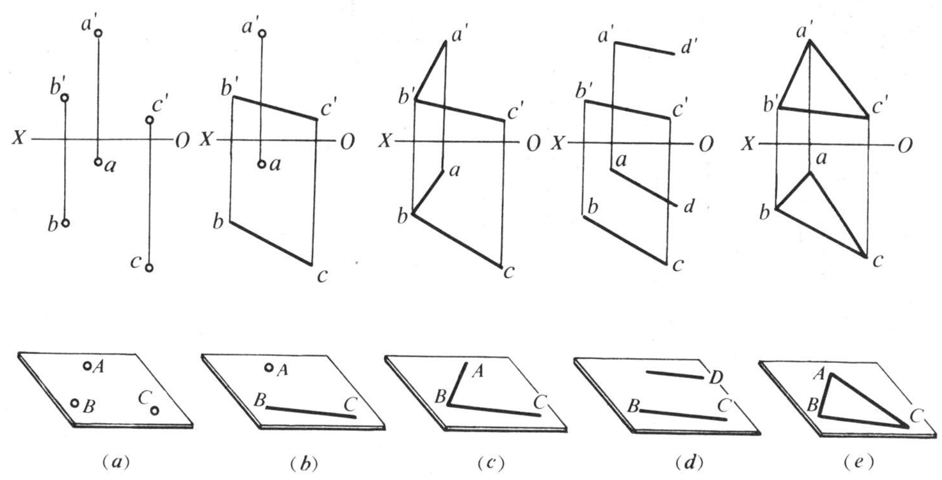

图 2-21　各种几何元素表示的平面

2. 各种位置平面的投影特性

在三面投影体系中，平面与投影面的相对位置可以分为下列三种情况：

(1) 投影面的平行面

平行于某个投影面同时必垂直于另外两个投影面的平面称为平行面。平行面分为三种：平行于正面投影面的平面称为正平面；平行于水平投影面的平面称为水平面；平行于侧面投影面的平面称为侧平面。表 2-3 列出投影面平行面的投影特性。

(2) 投影面的垂直面

只垂直于某一投影面而对另外两个投影面倾斜的平面称为投影面的垂直面。垂直于正面投影面的平面称为正垂面；垂直于水平投影面的平面称为铅垂面；垂直于侧面投影面的平面称为侧垂面。表 2-4 列出投影面垂直面的投影特性。

表 2-3　投影面平行面的投影特性

	立体图	三视图	投影图	投影特性
正平面				1. 正面投影反映实形。 2. 水平投影积聚成直线，且平行于 OX 轴。 3. 侧面投影积聚成直线，且平行于 OZ 轴。

续　表

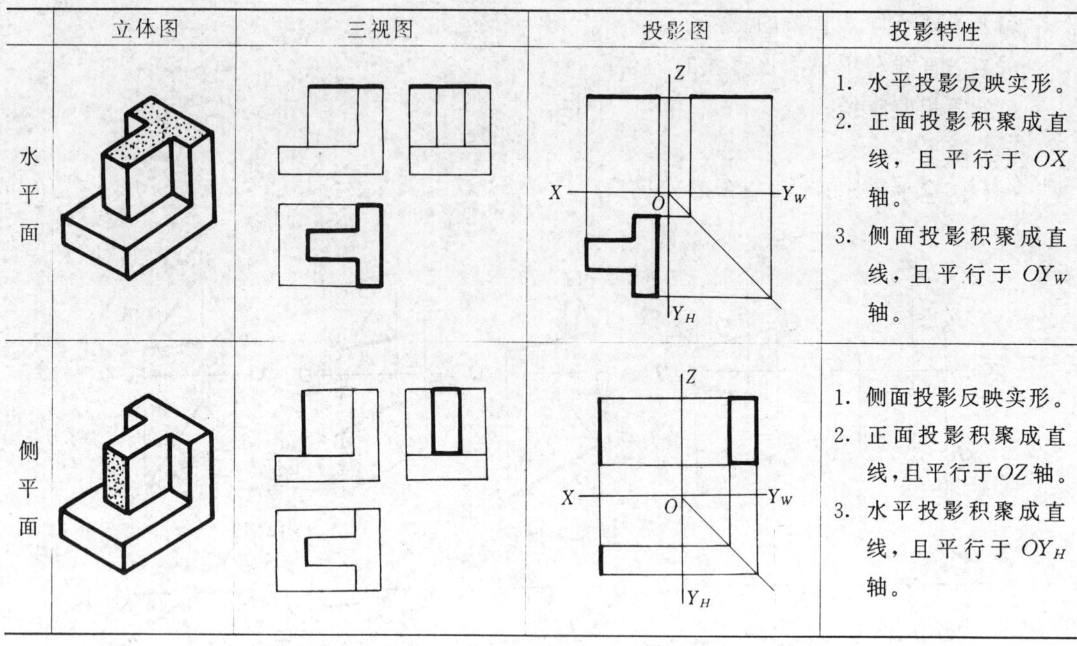

	立体图	三视图	投影图	投影特性
水平面				1. 水平投影反映实形。 2. 正面投影积聚成直线，且平行于 OX 轴。 3. 侧面投影积聚成直线，且平行于 OY_W 轴。
侧平面				1. 侧面投影反映实形。 2. 正面投影积聚成直线，且平行于 OZ 轴。 3. 水平投影积聚成直线，且平行于 OY_H 轴。

表 2-4　投影面垂直面的投影特性

	立体图	三视图	投影图	投影特性
正垂面		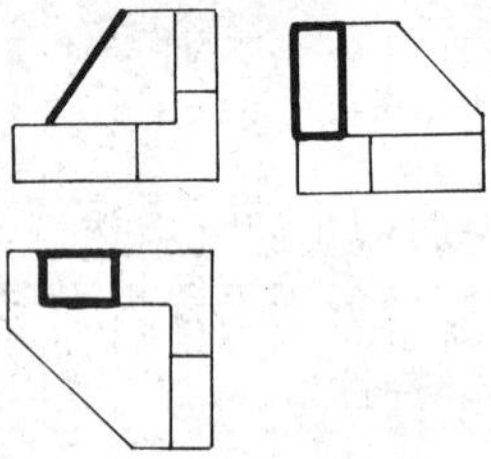	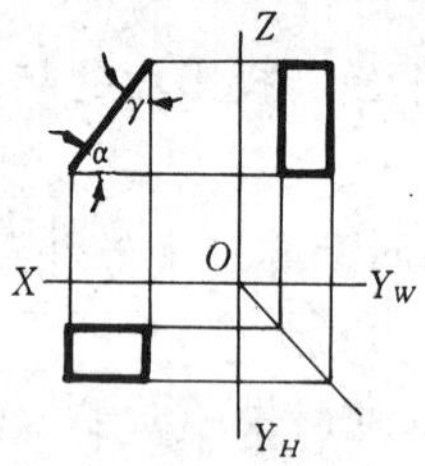 Z, X, O, Y_W, Y_H, α, γ	1. 正面投影积聚成直线。 2. 水平投影和侧面投影为缩小的类似形。 3. α、γ 为实角。
铅垂面	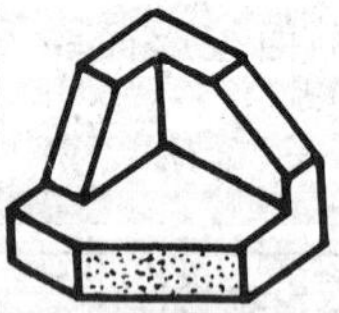	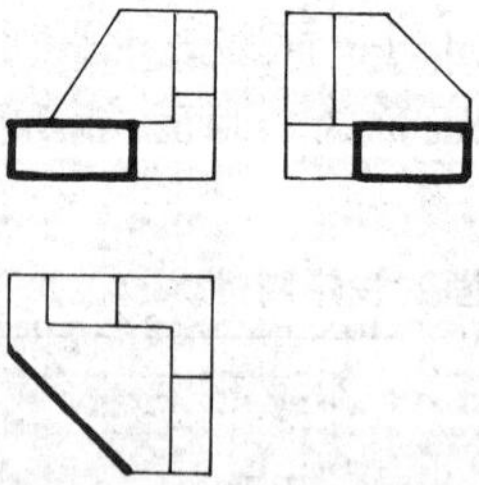	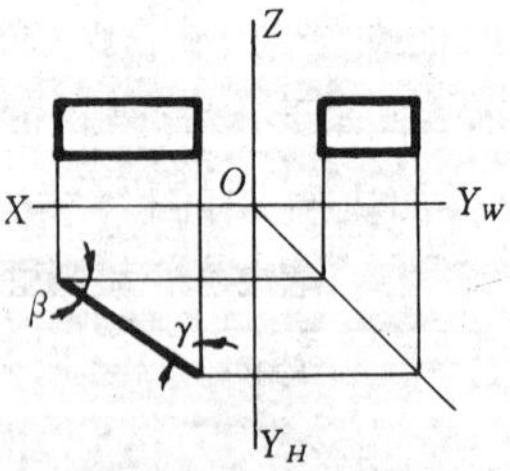 Z, X, O, Y_W, Y_H, β, γ	1. 水平投影积聚成直线。 2. 正面投影和侧面投影为缩小的类似形。 3. β、γ 为实角。
侧垂面		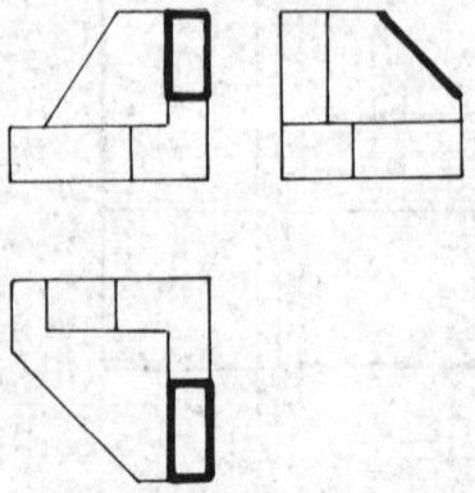	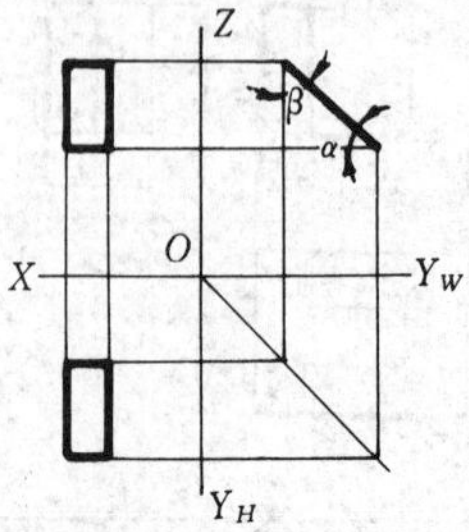 Z, X, O, Y_W, Y_H, β, α	1. 侧面投影积聚成直线。 2. 正面投影和水平投影为缩小的类似形。 3. α、β 为实角。

[注] α 为平面对 H 面的真实倾角；β 为平面对 V 面的真实倾角；γ 为平面对 W 面的真实倾角。

我们将投影面的平行面和投影面的垂直面统称为特殊位置平面。但应注意掌握特殊位置平面的定义和投影特性,这对于分析物体表面形状和绘制它们的投影很有好处。两者都具有积聚性,但差别很大,前者具有真实性,而后者无真实性,且另两投影为类似形。

例 2-3 图 2-22(*b*) 所示为多棱形的立体图,试按箭头方向说明立体上每个平面所处的空间位置。

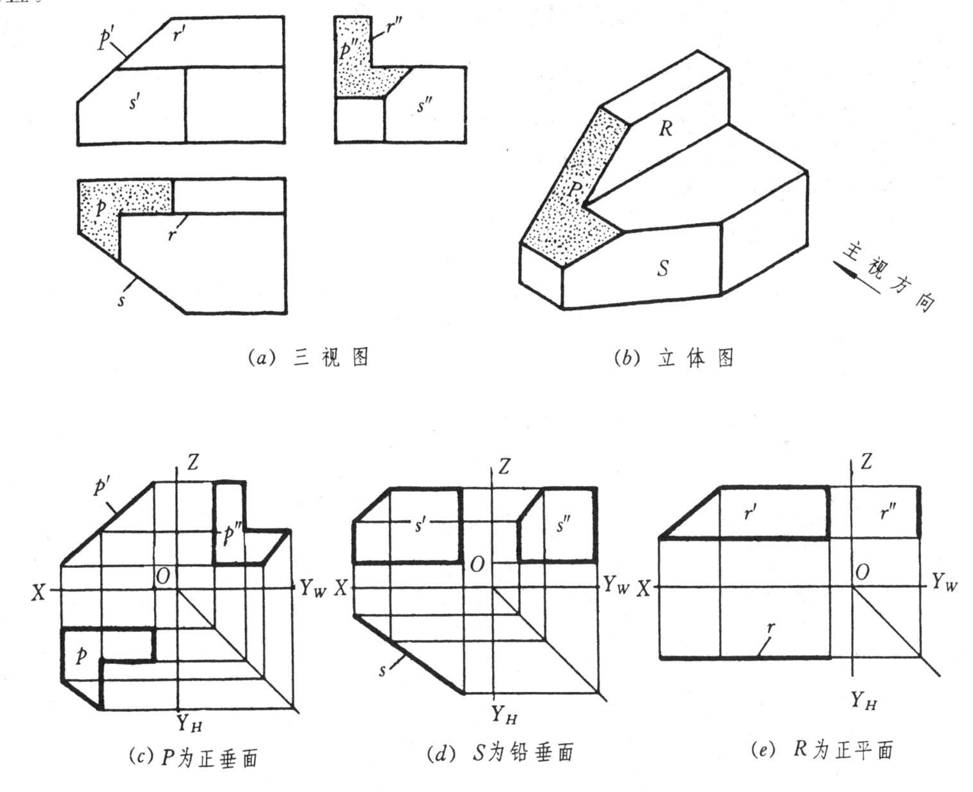

(*a*) 三视图　　(*b*) 立体图

(*c*) *P*为正垂面　　(*d*) *S*为铅垂面　　(*e*) *R*为正平面

图 2-22　立体上平面所处的空间位置

按箭头方向投射,得到立体的三视图,即图 2-22(*a*)。立体上每个线框代表一个面,对照立体图和三视图可知:平面 *P* 为正垂面,如图 2-22(*c*) 所示;*S* 为铅垂面,如图 2-22(*d*) 所示;*R* 为正平面,如图 2-22(*e*) 所示。*S* 面和 *R* 面显然是不同的。

(3) 一般位置平面

与三个投影面都处于倾斜位置的平面称为一般位置平面。其投影特性为:三面投影均是与原平面形状类似的平面图形,但是面积都小于实形,如图 2-23 所示。

3. 平面上的点和直线

平面上一切图形,都可以分析为由直线和点所构成;若能在平面上任意地作出一系列点和直线,就可以在该平面上作出各种图形。因此,在平面上取点和直线,是平面作图的基本问题。

(1) 几何条件

平面上的点,必须在平面上的一已知直线上,见图 2-24(*a*) 上的点 *E*。平面上的直线,必须通过平面上的两个已知点,或通过一已知点,且平行于平面上的另一条直线,分别见图 2-24(*b*)、(*c*) 上的直线 *EF* 和 *FG*。

(2) 在平面上取点和直线

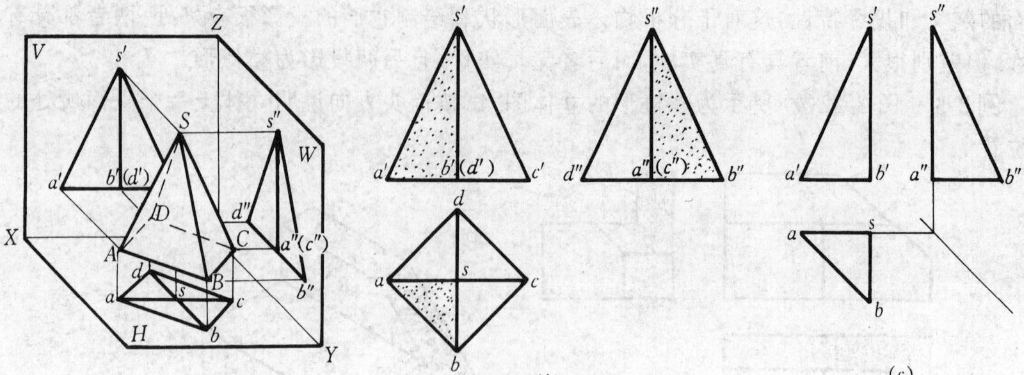

(a)　　(b)　　(c)

图 2-23　一般位置平面

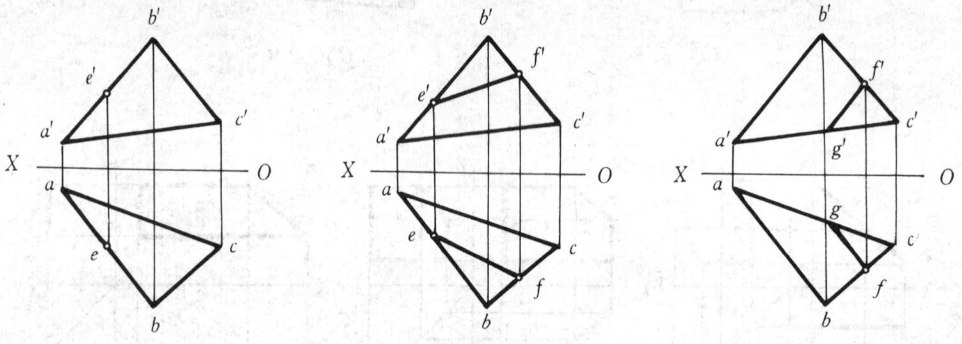

(a)　　(b)　　(c)

图 2-24　平面上取点和直线

例 2-4　如图 2-25(a)，已知平面内 D 点的正面投影 d'，求水平投影 d。

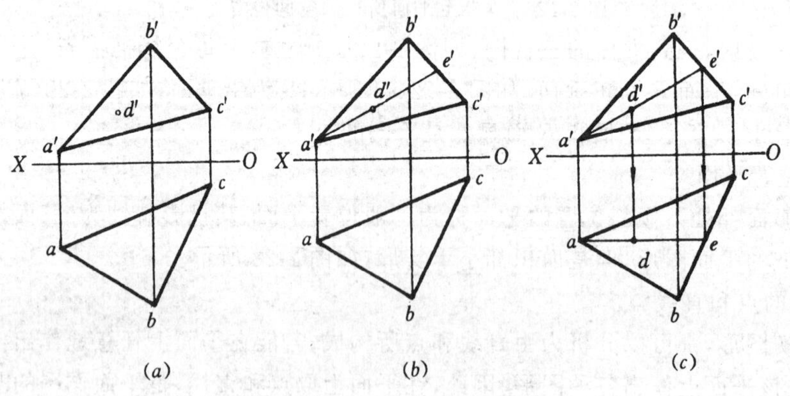

图 2-25　平面上取点

作图步骤见图 2-25(b)、(c)：

1) 根据点在平面上的几何条件，该点必在平面内的一条直线上。通过 D 点在 $\triangle ABC$ 平面内作任意直线 AE(称辅助线)。

2) 在 AE 线上根据 D 点的正面投影 d' 求出其水平投影 d，如图 2-25(c) 所示。

例 2-5　如图 2-26(a) 所示，已知一般位置平面 $ABCD$ 的水平投影和 AB、BC 两条边的正

面投影 $a'b'$ 和 $b'c'$，试完成该平面的正面投影。

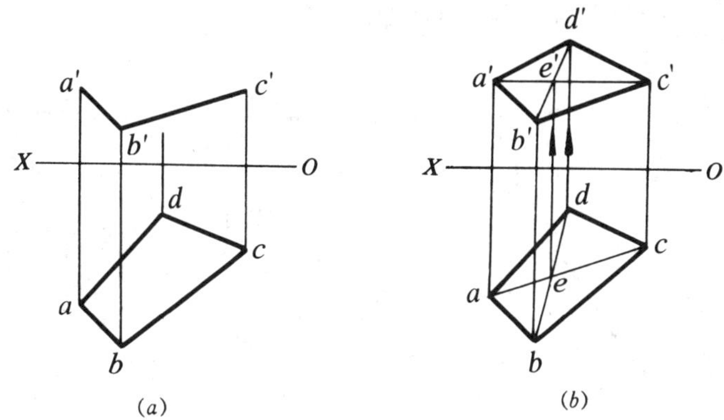

图 2-26 画全四边形的正面投影

作图步骤见图 2-26(*b*)：

1) 连接 ac 和 bd，得交点 e；

2) 连接 $a'c'$，在 $a'c'$ 上求出 e'，并连接 $b'e'$，在 $b'e'$ 延长线上求出 d'。

3) 连接 $a'd'$ 和 $d'c'$，即得到该平面的正面投影。

例 2-6 如图 2-27(*a*) 所示，为平面立体上开孔，孔口为 $\triangle EFG$。已知平面 $ABCD$ 内的 $\triangle EFG$ 的正面投影 $\triangle e'f'g'$，求作其水平投影 $\triangle efg$，如图 2-27(*b*) 所示。

作图步骤：

1) 在正面投影中作辅助线 $1'2'$ 和 $a'3'$，然后求得辅助线的水平投影 12 和 $a3$，如图 2-27(*c*) 所示。

2) 根据直线上点的投影特性，作出 E、F、G 各点的水平投影 e、f、g，并用直线连接 e、f、g，即完成 $\triangle EFG$ 的水平投影，如图 2-27(*d*) 所示。

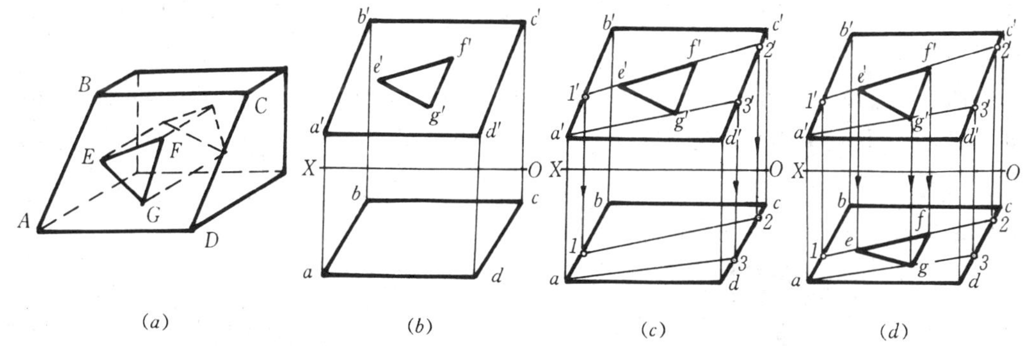

图 2-27 在平面上求作三角形的投影

四、直线、平面之间的相对位置

在空间，直线与平面、平面与平面的相对位置有平行和相交。这里介绍当其中的直线或平面的一个投影具有积聚性时相互位置的投影表示及作图方法。

1. 直线与平面平行

由立体几何可知，如果空间一直线与平面上任一直线平行，那么此直线与该平面平行。如图 2-28，直线 AB 平行于平面 P 上的直线 CD，那么直线 AB 与平面 P 平行；反之，如果直线 AB

与平面 P 平行，则在平面 P 上可以找到与直线 AB 平行的直线 CD。

上述原理是解决直线与平面之间平行问题的依据。

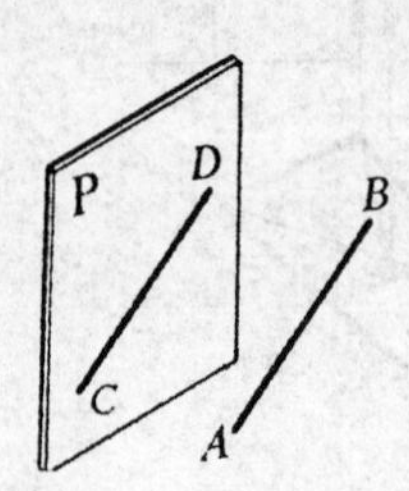

图 2-28　直线平行平面

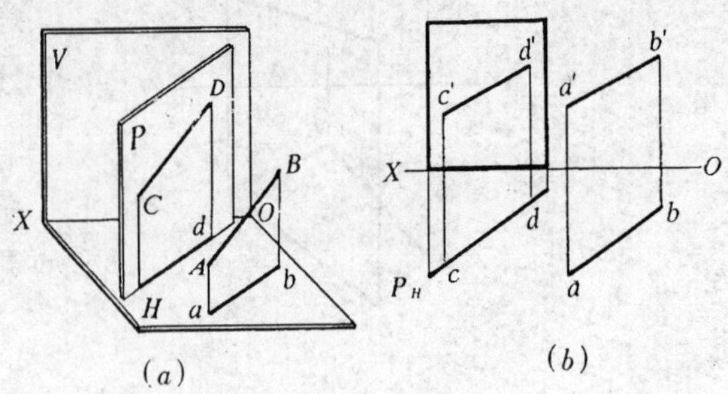

图 2-29　判别直线与平面平行

若平面的投影中有一个具有积聚性时，判别直线与平面是否平行只须看该平面有积聚性的投影与已知直线的同面投影是否平行。如图 2-29，平面 P 垂直 H 面，故其水平投影(用符号 P_H 表示)有积聚性，由于 P_H 平行 AB 的同面投影 ab，所以直线 AB 平行于平面 P。

例 2-7　过点 C 作平面平行于已知直线 AB(图 2-30(a))。

如图 2-30(b)，过点 C 作 $CD \parallel AB$(即作 $cd \parallel ab$，$c'd' \parallel a'b'$)，再过点 C 任作一直线 CE，则 CD 与 CE 相交两直线决定的平面即为所求。

显然，由于直线 CE 可以任意作出，所以此题可以作无数个平面平行于已知直线。

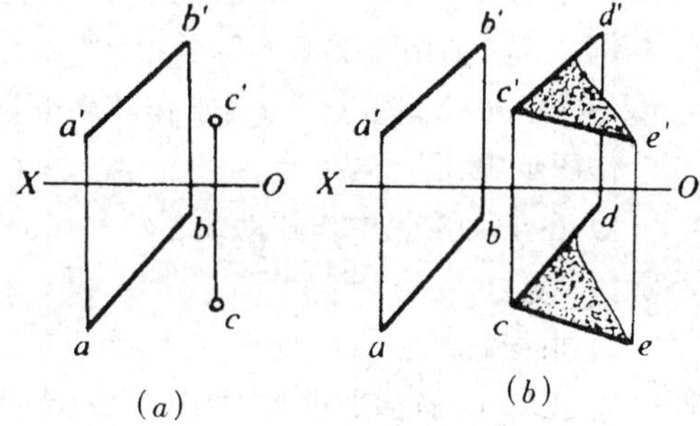

图 2-30　过点 C 作平面平行直线 AB

2. 平面与平面平行

由立体几何可知，如果一平面上相交两直线对应地平行于另一平面上相交两直线，那么该两平面互相平行。

如图 2-31 所示，平面 P 上有一对相交直线 AB，BE 与平面 Q 上一对相交直线 CD，DF 对应地平行，即 $AB \parallel CD$，$BE \parallel DF$，那么平面 P 与平面 Q 平行。

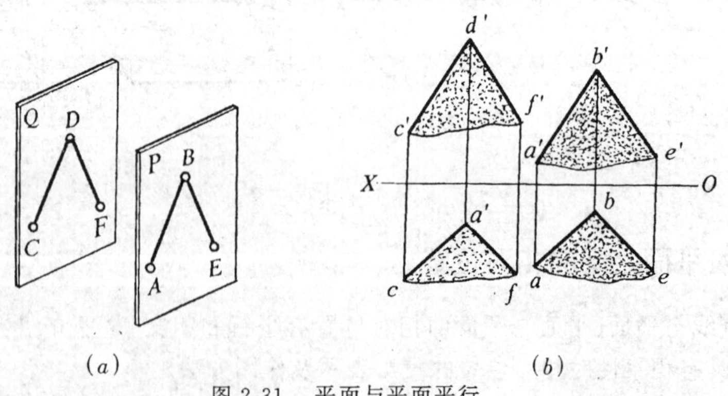

图 2-31　平面与平面平行

如图 2-32 所示，已知平面 $ABCD$ 和 EGF 是两铅垂面，若它们的水平投影 $abcd \parallel egf$，则该两平面在空间也互相平行。按照立体几何原理，可证得两平行平面若同时垂直于一投影面，则两平行平面在该投影面上的投影也互相平行。

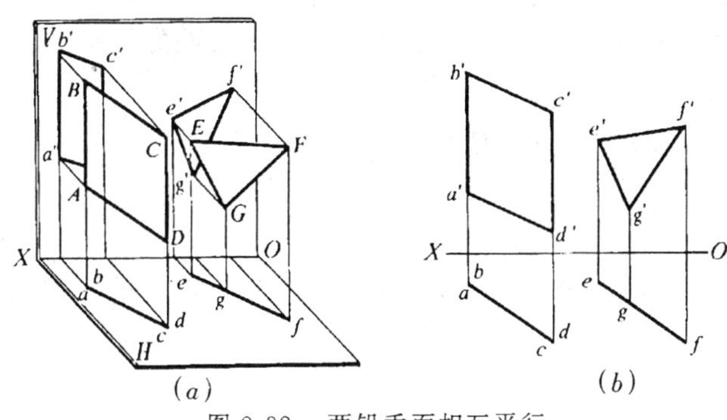

图 2-32　两铅垂面相互平行

3. 直线与平面相交

直线与平面相交必有一交点，该点是直线和平面的共有点，它既在直线上又在平面上。当相交的直线和平面中有一处于垂直某一投影时，则可利用其投影的积聚性，在投影图上直接求得交点。

例 2-8　求直线 *AB* 与铅垂面 *P* 的交点。

分析

如图 2-33(*a*)，设直线 *AB* 与铅垂面 *CDEF* 相交于 *K* 点，根据平面投影的积聚性及直线上的点的投影特性，可作得交点的水平投影 *k* 必在平面的水平投影 *cdef* 和 *ab* 的交点上，由此可在直线上求出交点 *K* 的正面投影 *k'*。

作图

(1) 在水平投影上，标出 *ab* 与 *cdef* 的交点 *k*；

(2) 由 *k* 作 *OX* 轴的垂线，与 *a'b'* 交于点 *k'*，则 *K*(*k*,*k'*) 为所求点；

(3) 判别可见性：设平面为不透明，水平投影时，由上向下，凡位于平面之上的线段为可见，位于平面之下的线段被平面遮住为不可见；同样，正面投影时，由前向后，凡位于平面之前的线段为可见，位于平面之后的线段被平面遮住为不可见。可见线段画成实线，不可见线段画成虚线，交点是可见性的分界点。

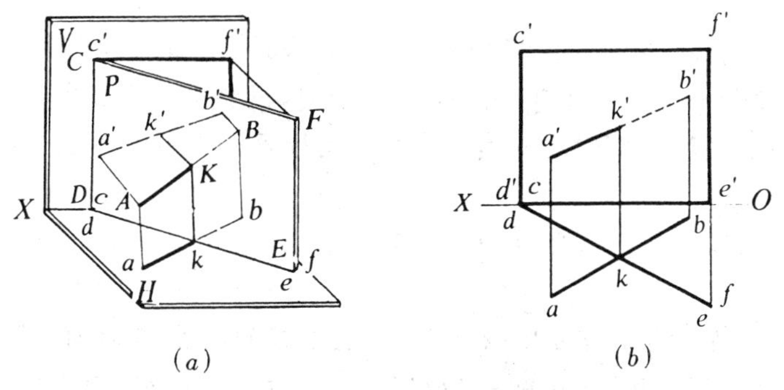

图 2-33　一般位置直线与铅垂面的交点求法

在图 2-33(*b*) 中的正面投影上，矩形 *c'd'e'f'* 平面之内有线段 *a'k'* 和 *k'b'*，观察水平投影可知线段 *ak* 在平面之前，线段 *kb* 在平面之后。因此 *AK* 的正面投影 *a'k'* 为可见，画成实线；*KB* 的

正面投影 $k'b'$ 为不可见，画成虚线。

由于平面 $CDEF$ 是铅垂面，其水平投影积聚为一直线，所以在水平投影上就无需判别可见性。从而得出如下当平面为垂直面时，可见性的判别规则和方法：

首先观察平面有积聚性的那个投影，然后看平面无积聚性的投影。凡位于平面之上或平面之前的线段，其投影是可见的；反之，为不可见的。

例 2-9　求铅垂线 AB 与平面 CDE 的交点。

分析

如图 2-34 所示，设平面 CDE 与铅垂线 AB 相交于 K 点，根据直线的积聚性即可确定其交点的水平投影 k，再利用 CDE 上取点的方法，在 $a'b'$ 上作出正面投影 k'。

作图

(1) 在 ab 上标出点 k；

(2) 在平面 CDE 上过 K 点任作一辅助直线，例如 CK，即连 ck，并延长与 ed 交于点 f，再作 CF 的正面投影 $c'f'$；

(3) $c'f$ 与 $a'b'$ 的交点 k'，即为所求交点 K 的正面投影；

(4) 判别可见性：在水平投影中，由于直线 AB 是铅垂线，其投影积聚为一点，因此不必判别其可见性。而在正面投影中，按重影点判别方法如图 2-34(b) 所示，$2'k'$ 为可见。

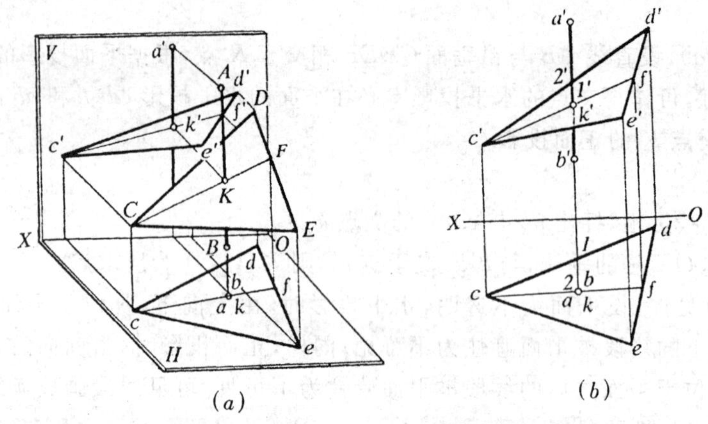

图 2-34　铅垂线与平面的交点求法

4. 平面与平面相交

空间两平面若不平行就必定相交。相交两平面的交线是一条直线，该交线为两平面的共有线，交线上的每个点都是两平面的共有点。当求作交线时，只要求出两个共有点或一个共有点以及交线的方向即可。若相交两平面之一为垂直面或平行面时，则可利用该平面有积聚性的投影求得交线。

例 2-10　求平面 ABC 与铅垂面 $DEFG$ 的交线(图 2-35)。

分析

因为铅垂面 $DEFG$ 的水平投影 $defg$ 有积聚性，按交线的性质，铅垂面与平面 ABC 的交线的水平投影必在 $defg$ 上，同时又应在平面 ABC 的水平投影上，因而可确定交线 KL 的水平投影 kl，进而求得 $k'l'$。

作图

(1) 如图 2-35(b) 所示，在水平投影中，确定 $defg$ 与 ab 和 ac 的交点 k 和 l；

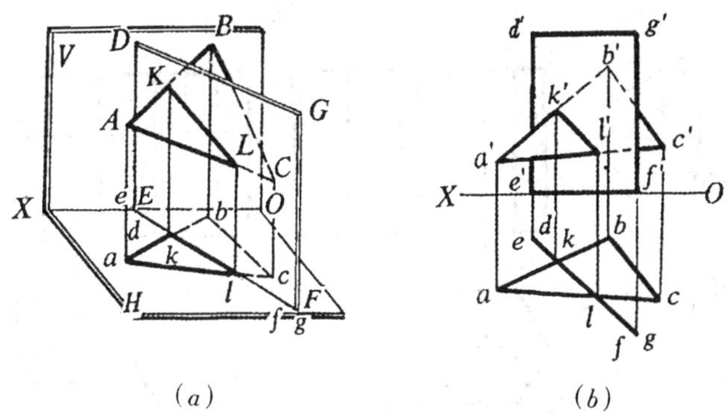

(a)　　　(b)

图 2-35　平面与铅垂面的交线求法

(2) 作为平面 ABC 上的点 K 和 L，求得 k' 和 l'，连接 $k'l'$；

(3) 判别可见性，按前节求交点、对直线判别的方法。

第四节　基本体及简单叠加体的三视图

一般机件的形状，都可以看成是由柱、锥、台、球、环等基本几何体(简称基本体) 按一定方式组合而成的。图 2-36 所示的这些机件是由基本体组合而成。由于它们在机件中所起的不同作用，其中有些常加工成带切口、穿孔等结构形状而成为不完整的基本体。

按照表面性质不同，基本体通常分为平面立体和曲面立体两大类。

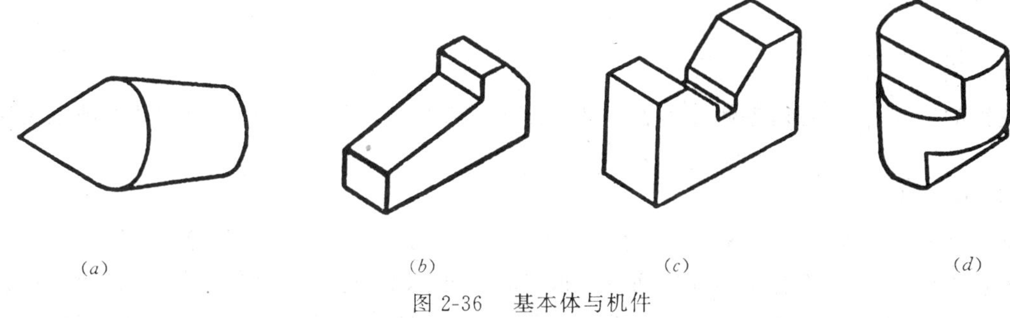

(a)　　　(b)　　　(c)　　　(d)

图 2-36　基本体与机件

一、平面立体的投影及其表面取点

表面由平面组成的基本体，称为平面立体，构成平面立体的表面称为棱面，棱面与棱面的交线称为棱线，各棱线的交点称为顶点。

1. 棱柱

(1) 棱柱的投影

图 2-37(a) 所示正六棱柱由上、下底面(正六边形) 和六个棱面(长方形) 围成。上、下底面平行于水平投影面，所以在 H 面上反映实形，正面和侧面投影积聚成直线段；正六棱柱的六个棱面都垂直于水平投影面，它们在 H 面上积聚在正六边形的六条边上；正六棱柱的前后棱面是正平面，其正面投影反映实形，侧面投影积聚成两直线段；其余四个棱面均是铅垂面，因此正面和侧面投影都是缩小了的长方形。

画正六棱柱三视图时，先画反映底面实形的视图，再根据三等规律画出其他三个视图。由于图形对称，故需用点划线画出中心线。

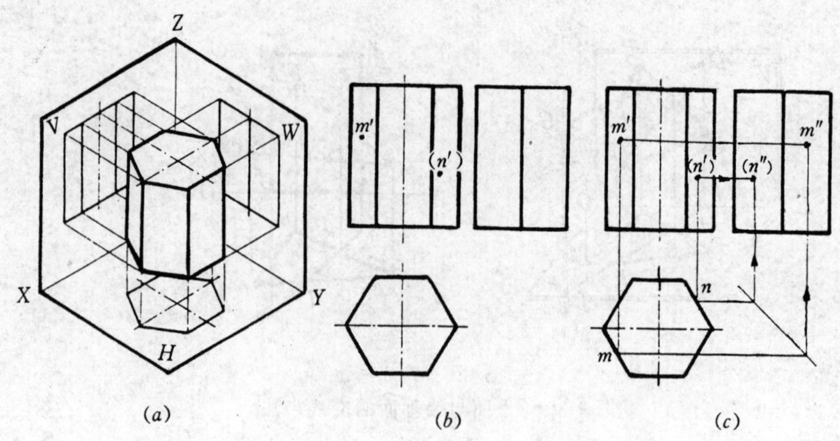

图 2-37　直棱柱的三视图及其棱面上的点

(2) 棱柱表面取点

如图 2-37(*b*)，已知棱柱表面上点 M 的正面投影 m'，求作 M 点的其他两个投影。

因 m' 为可见，M 点必在棱柱的左前棱面上，该棱面为铅垂面，其水平投影积聚在正六边形的一条边上，m 在此边上。根据点的投影规律，由 m' 得 m，再由 m'、m 得到 m'' 的投影，并均为可见。

当立体表面上点的投影为不可见时，其投影符号加括号表示。如图 2-37(*b*) 所示，正六棱柱表面上有另一点(n')，N 点落在正六棱柱的右、后面上，V 面投影为不可见点，按投影规律，由(n')得到 n，然后得到(n'')，如图 2-37(*c*) 所示。在平面积聚投影上的点的投影，不必判别其可见性。

2. 棱锥

棱锥的底面为多边形，各侧面为若干具有公共顶点的三角形。从棱锥顶点到底面的距离叫棱锥高。

(1) 棱锥的投影

如图 2-38(*a*) 所示，正三棱锥由底面、三个侧棱面围成。S 为锥顶，底面 $\triangle ABC$ 为水平面，其水平投影反映实形，而在正面和侧面投影积聚成直线；棱面 $\triangle SAC$ 为侧垂面，它的侧面投影积聚成直线，其他两个投影为类似形；棱面 $\triangle SAB$、$\triangle SBC$ 是一般位置平面，它们的三个投影都是类似形，如图 2-38(*b*) 所示。

画三棱锥三视图，应先画俯视图 $\triangle ABC$ 的实形，然后按三等规律画主视图、左视图上有积聚性的投影，再画出锥顶 S 的各个投影，最后连棱线 SA、SB、SC 的各同面投影，即可完成作图。

(2) 棱锥表面取点

如图 2-38(*b*) 所示，已知棱面 $\triangle SAB$ 上 M 点的 V 面投影 m' 和棱面 $\triangle SAC$ 上 N 点的 H 面投影 n，求作 M、N 两点的其余两个投影。

由于 N 点所在棱面 $\triangle SAC$ 为侧垂面，可利用该平面在 W 面上的积聚性投影求得 n''，再由 n 和 n'' 求得 n'，由于 N 点所属棱面 $\triangle SAC$ 的 V 面投影为不可见，所以(n')为不可见。

M 点所在平面 $\triangle SAB$ 为一般位置平面。可按图 2-38(*a*) 所示，过锥顶 S 和 M 引一直线 SI，作出 SI 的有关投影，就可根据点与直线的从属性质求得点的相应投影。具体作图时，过 m' 引 $s'i'$，由 $s'i'$ 求作 H 面投影 si，再由 m' 引投影连线交于 si 上 m 点，最后由 m' 和 m 求得 m''。

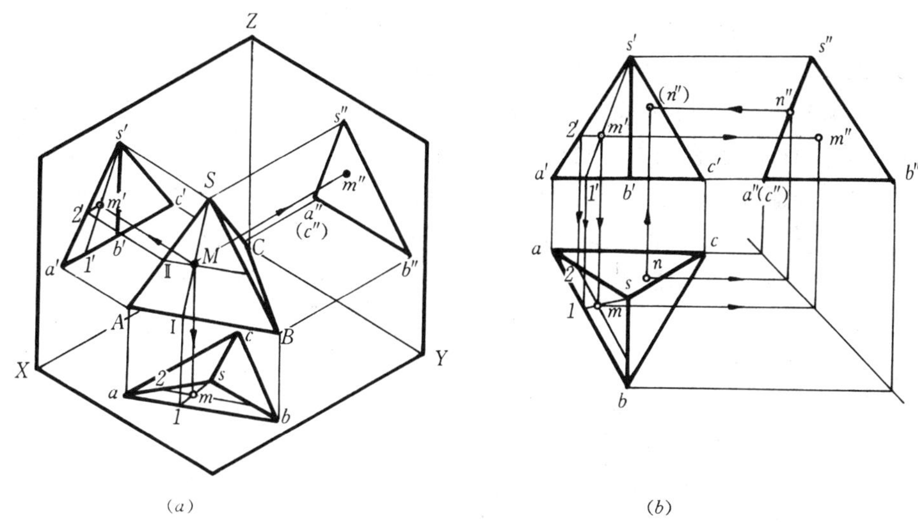

图 2-38　正三棱锥的三视图及其表面取点

另一种做法是过 M 点引平行于 AB 的 MⅡ 线，也可求得 M 点的 H 面投影 m 和 W 面投影 m''，具体求法如图 2-38 所示。由于 M 点所属棱面 $\triangle SAB$ 在 H 面和 W 面上的投影都是可见的，所以 m 和 m'' 也是可见的。

二、曲面立体的投影及其表面取点

表面全是曲面或是由曲面和平面围成的立体称为曲面立体。在工程上应用最广泛的曲面立体是回转体，如圆柱、圆锥、圆球和圆环等。

回转体的曲面（回转面）是由一条动线（直线或曲线）绕一固定直线旋转而形成的曲面，该动线称为母线，固定直线称回转轴，母线在回转面上的任一位置称为素线。母线上任一点 K 随母线旋转时，其轨迹是一个在垂直于轴线的平面上的圆，称为纬圆。常见回转面见表 2-5。

表 2-5　常见回转面

名称	圆柱面	圆锥面	圆　球
立体图	回转轴 纬圆 K 母线 素线	回转轴 纬圆 K 素线 母线	回转轴 K 母线 素线
说明	平行于回转轴的直母线，绕轴作等距离的旋转而形成的回转面。	与回转轴相交成一定角度的直母线绕轴旋转而形成的回转面。	以圆作母线，使其绕着自身的一条直径旋转而形成的回转面。

1. 圆柱

(1) 圆柱的投影

如图 2-39 所示，圆柱由上、下底面和圆柱面围成。上、下底面是水平面，水平投影反映实形——圆，其正面、侧面投影都积聚成两平行直线，两平行线间距离等于圆柱高度。圆柱面是光滑曲面，在主视图、左视图上只画出决定其投影范围的外形轮廓素线。外形轮廓素线是圆柱面相对于投影面而言，可见与不可见部分的分界线，所以也称转向轮廓素线。从图 2-39(*b*) 可知，圆柱的主视图、左视图形状完全相同，但却是不同外形轮廓线的投影。主视图上的轮廓线是最左、最右两条轮廓素线的投影，左视图上的轮廓线是最前、最后两条轮廓素线的投影。

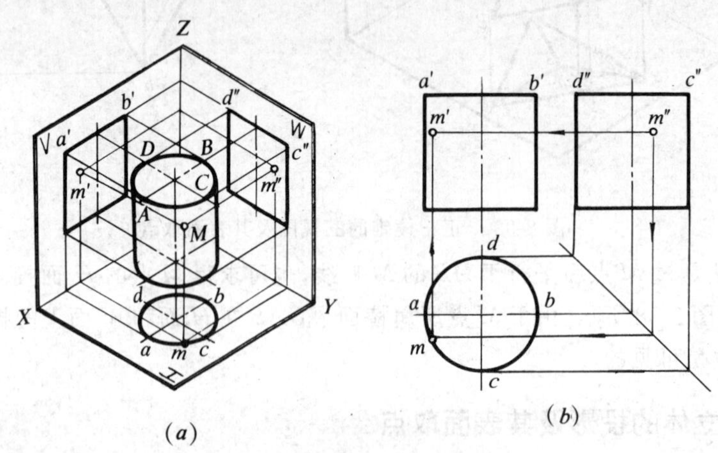

图 2-39 圆柱的三视图及其表面取点

画圆柱三视图时，应先画出轴线和圆的中心线及投影为圆的那个视图，然后再画其余两个视图。

(2) 圆柱面上取点

如图 2-39(*a*) 所示，已知圆柱表面上点 M 的侧面投影 m''，试求点 M 的水平投影和正面投影。

首先确定 M 点在圆柱面上的部位，因 m'' 为可见，故 M 点应在圆柱的前面、左边的四分之一圆柱面上。由于圆柱体的轴线垂直于 H 面，圆柱面的水平投影都积聚在圆周上，由 m'' 先求得 M 点的水平投影 m，最后作出 M 点的正面投影 m'，m' 可见，因它所在的前半个圆柱面在 V 面投影上为可见。具体作图如图 2-39(*b*) 所示。

2. 圆锥

(1) 圆锥的投影

如图 2-40(*a*) 所示，圆锥由底面与轴线垂直 H 面的圆锥面围成。底面是水平面，其水平投影 反映实形。主视图和左视图为等腰三角形线框，其四条腰线分别是圆锥面上最左、最右、最前、最后的四条素线，构成圆锥体主视图、左视图的轮廓线，底边为圆锥底面圆具有积聚性的投影。

画圆锥的三视图时，先画轴线和投影为圆的视图，然后画顶点的投影，最后连接轮廓素线完成作图。

(2) 圆锥面上取点

如图 2-40 所示，首先确定 M 点在圆锥面上部位。因 m' 为可见，故 M 点在圆锥的前面、左边

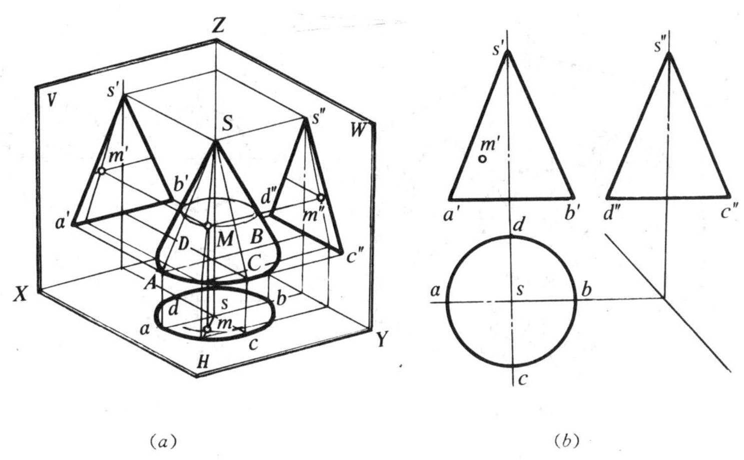

(*a*) (*b*)

图 2-40 圆锥的三视图及其表面取点

的四分之一圆锥面上。由于圆锥面的投影无积聚性，为求 M 点的水平和侧面投影，可用辅助线求解。方法有两种：

1) 辅助素线法。如图 2-41(a) 所示，过 m' 作素线 SA 的正面投影 $s'a'$，使 a' 在底面圆的投影上，再作 SA 的另两面投影 $s''a''$ 和 sa，用直线上找点法，在 sa 上找出 m，在 $s''a''$ 上找出 m''。

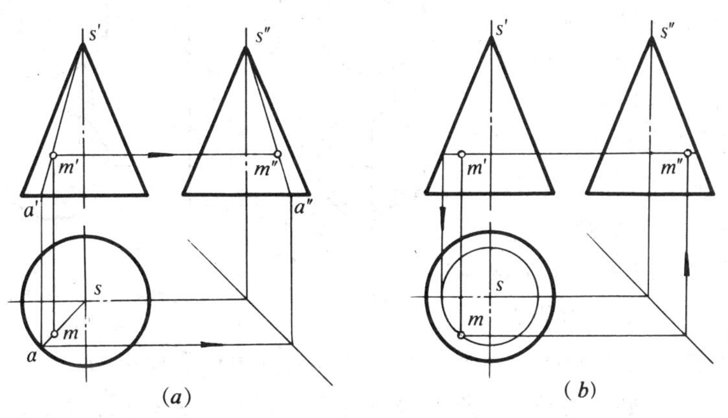

(*a*) (*b*)

图 2-41 圆锥上取点的作图方法

2) 辅助纬圆法。如图 2-41(b) 所示，过 m' 点在圆锥面上作一纬线圆，此圆所在的平面必垂直于回转轴，其正面和侧面投影均积聚成一段水平线，其长度等于纬圆的直径，水平投影是底圆 的同心圆。将纬圆的三个投影画出后，M 点的另外两个投影则分别在纬圆的同面投影上，按投影作图可得 m 和 m''，并均为可见。

辅助素线法只能用于母线为直线的回转面(如圆锥面)，而辅助纬圆法可适用于各种回转面。

3. 圆球

(1) 圆球的投影

图 2-42(a) 所示圆球其表面以圆为母线，绕自身的任意一条直径旋转而成。它的三个视图是 三个直径等于球径的圆，如图 2-42(b) 所示。这三个圆是圆球三个轮廓线的投影，正面投影的圆是前半球和后半球的转向轮廓素线；水平投影的圆是上半球和下半球的转向轮廓素线；侧面投影的圆是左半球和右半球的转向轮廓素线。以上三个圆均无积聚性。

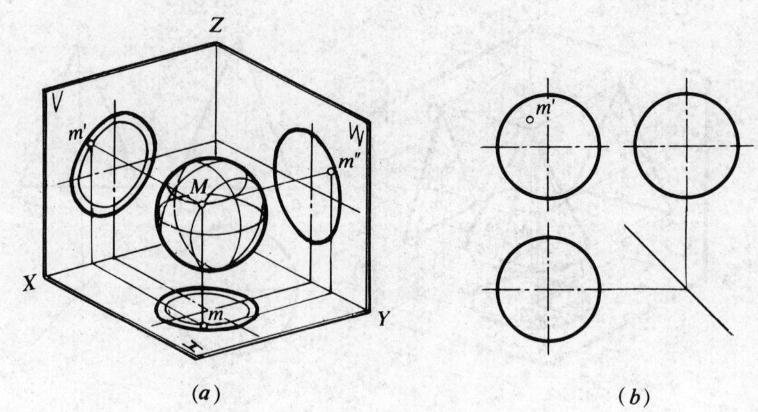

(a) (b)

图 2-42　球的三视图及其表面取点

(2) 圆球表面取点

如图 2-42，已知球及其面上点 M 的正面投影 m'，试求点 M 的水平投影和侧面投影。

首先确定 M 点在球上的部位。因 m' 为可见，故 M 点位于前面左上方球面上。然后在球面上选定过 M 点的辅助线，根据球面形成的性质，可作平行于投影面的各种纬线圆。再按点在线上的投影特性，求得 M 点的水平和侧面投影。过 m' 作水平线，与球的正面投影轮廓线相交于两点，这两点间的线段即为平行 H 面的纬圆的直径，由此作出纬圆的水平投影，点 M 的水平投影必在纬圆的水平投影上，从 m' 作 OX 轴垂直线交纬圆于 m，再按投影规律即可求得侧面投影 m''。

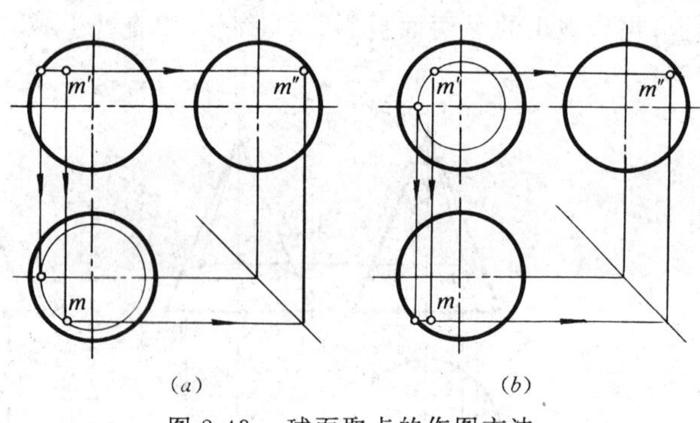

(a) (b)

图 2-43　球面取点的作图方法

过 m' 也可作一圆(圆心与球心重合)，该圆为平行于 V 面的纬圆，然后求出纬圆的水平和侧面投影，即可求得 m 和 m''。m 和 m'' 均为可见。具体作法如图 2-43(a)、(b) 所示。

三、基本体的尺寸标注

三视图只用来表达几何体的形状，而几何体的大小要靠标注尺寸来确定。

对于平面立体，要注出长、宽、高三个方向的尺寸才能确定其大小。对于曲面立体，只要注出轴向尺寸和径向尺寸就可确定其大小。图 2-44 列举了几种常见的基本几何体应注的尺寸及其注法。

从图中可见，标注基本体尺寸应注意以下几点：

1) 尺寸要注全，既不能少，也不能重复。带括号的尺寸是参考尺寸。

2) 尺寸应尽量注在反映基本几何体形状特征的视图上。

3) 圆的直径一般注在投影为非圆的视图上，数值前注直径符号“ϕ”；球体尺寸应在“ϕ”或“R”前加注 S。

基本几何体的尺寸注法都已定型，一般情况下不应随意改变注法。

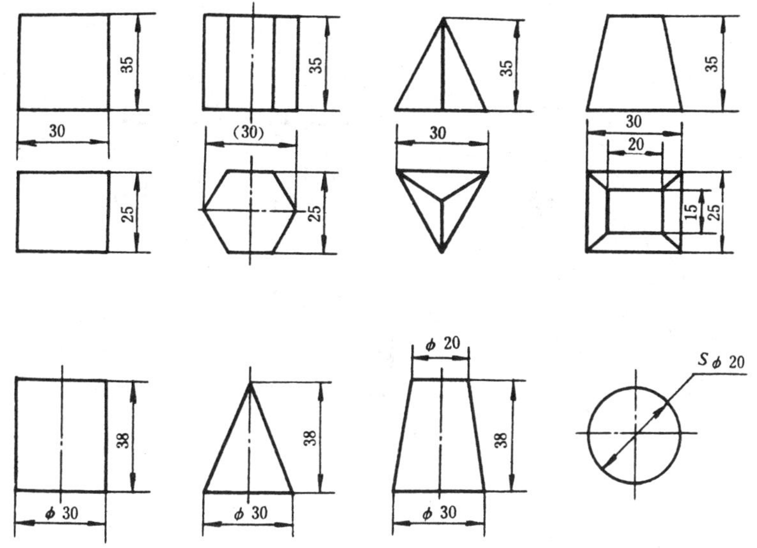

图 2-44　几种常见的基本几何体的尺寸注法

四、简单叠加体

在了解了基本体的投影规律的基础上，进一步将单一基本体叠加成简单叠加体，如图 2-45 所示的车床顶尖，就是由圆锥、圆柱和圆锥台叠加而成的。熟悉和掌握简单叠加体的投影很有必要。

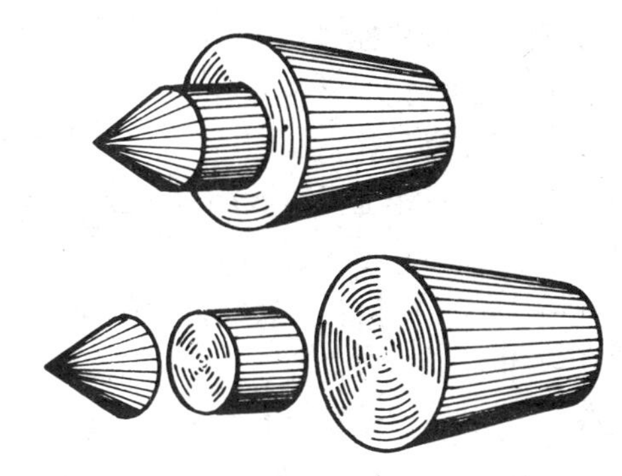

图 2-45　简单叠加体——车床顶尖

若干基本体叠加时，叠加的位置不同，其形体之间的过渡关系也不同。若两基本体同轴叠加或对称与非对称叠加，则形体之间必有轮廓线分界，如图 2-46(*a*)、(*b*)、(*c*) 所示。

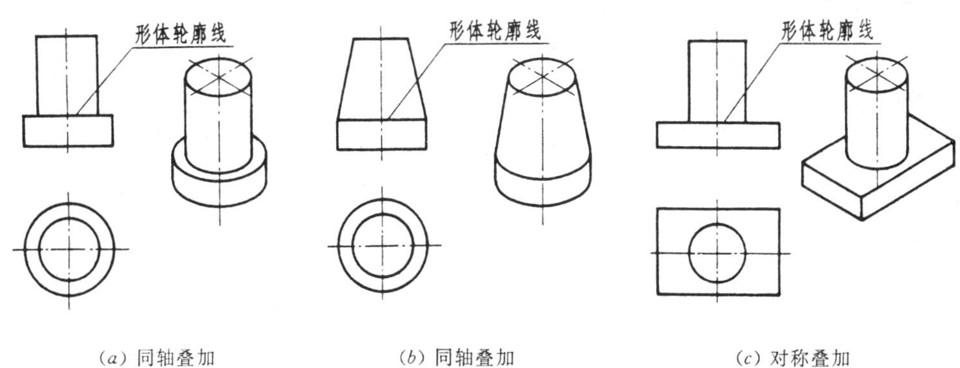

(*a*) 同轴叠加　(*b*) 同轴叠加　(*c*) 对称叠加

图 2-46　简单叠加体

由上述可知，画简单叠加体的投影就是画组成它的各个基本体的投影之和。如图 2-47(*a*) 所示叠加体是由正四棱柱、圆柱和半个圆球沿同一轴线堆叠而成，只要把各基本体按各自的位置逐个画出，就得到了整个叠加体的三面视图，如图 2-47(*b*) 所示。

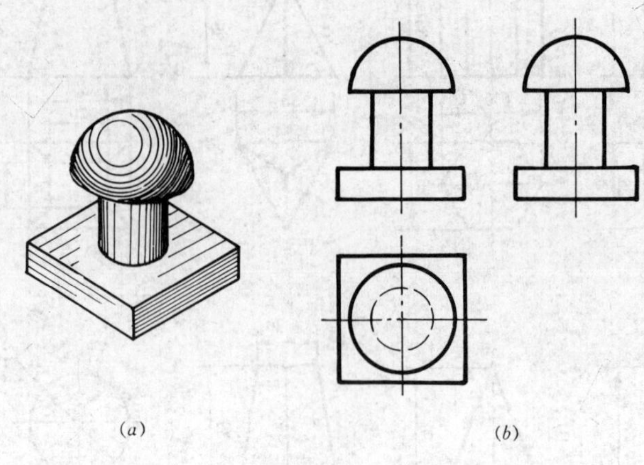

图 2-47　叠加式组合体及其三视图

思考题

1. 试述正投影的投影特性。
2. 试述三面投影图的投影规律。
3. 试述点的三面投影规律。
4. 投影面平行线和投影面垂直线各有几种?说明各自的投影特性。
5. 试画出下列平面的三面投影。

   (1) 任作一个用相交两直线表示的水平面；

   (2) 任作一个用平行两直线表示的正垂面；

   (3) 任作一个用三角形表示的侧垂面。
6. 试述什么是基本几何体，常见的基本几何体有哪些?
7. 试述回转曲面的形成及其投影特性。
8. 举例说明曲面立体表面取点的方法。

◯ 第三章

截切体和相贯体

本章要点　本章介绍立体被平面截切后的截切体的投影和立体相交后的相贯体的投影。要求熟练掌握截交线、相贯线的投影和作图方法。

有些立体的结构形状是基本几何体被平面截切后形成的，立体表面会产生交线，如图3-1(*a*)、(*b*)所示。有些立体的结构形状是由两个基本几何体相交而形成，在它们的表面相交处也会产生交线，如图3-1(*c*)、(*d*)所示。下面讨论立体被平面截切后的截切体的投影和立体相交后的相贯体的投影。

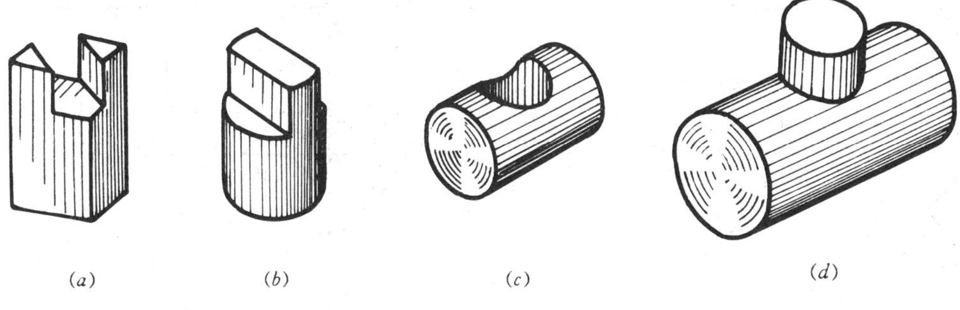

图 3-1　截切与相贯

第一节　截切体的投影

立体被平面截切后的形体，称为截切体。截切基本体的平面称为截平面，基本体被截切后的断面称为截断面，截平面与基本体表面的交线称为截交线，如图3-2(*a*)所示。

截交线具有下列两个性质：

(1) 由于任何立体都有一定范围，所以截交线一定是封闭的。

(2) 截交线是截平面与立体表面的共有线。

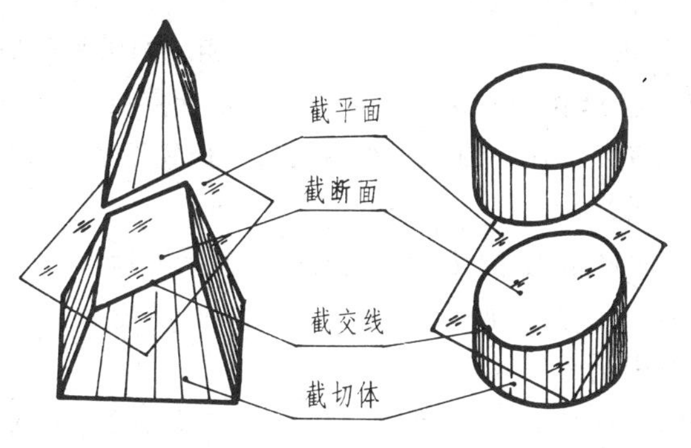

图 3-2　平面截切立体

一、平面截切平面立体

平面截切平面立体的情况，见图 3-2(*a*)。图中所示是一个正四棱锥被平面截切，截交线是平面折线。折线的各边是该棱锥各面与截平面的交线，其顶点是该棱锥各棱线与截平面的交点。因此，求平面立体的截交线，可归纳为：先求出各棱线与截平面的交点，然后依次相连，即得截交线。下面举例说明截交线和截切体投影的求法。

例 3-1　求正四棱锥被正垂面 P 截切后截交线和截切体的投影(图 3-3)：

分析：

截平面 P 与四棱锥的四个棱面相交，所以截交线为四边形，其四个顶点即四棱锥的四条棱线与截平面 P 的交点。因为截平面为正垂面，所以截交线的正面投影具有积聚性，而水平和侧面投影则为类似形。

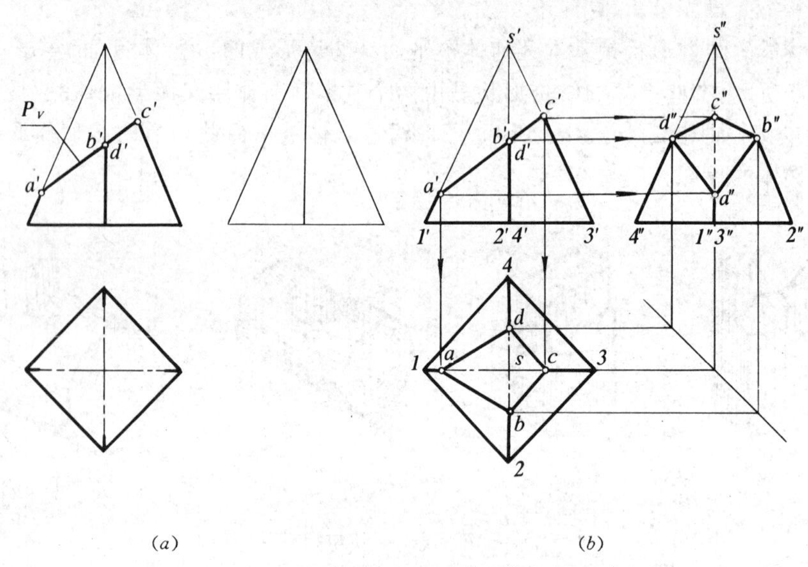

图 3-3　正四棱锥的截交线及其形体的投影

作图步骤见图 3-3(*b*)：

1) 在正面投影中求得 SⅠ、SⅡ、SⅢ 和 SⅣ 与 P 面的交点 a'、b'、c'、d'；

2) 由正面投影 a'、b'、c'、d' 求得相应的水平投影 a、b、c、d 和侧面投影 a''、b''、c''、d''；

3) 按照在同一棱面上两点相连的次序，即可得截交线的水平投影和侧面投影。

例 3-2　补全四棱柱被截切后的俯视图和补画左视图，如图 3-4(*a*) 所示。

分析：

四棱柱被 Q 截切所形成的截断面为五边形。其中五边形的三个顶点是 Q 与左、前、后三条棱线的交点，另外两个顶点在右侧的前、后棱面上。该截断面的正面、侧面投影积聚成直线段；水平投影则反映实形。

四棱柱被 P 截切得截断面为四边形。四边形的两个顶点在右侧的前、后棱面上(与五边形的交接点)，另外两个顶点是 P 与上底两根底棱的交点。该截断面的正面投影积聚成直线段；水平和侧面投影则为类似形。

作图步骤见图 3-4(*b*)、(*c*)、(*d*)、(*e*)。

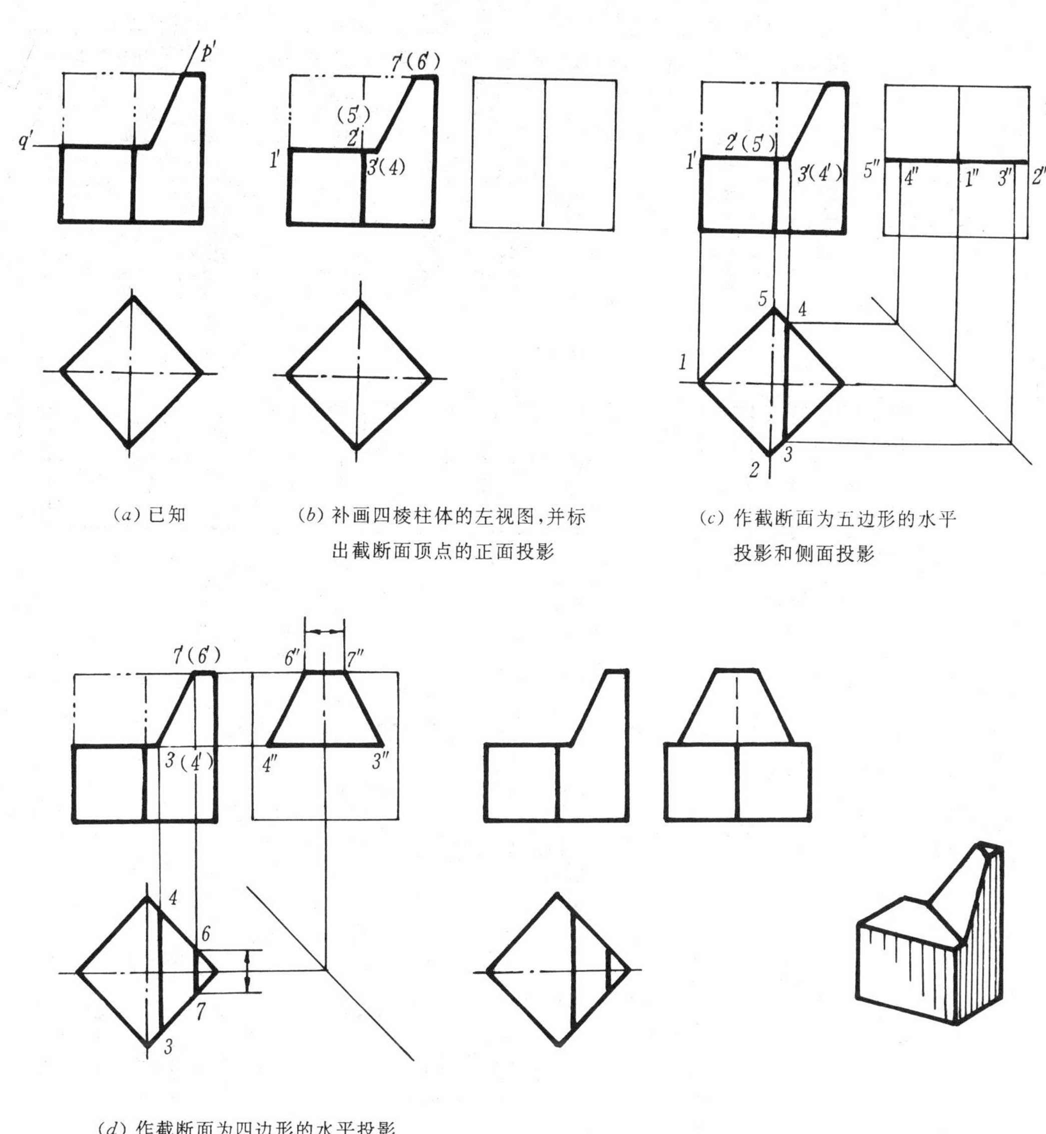

(a) 已知

(b) 补画四棱柱体的左视图，并标出截断面顶点的正面投影

(c) 作截断面为五边形的水平投影和侧面投影

(d) 作截断面为四边形的水平投影和侧面投影

(e) 擦去多余线，完成俯视图和左视图

(f) 立体图

图 3-4　四棱柱体被截切

二、平面截切回转体

平面截切回转体，其截交线一般为平面曲线，如图 3-2(b) 所示。曲线上的每一点都是平面与回转体表面的共有点。所以，要求回转体表面的截交线，其实质是利用表面取点法，求出一系列共有点，一般要先求出截交线上最高、最低、最前、最后、最左、最右以及虚实线分界处等的特殊点，然后再求若干一般点，最后把这些点的同面投影光滑连接起来，即得到所求截交线的投影。

下面就一些常见回转体的截切情况，分别介绍如下：

1. 平面截切圆柱

由于截平面与圆柱轴线的相对位置不同，其截交线有三种不同形式，见表 3-1。

表 3-1　圆柱截交线

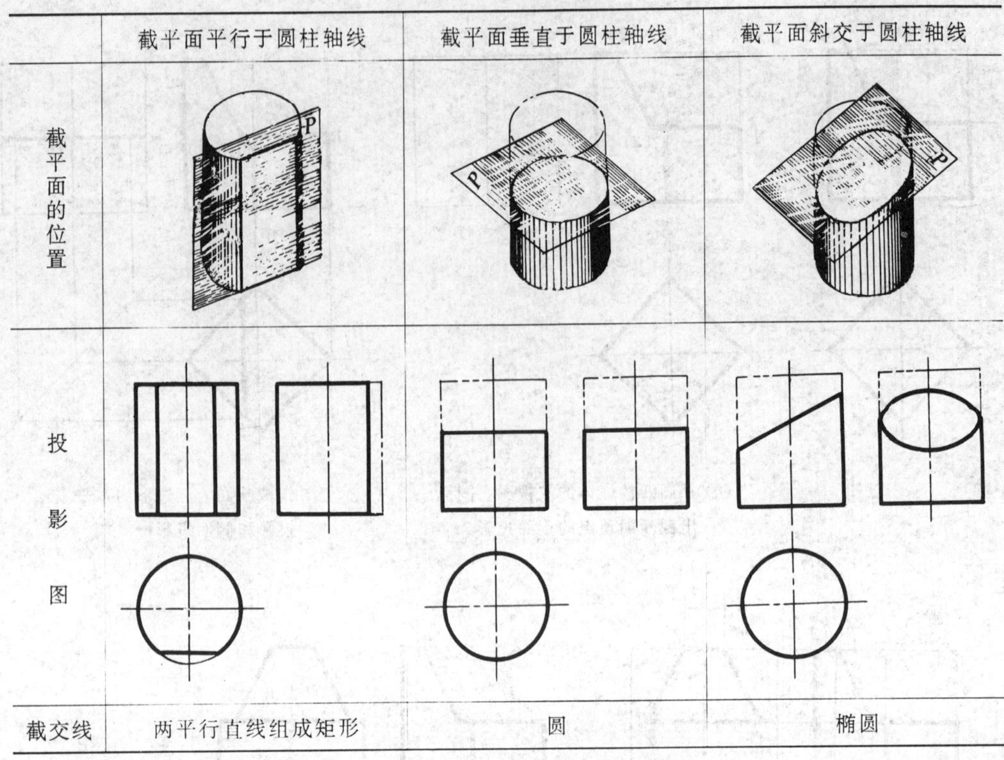

	截平面平行于圆柱轴线	截平面垂直于圆柱轴线	截平面斜交于圆柱轴线
截平面的位置	P	P	P
投影图			
截交线	两平行直线组成矩形	圆	椭圆

例 3-3　已知圆柱与正垂面 P 相交，求截交线的投影，如图 3-5(a) 所示。

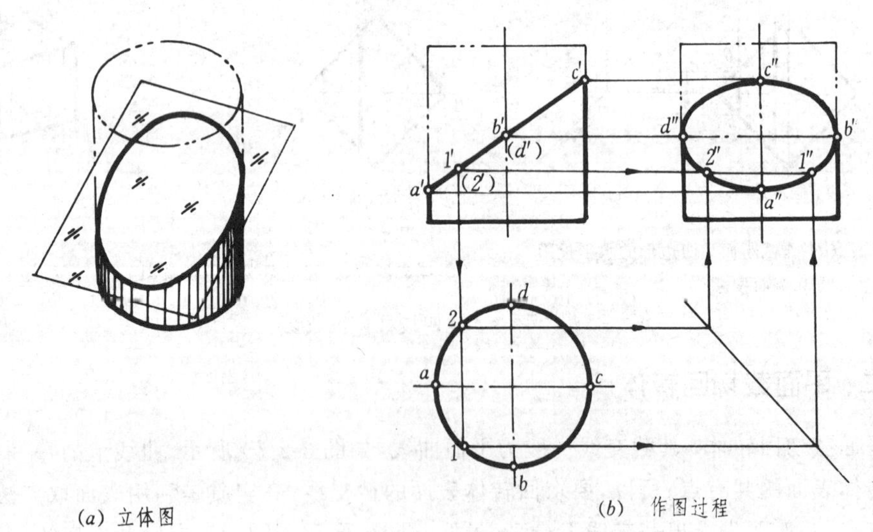

(a) 立体图　　(b) 作图过程

图 3-5　圆柱的截交线

分析：

截平面 P 与圆柱轴线斜交，截交线应为椭圆。截交线的正面投影与截平面的正面投影重影，截交线的水平投影与圆柱面的水平投影重影，截交线的侧面投影为椭圆，但不反映实形。作图时只要先作出椭圆长、短轴的端点，再作一般点，用曲线光滑连接即可。

作图步骤见图 3-5(b)：

1) 求特殊位置点。椭圆长轴的端点 A、C 分别是最低点和最高点，也是最左点和最右点，位于圆柱的 V 面转向轮廓素线上。短轴的端点 B、D 分别是最前点和最后点，位于圆柱的 W 面转向轮廓素线上。已知点 A、B、C、D 的正面投影和水平投影，即可求出 a''、b''、c''、d''。由此可见，求出特殊点后便能确定截交线的大致范围。

2) 求一般位置点。一般位置点的多少可根据作图准确程度而定。选点 Ⅰ、Ⅱ 为一般位置点，利用圆柱表面素线投影具有积聚性的性质，由 $1'$、$(2')$ 求出 1、2，再根据三等关系求得 $1''$ 和 $2''$。

3) 依次光滑连接 a''、$1''$、b''、c''、d''、$2''$ 和 a'' 即得椭圆的侧面投影，且可见，画为实线。

例 3-4 求图 3-6(a)、(b) 所示圆柱截切体的水平投影。

分析：

该截切体是由侧平面 P、正垂面 Q 和水平面 R 截切圆柱所形成。P 平面与圆柱轴线垂直，截交线为圆弧，其 V 面投影和 H 面投影均积聚为直线，W 面投影积聚在圆周上；Q 面与圆柱轴线倾斜，截交线为部分椭圆，V 面投影积聚成直线，W 面投影积聚在圆周上，H 面投影为椭圆类似 形的一部分；R 面与圆柱轴线平行，截交线为平行圆柱轴线的两条直线，其 V 面投影成一直线，W 面投影积聚为两点，H 面投影仍为两直线。根据分析，只需求出各截交线的水平投影即可。

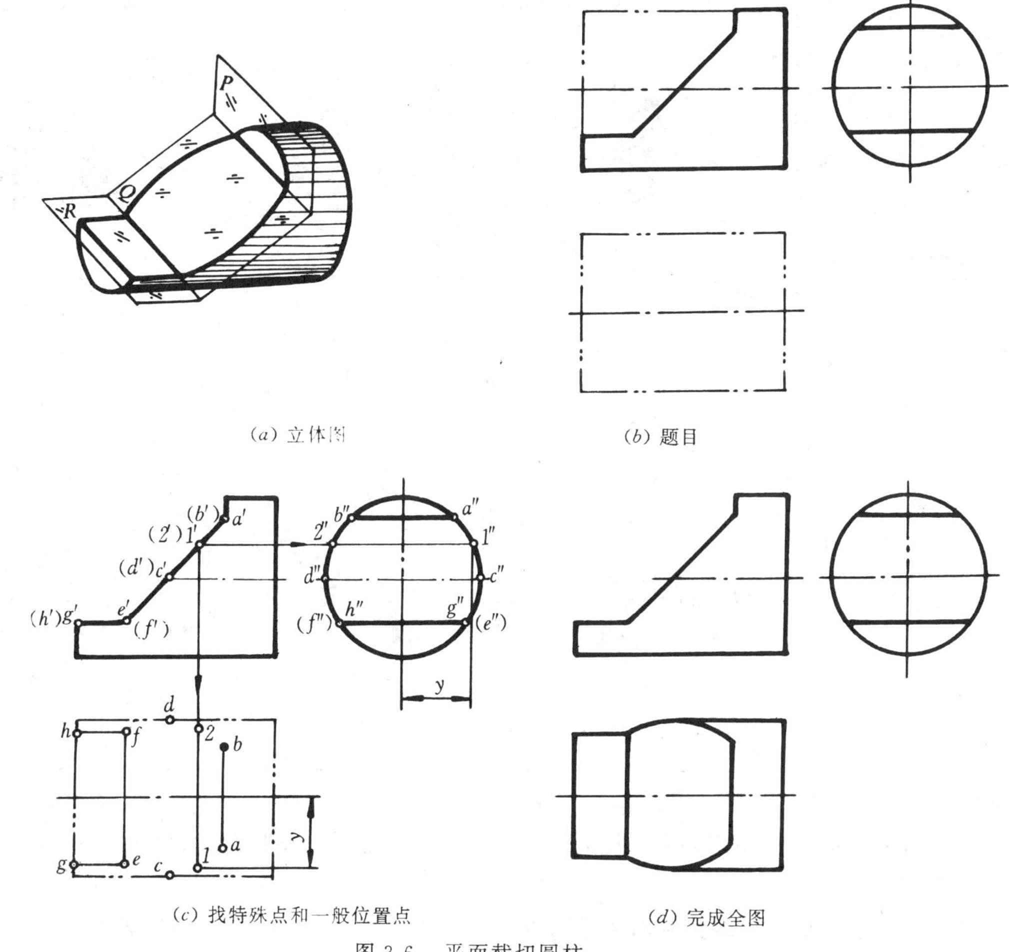

(a) 立体图　　(b) 题目

(c) 找特殊点和一般位置点　　(d) 完成全图

图 3-6　平面截切圆柱

作图步骤见图 3-6(c)：

1) 由圆弧端点 a'、b' 和 a''、b'' 求得 a、b，连线段 ab 即为圆弧的水平投影。

2) 点 A、B 也是部分椭圆的两个端点，另两个端点 E、F 由 e'、e'' 和 f'、f'' 求出 e、f。点 C、D 是椭圆短轴的端点，在 H 面转向轮廓线上，也是最前点和最后点，同样求出 H 面投影 c、d。

3) 点 E、F 也是直线 EG、FH 的端点，另两个端点的 H 面投影 g、h 由 g'、g'' 和 h、h'' 求得，连线段 eg、fh 即为所求(或过 e、f 作圆柱轴线的平行线)。

4) 圆弧和直线不需求一般位置点。在椭圆上选点 Ⅰ、Ⅱ 为一般位置点，由 $1'$、$1''$ 和 $2'$、$2''$ 求出 1、2。

5) 依次光滑连接各点，且均为可见，见图 3-6(d)。

2. 平面截切圆锥

由于截平面与圆锥轴线的相对位置不同，其截交线有五种不同形状，见表 3-2。

表 3-2 圆锥截交线

	截平面通过圆锥锥顶	截平面垂直于圆锥轴线	截平面斜交圆锥轴线 $\theta > \alpha$
截平面位置及投影图	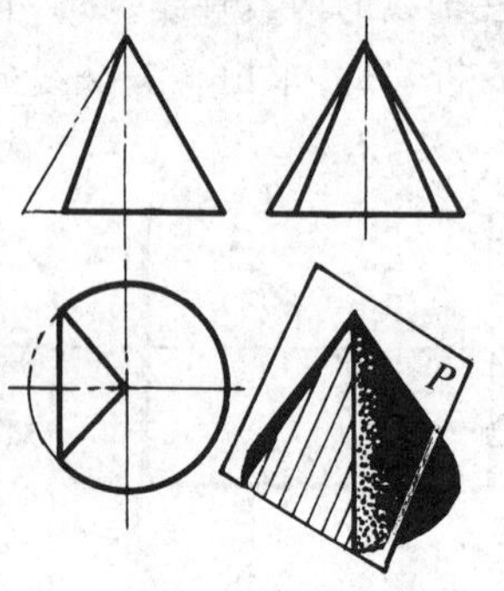 P	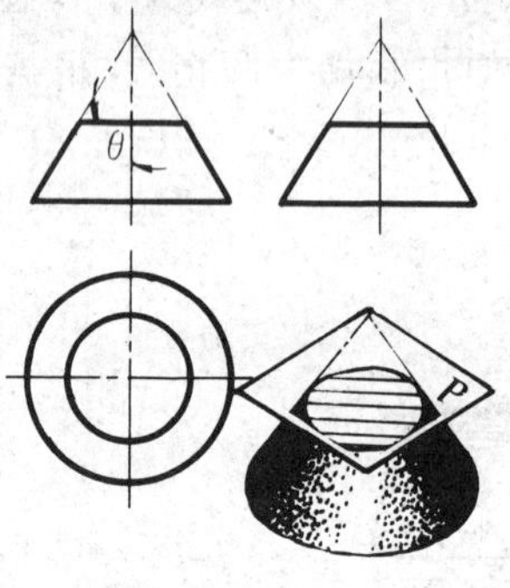 θ P	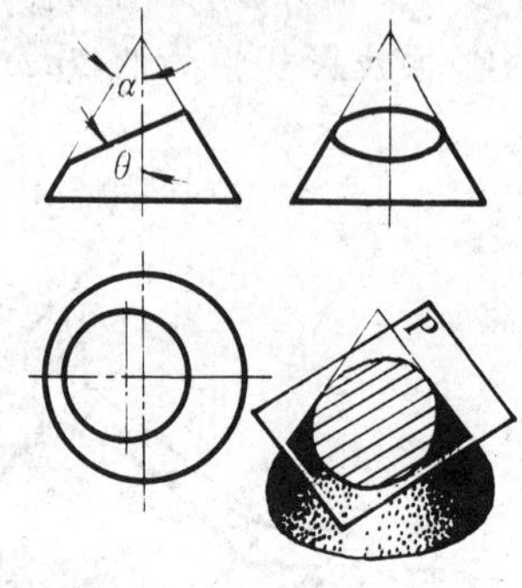 α θ P
截交线	过锥顶两相交直线组成三角形	圆	椭圆
	截平面斜交圆锥轴线 $\theta < \alpha$	截平面平行于圆锥轴线	截平面斜交圆锥轴线 $\theta = \alpha$
截平面位置及投影图	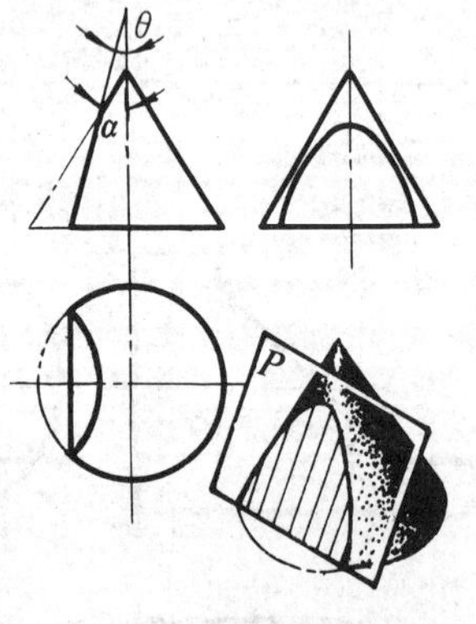 θ α P	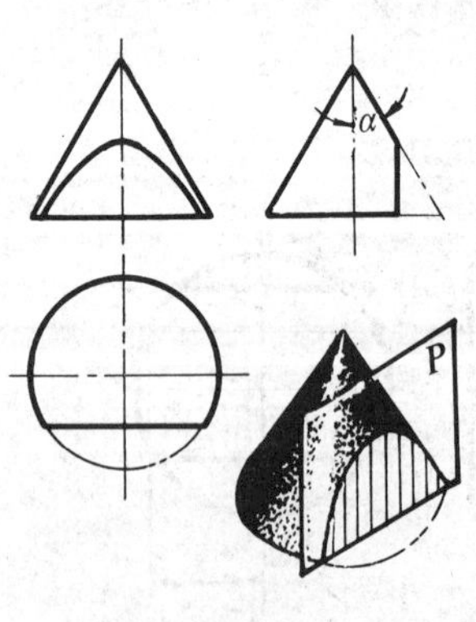 α P	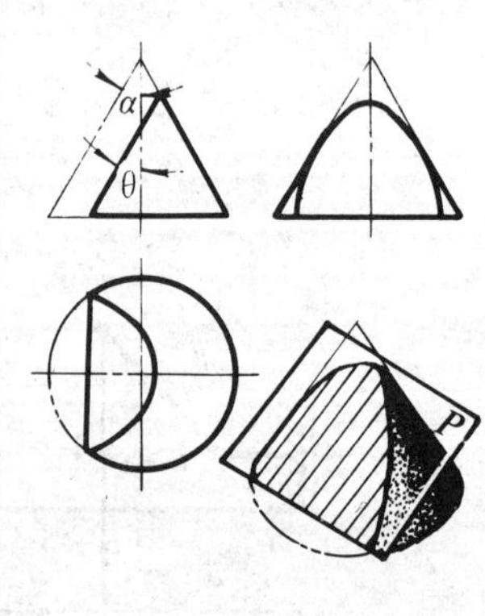 α θ P
截交线	双曲线与直线	双曲线与直线	抛物线

例 3-5 求正垂面 P 截切圆锥后截交线的侧面投影和水平投影，如图 3-7(a) 所示。

分析：

正垂面 P 和圆锥面轴线倾斜并与所有素线都相交，所以截交线是椭圆。椭圆的正面投影有积聚性，水平投影和侧面投影仍为椭圆。

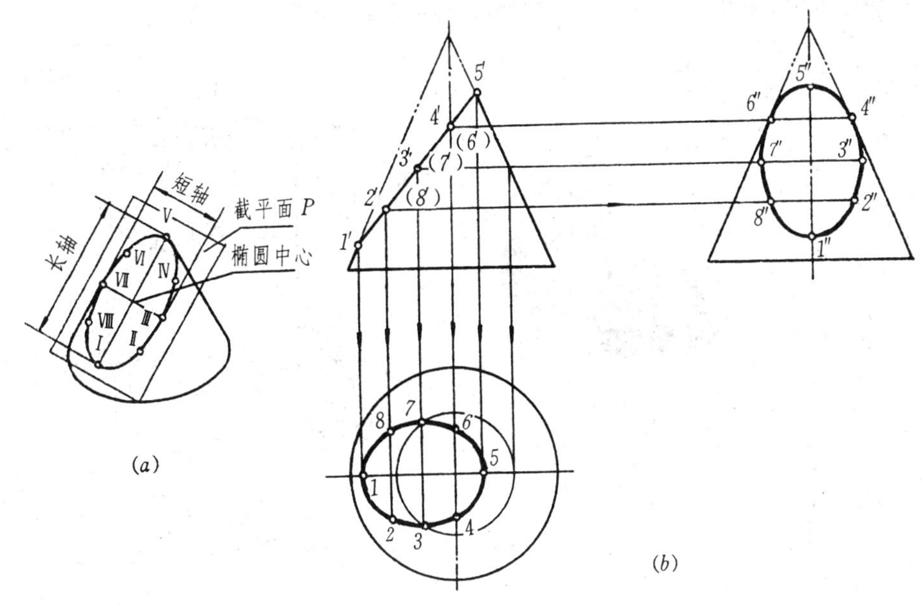

图 3-7　正垂面截切圆锥

作图步骤见图 3-7(*b*)：

1）求特殊位置点。椭圆长轴端点 Ⅰ、Ⅴ 即是最左、最右点，长轴为正平线。短轴垂直平分长轴，为正垂线，其正面投影积聚在长轴正面投影 1′5′ 线段的中点 3′(7′)，利用纬线圆可求出 3、7 和 3″、7″。P 面与最前、最后轮廓素线的交点是 Ⅳ、Ⅵ，由 4′、6′ 可求出 4、6 和 4″、6″。

2）求一般位置点。取与 Ⅳ、Ⅵ 对称的点 Ⅱ、Ⅷ，它们的正面投影为 2′、(8′)，利用纬圆求出 2、8 和 2″、8″。

3）依次光滑连接各点，且均为可见，即得截交线的投影。

例 3-6　画出顶针的截交线的投影，如图 3-8 所示。

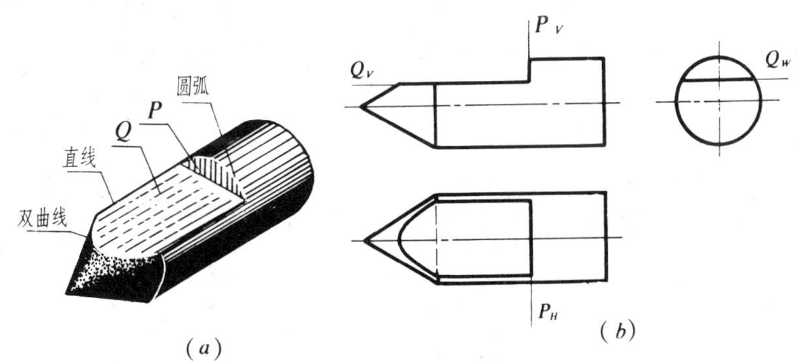

图 3-8　顶针的截交线的投影

分析：

顶针由同轴的圆锥和圆柱组成，其上铣切去的部分，可以看成被水平面 Q 和侧平面 P 截切而形成。平面 Q 截切形成的截交线是由双曲线和两条平行直线所组成，其水平投影反映实形，而侧面投影积聚成直线；平面 P 截切形成的截交线是部分圆，其侧面投影反映实形，而水平投影积聚成直线。所以整个截交线是由双曲线、直线和圆弧所组成的空间封闭的图形。作图时，对截交线为圆和直线部分，可利用平面投影的积聚性和圆柱面投影的积聚性直接求得，而截交线为双曲线部分，需要使用纬线法或用辅助平面法进行作图。

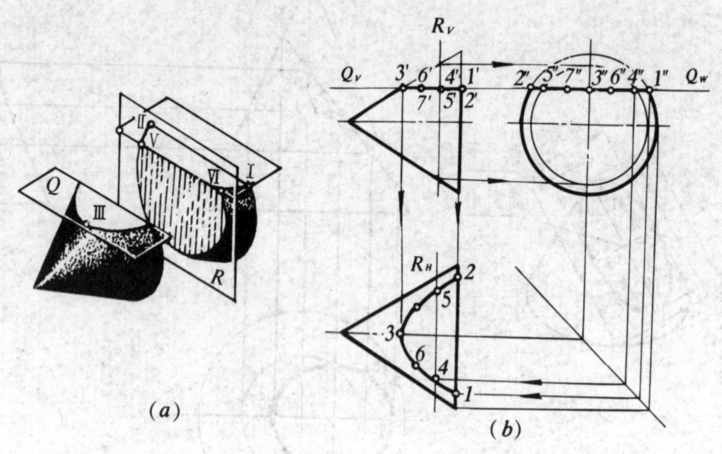

图 3-9　水平面与圆锥截交

作图步骤见图 3-9：

1）求特殊点。求双曲线的顶点 Ⅲ 和末端两点 Ⅰ 和 Ⅱ 的投影，先在正面投影上确定 3′、1′和 2′，再求得它的其他两个投影，如图 3-9(*b*)。

2）求一般点。如 Ⅳ 和 Ⅴ 两点在一般位置上，这里采用辅助平面法求作，侧平面 *R* 与圆锥面相交为圆，与上平面相交为直线，圆与直线的交点即是截交线上的 Ⅳ 点和 Ⅴ 点，作法如图 3-9(*b*) 所示。

3）依次连接 2、5、7、3、6、4，即可得到顶针截交线的水平投影。

3. 平面截切球

平面与球相交，不论截平面处于何种位置，其截交线都是圆。当截平面通过球心时，这时截交线圆的直径最大，即等于球的直径；截平面离球心越远，截交线圆的直径越小。

由于截平面对投影面位置的不同，截交线的圆的投影也不相同，有时投影为直线，有时投影为圆，有时投影为椭圆，各种投影情况，见表 3-3。

表 3-3　球的截交线

	截平面为水平面	截平面为正垂面
截平面位置及投影图	P	D　D　D　P
截交线	圆	圆

例 3-7 如图 3-10(a),补出球被截切后的水平投影和侧面投影。

分析:

正垂面与球截交后的截交线为圆,截交线的正面投影积聚在 P 平面上,即 $a'b'$,它也等于截交线圆的直径。截交线的水平投影和侧面投影都是椭圆,只要求得水平投影和侧面投影椭圆的长轴和短轴,就可以用几何作图方法作出截交线的水平投影和侧面投影。

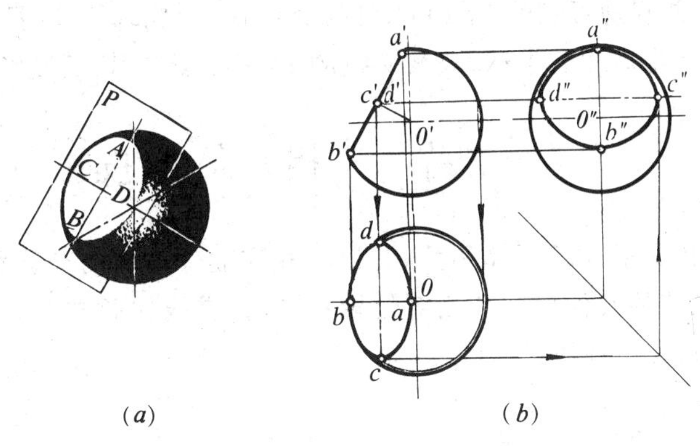

(a) (b)

图 3-10 正垂面与球截交

作图步骤见图 3-10(b):

1) 作短轴 ab 和 $a''b''$。由于 $a'b'$ 是在正面转向轮廓素线上,所以可直接求得 a、b 和 a''、b''。

2) 作长轴 cd 和 $c''d''$。取 $a'b'$ 的中点 $c'(d')$,按球面上取点的方法找出 c、d 和 c''、d''。

3) 作出椭圆的长、短轴的端点后,即可用近似画法完成其水平投影和侧面投影。

此题也可用纬线法求作。在球面上先找出特殊点,用纬线圆找出椭圆上的一般点,然后光滑连接。具体作法,请读者自行分析。

例 3-8 完成半球的正面投影和水平投影,如图 3-11(a) 所示。

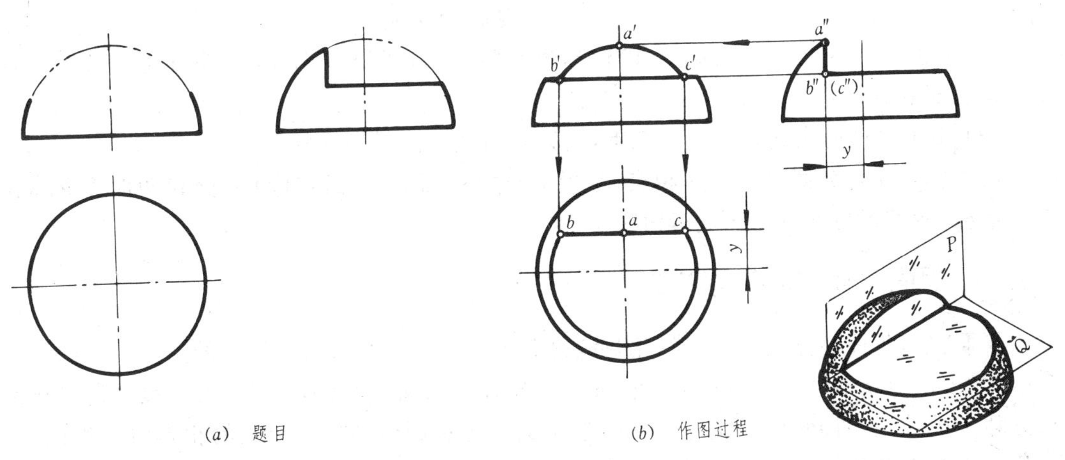

(a) 题目 (b) 作图过程

图 3-11 半球截断体

分析:

半球被平面 P、Q 所截。因截平面 P 是正平面,所以截交线的 V 面投影是圆的一部分,H 面积聚为直线；截平面 Q 是水平面，则截交线的 H 面投影是圆的一部分，V 面投影积聚为直线。

作图步骤见图 3-11(b)：

1) 求 P 平面与半球的截交线。由侧面投影上 a'' 点，作出截交线正面投影(圆弧)和水平投影(直线)。

2) 求截平面 Q 与半球的截交线。截交线的正面投影积聚为一直线，截交线的水平投影反映圆弧实形，由其上一点直接作圆弧得其水平投影。

3) 完成全图并判别可见性。平面 P、Q 的交线 BC 为侧垂线，其投影积聚在 P、Q 的投影中。球被截切部分属上半球和前半球，故截交线的 H 面投影和 W 面投影均为实线。

第二节　相贯体的投影

由基本立体相交形成的形体称为相贯体。相交立体表面的交线称为相贯线，如图 3-12 所示。由于相交两立体的几何形状和相对位置不同，相贯线的形式也不一样，但任何两立体的相贯线都具有下述的几何性质：

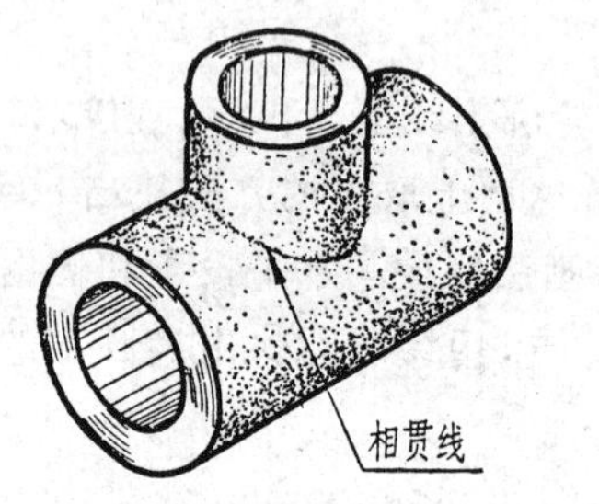

(a) 三通

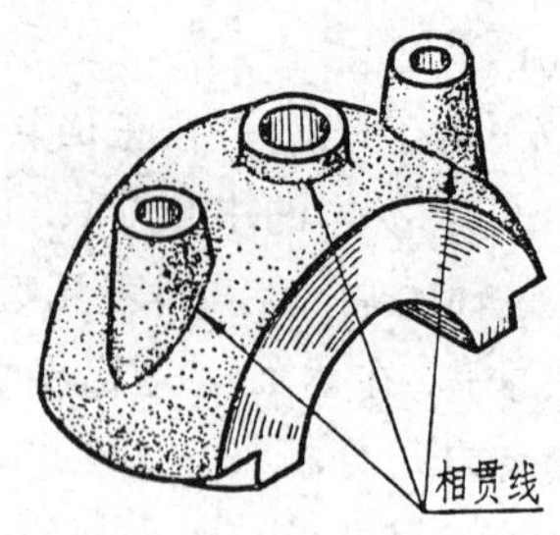

(b) 轴承盖

图 3-12　立体表面上的相贯线

(1) 相贯线是两个立体表面的共有线，也是两立体表面的分界线。相贯线上的任何一点是两立体表面的共有点。

(2) 由于立体的表面有一定的范围，所以相贯线一般是闭合的。

两立体相交可分两平面立体相交、平面立体与曲面立体(回转体)相交和两曲面立体相交三种情况。我们就后两种情况进行讨论。

一、平面立体和回转体相交

平面立体与回转体相交形成的相贯线是若干平面曲线和直线所组成的空间闭合曲线或直线。每段平面曲线是平面立体上某一棱面与回转体的截交线，相邻两段平面曲线的连接点是平面立体上的棱线与回转体的交点。因此，求平面立体和回转体相交形成的相贯线投影的方法，实质上就是求各平面与回转体相交的截交线。

例 3-9　试求圆柱与正四棱柱的相贯线，如图 3-13。

分析：

图 3-13 所示两立体的相对位置，正四棱柱全部贯穿于圆柱，称“全贯”。相贯线可看作是圆

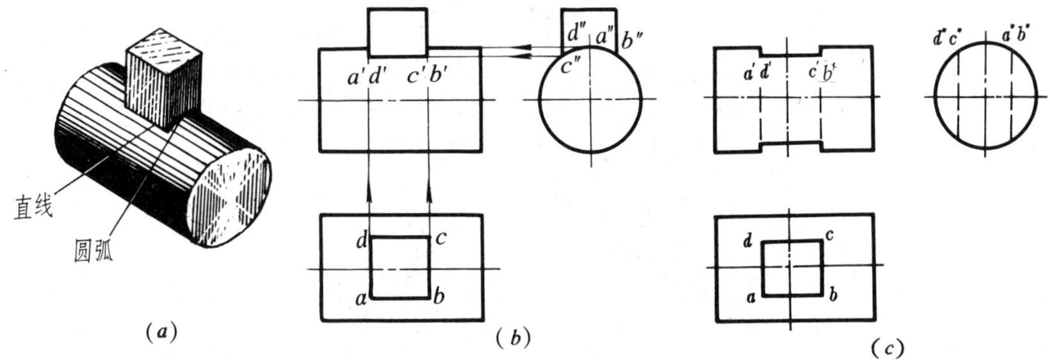

图 3-13　圆柱与正四棱柱相贯

柱被四个平面截交而成，其中一对平面平行于圆柱轴线，其截交线是两条平行直线。另一对平面垂直于圆柱轴线，其截交线是两段圆弧，它们组成了封闭的空间相贯线。两段截交线的连接点为四棱柱的四条棱线与圆柱面的交点。

作图步骤见图 3-13(b)：

1）相贯线的水平投影积聚在四个侧棱面的水平投影上，为一长方形 $abcd$。

2）相贯线的侧面投影积聚在圆柱面的侧面投影上，为部分圆弧$\overset{\frown}{a''b''}$。

3）相贯线的正面投影，其求法如图 3-13(b) 的投影箭头所示。若在圆柱体中间开通一正四棱柱孔的相贯线的求作见图 3-13(c)，但要注意正四棱柱孔的不可见轮廓线为虚线。

二、两曲面立体相交

两曲面立体相交时，由于相交两曲面的形状、大小、相对位置不同，就产生了不同形状的相贯线。在一般情况下，相贯线是一条封闭的空间曲线，在特殊情况下，可以是平面曲线或直线。

求相贯线的方法，就是求相贯线上一系列的共有点。与截交线相似，这些点由特殊位置点和一般位置点组成。所有特殊点应全部求出，一般点的多少可视需要确定，最后将求得点光滑连接即为所求相贯线的投影。

产生相贯线的两曲面，若其中之一投影有积聚性，则该相贯线上的点可利用表面取点求得；若两曲面投影都没有积聚性，则相贯线上的点可用辅助平面法来求取。

1. 利用积聚性求相贯线

例 3-10　求作正交两圆柱的相贯线，如图 3-14 所示。

分析：

两圆柱的轴线分别垂直 H 面和 W 面，相贯线的水平投影与小圆柱面的水平投影重合，侧面投影与大圆柱面的侧面投影重合，所以只需求出相贯线的正面投影。而相贯体前后对称，相贯线正面投影的前、后两部分重合为一段曲线。

作图步骤见图 3-14(b)：

1）求特殊位置点。最高点 A、C 也是最左点和最右点，其正面投影为轮廓素线的交点 a'、c'。最低点 B、D 也是最前点和最后点，由水平投影 b、d 和侧面投影 b''、d''，可求出 b'、d'。

2）求一般位置点。取点 Ⅰ、Ⅱ 为一般位置点，利用圆柱表面投影具有积聚性这一性质，可以迅速地由 1、2 和 1″、2″ 求出 1′、2′。

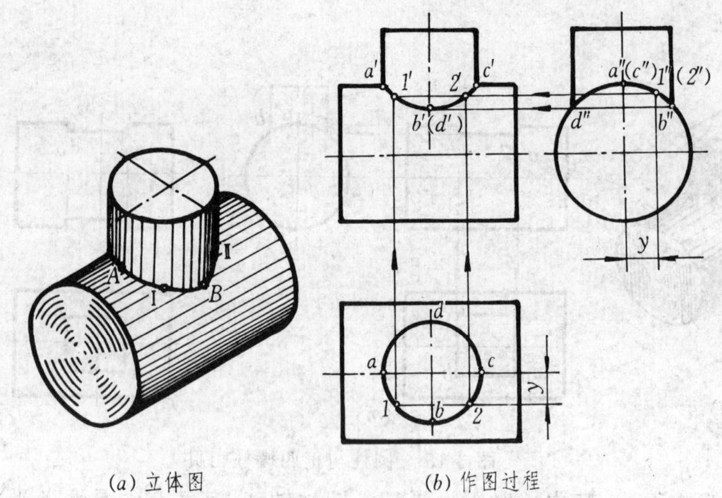

(a) 立体图　　(b) 作图过程

图 3-14　两圆柱正交

3) 依次光滑连接各点,即得相贯线的正面投影。

判别相贯线可见性的原则是:只有当相贯线同时属于两曲面的可见部分时,才为可见。点 A、C 是判别相贯线正面投影可见性的分界点,因此相贯线 a'、b'、c' 部分可见,c'、d'、a' 部分不可见,由于前、后两部分的正面投影重合,相贯线 $c'd'a'$ 不画出虚线。

两轴线垂直相交的圆柱,在零件上是最常见的,其相贯线还有其他两种形式,如图 3-15 所示。

图 3-15(*a*) 表示圆柱孔全部贯穿实心圆柱,相贯线是上、下对称的两条闭合的空间曲线,也就是圆柱孔壁上、下孔口曲线。

图 3-15(*b*) 所示的相贯线是长方体内部两个圆柱孔的交线,同样是上、下对称的两条闭合的空间曲线,由于在物体内部看不见而画成虚线。图的右下方所画的是该长方体被切割掉一半后的立体图。

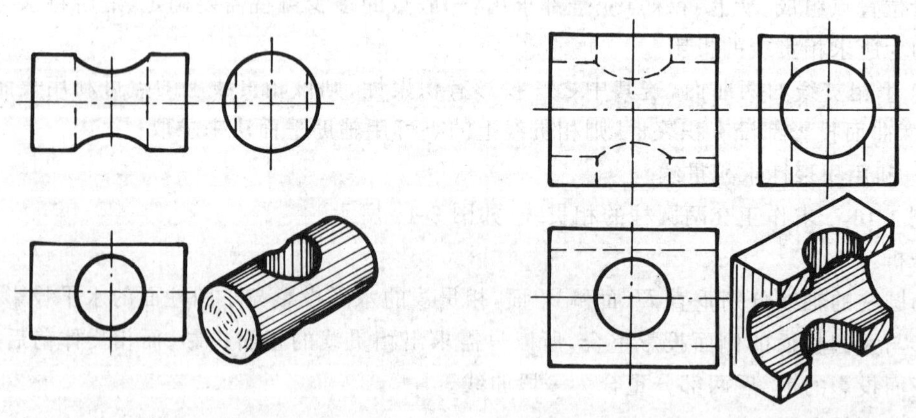
(a) 圆柱孔与实心圆柱相贯　　(b) 两圆柱孔相贯

图 3-15　圆柱的相贯线

这两个投影图所示的相贯线与图 3-14 具有同样的形状,求这些相贯线的作图方法也完全一致。

2. 用辅助平面法求相贯线

辅助平面法是用假想的辅助平面截交相交两曲面立体的表面，所得的两条截交线的交点即为相贯线上的点，如图 3-16(*a*) 中的点 Ⅴ、Ⅵ、Ⅶ、Ⅷ，这些点既在辅助平面上，又在圆柱和圆锥上，是三个面的共有点，因此辅助平面法就是利用三面共点原理，用若干个辅助平面来求出相贯线上一系列共有点。

辅助平面的选择原则是：辅助平面与两曲面的截交线应简单易画（圆和直线）。通常都选用投影面的平行面为辅助平面。

例 3-11 试求圆柱与圆锥台的相贯线，如图 3-16(*a*) 所示。

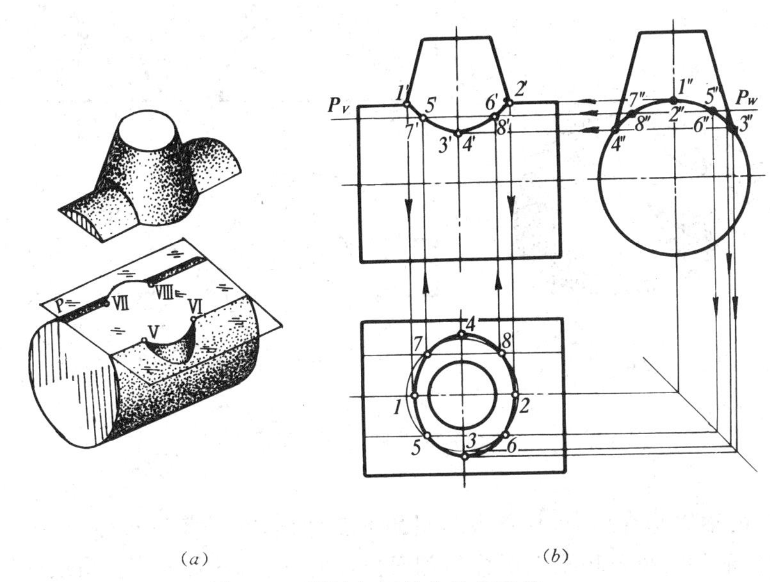

图 3-16 圆柱与圆锥台的相贯线

分析：

图 3-16 所示圆柱和圆锥台的轴线垂直相交，相贯线是一封闭的空间曲线，圆柱轴线是侧垂线，所以相贯线的侧面投影积聚在圆柱面的侧面投影的圆上，需要作出相贯线的正面投影和水平投影。在正面投影上相贯线前后重影为一曲线，在水平投影上为一封闭曲线。

作图时，选择水平面作为辅助平面最合适，它与圆锥台的截交线为圆，与圆柱的截交线是两条平行直线，两截交线的水平投影均反映实形，它们的交点即为相贯线上的点。

作图步骤见图 3-16(*b*)：

1) 求特殊位置点。相贯线上最高点是 Ⅰ 和 Ⅱ 两点，由侧面投影可以确定为 1″(和 2″ 互相重影)，其正面投影是圆柱与圆锥台两转向轮廓素线的交点 1′ 和 2′，由此得水平投影 1 和 2，Ⅰ 和 Ⅱ 两点也是相贯线上最左点和最右点；相贯线上最低点可由侧面投影确定为 Ⅲ 和 Ⅳ 两点，它们的正面投影为 3′(和 4′ 互相重影)，并可求得水平投影 3 和 4，Ⅲ 和 Ⅳ 两点也是相贯线上的最前点和最后点。

2) 求一般位置点。根据前面分析，可选择水平面 P 为辅助平面，它与圆锥台的截交线为圆，与圆柱的截交线为两平行直线，它们的水平投影反映实形，如图 3-16(*b*) 所示，两截交线的相交点为 5、6、7、8 即相贯线上的四点，然后得它们的正面投影。如此可作一系列水平辅助平面，求得相贯线上一系列的点。

3）将各点顺次光滑连接并判别可见性。相贯线的正面投影是由前半个圆柱和前半个圆锥台相贯而成，而这两部分表面的正面投影均为可见，所以相贯线亦可见。因为相贯线前后对称，由后半个圆柱和后半个圆锥台形成的不可见相贯线，与可见部分重影。因相贯线是由圆锥台和上半个圆柱相贯而成，而这两部分表面的水平投影均为可见，所以形成的封闭曲线的相贯线均为可见；用曲线光滑地依次连接回转体上相邻两素线上的共有点，即以 Ⅱ、Ⅲ、Ⅳ、Ⅴ 的顺序，可得到相贯线的正面投影和水平投影。

例 3-12 试求圆柱与球的相贯线，如图 3-17。

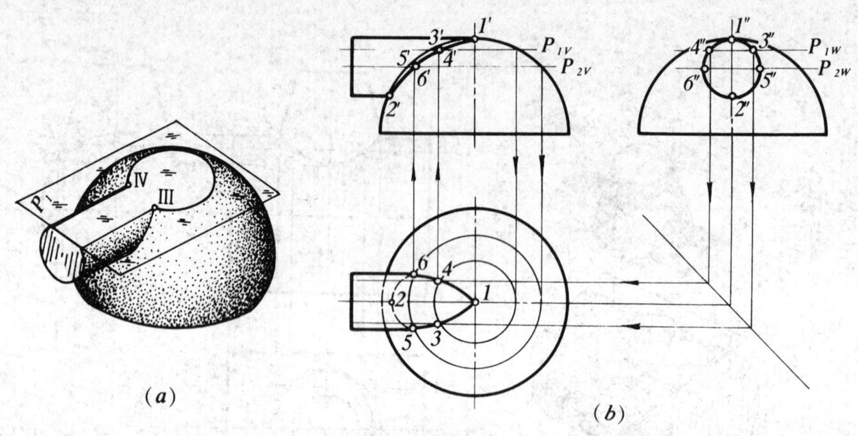

图 3-17 圆柱与球相贯

分析：

圆柱与球的轴线垂直相交，相贯线为封闭的空间曲线，且前后对称。由于圆柱轴线为侧垂线，所以相贯线的侧面投影积聚在圆柱的侧面投影的圆上，只要求出相贯线的正面投影和水平投影。作图时，选择水平面 P 作为辅助平面，平面 P 与水平圆柱的截交线为两条平行直线，与球的截交线为圆，如图 3-17(b)。它们的水平投影均反映实形，两截交线的交点即相贯线上的点。

作图步骤见图 3-17(b)：

1）求特殊点。由侧面投影可确定 1″ 和 2″，它们是相贯线上的最高点 Ⅰ 和最低点 Ⅱ，而正面投影为圆柱和球的正面转向轮廓素线的交点 1′ 和 2′，由此可求得水平投影 1 和 2。点 Ⅰ 和 Ⅱ 又是相贯线上的最右点和最左点。由侧面投影还可以确定相贯线上最前点 Ⅴ 和最后点 Ⅵ 为 5″ 和 6″，通过辅助平面 P_2 可以求得水平投影 5 和 6，以及正面投影 5′ 和 6′。

2）求一般点。选择水平面 P_1 作为辅助平面，首先在侧面投影中求得相贯线上的点 3″ 和 4″，然后根据平面 P_1 与圆柱以及平面 P_1 与球的截交线求得水平投影 3 和 4，正面投影 3′ 和 4′ 相互重影。如此可作一系列辅助平面，求得一系列相贯线上的点。

3）将各点依次光滑连接并判断可见性。相贯线的正面投影由前半个圆柱和前半个球相贯而成，而这两部分的表面的正面投影均为可见，所以相贯线也可见。因为相贯线前后对称，由后半个圆柱和后半个球形成的不可见相贯线，与可见部分重影；因相贯线由圆柱和上半个球相贯而成，而上半个圆柱和上半个球的水平投影为可见，所以相贯线 5、3、1、4、6 为可见，但下半个圆柱的水平投影为不可见，所以相贯线 5、2、6 为不可见，分界点为 5 和 6。

用曲线光滑地依次连接回转体上相邻两素线上的共有点，即以 Ⅱ、Ⅴ、Ⅲ、Ⅰ、Ⅳ、Ⅵ、Ⅱ 的顺序，可得到相贯线的正面和水平投影。

三、相贯线的特殊情况

上述例子中，两回转体表面相交的相贯线都是空间曲线，但在特殊情况下，它们可以是平面曲线或直线。

1. 相贯线为圆

当两回转面具有公共轴线时，其相贯线为圆。在与轴线平行的投影面上，相贯线投影为直线；在与轴线垂直的投影面上，相贯线投影反映实形 —— 圆，如图 3-18 所示。

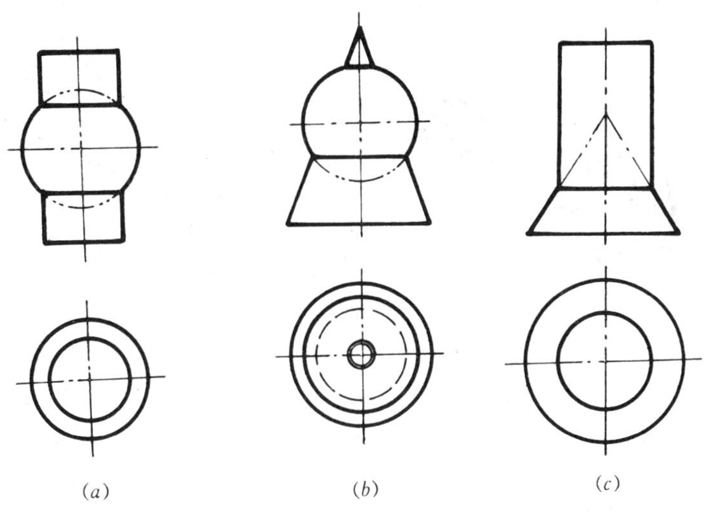

图 3-18　相贯线的特殊情况之一

2. 相贯线为椭圆

当圆柱与圆柱、圆柱与圆锥轴线相交，并公切于一圆球时，相贯线为椭圆。在与相交两轴线组成的平面平行的投影面上，相贯线的投影为两条相交直线。如图 3-19 所示。

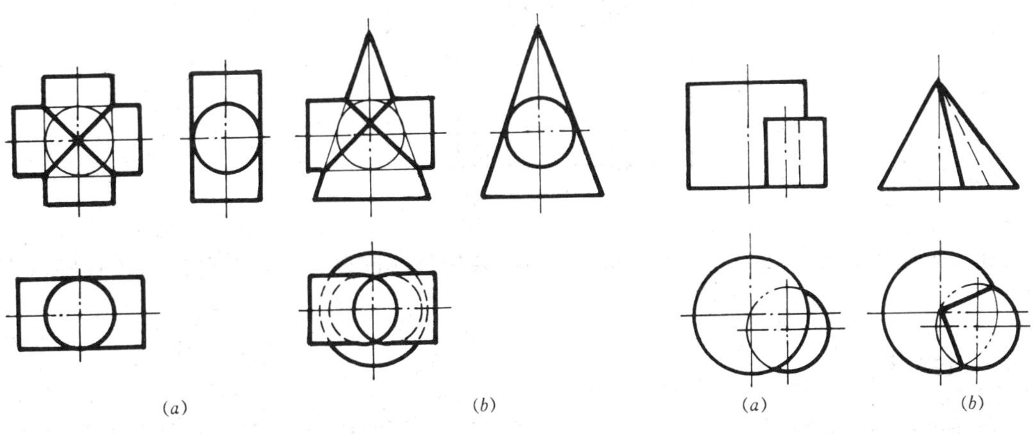

图 3-19　相贯线的特殊情况之二

图 3-20　相贯线的特殊情况之三

3. 相贯线为直线

当圆柱与圆柱轴线平行、圆锥与圆锥共顶相交时，相贯线为直线。如图 3-20 所示。

熟悉相贯线的特殊情况，对正确、迅速地作出这些相贯线的投影大有裨益。

例 3-13　试求部分球与圆锥共轴的相贯线，如图 3-20 所示。

分析：

球与圆锥共轴相贯，它们的相贯线是垂直于圆锥轴线的圆，因此相贯线在平行于圆锥回转轴的投影面上的投影积聚成一直线。

作图：

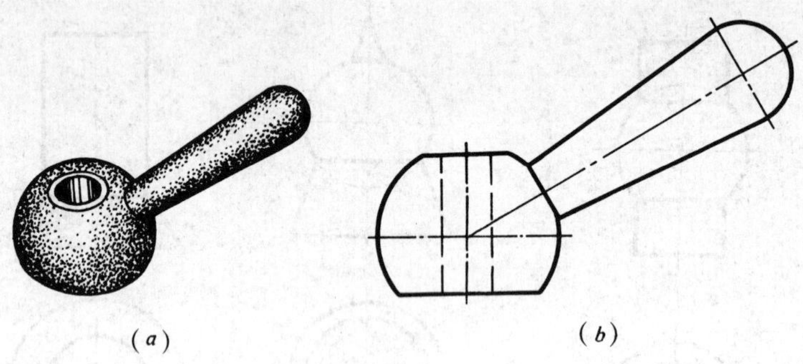

(a)　　(b)

图 3-21　球和圆锥共轴的相贯线

在正面投影中将球和圆锥的正面转向轮廓线的两相交点连成直线，即为相贯线的投影。

四、相贯线的近似画法

在机件上最常见的结构是两轴线正交的圆柱面。为了快捷地画出正交两圆柱表面交线，有时允许用圆弧近似代替相贯线的投影，方法如图 3-22 所示，该圆弧以两圆柱面轮廓素线的交点为起止点，以大圆柱半径为半径画弧即得相贯线的近似画法。

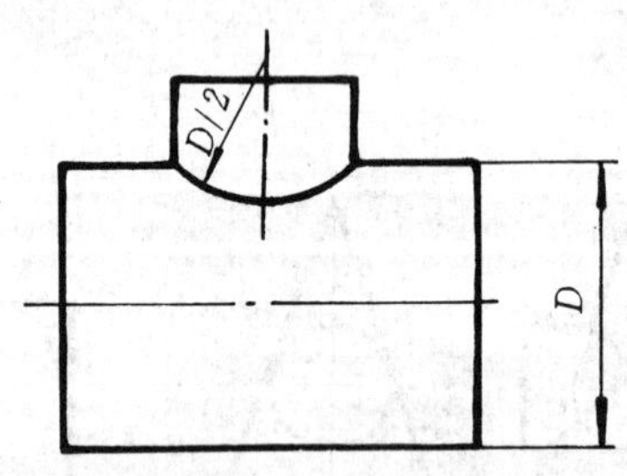

图 3-22　相贯线的近似画法

用近似画法画两不等径圆柱相交的相贯线时，其相贯线的投影曲线始终向大圆柱轴线方向弯曲。

五、过渡线

有许多机器零件是铸造或锻造出来的，在这些零件表面的相交处，通常有圆弧光滑过渡，因而没有明显的相贯线或截交线。为了分出不同表面，便于看图，绘图时仍按没有圆角时的交线画法画出，但两端不与圆角相接，留有空隙。这种交线称为过渡线，如图 3-23 所示。

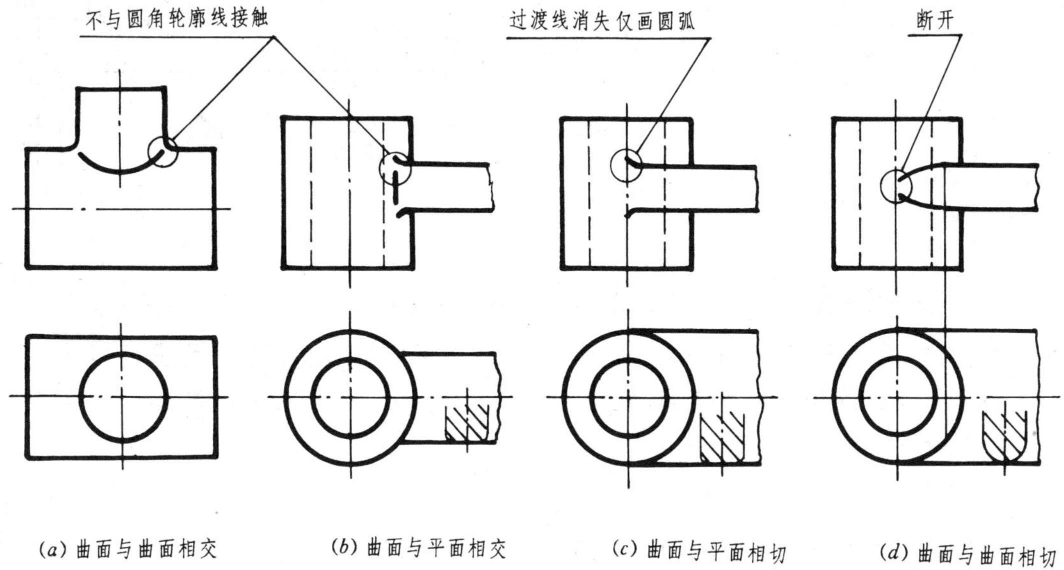

图 3-23　过渡线

思考题

1. 什么是截交线?试述求截交线的一般方法。
2. 平面截切圆柱和圆锥,可能得到哪些交线?
3. 什么是相贯线?试述求相贯线的一般方法。
4. 在什么情况下,两曲面立体的相贯线是平面曲线?

第四章

组 合 体

本章要点　掌握以形体分析法为主、线面分析法为辅的组合体视图的画法和看法。用由已知两个视图加画第三视图的方式多画多练，培养看图和空间想象的能力。掌握组合体的尺寸注法和轴测图的画法。

在工程制图中，把由若干基本立体组合而成的物体称为组合体。组合体是由机器中的零件抽象出的一种几何模型。

第一节　组合体的形体分析

一、组合体的组合形式

任何一个物体，从几何形状来分析，都是由基本立体按一定的相对位置组合而成，且其组合形式大体上可分为叠加和切割两种。叠加包括叠合、相切和相交等情况，切割包括穿孔等，从而形成叠加式组合体、切割式组合体和既叠加又切割的综合式组合体。如图 4-1 所示为支架，它是由圆筒Ⅰ、底板Ⅱ和支承板Ⅲ叠加而成；又如图 4-2 所示为底架，它是由长方体上切割去

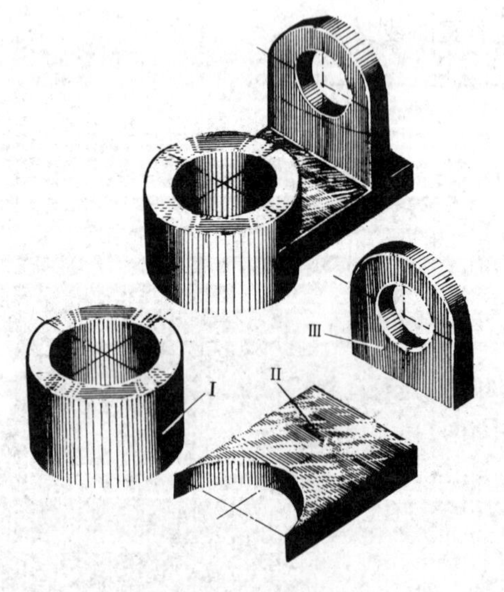

图 4-1　叠加组合体

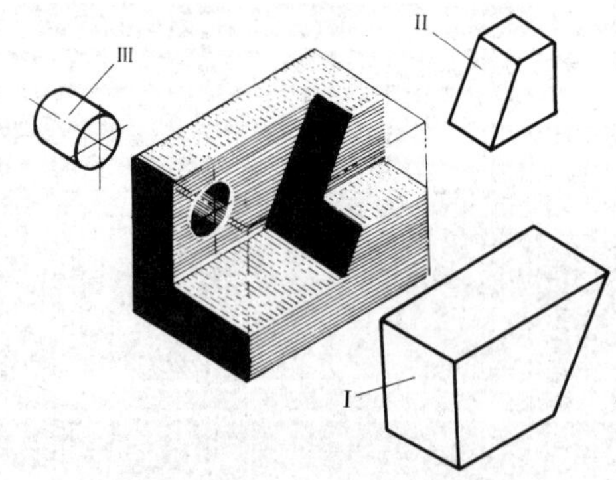

图 4-2　切割组合体

Ⅰ、Ⅱ、Ⅲ 三部分而成。

1. 叠加

(1) 叠合

叠合是指两基本体的表面互相重合的简单叠加。简单叠加已在第二章第四节中作过初步讨论。当两个基本体没有公共的表面时，在视图中两个基本体之间应有分界线，如图 4-3(*a*) 所示；当两个基本体的表面共面时，在视图上不应画出它们的分界线，如图 4-3(*b*) 所示。

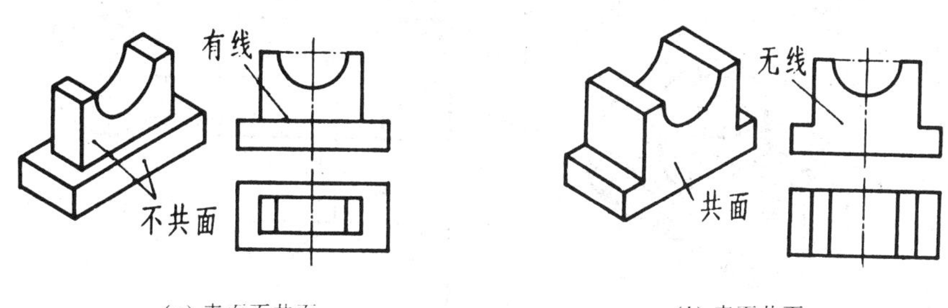

(*a*) 表面不共面　　(*b*) 表面共面

图 4-3　叠合形式的组合体

(2) 相切

相切是指两个基本立体的表面(平面与曲面或曲面与曲面) 光滑地过渡，因此相切之处不存在交线，在视图上一般不画分界线，如图 4-4 所示。

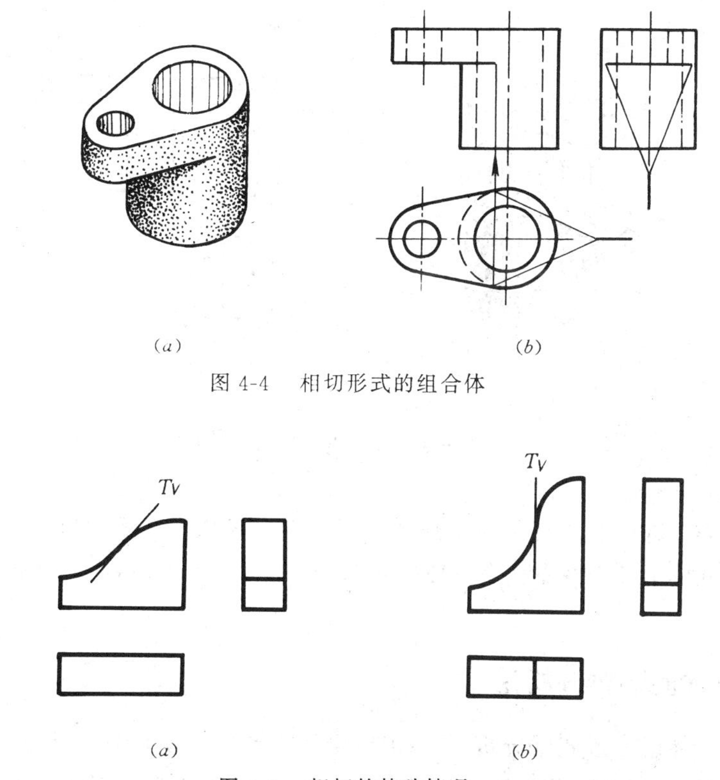

(*a*)　　(*b*)

图 4-4　相切形式的组合体

(*a*)　　(*b*)

图 4-5　相切的特殊情况

相切形式中，要注意一种特殊情况，如图 4-5 所示的两个压铁，它的上侧面由两圆柱面相切而成。若它们的公共切平面平行或倾斜于投影面，则相切处在该投影面上不画分界线，如图

4-5(a) 所示；若两圆柱面的公切平面垂直于投影面，相切处在该投影面上的投影是一直线，如图 4-5(b) 所示。

(3) 相交

基本立体表面彼此相交，所产生的表面交线即是基本立体之间的分界线，在视图中应画出交线的投影，如图 4-6 和图 4-7 所示。

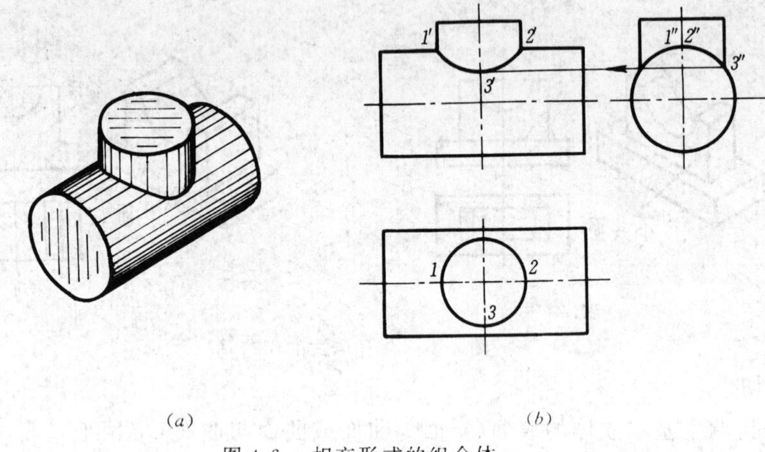

图 4-6　相交形式的组合体

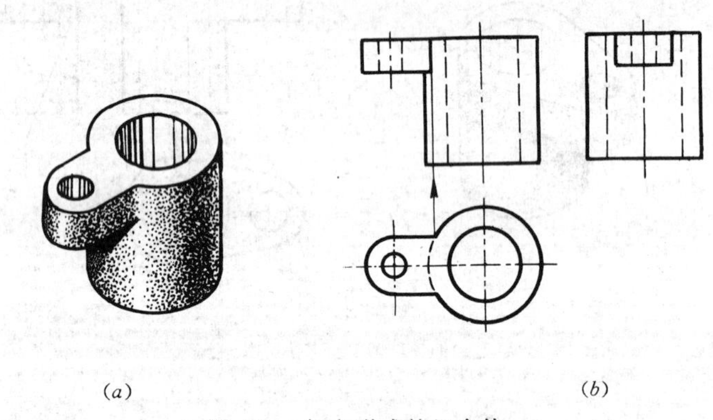

图 4-7　相交形式的组合体

2. 切割

由一个基本立体被若干切平面切割(或穿孔) 后形成切割形式的组合体。如图 4-8 所示组合体就是在棱柱体上切去左右两个三棱柱 1、2，两个四棱柱 3、4，一块长方板 5 和一个圆柱 6 而形成的。

二、组合体的形体分析法

通过对组合体组合形式的分析，假想把组合体或者更为复杂的机件分解成一些简单形体或基本体，分析了解这些形体的形状、它们相互间的相对位置和表面间的连接关系，从而弄清组合体的结构形状。这种分析问题、解决问题的方法就是形体分析法。这是画图和看图的最基本方法。

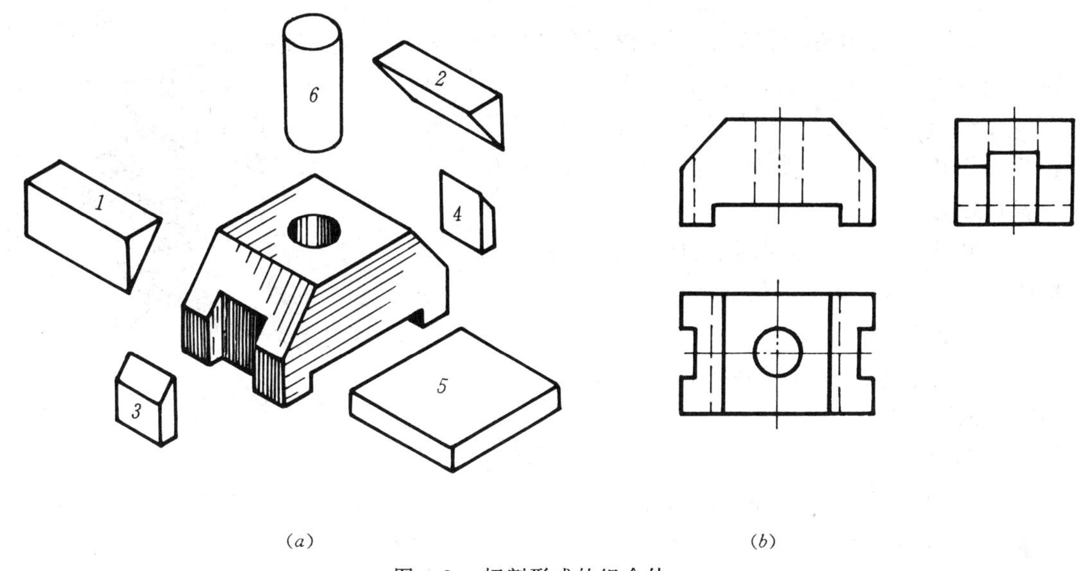

图 4-8 切割形式的组合体

第二节 画组合体视图

一、画组合体视图的方法和步骤

1. 形体分析

画组合体视图时，首先要对组合体进行形体分析，把组合体分解为若干基本体或简单形体，分析了解这些基本形体的形状，分析它们之间的相对位置和组合形式。对于切割形式的组合体，应从切割之前的原形体出发，然后一块一块地切去几部分，最后得应有的形状。

2. 视图选择

在选择视图时，关键是选择好主视图。首先考虑安放位置，应将组合体放正，使其主要平面或轴线与投影面平行或垂直。在选择主视图的投射方向时，应选择能较好反映组合体形状特征，并在视图上出现虚线较少的方向作为主视图的投射方向。主视图确定以后，俯视图和左视图也就随之确定了。

3. 画图步骤

1）确定画图比例，选择图幅，画出图框。

2）布置视图的位置，画出主要中心线、轴线、基线和对称线等。

3）按形体分析，先画主体部分，后画次要部分。在画各基本形体时，可采用三个视图同时画出的方法，这样既保证各视图之间的投影，又可提高画图速度。

4）认真检查图稿：各视图投影关系是否正确？相切处有否多画线条？相交处有否漏画交线？有否遗漏虚线、轴线或对称中心线等？

5）按规定线型描深。当不同线型重合时，按“粗实线、虚线、点画线、细实线”的顺序取舍。

二、画组合体视图举例

例 4-1 画出图 4-9 所示连杆的三视图。

形体分析：由图 4-9 可知，连杆是由三个圆筒和一块连接底板组成。其组合的形式是：连杆右端两个圆筒相交，内、外表面都产生交线；右端竖立圆筒的底圆和连接底板平面相接；左端圆筒表面与连接底板相切，相切之处表面无交线。

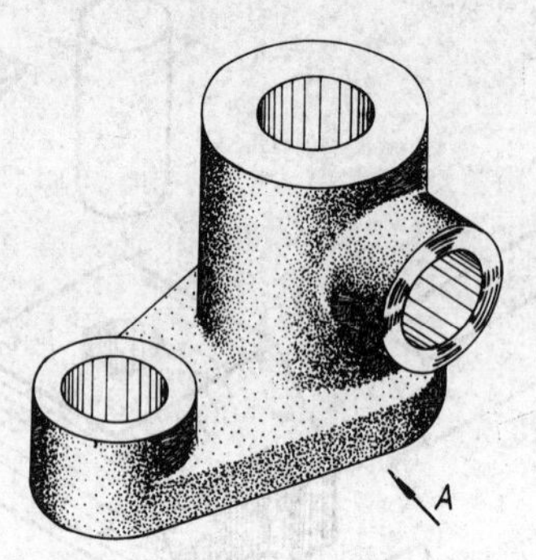

图 4-9 连杆

主视图选择：从 A 向观察最能反映连杆的结构形状特征。

作图步骤：

1) 画定位轴线和底面基线，布置好三视图的位置，如图 4-9(a) 所示。

2) 画各个基本形体的外形，如图 4-10(b) 所示。

3) 画内孔，并画出内外圆柱的交线和确定相切位置，如图 4-10(c) 所示。

4) 校对并按线型要求加浓图线，完成连杆三视图，如图 4-10(d) 所示。

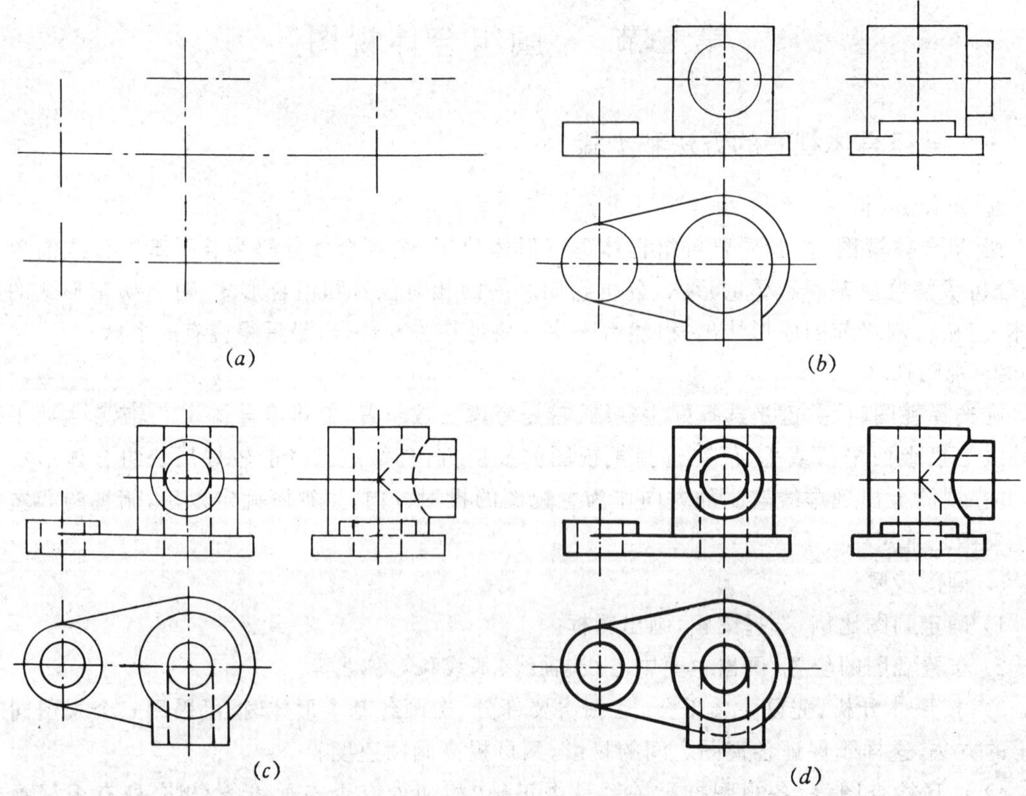

图 4-10 连杆视图画法

例 4-2 画出图 4-11 所示切割式组合体的三视图。

形体分析：该组合体的形体分析见图 4-8(a) 及说明。

主视图选择：以 A 向作为主视图投射方向较能反映该物体形状特征。

作图步骤：

1) 布置视图位置，画出未被切割时的基本体的投影，如图 4-12(*a*) 所示。

2) 逐个画出切割后形成的交线和切口投影，如图 4-12(*b*)、(*c*) 所示。

3) 画出所有开槽、开孔后形成的切口、交线和虚线，最后检查并描深，如图 4-12(*d*) 所示。

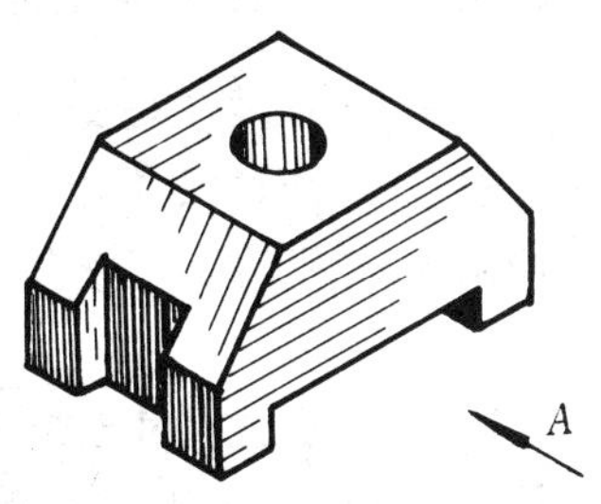

图 4-11　切割式组合体

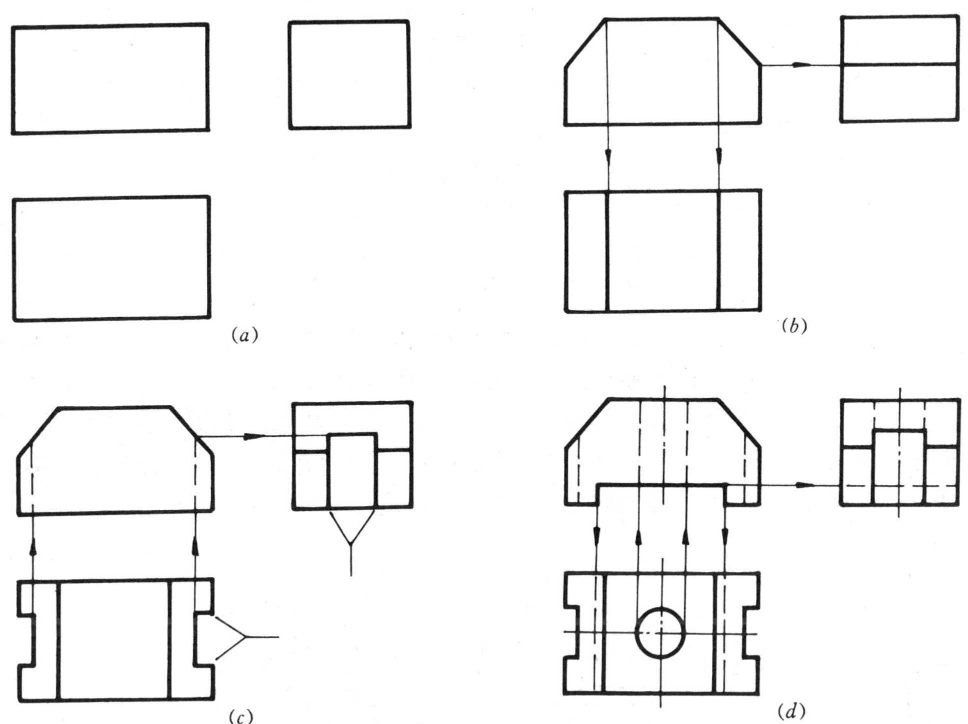

图 4-12　切割式组合体视图的画法

通过以上两例可以体会到：在画物体视图的过程中，必须深刻理解"物"与"图"的对应关系，而对应关系的重点是通过形体分析来达到，经过多次这样的反复练习，建立起由空间到平面的投影概念，从而逐步提高画图能力，也为读图打下基础。

第三节　组合体的尺寸注法

物体的形状通过视图来表达，而物体的准确大小则要通过标注尺寸来确定。因此，尺寸是图样中的一个重要组成部分。

一、尺寸标注的基本要求

1）正确 —— 尺寸注写要符合国家标准中有关尺寸注法的规定。

2）完整 —— 所注尺寸必须完全确定组合体的形状和大小，不遗漏，不重复。

3）清晰 —— 尺寸尽可能集中地标注在反映该形体特征的视图上。布局要整齐清晰，便于读图。

4）合理 —— 所注尺寸既要能保证设计要求，又能适合加工、检验、装配等生产工艺。

尺寸注法的有关规定，已在第一章中介绍，有关尺寸注法的合理性，将在第七章零件图中讨论，这里主要讨论如何完整、清晰地标注尺寸。

二、完整地标注尺寸

1. 组合体的尺寸分析

要使尺寸注写得完整，通常可按照形体分析的方法，将组合体分析成由若干基本立体组合而成。因此，对组合体应注出下面三类尺寸：

1）定形尺寸 —— 用于确定各基本立体的形状大小。

2）定位尺寸 —— 用于确定各基本立体之间的相互位置。

3）总体尺寸 —— 用于确定组合体总长、总宽和总高。

2. 尺寸基准

所谓尺寸基准，就是标注尺寸的起点。每个组合体有长、宽、高三个方向的尺寸，每个方向至少应有一个尺寸基准。一般选择组合体的底面、重要端面、对称平面以及回转体的轴线等作为尺寸基准。如图 4-13 所示的滑座，可选择其右端面为长度方向的尺寸基准，底面为高度方向的尺寸基准，前后的对称平面为宽度方向的尺寸基准。应该注意，以对称平面为尺寸基准时，要注出对称部分的全长而不是一半的尺寸，如图 4-13 中的 12 和 22 的注法。

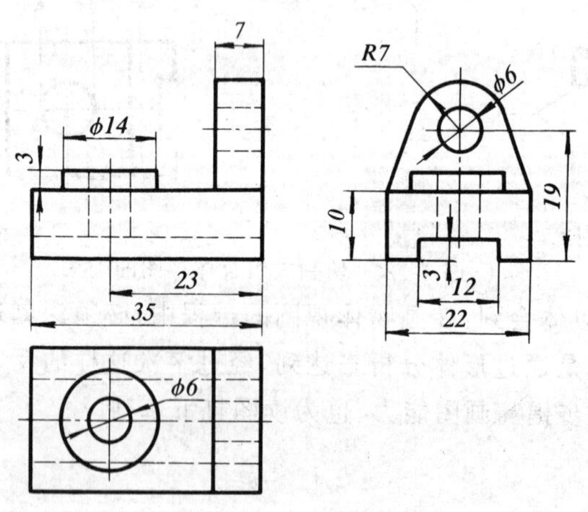

图 4-13　滑座

3. 组合体尺寸标注的步骤

现以图 4-13 为例，说明如何完整地标注组合体尺寸的问题。

经过形体分析知道滑座由支板、底板和圆柱凸台三部分组成。其尺寸标注步骤见表 4-1。

表 4-1 尺寸标注步骤

第一步:注出底板的定形尺寸	底板的定形尺寸
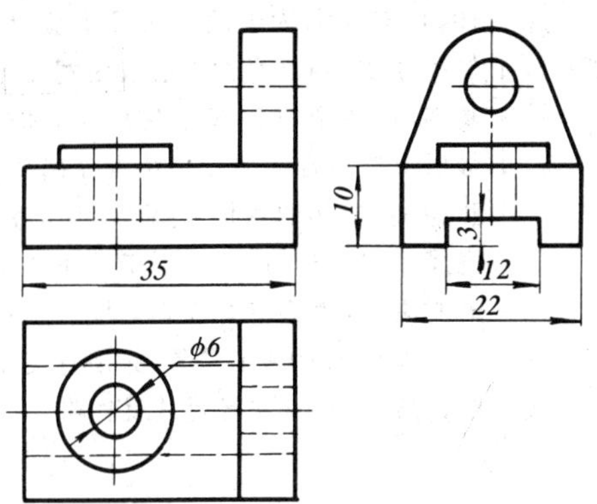	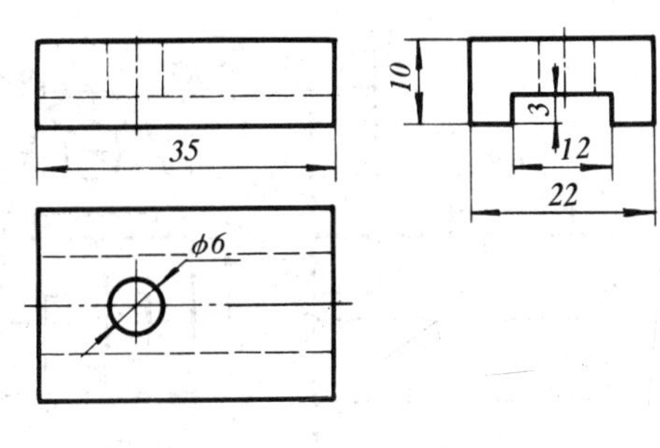
第二步:注出支板的定形尺寸	支板的定形尺寸
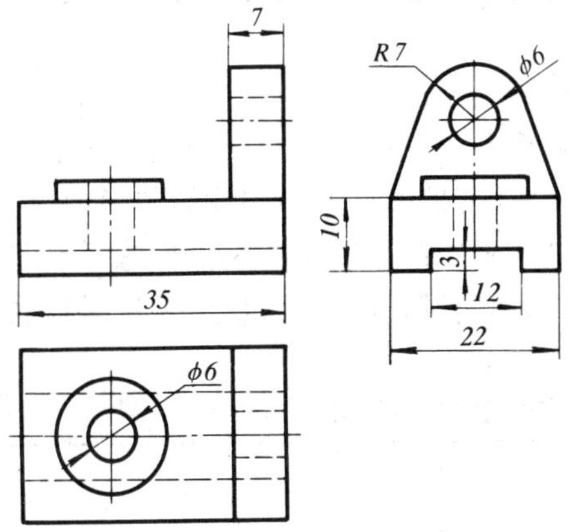	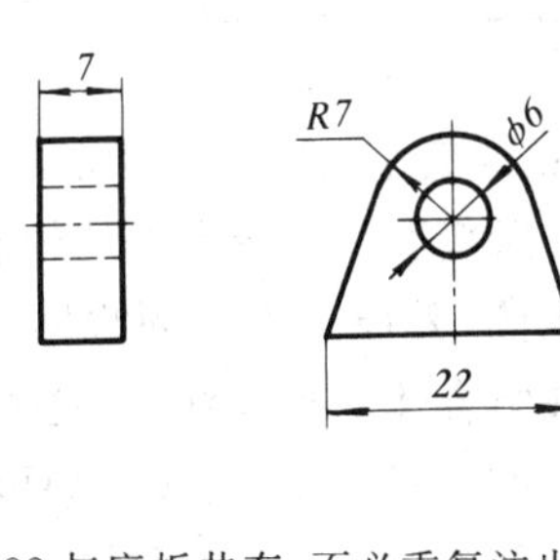 尺寸 22 与底板共有,不必重复注出
第三步:注出圆柱体的定形尺寸	圆柱体的定形尺寸
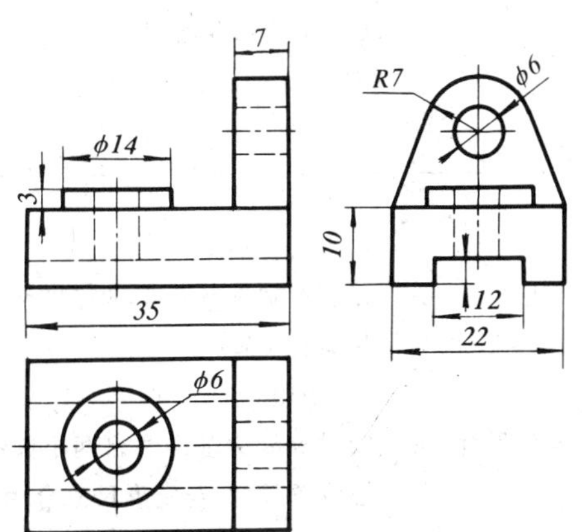	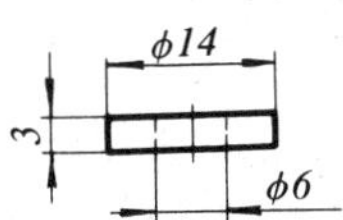 圆柱体中圆孔的尺寸 φ6 与底板共有,不必重复注出。

续　表

第四步：注出以上三个基本立体间的相对位置尺寸及总体尺寸	以底面为高度方向尺寸基准，注出定位尺寸19，以右端面为长度方向尺寸基准，注出定位尺寸23，再选平面中心线为宽度方向尺寸基准，说明滑座各部分在宽度上是对称的。最后根据组合体的结构特点注出总长、总宽和总高。本例的总长、总宽尺寸与底板的长、宽尺寸刚好合用。至于总高尺寸在本例也不需要注出，因为在加工时，为了便于确定支板上圆孔 $\phi 6$ 的中心位置，必须直接注出孔的中心高19，因此总高尺寸就省略。
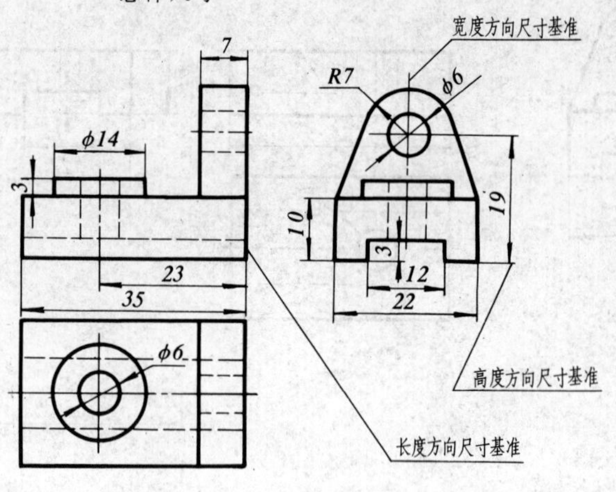	

4. 常见的底板、法兰盘的尺寸注法

表4-2列举了几种最常见的的底板、法兰盘等这一类结构件（这里仅画出了这类结构件一个方向的视图，其厚度方向的视图省略）的尺寸注法。熟悉这些结构投影图形的尺寸标注，将有利于掌握组合体的尺寸注法。这些结构一般均由两个以上基本立体组成，在标注尺寸时就要考虑尺寸基准问题。由图可见，这些结构件的平面图形都是对称的，所以可以对称线作为尺寸基准来确定基本立体的相对位置。

表4-2　常见底板、法兰盘的尺寸标注

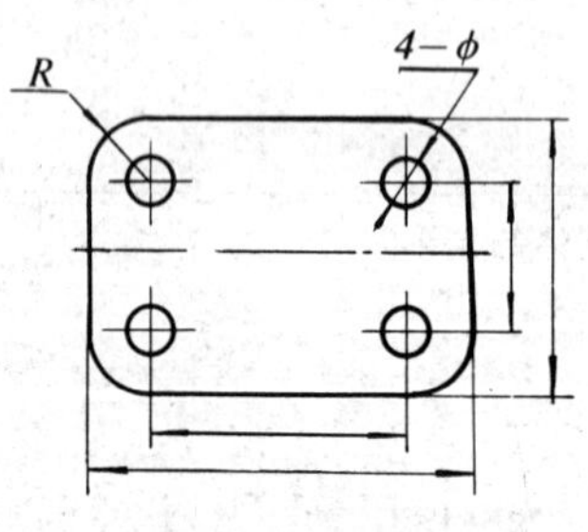	定形尺寸 —— a. 底板的长、宽，以及圆角半径 R b. 四个圆孔 4 － φ 定位尺寸 —— 以对称线为基准注出四个圆孔长、宽方向的中心位置尺寸
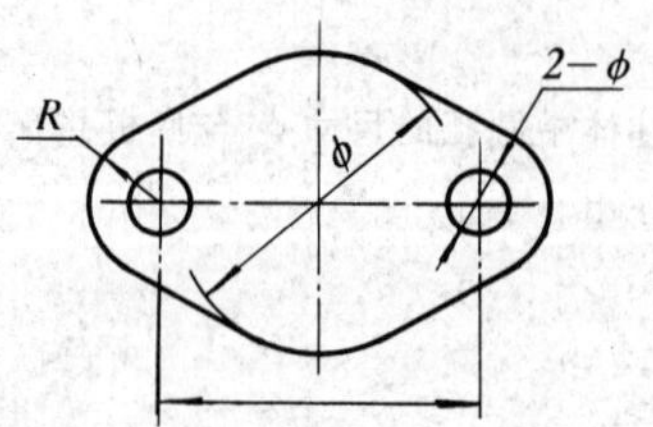	定形尺寸 —— a. 底板宽度直径 φ，两端圆弧尺寸及其圆心位置 b. 两个圆孔 2 － φ 定位尺寸 —— 以对称线为基准注出两个圆孔的中心位置尺寸（与定形尺寸合用）.

续　表

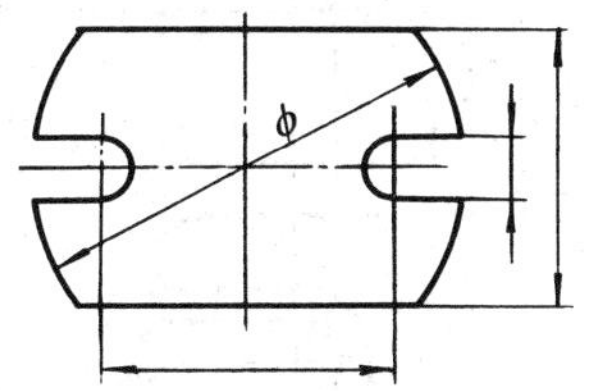	定形尺寸 —— a. 底板直径 φ 及宽度 b. 半圆弧槽的宽度 定位尺寸 —— 以对称线为基准注出两半圆弧槽的中心位置尺寸
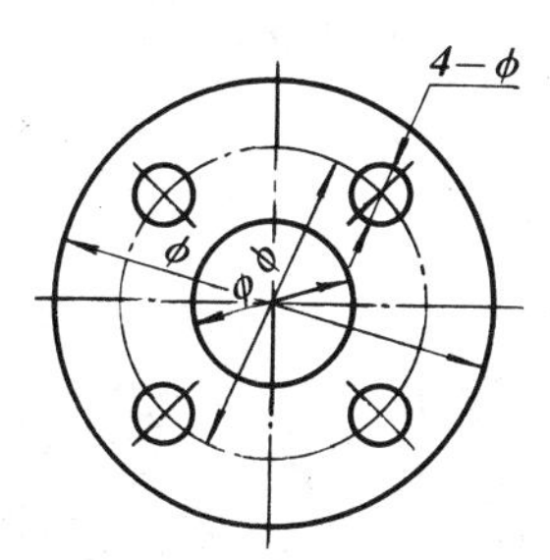	定形尺寸 —— a. 法兰盘的直径 φ b. 四个圆孔 4 — φ c. 中间圆孔 φ 定位尺寸 —— 以圆心为基准注出过四个圆心的直径，即为四个小圆孔的中心位置尺寸

三、清晰地标注尺寸

尺寸不仅要注得完整，而且还要求注得清晰，使看图的人一目了然，因此必须注意尺寸线、尺寸界线和尺寸数字在图上的排列和布置。

1) 尺寸尽可能标在表示形体特征最明显的视图上。如图 4-14 中凹槽的尺寸 8 注在主视图上比注在俯视图上好；又如图 4-13 中支板厚度 7，注在主视图上就很清晰、明显。

2) 同一形体的尺寸应尽量集中标注。如图 4-14 中凹槽的尺寸 8 及 9 应集中注在主视图上，以便于看图时查找。

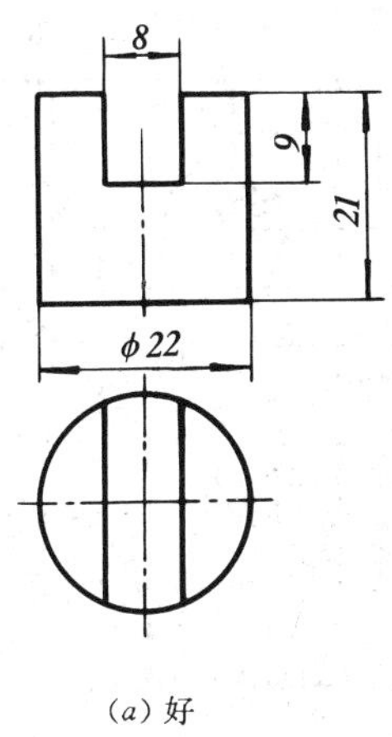

(a) 好

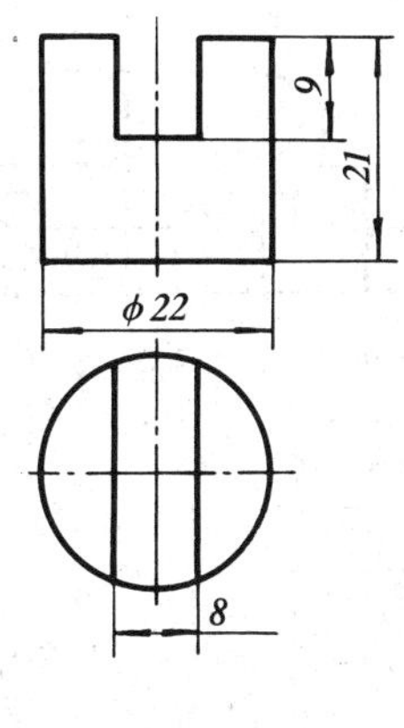

(b) 不好

图 4-14　尺寸标注对比之一

3) 半径尺寸要注在投影为圆弧的视图上，如图 4-15 所示。

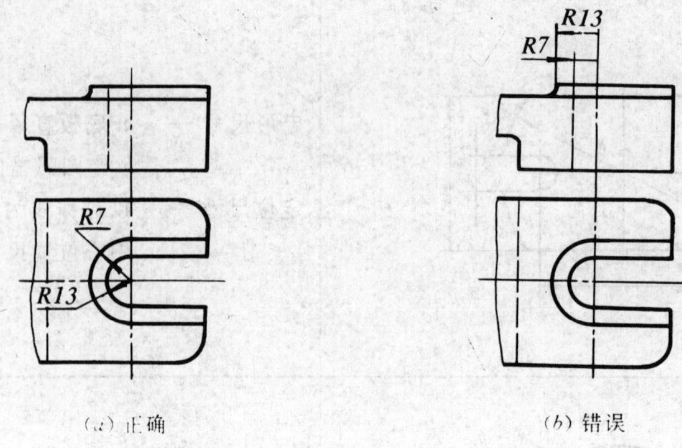

(*a*) 正确　　(*b*) 错误

图 4-15　尺寸标注对比之二

4) 尺寸平行排列时，应使小尺寸在内(靠近视图)，大尺寸在外，如图 4-16(*a*) 所示。

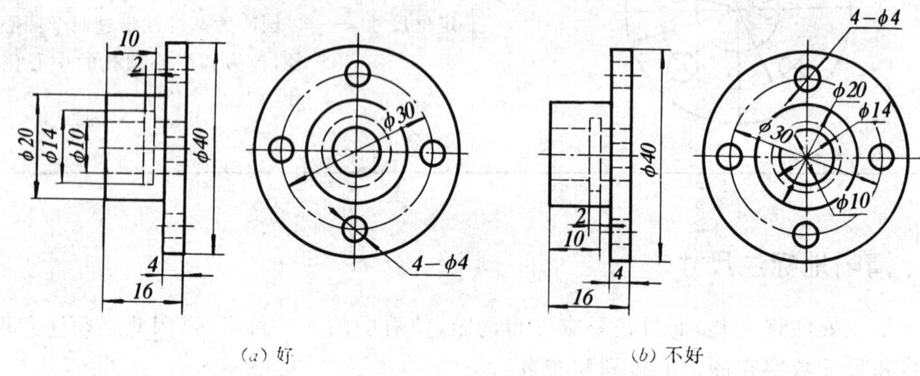

(*a*) 好　　(*b*) 不好

图 4-16　尺寸标注对比之三

5) 同心圆较多时，直径尺寸不宜集中标注在反映圆的视图上，避免注成辐射形式，如图 4-16 所示。

6) 尺寸相互平行的内外结构，最好把这些尺寸按内外结构之别分开加以标注，如图 4-16 所示。

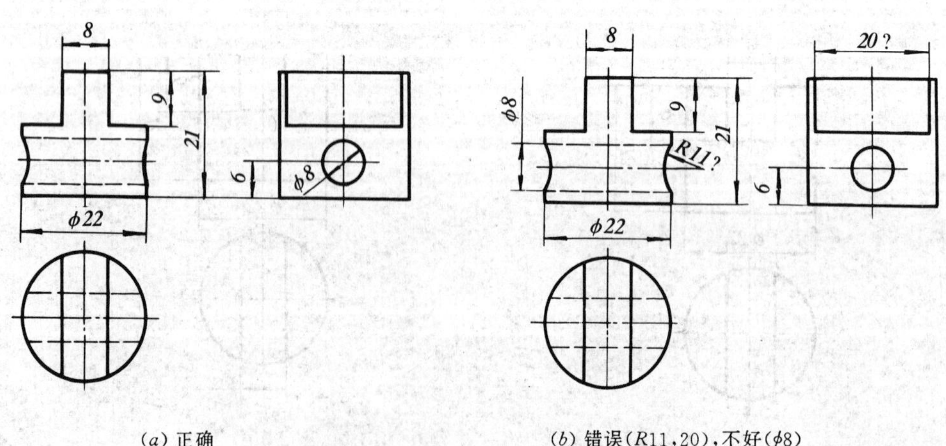

(*a*) 正确　　(*b*) 错误(*R*11,20)，不好(ϕ8)

图 4-17　尺寸标注对比之四

7) 在截交线和相贯线上标注尺寸是错误的，虚线处尽量不要标注尺寸，如图 4-17 所示。

8）尺寸应尽量注在视图外面，保持视图清晰。

例 4-3　　轴承座的尺寸标注

图 4-18 所示轴承座的尺寸是按照正确、完整、清晰的要求标注的。分析所注尺寸可知：

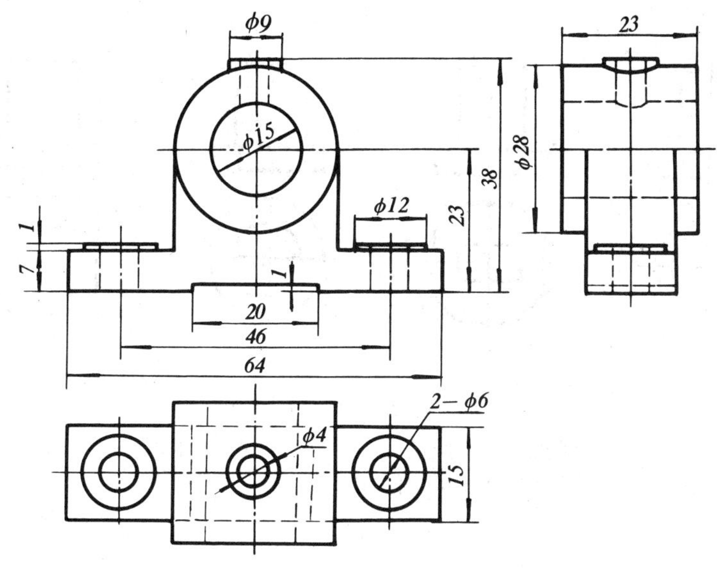

图 4-18　轴承座的尺寸标注

1）尺寸基准　高度尺寸基准 —— 轴承座底面；
　　　　　　长度尺寸基准 —— 对称平面中心线；
　　　　　　宽度尺寸基准 —— 对称平面中心线。

2）定位尺寸　23，46。

3）总体尺寸　高度为 38，长度为 64（与底板长度合用），宽度为 23（与 φ28 圆筒宽度合用）。

其余均为定形尺寸。

第四节　读组合体视图

画组合体视图是由物到图的表述过程，而读组合体视图（也称看图）的过程则是由图到物的构思过程，也就是由视图来想象所表达物体的空间形状的过程。读图比画图更抽象，也更能训练空间想象力和构思能力。

一、读图的基本要领

1. 熟悉基本立体三视图及其投影特性

对于常见的基本立体，如各种棱柱、棱锥及圆柱、圆锥等，应该一看到它的三视图，就能确定它们的形状及安放的位置。不仅对完整的基本体，而且对不完整的基本体也应如此。要把这些基本体的形象熟记在头脑中，随时能与它们的视图对上号。

2. 要把几个视图联系起来看

一般在没有任何标注的情况下，一个视图是不能确定一个物体的形状的。只有采用两个或两个以上的视图，彼此互相配合，才能清楚地表达物体的形状。因此，读图时不能只看一个视图，必须把几个视图联系起来，并注意找出具有物体特征信息的视图，才能正确地确定物体的形状。如图 4-19 所示的四组视图，它们的主视图都相同，但俯视图不同，这就表示了四种不同形状的物体，这里俯视图是确定物体形状特征的视图。

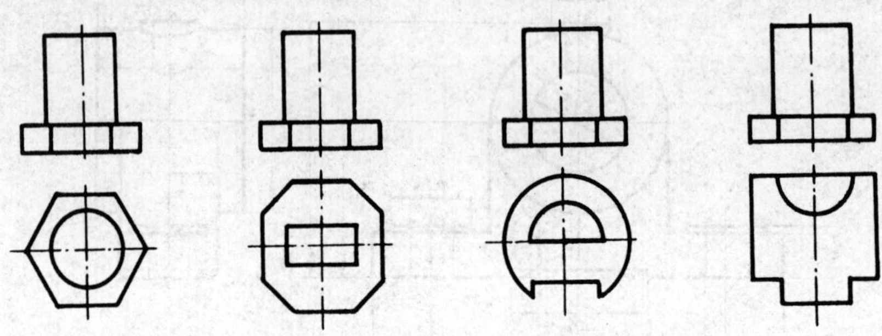

图 4-19 主视图相同，物体形状不同

又如图 4-20 所示的四组视图，它们的主视图、俯视图均相同，但左视图不同，也就表示了四种不同形状的物体，其不同特征由左视图反映。

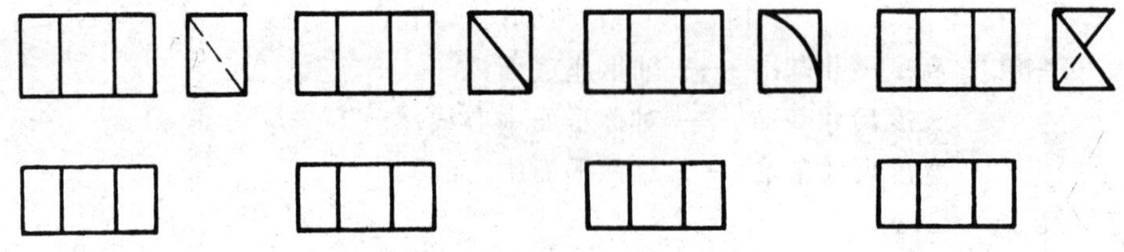

图 4-20 主视图、俯视图相同，物体形状不同

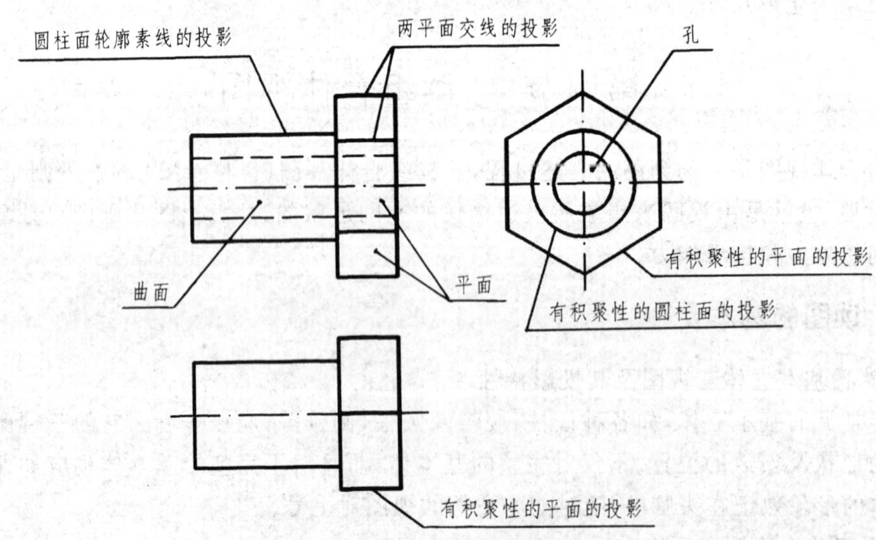

图 4-21 视图中线条线框的含义

由此可见，在读图时，一般都要将各个视图联系起来阅读、分析，才能想象出这组视图所表

示的物体的形状。

3. 明确视图中线条和线框的含义

视图中每一条图线可表示(参看图 4-21):

1) 面与面(平面或曲面) 的交线的投影。

2) 具有积聚性的平面或柱面的投影。

3) 回转面的转向轮廓线的投影。

视图中的一个线框一般表示物体上的一个表面,不同线框则表示不同形状或不同位置的表面。如图 4-21 主视图中的不同线框分别表示曲面或平面。一个线框有时也表示开孔后的空腔范围,如图 4-21 左视图中。

因此,视图中的线条、线框的具体含义,必须结合具体情况分析确定。

二、读图的基本方法

1. 形体分析法

形体分析法是读图的基本方法。读图时的形体分析是在视图上进行的。根据视图所表达的内容,可假想把视图按线框大致分成几部分。如图 4-22(*a*) 中主视图的四个封闭线框可看成四个简单形体 Ⅰ、Ⅱ、Ⅲ、Ⅳ 的投影。其中 Ⅰ 是下方的长方形,结合俯视图和左视图的投影,可确定 Ⅰ 是长方形板,底部左右开通槽;同样可由 Ⅱ 的三个投影确定,Ⅱ 也是个长方体,但中间被挖去半个圆柱;而 Ⅲ、Ⅳ 则是两块三棱柱。在分析确定各部分形体的形状后,便可按各形体的相对位置、表面连接关系综合想象出整体形状,如图 4-22(*b*) 所示。

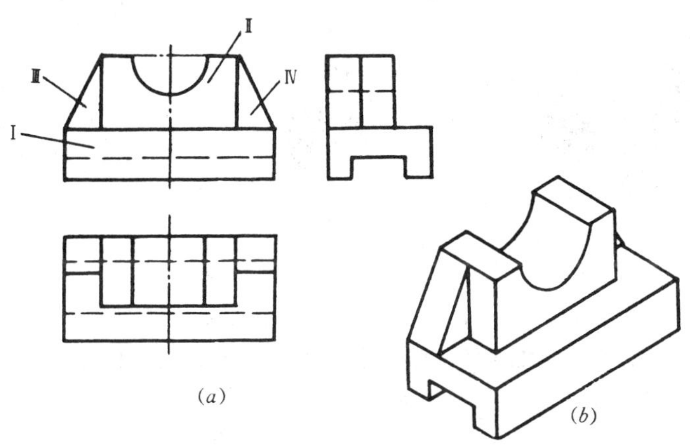

图 4-22 读图时的形体分析

2. 线面分析法

对于组合体中某些较难看懂的部分,还需要用线面分析法来帮助想象和看懂这些局部的形状。即根据视图中线条、线框的含义,分析物体上线、面的形状以及它们之间的相对位置,这种方法称为线面分析法。

三、读组合体视图的步骤

现通过以下四例说明读图的一般步骤。

例 4-4 读滑座三视图,如图 4-23。

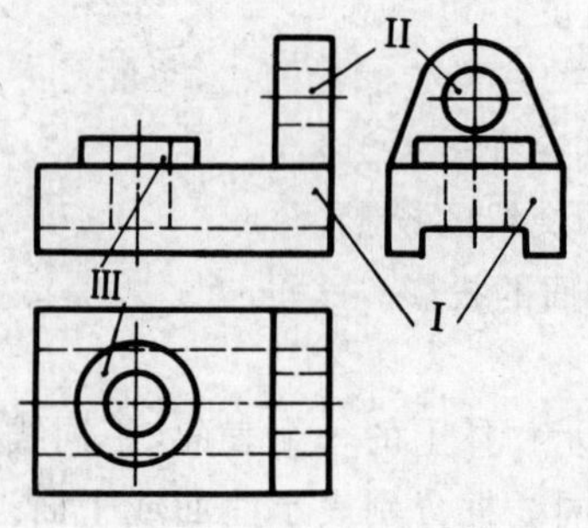

图 4-23　滑座三视图

1. 看视图，分形体

1）明确已知视图之间的关系。

2）从主视图入手，联系其他视图，确定基本立体为 Ⅰ、Ⅱ、Ⅲ。

2. 对投影，定形状

运用正投影规律，看懂和想出各个组成部分的形状和位置，见图 4-24。

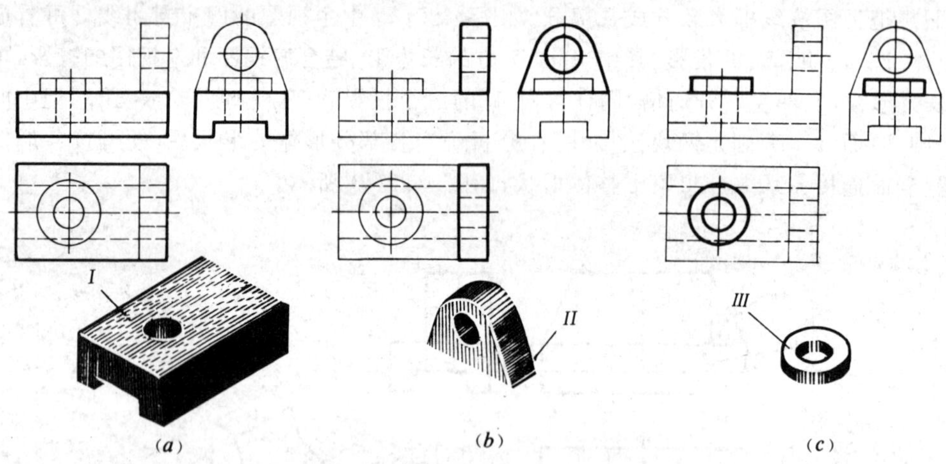

图 4-24　对投影、定形状

1）Ⅰ 为长方四棱柱，在对称面上开垂直圆孔，下方开四棱柱长槽，如图 4-24(*a*) 所示。

2）Ⅱ 为棱柱叠加部分圆柱，在对称面上开水平圆孔，如图 4-24(*b*) 所示。

3）Ⅲ 为开孔的圆柱，如图 4-24(*c*) 所示。

3. 合起来，想整体

在分析各基本立体的相对位置以及两形体之间的连接关系后，想象出整体的空间形状，如图 4-25 所示。

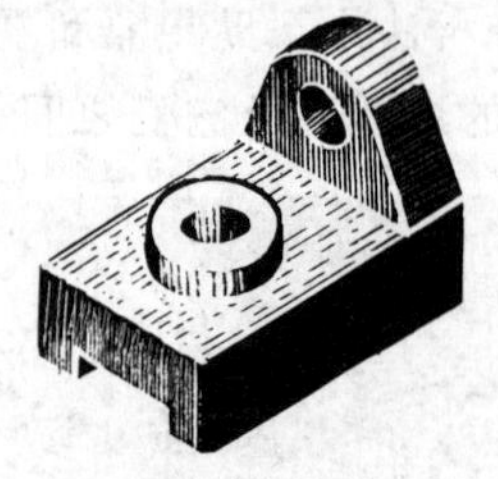

图 4-25　滑座立体图

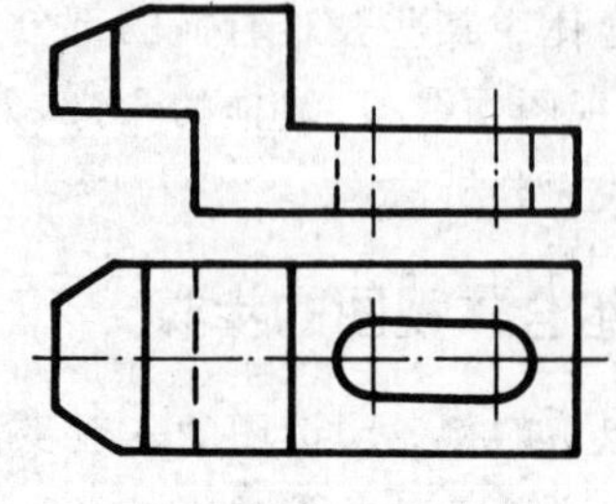

图 4-26　压板

为了提高画图和看图能力，可以通过在已知物体的两个视图条件下，经过看图，然后画出第三视图的练习。

例 4-5 试画出压板的左视图，如图 4-26 所示。

看压板的步骤和画出左视图的方法，见图 4-27。

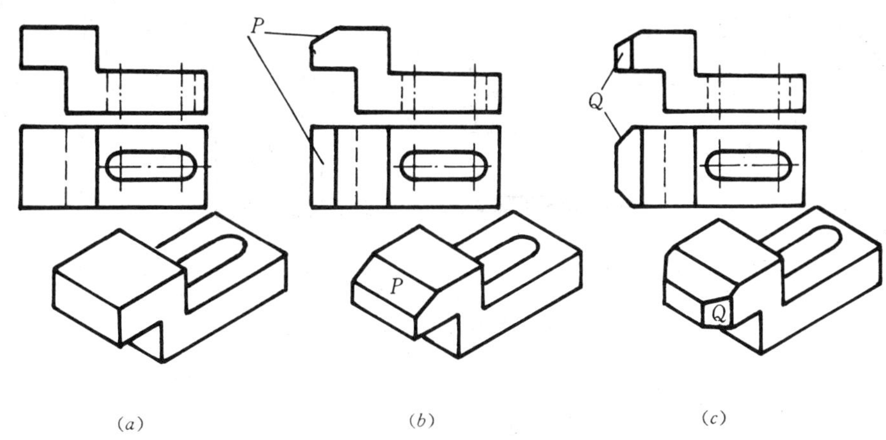

图 4-27 压板视图看图方法

1）运用形体分析法，可确定“压板”主体为“Z”字形板，且在右边对称面上开一长圆孔，如图 4-27(a) 所示。

2）左边头部形体，由于在主视图上有斜线，对应俯视图上的线框，确定 P 面为正垂面，如图 4-27(b)。

3）俯视图上的两条对称斜线，对应在主视图上的四边形线框，确定 Q 面为铅垂面，如图 4-27(c) 所示。

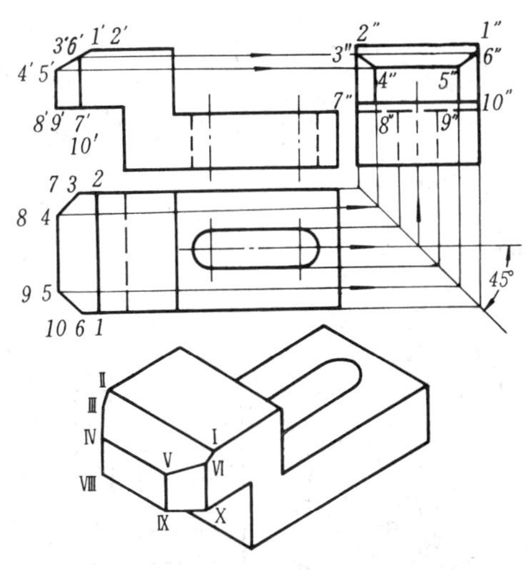

图 4-28 压板左视图画法

4）作出压板的左视图，如图 4-28 所示。先画主体“Z”字形，再画正垂面 P — Ⅰ Ⅱ Ⅲ Ⅳ Ⅴ Ⅵ 和画铅垂面 Q — Ⅴ Ⅸ Ⅹ Ⅵ，最后画出长圆孔的投影。

5）校核，描深。

画图是看图的检验，而看图是画图的必要过程，两者相辅相成，密切联系。通过看图与加画第三视图的练习，必将有利于提高空间想象力。

例 4-6 试画出拖板的俯视图，如图 4-29 所示。

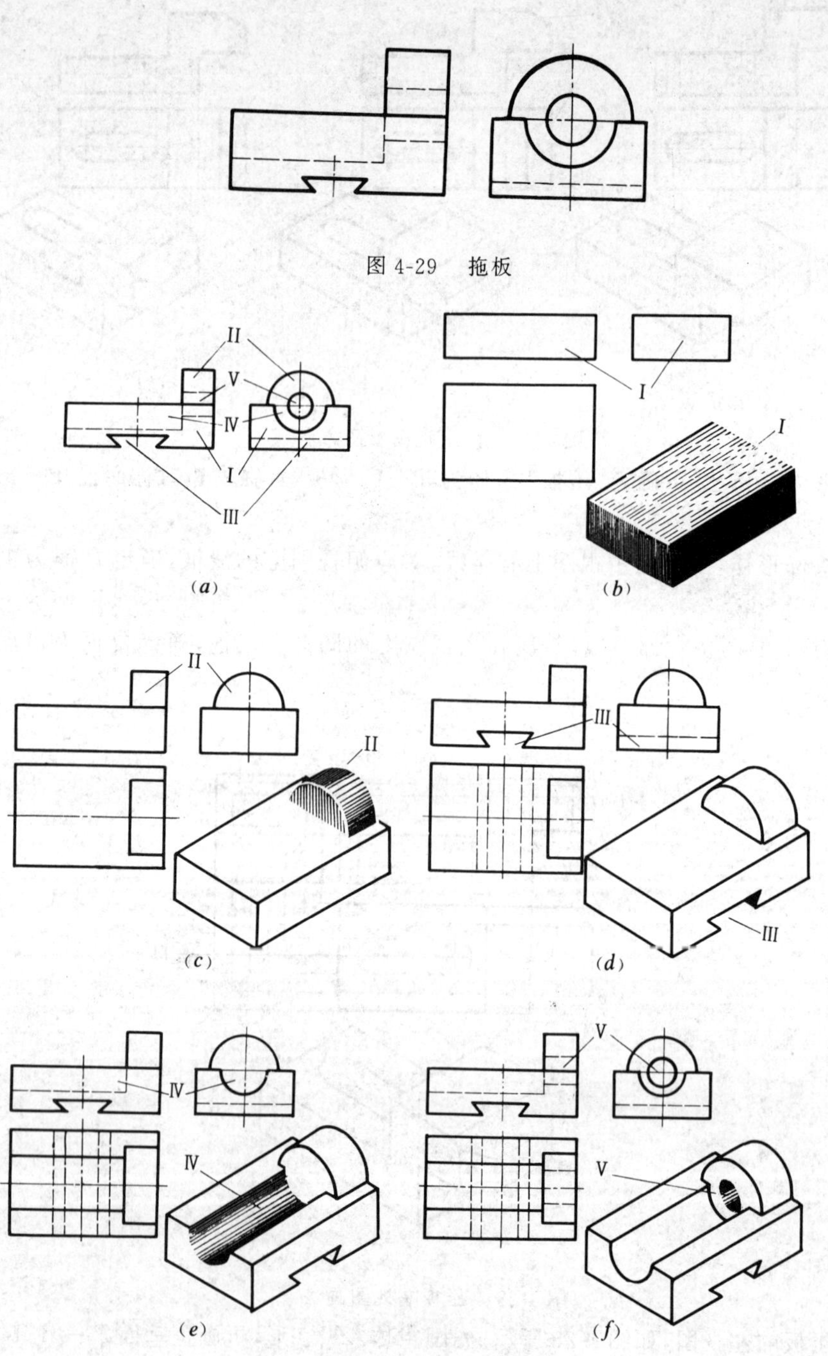

图 4-29 拖板

图 4-30 看视图并作第三视图

看和画拖板视图的步骤如图 4-30 所示：

1）对投影，分形体，如图 4-30(*a*) 所示。

2）看、画形体 Ⅰ，如图 4-30(*b*) 所示。

3）看、画形体 Ⅱ，如图 4-30(*c*) 所示。

4）看、画形体 Ⅲ，如图 4-30(*d*) 所示。

5）看、画形体 Ⅳ，如图 4-30(*e*) 所示。

6）看、画形体 Ⅴ，综合起来成整体，如图 4-30(*f*) 所示。

例 4-7　试画出底座的左视图，如图 4-31 所示。

看和画底座的步骤如图 4-32 所示：

1）从俯视图对照主视图，可知底座主体为一圆柱体，如图 4-32(*a*) 所示。

2）从俯视图中，可见圆柱体顶面有三个封闭线框，即所标出的三个面 *A*、*B* 和 *C*。同时在主视图上可找到其对应的投影。此外，应注意由 *B* 面所构成的形体与

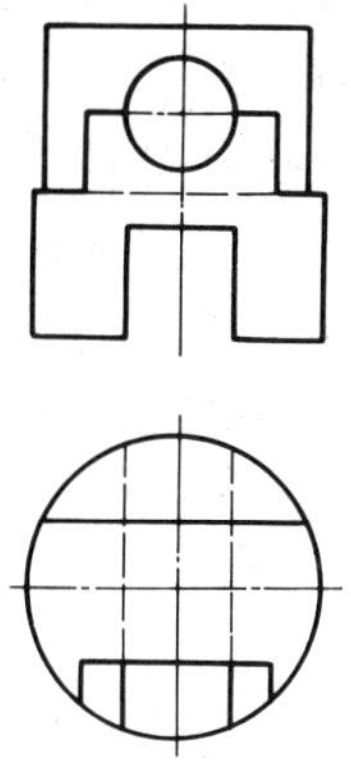

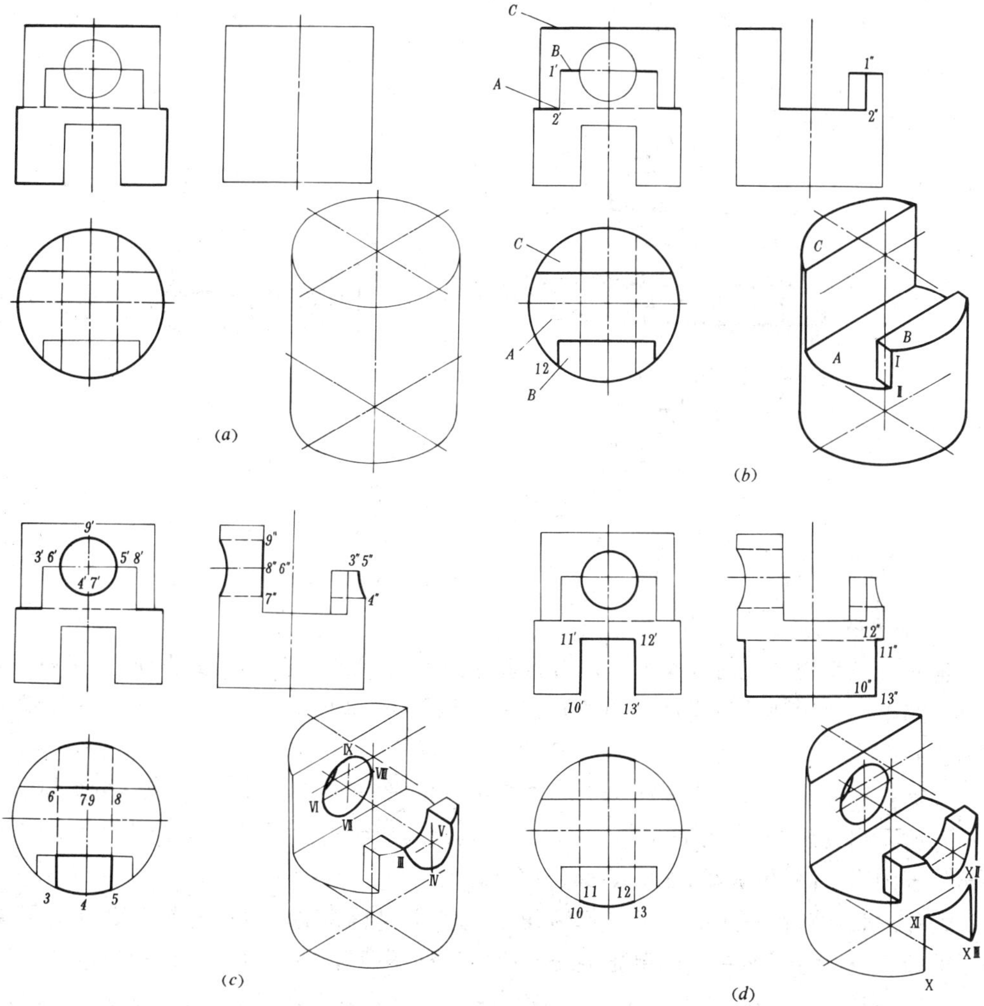

图 4-31　底座

图 4-32　看底座并作出左视图

圆柱所形成的截交线 Ⅰ Ⅱ 以及其投影，如图 4-32(*b*) 所示。

3) 由已知视图可以确定圆柱孔及其穿通的位置。在 *B* 面的形体上为半圆孔，它与圆柱的相贯线为 Ⅲ Ⅳ Ⅴ(圆孔与 *C* 面的形体在圆柱上的相贯线未标出)。圆孔与 *C* 面的形体在平面上的交线为 Ⅵ Ⅶ Ⅷ Ⅸ 的圆(半圆孔与 *B* 面的形体在平面上的交线未标出)，如图 4-32(*c*) 所示。

4) 从已知视图可以确定长槽是从圆柱底部穿通，应注意截交线 Ⅹ Ⅺ Ⅻ ⅩⅢ 的作法，如图 4-32(*d*) 所示。

5) 综合起来成整体，并完成左视图。

第五节　组合体轴测图的画法

轴测图是一种立体图，它能同时反映出物体长、宽、高三个方向的形状。轴测图看起来富有立体感，形象直观，可以用来帮助看视图，在生产上有时作为辅助图样。

例如，图 4-33(*a*) 所示是一个组合体的两个视图，每个视图只反映了一个方向的形状，因此，只有把两个视图联系起来，通过看视图的方法才能看懂；而图 4-33(*b*) 所示是这个组合体的轴测图，它能同时反映出组合体长、宽、高三个方向的形状。相比之下，图 4-33(*b*) 比图 4-33(*a*) 更为直观，易于看懂。

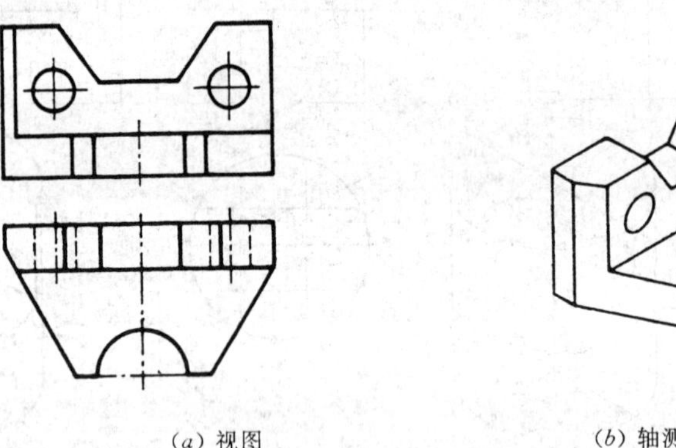

(*a*) 视图　　(*b*) 轴测图

图 4-33　视图与轴测图

一、轴测图的基本知识

1. 轴测图的形成

轴测图是将物体连同其参考直角坐标系，沿不平行于任一坐标面的方向，用平行投影法将其投射在单一投影面上所得的具有立体感的三维图形，如图 4-34 所示。这个单一投影面称为轴测投影面。

根据投射线方向与轴测投影面的不同位置，轴测图可分为两大类：投射线方向垂直轴测投影面时所画出的轴测图，称正轴测图，如图 4-34(*a*) 所示；投射线方向倾斜于轴测投影面时所画出的轴测图，称斜轴测图，如图 4-34(*b*) 所示。

物体的长、宽、高三个方向的坐标轴，即参考直角坐标系的三根坐标轴 OX、OY、OZ 在轴测图中的投影，称轴测轴；三条轴测轴的交点称为原点；轴测轴之间的夹角称轴间角；轴测轴上的单位长度与相应坐标轴上的单位长度的比值，称轴向伸缩系数。OX、OY、OZ 轴上的伸缩系数分别用 p、q、r 表示。为了作图简便，轴向伸缩系数之比(即 $p:q:r$) 应采用较简易的数值。

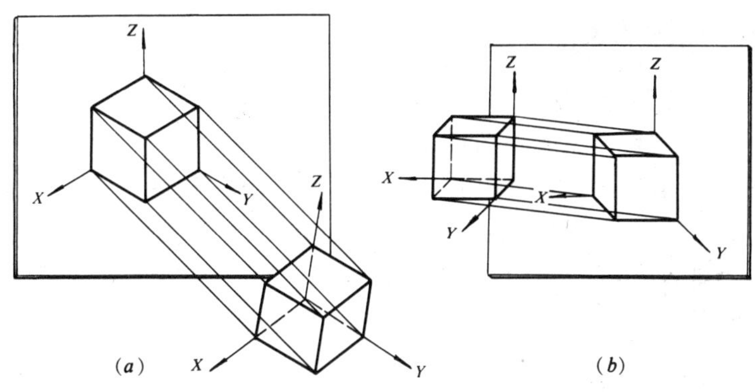

图 4-34　轴测图的形成

可以由各种轴间角和轴向伸缩系数形成许多种轴测图。在正轴测图中，最常用的是正等轴测图（简称正等测），如图 4-34(*a*) 所示；在斜轴测图中，最常用的是斜二轴测图（简称斜二测），如图 4-34(*b*) 所示。

2. 正等测、斜二测的轴间角和轴向伸缩系数

在正等测图上，三条轴测轴 OX、OY、OZ 之间的夹角都是 120°，各轴的轴向伸缩系数均为 0.82。为了作图方便，取伸缩系数之比 $p:q:r$ 为 1∶1∶1，作图时沿轴向尺寸按实长量取，如图 4-35(*a*) 所示。

在斜二测图上，轴测轴 OX 和 OZ 之间的轴间角为 90°，OX 轴、OZ 轴的轴向伸缩系数 p、r 都是 1，OY 轴选用与 X 轴成 135° 的位置，轴向伸缩系数为 0.5，如图 4-35(*b*) 所示。

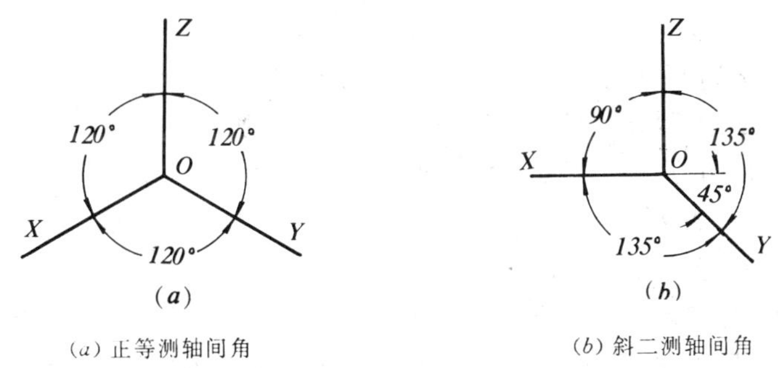

(*a*) 正等测轴间角　　(*b*) 斜二测轴间角

图 4-35　轴间角

有了轴间角和轴向伸缩系数，我们就可以根据物体的三视图来绘制轴测图。在绘制轴测图时，视图上所有点和线段的尺寸都必须沿坐标轴方向量取，并乘上相应的轴向伸缩系数，画到相应的轴测轴方向上去。如果有需要，可沿轴测轴的相反方向度量；轴测轴 OX 和 OY 也可以互换。

3. 轴测图上线、面的投影特性

轴测图上线、面的投影具有如下特性：

1）直线的轴测投影仍为直线。

2）相互平行线段的轴测投影仍相互平行；平行于坐标轴的线段，它的轴测投影仍平行于相应的轴测轴。

3）圆的轴测投影一般是椭圆，特殊情况时为圆。

以上几点在画轴测图时应很好掌握，同时还应注意，虚线在轴测图中一般可省略不画。

二、正等轴测图的画法

1. 基本立体正等测的画法

（1）六棱柱的正等测画法和作图步骤

1） 六棱柱顶面与底面都是平行于水平面的正六边形，因图形具有对称性，故选顶面中点为坐标原点并确定 X、Y、Z 轴的方向，如图 4-36(a) 所示。

2）画出轴测轴 X、Y，在 X 轴上从 O 点量取 $OA=Oa$，$OD=Od$，在 Y 轴上从 O 点量取 $O1$，$O2$，如图 4-36(b) 所示。

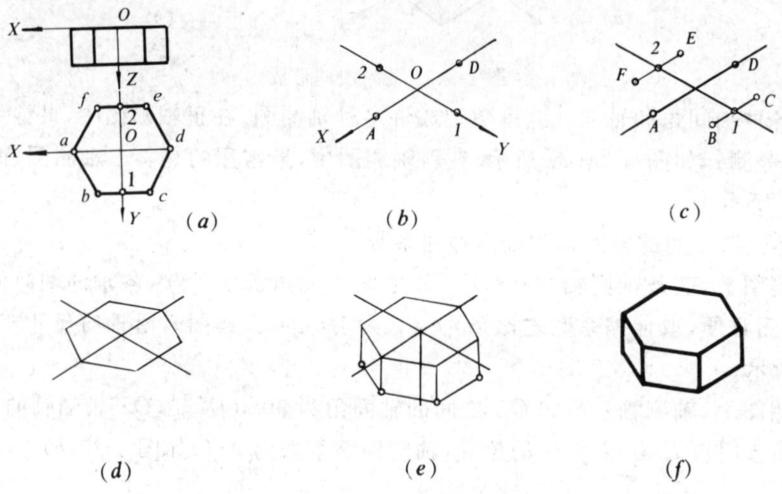

图 4-36 六棱柱正等测的画法

3）过 1、2 点分别作 X 轴的平行线，在上面量取 $EF=ef$，$BC=bc$，如图 4-36(c) 所示。

4）依次连接各点，即得顶面的轴测图，如图 4-36(d) 所示。

5）由各点沿 Z 轴方向量取六棱柱的高度，得底面正六边形，如图 4-36(e) 所示。

6）擦去多余线条，加深可见轮廓线，即得六棱柱的正等测图，如图 4-36(f) 所示。

（2）画出图 4-37(a) 所示立体的正等测

该立体是属于简单叠加的组合体，轴测图可以按叠加过程来画。

1）选底板的右、后、上棱角为坐标原点，如图 4-37(a) 所示。

2）画轴测轴 X、Y、Z，并画出底板的轴测图，如图 4-37(b) 所示。

3）在底板上叠加竖板，完成立体的轴测图，如图 4-37(c) 所示。

（3）画出 4-38(a) 所示立体的正等测

该立体是属于切割型的组合体，在长方形的基础上，用正垂面、水平面和正平面切割形成的，轴测图也可按照其形成过程来画。

1）因立体不对称，坐标原点可选在立体的右、后、下的棱角上，如图 4-38(a) 所示。

2）画出轴测轴，并画出长方体的轮廓，如图 4-38(b) 所示。

3）用正垂面切去左上部分。先定出决定正垂面倾斜位置的 1、2 两点，再作 Y 轴的平行线，即得长方体被正垂面切割后的轴测图，如图 4-38(c) 所示。

4）根据 3、4 点的位置，作水平截切面，如图 4-38(d) 所示。

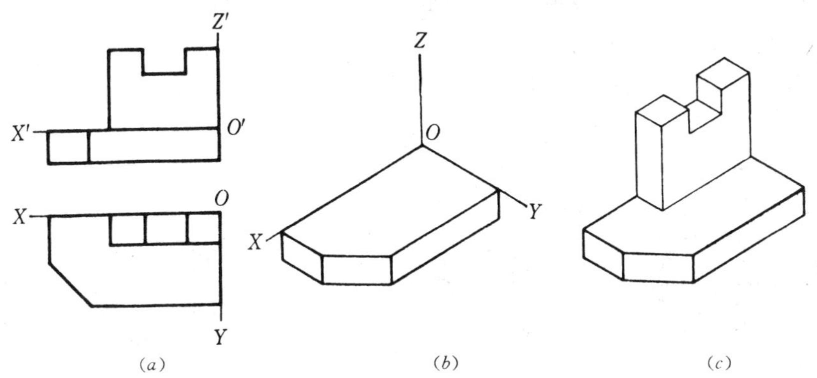

图 4-37 叠加式立体正等测画法

5）根据 5、6 点的位置，作正平截切面，如图 4-38(*e*) 所示。

6）擦去多余图线和虚线，即完成立体的正等测，如图 4-38(*f*) 所示。

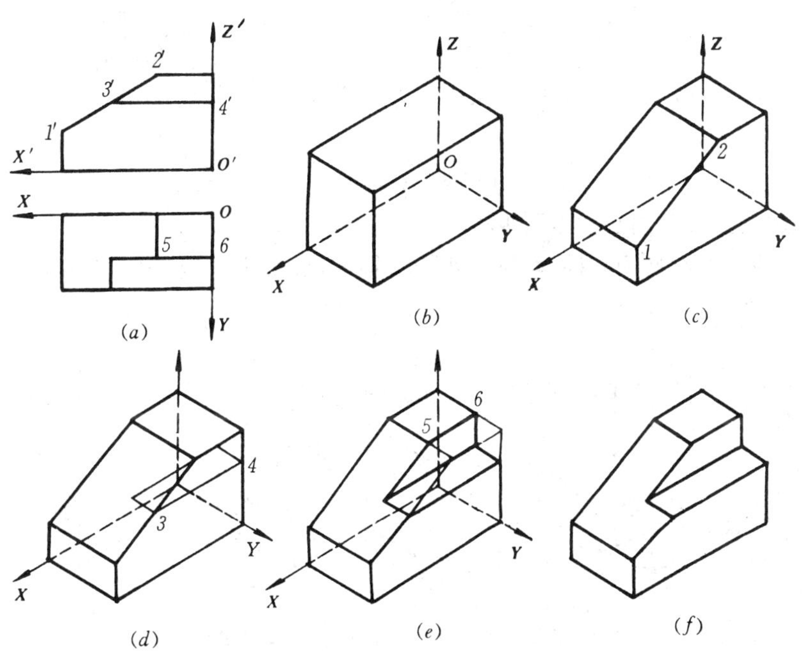

图 4-38 切割式立体正等测的画法

(4) 圆的正等测画法和作图步骤

平行于各基本投影面的圆，在正等测中，它们的投影均为椭圆，椭圆画法采用近似画法。

1）圆所在的平面平行水平投影面，确定 X、Y 轴的方向和原点 O 的位置，如图 4-39(*a*) 所示。

2）作出轴测轴 X、Y，如图 4-39(*b*) 所示。

3）从 O 点着手，在 X、Y 轴上各量取圆的半径 R，得 A、B、C、D 四点，通过 B、D 点作 X 轴平行线，过 A、C 点作 Y 轴平行线，画出一菱形，如图 4-39(*c*)。

4）通过菱形各边的中点，作各边的垂直线，相应垂直线的交点就是圆心；或者通过菱形钝角顶点，向对边作垂直线，相应垂直线的交点，就是圆心，如图 4-39(d) 所示。

5）先以钝角顶点 O_1 为圆心，顶点到对边的距离为半径，画两个圆弧（从一边中点画到另一边中点）；再以垂直线交点 O_2 为圆心，交点到对边距离为半径，作两圆弧，与另两圆弧相切，即成近似椭圆，如图 4-39(e) 所示。

6）其他各坐标平面上的圆，轴测投影的作法同上，如图 4-39(f) 所示。

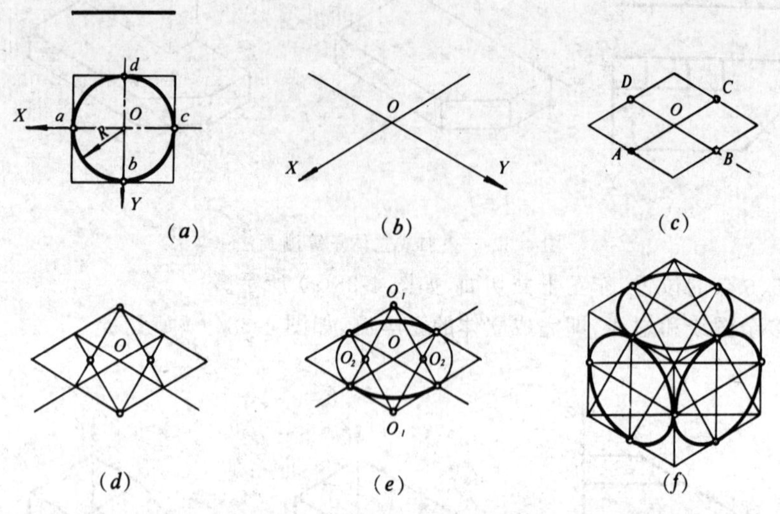

图 4-39　圆的正等测画法

（5）圆柱的正等测画法和作图步骤

1）圆柱的顶面和底面相同，均平行水平投影面；确定 X、Y、Z 轴的方向和原点 O 的位置，如图 4-40(a) 所示。

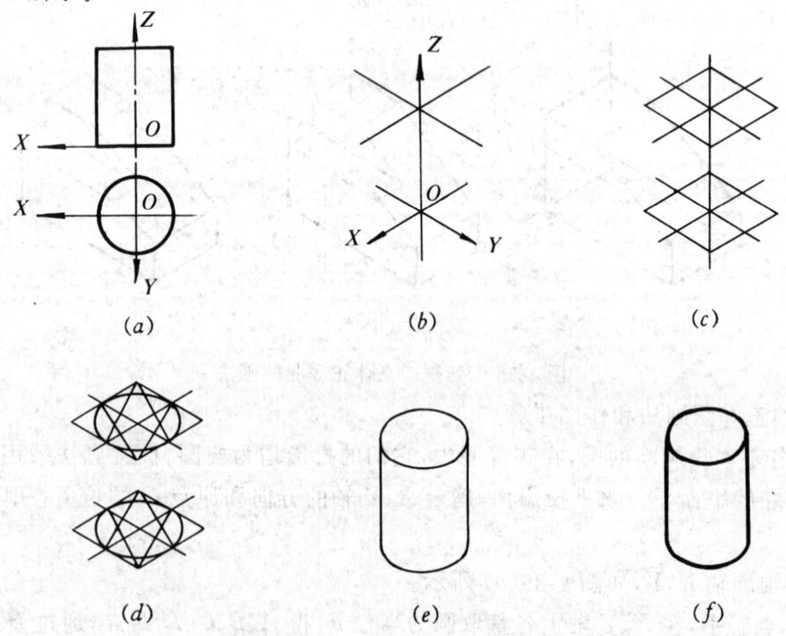

图 4-40　圆柱的正等测画法

2）作出轴测轴 X、Y、Z；从 O 点着手，量取圆柱的高度，定出顶面的位置，并作出和 X、Y 轴平行的轴线，如图 4-40(*b*) 所示。

3）作出顶面和底面的菱形，边长等于圆的直径，如图 4-40(*c*) 所示。

4）作出与菱形内切的椭圆，作法见圆的正等测画法，如图 4-40(*d*) 所示。

5）作两椭圆的公切线，如图 4-40(*e*) 所示。

6）整理、加深，完成圆柱正等测作图，如图 4-40(*f*) 所示。

(6) 圆角的正等测画法

平行于坐标面的圆角，实质上是平行于坐标面的圆的一部分，要画的椭圆弧，就是上述近似画法中四段圆弧中的一段。现以画图 4-41(*a*) 所示底板的正等测为例说明画图步骤。

1）先画出长方体的正等测，如图 4-41(*b*) 所示。

2）在底板上平面过两角顶（钝角和锐角）沿相应邻边量取 R 得四个连接点（1、2、3 和 4），过此四点分别作邻边的垂线，分别相交于 O_1 和 O_2，以 O_1 和 O_2 为圆心作 $\overset{\frown}{12}$ 和 $\overset{\frown}{34}$，完成底板上平面的圆角，如图 4-41(*b*) 所示。

3）用移心法画出与上平面的圆角相同的下平面的圆角，并在右端锐角处画出上、下两个小圆弧的公切线，擦去多余图线，即完成底板的正等测，如图 4-41(*c*) 所示。

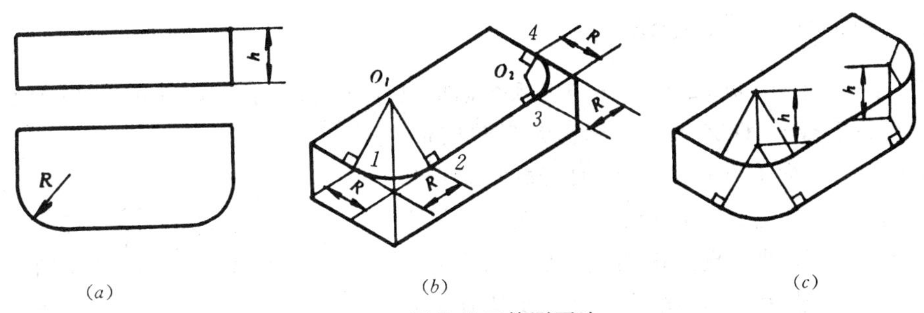

图 4-41　圆角的正等测画法

2. 组合体的正等测画法和作图步骤

画组合体的正等测时，应先用形体分析方法，分析组合体的组成部分、连接形式和相对位置，先画主体部分，然后再画各组成部分，最后按照它们的组成形式，完成轴测图。

画出图 4-42(*a*) 所示轴承架的正等测。

1）分析视图，确定 X、Y、Z 轴的方向和原点 O 的位置，如图 4-42(*a*) 所示。

2）画轴测轴，并画出底板，如图 4-42(*b*) 所示。

3）按圆柱轴线高，画出圆柱，如图 4-42(*c*) 所示。

4）作出与圆柱相切的斜肋，如图 4-42(*d*) 所示。

5）作出垂直支撑肋，如图 4-42(*e*) 所示。

6）作出底板上两个圆角，如图 4-42(*f*) 所示。

7）作出底板上两个圆柱孔及圆柱体上的圆柱孔，如图 4-42(*g*) 所示。

8）整理、加深，完成轴承架的正等测作图，如图 4-42(*h*) 所示。

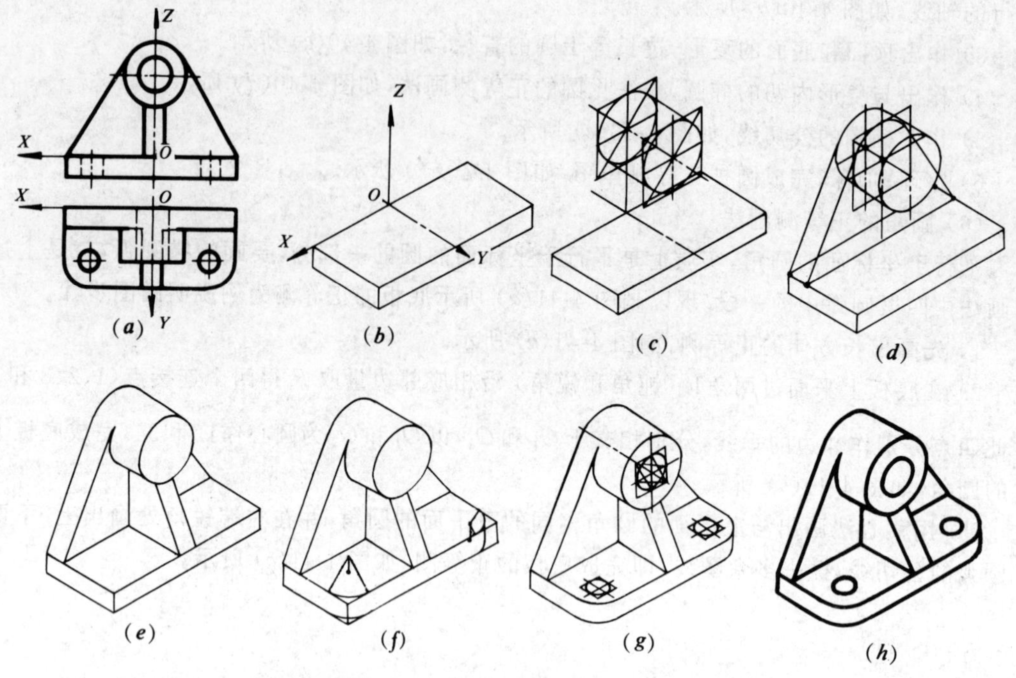

图 4-42　轴承架的正等测画法

三、斜二轴测图的画法

斜二测的形成、轴间角和轴向伸缩系数前面已作介绍。由于轴间角 XOZ 等于 90°，因此其最大特点是平行于 XOZ 平面的图形都反映实形。当物体在某一方向上有较多圆或圆曲线时，采用斜二测，作图会更简便。如图 4-43 所示，三个坐标平面上的圆，平行于轴测投影面的圆，其斜二测为实形，其余轴测投影为椭圆。画斜二测时要特别注意 Y 轴方向的长度取原三视图上长度的 0.5 倍。

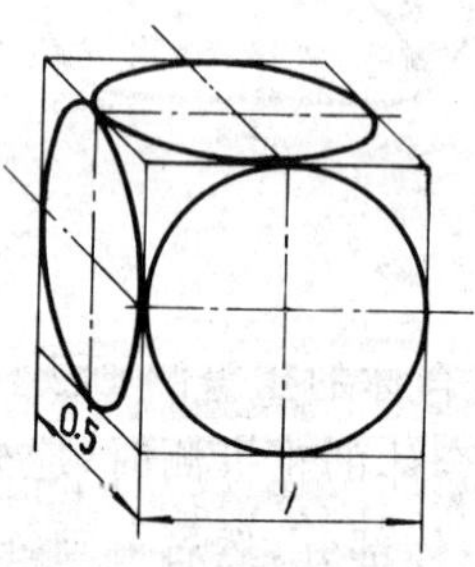

图 4-43　圆的斜二测

画出图 4-44(*a*) 所示法兰的斜二测。其画法和作图步骤如下：

1）构成法兰的圆板、圆柱与圆孔的圆都平行于正面投影面，确定 X、Y、Z 轴的方向和原点 O 的位置，如图 4-44(*a*) 所示。

2）画出斜二测轴测轴，如图 4-44(*b*) 所示。

3）画圆板，如图 4-44(*c*) 所示。

4）画圆柱，如图 4-44(*d*) 所示。

5）画圆板上四个圆孔及圆柱上圆孔，如图 4-44(*e*) 所示。

6）整理、加深，完成法兰的斜二测作图，如图 4-44(*f*) 所示。

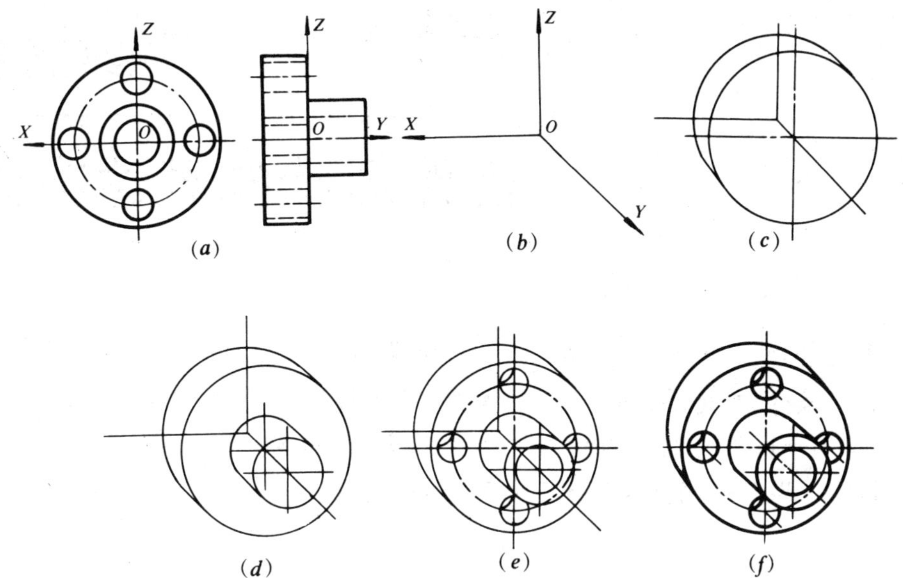

图 4-44　法兰的斜二测画法

思考题

1. 组合体有哪些组合形式？
2. 什么是组合体的形体分析法？
3. 试述运用形体分析法画图、读图的方法和步骤。
4. 试述运用线面分析法读图的方法和步骤。
5. 组合体尺寸标注的基本要求是什么？
6. 怎样才能使组合体尺寸标注完整？要使尺寸标注清晰，应注意哪些问题？

◯第五章

机件形状的表达方法

本章要点　通过本章学习，应熟练掌握工程图样中常用的各种表达方法，如基本视图、向视图、斜视图、局部视图的画法；剖视图的形成，全剖、半剖、局部剖等各种剖视图的画法；断面图的画法；以及局部放大图和一些简化画法。此外还应了解第三角画法。

在实际生产中，当机件的形状和结构比较复杂时，仍用前面所讲的两个或三个视图是难以把它们的内外形状完整、清晰地表达出来的。为了把机件的内外形状和结构正确、完整、清晰地表达出来，国家标准《技术制图》中的“图样画法”(GB/T17451－1998和GB/T17452－1998)规定了机件图样的各种画法——视图、剖视图、断面图、局部放大图、简化画法等。本章将介绍机件形状常用的表达方法。

第一节　视　图

一、基本视图

当机件形状较复杂时，为了能清晰地表达机件形状，国家标准规定在原有三个投影面的基础上再增加三个投影面。这六个投影面组成一个正六面体，该正六面体的六个面称为基本投影面。六个投影面的展开方法，如图5-1所示。

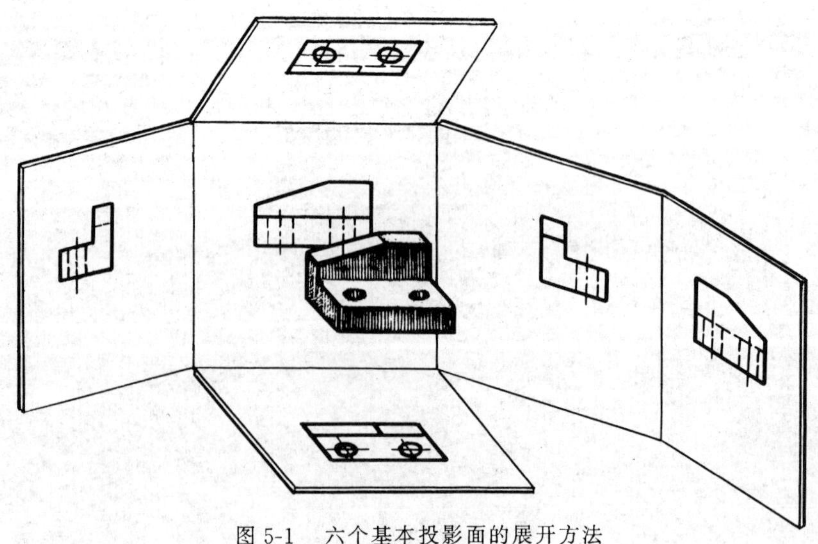

图5-1　六个基本投影面的展开方法

机件分别向这六个基本投影面进行投射，得到的六个视图称为基本视图，即：

主视图 —— 由前向后投射所得的视图；

俯视图 —— 由上向下投射所得的视图；

左视图 —— 由左向右投射所得的视图；

右视图 —— 由右向左投射所得的视图；

仰视图 —— 由下向上投射所得的视图；

后视图 —— 由后向前投射所得的视图。

六个基本视图的配置关系，如图 5-2 所示。

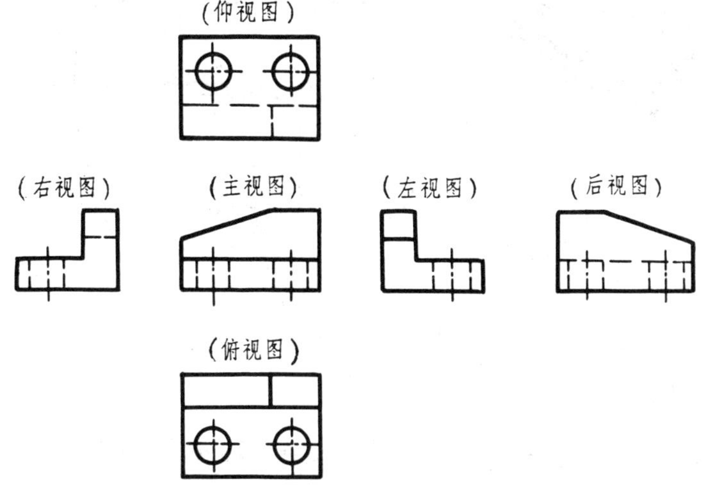

图 5-2　六个基本视图

二、向视图

向视图是可以自由配置的视图。

当基本视图不按图 5-2 所示位置配置视图时，应用有拉丁字母标注的箭头指明投射方向，并在所得向视图的上方标出相同的字母“×”，如图 5-3 所示。

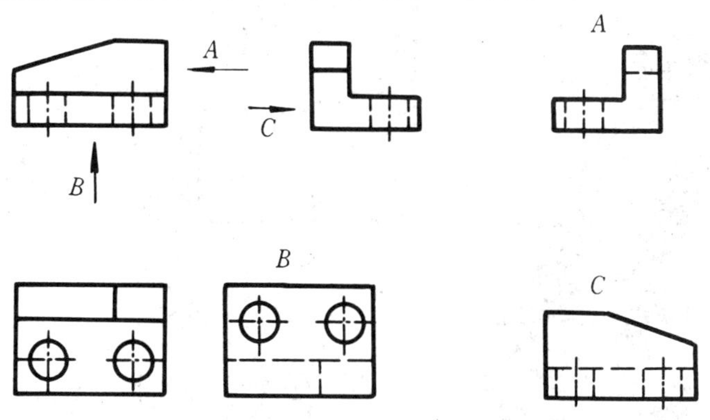

图 5-3　向视图

在选用基本视图时，应根据机件的形状和结构特点，选择适当的几个基本视图，如图 5-4 所示的泵体。根据该泵体的结构形状特点，选用了主视图、左视图、右视图、仰视图四个基本视图。泵体的外形及内部结构形状在主视图中分别用实线及虚线表达清楚，泵体的左边、右边形状在左视图、右视图上表达出来，泵体的底板情况通过仰视图表达出来。若将仰视图放在主视图下面，此时仰视图即为向视图。应在主视图下方用箭头指明投射方向，注上字母“A”，并在所得的向视图上方标出“A”。

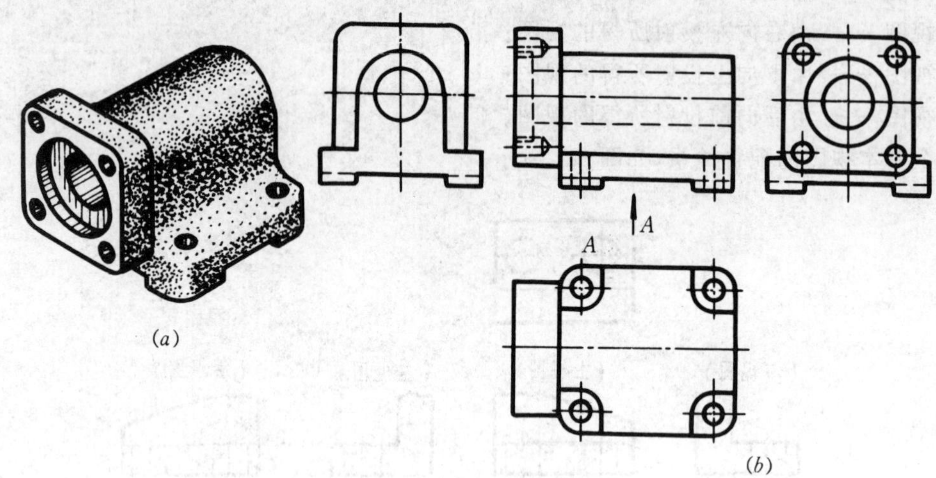

图 5-4　泵体的视图

三、局部视图

将机件的某一部分向基本投影面投射，所得的视图称为局部视图，如图 5-5(b) 中“A”、“B”、“C” 向视图。

画局部视图时应注意以下几点：

1） 画图时，一般在局部视图的上方标出表示视图名称的字母“×”，并在相应的视图附近用箭头指明投射方向，并注上同样的字母，如图 5-5(b) 所示。

2）局部视图可按基本视图的形式配置(如图 5-7 的俯视图)，也可以按向视图的形式配置并标注(如图 5-5)。

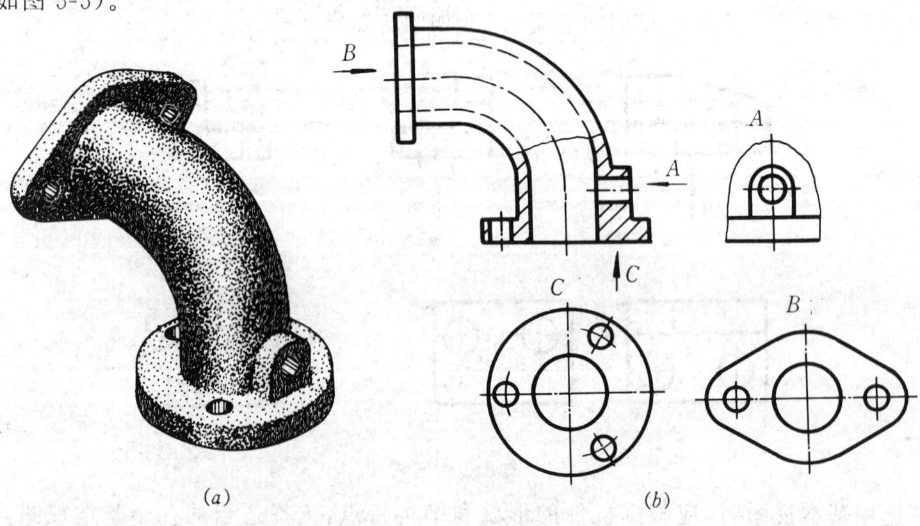

图 5-5　局部视图

3）局部视图的断裂边界应以波浪线表示，如图 5-5(*b*) 中的“*A*”向视图。当被表达的部分结构是完整的，且外轮廓线又成封闭时，波浪线可省略不画，如图 5-5(*b*) 中的“*B*”和“*C*”向视图。

四、斜视图

当机件某一部分结构形状倾斜于基本投影面而不宜采用基本视图表达时，可将机件向不平行于任何基本投影面的平面（斜投影面）投射，所得到的视图称为斜视图，如图 5-6 和图 5-7 所示。

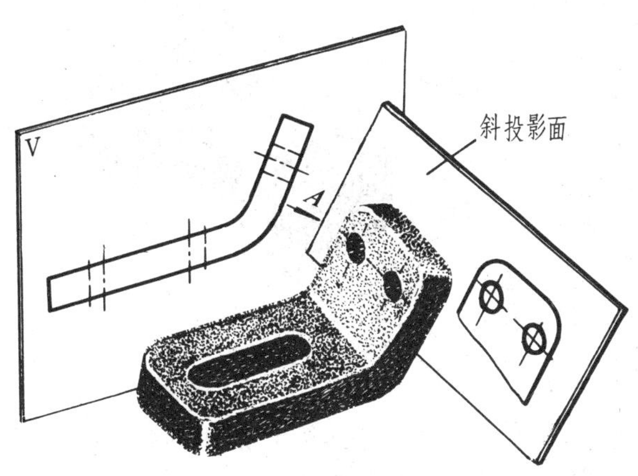

图 5-6　斜视图的形成

画斜视图时应注意以下几点：

1）斜视图一般只画局部倾斜的部分，其配置和标注方法以及断裂线（波浪线）的画法与局部视图基本相同。

2）标注表示投射方向的箭头要垂直于被表达的倾斜部分，字母及斜视图上方相应的字母要按水平位置书写，如图 5-7(*a*) 所示。

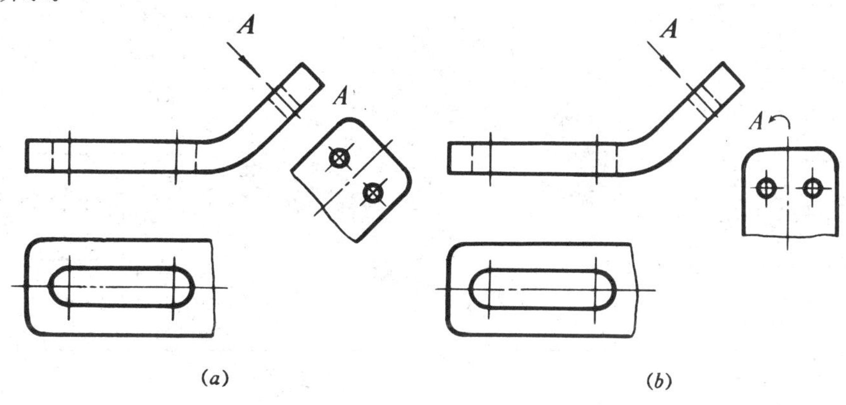

图 5-7　斜视图

3）斜视图可按投影关系配置，也可配置在其他适当位置。在不致于引起误解时，允许将图形旋转，标注形式如图 5-7(*b*) 所示，表示该视图名称的大写拉丁字母应靠近旋转符号的箭头端。

第二节　剖视图

一、剖视图基本知识

1. 剖视的概念

当零件的内部结构比较复杂时，在视图中就会出现许多虚线或虚实线重叠现象，既影响视图的清晰，又给读图和标注尺寸带来不便，如图 5-8 所示。

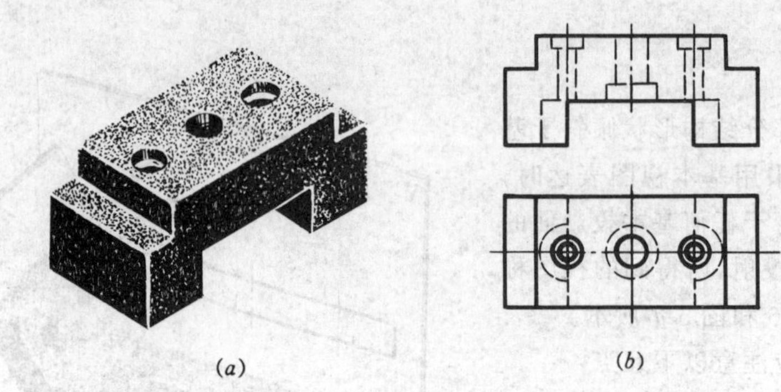

图 5-8　用虚线表示内部形状

为了解决这个问题，可假想用剖切面通过机件的对称线或轴线将机件剖开，移去观察者和剖切面之间的部分形体，而将其余部分向与剖切面平行的投影面投射，所得到的视图称为剖视图，简称剖视，如图 5-9(*c*) 所示。

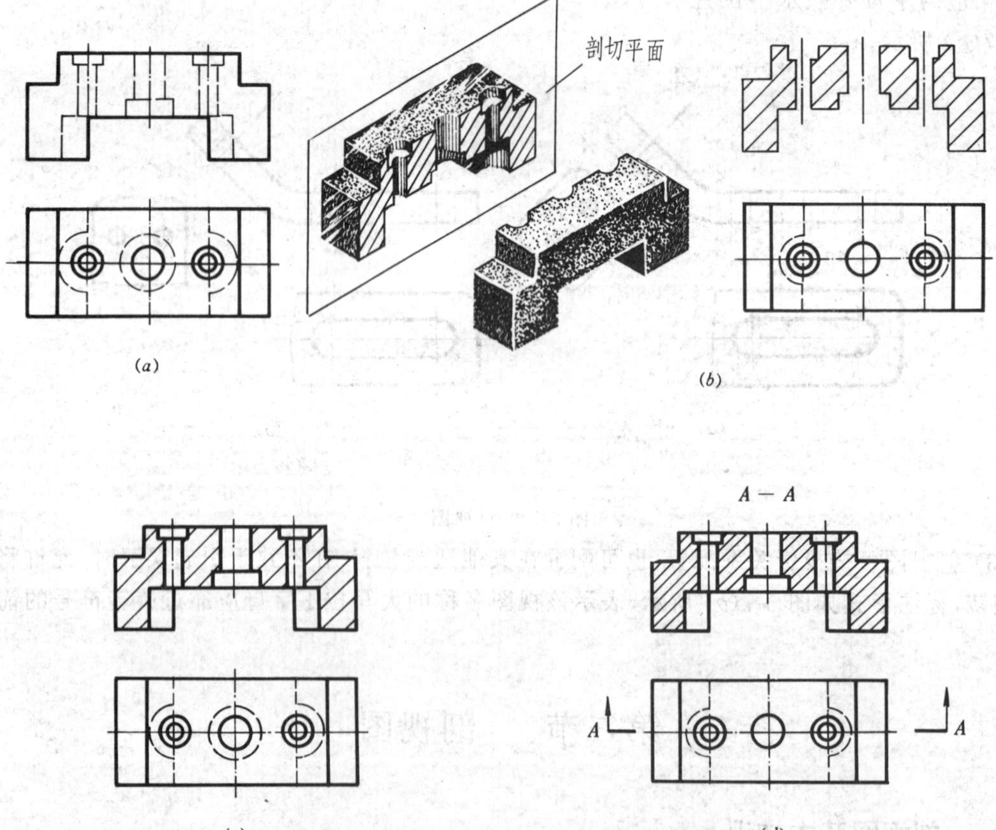

图 5-9　画剖视图的方法和步骤

2. 剖视图的画法

画剖视图的目的是为了清晰地表达机件的内部结构形状，根据国家标准的有关规定，剖视图的画法及标注可按以下步骤进行。

1）画出机件的视图，如图 5-9(a) 所示。

2）确定剖切平面的位置，并画出剖切断面图形。为了在主视图上表达出机件内部结构，可选用平行于正面投影面的剖切平面，且通过三个孔的轴线，然后画出剖切平面与机件的截交线，得到断面图形，如图 5-9(b) 所示。

3）画剖面符号。为了分清楚机件上被剖切面所剖切的部分以及未被剖切的部分，规定被剖切到的部分应画上剖面符号。根据机件材料的不同，应采用不同的剖面符号。对于金属材料，其剖面符号为与水平成 45° 的等距离细实线。在制图国家标准《剖面区域的表示法》(GB/T17453 — 1998) 中规定了各种不同材料的剖面符号，见表 5-1 所示。

表 5-1　剖面符号

金属材料（已有规定剖面符号者除外）		型砂、填砂、粉末冶金、砂轮、硬质合金刀片等		混凝土	
非金属材料（已有规定剖面符号者除外）		玻璃及供观察用的其他透明材料		钢筋混凝土	
绕圈绕组元件		木材　纵剖面		砖	
转子、电枢、变压器和电抗器等的叠钢片		木材　横剖面		液体	

4）画全断面后面的可见形体的投影，如图 5-9(c) 中大、小孔的台阶面的投影，半圆孔形体的轮廓线等。

5）标注剖切平面的位置和剖视图的名称，如图 5-9(d) 所示。在俯视图上用剖切符号（粗实线，长约 5 ～ 10mm）表示出剖切平面的位置，在剖切符号的外侧画上与剖切符号相垂直的箭头表示投射方向，两侧写上同一字母“A”，在所画的剖视图的上方中间位置用相同的字母标注出“A—A”。

当剖视图按投影关系配置，中间又没有其他图形隔开时，可以省略箭头，如图 5-10(b) 中“A—A” 剖视。当剖切平面通过机件的对称平面或基本对称的平面，且剖视图按投影关系配置，中间又没有其他图形隔开时，剖切符号可省略标注，如图 5-10(b) 中主视图所示。

画剖视图时要注意以下几点：

1）由于剖视只是一种表达机件内部结构形状的方法，并不是真的剖开和拿走机件部分形体。因此，除剖视图外，其他视图都要按原状画出，而不应只画一半。

2）剖视图上一般不画虚线，但如画少量虚线可以减少视图，而又不影响剖视图的清晰时，可以画这种虚线。

3）在同一张图纸中，同一机件的各个视图中的剖面符号的线型、方向及间距必须一致。

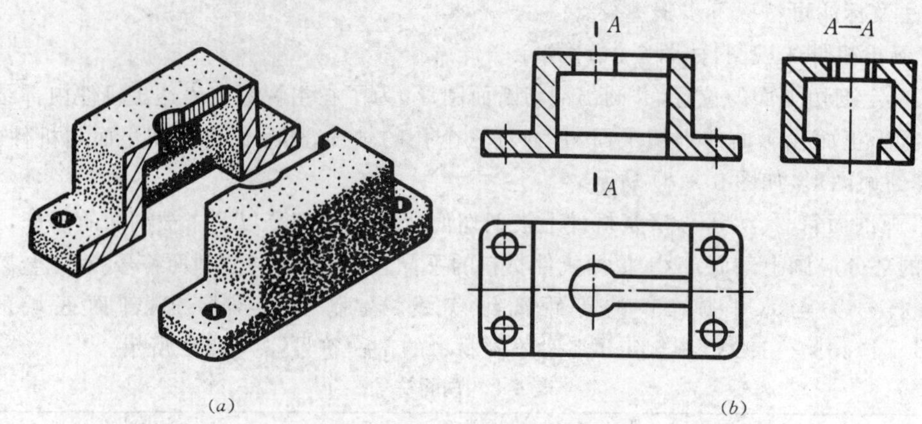

图 5-10 剖视图的标注

4) 要仔细分析剖切平面后机件的结构形状，画图时要避免出现漏线、多画线以及把线的位置画得不恰当等错误。现以图 5-11 中所示的几种孔槽为例，供读者分析研究。

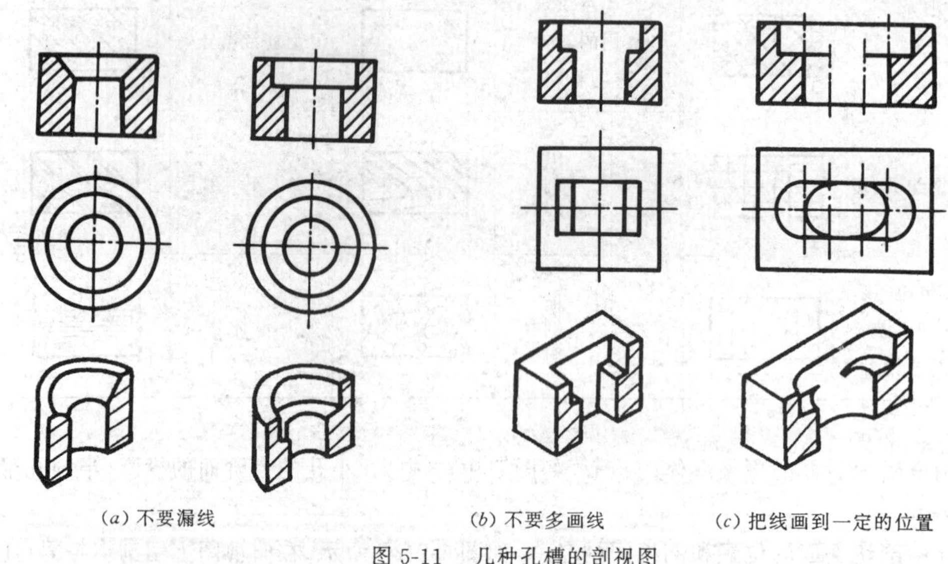

(a) 不要漏线　　(b) 不要多画线　　(c) 把线画到一定的位置

图 5-11 几种孔槽的剖视图

二、剖视图的种类

剖视图分为全剖视图、半剖视图和局部剖视图三种。

1. 全剖视图

用剖切平面把机件完全地剖开后所得到的剖视图，称为全剖视图。图 5-12(*a*) 所示为一个泵盖，该零件外形比较简单，内部孔的结构形状较复杂，此零件前后对称，上下和左右不对称。现假想用一个剖切平面，沿着泵盖的前后对称面将它完全剖开，移去前半部分，其余的向正面投影面投射，便得到了泵盖的全剖视图，如图 5-12(*b*) 所示。

由于剖切平面与泵盖的对称平面重合，且视图按投影关系配置，中间又没有其他图形隔开，因此，在图 5-12(*b*) 中可以省略标注。

2. 半剖视图

当机件的内外结构形状都比较复杂，都需要表达清楚，且图形又是对称或基本对称时，可

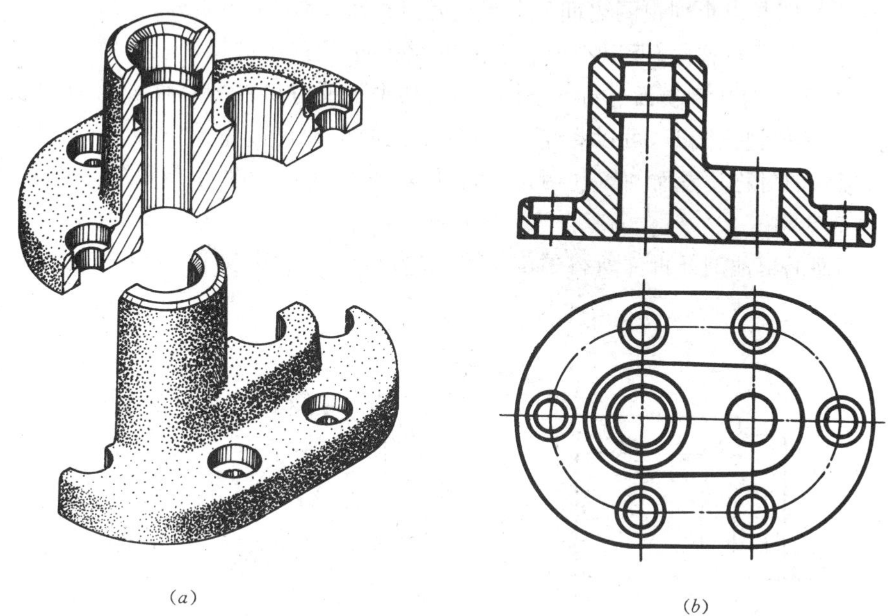

(a)　　(b)

图 5-12　全剖视图

以利用它对称的特点，以中心线为界，将该视图的一半画成剖视，以表达内部结构形状，而将另一半画成视图以表达外形，这种剖视图称为半剖视图，如图 5-13(b) 所示。

图 5-13(a) 表达的是一个支架。该零件前后、左右对称，且内外形状都较复杂。为了清楚地表达这个支架，将主视图和俯视图都画成半剖视。在主视图中既反映了顶板下凸台的形状，又表达了内部阶梯孔的结构。俯视图中既保留了长方形顶板及其四个小孔的位置，又体现了凸台中小孔与大孔的连接关系。

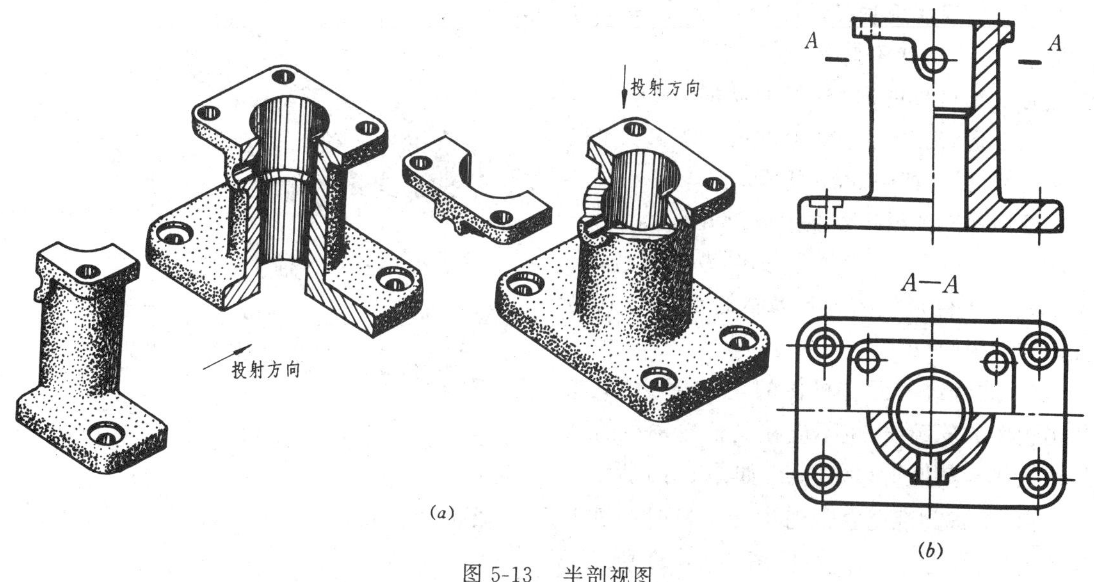

(a)　　(b)

图 5-13　半剖视图

画半剖视图时要注意以下几点：

1）半个视图与半个剖视图之间的分界线是点画线，而不是粗实线。

2）由于机件是对称的，所以在半个视图中，不画表达内部结构形状的虚线。

3）主视图上的半剖视没有标注，是因为剖切平面通过机件的对称平面，且按投影关系配置，中间没有其他视图隔开，可以省略。而俯视图上的半剖视标注了“$A—A$”，是因为剖切平面不在机件形状的对称位置而加以注明，但因视图配置在对应位置上，所以省略了箭头。

3. 局部剖视图

用剖切面局部地剖开机件所得的剖视图，称为局部剖视图，如图 5-14 所示。

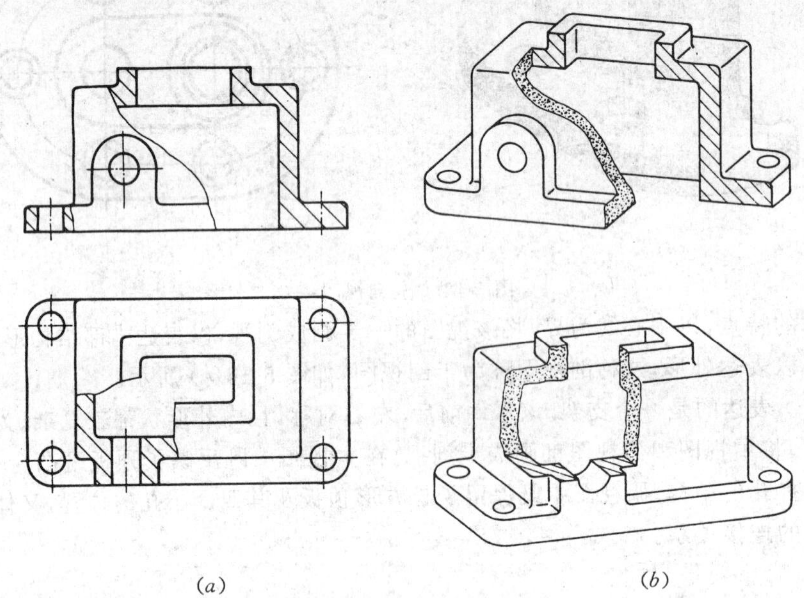

(*a*)　　(*b*)

图 5-14　局部剖视图

局部剖视使用时灵活性较大，剖切范围可大可小。对于形状不对称，而又要在同一视图中同时表达机件的内、外部形状时，采用局部剖视最合适。对实心零件上的孔、槽等结构也常用局部剖视，如图 5-15 所示。

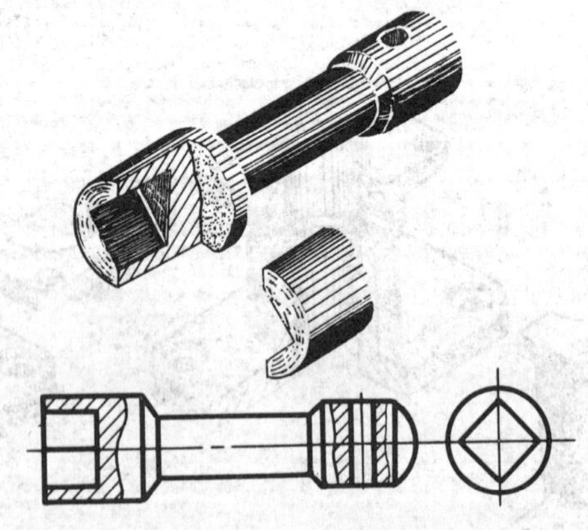

图 5-15　局部剖视图

画局部剖视图时要注意以下几点：

1）局部剖视图以波浪线作为分界线，将用来表达机件形状的外形及内部结构形状的视图与剖视图分开。

2）波浪线要画在机件的实体部分，不能超出视图的轮廓线；也不应在其他轮廓线的延长线上或与其他轮廓线重合，如图 5-16 所示。

3）局部剖视图在剖切位置明显时一般不标注，若剖切位置不在主要形体对称位置时，为清楚起见，也可加以标注，如图 5-16(*a*) 所示。

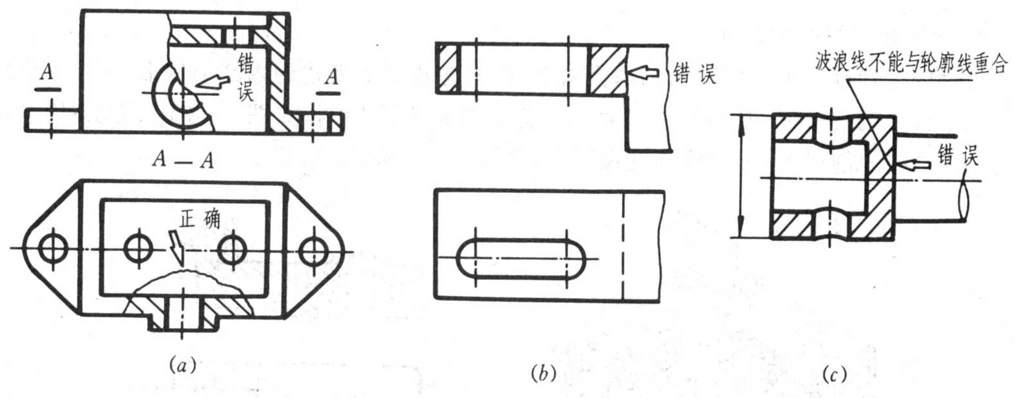

图 5-16　画局部剖视要注意的问题

三、常用的剖切方法

由于机件结构形状的不同，常采用不同的剖切方法，即可以用单一的剖切面或多个剖切面剖切，来获得合适的剖视图。常用的剖切方法有：

1. 单一剖切面

用一个平面剖切机件称为单一剖切，单一剖切又可以分为以下两种形式：

1）用平行于某一基本投影面的平面剖切，这是最常用的剖切方法。如前面介绍的全剖视图、半剖视图和局部剖视图均用这种剖切方法。

2）用不平行于任何基本投影面的平面剖切。用这种不平行于任何基本投影面的剖切平面剖开机件，并按照箭头所指的投射方向投射所得的视图称为斜剖视图，如图 5-17 所示。

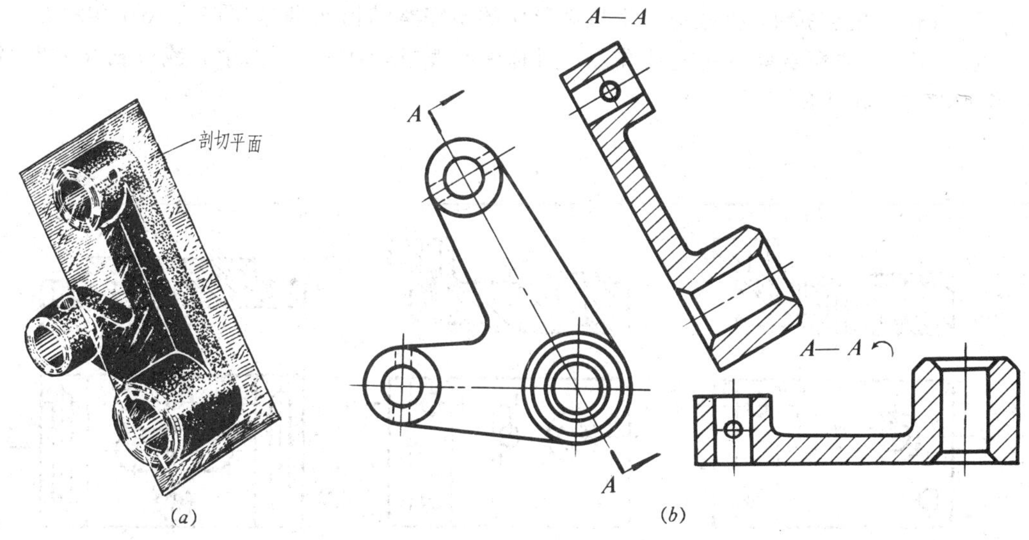

图 5-17　斜剖视图

画斜剖视图时要注意以下几点：

1）表示投射方向的箭头应与剖切平面垂直，字母一律水平书写。

2）斜剖视图最好配置在箭头所指的投射方向，并在相应的斜剖视图上方标注"×—×"。

3）为了画图方便，在不致引起误解的前提下，允许将图形旋转，这时必须加注旋转符号，如图 5-17(*b*) 所示。

2. 几个相互平行的剖切面

当机件上具有几个不在同一剖切平面上，而又需要剖切表达的内部结构形状时，可以用几个相互平行的剖切平面剖开机件，这种剖切方法常称为阶梯剖，如图 5-18(*a*) 所示。用这种方法剖开后画出的剖视图，称为阶梯剖视图，如图 5-18(*b*) 所示。

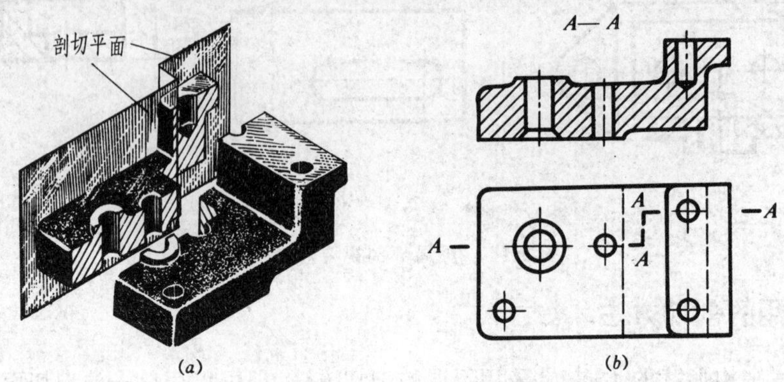

图 5-18　两个平行平面剖切(阶梯剖)

画阶梯剖视图时要注意以下几点：

1) 在剖切面的起始、转折和终止处，要用带字母的剖切符号表示剖切位置，用箭头指明投射方向，在相应的阶梯剖视图上方用相同的字母标出剖视图名称。当剖视图按投影关系配置，中间又没有其他图形隔开时，箭头可以省略，如图 5-18(*b*) 所示。

2) 剖视 图上不应画出剖切平面转折处的交线，而且剖切平面的转折处不应与图上轮廓线重合，如图 5-19(*a*) 所示。

3) 在剖切的转折中，应避免产生机件形状的不完整结构元素，如图 5-19(*b*) 所示。

4) 当两个结构要素在图上具有公共对称中心线或轴线时，可以中心线或轴线为界，各画一半，如图 5-19(*c*) 所示。

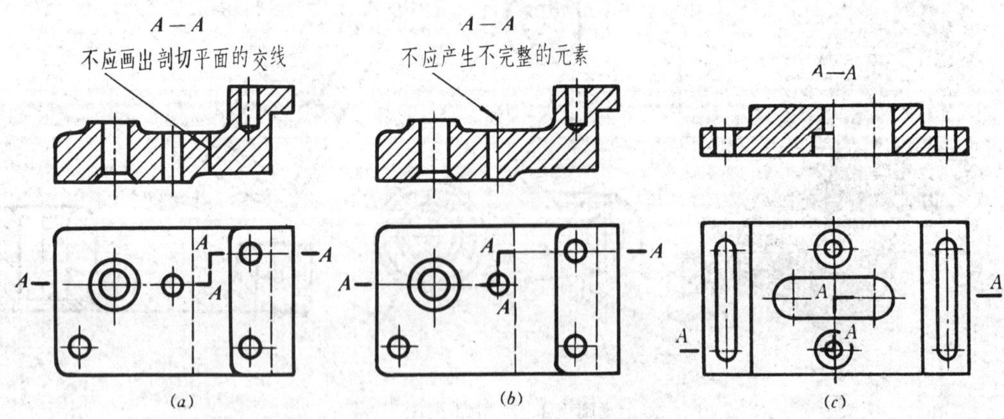

图 5-19　画阶梯剖时的注意点

3. 两个相交的剖切面

用两个相交的剖切平面(交线垂直于某基本投影面) 剖开机件，然后把倾斜的剖切平面剖开的结构旋转到与选定的基本投影面平行的位置，再进行投射所得到的剖视图称为旋转剖视图，如图 5-20、图 5-21 所示。

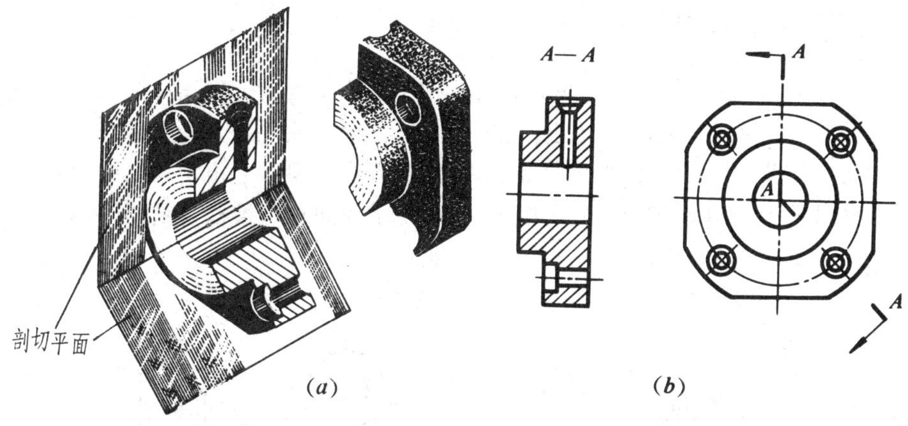

图 5-20　两相交平面剖切(旋转剖)

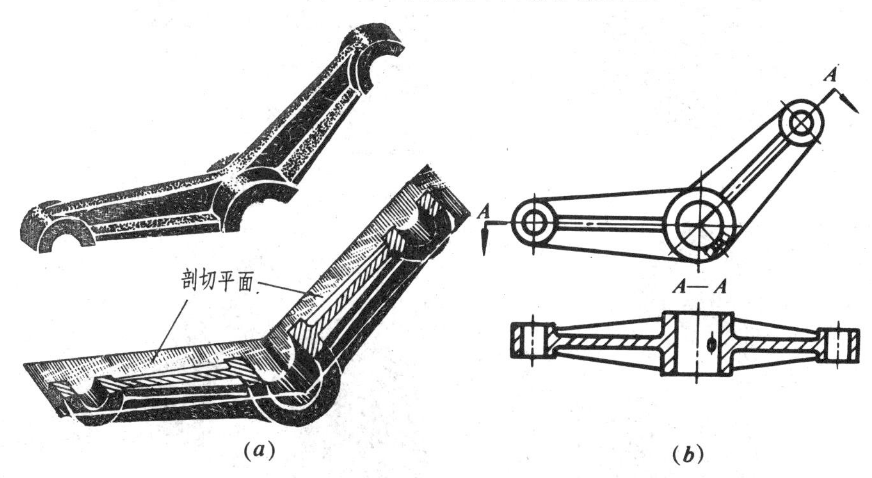

图 5-21　两相交平面剖切

画旋转剖视图时要注意以下几点：

1) 用旋转剖视时，机件上通常应具有回转轴线，画图时与旋转视图一样，要先旋转、后投射。

2) 用旋转剖视时，应注意只旋转被剖切的倾斜部分，而剖切平面后的其他结构一般仍按原来位置投射，如图 5-21(*b*) 俯视图中的小孔。

(3) 用旋转剖视时，必须标出剖切平面的位置、投射方向及相应的名称，字母一律水平书写，如图 5-20(*b*)、图 5-21(*b*) 所示。

当用一种剖切方法不足以清楚地表达机件结构形状时，可以同时采用几种剖切方法剖开机件。如图 5–22 所示为用平行平面和相交平面剖切得到的全剖视图。

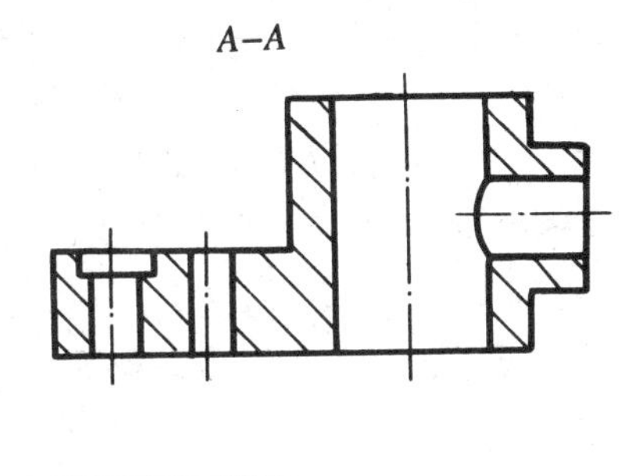

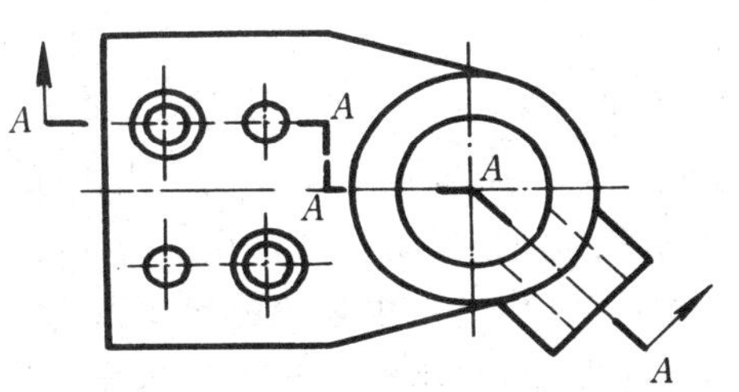

图 5-22 平行平面和相交平面剖切

四、剖视图上的规定画法

对于机件上的肋、轮辐及薄壁等结构，若是纵向剖切，这些结构在剖视图上都不画剖面符号，而用粗实线将它与其邻接部分分开，如图 5-23(*b*) 所示。由图 5-23(*a*) 可见，轴承架的圆筒是用肋 1 和肋 2 支撑，其左视图、俯视图都是全剖视图。在左视图上由于肋 2 被纵向剖切，故肋上不画剖面线，如图 5-23(*d*) 所示；但在俯视图上，肋 1 和肋 2 均被横向剖切，故肋上都要画出剖面线，如图 5-23(*c*) 所示。

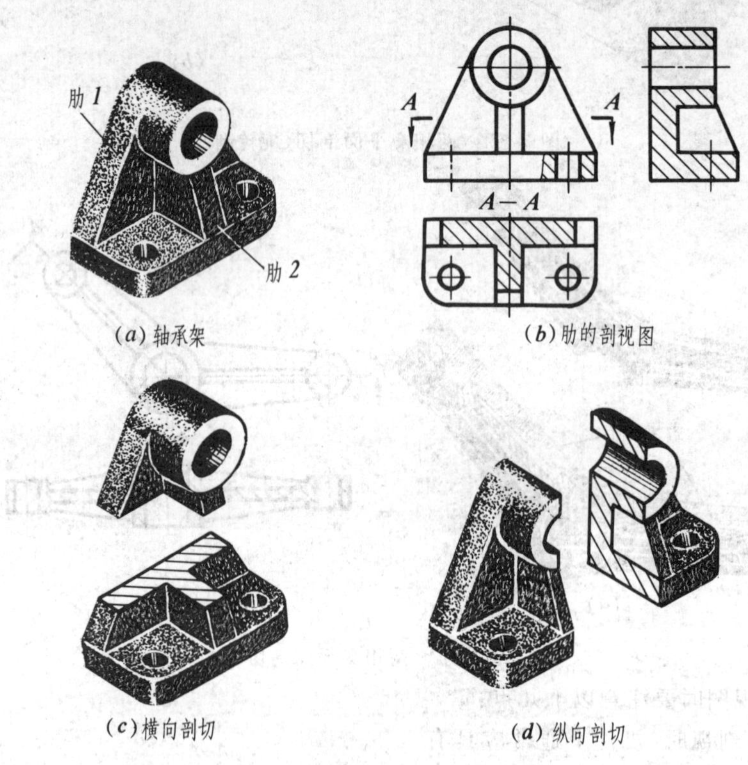

图 5-23　剖视图上肋的规定画法

又如图 5-24 所示的拨叉，其主视图采用全剖视。在主视图中，水平连接的肋板为横向剖，应画上剖面线；而垂直连接的肋板为纵向剖，则不画剖面线，两块肋板之间用粗实线加以分开。

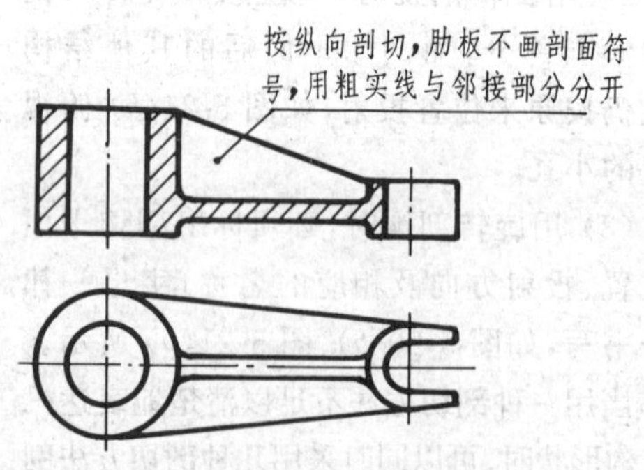

图 5-24　剖视图上肋的规定画法

又如图 5-21 所示的摇杆，水平连接的肋板为纵向剖，在俯视图中应不画剖面线，而垂直连接的肋板为横向剖，在俯视图中则画上剖面线，两块肋板之间用粗实线加以分开。

如图 5-25(*a*) 中所示皮带轮的轮辐，在主视图中为纵向剖切，按规定也不画剖面线，如图 5-25(*b*) 所示。

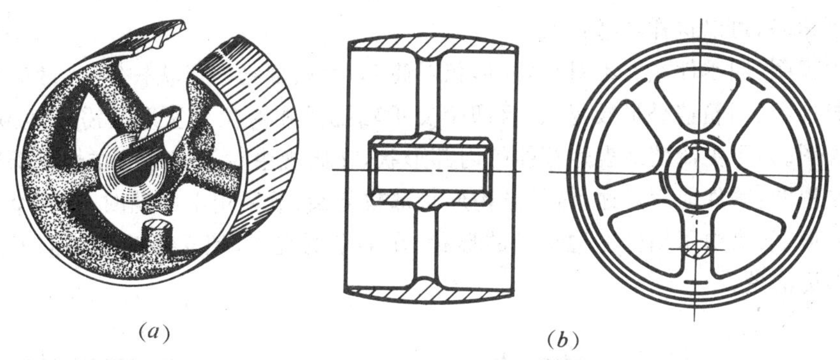

图 5-25　剖视图上轮辐的画法

五、剖视图选用举例

剖视图较常用的是用单一剖切面剖切得到的全剖视图、半剖视图和局部剖视图。选用时应根据形体的特点，以充分表达出机件内外形状为原则，同时要适合于画剖视图的条件，进行合理的选用。

下面将通过两个实例，分别讨论对不同机件的不同形状，选择不同的剖视图。

例 5-1　选用合适的剖视图表达三通接头(图 5-26)。

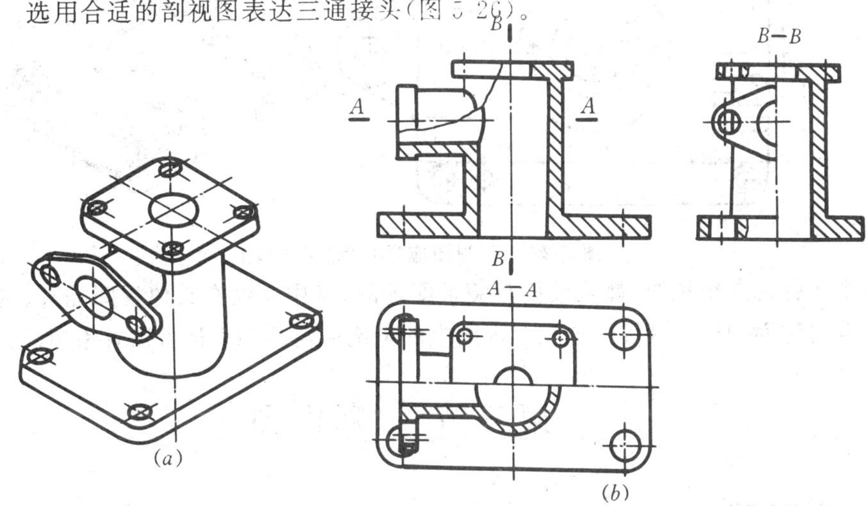

图 5-26　剖视图表达示例

由图 5-26(a) 可见该零件的形体是由两圆柱体垂直相贯，上、下及左边的接头为平板形状，在这些平板上均开有圆孔。由此可见，该零件内外形体都较复杂且左右不对称，选择视图表达方案如下：

主视图：图形左右不对称，外形两圆柱和内部两圆孔均相贯，选用局部剖视表示。

俯视图：图形为前后对称，在表示出上、下接头形状的同时，为了表达出圆柱的壁厚和左边接头上的小孔，选用了"A—A"半剖视。由于剖切平面不在对称面上，所以要标注，而表示投射方向的箭头可省略。

左视图：为了表示左边接头外形以及垂直圆柱，选用"B—B"半剖视图。该剖视的剖切平面不通过机件的对称平面，应标注出剖切平面的位置与相应的名称。

例 5-2　选用合适的剖视图表达齿轮箱上盖(图 5-27)。

由立体图可见，该零件的形体是个长方体，箱子顶部开有阶梯孔，四周有支承轴孔，在进行视图表达时，可以这样考虑：

主视图：因零件左右不对称，外形相对简单，而内部结构形状较复杂，故采用全剖视图。

俯视图：因箱盖外形较复杂，且四个支承轴孔的相对位置及形状需表达清楚，则采用了局部剖视图。为了更清楚地表达箱体的内部形状，在俯视中对不可见的结构仍保留用虚线表示。

左视图：零件前后对称，内外结构形状都较复杂，故采用半剖视图。在半个视图中既保留了箱体外形，又反映了箱体左边搭子的形状。在半个剖视中，把支承轴孔的上下位置及结构形状表达得更清楚。

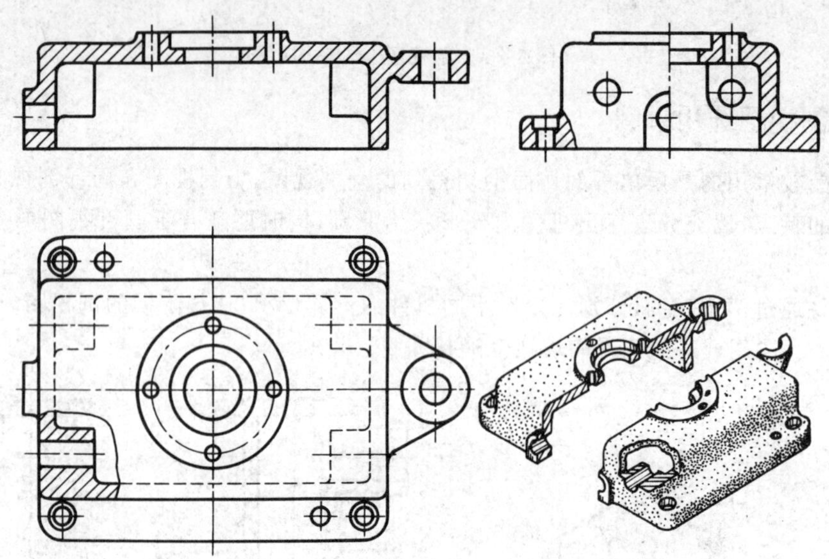

图 5-27 剖视图应用举例（齿轮箱上盖）

这个零件的三个视图，都是按投影关系配置的，且中间没有其他视图隔开。剖切平面基本上是沿着对称面剖开的，所以，这三个视图中的全剖视与半剖视都可以省略标注。

第三节 断面图

一、断面图的基本概念

假想用一个剖切平面在垂直于机件轮廓线或回转面的轴线处，将机件切断，如图 5-28(*a*)所示，仅画出切断面的图形，这种图称为断面图，如图 5-28(*b*) 所示。断面图主要用来表达机件某部分切断面的形状，常用于肋板、轮辐、槽、孔等结构形状。

断面图与剖视图是有区别的。如图 5-28(*c*) 所示，断面图只画出机件的断面形状，而剖视图除了断面形状以外，还要画出机件被剖切后的后面部分形状的投影。

二、断面图的种类

断面图分为移出断面图和重合断面图。

1. 移出断面图

把断面图画在机件图形之外，这种断面图称为移出断面图，如图 5-28(*b*) 所示。画移出断面图应注意以下几点：

剖切平面

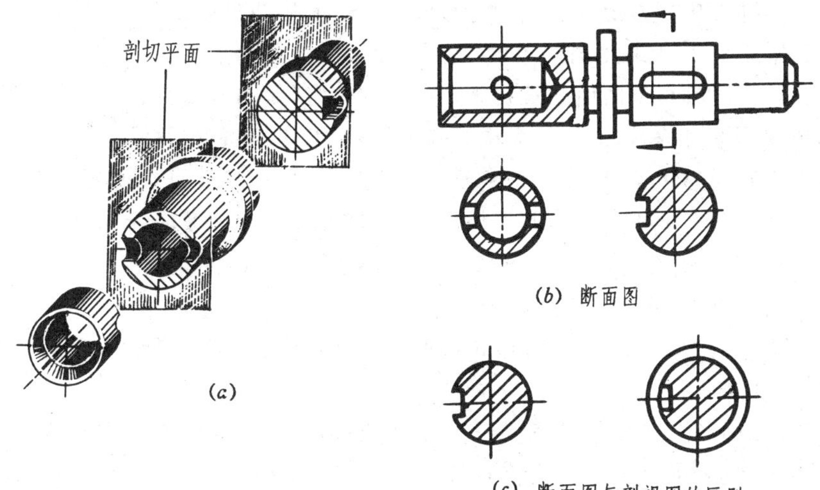

(a)

(b) 断面图

(c) 断面图与剖视图的区别

图 5-28　断面图及断面图与剖视图的区别

1）移出断面图的轮廓线用粗实线绘制，如图 5-29 中各图所示。

(a)

(b)

A
A–A
A

(c)

A
A–A
A

(d)

A
A–A
A

(e)

A–A
A
A

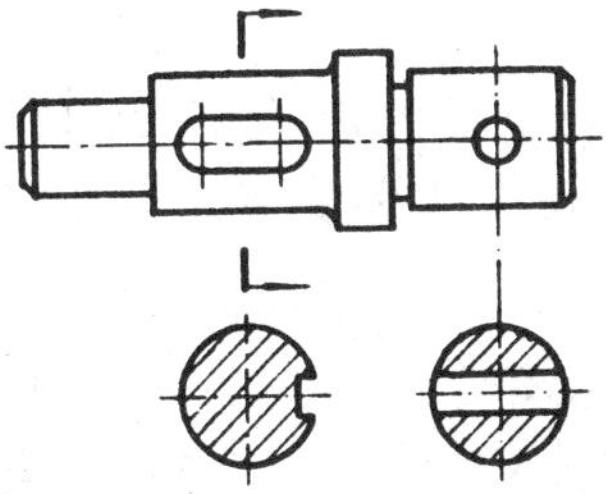

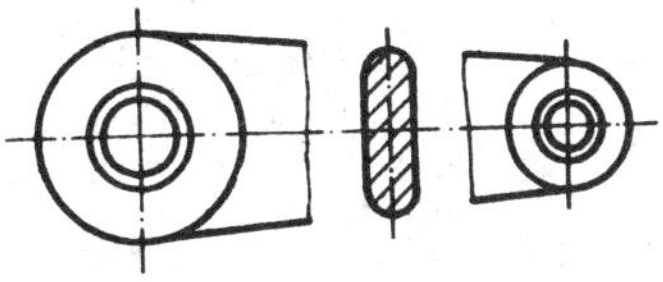

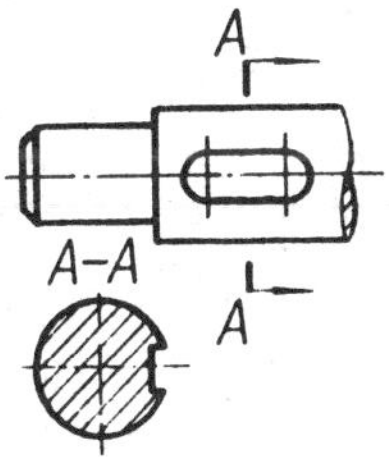

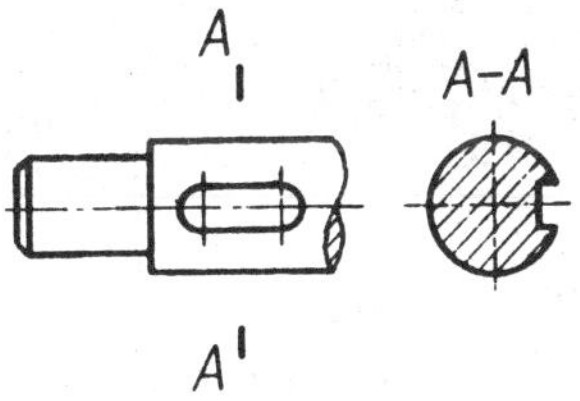

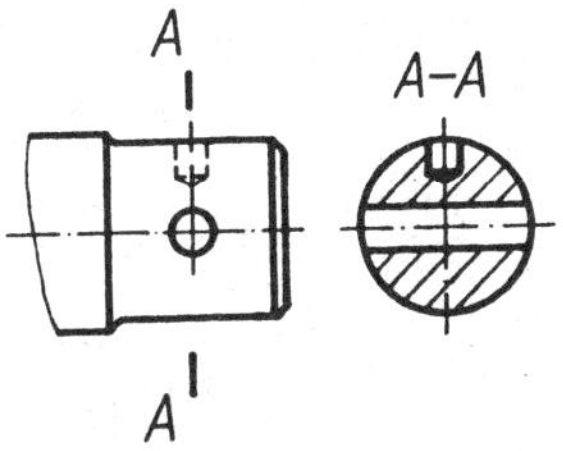

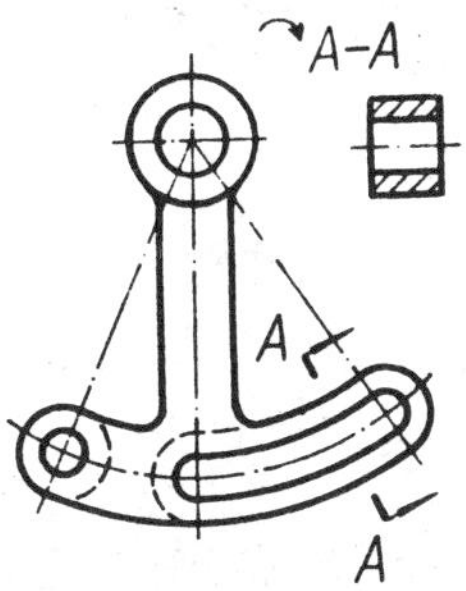

(f)

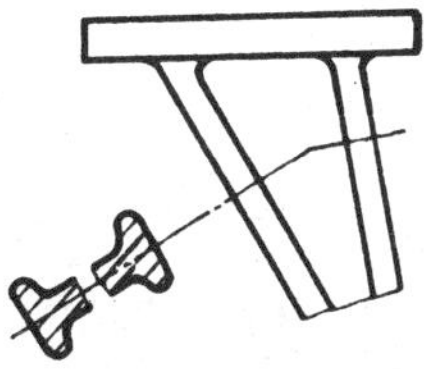

(g)

图 5-29　移出断面

2）移出断面应尽量配置在剖切符号或剖切平面迹线的延长线上，剖切平面迹线是剖切平面与投影面的交线，用细点画线表示，如图 5-29(*a*) 所示。

3）必要时可将移出断面配置在其他适当的位置，如图 5-29(*c*)、(*d*)、(*e*) 所示。

4）断面图形对称时，也可画在视图的中断处，如图 5-29(*b*) 所示。

5）在不致引起误解时，允许将断面图形旋转，并加注旋转符号，如图 5-29(*f*) 所示。

6）由两个或多个相交平面剖切得出的移出断面，中间一般应断开，如图 5-29(*g*) 所示。

7）当剖切平面通过回转面形成的孔或凹坑的轴线时，这些结构应按剖视画出，如图 5-29(*a*)、(*e*) 所示。

8）当剖切平面通过非圆孔，会导致出现完全分离的两个断面时，则这些结构应按剖视画出，如图 5-29(*f*) 所示。

9）移出断面一般应用剖切符号表示剖切位置，用箭头表示投射方向，并注上字母，在断面图的上方应用同样的字母标出相应的名称“×—×”，如图 5-29(*c*)、(*f*) 所示；配置在剖切符号延长线上的不对称移出断面，可省略字母，如图 5-29(*a*) 所示；按投影关系配置的不对称移出断面，可省略箭头，如图 5-29(*d*) 所示；对于剖切平面迹线上的对称移出断面（见图 5-29(*a*)），以及配置在视图中断处的移出断面（见图 5-29(*b*)），均不必标注剖切位置和断面图的名称。

2. 重合断面图

重合在视图轮廓上的断面图称为重合断面图。重合断面图的轮廓线用细实线画出，如图 5-30、图 5-31 所示。当视图中的轮廓线与重合断面的图形重叠时，视图中的轮廓线仍应连续画出，不可间断，如图 5-30(*b*)、图 5-31(*b*) 所示。

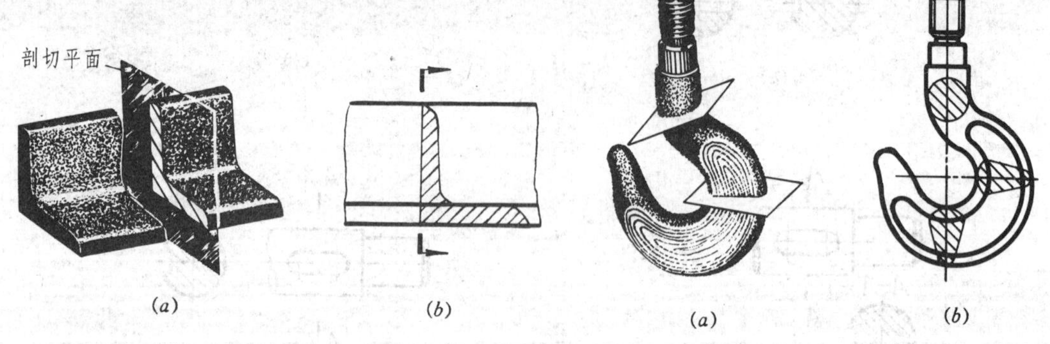

图 5-30　重合断面图画法之一　　　　图 5-31　重合断面图画法之二

配置在剖切符号上的不对称重合断面，不标注字母，但仍要在剖切符号处画上箭头，表示投射方向，如图 5-30(*b*) 所示。对称的重合断面不必标注剖切位置和断面图的名称，如图 5-31(*b*) 所示。

第四节　其他常用的表达方法

一、局部放大图

将机件的部分结构用大于原图形的比例所画出的图形称为局部放大图，如图 5-32 所示。画局部放大图时要注意以下几点：

1）局部放大图可画成视图、剖视、断面，它与被放大部分的表达方式无关。局部放大图应尽量配置在被放大部位的附近。局部放大图上被放大部分的范围用波浪线表示。

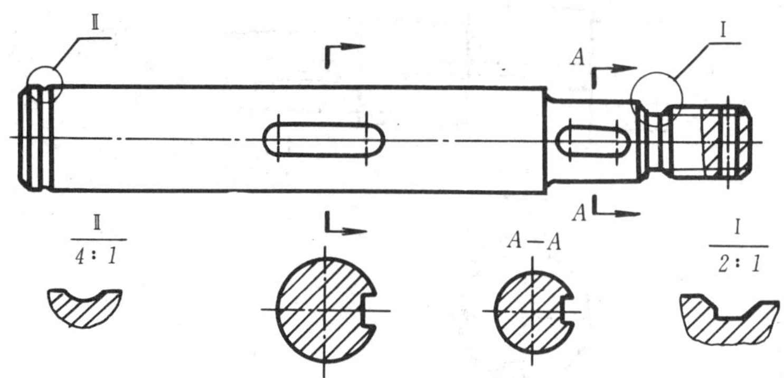

图 5-32　局部放大图

2）在原视图上用细实线圆圈出被放大的部位。当同一机件上有多个被放大的部位时，必须用罗马数字依次标明被放大的部位，并在局部放大图的上方标注出相应的罗马数字和所采用的比例。

3）同一机件上不同部位的局部放大图，当图形相同或对称时，只需要画出一个，必要时可用几个图形表达同一被放大部分的结构，如图 5-33 所示。

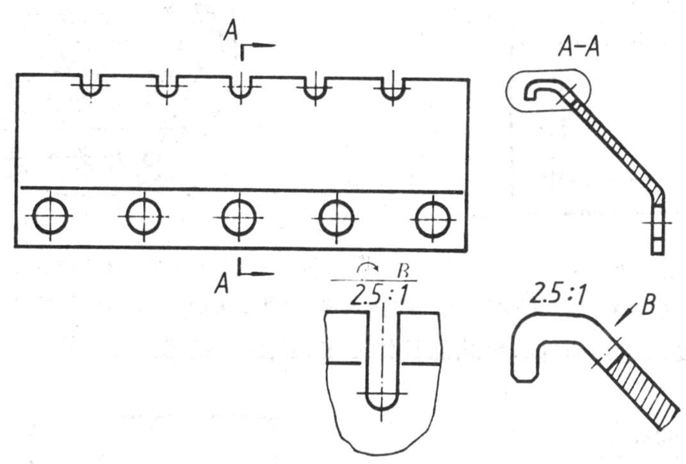

图 5-33　用几个图形表达一个放大结构

二、简化画法和其他规定画法

在能够准确表示机件形状和结构的条件下，为使画图简便，可以采用包括规定画法、省略画法、示意画法等在内的图示方法。这里介绍部分简化画法，详细可查阅有关标准和手册。

1）在不致引起误解时，零件图中的移出断面允许省略剖面线，但剖切位置和断面图的标注仍按规定标注，如图 5-34 所示。

2）当机件上具有较多相同结构（如齿、槽等），且这些结构按一定规律分布时，只需画出若干个完整的结构，其余用细实线连接，如图 5-35 所示。在零件图中则必须注明这些相同结构的总数。

3）若干直径相同且成规律分布的孔（如圆孔、螺孔等），可以仅画出一个或几个，其余只需

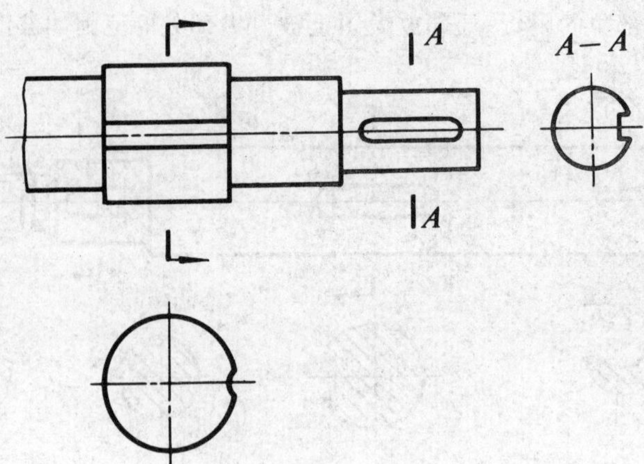

图 5-34 断面图的简化画法

用点画线表示其中位置，如图 5-36 所示。在零件图中则应注明孔的总数。

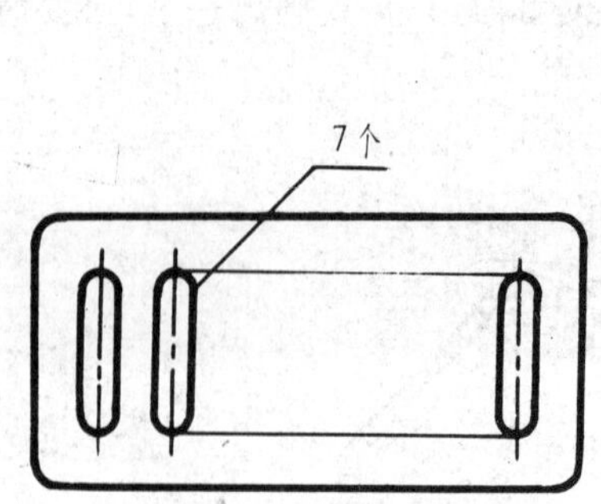

图 5-35 相同结构的简化画法

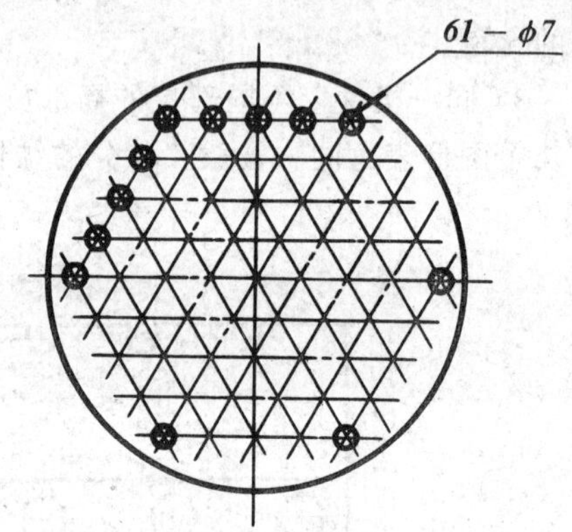

图 5-36 相同直径成规律分布孔的简化画法

4）网状物、编织物或机件上的滚花部分，可在轮廓线附近用细实线示意画出，并在零件图的视图部分或技术要求中注明这些结构的具体要求，如图 5-37、图 5-38 所示。

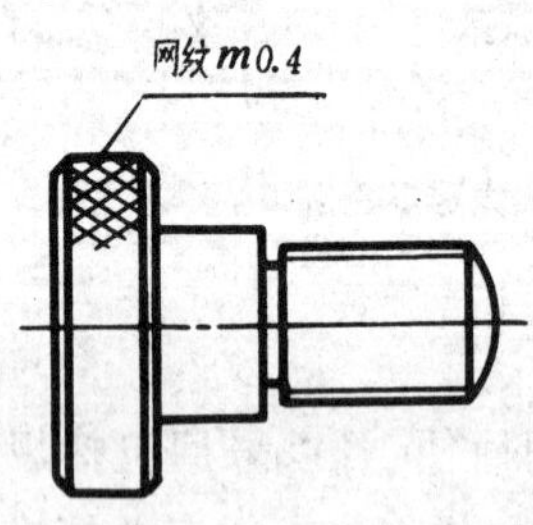

图 5-37 滚花的简化画法

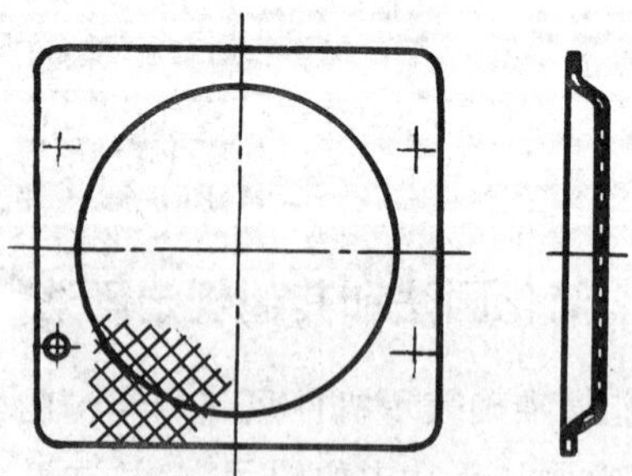

图 5-38 网状物的简化画法

5）在零件回转体上均匀分布的肋、孔等结构不处于剖切平面上时，可将这些结构旋转到剖切平面上画出，如图 5-39、图 5-40 所示。

6）当图形不能充分表达平面时，标准规定可用平面符号 —— 相交的两细实线表示，如图 5-41 所示。

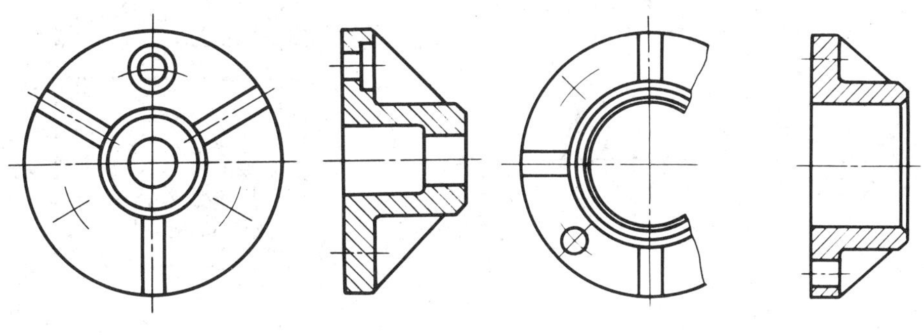

图 5-39　肋的简化画法　　图 5-40　孔的简化画法

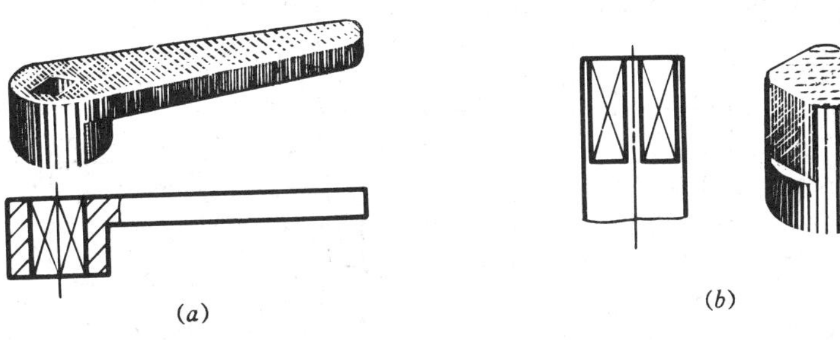

图 5-41　平面的简化画法

7）在不致引起误解时，过渡线、相贯线允许简化成用圆弧或直线来代替，如图 5-42、图 5-43 所示。

8）对称结构的局部视图，按图 5-42 所示方法绘制。圆柱形法兰上均匀分布的孔按图 5-43 所示方法表示（由外向法兰端面方向投射）。

9）在不致引起误解时，对于对称机件的视图可画一半或四分之一，并在对称中心线的两端画出两条与其垂直的平行细实线，如图 5-44 所示。

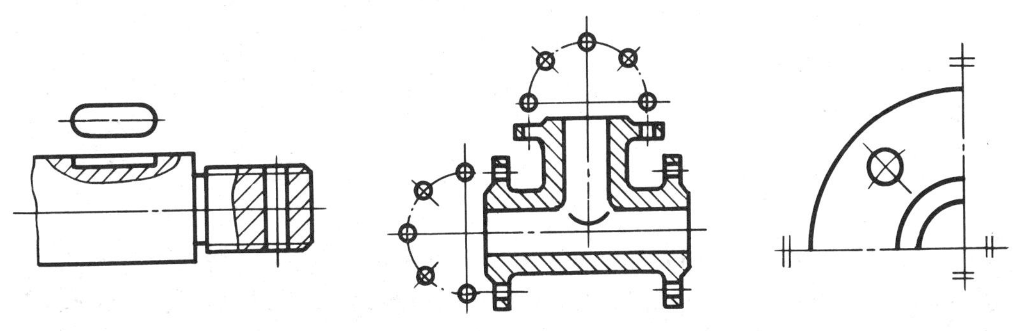

图 5-42　相贯线的简化画法　　图 5-43　过渡线的简化画法　　图 5-44　对称机件视图的简化画法

10）较长的机件（如轴、杆等），当其沿长度方向的形状一致或按一定规律变化时，可断开后缩短绘制，如图 5-45 所示。

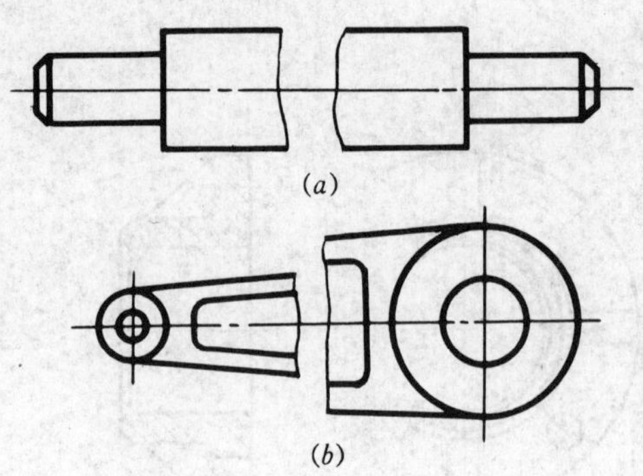

图 5-45　长度方向的简化画法

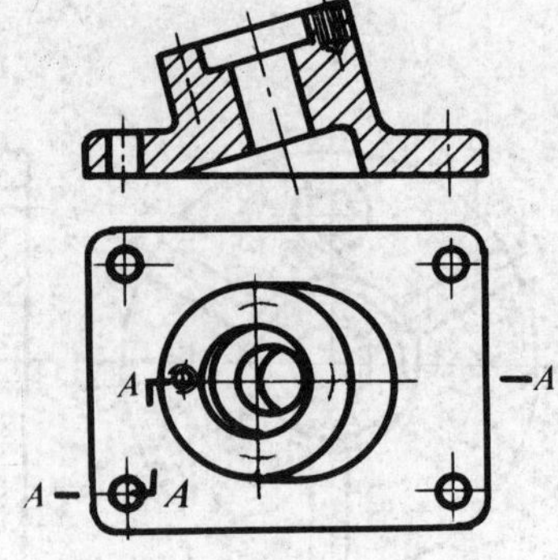

图 5-46　倾斜圆的简化画法

11）与投影面倾斜角度小于或等于 30° 的圆或圆弧，其投影可用圆或圆弧代替，如图 5-46 所示。

12）在不致引起误解时，零件图中的小圆角、锐边的小倒圆或 45° 小倒角允许省略不画，但必须在视图中注明尺寸或在技术要求中加以说明，如图 5-47(*a*)、(*b*)、(*c*) 所示。

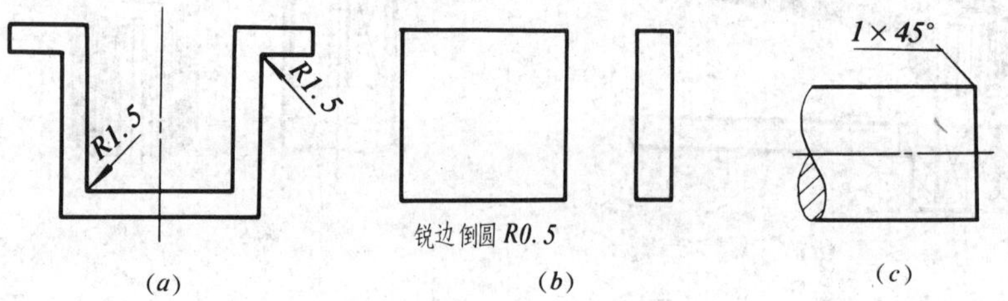

图 5-47　小圆角、小倒角的简化画法

13）机件上斜度不大的结构，如在一个视图中已表达清楚时，其他视图可按小端画出，如图 5-48 所示。

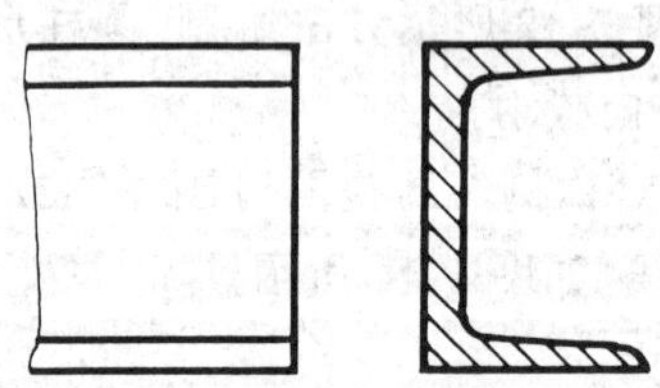

图 5-48　斜度的简化画法

第五节　表达方法综合应用举例

以上学习了机件在图样上的各种表达方法，有以基本视图为主的各种视图；以全剖、半剖、局部剖为主的各种剖视图和断面图以及其他画法等。在绘制图样时，应根据机件的具体形状和结构，以完整、清晰为目的，以看图方便、画图简便为原则，正确地选用各种表达方法。下面通过几个实例来进行视图表达方案的分析和讨论。

例 5-3　轴承支架的表达方案(图 5-49)。

由图 5-49(*a*) 可见，轴承支架是由圆筒、十字肋板和底板三部分组成。该零件的主视图反

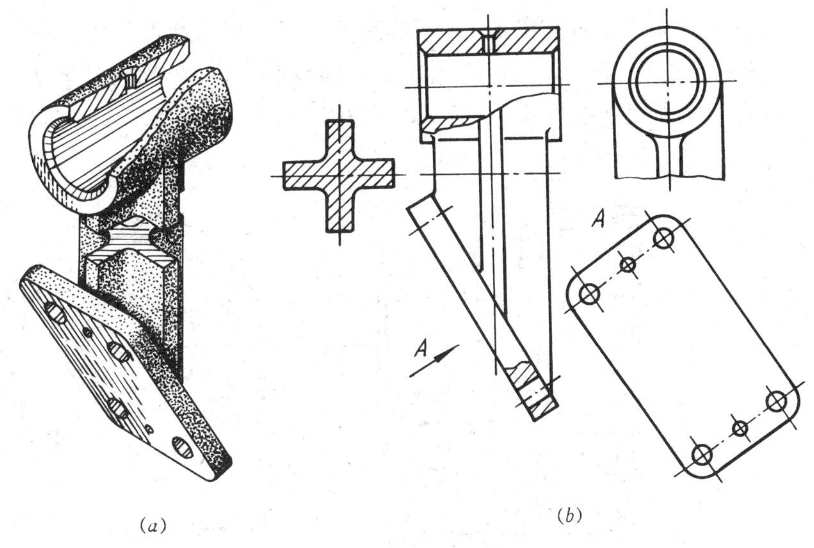

(a) (b)

图 5-49　轴承支架的表达方案

映出支架在机器中的安装位置，并采用了局部剖视，以表示轴承孔和加油孔；左视图为局部视图，表示轴承圆柱与十字形肋板的连接关系和相对位置；移出断面表示了十字肋板的断面形状。由于底板是倾斜的，故采用 A 向斜视图来表示。在该斜视图中，不但表达了底板的实形，还反映了底板上孔和销孔的分布位置及数量。这样，轴承支架仅用了四个视图，就达到视图清晰完整、作图简便的要求。

例 5-4　箱体的表达方案(图 5-50)

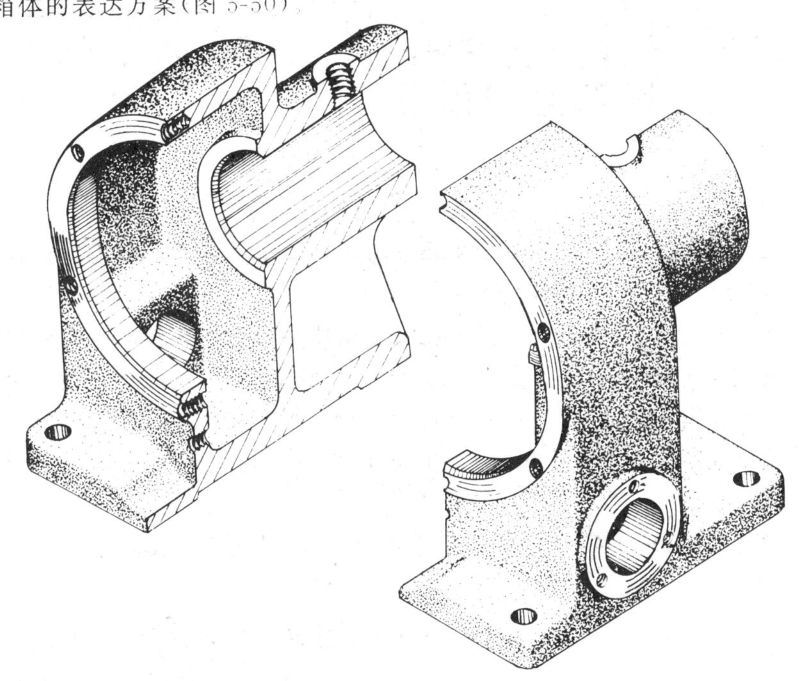

图 5-50　箱体轴测图

由图 5-50 可见，箱体左边是由半个圆柱面加长方体组成，其右边是一个圆筒，外加肋板和底板所构成。该零件前后对称，其内部结构形状较复杂。在进行视图表达时，采用了三个基本视图，如图 5-51 所示。其中：

主视图采用全剖视和一个重合断面。重合断面反映了肋板的断面形状。主视图中 Ⅰ 面表示圆柱面，Ⅱ 面表示平面，Ⅰ 面与 Ⅱ 面相切，所以中间没有交线。Ⅲ 面也是平面，而 Ⅲ 面与 Ⅱ 面非共面，所以，在两个面之间有交线。Ⅳ 面表示圆孔，前后对称都有此孔。Ⅴ 面表示底板上的半圆形凹槽。

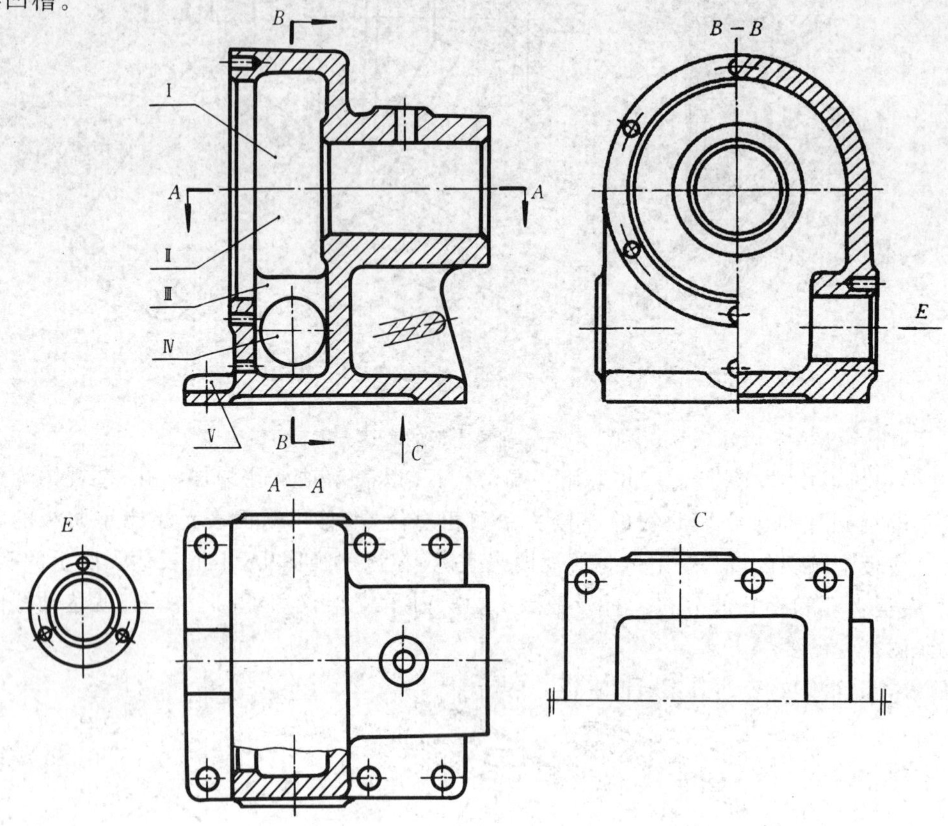

图 5-51　箱体视图表达方法

俯视图采用局部剖视图。在视图中主要表达了箱体的外形和底板上连接孔的分布位置和数量。在局部剖视中则反映了箱体的壁厚。

左视图采用半剖视图。在半个视图中反映了箱体左边连接箱盖的端面形状及连接孔的分布位置和数量；在半个剖视中集中表达了 Ⅰ 面、Ⅱ 面、Ⅲ 面和 Ⅳ 面之间的连接关系。

除三个基本视图外，另加“*E*”和“*C*”向两个局部视图。“*E*”向视图反映了 Ⅳ 面表示的圆孔连接法兰盖端面的形状及连接孔的分布位置和数量，“*C*”向视图为底板的底面形状，因图形对称，故采用简化画法。

这样，箱体仅用了五个视图，就把该零件的结构形状都表达清楚了。

第六节　第三角画法简介

两个互相垂直的投影面，*V* 面和 *H* 面将空间分为四个分角，如图 5-52(*a*) 所示。采用第一角画法，即物体位于观察者与对应的投影面之间(人 — 物 — 面的关系)。

如将物体放在第三角进行投射，并假定投影面透明，使物体位于投影面的后面(人 — 面 —

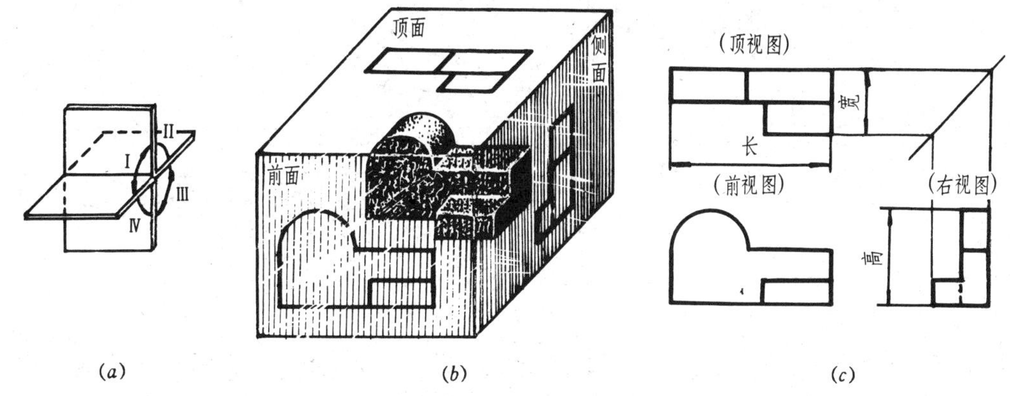

(a)　(b)　(c)

图 5-52　第三角投影法

物的关系)，这样得到的视图称为第三角投影，如图 5-52(*b*) 所示。

前面所讲的正投影的特性及对应关系，如"长对正，高平齐，宽相等"，对第三角投影同样适用，但在进行第三角画法时应注意以下几点：

1) 从前向后观看物体在前面所得视图，称为前视图；从上向下观看物体在顶面所得视图，称为顶视图；从右向左观看物体在侧面所得视图，称为右视图。

2) 投影面在展开时，规定前面不动，顶面向上，侧面向右各旋转 90° 与前面重合在同一平面上。

3) 各视图的位置：顶视图在前视图上方，右视图在前视图的右方。视图之间保持投射的对应关系，如图 5-52(*c*) 所示。

思考题

1. 试述六个基本视图的配置关系，什么情况下基本视图需要标注？
2. 什么是剖视图？常用剖视图有哪几种？各适用于何种场合？
3. 什么是断面图？常用的断面图有哪几种？它和剖视图有什么区别？
4. 常用的剖切方法有哪些？用这些剖切方法分别得到哪些剖视图？这些剖视图在标注时有什么区别？
5. 试分析局部视图与局部剖视图、斜视图与斜剖视图在表达目的及表达方法上的相同点和不同点。
6. 机件上肋板、轮辐在剖视图上有哪些规定画法？
7. 移出断面和重合断面在表达方法上有哪些不同？

○ 第六章

标准件和常用件

本章要点　通过本章学习，应熟悉螺纹、螺纹紧固件、键、销、齿轮、弹簧和滚动轴承等标准件和常用件的基本知识、代号、标注和查表，熟练掌握它们的规定画法。

在各种不同的机器、仪器和设备中，有些零件是经常用到的，它们的作用又基本相同，这些零件一般叫常用件。常用件种类很多，例如起连接作用的螺钉、螺栓、螺母、键、销；起传动、变速作用的齿轮、蜗轮蜗杆；起蓄能作用的各种弹簧；起支承转动轴作用的各种滚动轴承等。

这些常用件，应用很广，需要量大。生产中为了简化设计，保证互换性和便于大量生产，对螺纹、轮齿和键槽及其他结构要素的形状、大小都已标准化，这些要素称为标准要素。对螺栓、螺钉、螺母和销、键等零件的形状和规格也已标准化，这些零件称为标准零件 —— 标准件。

标准化是现代化生产的特点之一，它体现一个国家的工业和技术水平。为了适应社会主义现代化建设的需要，促进工业生产和科学技术的发展，我国已制定了各种标准件和标准要素的标准，这对提高产品质量和生产效率起了重要的作用。在绘图时，只要根据国家标准规定的画法、代号和标记，进行绘图和标注，这样就可以简化制图工作，加快绘图速度。至于详细结构和尺寸，可以根据代号和标记，从相应标准中查得。

第一节　螺纹与螺纹紧固件

一、螺纹

螺纹是指螺钉、螺栓、螺母和丝杆等零件上起连接或传动作用的牙型部分。

1. 螺纹的形成

当一平面图形(如三角形、梯形、矩形)绕一圆柱作螺旋运动，同时平面图形又始终保持与圆柱轴线共面，这样就形成了螺纹。图 6-1 所示是由三角形作螺旋运动形成的三角形螺纹。

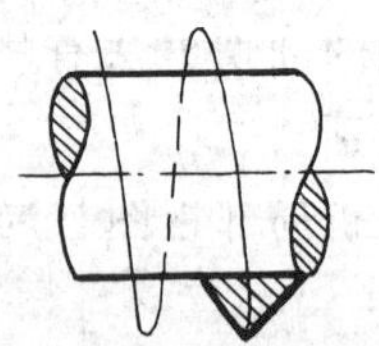

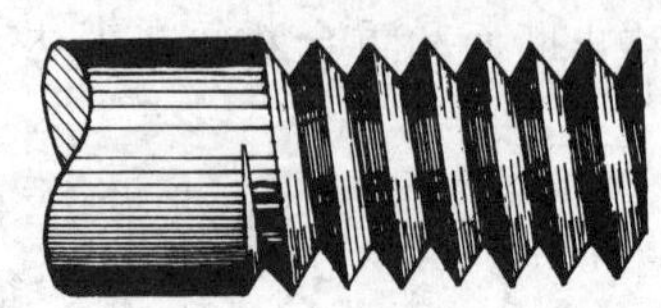

图 6-1　三角形螺纹的形成

螺纹的加工方法很多。图 6-2(a) 表示在车床上车制内、外螺纹的情况。在车削螺纹时，零件在车床上绕轴线旋转，刀具沿轴线方向等速移动，刀尖在零件上的运动

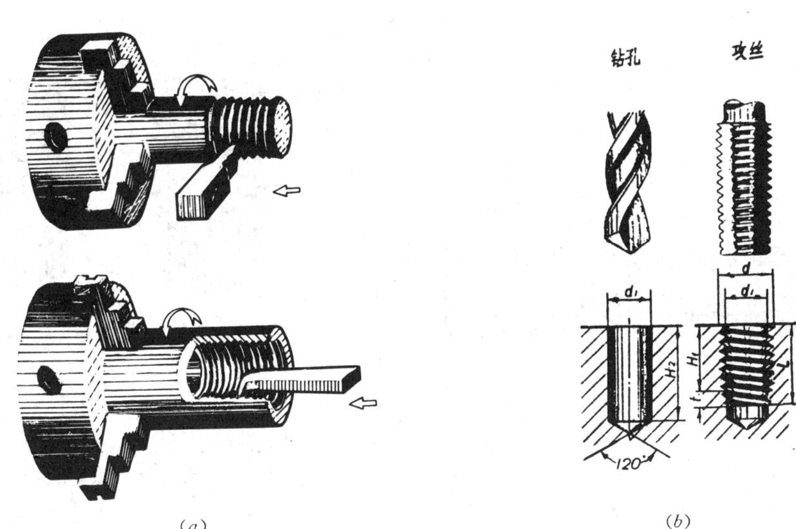

(a)　　　　　　(b)

图 6-2　螺纹的加工

轨迹就是一条螺旋线。只要刀具切入零件一定深度就车削成螺纹。加工直径较小的螺孔，可先用钻头钻出光孔，再用丝锥攻丝得到螺纹，如图 6-2(*b*) 所示。

在圆柱外表面加工出来的螺纹为外螺纹，在圆孔内表面加工出来的螺纹为内螺纹。凡有螺纹的零件，都是内、外螺纹配合成对使用的。

2. 螺纹的基本要素

当内、外螺纹配合使用时，必须使它的牙型、直径、线数、螺距（或导程）和旋向完全相同。这几项通常称为螺纹的要素。

(1) 牙型

在通过螺纹轴线的剖面上，螺纹的轮廓形状（即上述的形成螺纹的平面图形）称为螺纹的牙型。常用的牙型有三角形、梯形、锯齿形和矩形等。不同牙型的螺纹有不同的用途。螺纹凸起部分的顶端称为牙顶，螺纹沟槽的底部称为牙底(图 6-3)。

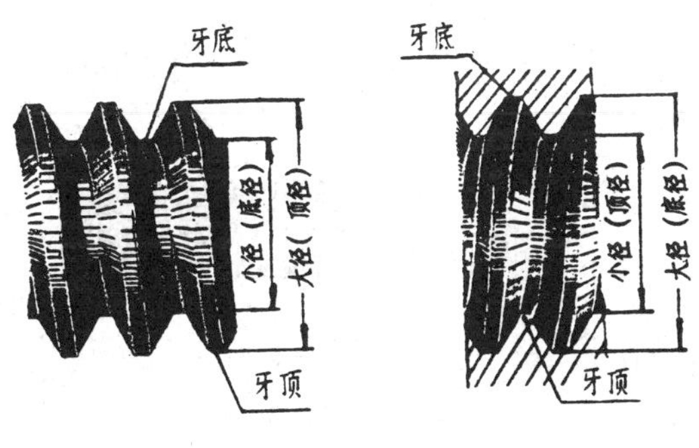

(*a*) 外螺纹　　(*b*) 内螺纹

图 6-3　内外螺纹

(2) 大径、小径和公称直径(图 6-3)

大径：与外螺纹牙顶或内螺纹牙底相重合的假想圆柱的直径。

小径：与外螺纹牙底或内螺纹牙顶相重合的假想圆柱的直径。

公称直径：代表螺纹尺寸的直径，一般是指螺纹大径的基本尺寸。

(3) 线数

螺纹的线数是指同一圆柱面上切削螺纹的条数。分单线（一条）螺纹和多线（两条或两条以上）螺纹。图 6-4(*a*) 所示为单线螺纹，图 6-4(*b*) 所示为双线螺纹。最常用的是单线螺纹。

(4) 螺距和导程

相邻牙在中径线上对应两点间的轴向距离称为螺距，如图 6-4(a) 所示；同一线螺纹上相邻牙在中径线上对应两点间的轴向距离称导程，如图 6-4(b) 所示。单线螺纹的导程等于螺距。

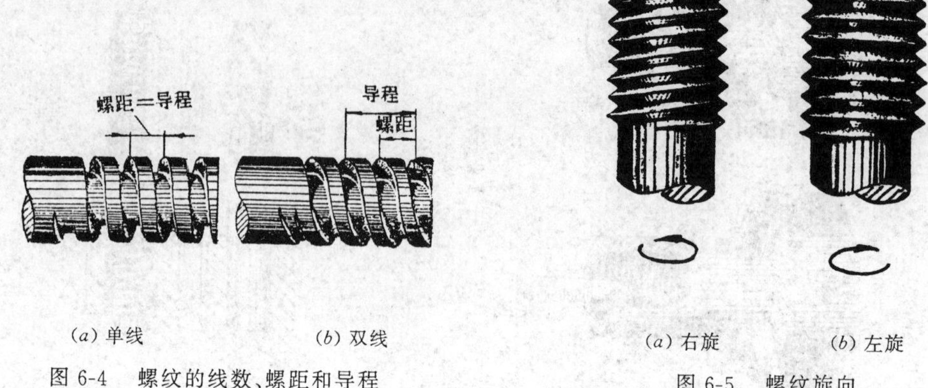

(a) 单线　　(b) 双线

图 6-4　螺纹的线数、螺距和导程

(a) 右旋　　(b) 左旋

图 6-5　螺纹旋向

(5) 旋向

螺纹按旋进时的旋转方向，分为左旋螺纹和右旋螺纹，如图 6-5 所示。常用的是右旋螺纹。

3. 螺纹的种类

根据用途，螺纹可分为连接螺纹和传动螺纹两类。按牙型来分，有三角形螺纹、梯形螺纹和锯齿形螺纹等。按螺纹牙型、大径、螺距是否符合标准规定，又可分为标准螺纹（牙型、大径、螺距均符合标准）、特殊螺纹（牙型符合标准、大径或螺距不符合标准）和非标准螺纹（牙型不符合标准）。

表 6-1 为几种常用的标准螺纹的种类。

表 6-1　常用的标准螺纹的种类

螺纹种类		螺纹牙型	说　　明
连接螺纹	普通螺纹	60°	牙型是等边三角形，牙型角是 60°。普通螺纹分为粗牙和细牙两种，其区别在于：大径相同的条件下，细牙螺纹的螺距比粗牙螺纹的螺距小。粗牙螺纹用于一般的零件连接，细牙螺纹用于细小、精密的零件和薄壁零件、密封装置等连接。
	管螺纹	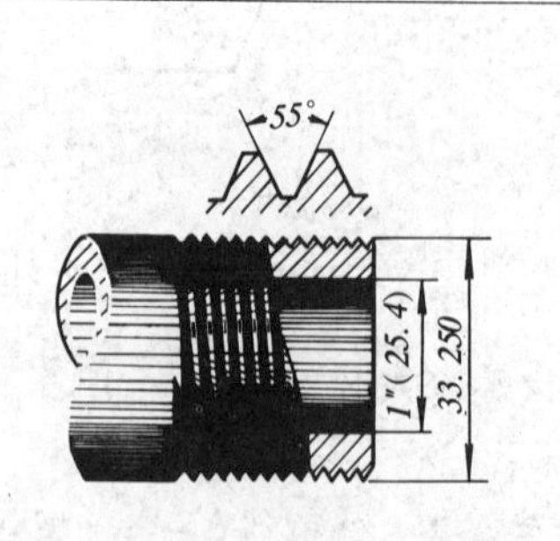	牙型是等腰三角形，牙型角为 55°。常用于水管、油管、煤气管等薄壁零件，是一种螺纹深度较浅的特殊细牙螺纹。

续　表

螺纹种类		螺纹牙型	说　明
传动螺纹	梯形螺纹	30°	牙型为梯形，牙型角为 30°。梯形螺纹用于承受双向轴向力的一般传动零件，如螺杆等。
	锯齿形螺纹	30° 3°	牙型为锯齿形，牙型角为 33°(3°,30°)。用于承受单向轴向力的传动，如螺旋压床、辗压机的螺杆等。

4. 螺纹的规定画法

国家标准 GB/T4459.1 — 1995 规定了螺纹的表示方法。

(1) 外螺纹的画法

螺纹大径用粗实线表示，小径用细实线表示。小径通常画成大径的 0.85，即 $d_1 = 0.85d$(d 为大径)，螺纹终止线用粗实线表示，如图 6-6(a) 所示。当外螺纹被剖切后，其螺纹终止线按图 6-6(b) 所示画出。

螺纹端部如有倒角，不管用外形画法还是剖视画法，表示小径的细实线在螺纹的倒角或倒圆部分都应画出。

在垂直于螺纹轴线的投影面的视图中，螺纹小径画成约四分之三圈的细实线圆。此时，螺纹端部的倒角省略不画。

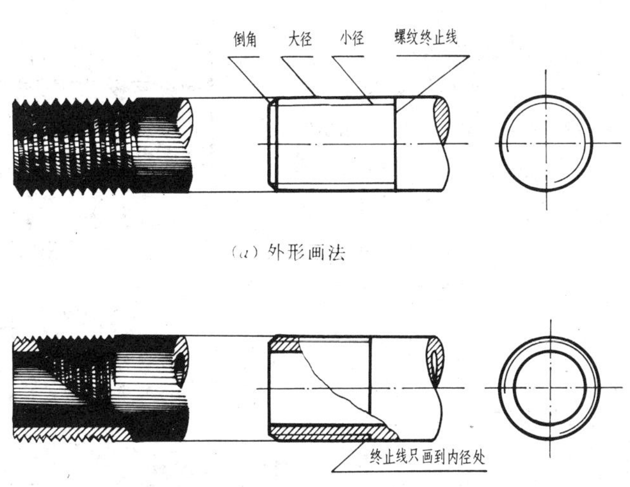

(a) 外形画法

(b) 剖视画法

图 6-6　外螺纹的规定画法

(2) 内螺纹的画法

内螺纹一般用剖视来表示。在剖视图和投影为圆的视图中，螺纹的小径用粗实线表示，大径用细实线表示，小径 $D_1 = 0.85D$（D 为大径）。螺纹的画法和倒角圆的处理与外螺纹相同，如图 6-7 所示。

如螺孔不加剖切，在平行螺孔轴线的视图上，螺孔的小径、大径均用虚线画法，如图 6-8 的主视图。

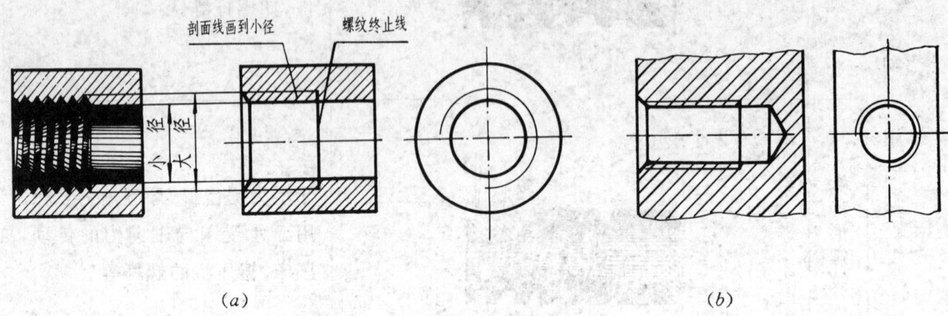

图 6-7　内螺纹的规定画法

螺孔相贯时的画法如图 6-9 所示。

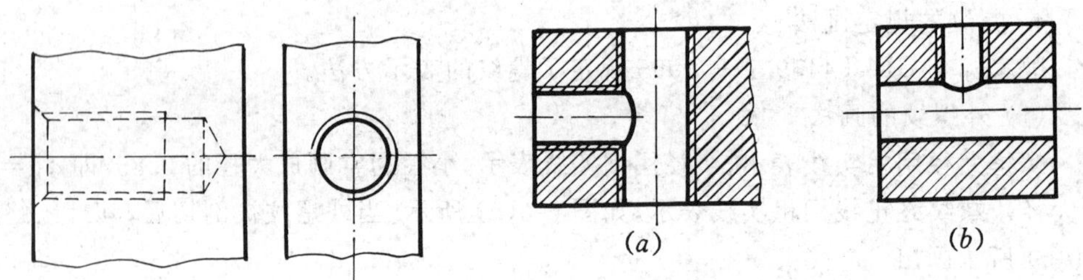

图 6-8　不剖切时螺孔画法　　　图 6-9　螺纹相贯时的画法

无论是外螺纹还是内螺纹，剖视或断面图中的剖面线都应画到表示大径或小径的粗实线为止。

(3) 内、外螺纹的连接画法（图 6-10）

在剖视图中，内、外螺纹的连接部分按外螺纹的表示方法画出，其余部分仍按各自的规定画法表示。画图时要注意：表示小径和大径的粗实线、细实线应分别对齐。

5. 螺纹的代号及标记

采用规定画法后，螺纹的种类、牙型、螺距、旋向和线数都无法在图中表示出来，需通过标注螺纹代号或标记来解决。

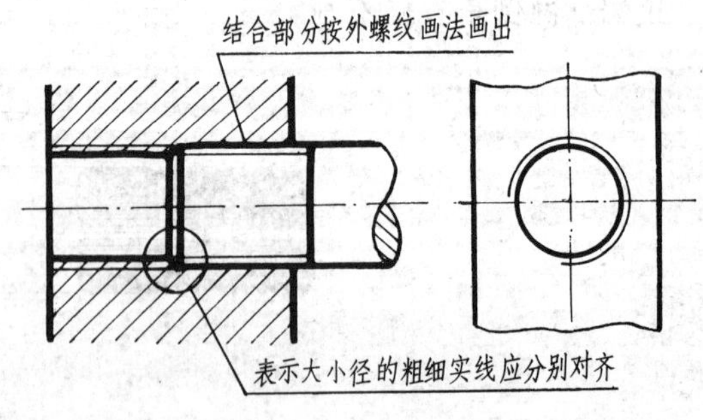

图 6-10　内、外螺纹的连接画法

(1) 普通螺纹

普通螺纹的螺纹代号是：

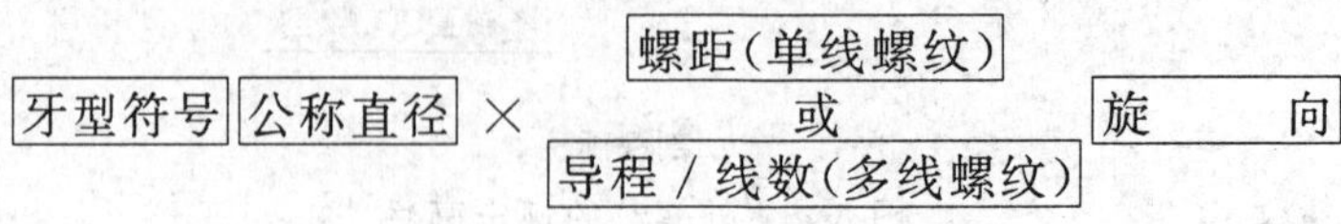

按上述格式注写代号时，应注意：

1）单线螺纹和右旋螺纹的使用非常广泛，在标注时不必注明线数和旋向。如为左旋，应注明代号 LH。

2）粗牙普通螺纹用得较多，且与大径相对应的螺距只有一种，所以在标注时不必注出螺距。细牙普通螺纹与大径相对应的螺距有好几种，因而标注时必须注明螺距。例如：

$M24$ 表示大径为 24mm 的粗牙普通螺纹，单线，右旋；

$M24 \times 2$ 表示大径为 24mm、螺距为 2mm 的细牙普通螺纹，单线，右旋。

普通螺纹的完整标记由螺纹代号、螺纹公差带代号和螺纹旋合长度代号组成。其中公差带代号（可参阅有关标准）包括中径公差带代号和顶径公差带代号。公差带代号是由表示螺纹公差带等级的阿拉伯数字和表示其位置的拉丁字母所组成，例如 $6H$、$6g$ 等。螺纹公差带代号标注在螺纹代号之后，中间用“－”分开。当螺纹的中径公差带和顶径公差带代号不同时要分别注出，例如：$M10-5g6g$，前者为中径公差带，后者为顶径公差带。如果中径与顶径公差带代号相同，只要注一个代号，例如：$M10 \times 1-6H$。

当内、外螺纹装配在一起时，其公差带代号可用斜线分开，左边表示内螺纹公差带代号，右边表示外螺纹公差带代号。例如：

$M20 \times 2-6H/6g$

$M20 \times 2LH-6H/5g6g$

在一般情况下，不标注螺纹旋合长度，此时螺纹公差带按中等旋合长度考虑。

（2）梯形螺纹

梯形螺纹的螺纹代号是：

螺纹种类代号	公称直径	×	导程（螺距）	旋　向

注写梯形螺纹代号时，应注意：

1）符合 GB5796.1－86 标准的梯形螺纹用“Tr”表示。

2）单线螺纹的尺寸规格用“公称直径 × 螺距”表示；多线螺纹用“公称直径 × 导程（P 螺距）”表示。

3）当螺纹为左旋时，需在尺寸规格之后注“LH”，右旋不注出。

例如：

单线螺纹：$Tr40 \times 7$ 表示公称直径为 40mm，螺距为 7mm 的标准梯形螺纹，单线，右旋。

多线螺纹：$Tr40 \times 14(P7)LH$ 表示公称直径为 40mm，导程为 14mm，螺距为 7mm 的左旋双线标准梯形螺纹。

标准梯形螺纹的标记是由梯形螺纹代号、公差带代号及旋合长度代号组成。

标注螺纹标记时，应注意：

1）梯形螺纹的公差带代号只标注中径公差带（由表示公差等级的数字及公差位置的字母组成），例如 $7H$、$7e$ 等。螺纹公差带代号标注在螺纹代号之后，中间用“－”分开。

2）当旋合长度为中等旋合长度时，不标注旋合长度代号。

螺纹标记示例：内螺纹：$Tr40 \times 7-7H$

外螺纹：$Tr40 \times 7-7e$

锯齿形螺纹代号、标记组成形式与梯形螺纹类同。

（3）管螺纹

常用管螺纹可分为用螺纹密封的管螺纹与非螺纹密封的管螺纹。

1）用螺纹密封的管螺纹标记是：

[螺纹特征代号][尺寸代号] — [旋　向]

螺纹特征代号：

字母 R_C 表示圆锥内螺纹；

字母 R_P 表示圆柱内螺纹；

字母 R 表示圆锥外螺纹。

螺纹尺寸代号是带有外螺纹管子的孔径，单位为英寸；尺寸代号在注写特征代号之后，如 $R_C\frac{1}{2}$ 表示公称直径为$\frac{1}{2}$英寸的圆锥内螺纹。

当螺纹为左旋时，在尺寸代号后加注“LH”。例如：

$$R_C\frac{1}{2}-LH$$

内、外螺纹装配在一起时，内、外螺纹的标记用斜线分开，左边表示内螺纹，右边表示外螺纹。其标记如下：

圆锥内螺纹与圆锥外螺纹的配合　$R_C\frac{1}{2}/R\frac{1}{2}$；

圆柱内螺纹与圆锥外螺纹的配合　$R_P\frac{1}{2}/R\frac{1}{2}$。

2）非螺纹密封的管螺纹标记是：

[螺纹特征代号][尺寸代号][公差等级代号] — [旋　向]

螺纹特征代号用字母 G 表示。

螺纹的尺寸代号是带有外螺纹管子的孔径，单位为英寸。根据公称直径可以查出该螺纹相应的大径、小径和螺距等。

如“G1”表示公称直径为1英寸（带有外螺纹管子的孔径为1英寸）的圆柱管螺纹，经查表可得，螺距为2.309mm，大径为33.250mm，小径为30.293mm。如图6-11所示。

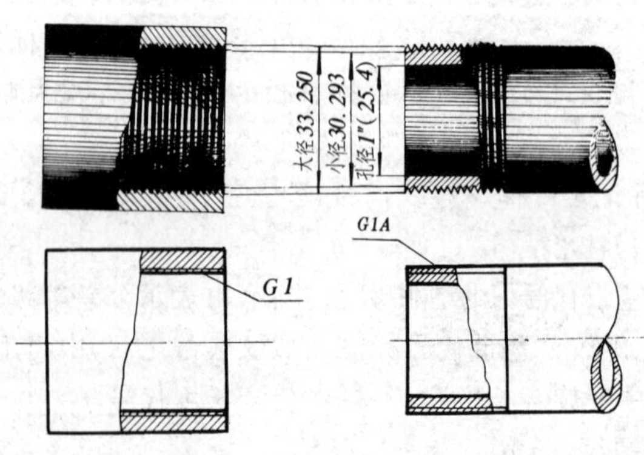

图 6-11　非螺纹密封的管螺纹代号及含义

螺纹公差等级代号：对外螺纹，可分为 A、B 两级标记；对内螺纹，则不标记。

当螺纹为左旋时，在公差等级代号后加注“LH”，例如：$G1A-LH$。

内、外螺纹装配在一起时，内、外螺纹的标记用斜线分开，左边表示内螺纹，右边表示外螺纹。例如：

右旋螺纹　$G1/G1A$；

左旋螺纹　$G1/G1A-LH$

本书附录摘录了普通螺纹、梯形螺纹、用螺纹密封的管螺纹等螺纹标准，供查阅。

表 6-2 为常用标准螺纹标注示例。

表 6-2　常用标准螺纹标注示例

螺纹种类	牙型符号	公称直径	螺距	导程	线数	旋向	标记、代号	标注示例
粗牙普通螺纹	M	24	3		1	右	$M24-6g$ 螺距、旋向省略不注	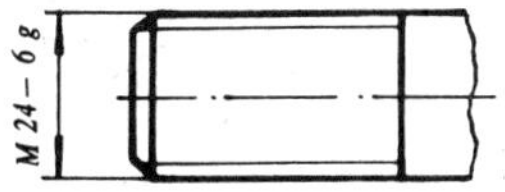 M24－6g
细牙普通螺纹	M	24	2		1	右	$M24\times2-6h$ 旋向省略不注	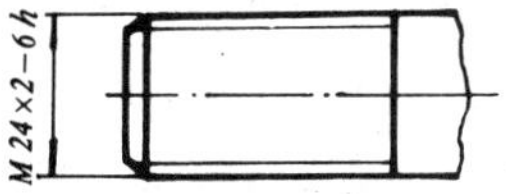 M24×2－6h
梯形螺纹	Tr	20	4	8	2	左	$Tr20\times8(P4)LH-7e$	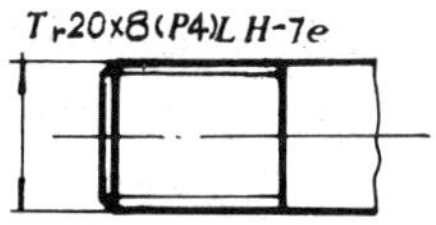 Tr20×8(P4)LH-7e
锯齿形螺纹	B	40	7	14	2	右	$B40\times14(P7)$ 旋向省略不注	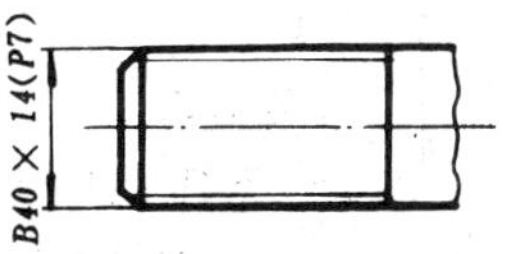 B40×14(P7)
非螺纹密封的管螺纹	G	1				右	$G1A$	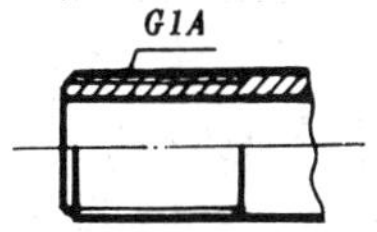 G1A
用螺纹密封的管螺纹	R_C	1/2				右	$R_C\frac{1}{2}$	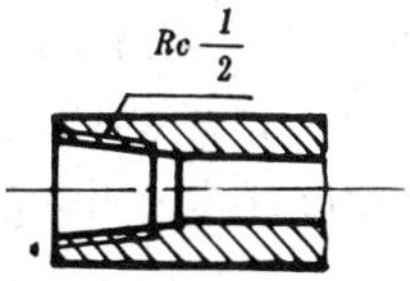 $Rc\frac{1}{2}$

非标准螺纹不能采用以上的代号和标注方法，须画出牙型并注出全部尺寸，如图 6-12 所示。

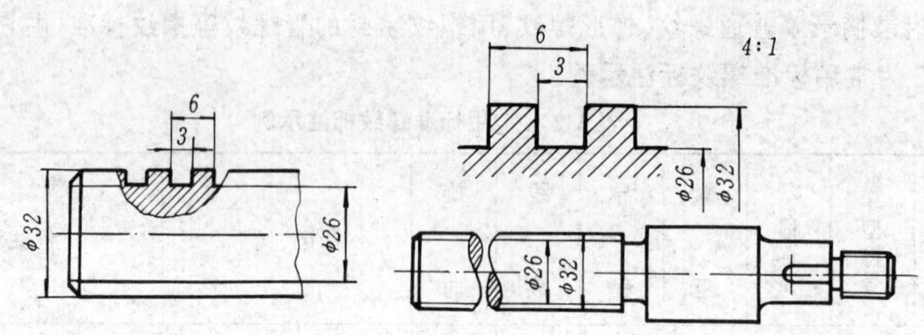

(a) 在视图上画局部剖视　　(b) 另画局部放大图

图 6-12　方牙螺纹（非标准螺纹）的画法及标注

二、螺纹紧固件

常用的螺纹紧固件有螺栓、螺柱、螺钉、螺母和垫圈等，它们种类很多，在结构形状和尺寸方面都已标准化，根据规定标记就可在国家标准中查到有关的形状与尺寸。这些螺纹紧固件一般由专业厂生产，使用时按型式和标准选用，无需画图和单独加工制造。

下面分别介绍螺栓连接、双头螺柱连接和螺钉连接的用途、画法及其标记。

1. 螺栓连接

螺栓连接是由螺栓、螺母和垫圈组成，用于两个不太厚的零件的连接，如图 6-13 所示。

螺栓、螺母、垫圈种类很多，例如可根据其结构要素的形状、大小分类，也可按产品等级分类。产品等级由产品质量和公差大小确定。一般分为 A 级、B 级和 C 级。其中 A 级最精确、C 级不精确。

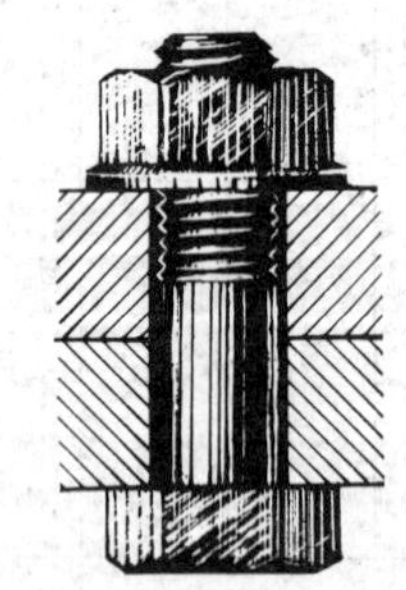

图 6-13　螺栓连接

螺栓种类很多，按螺栓头部形状，可分为六角头螺栓、方头螺栓等；按产品等级可分为 A 级、B 级和 C 级。

螺母种类也很多，按形状分为六角螺母、方头螺母、六角开槽螺母等；按螺母高度分为 1 型、2 型等，1 型螺母公称高度为 $0.84 \sim 0.94D$，2 型螺母公称高度为 $0.94 \sim 1.02D$，公称高度小于 $0.8D$ 的为薄螺母；按产品等级分为 A 级、B 级和 C 级。

垫圈种类有平垫圈、小垫圈、弹簧垫圈等；按产品等级分为 A 级和 C 级，A 级适用精装配系列，C 级用于中等装配系列，不同装配系列表示在公称尺寸 d 相同下 d_1 尺寸不同。平垫圈按型式可分为倒角型和无倒角型。

常用的螺栓、螺母和垫圈的种类及标记见表 6-3。

螺栓、螺母、垫圈及其连接画法：可从有关标准中查得各部分尺寸画出；也可采用近似画法，以螺栓直径 d 为依据，其他各部分尺寸都与 d 成一定比例，由此算出相应尺寸画出。图 6-14 表示螺栓、螺母和垫圈的近似画法中各部分尺寸与螺栓直径 d 的关系。

表 6-3　常用螺栓、螺母和垫圈的种类及其标记

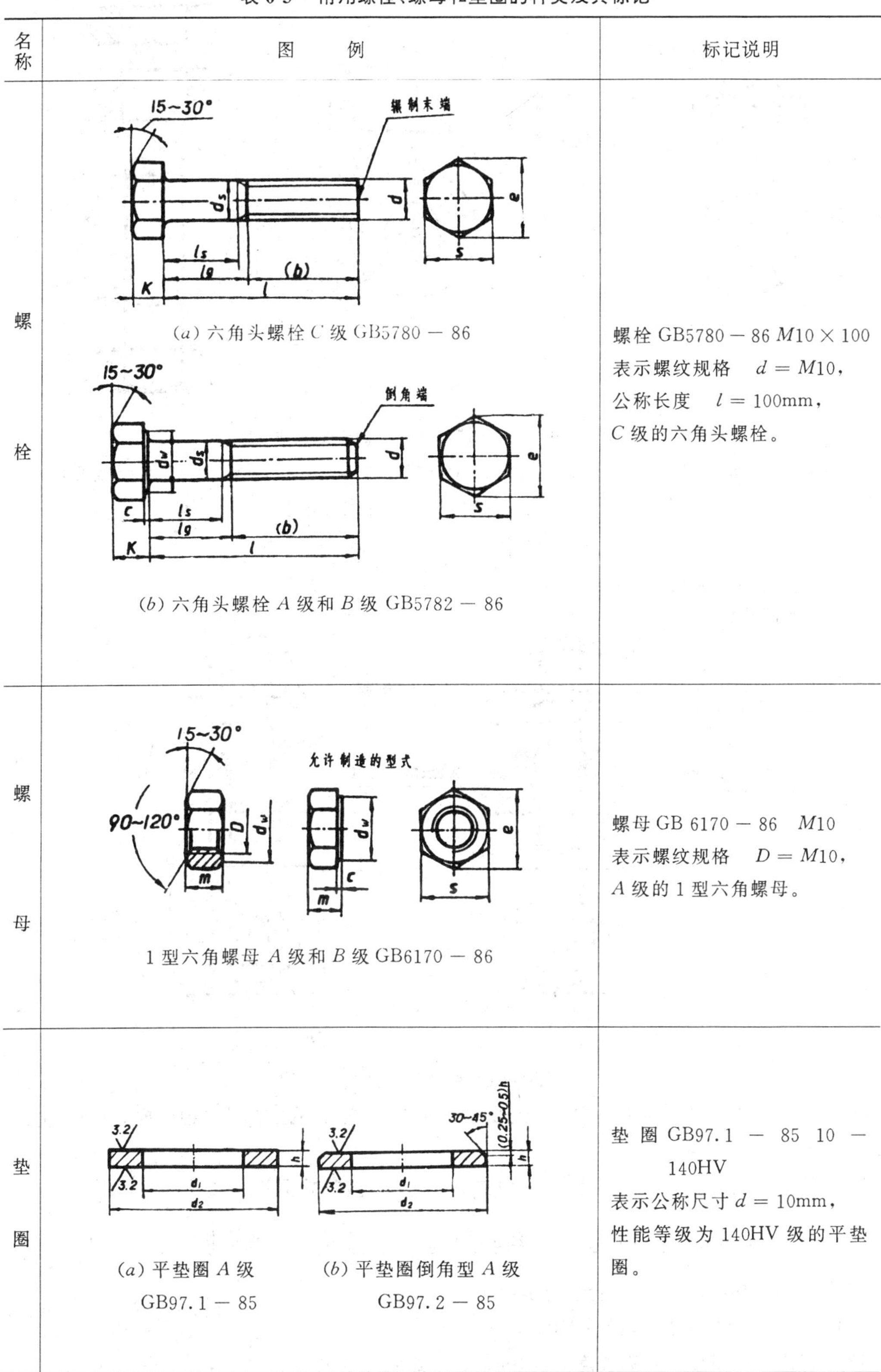

名称	图例	标记说明
螺栓	(*a*) 六角头螺栓 *C* 级 GB5780－86 (*b*) 六角头螺栓 *A* 级和 *B* 级 GB5782－86	螺栓 GB5780－86 *M*10×100 表示螺纹规格　$d=M10$， 公称长度　$l=100$mm， *C* 级的六角头螺栓。
螺母	1 型六角螺母 *A* 级和 *B* 级 GB6170－86	螺母 GB 6170－86　*M*10 表示螺纹规格　$D=M10$， *A* 级的 1 型六角螺母。
垫圈	(*a*) 平垫圈 *A* 级 GB97.1－85 (*b*) 平垫圈倒角型 *A* 级 GB97.2－85	垫圈 GB97.1－85 10－140HV 表示公称尺寸 $d=10$mm， 性能等级为 140HV 级的平垫圈。

注：有关详细尺寸以及其他种类的螺栓、螺母和垫圈，请查阅手册或有关标准。

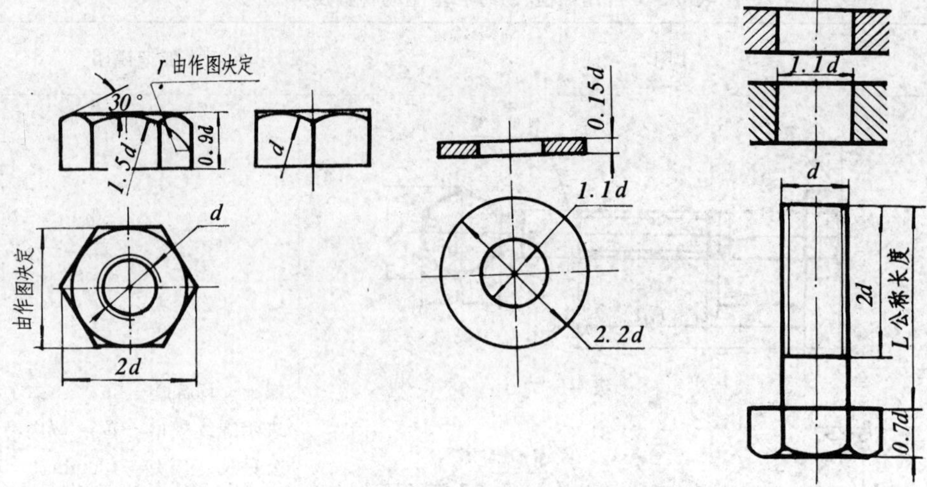

图 6-14 螺栓、螺母和垫圈的近似画法

图 6-15 表示螺栓连接画法，其中图 6-15(*a*) 为近似画法，图中还指出螺栓连接画法中易遗漏及画错之处；图 6-15(*b*) 表示常采用省略画倒角的简化画法。

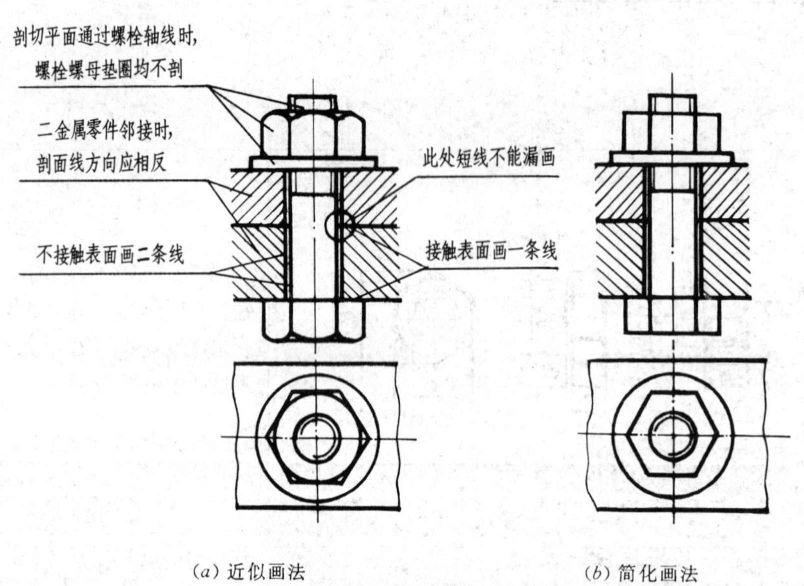

(*a*) 近似画法　　(*b*) 简化画法

图 6-15 螺栓连接画法

无论是近似画法还是简化画法，当剖切平面通过螺栓、螺母、垫圈的轴线时，这些标准件均按不剖画出。

螺纹紧固件的标记由名称、标准号、型式和尺寸等组成。排列顺序如下：

名　称	标准号	型式和尺寸	—	性能等级或材料

螺栓、螺母、垫圈的规定标记分别是：

螺栓　GB5782 — 86 $M12 \times 80$

表示螺纹规格 $d = M12$，公称长度 $l = 80$mm，A 级六角头螺栓。

螺母　GB6170 — 86 $M12$

表示螺纹规格 $D = M12$，A 级的 1 型六角螺母。

垫圈　GB97.2 — 85　12 — 140HV

表示公称直径 $d = 12\text{mm}$，性能等级为 140HV 级、倒角型平垫圈。140HV 表示材料的硬度 HV $\geqslant 140$。

根据标记，可从有关标准中查得某一螺纹紧固件的各种部分尺寸。例如：

螺栓 GB5782 — 86　$M12 \times 80$

根据标准代号 GB5782 — 86 和螺栓的螺纹规格 $M12$，就可查得 $c_{\max} = 0.6\text{mm}$、$d_{w\min} = 16.6\text{mm}$、$e_{\min} = 20.03\text{mm}$、$k = 7.5\text{mm}$、$S_{\max} = 18\text{mm}$。再根据 $M = 12$ 与 $l = 80$ 可计算得夹紧长度 $l_g = l - b = 50\text{mm}$。

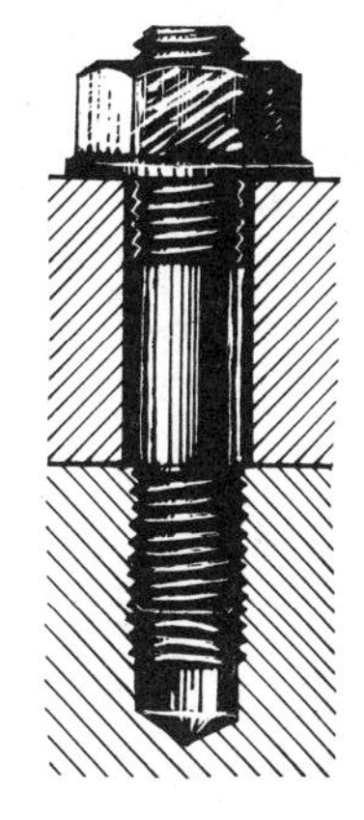

图 6-16　螺柱连接

2. 双头螺柱连接

双头螺柱连接用于被连接零件之一较厚，或因其他原因不宜用螺栓连接的场合，如图 6-16 所示。连接时，将螺柱的旋入端旋入被连接零件之一的螺孔内，另一端则穿过另一被连接零件的通孔，加上垫圈并拧紧螺母即可。

根据结构不同，双头螺柱分为 A 型和 B 型两种型式见表 6-4。

表 6-4　双头螺柱的型式及其标记

图　　例	标记说明
倒角端　A 型　倒角端 x　x　b　b_m　l　d_s　d	螺柱 GB898 — 88 $M10 \times 50$　表示两端均为粗牙普通螺纹，直径 10mm，长 $l = 50\text{mm}$，$b_m = 1.25d$，按 B 型制造的双头螺柱。
辗制末端　B 型　辗制末端 x　x　b　b_m　l　d_s　d	螺柱 GB898 — 88 $AM10 - M10 \times 1 \times 50$ 表示旋入机体一端为粗牙普通螺纹，旋螺母一端为螺距 1mm 的细牙普通螺纹，直径 10mm，长 $l = 50\text{mm}$，$b_m = 1.25d$，按 A 型制造的双头螺柱。

A 型是车制，B 型是辗制。表 6-4 图例中 b_m 为旋入机体一端的长度，长度 b_m 与被旋入零件的材料有关：

$b_m = 1d$（用于钢），见 GB897 — 88；

$b_m = 1.25d$（用于铸铁），见 GB898 — 88；

$b_m = 1.5d$（用于铸铁），见 GB899 — 88；

$b_m = 2d$（用于铝合金），见 GB900 — 88。

螺柱连接画法和螺栓连接画法类似，如图 6-17 所示。画图时还要注意：

1）不论双头螺柱的型式如何，均可按图 6-17 所示型式绘制。

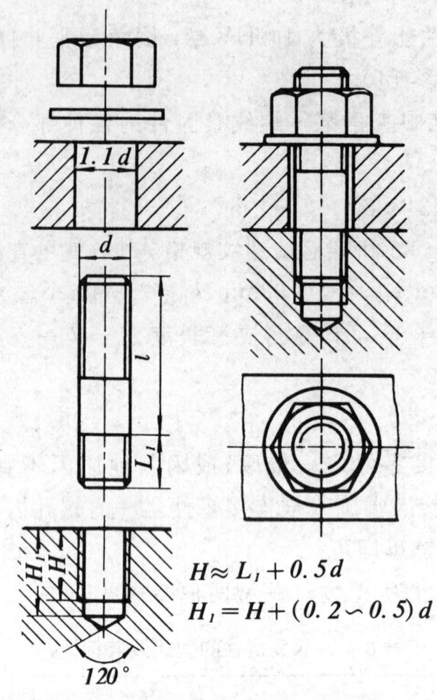

(*a*) 连接前　　　　(*b*) 连接后

图 6-17　双头螺柱连接及其近似画法

2) 螺柱旋入端的螺纹的终止线，应画成与被连接件表面相重合，如图 6-17(*b*) 所示。

螺柱的规定标记为：

螺柱　GB898 − 88　$M10 \times 50$

表示双头螺柱两端的螺纹规格为 $M10$，公称长度 $l = 50$mm、B 型、$b_m = 1.25d = 12.5$mm。

当按 B 型制造时，在型式尺寸代号中“B”字省略不注。

3. 螺钉连接

(1) 螺钉种类

按用途可分为连接螺钉和紧定螺钉。

螺钉连接一般用在螺钉尺寸较小、受力不大或不需经常装拆的连接中，因为螺钉是直接拧紧在零件上，经常装拆会使零件上的螺孔磨损。

常用的连接螺钉有开槽(或十字槽) 圆柱头螺钉、盘头螺钉、沉头螺钉、半沉头螺钉等。

紧定螺钉用来固定两个零件的相对位置，使它们不产生相对运动。如图 6-18 所示开槽锥端紧定螺钉，固定了轮与轴的相对位置，防止轴向相对移动。

常用的紧定螺钉按其末端型式不同有锥端紧定螺钉、平端紧定螺钉、凹端紧定螺钉、长圆柱端紧定螺钉等。

螺钉的规定标记为：

螺钉　GB65 − 85　$M5 \times 30$

表示螺纹规格为 $M5$、公称长度 $l = 30$mm 的开槽圆柱头螺钉。

常用螺钉的种类及其标记见表 6-5。

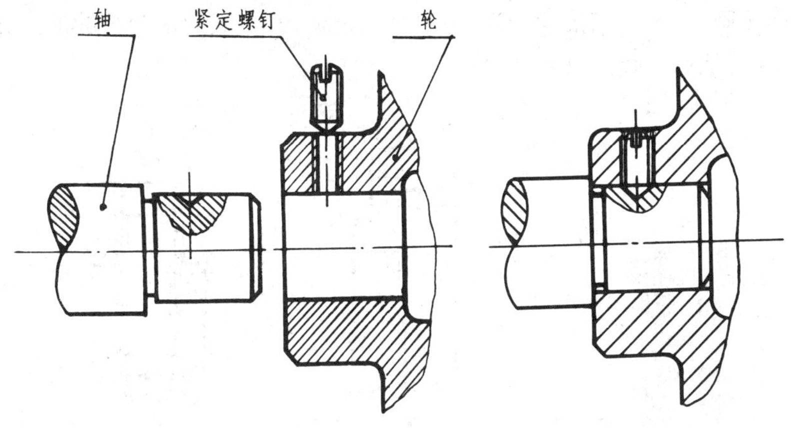

(a) 连接前　　(b) 连接后

图 6-18　锥端紧定螺钉的连接画法

表 6-5　常用的螺钉种类及其标记

种类	图　　例	标记说明
连接螺钉	(a) 开槽圆柱头螺钉 (GB 65 — 85) (c) 开槽沉头螺钉 (GB68 — 85) (b) 开槽盘头螺钉 (GB67 — 85) (d) 开槽半沉头螺钉 (GB69 — 85)	螺钉 GB67 — 85　$M10\times30$ 表示螺纹规格　$d=M10$，公称长度　$l=30$mm 的开槽盘头螺钉。
紧定螺钉	(a)　(b)　(c) (a) 开槽锥端紧定螺钉(GB71 — 85) (b) 开槽平端紧定螺钉(GB73 — 85) (c) 开槽长圆柱端紧定螺钉(GB75 — 85)	螺钉　GB71 — 85　$M10\times30$ 表示螺纹规格　$d=M10$，公称长度　$l=30$mm 开槽锥端紧定螺钉。

注：有关详细尺寸及其他类型螺钉，请参看手册或有关标准。

(2) 螺钉的连接画法

螺钉的连接画法，可采用准确画法，也可采用近似画法。其画法与螺栓的连接画法类似。图 6-18 和图 6-19 为螺钉连接及其近似画法。

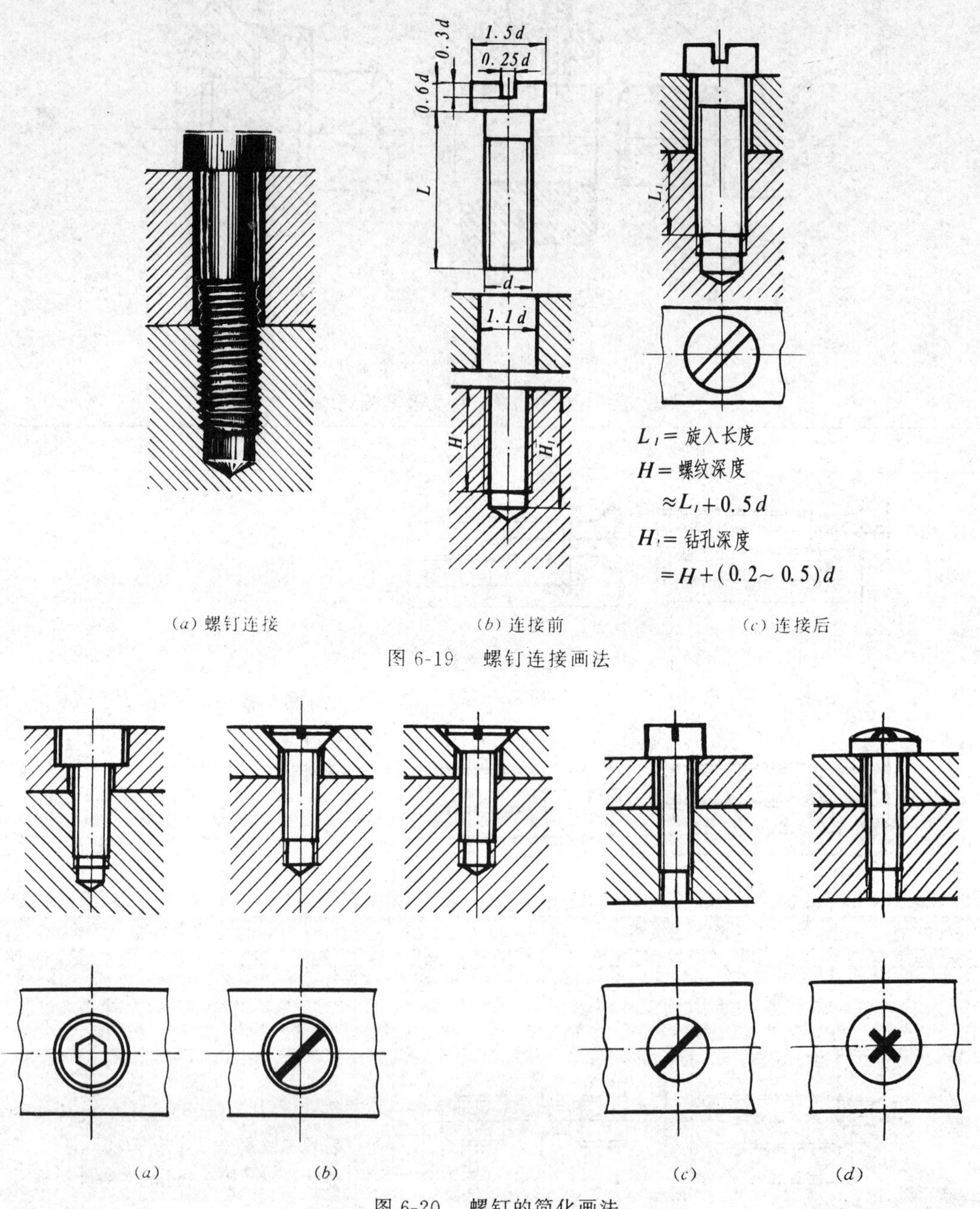

(*a*) 螺钉连接　(*b*) 连接前　(*c*) 连接后

图 6-19　螺钉连接画法

(*a*)　(*b*)　(*c*)　(*d*)

图 6-20　螺钉的简化画法

在装配图中，画不穿通的螺孔时，可将钻孔深度和螺孔深度分别画出，如图 6-20(*a*) 所示；也可以不画出钻孔深度，仅画出螺孔深度，如图 6-20(*b*) 所示；螺钉头部的一字槽在投影为圆的视图中，按规定画成与中心线倾斜成 45° 的位置，如图 6-20(*b*)、(*c*) 所示。当需要采用左视图时，左视图上槽的画法和主视图相同，如图 6-20(*b*) 所示。图 6-20(*d*) 所示为头部开有十字槽的螺钉画法。

第二节 键

键通常用来联结轴和装在轴上的转动零件，起传递扭矩的作用。如图 6-21 所示的齿轮和轴就是用平键联结起来的。当齿（带）轮转动时，通过键就可以带动轴同时旋转；同样，转动的轴也可通过平键带动齿（带）轮旋转。联结时键的一部分嵌入轴的键槽中，而另一部分则套入轮毂的键槽中。

常用的键有：用于松联结的普通平键，用于紧固联结的楔键，用于扭矩力较小且松联结的半圆键等。国家标准《键联结》是 1979 年修订，1990 年确认有效的。

表 6-6 是普通平键和半圆键的型式和标记示例。

表 6-6 键的型式和标记示例

名称	型式	标记示例
普通平键	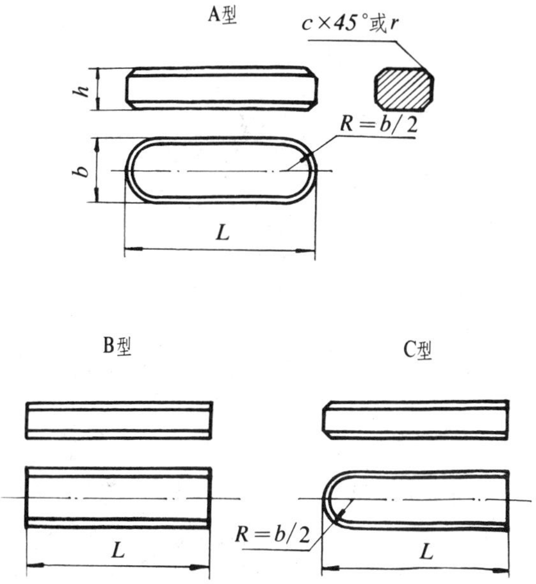 A型 $c\times45^{\circ}$或r h $R=b/2$ b L B型 C型 $R=b/2$ L L	键 $B18\times100$ GB1096－79 表示键宽 $b=18$mm，键长 $L=100$mm，键高 $h=11$mm 的平头（B 型）普通平键。A 型为圆头普通平键，标记“A”字可省略不注。
半圆键	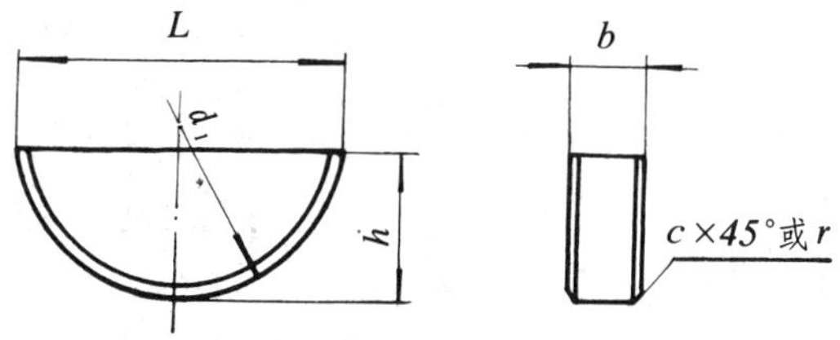 L d_1 h b $c\times45^{\circ}$或r	键 6×25 GB1099－79 表示键宽 $b=6$mm，高 $h=10$mm，直径 $d_1=25$mm 的半圆键。

普通平键的高度 h 和宽度 b，是根据被联结的轴的直径在《键联结》标准中选取，而长度 L

则按轮毂长度，参照标准长度系列确定。键的其余尺寸和与键相配的键槽尺寸均可在“附录”或有关标准中查到。

半圆键及其键槽尺寸，也可根据被联结轴的直径，从“附录”或有关标准中查到。

键在装配图上的画法和螺钉等一般的实心零件相同，如图 6-21 所示。在主视图上，键被纵向剖切，按不剖处理，不画剖面符号；在左视图上被横向剖切，要画上剖面线。

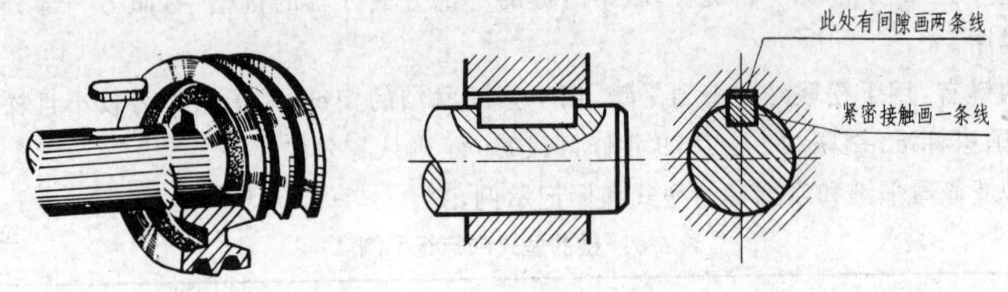

(*a*) 平键联结的画法

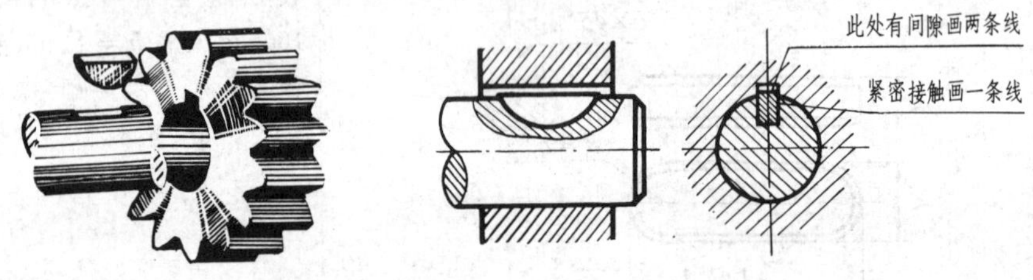

(*b*) 半圆键联结的画法

图 6-21　键的联结及其画法

普通平键和半圆键的工作面是它们的两个侧面，所以键和键槽的两侧面应紧密接触，画图时应将两侧分别画成一条线；而键的顶面与轮毂键槽顶面之间留有间隙，画图时应画成两条线。

视图中，轴的键槽常用局部剖视图来表示，它的尺寸标注方法是根据键槽的实际加工要求来标注的，其尺寸数值可按轴的直径尺寸从标准中查得。表 6-7 表示出轴的各种键槽及轮毂上键槽的不同加工方式和尺寸的标注方法。

表 6-7　键槽的加工方式及尺寸的标注方法

键槽型式	加工方式	尺寸标注方法
A 型平键槽	立铣刀	*A*－*A* *A* *A*

续　表

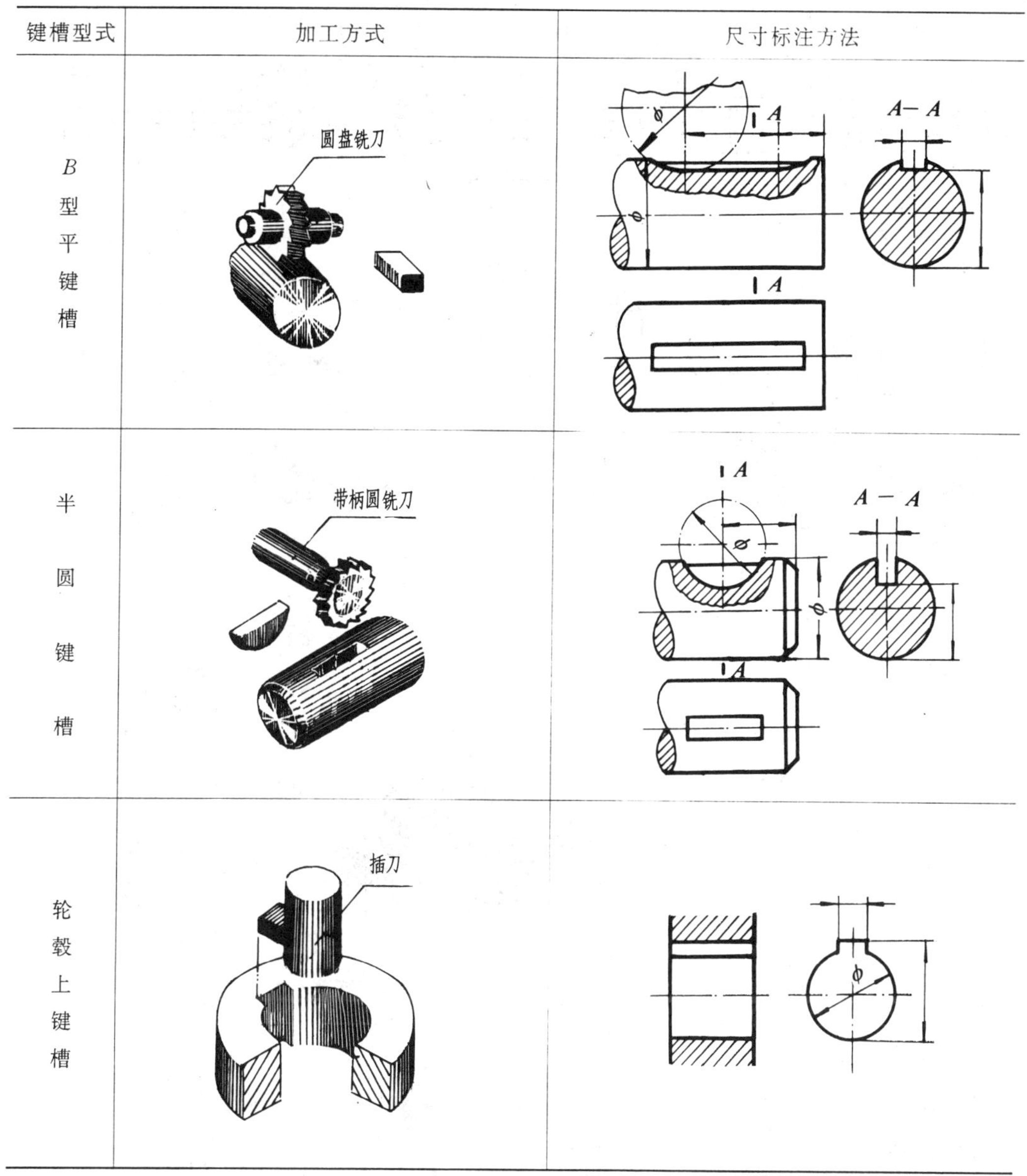

键槽型式	加工方式	尺寸标注方法
B型平键槽		
半圆键槽		
轮毂上键槽		

第三节　销

销也是一种可拆的连接用标准件。通常用于零件间的连接、定位或防松。常用的销有圆锥销、圆柱销和开口销，如图 6-22 所示。

圆锥销、圆柱销常用来连接或定位。开口销是由断面为半圆形的金属丝弯成，常与带孔螺栓和槽形螺母一起使用，它可防止螺母松脱。图 6-23 所示为各种销及其连接画法。

按不同的配合圆柱销有 A 型($dm6$)、B 型($dh8$)、C 型($dh11$) 和 D 型($du8$) 等四种；圆锥销分 A 型(磨削) 和 B 型(车削) 两种(见附录)。

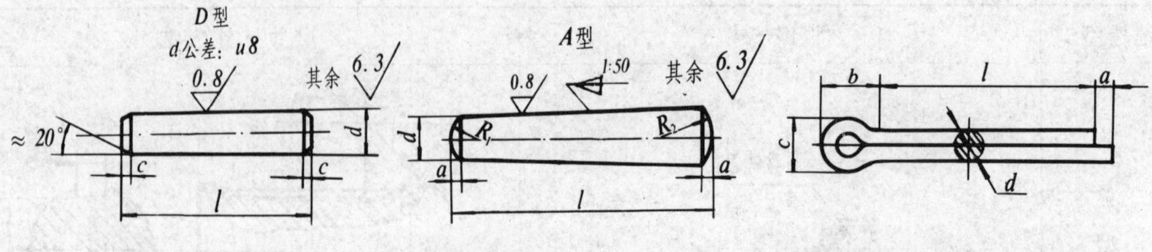

(a) 圆柱销(GB119 — 86)　(b) 圆锥销(GB117 — 86)　(c) 开口销(GB91 — 86)

图 6-22　各种销的型式

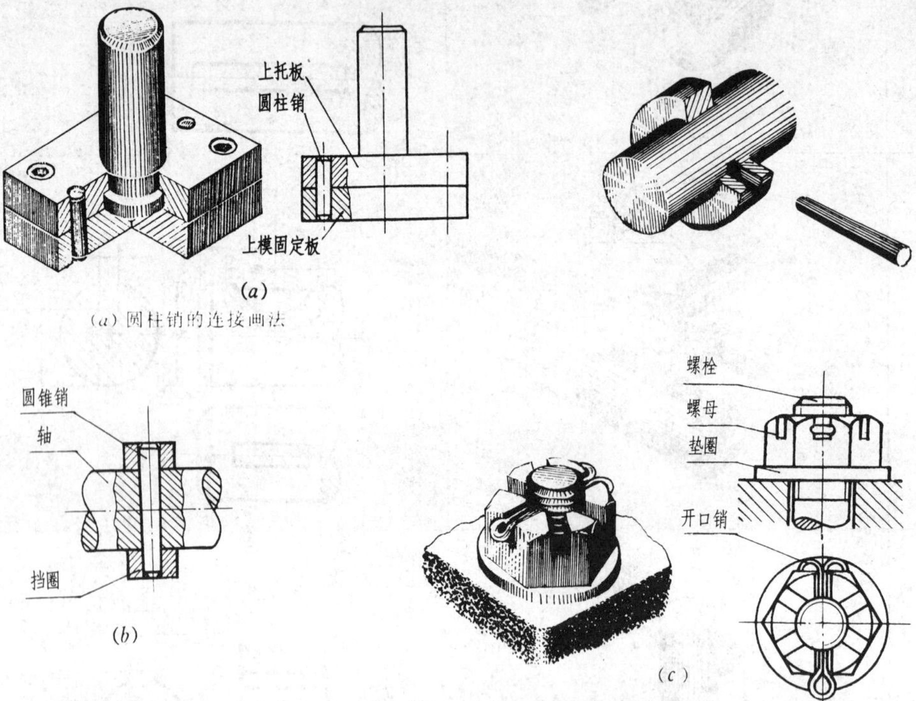

(a) 圆柱销的连接画法

(b) 圆锥销的连接画法

(c) 开口销的连接画法

图 6-23　各种销的连接及其画法

销的标记示例：

销 GB119 — 86　$A10 \times 60$

表示公称直径 $d = 10$mm、长度 $l = 60$mm、热处理硬度 HRC28 ～ 38、表面氧化处理的 A 型圆柱销。

销 GB91 — 86　5×50

表示公称直径 $d = 5$mm、长度 $l = 50$mm 的开口销。

各种销的型式、尺寸可从有关国家标准中查得。圆柱销、圆锥销的型式和尺寸，也可从附录中查到。

在圆锥销、圆柱销的连接画法中，当剖切平面通过销的轴线时，销作不剖处理，如

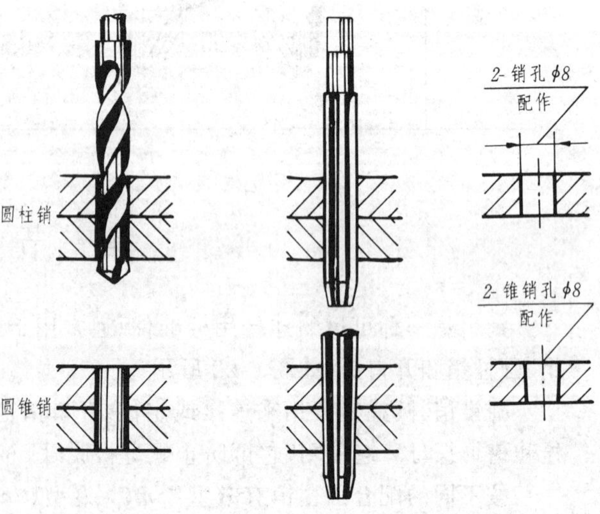

图 6-24　销孔的加工及尺寸标注

图 6-23 所示。

用销来连接或定位零件时，被连接或被定位的两零件的销孔必须同时加工，这样才能容易对准位置，这一点应当在这两个零件的零件图上注明，如图 6-24 所示。

第四节 齿 轮

齿轮是一种使用广泛的传动件，它不但可用来传递动力，而且可用来改变转速和旋转方向。

常用齿轮种类有三种：

圆柱齿轮 用于两平行轴间的传动，如图 6-25(*a*) 所示。

锥齿轮 用于两相交轴间的传动，如图 6-25(*b*) 所示。

蜗杆蜗轮 用于两交叉轴间的传动，如图 6-25(*c*) 所示。

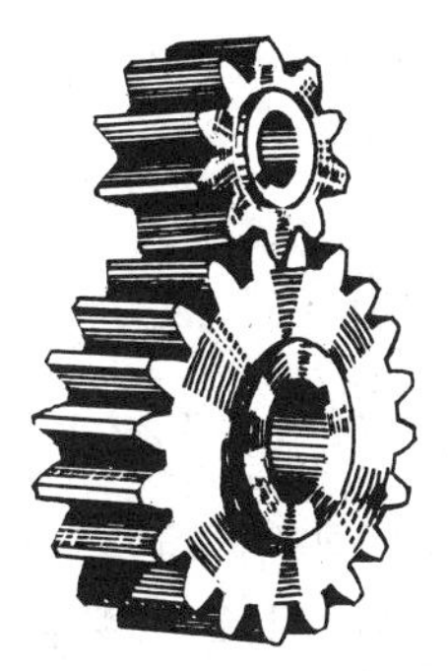

(*a*) 圆柱齿轮

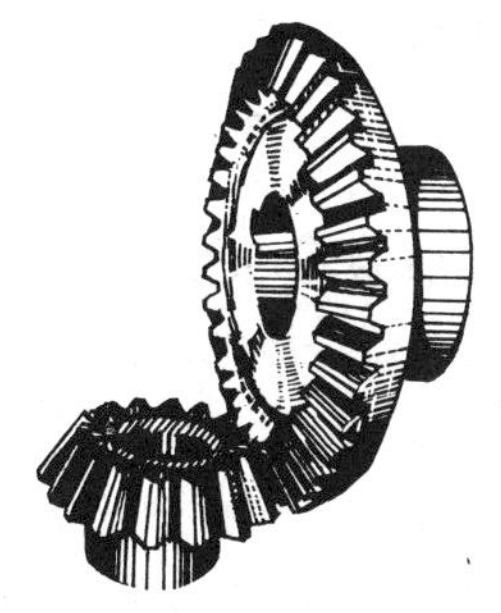

(*b*) 锥齿轮

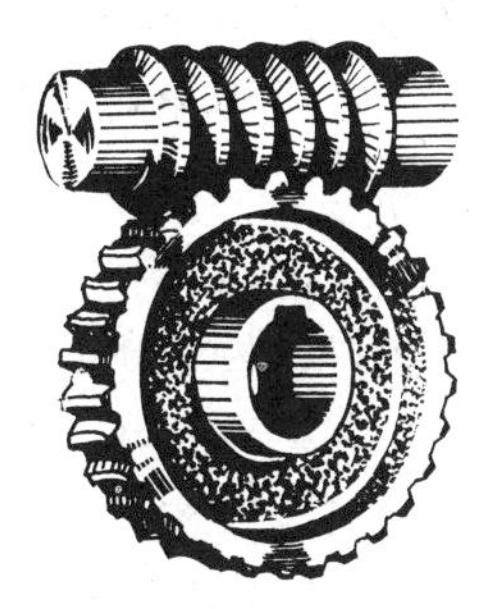

(*c*) 蜗杆蜗轮

图 6-25 常用的几种齿轮

一、圆柱齿轮

圆柱齿轮由于轮齿与齿轮轴线方向不同，可分为直齿轮、斜齿轮和人字齿轮三种，如图 6-26 所示。常用的是直齿圆柱齿轮。

(*a*) 直齿圆柱齿轮

(*b*) 斜齿圆柱齿轮

(*c*) 人字齿圆柱齿轮

图 6-26 圆柱齿轮

1. 直齿圆柱齿轮各几何要素的名称、代号和尺寸计算(图 6-27)

齿顶圆直径 d_a—— 过齿顶面所作的圆的直径。

齿根圆直径 d_f—— 过齿根所作的圆的直径。

节圆直径 d'—— 两啮合齿轮的中心分别为 O_1、O_2，两齿轮齿廓上的啮合点是连心线 O_1O_2 上的 P 点（叫作节点）。分别以 O_1、O_2 为圆心，O_1P、O_2P 为半径作圆。齿轮传动可以假想是这两个圆在作纯滚动，这两个圆称为齿轮的节圆，其直径用 d' 表示。

分度圆直径 d—— 齿轮上的一个约定的圆柱面，齿轮的轮齿尺寸以此圆柱面为基准而加以确定，该圆柱面与端平面（垂直齿轮轴的平面）的交线为分度圆，其直径用 d 表示。对于标准齿轮来说，节圆等于分度圆。

齿高 h—— 齿顶面到齿根部的径向距离。

齿顶高 h_a—— 齿顶面到分度圆的径向距离。

齿根高 h_f—— 分度圆到齿根部的径向距离。

齿距 p—— 分度圆上相邻两齿对应点间的弧长。两啮合齿轮的齿距应相等。

齿厚 s—— 每个轮齿在分度圆周上的弧长。对于标准齿轮，齿厚为齿距的二分之一。

槽宽 e—— 两齿相邻两侧面在分度圆周上的弧长。

齿宽 b—— 轮齿沿轴向的长度。

齿形角 α—— 又称压力角。从图 6-27 中可以看出，齿形角 α 是力的方向和运动方向之间的夹角。在我国标准齿轮中，齿形角规定为 20°。

齿数 z—— 一个齿轮的轮齿总数。

模数 m—— 齿距除以圆周率 π 所得的商，即 $m = p/\pi$。

从图 8-27 中可以看出，齿距和分度圆的关系是 $\pi d = zp, d = (p/\pi)z$，故：

$$d = mz$$

模数是计算齿轮各几何要素的一个基本参数。一对啮合齿轮的模数必须相等，这是一对齿轮能够啮合的基本条件。在制造齿轮时，根据模数的具体数值来选择不同的刀具。模数体现出轮齿大小和强度，模数越大，齿轮各部分尺寸也随之增大，于是轮齿能承受的力也越大。

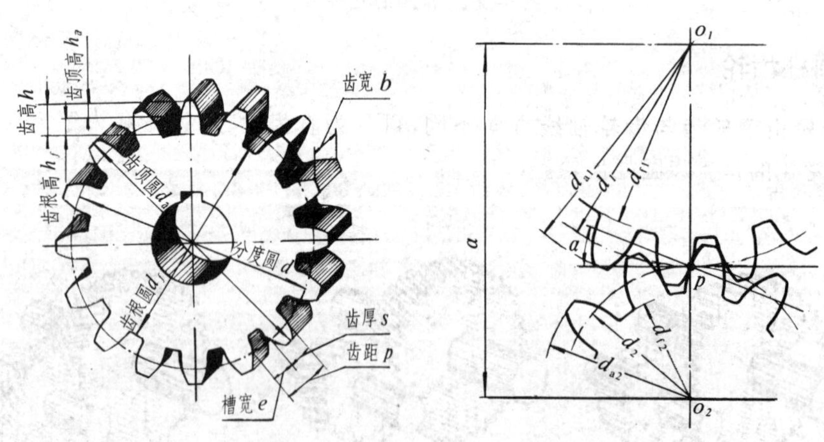

图 6-27 圆柱齿轮各几何要素名称和代号

模数的单位是毫米，其数值主要由受力大小、所用材料等因素在设计时决定。为了设计和制造齿轮的方便，模数数值已标准化。表 6-8 为国家标准规定的圆柱齿轮模数。设计和制造齿轮时，都应采用标准模数。

表 6-8　圆柱齿轮模数(GB1357 — 87)

第一系列	0.1,0.12,0.15,0.2,0.25,0.3,0.4,0.5,0.6,0.8,1,1.25,1.5,2,2.5,3,4,5,6,8,10,12,16,20,25,32,40,50
第二系列	0.35,0.7,0.9,1.75,2.25,2.75,(3.25),3.5,(3.75),4.5,5.5,(6.5)7,9,(11),14,18,22,28,36,45

注:本表适用于渐开线圆柱齿轮,对斜齿轮是指法面模数,选取时要求采用第一系列,括号内的模数值尽可能不用。

计算齿轮各几何要素的基本参数是模数 m 和齿数 z,其计算公式见表 6-9。

表 6-9　直齿圆柱齿轮各几何要素尺寸计算公式

名　　称	计算公式	举例(已知 $m=10, z=25$)
分度圆直径	$d=m\cdot z$	$d=10\times 25=250\text{mm}$
齿顶高	$h_a=m$	$h_a=10\text{mm}$
齿根高	$h_f=1.25m$	$h_f=1.25\times 10=12.5\text{mm}$
齿顶圆直径	$d_a=d+2h_a=mz+2m=m(z+2)$	$d_a=10(25+2)=270\text{mm}$
齿根圆直径	$d_f=d-2h_f=mz-2.5m=m(z-2.5)$	$d_f=10(25-2.5)=225\text{mm}$
齿　　厚	$s=\frac{p}{2}=\frac{\pi m}{2}$	$s=\frac{10\pi}{2}=15.70\text{mm}$
中 心 距	$a=\frac{d_1+d_2}{2}$	由已知一对齿轮的分度圆直径可计算出

2. 圆柱齿轮的规定画法

在生产中,齿轮轮齿通常采用专用刀具或在专用机床上加工,所以像螺纹一样,制图时一般不需要画出其真实投影。国家标准《齿轮画法》(GB4459.2 — 84) 规定了齿轮的画法。

单个齿轮的规定画法如图 6-28 所示。

1) 齿顶圆和齿顶线用粗实线表示。

2) 分度圆(或节圆) 和分度线(或节线) 用点画线表示。

3) 齿根圆和齿根线用细实线表示,如图 6-28(*a*) 所示;也可省略不画,如图 6-28(*b*) 所示。

如果在齿轮的非圆视图上作剖视,轮齿规定按不剖绘制,如图 6-28(*c*) 所示。

对于斜齿圆柱齿轮和人字齿轮,可将非圆视图画成半剖视或局部剖视,在表示外形的部分画出三根与轮齿方向平行的细实线,用来表示轮齿的方向,如图 6-28(*d*) 所示。

两个啮合直齿圆柱齿轮的规定画法如图 6-29 所示。

(1) 外形视图画法

两啮合直齿圆柱齿轮,在投影为圆的视图上,节圆应相切;齿顶圆在啮合区内或用粗实线画出,如图 6-29(*a*) 所示,或省略不画,如图 6-29(*b*) 所示。在投影为非圆的视图上,啮合区内的齿顶线、齿根线不必画出,而节线则用粗实线绘制,如图 6-29(*b*) 所示。

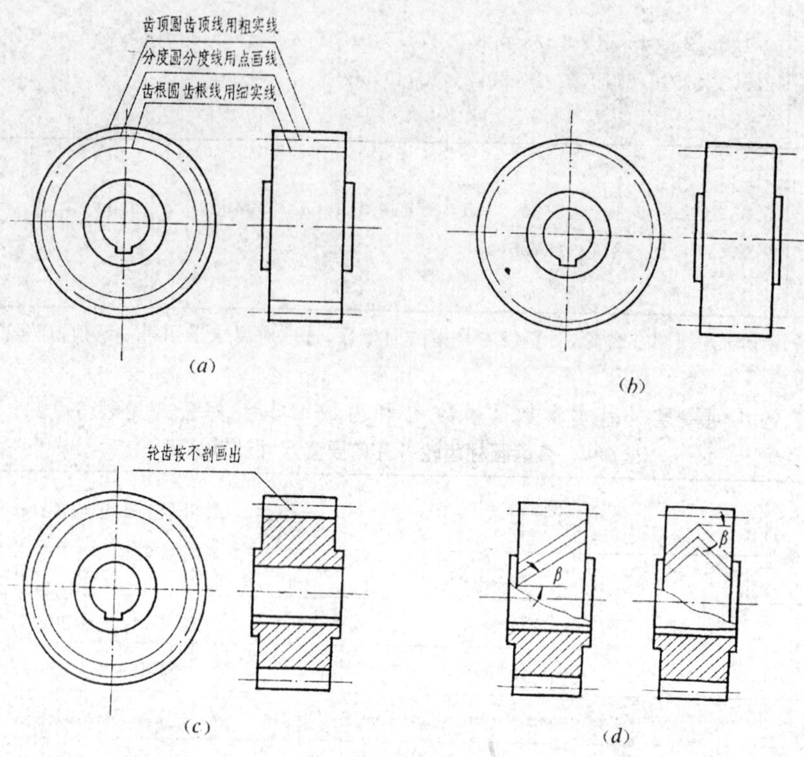

图 6-28　单个圆柱齿轮的画法

(2) 剖视图画法

在投影为非圆的视图上，如果采用剖视，则在啮合区内：

两节线由于重合，故只画一根点画线；

齿根线画成粗实线；

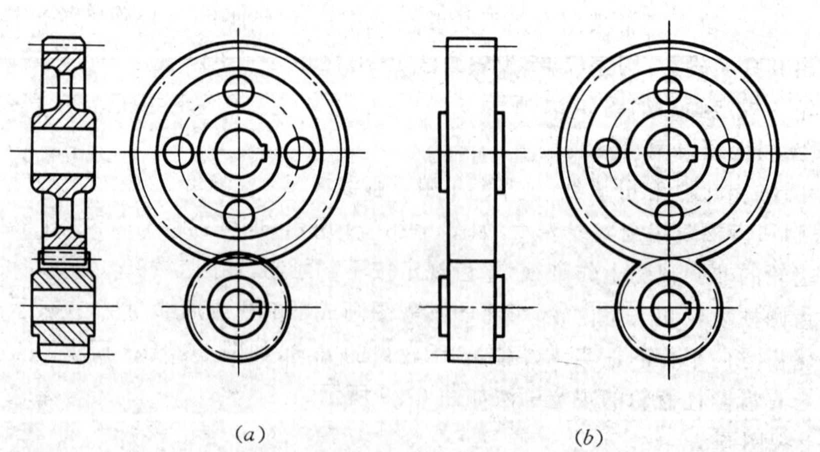

图 6-29　圆柱齿轮的啮合画法之一

一个齿轮轮齿的齿顶线用粗实线绘制，另一个齿轮的轮齿被遮挡住，齿顶线用虚线画出，如图 6-29(*a*) 所示，也可省略虚线，如图 6-30 所示。

齿轮和其他零件一样，除用视图表达形状外，还需根据生产要求，完整、合理地注出尺寸。轮齿部分的尺寸注法见图 6-31。圆柱齿轮必须注出齿顶圆直径、分度圆直径及齿宽。在零件图的右上角，还须列出参数表，注写模数、齿数、精度等。参数表中列出的参数项目可根据需要增减；检验项目视具体情况而定。图 6-31 是圆柱齿轮(直齿)零件图格式(图中“$\checkmark$”为表面粗糙度符号)。

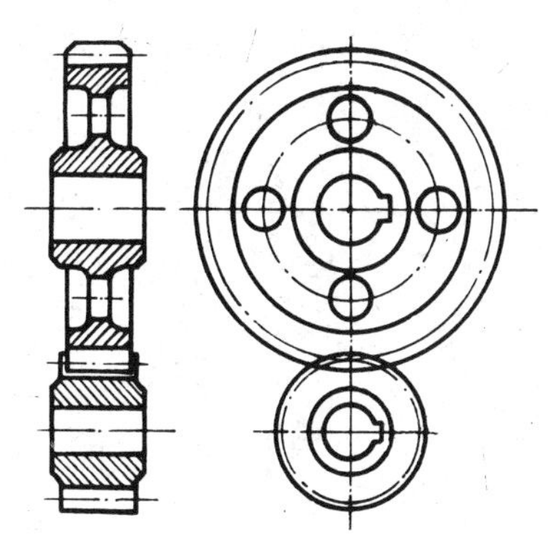

图 6-30 圆柱齿轮的啮合画法之二

二、锥齿轮与蜗杆蜗轮简介

1. 锥齿轮

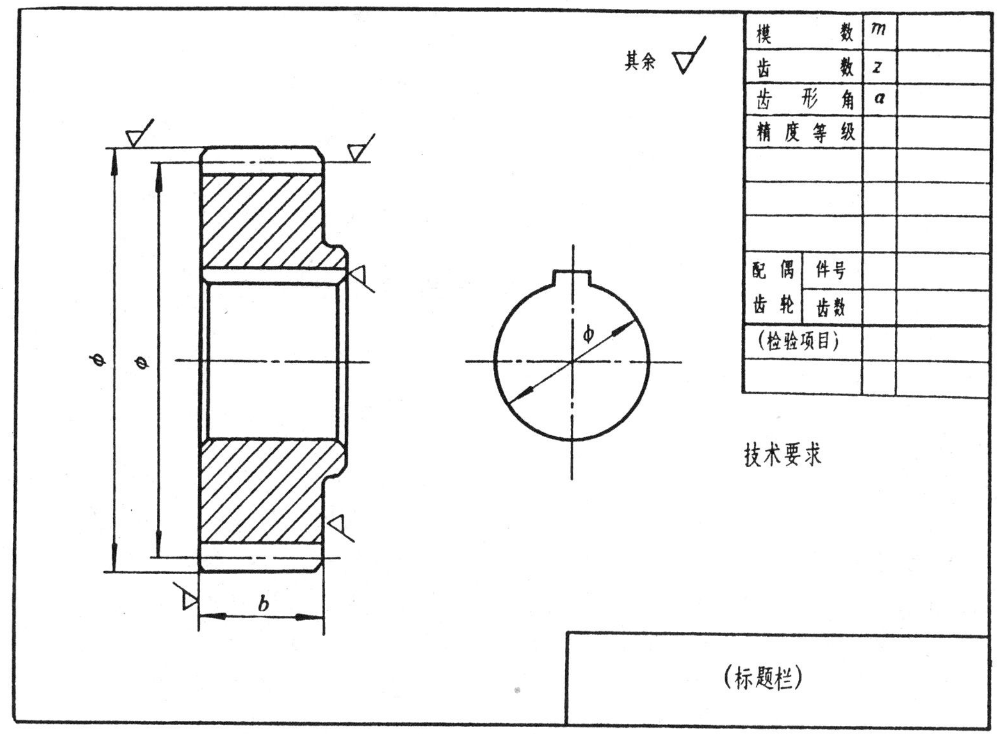

图 6-31 直齿圆柱齿轮零件图格式

锥齿轮用于相交两轴的传动，通常两轴相交成直角。锥齿轮也有直齿、斜齿之分，常用的是直齿锥齿轮。由于它的轮齿做在圆锥面上，因而一端大一端小，两端的齿厚也就不同。模数也随着齿厚的变化而变化，国家标准规定以大端模数作为标准模数。一对啮合的锥齿轮，其模数也必须相同。

单个直齿锥齿轮的规定画法基本上与圆柱齿轮相同，主视图常画成剖视图，左视图上只要用粗实线画出齿大端和小端的齿顶圆，用点画线画出大端分度圆，而齿根圆不必画出，如图 6-32 所示。

两锥齿轮的啮合画法如图 6-33 所示。主视图画成全剖视，左视图画成外形视图。啮合部分与圆柱齿轮画法相同。

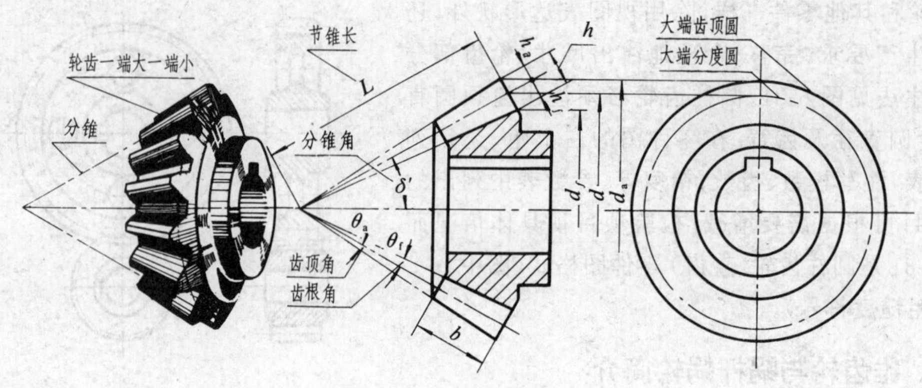

图 6-32　直齿锥齿轮各几何要素名称和代号

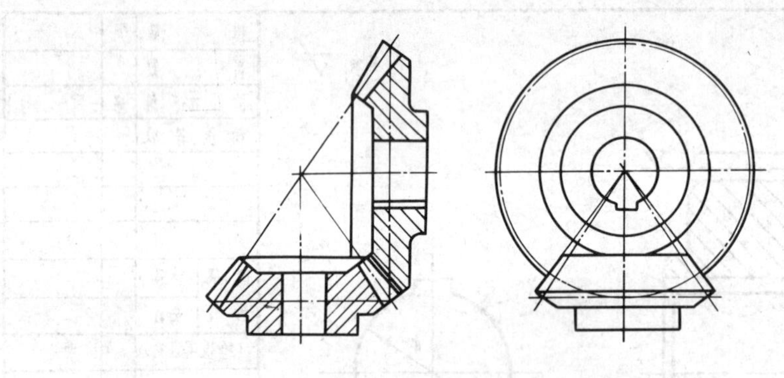
图 6-33　锥齿轮啮合画法

2. 蜗杆与蜗轮

蜗杆与蜗轮用于垂直交叉两轴之间的传动，通常蜗杆是主动的，蜗轮是从动的。蜗杆的外形与梯形螺纹相似，有单头和多头（相当于螺杆上的线数）、左旋和右旋之分。蜗轮则与斜齿轮相似。蜗杆常用单头或双头，在传动时，蜗杆旋转一圈，蜗轮只转过一个齿或两个齿，因此可得到大的传动比。蜗杆和蜗轮的轮齿是螺旋形的，蜗轮的齿顶面和齿根面常制成圆环面。啮合的蜗杆和蜗轮的模数相同，且蜗轮的螺旋角和蜗杆的螺旋线升角大小相等。

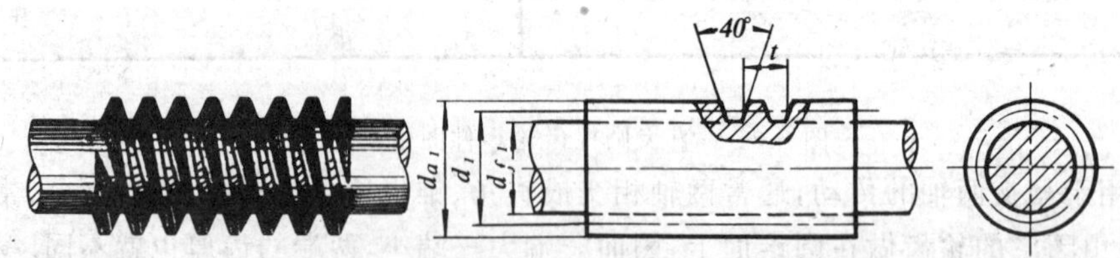

图 6-34　蜗杆各部分几何要素代号和规定画法

蜗杆、蜗轮各部分几何要素的代号和规定画法，分别如图 6-34、图 6-35 所示。其画法和圆柱齿轮规定画法基本相同；但要注意，蜗轮在端视图中齿顶圆和齿根圆可省略不画，即只需画出外圆和分度圆，如图 6-35 所示。当蜗杆要表明齿形时可画出几个齿的齿形，如图 6-34 所示；或用局部放大图。

蜗轮与蜗杆啮合时，其外形视图规定画法如图 6-36(a) 所示，剖视图规定画法如图 6-36(b) 所示。

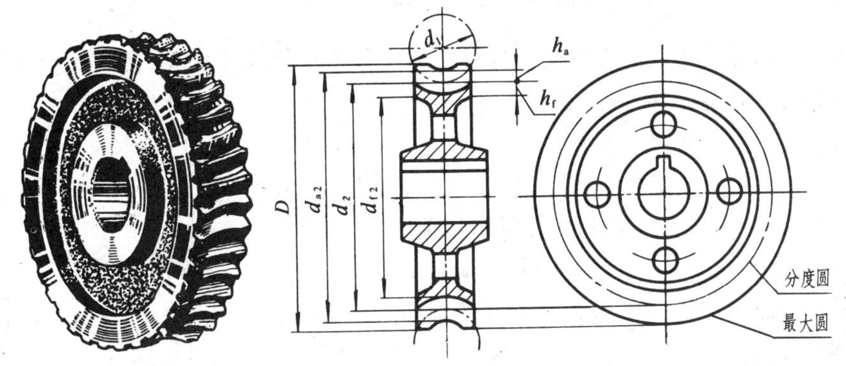

图 6-35　蜗轮各部分几何要素代号和规定画法

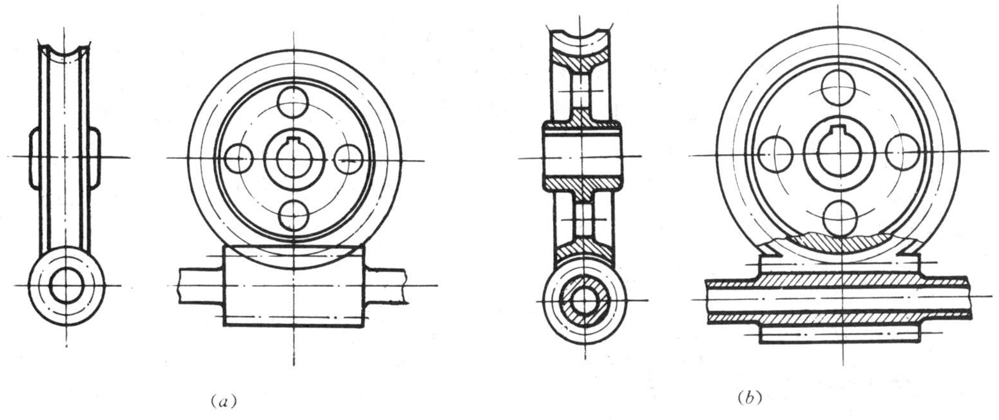

图 6-36　蜗杆蜗轮啮合画法

第五节　弹　簧

弹簧的用途很广，主要用于减震、夹紧、测力和储存能量等，特点是在外力去掉后能恢复原来的状态。常用的是螺旋弹簧，它分为压缩弹簧、拉伸弹簧和扭转弹簧，如图 6-37 所示。

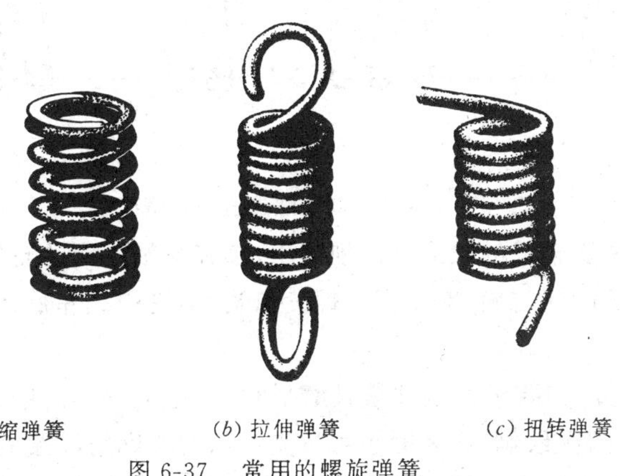

(a) 压缩弹簧　(b) 拉伸弹簧　(c) 扭转弹簧

图 6-37　常用的螺旋弹簧

一、螺旋弹簧各部分名称及其尺寸计算

现在以压缩弹簧为例，介绍螺旋弹簧的各部分名称及其尺寸计算，如图 6-38 所示。

材料直径 d—— 制造弹簧的钢丝直径。

弹簧外径 D_2—— 弹簧外圈直径。

弹簧内径 D_1—— 弹簧内圈直径。$D_1 = D_2 - 2d$

弹簧中径 D—— 弹簧外径和内径的平均值。

$$D = (D_1 + D_2)/2 = D_1 + d = D_2 - d$$

节距 t—— 两相邻有效圈截面中心线的轴向距离。

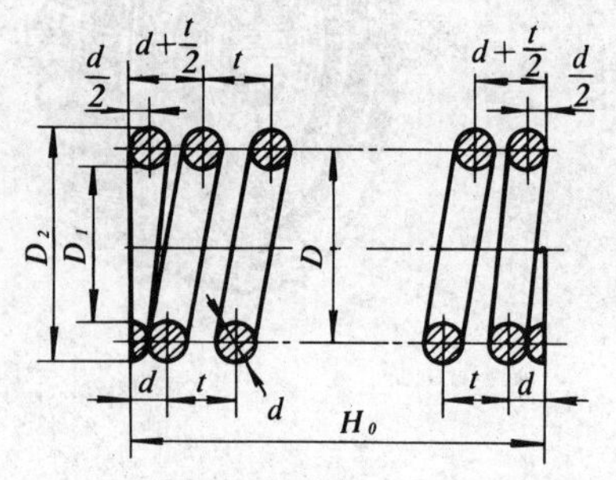

图 6-38　螺旋弹簧各部分名称

有效圈数 n，支承圈数 n_2 和总圈数 n_1—— 为了使压缩弹簧工作时受力均匀，不致弯曲，在制造时两端节距要逐渐缩小，并将端面磨平，它不起弹张作用，这部分叫支承圈。两端磨平长度一般为圆周的四分之三，因此支承圈通常取 1.5，2 或 2.5 圈。而其余各圈都起弹张作用，并保持相等的节距，这些圈数叫做有效圈数 n。支承圈数 n_2 和有效圈数 n 之和称为总圈数 n_1，即 $n_1 = n + n_2$。

自由高度(长度)H_0—— 弹簧无负荷时的高度(长度)，$H_0 = nt + (n_2 - 0.5)d$。

工作高度(长度)H_1、H_2……—— 弹簧承受工作负荷时的高度(长度)，见图 6-41。

展开长度L—— 弹簧钢丝坯料长度

$$L \approx n_1 \sqrt{(\pi D)^2 + t^2}$$

旋向 —— 弹簧绕线方向，分左、右旋两种，没有专门规定时制成右旋。

二、螺旋弹簧的规定画法

国家标准《弹簧画法》(GB4459.4 — 84) 规定了弹簧的画法。

1. 弹簧的视图和剖视图画法

图 6-39 是螺旋压缩弹簧视图和剖视图的画法。

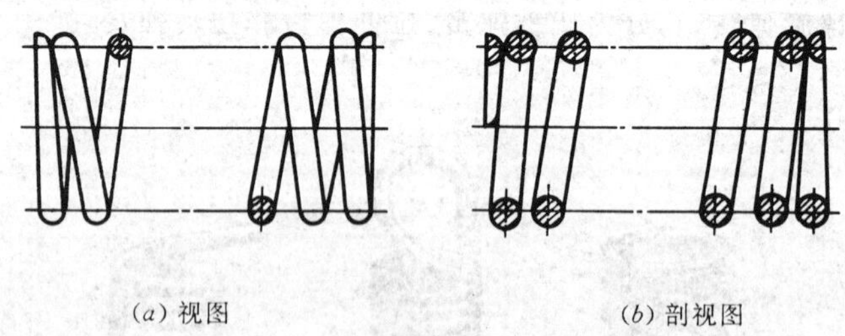

(a) 视图　　(b) 剖视图

图 6-39　圆柱螺旋压缩弹簧画法

1) 在平行螺旋弹簧轴线的投影面的视图中，螺旋弹簧各圈的轮廓线应画成直线。

2) 螺旋弹簧均可画成右旋，对于左旋螺旋弹簧，不论画成左旋还是右旋，一律要注出旋向“左”字。

3) 螺旋压缩弹簧，如要求两端并紧且磨平时，不论支承圈的圈数多少和末端贴紧情况如何，均按图 6-39 所示情况绘制，必要时也可按支承圈的实际情况绘制。

4) 有效圈数在 4 圈以上的螺旋弹簧，其中间部分可省略不画。省略后，允许适当缩短图形

的长度。

2. 装配图中弹簧的画法

1) 在装配图中,被弹簧挡住的结构一般不画出,可见部分应从弹簧的外轮廓线或从弹簧型材断面的中心线画起,如图 6-40(*a*) 所示。

2) 型材直径在图形上等于或小于 2mm 的螺旋弹簧,允许用示意图绘制,图 6-40(*b*) 所示;当弹簧被剖切时,断面直径在图形上等于或小于 2mm,也可用涂黑表示,图 6-40(*c*) 所示。

3) 被剖切弹簧的直径在图形上等于或小于 2mm,并且弹簧内部还有零件,为了便于表达,可按图 6-40(*d*) 的示意形式绘制。

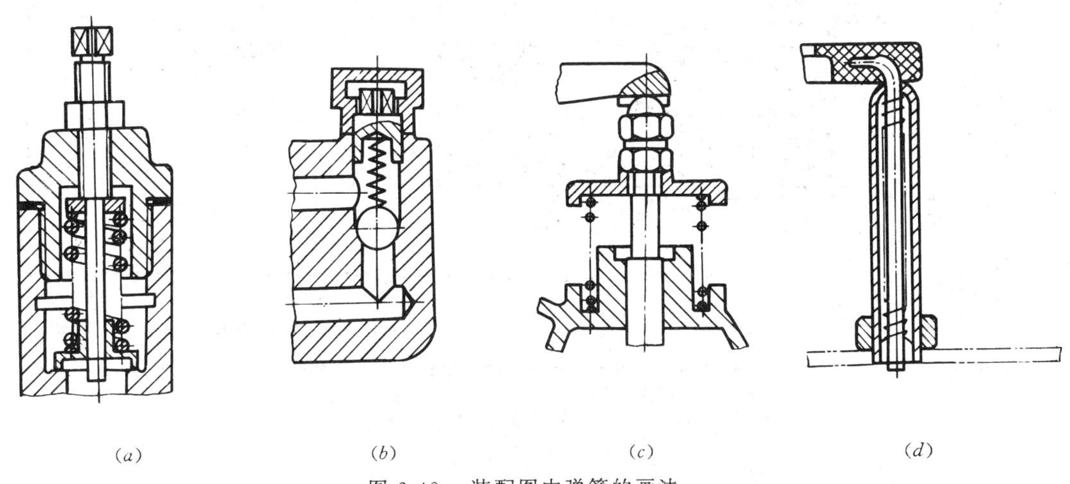

图 6-40 装配图中弹簧的画法

3. 螺旋弹簧图样格式示例

图 6-41 是螺旋压缩弹簧零件图格式。绘制螺旋压缩弹簧零件图时,要求:

1) 弹簧的参数应直接标注在图形上,当直接标注有困难时,可在"技术要求"中说明。

2) 一般用图解方式表示弹簧的机械性能,圆柱螺旋压缩弹簧的机械性能曲线均画成直线(用粗直线绘制),标注在主视图上方。

三、螺旋弹簧的标记

弹簧的标记由名称、型式、尺寸、标准号等组成,规定如下:

弹簧代号	型式代号	尺寸(mm)	精度代号	旋向代号	标准号

圆柱螺旋压缩弹簧代号为 Y;

圆柱螺旋压缩弹簧型式代号为"A"或"B"。A 型为两端圈并紧磨平型,B 型为两端圈并紧锻平型;

尺寸应注出:$d \times D \times H_0$;

精度代号:2 级精度制造应注明"2",3 级不表示;

旋向代号:左旋应注明为左,右旋不表示;

标准号:圆柱螺旋压缩弹簧标准号为 GB/T2089。

标记示例

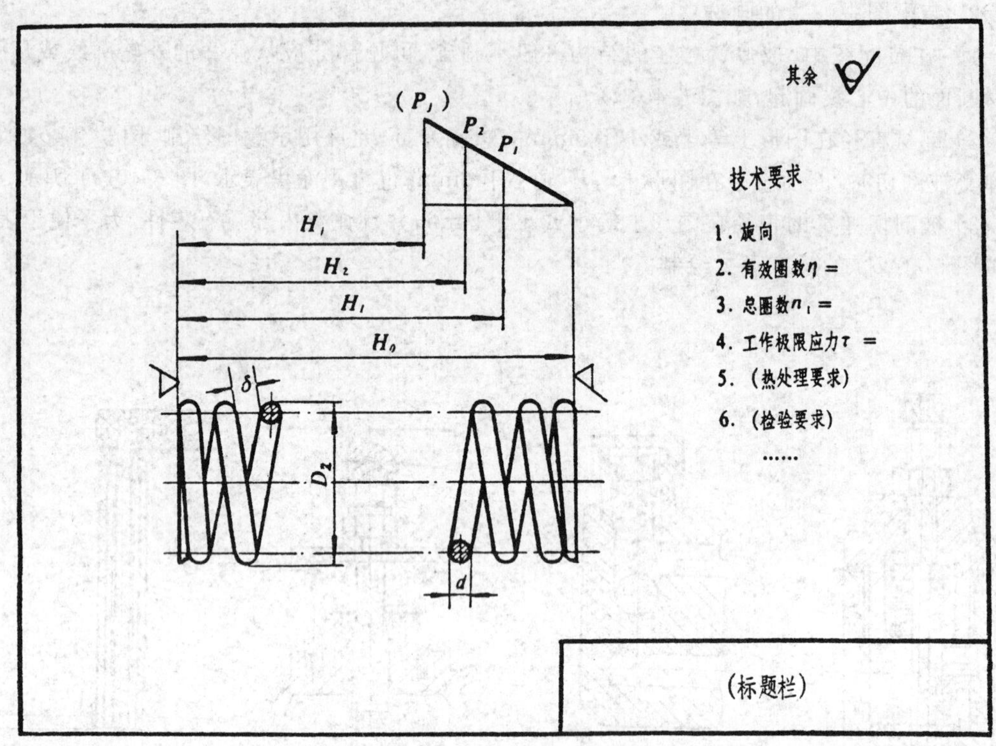

图 6-41　螺旋压缩弹簧零件图格式

YA2 × 20 × 65　GB/T2089 — 94

表示 YA 型圆柱螺旋压缩弹簧，材料直径 d 为 2mm，弹簧中径 D 为 20mm，自由高度 H_0 为 65mm，3 级精度，右旋。

第六节　滚动轴承

轴承是用来支承旋转轴的部件，可分为滑动轴承和滚动轴承两种。由于滚动轴承结构紧凑，摩擦阻力小，维护方便，又是由专业工厂大量生产的标准件，所以在仪器、电机、机床等机器设备中广泛应用。

一、滚动轴承结构及其分类

滚动轴承的种类很多，但其结构大致相似，如图 6-42 所示。

外圈 —— 一般固定在机座上，外表面与机座配合，内表面制有滚道。

内圈 —— 它的内孔与支承的轴颈紧紧配合，外表面制有滚道与外圈内表面的滚道相对应，使滚动体可在此滚道内滚动。

滚动体 —— 有球、滚子等，放在内、外圈之间，当内圈转动时，它在滚道内滚动。

保持架 —— 用来隔离滚动体，并引导滚动体及将滚动体保持在轴承内。

滚动轴承按其所承受负荷的方向不同，分为：

1）向心轴承 —— 主要用于承受径向负荷的滚动轴承。

2）推力轴承 —— 主要用于承受轴向负荷的滚动轴承。

滚动轴承按其滚动体的种类，分为：

1）球轴承 —— 滚动体为球的滚动轴承。

2）滚子轴承 —— 滚动体为滚子的滚动轴承。

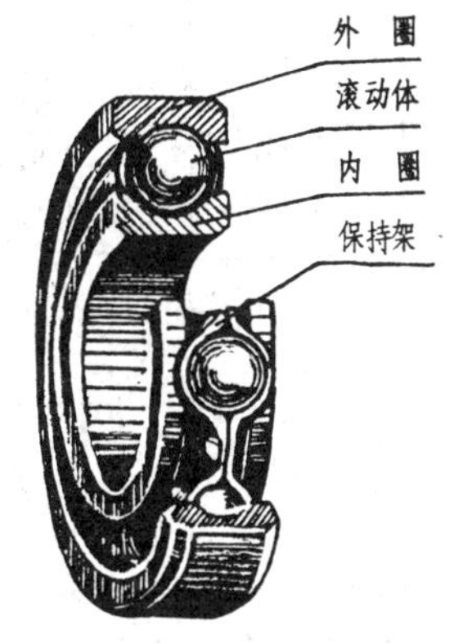

图 6-42　滚动轴承结构

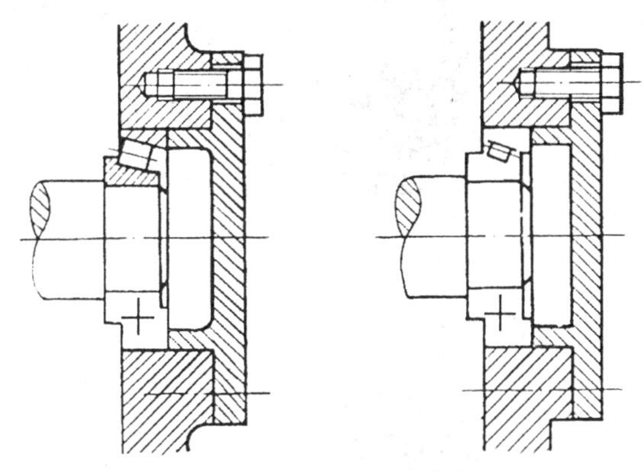

图 6-43　滚动轴承在装配图中表达方法

二、滚动轴承的画法

国家标准 GB/T4459.7 — 1998 规定了滚动轴承画法。在装配图中根据几个主要外形尺寸，例如外径 D、内径 d、宽度 B（根据代号查有关标准得到），用规定画法（或特征画法）画出，如图 6-43 所示为规定画法。

表 6-10 表示三种常用滚动轴承的结构型式、规定画法、特征画法及其尺寸比例。

表 6-10　常用滚动轴承的型式、画法和特性

名称	结构型式	规定画法	特征画法	特性
深沟球轴承	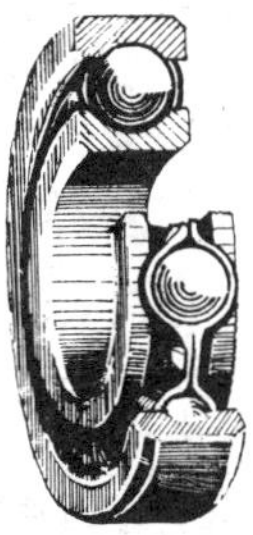	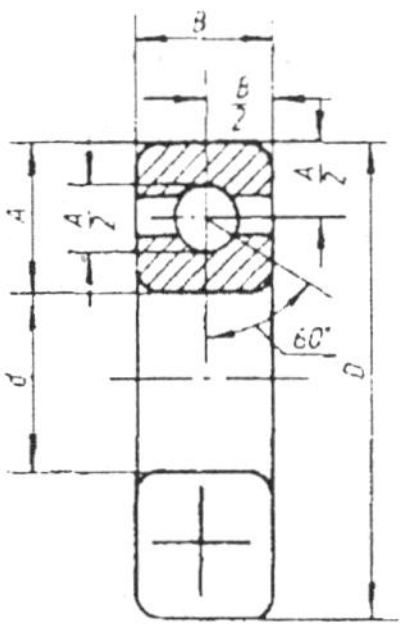	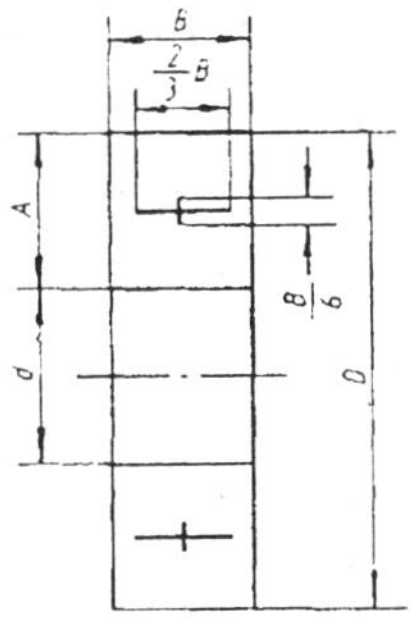	承受径向负荷及径向和轴向同时作用的负荷；在高速时，可承受不大的纯轴向负荷。

续　表

名称	结构型式	规定画法	特征画法	特性
圆锥滚子轴承	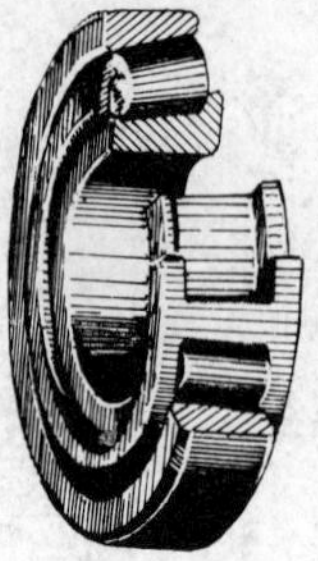	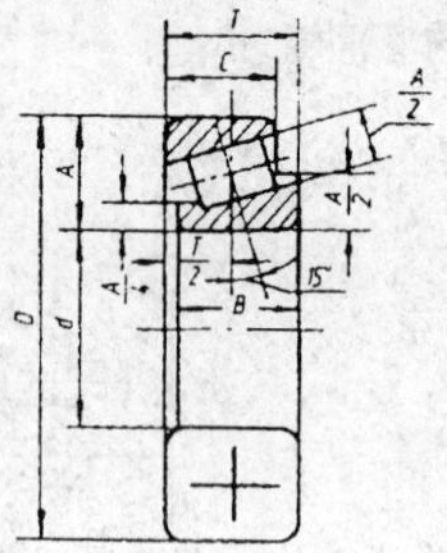	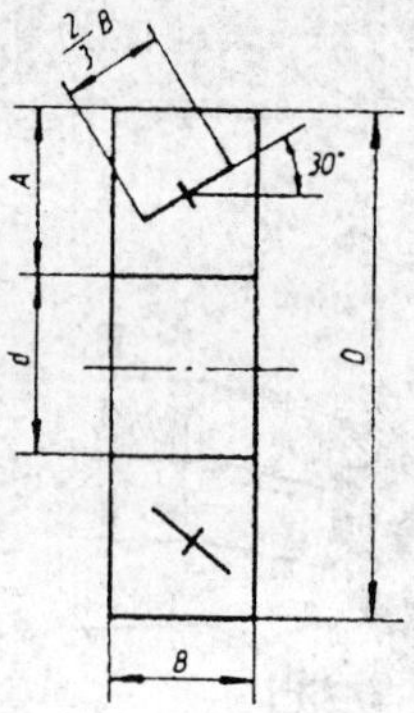	可同时承受以径向负荷为主的径向和轴向负荷，不宜承受纯轴向负荷。
推力球轴承	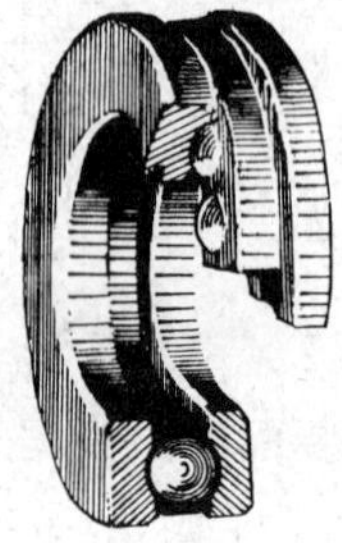	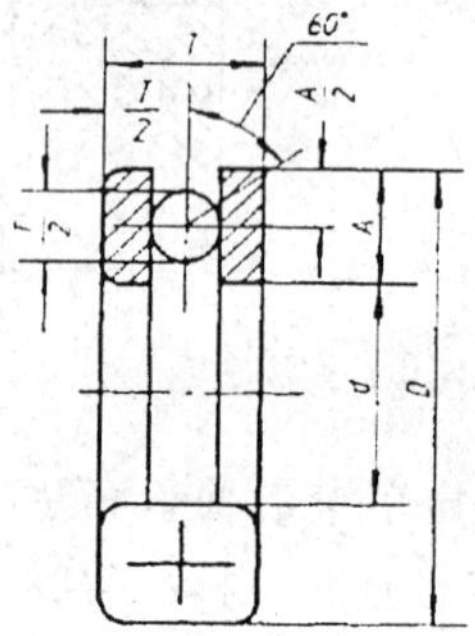	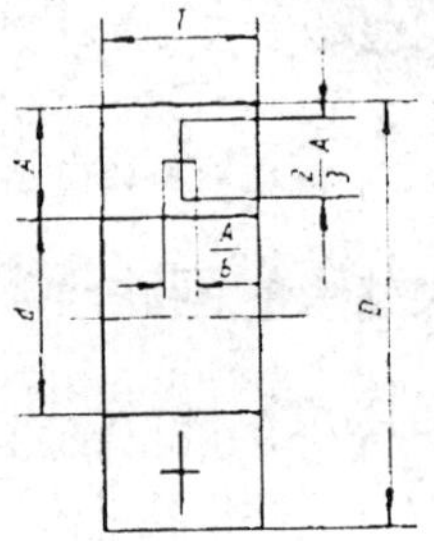	承受一方向的轴向负荷。

三、滚动轴承的代号

滚动轴承是标准件，《滚动轴承 代号方法》(GB/T272－93)规定了代号的表示方法，其代号由前置代号、基本代号和后置代号构成。当轴承的游隙为基本组、公差等级为G级时，可省略前置代号和后置代号。基本代号表示轴承的基本类型、结构和尺寸，是轴承代号的基础。基本代号由轴承类型代号、尺寸系列代号、内径代号构成。类型代号用阿拉伯数字或大写拉丁字母表示，尺寸系列代号和内径代号用数字表示。

1）类型代号。轴承类型代号见表6-11。

表6-11　轴承类型代号

代号	轴承类型	代号	轴承类型	代号	轴承类型
0	双列角接触球轴承	4	双列深沟球轴承	N	圆柱滚子轴承
1	调心球轴承	5	推力球轴承		双列或多列用字母
2	调心滚子轴承和	6	深沟球轴承		NN表示
	推力调心滚子轴承	7	角接触球轴承	U	外球面球轴承
3	圆锥滚子轴承	8	推力圆柱滚子轴承	QJ	四点接触球轴承

2）尺寸系列代号。尺寸系列代号由轴承的宽(高）度系列代号和直径系列代号组合而成。

直径系列是指同一内径尺寸的轴承有不同的外径尺寸。宽(高）度系列是指轴承内径尺寸相同，直径系列相同，但套圈宽(高）度不同。

向心轴承、推力轴承尺寸系列代号见表 6-12。

表 6-12　尺寸系列尺寸

<table>
<tr><td colspan="27">向心轴承</td><td colspan="9">推力轴承</td></tr>
<tr><td colspan="27">宽度系列代号</td><td colspan="9">高度系列代号</td></tr>
<tr><td colspan="3">8</td><td colspan="3">0</td><td colspan="3">1</td><td colspan="3">2</td><td colspan="3">3</td><td colspan="3">4</td><td colspan="3">5</td><td colspan="3">6</td><td colspan="3">7</td><td colspan="3">9</td><td colspan="3">1</td><td colspan="3">2</td></tr>
<tr><td colspan="36">直径系列代号</td></tr>
<tr><td colspan="4">7</td><td colspan="4">8</td><td colspan="4">9</td><td colspan="4">0</td><td colspan="4">1</td><td colspan="4">2</td><td colspan="4">3</td><td colspan="4">4</td><td colspan="4">5</td></tr>
</table>

3）内径代号。表示轴承公称内径的内径代号见表 6-13。

表 6-13　内径代号

<table>
<tr><td colspan="2">轴承公称内径(mm)</td><td>内径代号</td><td>轴承公称内径(mm)</td><td>内径代号</td></tr>
<tr><td rowspan="4">10 到 17</td><td>10</td><td>00</td><td rowspan="4">20 到 480
(22、28、32 除外)</td><td rowspan="4">公称内径除以 5 的商数，商数为个位数时，需在商数左边加“0”，如 08</td></tr>
<tr><td>12</td><td>01</td></tr>
<tr><td>15</td><td>02</td></tr>
<tr><td>17</td><td>03</td></tr>
</table>

滚动轴承标记示例

滚动轴承　6204　GB/T276 — 94

类型代号为 6 表示深沟球轴承；

尺寸系列代号为 02，这里“0”省略；

内径代号为 04，内径代号是由公称内径除以 5 的商数，故轴承内径为 $4 \times 5 = 20$mm。

滚动轴承　51208　GB/T301 — 1995

类型代号为 5 表示推力球轴承；

尺寸系列代号为 12；

内径代号为 8，轴承内径为 $8 \times 5 = 40$(mm)。

思 考 题

1. 螺纹的基本要素有哪几项？
2. 内、外螺纹旋合连接的条件是什么？
3. 试说明 $M20-6H$，$M20\times1.5-5g6g$，$Tr40\times14(P7)LH-7H$，$G3/8$ 的代号含义。
4. 非螺纹密封管螺纹在标注上有何特点？
5. 常用的螺纹紧固件有哪几种？
6. 螺栓、螺柱、螺钉的公称长度 l 是指哪一部分的长度？它是怎样确定的？

7. 试述下列螺纹紧固件的标记含义？

螺栓　GB5782 － 86　$M20 \times 60$

螺母　GB6176 － 87　$M12$

螺柱　GB897 － 88　$M12 \times 50$

8. 试说明各种键的标记含义。

9. 常用的销有哪几种?试列举它们的标准代号。

10. 已知一标准直齿圆柱齿轮的模数为 m，齿数为 z，试写出计算分度圆直径 d，齿顶圆直径 d_a，齿根圆直径 d_f 的公式。

11. 一对标准圆柱齿轮能够啮合的基本条件是什么？

12. 圆柱齿轮的轮齿有哪些规定画法(外形图，剖视图)？

13. 试述螺旋压缩弹簧有哪些规定画法？

14. 滚动轴承有哪些画法？

15. 试述“滚动轴承 6305　GB/T276 － 94”的含义。

◯第七章

零　件　图

本章要点　了解零件图的作用与内容，掌握各类零件视图选择的原则和视图表达，熟悉零件图的尺寸注法和各种技术要求，了解零件结构的工艺性，掌握画零件图和看零件图的方法和步骤。

第一节　零件图概述

零件图是表示零件结构、大小及技术要求的图样，是零件加工制造和检验的依据。在绘制零件图时应考虑以下的一些问题：该零件的作用以及与其他零件的关系；该零件的形状、结构和加工方法；为了完整、清晰地表达该零件的形状和大小，应选用哪些视图？标注哪些尺寸？表明哪些技术要求？

图 7-1 是球阀的阀体轴测图，图 7-2 是阀体的零件图。由图可知，一张零件图应包括如下内容：

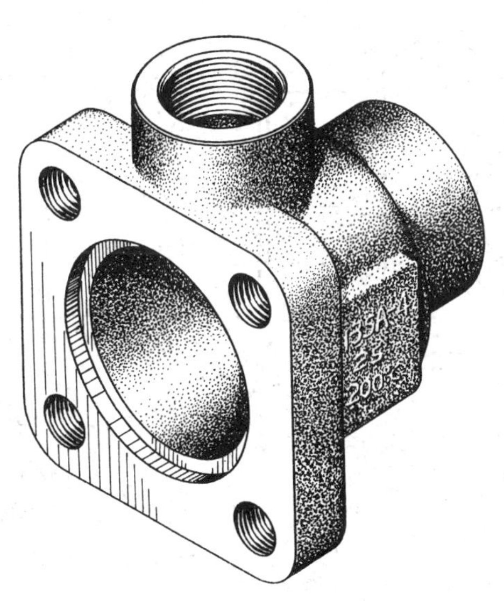

图 7-1　阀体轴测图

1）一组视图 —— 用一组视图（包括视图、剖视图、断面图、局部放大图等各种表达方法）完整、清晰地表达出零件内、外形状和结构。

2）完整的尺寸 —— 标注出制造和检验零件所必须的全部尺寸。

3）技术要求 —— 用规定的代号、数字和文字表示出在制造和检验时所应达到的各项技

其余
D－D
φ38
M27×1.5
D
25
0.5×45°
1×45°
18
28
3
φ27.3
12.5
6.3
30°
56
φ16H9
φ25H11
RC1
12.5
φ54H9
φ47
φ42H11
φ25
≈φ38
φ44
1×45°
4±0.10
21
25
8
24
21±0.10
43±0.10
76
R12
φ63
32
4－M12
A
31.5
56×56
80×80
R8
R8
A向
Q13SA－40
25
≤200°
15
32
50
技术要求
1. 正火处理后硬度HB≤179。
2. 未注圆角R＝2.5。
3. 内外边缘锐角倒钝0.3×45°
制图
审核
阀 体
比例
1∶2
件数
1
ZG230—450

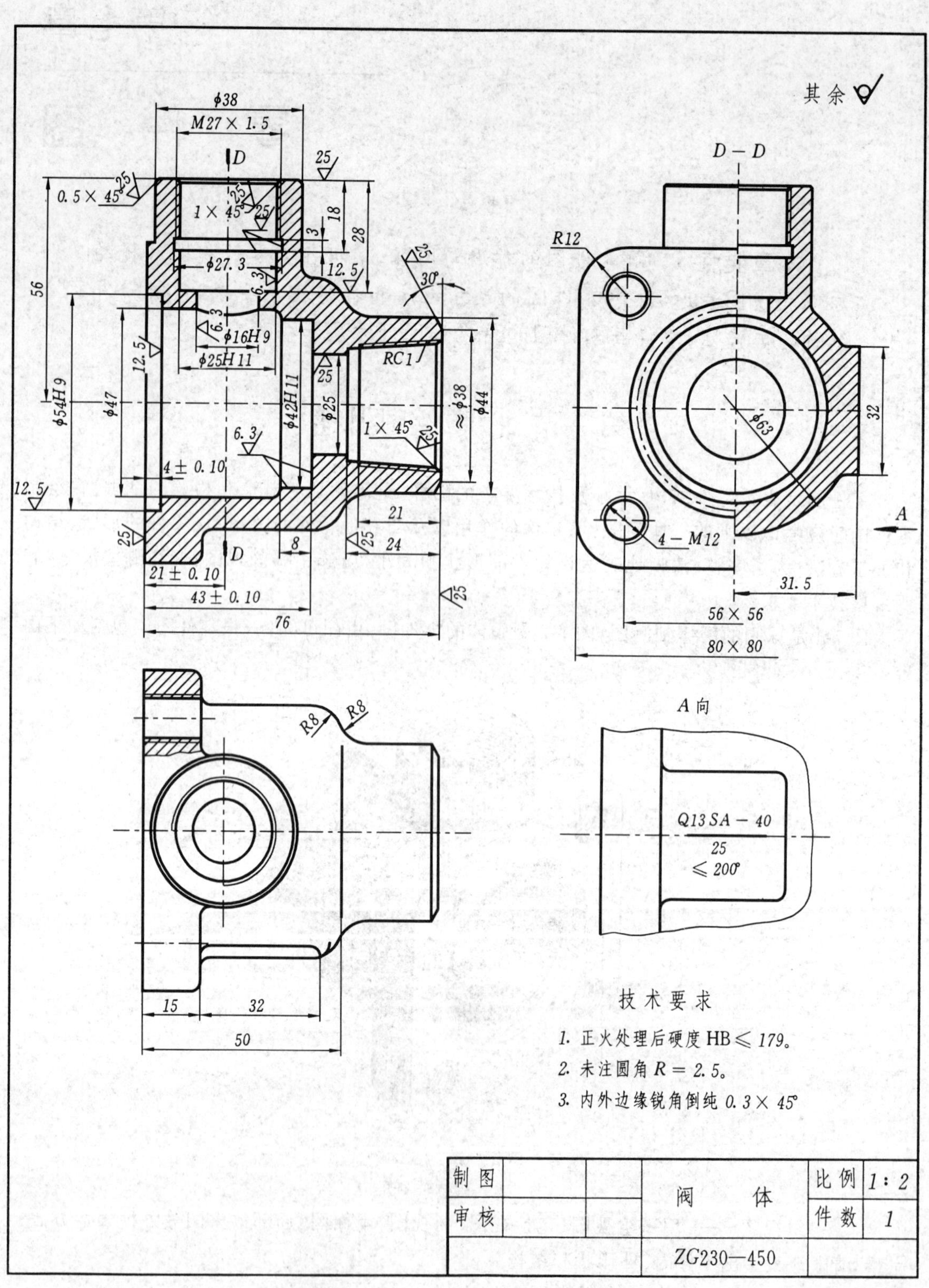

图7-2 阀体零件图

术要求，如尺寸公差、形位公差、表面粗糙度和热处理等。

4）标题栏 —— 写出零件的名称、数量、材料、图号及绘图比例等。

以上内容将在下面分别介绍，关于材料和热处理等内容，可参阅本书附录或有关手册。

第二节　零件图的视图选择

一、视图选择的原则及方法

用一组视图表达零件时，首先要进行零件图的视图选择，也就是要求选用适当的表达方法，完整、清晰地表示出零件的结构形状，在便于读图前提下，力求作图简便。要达到这些要求，关键在于分析零件的结构特点，合理地选择主视图和其他视图。

1. 主视图的选择

主视图是表达零件最主要的一个视图，它将影响其他视图的位置和数量。选择主视图时应考虑以下两个方面：

1）确定安放位置。安放位置应符合零件的主要加工位置或工作位置（安装位置）。为了使加工零件时看图方便，主视图所表达的零件位置，最好与该零件加工时的位置一致。但对比较复杂的零件，由于在加工时需要采用不同的装夹位置，其主视图就应按该零件在机器中的工作位置画出，这样有利于了解零件的作用。

2）确定投影方向。应以最能明显地反映零件的形状特征的方向作为主视图的投影方向，这样就能大体了解该零件的基本形状及其结构特征，有利于画图和看图。

2. 其他视图的选择

主视图确定后，其他视图的选择应考虑以下几个方面：

1）零件上还有哪些结构没有表达清楚，需另加视图来表达。在保证零件的结构形状表达“完整、清晰”的前提下，尽量地减少视图数量。

2）另加的视图应优先考虑基本视图，并在基本视图上取剖视、局部视图或斜视图等，并配置在有关视图附近。

3）合理配置视图，使图样清晰美观，既表达完整又作图简便，并能充分利用图纸幅面。

二、几种典型零件的视图表达

由于零件的作用不同，故其结构形状也各不相同，但就其功用和结构的特点来看，大致可分为：轴、套类，盘，盖类，支架类，壳体类以及其他的特殊零件，如薄板冲压件和镶嵌件等。

下面介绍这几类零件的视图表达方法。

1. 轴、套类零件

1）形体及结构分析。轴套类零件通常由若干直径不同的回转体组成，如各种轴、丝杆、套筒等零件，其上常有轴肩、圆角、倒角、退刀槽、键槽、螺纹、销孔、中心孔等结构。

2）主视图的选择。轴、套类零件主要加工工序是在车床上进行的，为了加工时看图方便，通常按加工位置（将轴线水平放置）选择主视图，其上的键槽、销孔、中心孔等结构取局部剖视表示。

3）其他视图的选择。轴上的键槽在主视图上未表达清楚时，可用移出断面图等表示；退刀槽、砂轮越程槽、中心孔等，若在主视图上无法标注尺寸时，可用局部放大图表示。

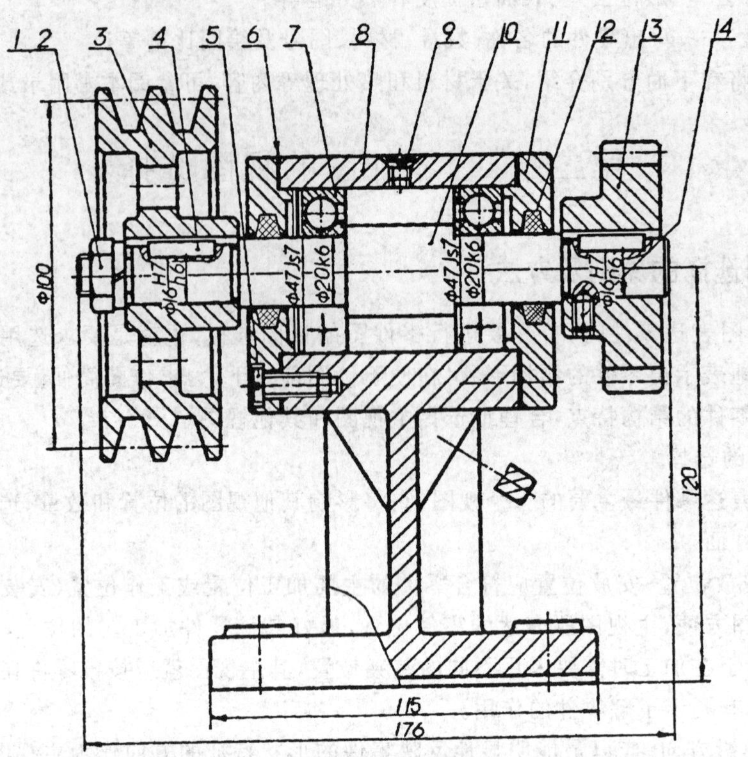

1— 螺母,2— 垫圈,3— 带轮,4— 键,5— 螺钉,6— 垫片,7— 滚动轴承,
8— 支座,9— 螺钉,10— 转轴,11— 压盖,12— 密封圈,13— 齿轮,14— 紧定螺钉

图 7-3 带轮 — 齿轮传动装置

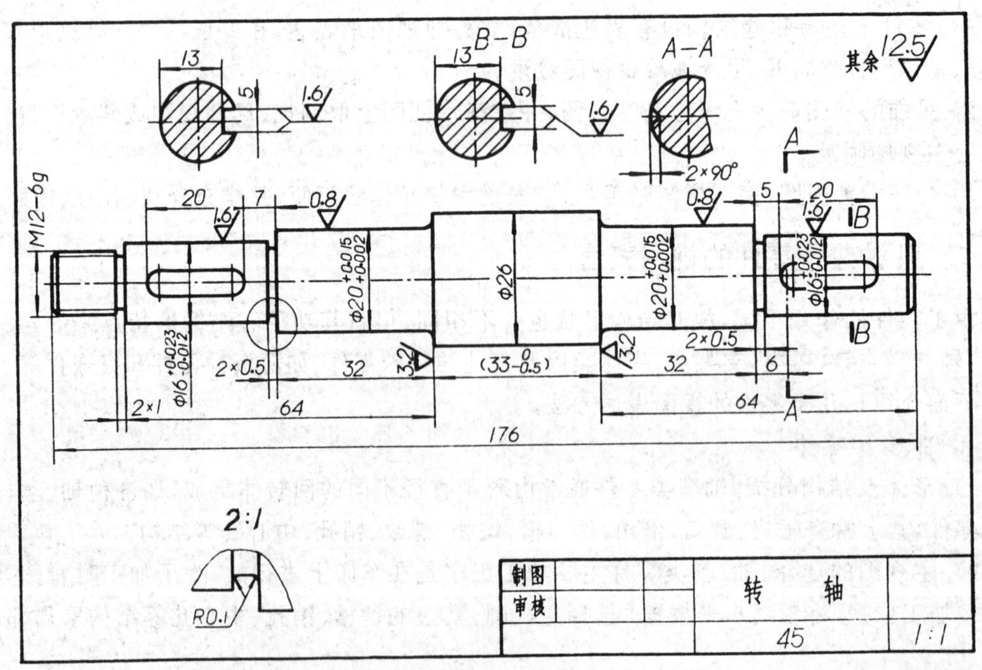

图 7-4 转轴的视图选择

图 7-3 为带轮 — 齿轮传动装置,图 7-4 为该装置中的转轴零件图。转轴零件图选用了一个轴线水平(加工位置)放置的主视图,键槽深度和 2 × 90° 凹坑等用移出断面图表示,中间的退

刀槽用了局部放大图。

图 7-5 为一套筒的视图，主视图按主要加工位置(轴线水平）画出，并取剖视，另加一个移出断面图。

2. 盘、盖类零件

1）形体及结构分析。盘、盖类零件包括各种带轮、齿轮、手轮、法兰盘、端盖等。它们的结构形状也是由不同直径的回转面或少量的非圆柱面组成，呈盘状，零件上常有均布孔、肋板、轮辐、切槽等结构。

2）主视图的选择。这类零件毛坯大多系铸件，也有锻件，机械加工以车削为主。主视图一般按加工位置放，但有些较复杂的盘盖，因加工工序较多，主视图也可按工作位置画。主视图通常画成全剖视图或半剖视图。

3）其他视图的选择。为了将盘、盖上的孔、槽、肋板、轮辐的形状和分布情况以及盖板形状表达得更为清晰，一般需再选择一个左视图或右视图。

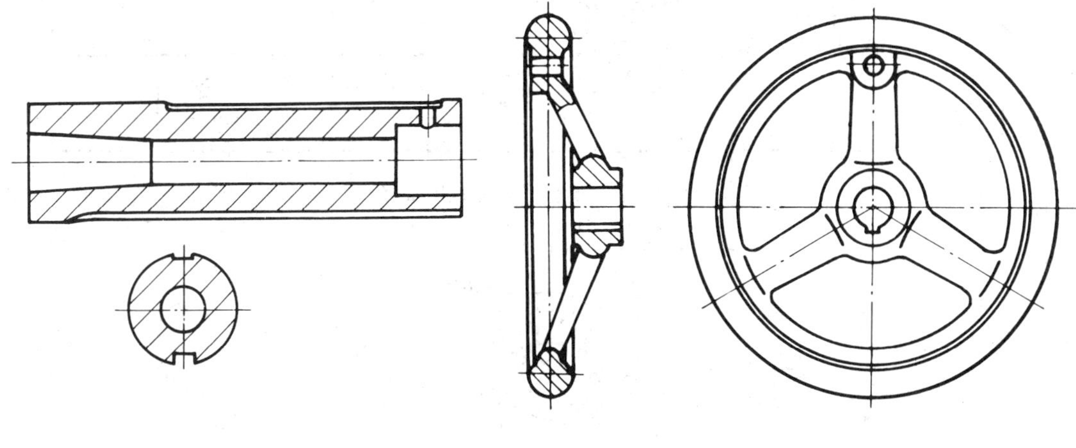

图 7-5　套筒　　　　图 7-6　手轮

图 7-6 为一手轮的视图。图 7-7 为带轮 — 齿轮传动装置中的压盖零件图。

3. 支架类零件

1）形体及结构分析。支架类零件是用来支撑其他零件的，故常由支撑部分、安装部分、连接部分和肋板等结构组成。这类零件包括各种杠杆、连杆、支架、拨叉等。

2）主视图的选择。这类零件多为铸件，加工位置较多，在选择主视图时，主要考虑工作位置和形状特征。如图 7-8 为踏脚座零件图，其主视图就是这样选择的。图 7-9 为带轮 — 齿轮传动装置中的支座，可按图中 A 或 B 所指方向作为主视图的投射方向。

3）其他视图的选择。这类零件常常需要两个或两个以上的基本视图，并且要用局部视图、断面等表达零件的细部结构。

如图 7-8 踏脚座零件图中，除主视图外，采用俯视图表达安装板、肋和轴承的宽度，以及它们的相对位置；此外，用 A 向局部视图表达安装板左端面的形状，用移出断面表达肋的断面形状。图 7-10 为带轮 — 齿轮传动装置中支座视图选择的两种方案。表达方案一的主视图表达了零件的主要形状，但底板的形状及底板上孔的分布情况、肋板断面形状等，需其他视图来表达。图 7-10 方案二是以箭头 A(见图 7-9）所指方向作为主视图的投射方向，其视图数量较少，且表达完整、清晰，故此方案较好。

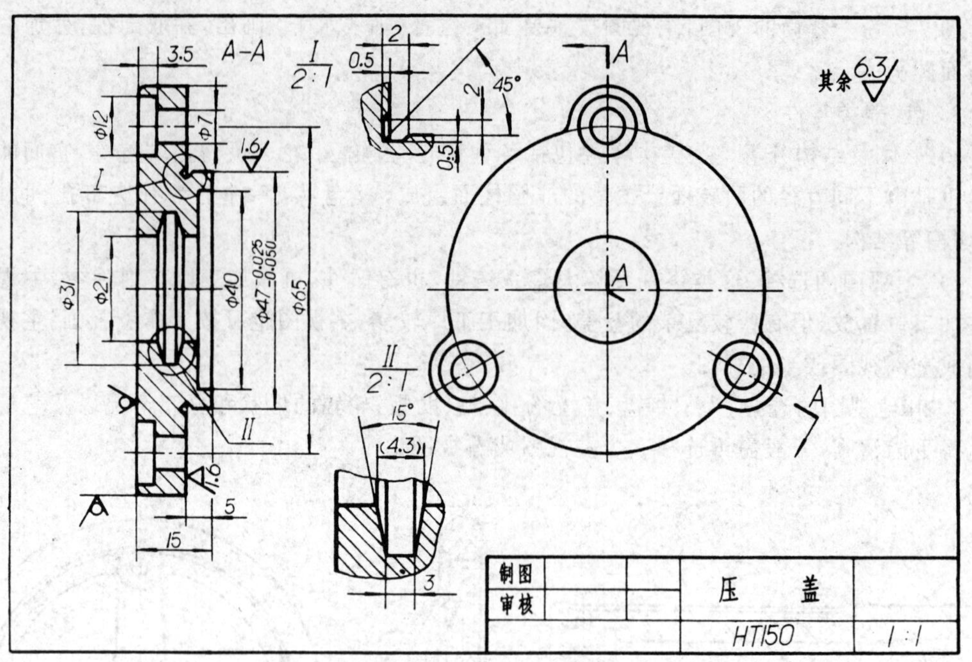

图 7-7　端盖零件的视图选择

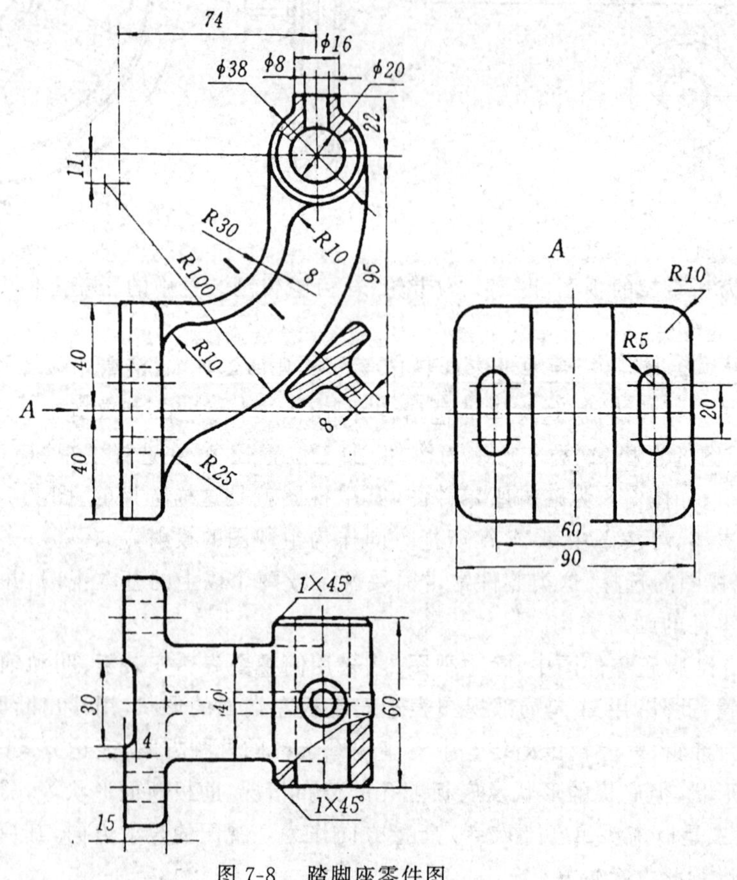

图 7-8　踏脚座零件图

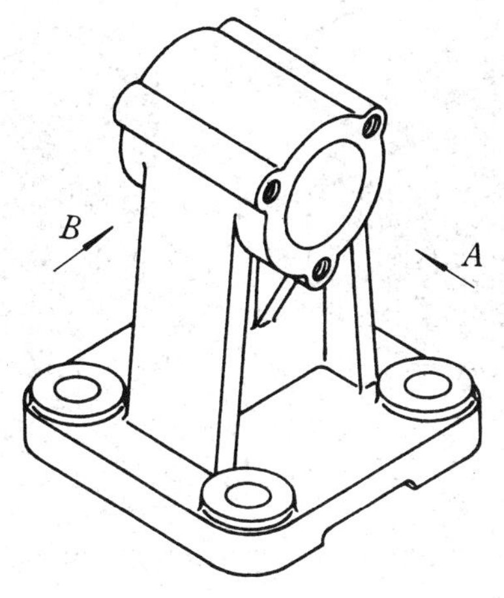

图 7-9 支座

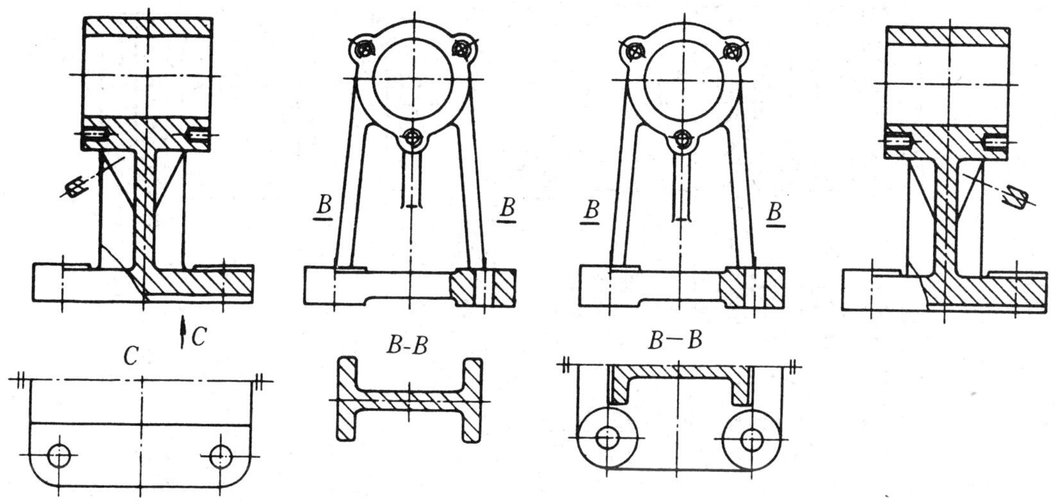

(a) 以 B 向作为主视图的投影方向　　(b) 以 A 向作为主视图的投影方向

图 7-10 支座视图选择

4. 箱体类零件

1) 形体及结构分析。机器或部件的外壳、机座、主体等均属此类零件。由于这类零件需要承装其他零件,因而常有空腔、轴孔、内外承壁、肋、凸台、沉孔、螺孔等结构,内、外形状一般较为复杂,毛坯多属铸件。

图 7-11(a) 是行程开关部件的立体图,图 7-11(b) 是行程开关外壳的立体图。外壳内装有导杆、触头、弹簧、电缆等。外壳形似方匣子,左面为上圆下方的凸台,其上有装导杆的孔,前后壁上开有电缆接线的进出孔,上端面有与上盖连接的四个螺孔,底面有固定外壳的三个安装孔。

2) 主视图的选择。这类零件的主视图选择,主要考虑工作位置和形状特征。如图 7-12 行程开关外壳零件图,主视图按其工作位置安放,并以能较充分显示零件的形状特征和结构特点的方向作为投射方向。

3) 其他视图的选择。这类零件的形状结构一般比较复杂,基本视图较多,广泛采用各种表

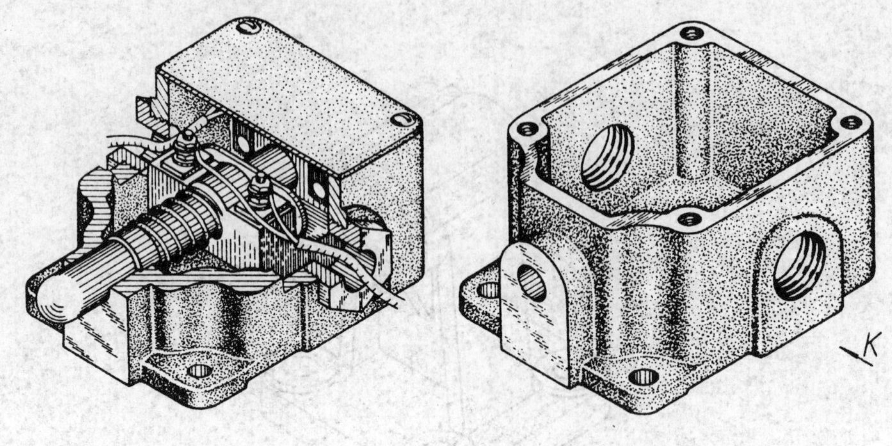

(a) 行程开关　　(b) 行程开关外壳

图 7-11　行程开关及外壳轴测图

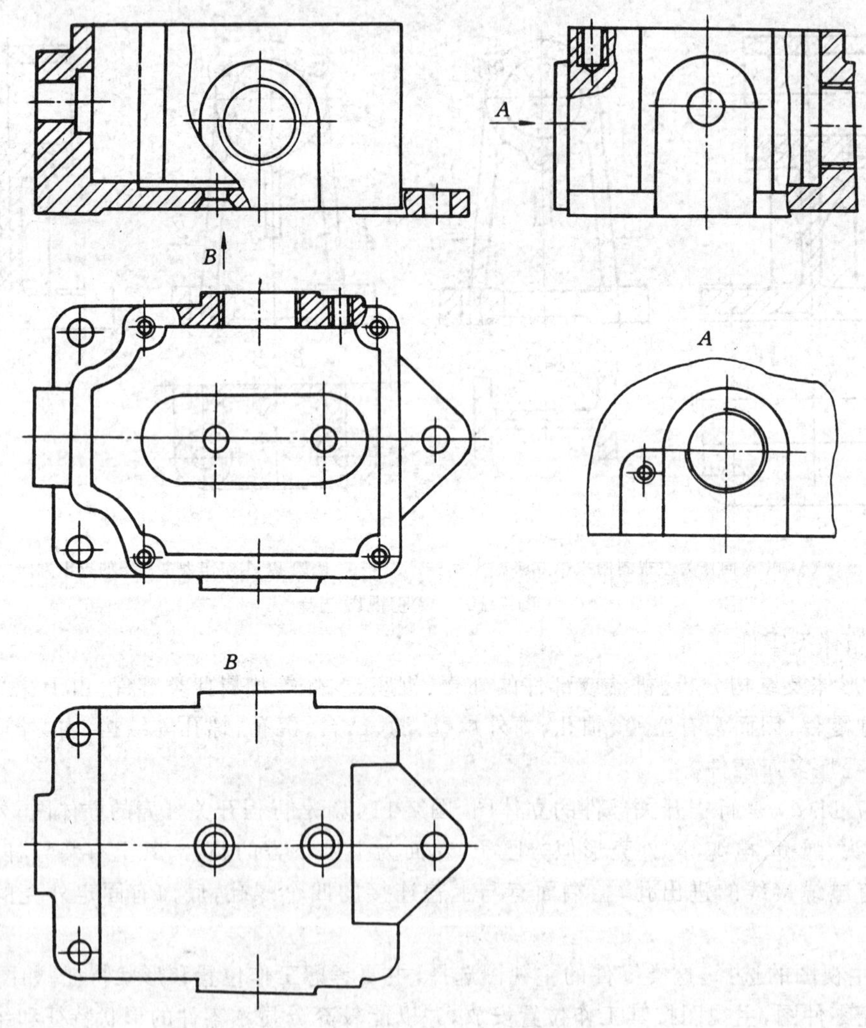

图 7-12　行程开关外壳的视图表达

达方法。如图 7-12 所示的外壳零件图，为了表达壳体上端面和下底面的形状及其上孔的分布情况，采用了俯视图和仰视图（B 向视图）；为了表达左面凸台的形状而采用了左视图；为了表达接线进出孔、螺孔及侧壁结构，在俯视图、左视图上取了局部剖视；用 A 向局部视图表达后部凸台的形状。

5. 冲压件

冲压件（也称钣金件）是用金属薄板经冲模冲压而成。如弯板、支架、夹头等零件。冲压件的表达特点是：除视图以外还附有展开图，可画整体展开也可画局部展开。在展开图的上方，应标注“展开”字样，在展开图中弯折线用细实线表示，如图 7-13 所示。

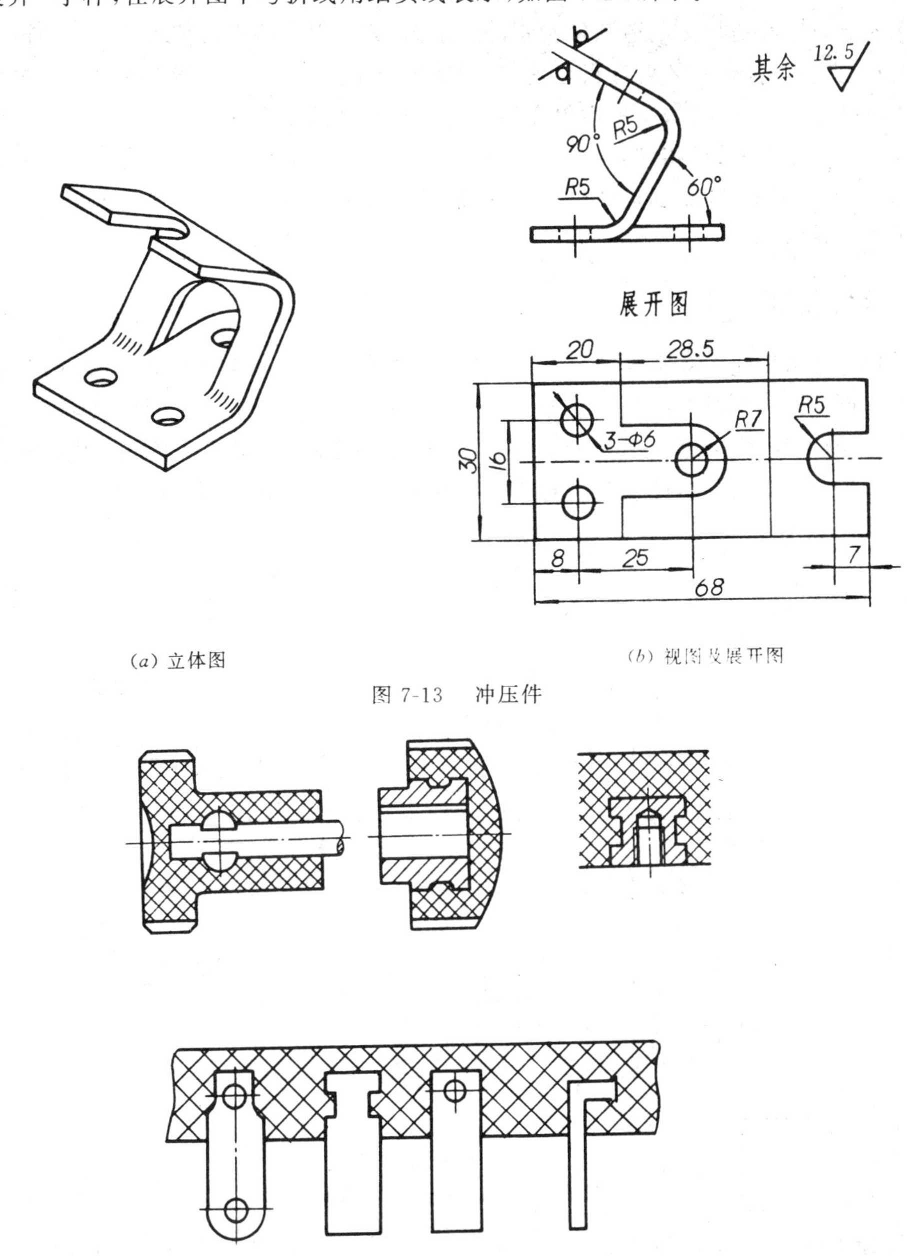

(a) 立体图

(b) 视图及展开图

图 7-13　冲压件

图 7-14　镶嵌件

6. 镶嵌件

镶嵌件又称压塑嵌接件。为提高塑料件的强度或满足一些特殊的要求，在经常装拆或有特殊要求的部位镶嵌金属零件(如轴套、螺母、焊片等)。在压塑前将这些金属零件提前装入模具中，压入塑料后就可形成不可拆卸的整体，如图 7-14 所示。这类零件虽为组件，但在装配图中只按一个零件编号。

第三节　零件图的尺寸标注

零件图上的尺寸是加工制造和检验零件的依据。为了保证零件的加工质量，零件的尺寸除了要求正确、完整、清晰外，还要注得合理。对于在图样上正确、完整和清晰地标注尺寸的问题，在第四章中已作了详细介绍，这里主要介绍合理标注尺寸的基本知识。

所谓尺寸注得合理，是指所注尺寸既要满足设计要求，以保证机器的质量；又要满足工艺要求，以便于加工测量。要做到尺寸注得合理，需要较多的设计和加工方面的知识，本节仅对有关问题作初步介绍。

一、尺寸基准

尺寸基准是指标注尺寸和度量尺寸的起始点。如图 7-15 所示轴承座，其轴孔 $\phi40$ 轴心线高度尺寸应从哪里注起，应该注尺寸 a，还是注尺寸 b 或 c，这就涉及到标注尺寸的起点 —— 尺寸基准问题。正确选择基准，是注好尺寸的关键。在选择基准时，必须考虑零件在机器中的作用，零件间的装配连接关系和零件加工检验的方法等因素，因此，基准又分为设计基准和工艺基准两种。

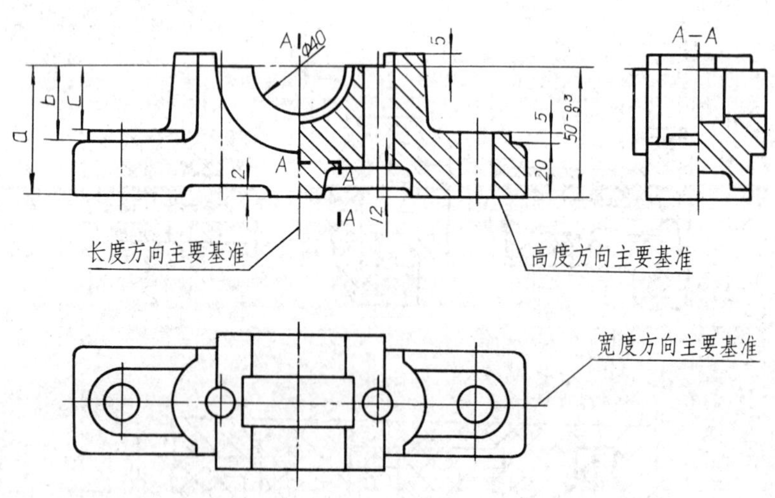

图 7-15　尺寸基准的选择

1) 设计基准 —— 用以确定零件在机器中的位置和功能的基准称为设计基准。

2) 工艺基准 —— 用以确定零件在加工或测量时的基准称为工艺基准。

为了减少误差，保证设计要求，应尽可能使设计基准和工艺基准重合。

尺寸基准常选择零件上的底面(安装面)、重要的端面、装配时的结合面、结构的对称面以及主要孔或轴(回转体)的轴线等。图7-15中孔$\phi40$中心线的高度尺寸是从安装底面算起的,因此尺寸a是设计时确定的重要尺寸,若注尺寸b或尺寸c就不能反映零件的设计要求。同时在加工$\phi40$孔时,底面是加工安装基准面,测量时它也是测量基准面,所以应注尺寸a(即$50_0^{+0.3}$)。其他高度尺寸如20、12、2,根据设计和工艺要求也都以底面为基准。

零件一般有长、宽、高三个方向的尺寸,每个方向至少有一个尺寸基准,有时为了加工测量上的需要,还附加一些基准,用以间接确定零件上某些部分的定位尺寸和定形尺寸。我们将满足设计要求的基准称为主要基准,而将附加的基准称为辅助基准。图7-15轴承座高度方向的主要基准是底面,其余两个方向的主要基准都是对称面。

在图7-8踏脚座零件图中,应选择安装板左端面作为长度方向的主要尺寸基准,选择安装板水平对称面作为高度方向的主要尺寸基准;从这两个基准出发,分别注出74、95,定出上部轴承的轴线位置,此轴线即作为$\phi20$、$\phi38$的径向尺寸基准;宽度方向的尺寸基准是前后方向的对称面,由此在俯视图中注出30、40、60,以及在A向局部视图中注出60、90。

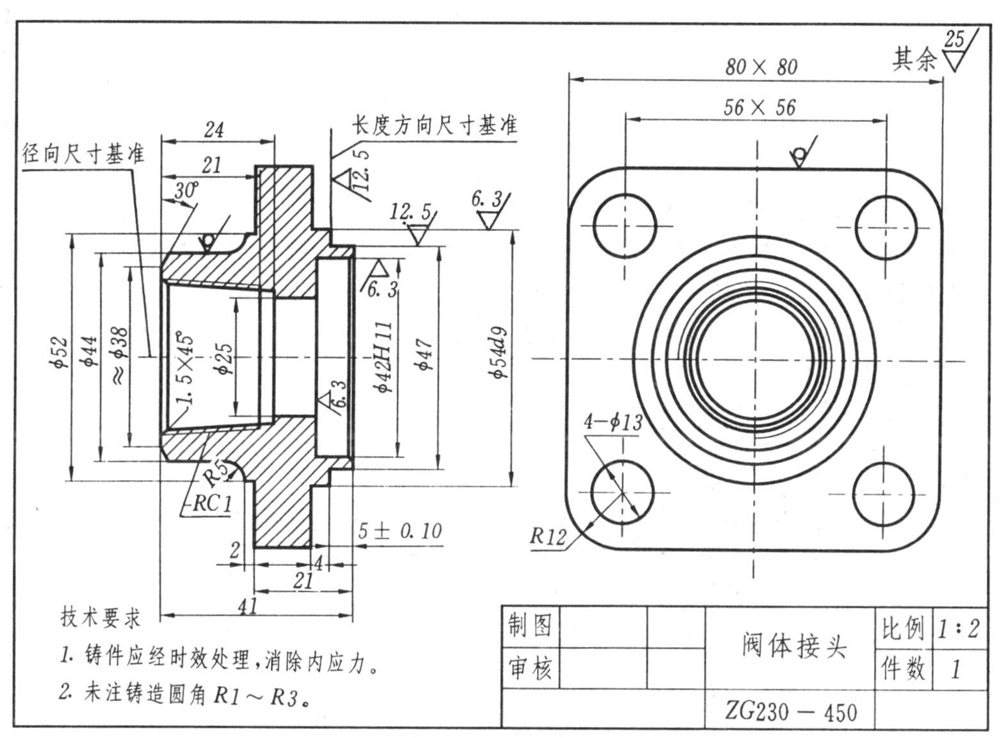

图7-16　阀体接头零件图

图7-16是球阀的阀体接头零件图,这里以通过轴孔的轴线作为径向尺寸基准,注出各直径尺寸,径向尺寸基准也是标注方形凸缘的高、宽方向的尺寸基准;阀体接头长度方向的主要基准是表面粗糙度R_a为12.5μm的右端凸缘,此面也是与其他零件(调整垫)的接触面,由此注出4、5±0.10等尺寸,右端面是长度方向的一个辅助基准,由此注出了21、41等尺寸。左端面是长度方向的另一辅助基准,由此注出了21、24等尺寸。

二、标注尺寸应注意的问题

1. 重要尺寸必须直接注出

影响产品工作性能和装配技术要求的尺寸，称为重要尺寸或功能尺寸。由于零件加工时有误差，为确保零件质量，重要尺寸必须直接注出。如图 7-16 中的 5 ± 0.10、图 7-2 中的 21 ± 0.10、43 ± 0.10 等。图 7-17 中的孔中心高度应注尺寸 a，而不能以 $b+c$ 代之，这是因为加工时 b 和 c 两尺寸的累积误差不能满足设计要求。同理，底板上两孔中心的定位尺寸应注 l，而不能以两个 e 代之。

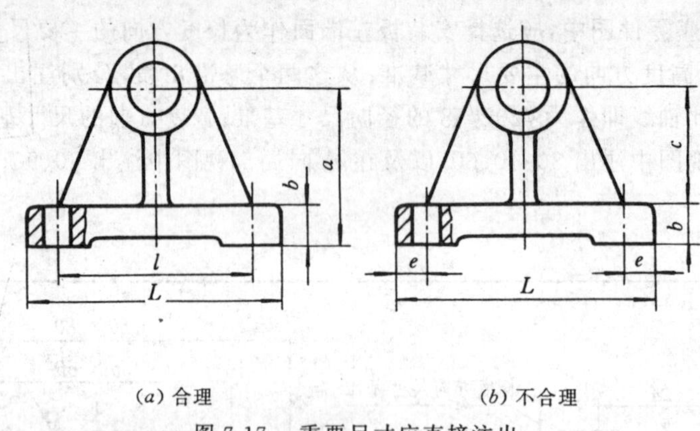

(a) 合理　　(b) 不合理

图 7-17　重要尺寸应直接注出

2. 不能注成封闭的尺寸链

在图 7-18(b) 中，轴的长度方向上的尺寸 a、b、c、d 首尾相连，形成一圈封闭的尺寸链，这种情况应当避免。因为 $a=b+c+d$，这就要求 b、c、d 三段尺寸的累积误差应与 a 的误差相等，这不仅给加工带来困难，还增加了加工的成本。因此，应当将尺寸链中一个精度要求最低的尺寸空出不注，如图 7-18(a) 中去掉了尺寸 c。

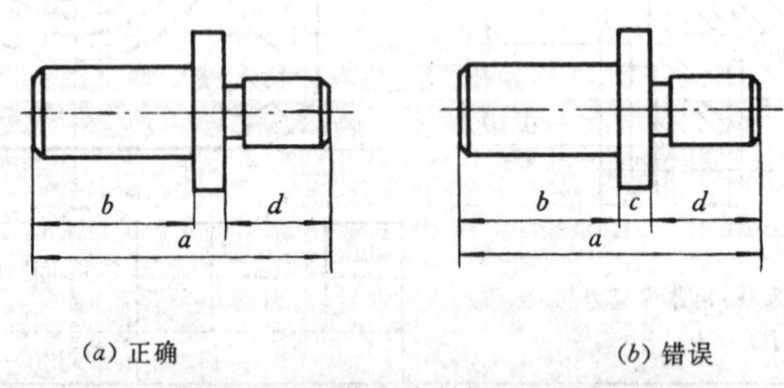

(a) 正确　　(b) 错误

图 7-18　不能注成封闭的尺寸链

3. 标注的尺寸应便于加工、测量

标注尺寸时应考虑加工、测量的方便，使所标注的尺寸符合生产实际。如图 7-19 中轴的加工方法是：

1) 先加工直径为 $\phi14$、长为 50 的外圆。

2) 再加工直径为 $\phi10$、长为 36 的外圆。

3) 然后在长 20 的地方切一 $2\times\phi6$ 的退刀槽。

4) 最后加工 $M8$ 的螺纹。

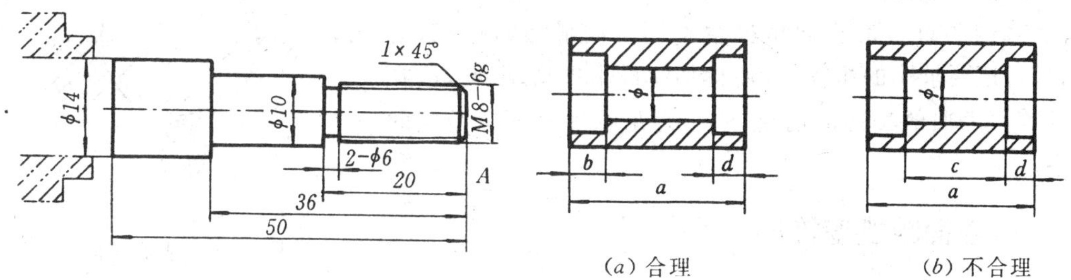

(a) 合理　　(b) 不合理

图 7-19　尺寸标注要符合加工顺序　　　　图 7-20　尺寸标注要便于加工测量

上述几段长度的测量基准是右端面，图 7-19 中所注尺寸符合加工、测量的要求。又如图 7-20(*a*) 中所注尺寸有利于加工测量，而图 7-20(*b*) 中所注尺寸则不利于加工和测量。

4. 尺寸标注要符合国家标准

尺寸标注必须符合国家标准《技术制图》和《机械制图》中有关尺寸标注的规定。对于标准零件或零件的标准结构，如长度、直径、倒角、退刀槽、键槽、螺纹以及销和销孔等，其尺寸应按有关标准选取。零件上常见的光孔、沉孔、螺孔、销孔等，除用普通注法外，还可采用表 7-1 所示的旁注法标注。

表 7-1　旁注法标注孔的尺寸

	光孔	沉孔		螺孔	
方法Ⅰ	4-φ4深10	4-φ6 沉孔φ12深4.5	4-φ10锪平φ20	3-M6-7H	3-M5-7H 深10
方法Ⅱ	4-φ4深10	4-φ6 沉孔φ12深4.5	4-φ10锪平φ20	3-M6-7H	3-M5-7H深10

第四节　表面粗糙度

零件表面经过机械加工后，看起来很光滑，但在放大镜下观察时，则可见表面起伏不平，如图 7-21 所示。这是由于零件加工时，刀具在零件表面上留下的刀痕和切屑分离时的塑性变形，使零件表面存在着间距微小的轮廓峰谷。这种表面上具有微小间距的峰谷所组成的微观几何形状特征，称为表面粗糙度。

零件的表面粗糙度，对机器或仪器的使用性能，如耐磨性、抗腐蚀性、配合性质、疲劳强度等有很大的影响。一般来说，表面粗糙度小的表面可以减少磨损，延长使用寿命，保证轴、孔间的配合的质量。但并不是任何零件的表面都要求粗糙度越小越好，在某些场合下，表面粗糙度太小反而对零件工作不利。这是因为过小的表面粗糙度不利于润滑油的贮存。另外，盲目地要求小的粗糙度，使得加工成本提高。因此，应在满足零件表面的功能的前提下，合理地选择表面粗糙度的大小。

图 7-21　表面粗糙度

一、表面粗糙度符号

图样上表示零件表面粗糙度的符号见表 7-2。

表 7-2　表面粗糙度符号(GB/T131 — 93)

符　　号	意　义　及　说　明
	基本符号，表示表面粗糙度可用任何方法获得。当不加注粗糙度参数值或有关说明(例如：表面处理、局部热处理状况等)时，仅适用于简化代号标注。
	基本符号上加一短划，表示表面是用去除材料的方法获得，如车、铣、钻、磨、剪切、抛光、腐蚀、电火花加工、气割等。
	基本符号加一小圆，表示表面是用不去除材料的方法获得，如铸、锻、冲压变形、热轧、冷轧、粉末冶金等，或者是用于保持原供应状况的表面(包括保持上道工序的状况)。
	在上述三个符号的长边上均可加一横线，用于标注有关参数和说明。
	在上述三个符号上均可加一小圆，表示所有表面具有相同的表面粗糙度要求。

二、表面粗糙度的参数及代号

1. 表面粗糙度参数的概念及数值

零件表面粗糙度的评定参数有：轮廓算术平均偏差 R_a、轮廓微观不平度十点高度 R_z、轮廓最大高度 R_Y。使用时应优先选用 R_a 参数。

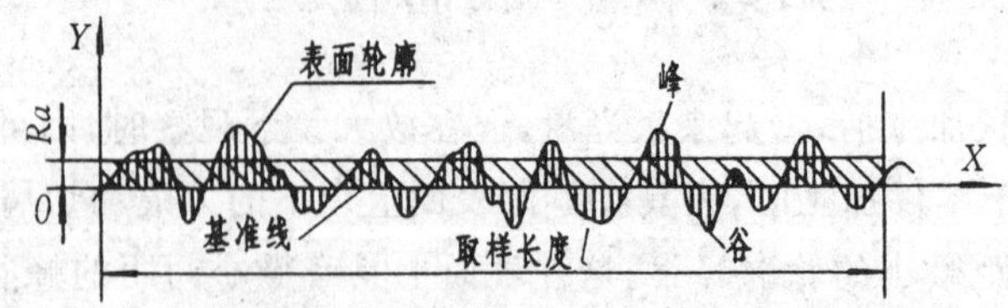

图 7-22　轮廓算术平均偏差值

轮廓算术平均偏差 R_a 是指在取样长度 l 内，轮廓偏距绝对值的算术平均值，如图 7-22 所示。其近似值为：

$$R_a = \frac{1}{n}\sum_{i=1}^{n}|Y_i|$$

式中：Y_i—— 在测量方向轮廓上的点到基准线之间的距离。

轮廓算术平均偏差 R_a 的数值见表 7-3。设计时优先选用第一系列。对零件表面实测的 R_a 值在不超过图纸上规定的 R_a 值时为合格。

表 7-3　轮廓算术平均偏差 R_a 数值（摘自 GB/T1031 — 1995）　　（单位：μm）

第一系列	第二系列	第一系列	第二系列	第一系列	第二系列	第一系列	第二系列
	0.008						
	0.010						
0.012			0.125		1.25	12.5	
	0.016		0.160	1.60			16
	0.020	0.20			2.0		20
0.025			0.25		2.5	25	
	0.032		0.32	3.2			32
	0.040	0.40			4.0		40
0.050			0.50		5.0	50	
	0.063		0.63	6.3			63
	0.080	0.80			8.0		80
0.100			1.00		10.0	100	

2. 表面粗糙度的代号

在表面粗糙度符号上标注表面粗糙度的最大允许值称为表面粗糙度代号。

表面粗糙度高度参数轮廓算术平均偏差 R_a 的代号及意义见表 7-4。

表 7-4　表面粗糙度 R_a 的代号（摘自 GB/T131 — 93）

代　号	意　　义	代　号	意　　义
3.2	用任何方法获得的表面粗糙度，R_a 的上限值为 3.2μm。	12.5	用不去除材料的方法获得的表面粗糙度，R_a 的上限值为 12.5μm。
3.2	用去除材料方法获得的表面粗糙度，R_a 的上限值为 3.2μm。	3.2 1.6	用去除材料方法获得的表面粗糙度，R_a 的上限值为 3.2μm，下限值为1.6μm。

尺寸 $d' = \frac{1}{10}h$、$H_1 = 1.4h$、$H_2 = 3h$，h 为字体高度

图 7-23　表面粗糙度符号的画法

表面粗糙度符号的画法、线型的粗细等如图 7-23 所示。

三、表面粗糙度代号在图样上的标注

1）表面粗糙度代号应注在可见轮廓线、尺寸界线或它们的延长线上，并尽可能靠近有关尺寸。当地位狭小或不便标注时，可引出标注。粗糙度符号的尖端必须从材料外指向表面。*Ra* 数值的数字方向与尺寸数字方向一致，粗糙度符号在不同方向上注写时，特别要注意符号长边的位置。如图 7-24 和图 7-25 所示。

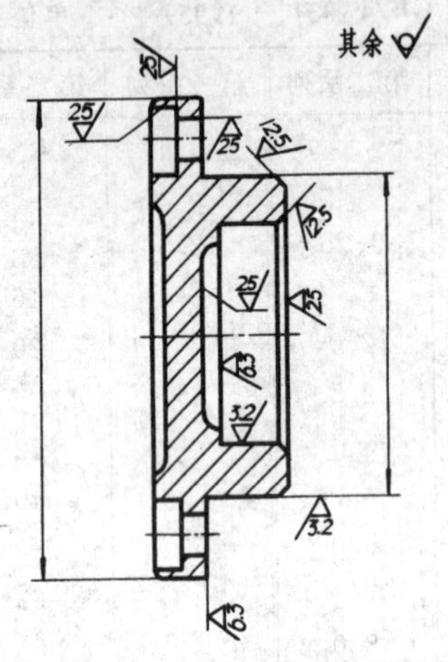

图 7-24　表面粗糙度代号的标注

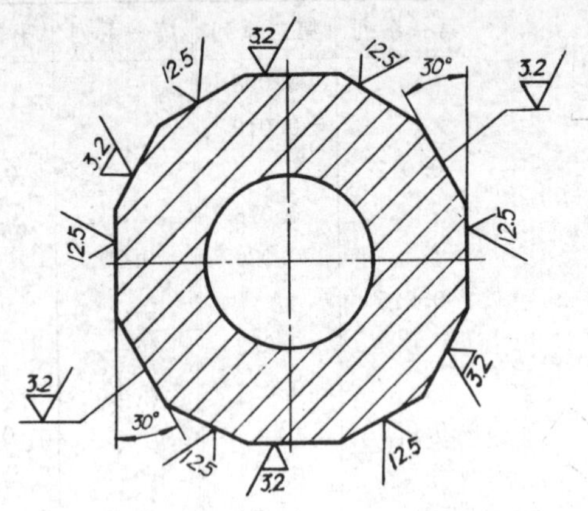

图 7-25　不同方向代号的注写

2）零件的每个表面都应有表面粗糙度要求，每一表面只标注一次表面粗糙度代号，当零件大部分表面具有相同的表面粗糙度要求时，对其中使用最多的一种代号可以统一注在图样的右上角，并加注"其余"两字，如图 7-24 所示。对不连续的同一表面，可用细实线相连，其表面粗糙度代号可只标注一次，如图 7-26 所示。零件上连续表面及重复要素（如孔、槽、齿等）的表面，其表面粗糙度只标注一次，如图 7-27 所示。

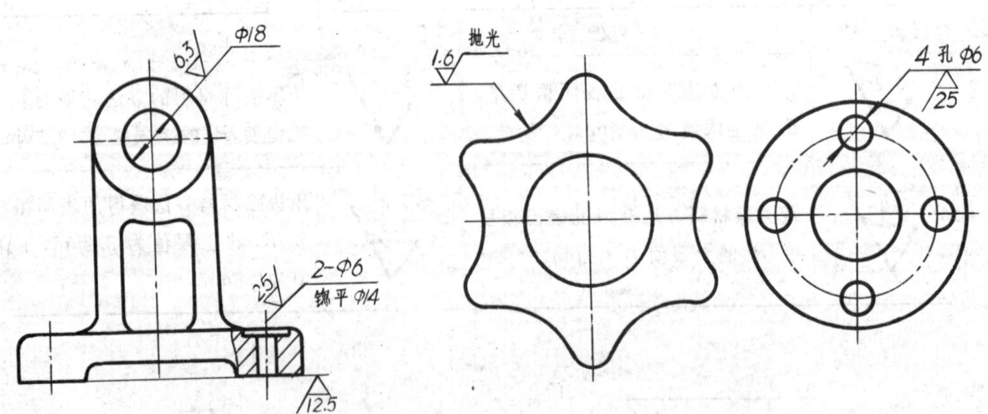

图 7-26　不连续的同一表面的注法　　　　图 7-27　连续表面和重复要素的注法

3）同一表面上有不同的表面粗糙度要求时，须用细实线画出其分界线，并注出相应的表面粗糙度代号和尺寸，如图 7-28 所示。

4）零件上所有表面具有相同的表面粗糙度要求时，其代号可在图样的右上角统一标注，如图 7-29(*a*) 或(*b*) 所示。

5）对键槽的工作表面和倒角、圆角的表面粗糙度代号，可以简化标注，如图 7-30 所示。

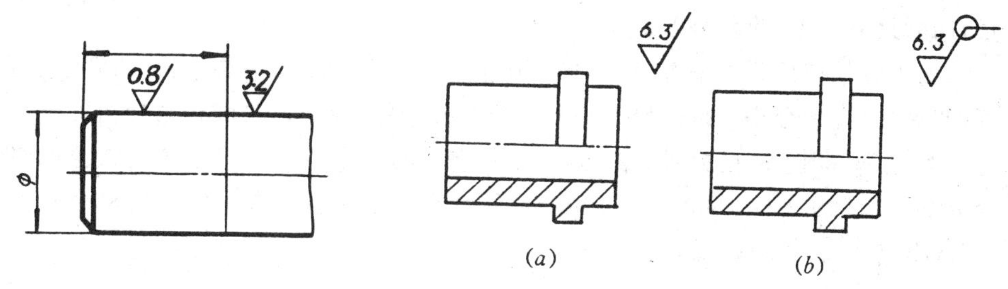

图 7-28 同一表面不同粗糙度的注法　　图 7-29 所有表面要求相同的注法

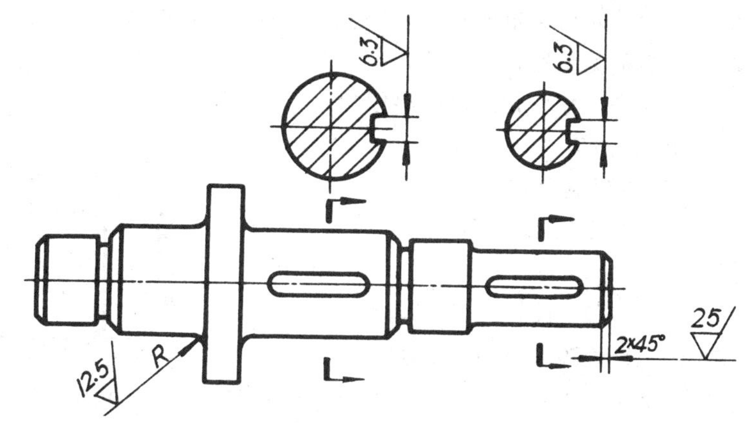

图 7-30 键槽、倒角、圆角的表面粗糙度代号的简化注法

6）图 7-31 为镀涂零件的表面粗糙度注法。其中图 7-31(*a*) 表示镀涂后的表面粗糙度；(*b*) 表示镀涂前的表面粗糙度；(*c*) 表示镀涂前及镀涂后的表面粗糙度。

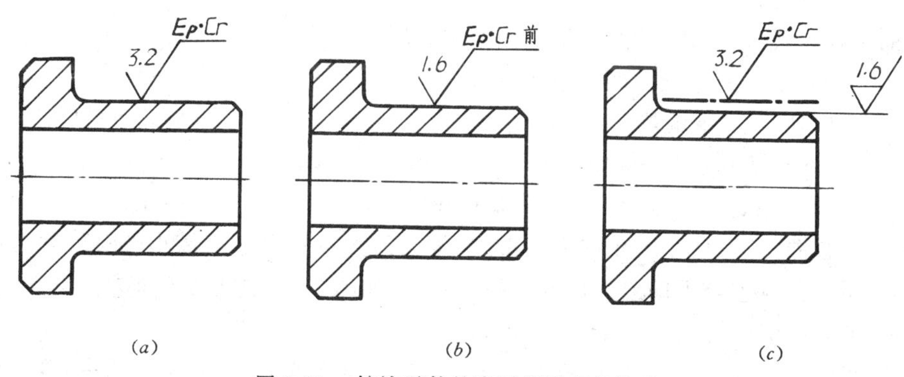

图 7-31 镀涂零件的表面粗糙度的注法

第五节　极限与配合

一、零件的互换性与尺寸公差

在成批或大量生产时，要求在同一规格的一批零件中，任意取出一个零件，无需经过挑选或修配就能顺利地进行装配，并达到预期的装配要求，这种性质叫做互换性。为了保证零件的

互换性，必须对零件加工后的实际尺寸规定一个允许的误差范围。零件实际尺寸允许的变动量，叫做尺寸公差，简称公差。

从机器的使用要求来看，把轴装到孔里，有的要求紧，有的要求松，两者结合要求的松紧程度，叫做配合。配合松紧是由尺寸公差的分布控制的，故公差与配合密切相关。

为实现零件的互换性，保证产品质量，国家标准总局发布了国家标准《极限与配合》(GB/T1800.1～1800.3－1998)、《线性尺寸的未注公差》(GB/T1804－92)和《标注方法》(GB4458.5－84)。现介绍如下。

二、极限与配合的基本概念及名词术语

1）基本尺寸 —— 设计时所确定的尺寸，如图 7-32 中的 $\phi40$ 是基本尺寸。

2）实际尺寸 —— 实际测量所得的尺寸。

3）极限尺寸 —— 允许尺寸变化的两个界限值。

最大极限尺寸：两个界限值中，较大的一个尺寸。

最小极限尺寸：两个界限值中，较小的一个尺寸。

如图 7-32 中轴的尺寸 $\phi40^{+0.015}_{-0.010}$ 表示：

基本尺寸　$\phi40$mm

最大极限尺寸　$\phi40+0.015=\phi40.015$mm

最小极限尺寸　$\phi40-0.010=\phi39.99$mm

轴的实际尺寸在 $\phi39.99$mm 到 $\phi40.015$mm 之间均为合格。

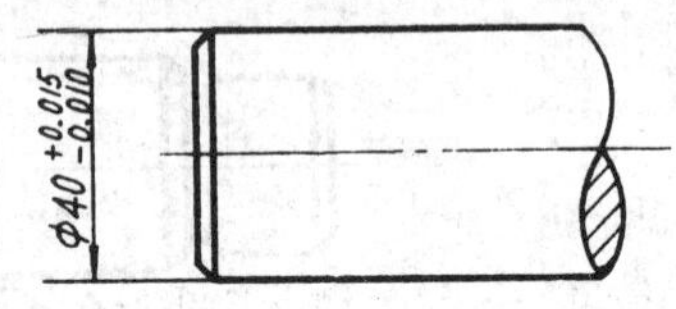

图 7-32　尺寸公差

4）尺寸偏差 —— 某一尺寸减其基本尺寸所得的代数差。偏差可以有正、负或零值。

上偏差：最大极限尺寸减其基本尺寸所得的代数差。

下偏差：最小极限尺寸减其基本尺寸所得的代数差。

偏差代号规定如下：

孔的上偏差代号为 ES，孔的下偏差代号为 EI。

轴的上偏差代号为 es，轴的下偏差代号为 ei。

图 7-32 中轴的上、下偏差为：

$$es=\phi40.015-\phi40=+0.015\text{mm}$$

$$ei=\phi39.99-\phi40=-0.010\text{mm}$$

5）尺寸公差 —— 尺寸的允许变动量，它等于最大极限尺寸与最小极限尺寸之代数差的绝对值，也等于上偏差与下偏差之代数差的绝对值。如图 7-32 中轴的公差为：

公差 $=\phi40.015-\phi39.99=0.025$mm

6）零线和公差带示意图 —— 极限与配合常用示意图来表示。在示意图中，确定偏差的一条基准直线，即零偏差线，通常称为零线，它代表基本尺寸。当零线画成水平线时，零线以上的偏差为正，零线以下的偏差为负。在示意图中表示上、下偏差的两条直线所限定的一个区域称为尺寸公差带。

图 7-33(a) 说明了尺寸公差与尺寸极限偏差的相互关系。为了简化起见，在实用中一般以公差带示意图来表示，如图 7-33(b) 所示。

7）标准公差 —— 极限配合标准中的“标准公差数值”(见表 7-5) 所列的用以确定公差带大小的任一公差，称为标准公差，用 IT 表示。标准公差分 20 个等级，即 $IT01$、$IT0$、$IT1$、$IT2$、

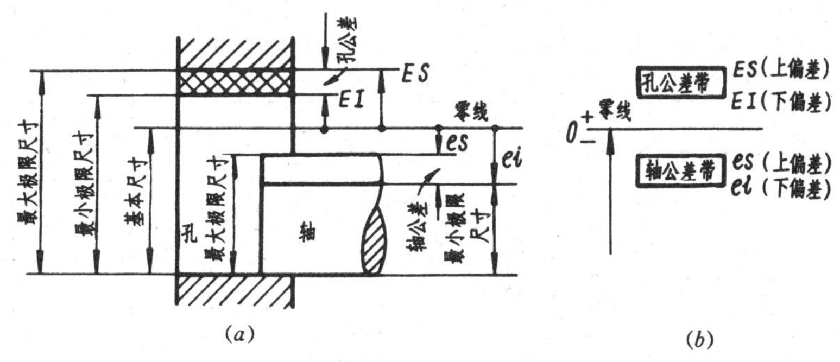

图 7-33　尺寸公差与尺寸极限偏差

…$IT18$。其中的数字表示等级，数字越小等级越高，$IT01$ 等级最高，公差数值最小；$IT18$ 等级最低，公差值最大。$IT01 \sim IT4$ 主要用于块规、量规，$IT2 \sim IT5$ 用于特别精密的公差配合，$IT5 \sim IT13$ 用于配合尺寸，$IT12$ 以下用于非配合尺寸。

8）基本偏差 —— 极限配合标准的表列中用以确定公差带相对于零线位置的上偏差或下偏差，一般是靠近零线的那个偏差。

例如图 7-34(a) 所示，当公差带在零线上方时，其基本偏差为下偏差；当公差带在零线下方时，其基本偏差为上偏差。又如，图 7-34(b) 所示为轴 $\phi 40^{+0.015}_{-0.010}$ 的公差带，它与零线交叠，靠近零线的那个下偏差 -0.010 为基本偏差。

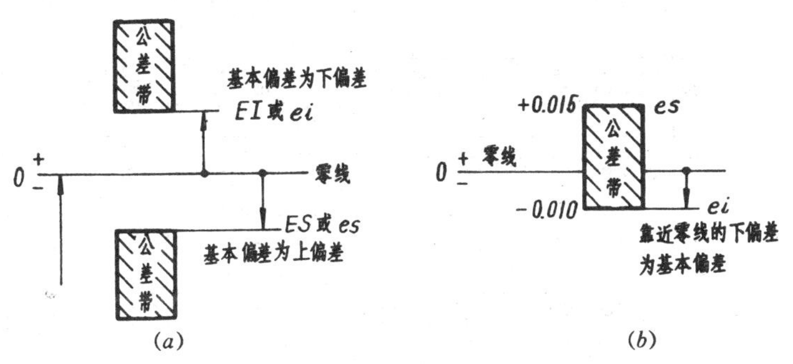

图 7-34　基本偏差

国家标准规定基本偏差代号用拉丁字母来表示，大写字母表示孔，小写字母表示轴，孔与轴的基本偏差各为 28 个，如图 7-35 所示。

图 7-35 中，斜线（或点）部分表示公差带；斜线（或点）部分与零线之间的区域表示基本偏差；J 与 j 代表对零线近似对称分布偏差；而 Js 与 js 为完全对称分布偏差，其上、下偏差为 $\pm \frac{1}{2}IT$。因此，严格地讲，Js 和 js 没有基本偏差。

由图可以看出，孔的基本偏差，从 A 到 H 为下偏差，J 到 ZC 为上偏差；轴的基本偏差从 a 到 h 为上偏差，j 到 zc 为下偏差。基本偏差系列图只给出了靠近零线一边的偏差，而另一偏差可以根据公差等级计算或查表得到。

9）孔、轴的公差带代号 —— 孔、轴公差带代号是用基本偏差代号和公差等级代号组成。例如：$H8$、$S6$、$K6$、$F7$ 等为孔的公差带代号；$h8$、$s6$、$k6$、$f7$ 等为轴的公差代号。

表 7-5　标准公差数值(摘自 GB/T1800.3 — 1998)

基本尺寸 mm		公差等级																			
		*IT*01	*IT*0	*IT*1	*IT*2	*IT*3	*IT*4	*IT*5	*IT*6	*IT*7	*IT*8	*IT*9	*IT*10	*IT*11	*IT*12	*IT*13	*IT*14	*IT*15	*IT*16	*IT*17	*IT*18
大于	至	μm													mm						
—	3	0.3	0.5	0.8	1.2	2	3	4	6	10	14	25	40	60	0.10	0.14	0.25	0.40	0.60	1.0	1.4
3	6	0.4	0.6	1	1.5	2.5	4	5	8	12	18	30	48	75	0.12	0.18	0.30	0.48	0.75	1.2	1.8
6	10	0.4	0.6	1	1.5	2.5	4	6	9	15	22	36	58	90	0.15	0.22	0.36	0.58	0.90	1.5	2.2
10	18	0.5	0.8	1.2	2	3	5	8	11	18	27	43	70	110	0.18	0.27	0.43	0.70	1.10	1.8	2.7
18	30	0.6	1	1.5	2.5	4	6	9	13	21	33	52	84	130	0.21	0.33	0.52	0.84	1.30	2.1	3.3
30	50	0.6	1	1.5	2.5	4	7	11	16	25	39	62	100	160	0.25	0.39	0.62	1.00	1.60	2.5	3.9
50	80	0.8	1.2	2	3	5	8	13	19	30	46	74	120	190	0.30	0.46	0.74	1.20	1.90	3.0	4.6
80	120	1	1.5	2.5	4	6	10	15	22	35	54	87	140	220	0.35	0.54	0.87	1.40	2.20	3.5	5.4
120	180	1.2	2	3.5	5	8	12	18	25	40	63	100	160	250	0.40	0.63	1.00	1.60	2.50	4.0	6.3
180	250	2	3	4.5	7	10	14	20	29	46	72	115	185	290	0.46	0.72	1.15	1.85	2.90	4.6	7.2
250	315	2.5	4	6	8	12	16	23	32	52	81	130	210	320	0.52	0.81	1.30	2.10	3.20	5.2	8.1
315	400	3	5	7	9	13	18	25	36	57	89	140	230	360	0.57	0.89	1.40	2.30	3.60	5.7	8.9
400	500	4	6	8	10	15	20	27	40	63	97	155	250	400	0.63	0.97	1.55	2.50	4.00	6.3	9.7
500	630	4.5	6	9	11	16	22	30	44	70	110	175	280	440	0.70	1.10	1.75	2.8	4.40	7.0	11.0
630	800	5	7	10	13	18	25	35	50	80	125	200	320	500	0.80	1.25	2.00	3.2	5.0	8.0	12.5
800	1000	5.5	8	11	15	21	29	40	56	90	140	230	360	560	0.90	1.40	2.30	3.6	5.6	9.0	14.0
1000	1250	6.5	9	13	18	24	34	46	66	105	165	260	420	660	1.05	1.65	2.60	4.2	6.6	10.5	16.5
1250	1600	8	11	15	21	29	40	54	78	125	195	310	500	780	1.25	1.95	3.10	5.0	7.8	12.5	19.5
1600	2000	9	13	18	25	35	48	65	92	150	230	370	600	920	1.50	2.30	3.70	6.0	9.2	15.0	23.0
2000	2500	11	15	22	30	41	57	77	110	175	280	440	700	1100	1.75	2.80	4.40	7.0	11.0	17.5	28.0
2500	3150	13	18	26	36	50	69	93	135	210	330	540	860	1350	2.12	3.30	5.40	8.6	13.5	21.0	33.0

注:1. 基本尺寸大于 500mm 的 *IT*1 至 *IT*5 的标准公差数值为试行值。

2. 基本尺寸小于 1mm 时,无 *IT*14 至 *IT*18。

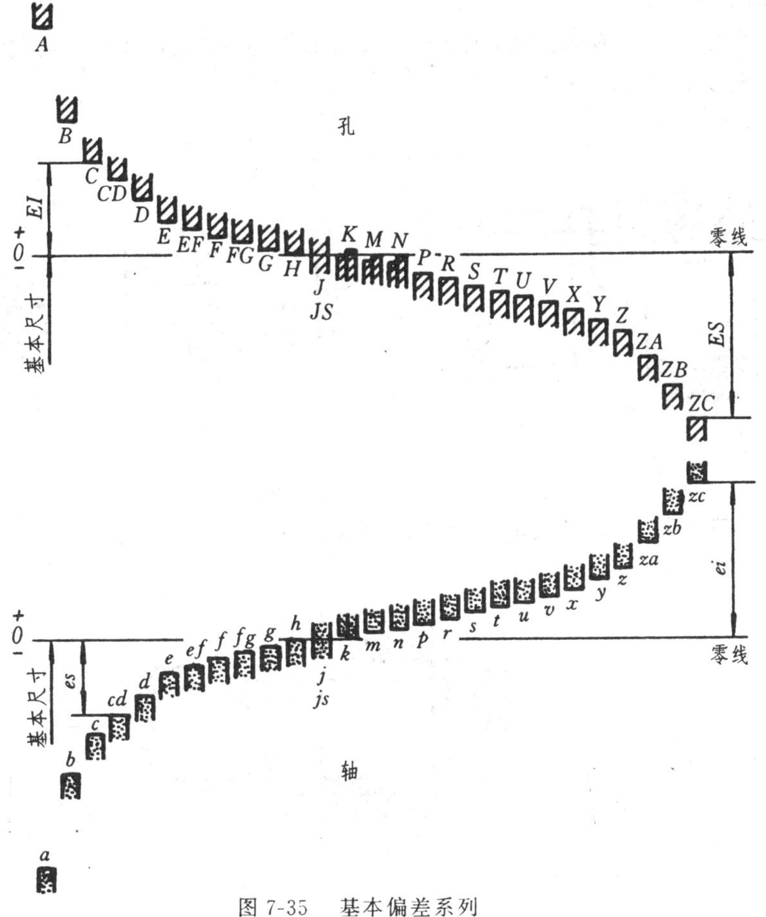

图 7-35　基本偏差系列

三、配合

1. 配合和配合种类

配合是指基本尺寸相同、互相结合的孔与轴公差带之间的关系。根据不同性能要求，配合有三种类型。

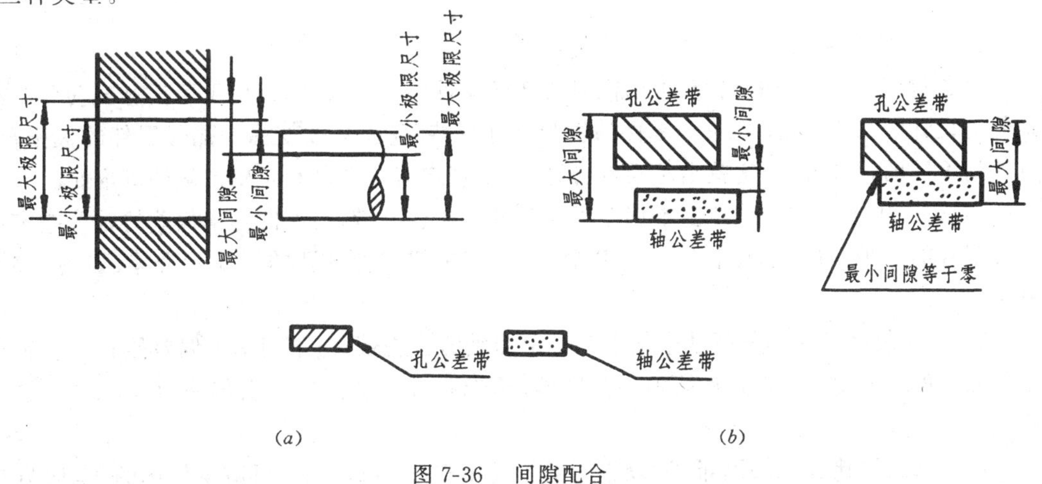

图 7-36　间隙配合

1）间隙配合 —— 具有间隙（包括最小间隙等于零）的配合。此时，孔的公差带在轴的公差带之上，如图 7-36 所示。

2）过盈配合 —— 具有过盈(包括最小过盈等于零)的配合。此时，孔的公差带在轴的公差带之下，如图 7-37 所示。

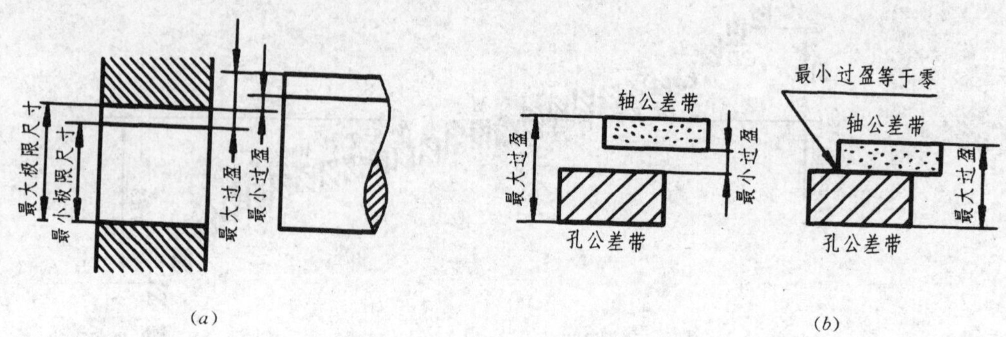

图 7-37 过盈配合

3）过渡配合 —— 可能具有间隙或过盈的配合。此时，孔的公差带与轴的公差带交叠，如图 7-38 所示。

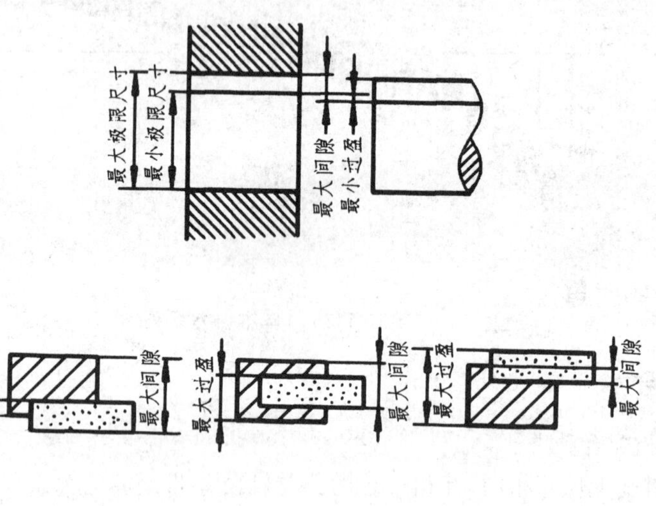

图 7-38 过渡配合

2. 配合的基准制

为了得到不同性质的配合，可以同时改变两零件的极限尺寸，但由于可任意变动而不利于零件的设计和加工。为此将一个零件的极限尺寸保持不变，只改变另一配合零件的极限尺寸，以达到不同的配合要求，这就是基准制。国家标准规定有基孔制和基轴制两种基准制。

1）基孔制(代号 H)是指基本偏差为一定的孔的公差带，与不同基本偏差的轴公差带形成各种配合的一种制度。基孔制的孔为基准孔，标准中规定基准孔的下偏差为零，如图 7-39(a)所示。

2）基轴制(代号 h)是指基本偏差为一定的轴的公差带，与不同基本偏差的孔公差带形成各种配合的一种制度。基轴制的轴为基准轴，标准中规定基准轴的上偏差为零，如图 7-39(b)所示。

由于加工孔比加工轴困难，所以在一般情况下多采用基孔制，可减少使用的工具、量具的规格。如果在一根等轴径的光轴上需要装配不同类型的零件，且配合性能要求不同时，则必须

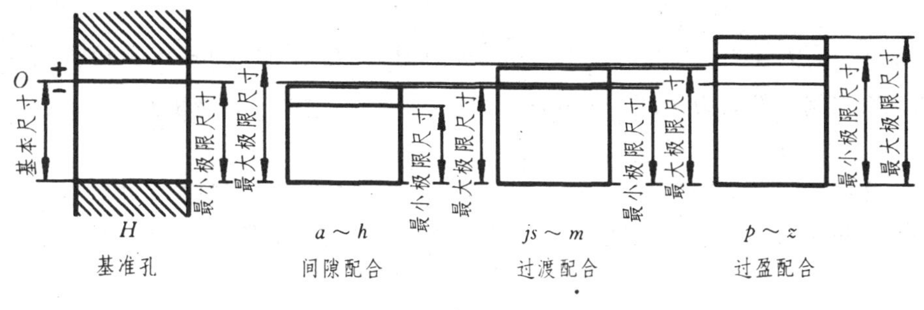

(a) 基孔制示意图

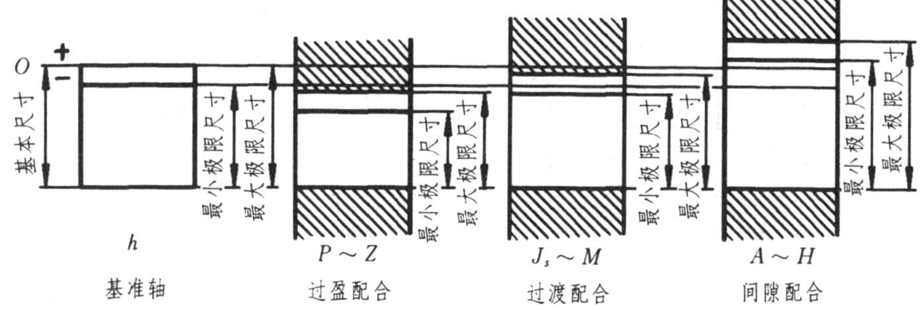

(b) 基轴制示意图

图 7-39 两种基准制

采用基轴制,如图 7-40 所示。

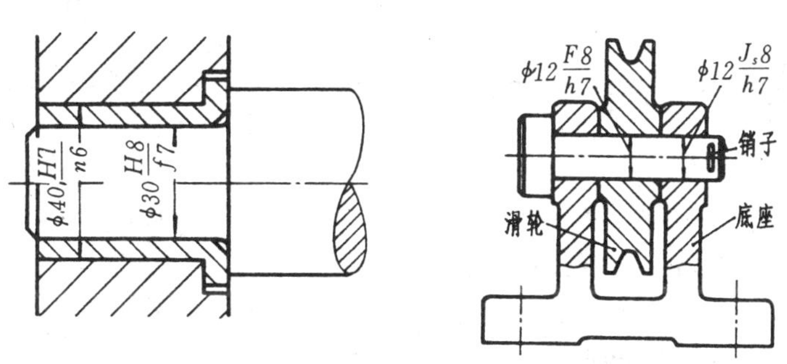

(a) 基孔制配合的标注　　(b) 基轴制配合的标注

图 7-40 装配图上配合尺寸标注示例

四、极限与配合在图样上的标注

1. 装配图上的标注

在装配图上,应注出配合部位的基本尺寸和配合代号。配合代号是用孔和轴的公差带代号以分数形式组合而成,分子为孔的公差带代号,分母为轴的公差带代号,如$\frac{H8}{f7}$(或 $H8/f7$)。标注的配合代号可以清楚地表示它是哪一种基准制,属于哪一种配合性质,以及孔、轴的标准公差等级。

如图 7-40(a) 所示,配合尺寸 $\phi30\frac{H8}{f7}$ 表示孔、轴的基本尺寸为 $\phi30$,基孔制,公差等级为 8 级的基准孔与基本偏差为 f、公差等级为 7 级的轴配合,它属于间隙配图。

如图 7-40(b) 所示，配合尺寸 $\phi12\,\dfrac{J_s8}{h7}$ 表示孔、轴的基本尺寸为 $\phi12$，基轴制，公差等级为 7 级的基准轴与基本偏差为 J_s、公差等级为 8 级的孔配合，它属于过渡配合。

2. 零件图上的标注

在零件图上，应注出配合部位的基本尺寸与公差带代号，也就是把装配图标注的分式中的分子部分注在孔的基本尺寸后面，而把分母部分注在轴的基本尺寸后面，如图 7-41 所示。

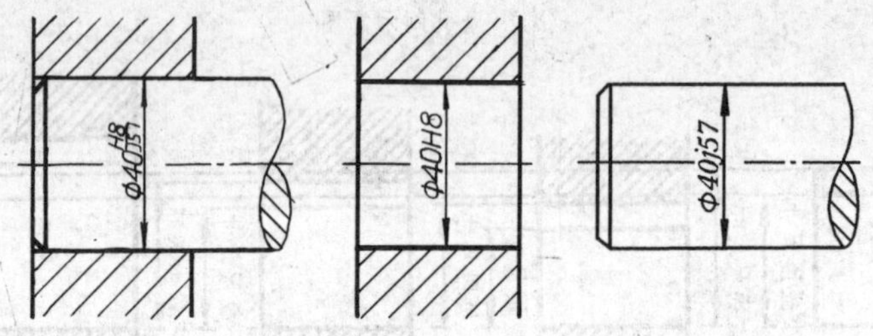

图 7-41　零件图上公差带代号的标注

在零件图上，可以在基本尺寸后面注出公差带代号，也可以只注出极限偏差值，如图 7-42 所示；或两者同时标注，即在注明公差带代号后，用括号加注极限偏差数值，如图 7-43 所示。

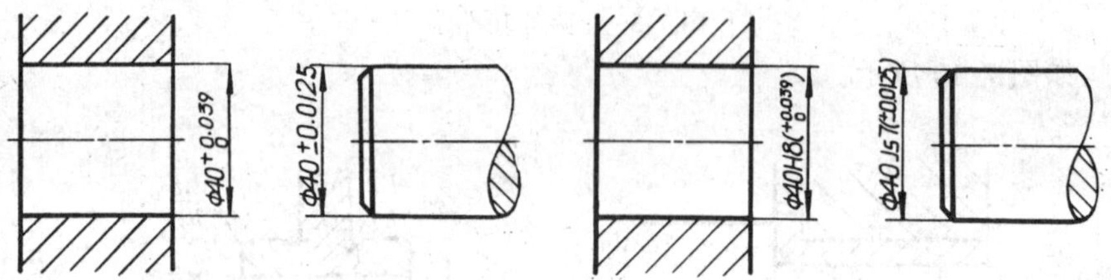

图 7-42　零件图上极限偏差值的标注　　　图 7-43　零件图上公差带代号与极限偏差的标注

零件图上的偏差数值，应从有关手册或本书附录中查得。注写时其字号比基本尺寸数字小一号，上偏差应注在基本尺寸的右上方，下偏差与基本尺寸注在同一底线上。上、下偏差的小数点必须对齐，小数点后的位数也必须相同。当上偏差或下偏差值为零时，在个位数位置上标出数字“0”。若上、下偏差的绝对值相等时，只注写一次，并在该偏差值之前加“±”号，且偏差值字高和基本尺寸字高相等，见图 7-42 所示。

第六节　形状和位置公差简介

形状与位置公差简称形位公差，它是指零件加工后的实际要素的形状和相对位置对理想形状和理想位置所允许的变化范围。如图 7-44 为一圆柱滚轮，$\phi100^{0}_{-0.022}$ 外圆柱面有两项要求，一是外圆柱面的圆度误差不大于 0.04，这是零件上要素的形状公差。二是外圆柱面对于 $\phi45^{+0.025}_{0}$ 轴线径向圆跳动误差不大于 0.015，这是零件要素的位置公差。另外，滚轮左右两端要求平行，即右端面对于左端面 A 的平行度公差为 0.01。

形位公差对机器、仪器等各种产品的性能，如工作精度、连接强度、密封性、运动平稳性、耐

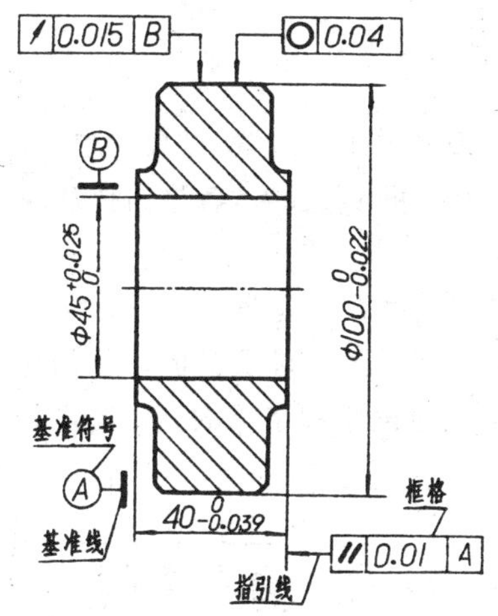

图 7-44 滚轮的形位公差的注法

磨性、噪声等都有一定的影响，尤其对于在高速、高温、高压、重载荷条件下工作的精密机器与仪器更为重要，因此它与表面粗糙度、尺寸公差一样，是评定产品质量的一项重要技术指标。

这里简要地介绍形位公差代号及其标注。

一、形状与位置公差的种类和符号

形位公差共有两类 14 个项目，各项目的名称及符号见表 7-6。

表 7-6 形位公差项目及符号(摘自 GB/T1182 — 1996)

分类		特征	符号	分类		特征	符号
形状公差		直线度	—	位置公差	定向	平行度	//
		平面度	▱			垂直度	⊥
		圆度	○			倾斜度	∠
		圆柱度	⌭		定位	位置度	⌖
形状或位置公差	轮廓	线轮廓度	⌒			同轴(同心)度	◎
		面轮廓度	⌓			对称度	⌯
					跳动	圆跳动	↗
						全跳动	⌰

二、形位公差代号及其标注

形位公差一般采用框格标注。

1. 形位公差框格画法

公差框格用细实线绘制，一般画成水平位置，必要时也可以画成垂直位置。

公差框格按实际需要可分隔成两格或多格，各格内按从左到右的顺序填写以下内容：

第一格 —— 形位公差符号；

第二格 —— 形位公差数值及有关附加符号；

第三格及以后各格 —— 基准代号的字母及其他符号，如图 7-44 所示。

框格的推荐尺寸见图 7-45，格中数字和字母的高度与图样中的其他字体高度相同。

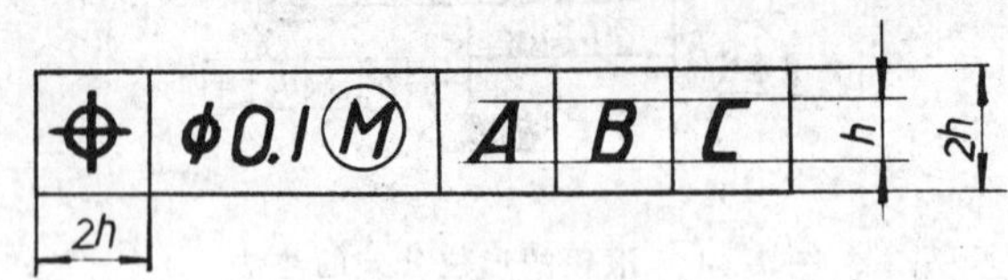

图 7-45　形位公差框格

2. 被测部位的注法

框格必须与零件上有形位公差要求的要素发生关系。有形位公差要求的要素又称被测要素。标准中规定，用带箭头的指引线，从框格的一端（左端或右端）引出，垂直地指到被测要素的轮廓线或其引出线上，如图 7-44 中带箭头的指引线。

不同的被测要素，其标注方法也有所不同。当被测要素为轴心线、对称平面时，指引线的箭头应与该要素的尺寸对齐，如图 7-46 所示。当被测要素为零件的表面时，指引线箭头应明显地与尺寸线错开，如图 7-47 所示。

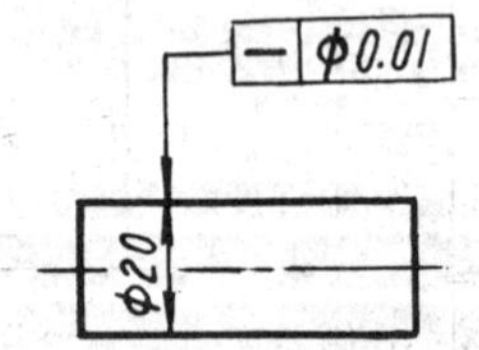

图 7-46　被测要素为轴心线的标注

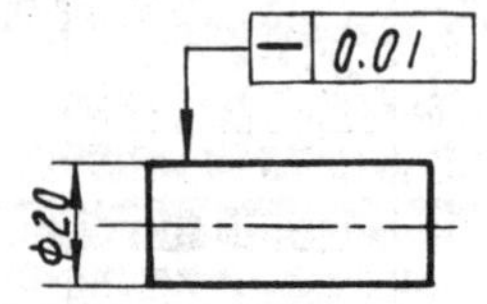

图 7-47　被测要素为表面的标注

3. 基准部位的注法

基准部位的指引线带有基准符号，基准符号用加粗的短划线表示。基准部位与公差框格的另一端相连。基准符号应该靠近基准要素的轮廓线或其引出线，如图 7-48(*a*) 所示。

当基准符号不便与公差框格直接相连时，则用基准代号标注。基准代号由基准符号、圆圈和相应的字母等组成。当采用基准代号标注时，须在框格中填写相应的字母，如图 7-48(*b*)、(*c*) 所示。

当基准要素为轴心线或对称平面时，基准代号的指引线应与该要素的有关尺寸线对齐，如图 7-48(*c*) 所示。当基准要素是平面或圆柱面时，基准代号应与尺寸线明显地错开，如图 7-48(*b*) 所示。

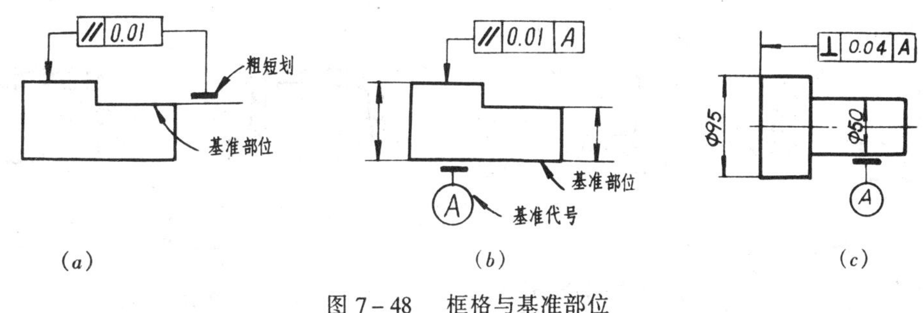

图 7-48 框格与基准部位

第七节 技术要求与材料

一、技术要求

在零件图上标注了尺寸、尺寸公差、形位公差、表面粗糙度等要求后，有时还不能完全反映出零件的质量要求，这时可以用文字（长仿宋体）在"技术要求"标题下说明，其位置应尽量置于标题栏的上方和左方。

技术要求的条文应编顺序号，每一条都要另起一行。仅一条时，不写顺序号。

技术要求内容应简明扼要，通俗易懂。技术要求一般包括下列内容：

1) 对零件材料、毛坯、热处理的要求。例如，"铸件不得有砂眼及气孔"，"毛坯要进行热处理"等。

2) 对有关尺寸要素的统一要求。例如，"铸造圆角 $R3 \sim 5$"。

3) 对试验条件与方法的要求。例如，零件强度试验等。

二、材料

用以制造零件的材料，必须在零件图标题栏的"材料"一项中注明，一般是填写材料的代号。制造零件用的材料很多，具体见附录表 29、表 30、表 31。

材料的热处理要求应写在技术要求中，有关材料热处理名词及适用范围等，见附录表 32。

第八节 零件结构的工艺性简介

零件的结构形状主要是由它在部件（或机器）中的作用决定的，但是，制造工艺对零件的结构也有某些要求。因此，在画零件图时，应该使零件的结构既能满足使用上的要求，又要方便制造。

一、铸造的一些结构

1) 铸造圆角——在铸件毛坯各表面的相交处、转角处，都有铸造圆角，这样既方便起模，又可避免铸件产生缩孔或裂纹，如图 7-49 所示。

2) 起模斜度——为了在造砂型时起模方便，一般在模样上沿起模方向作约 1∶20 的斜

图 7-49　铸造圆角　　　　图 7-50　起模斜度

度，因此在铸件上也有相应的起模斜度，如图 7-50(*a*) 所示。这种斜度在图上可以不予标注，也不一定画出，如图 7-50(*b*) 所示，必要时可在技术要求中说明。

3）壁厚 —— 在浇铸铸件时，为了避免因各部分冷却速度的不同而产生缩孔或裂缝，铸件壁厚应保持大致相等或逐渐变化，如图 7-51 所示。

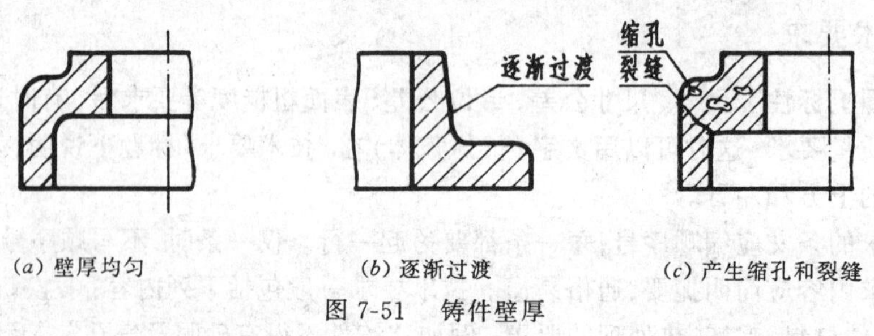

(*a*) 壁厚均匀　(*b*) 逐渐过渡　(*c*) 产生缩孔和裂缝

图 7-51　铸件壁厚

二、机械加工的一些结构

(1) 倒角和倒圆

为了去除零件端部或孔口的锐边，便于装配和安全操作，常将轴端或孔口加工成倒角。常用的倒角是 45°，也有用 60° 或 30° 的。为避免因应力集中而产生裂纹，在轴肩处往往加工成圆角的过渡形式，称为倒圆。倒角和倒圆如图 7-52 所示。

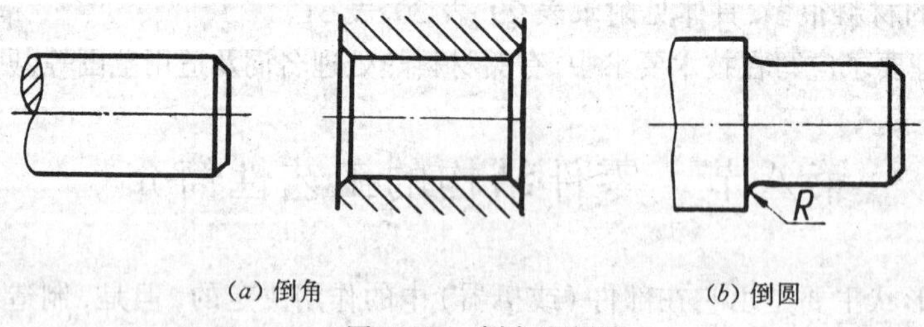

(*a*) 倒角　(*b*) 倒圆

图 7-52　倒角和倒圆

(2) 退刀槽和砂轮越程槽

在切削加工中，为了便于退出刀具或使砂轮可以稍稍越过加工面，保证加工表面全长上的要求，需要先加工出退刀槽或砂轮越程槽。图 7-53(*a*)、(*b*) 上有车、磨的退刀槽和砂轮越程槽；图 7-53(*c*) 所示为螺纹刀的退刀槽；图 7-53(*d*) 所示为插刀退刀槽。

(3) 钻孔结构

用钻头钻出的盲孔，在底部有一个 120° 的锥角，钻孔深度指的是圆柱部分的深度。在阶梯

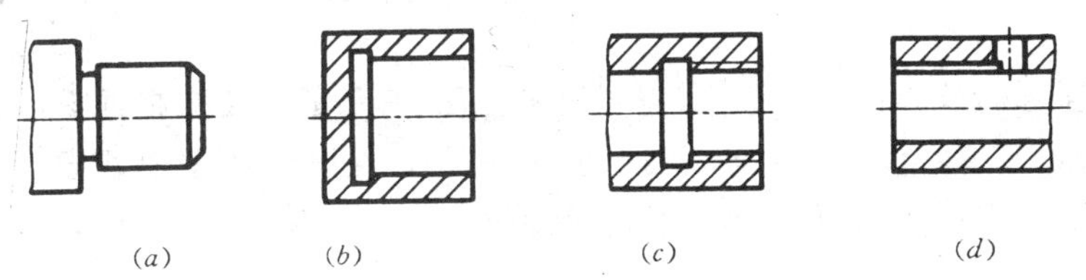

图 7-53　退刀槽与砂轮越程槽

形钻孔的过渡处，也存在锥度 120° 的圆台，如图 7-54 所示。

用钻头钻孔时，应尽可能使钻孔端面与钻头轴线垂直，以保证钻孔准确和避免钻头折断。图 7-55 表示三种钻孔端面的正确结构。

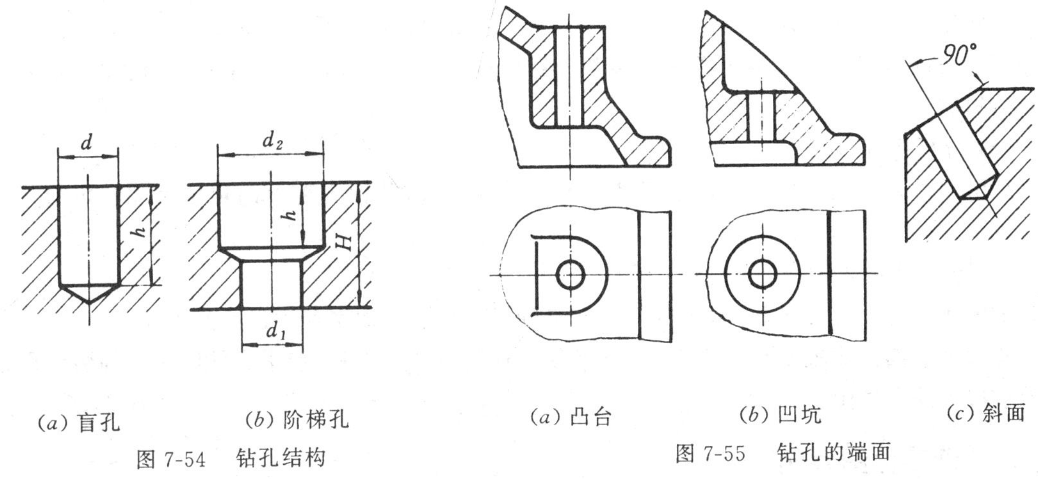

图 7-54　钻孔结构

图 7-55　钻孔的端面

(4) 减少加工面积

为了减少加工面积，并保证零件表面之间有良好的接触，常在铸件上设计出凸台和凹槽，如图 7-56 所示为减少加工面积的结构。

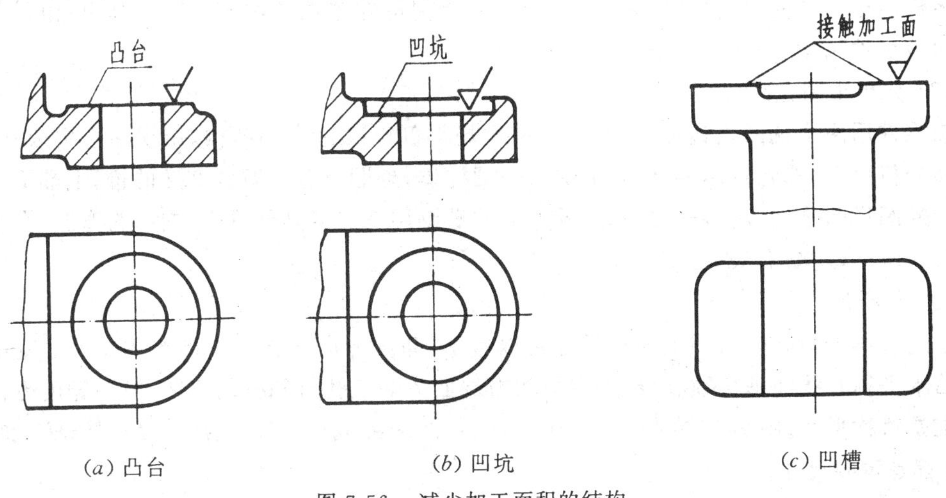

图 7-56　减少加工面积的结构

第九节 读零件图

在设计、加工和检验零件的过程中，需要读零件图，其目的是要求根据零件图想象出零件内、外结构的形状，了解零件尺寸和各项技术要求等。例如在设计时，往往需要参考同类零件图纸，研究零件的结构合理性；在制造零件时，读懂图纸，采取合理的加工方法，以保证产品质量。

一、读零件图的方法和步骤

(1) 读标题栏

根据标题栏及有关说明，了解零件的名称、材料、比例以及作用等，对零件有一个初步认识。

(2) 分析视图，想象形状

了解零件图上各个视图的配置以及各个视图之间的投影关系。在此基础上，运用投影规律，对零件进行形体分析，逐个弄清各个部分结构以及它们之间的相对位置，进而想象出零件的整体形状。

(3) 分析尺寸

了解零件长、宽、高三个方向的尺寸基准和重要尺寸，找出各部分的定位尺寸和定形尺寸等。

(4) 读技术要求

了解图中的全部技术要求，包括尺寸公差、形位公差、表面粗糙度以及其他要求。

有时为了读懂比较复杂的零件图，还需参考有关的技术资料，包括零件所在部件装配图以及与它有关的零件图。

二、读零件图举例

图 7-57 是弯式同轴联接器的外壳零件图。

(1) 读标题栏

零件名称为外壳，属壳体类零件。由标题栏比例可知零件图按放大四倍画出；由材料代号可查得该零件用 40 － 2 铅黄铜制造。

(2) 分析视图，想象形状

该零件用两个视图表达形状，主视图采用局部剖以表达内部结构，俯视图主要表达外形。由形体分析可知，外壳主体为方形。上部为一圆柱体，外圆上有一宽为 2.2 的槽，上端面有一深为 1.3 的圆形凹槽。右端为一圆柱形，外圆上的螺纹用来连接其他零件。内部为弯孔，孔的上部和右端呈阶梯形。图 7-58 是外壳的轴测图。

(3) 分析尺寸

通过形体分析和分析图上所注尺寸可以看出，高度方向和长度方向的主要尺寸基准分别是孔的水平轴心线和垂直轴心线，上端面和右端面为加工孔口和槽的工艺基准；宽度方向的尺寸基准是对称平面。图 7-57 中的 10 ± 0.012、11.9 ± 0.021、$\phi 11H8$、$\phi 8.3H7$、$\phi 12H7$ 和 $\phi 7 \pm 0.018$ 都是重要尺寸。

其余 3.2
Φ14
Φ12
Φ0.02 A
Φ11H8
Φ8.3H7
1.3
1.8
Φ15
4.5
4
2.2
7
1.6
Φ7±0.018
A
24
10±0.012
SR3.5
Φ0.025 A B
1.6
Φ7±0.018
Φ12H7
M14×0.75
B
2
11.9±0.021
Φ0.02 B
1.2×Φ13.2
0.2×45°
Φ16.4 0 -0.11
16.4×16.4
技术要求
1. 镀覆 D·Ag 0.7。
2. 未注公差按 IT13 制造。
制图
审核
外 壳
07-01-01
ZCuZn40Pb2 4:1

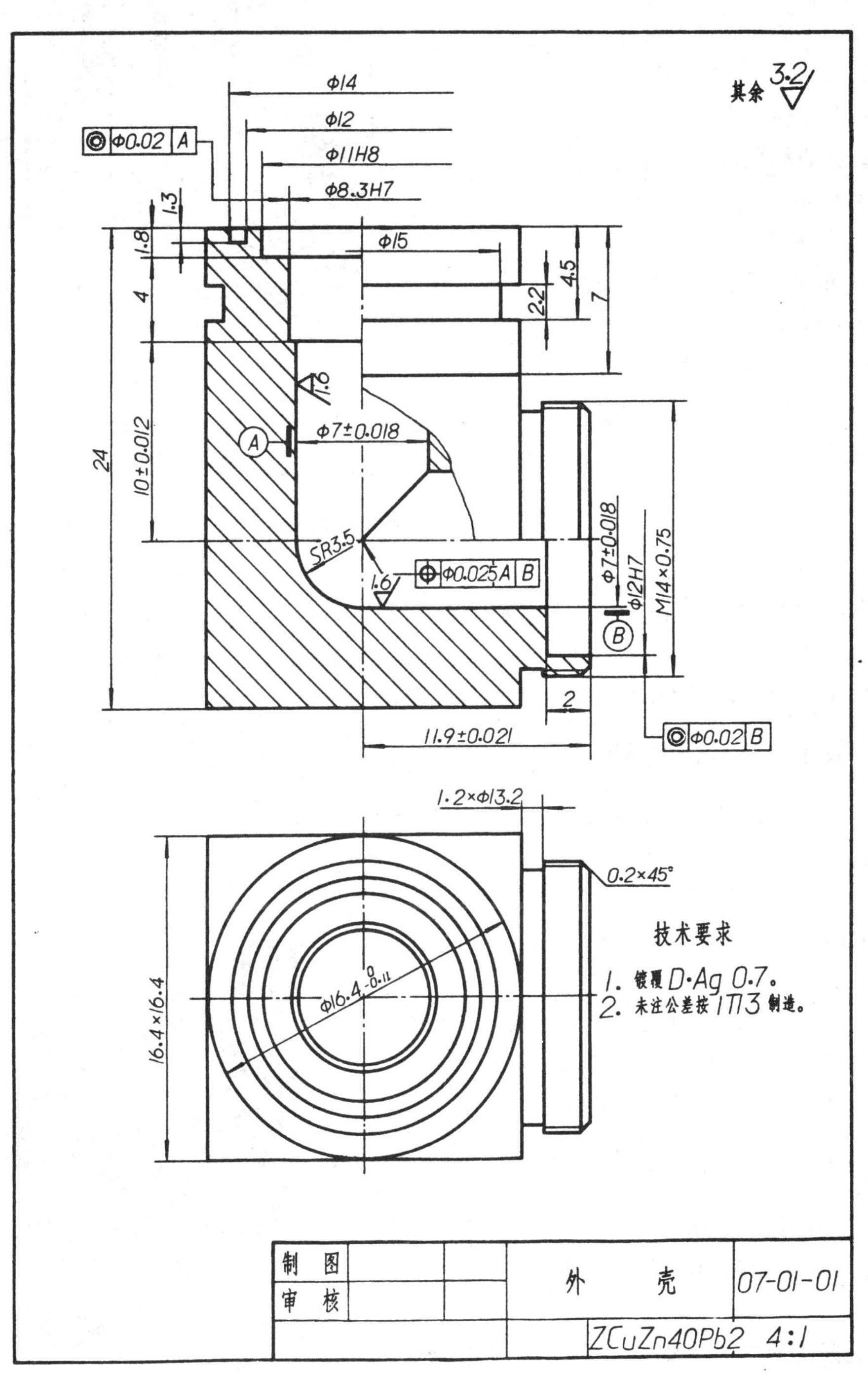

图 7-57 外壳零件图

(4) 读技术要求

图 7-57 中的尺寸 $\phi 11H8$、$\phi 8.3H7$ 和 $\phi 12H7$ 分别是公差等级为 8 级和 7 级的基准孔，未注明的公差等级按 13 级制造。孔 $\phi 8.3H7$ 的轴心线对于垂直孔 $\phi 7 \pm 0.018$ 的轴心线同轴度公差为 $\phi 0.02$，孔 $\phi 12H7$ 的轴心线对于水平孔 $\phi 7 \pm 0.018$ 的轴心线同轴度公差为 $\phi 0.02$，孔的转弯处球面的中心对于基准 A 和 B 的位置度公差为 $\phi 0.025$。

零件的表面用去除材料的方法获得，弯孔的表面粗糙度 R_a 的上限值为 1.6，其余各表面的粗糙度 R_a 的上限值为 3.2。技术要求中还说明了零件表面镀银厚度为 0.7μm。

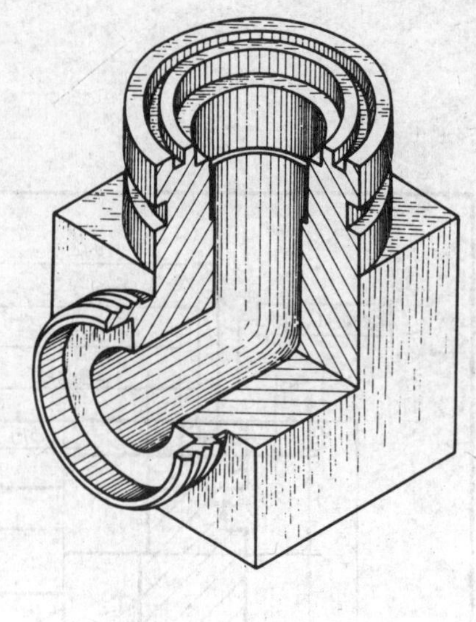

图 7-58　外壳的轴测图

第十节　零件测绘

对现有的零件实物进行绘图、测量和确定技术要求的过程，称为零件测绘。在生产中，对所引进的新产品进行仿制开发或对旧产品进行修配时，因无现成图纸资料或产品备件，往往需要进行测绘工作，然后再依据所画的图纸进行加工制造。

一、测绘的方法和步骤

测绘时首先根据零件实物画出零件草图，再根据零件草图绘制成装配图和零件工作图，其具体方法和步骤如下：

1）了解零件的名称、材料，零件在所属机器或部件中的作用、工作运动情况，与相邻零件的装配连接关系，装拆顺序和方法等。

2）分析零件的结构特点，确定该零件的视图表达方案(包括视图、剖视、断面等)。

3）布置视图位置，用目测的方法判定图形的大小比例，徒手绘制草图，并努力做到图线清晰、比例匀称、图面整洁。

4）根据零件的工作情况和加工情况，合理选择尺寸基准，画出所注尺寸的尺寸界线、尺寸线和箭头。

5）根据已画出的尺寸线，将逐一测量出的尺寸数值填入尺寸线内。对于有精度要求的尺寸，如配合尺寸和重要孔的定位尺寸等，需进行精密测量，查阅有关手册，拟定合理的公差配合级别。对于螺纹、沉孔、销孔、键槽、退刀槽等标准结构

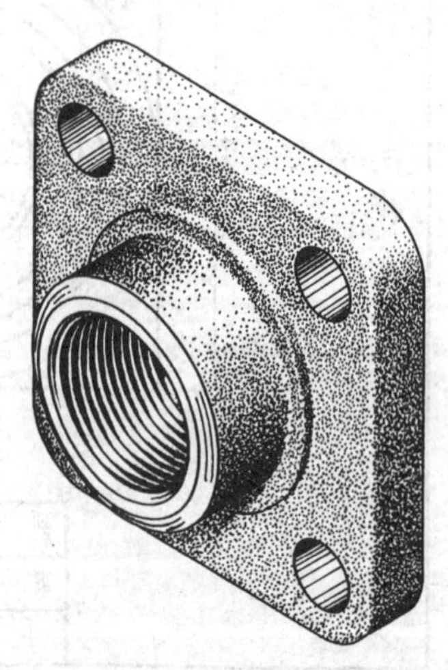

图 7-59　阀体接头的轴测图

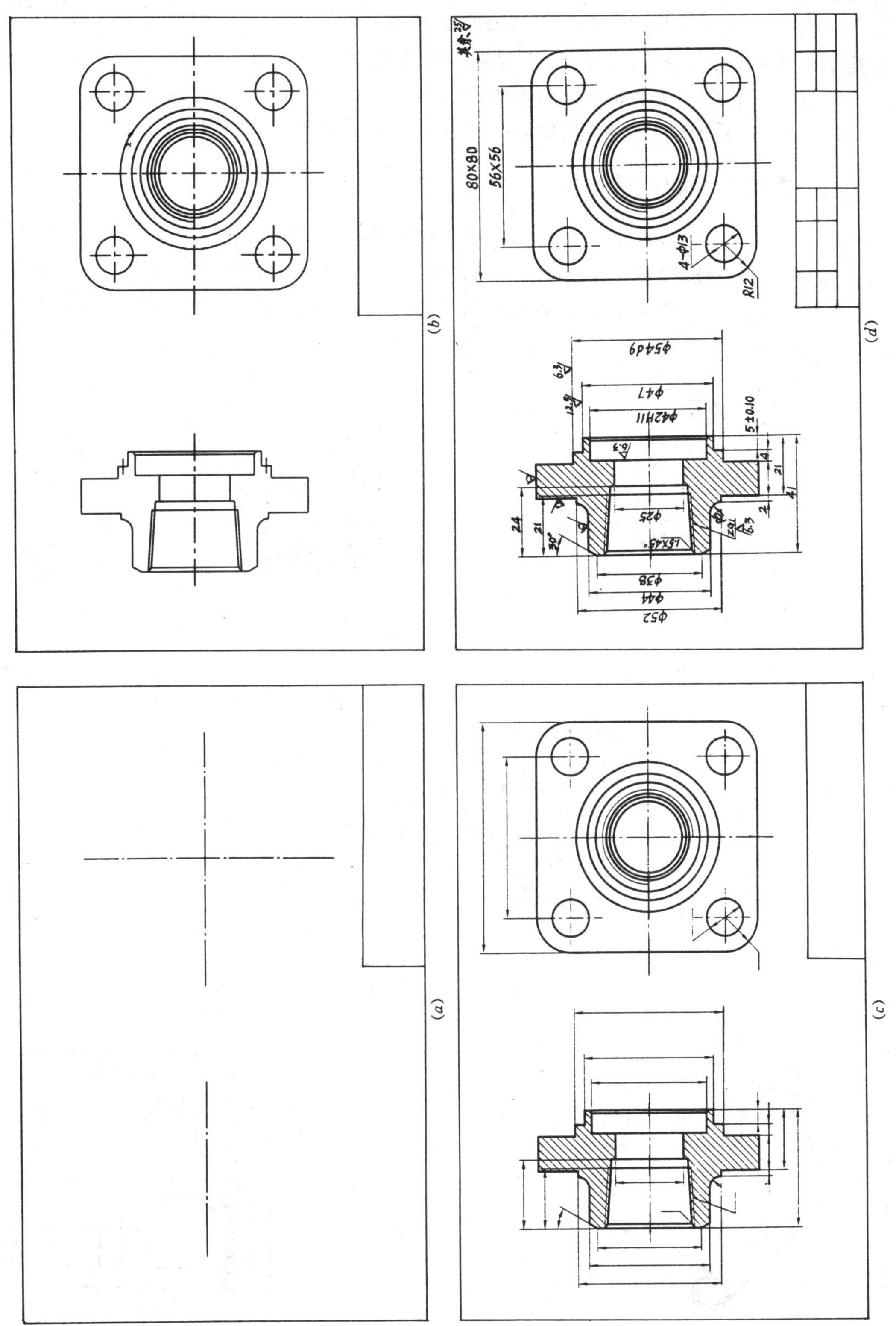

图 7-60　画零件草图的步骤

的尺寸,测量后并查阅有关手册,核对确定。

6）零件表面粗糙度代号的标注,需在分析其功能的基础上,或与标准粗糙度块规对比,或根据基本尺寸的公差等级,标注相应的表面粗糙度代号。

7）填写零件图的技术要求和标题栏。

图 7-59 是球阀上阀体接头的轴测图,绘制该零件草图的步骤如图 7-60 所示。

二、零件尺寸的测量方法

零件上全部尺寸的测量应集中进行。测量尺寸时,最常用的测量工具有直尺,内外卡钳,游标尺以及圆角规,螺纹规等。直线尺寸可用直尺或游标卡尺直接测量,回转体的内、外直径可用内、外卡钳或游标卡尺测量,测量壁厚时可用直尺与内、外卡钳配合进行,各种测量方法见图 7-61 ~ 图 7-65。

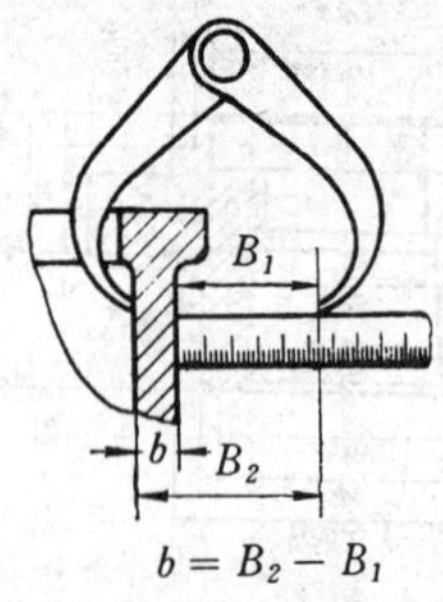

图 7-61 测量壁厚

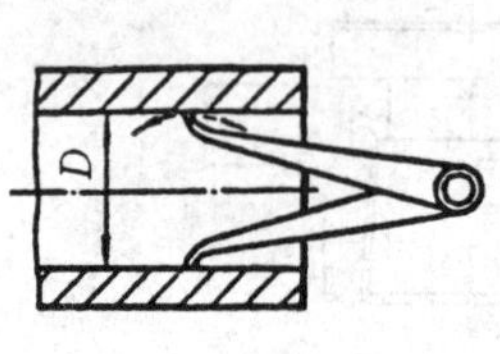

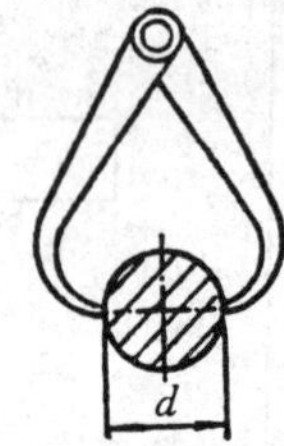

图 7-62 内、外卡测量内、外直径

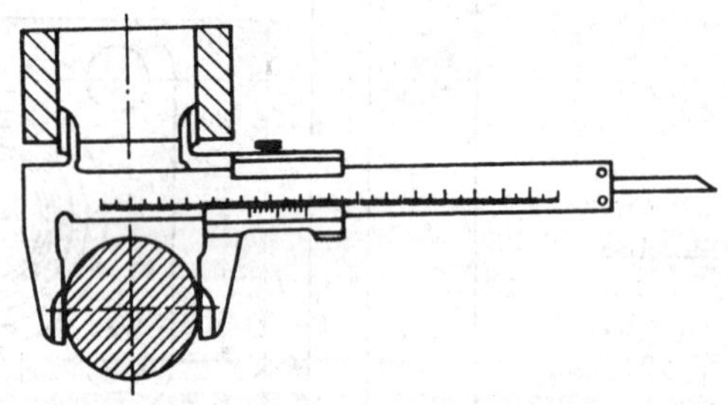

图 7-63 游标卡测量内、外直径

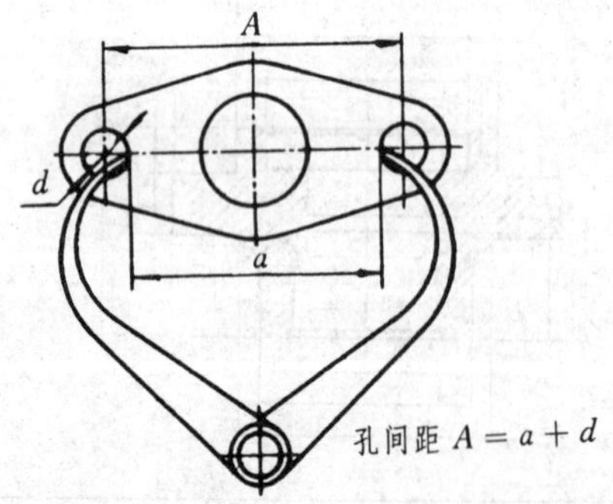

图 7-64 测量孔间距

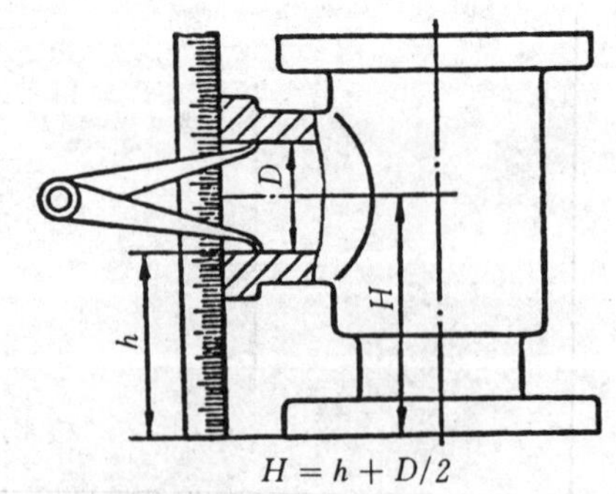

图 7-65 测量轴孔中心高

思 考 题

1. 试述零件图视图选择的原则。
2. 零件上哪些面、线常选作尺寸基准?合理标注尺寸应注意些什么?
3. 说明表面粗糙度代号在图样上的标注方法。
4. 分别写出几个公差等级代号、基本偏差代号、公差带代号和配合代号。
5. 简述绘制和阅读零件图的方法步骤。

○第八章

装 配 图

本章要点 要求了解装配图的作用和内容，知道装配图的表达方法，掌握由零件图画成装配图的方法和步骤，掌握怎样读装配图和由装配图拆画零件图的方法，了解一些装配结构的合理性问题等。

第一节 装配图概述

装配图是表示产品（机器）及其组成部分（部件）的连接、装配关系的图样。

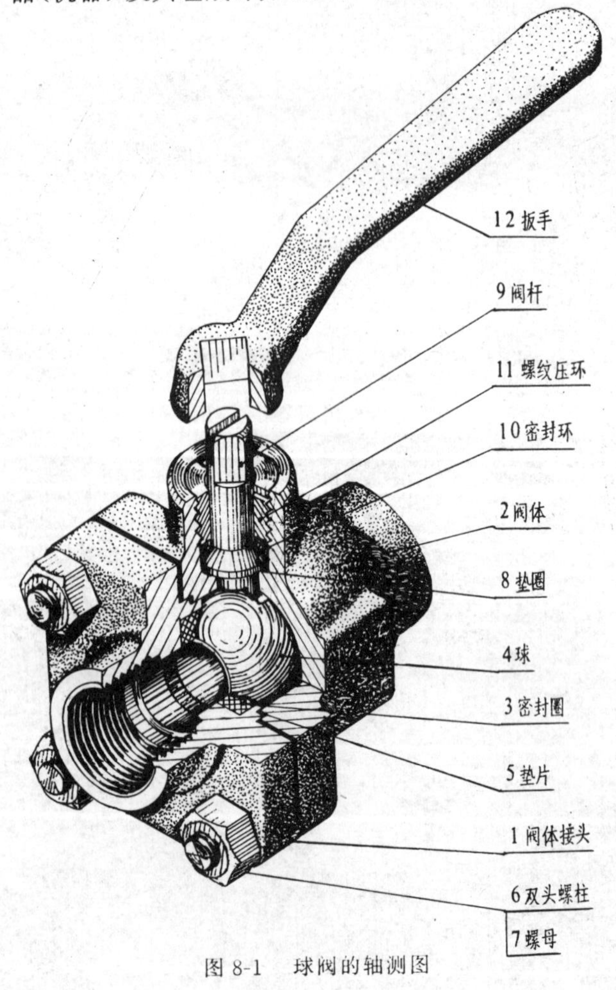

图 8-1 球阀的轴测图

在设计过程中，根据设计对象的功用和要求，先要画出装配图来表达装配体的结构和传动等关系，再根据装配图设计零件并绘制零件图；在制造过程中，装配图是制订装配工艺规程，进行装配、检验、安装、调试及维修的技术依据。

图 8-1 是球阀的轴测图，图 8-2 是球阀的装配图。一张装配图一般应包括以下几方面内容：

1）视图 —— 表达机器或部件的工作原理、装配关系、各零件的主要结构形状等。

2）尺寸 —— 标注机器的规格、配合、安装和总体等尺寸。

3）技术要求 —— 说明机器的性能、装配和检验的要求。

4）标题栏、明细栏（表）和零件编号 —— 标题栏说明机器的名称、重量、代号、比例等。明细栏（表）列出组成该机器的全部零件的编号、名称、规格、材料等。零件编号是为了便于看装配图和生产管理。

第二节　装配图的视图表达

装配图与零件图一样是按照投影原理画出的，表达零件结构形状所采用的各种视图、剖视、断面和其他表达方法，都适用于表达机器或部件的装配图。

如图 8-2 所示球阀装配图有三个基本视图，主视图是全剖视，左视图因图形基本对称用半剖视，俯视图采用局部剖视图。除基本视图外，还有 A 向和 B 向局部视图。

装配图是表达多个零件组成的机器或部件的图样，在表达工作原理、区别不同零件、反映零件间装配关系及表示各零件的主要形状时，还有其特殊表达方法和应注意的问题。

一、装配图视图的表达要求

1）表示出部件整体以及各零件的主要结构形状。

2）反映部件中零件之间的装配关系和连接关系。

3）表示出部件的工作原理，包括传动路线、油液或气体通路的工作情况等。

二、装配图画法的基本规定

为能清晰而简便地表达部件的结构及其各组成零件之间的装配关系，在绘制装配图时应遵守以下基本规定：

1）两相邻零件的接触面和配合面只画一条轮廓线。两零件虽相邻，但表面既不接触，也不配合，则必须画出两条线，即画出各自的轮廓线，如图 8-5(a) 所示。

2）当用剖视表达两个或两个以上零件相邻接触时，它们的剖面线应以倾斜方向不同或间距不同来加以区别，如图 8-5(b) 所示。同一零件在各视图中的剖面线方向和间距必须一致。

3）图样中宽度等于或小于 2mm 的狭小断面，可用涂黑代替剖面符号，如图 8-2 中垫片的画法。

4）在装配图中，当剖切平面通过紧固件、实心件（如轴、手柄、球等）的轴线纵向剖切这些零件时，这些零件均按不剖绘制，如图 8-5(c) 所示。但是，当剖切平面垂直于这类零件的轴线进行剖切时，仍按剖切表示，如图 8-3 的俯视图中紧固件的画法。

5）对于不剖切表示的零件，如果其上有槽、孔、牙型等结构需要表达，则可采用局部剖视来表示。

图 8-3 是滑动轴承的装配图，图 8-4 是滑动轴承的轴测图，可供画装配图时参考。

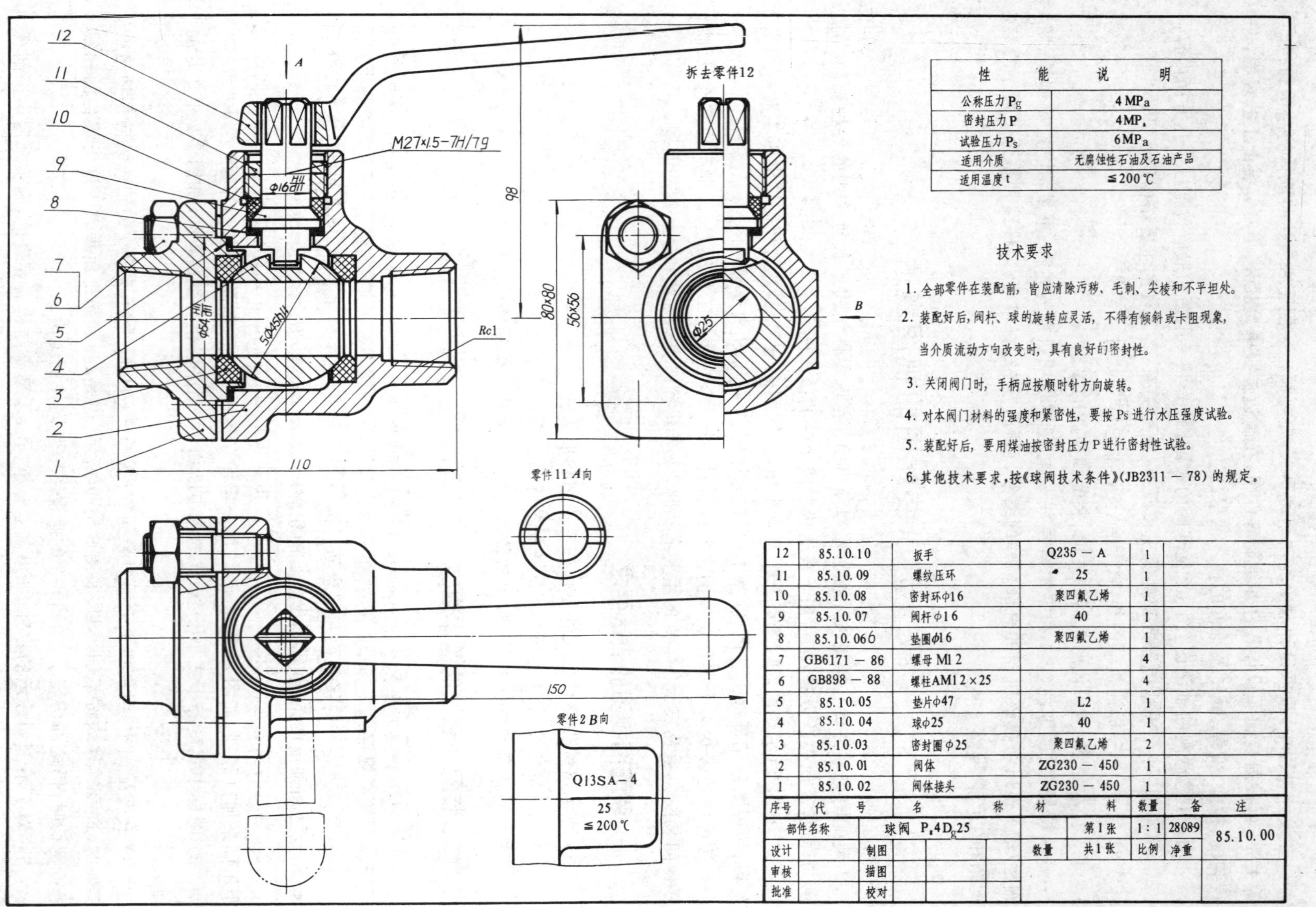

性能	说明
公称压力 P_g	4 MPa
密封压力 P	4MPa
试验压力 P_s	6MPa
适用介质	无腐蚀性石油及石油产品
适用温度 t	≤200℃

技术要求

1. 全部零件在装配前，皆应清除污秽、毛刺、尖棱和不平坦处。
2. 装配好后，阀杆、球的旋转应灵活，不得有倾斜或卡阻现象，当介质流动方向改变时，具有良好的密封性。
3. 关闭阀门时，手柄应按顺时针方向旋转。
4. 对本阀门材料的强度和紧密性，要按 Ps 进行水压强度试验。
5. 装配好后，要用煤油按密封压力 P 进行密封性试验。
6. 其他技术要求，按《球阀技术条件》(JB2311－78) 的规定。

序号	代号	名称	材料	数量	备注
12	85.10.10	扳手	Q235－A	1	
11	85.10.09	螺纹压环	25	1	
10	85.10.08	密封环φ16	聚四氟乙烯	1	
9	85.10.07	阀杆φ16	40	1	
8	85.10.06	垫圈φ16	聚四氟乙烯	1	
7	GB6171－86	螺母 M12		4	
6	GB898－88	螺柱AM12×25		4	
5	85.10.05	垫片φ47	L2	1	
4	85.10.04	球φ25	40	1	
3	85.10.03	密封圈φ25	聚四氟乙烯	2	
2	85.10.01	阀体	ZG230－450	1	
1	85.10.02	阀体接头	ZG230－450	1	

部件名称	球阀 P_g4D_g25		第1张	1:1	28089	85.10.00
设计	制图		数量	共1张	比例	净重
审核	描图					
批准	校对					

图 8-2 球阀的装配图

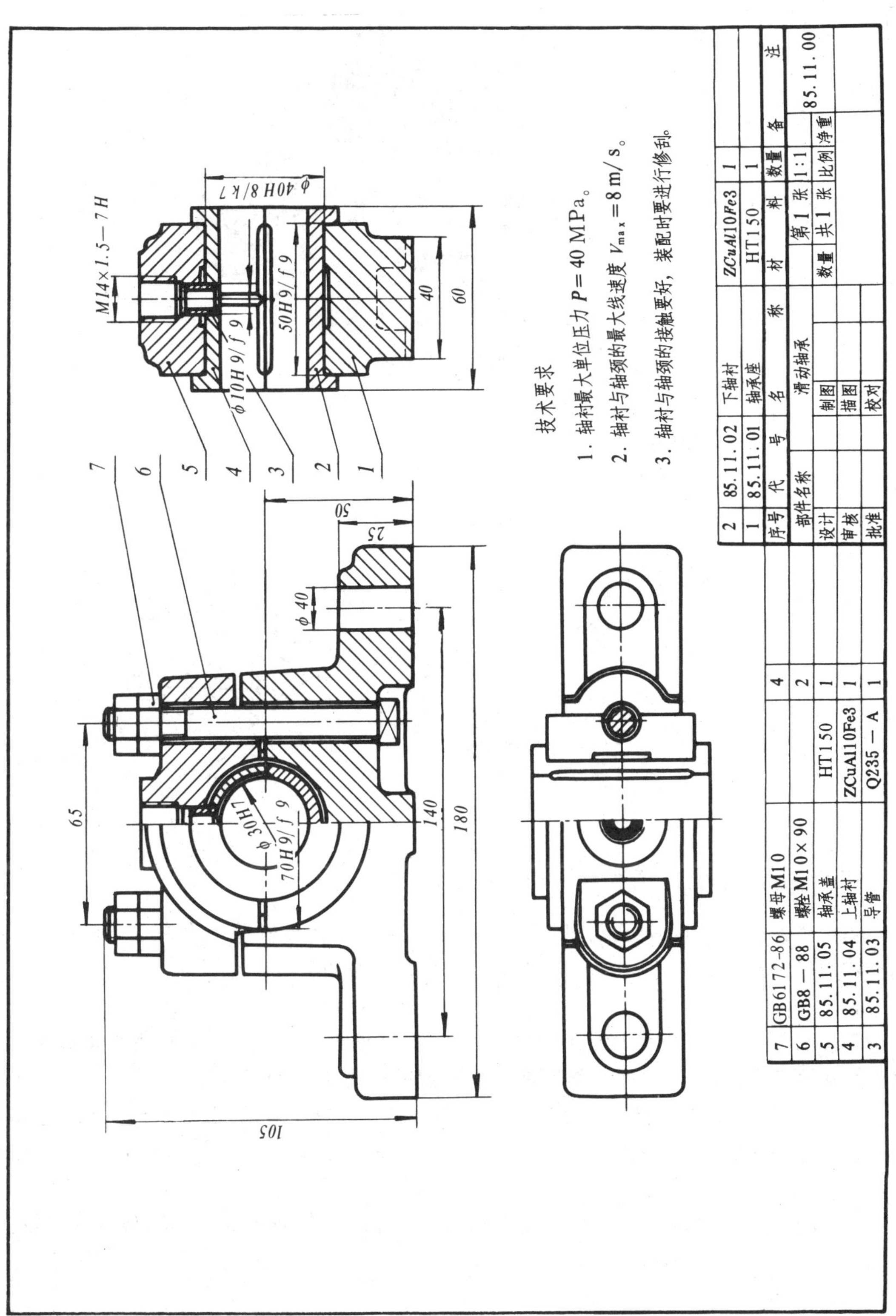

图 8-3 滑动轴承的装配图

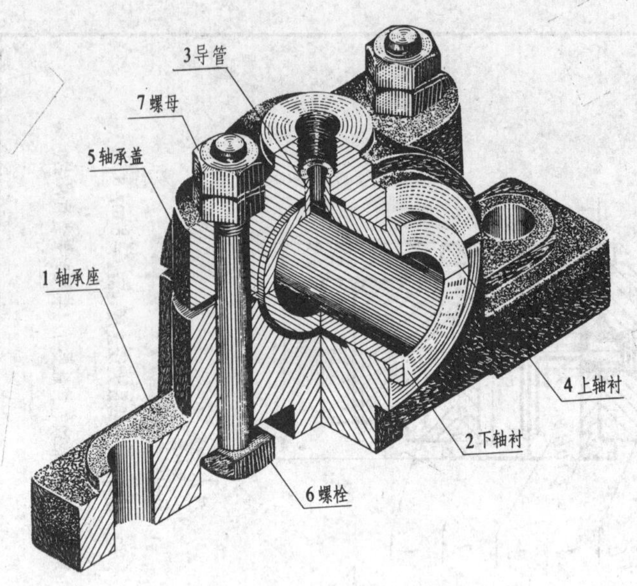

图 8-4 滑动轴承的轴测图

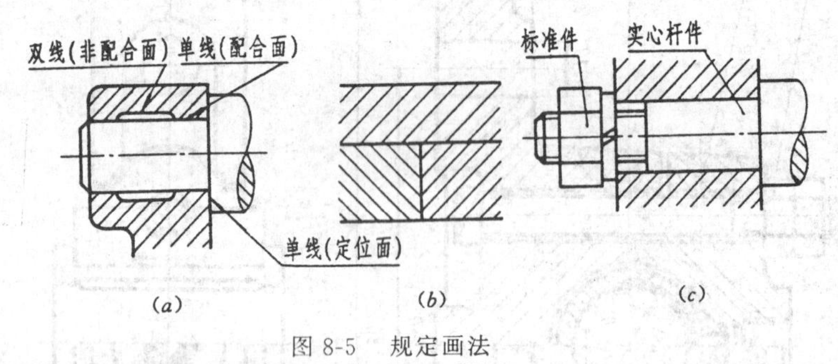

图 8-5 规定画法

三、装配图的特殊表达方法和简化画法

为了使机器或部件的结构能用简便的方法在图样上表达出来，并且使装配图清晰、易懂，对装配图规定了一些特殊的表达方法和简化画法。现介绍如下：

1．拆卸画法

在装配图的某个视图上，当某些零件(通常如盖等明显可以拆去的零件)遮住了需要表达的装配体内部或后面零件的装配结构时，可假想拆去这些零件后再画图。

1）假想沿这些零件的结合面剖切，此时零件的结合面不画剖面线，而被剖切的零件必须画出剖面线。如图 8-3 的俯视图的右半图和图 8-6(*a*) 所示就是沿结合面选取剖切平面的拆卸画法。

2）假想将某些零件拆卸后再画图，需要说明时，可以标注"拆去 ××"等，如图 8-2 的左视图所示。

2．假想画法

1）当需要表达所画部件与相邻的、不属于本部件的零件或部件的关系时，可用双点划线画出相邻零、部件的轮廓，如图 8-6(*b*) 所示。

2) 当需要表达运动零件的极限位置时，可将运动件画在一个极限位置上，另一个极限位置用双点画线表示，如图 8-2 中，手柄在俯视图上关闭球阀的极限位置用双点画线画出。

3. 单独画法

有时需要清楚地表示出某个零件的结构形状，而又不必画出整个部件在这个方向的视图，可单独画出该零件的视图，但必须在所画视图的上方注出“零件 ×× 向”，表明该图形所示零件的序号和投射方向，如图 8-6(*c*) 和图 8-2 零件 11 的 *A* 向视图。

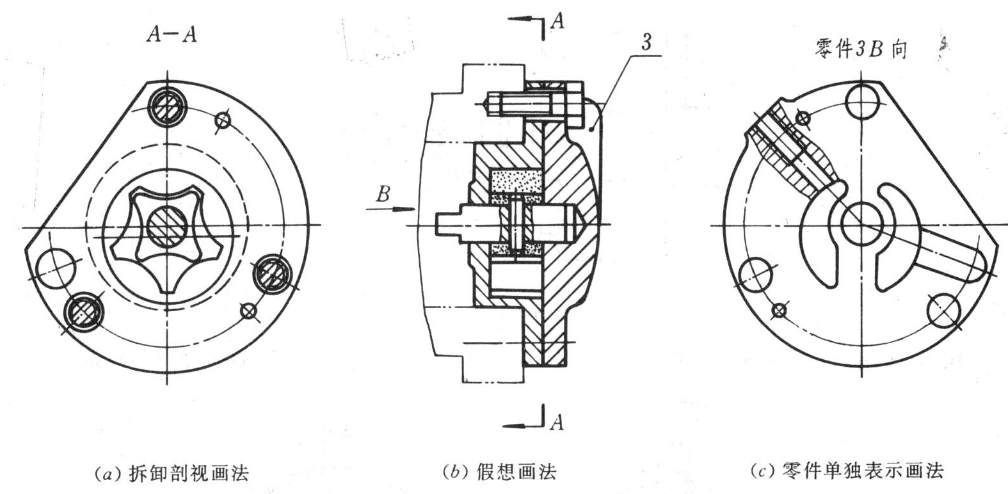

(*a*) 拆卸剖视画法　　(*b*) 假想画法　　(*c*) 零件单独表示画法

图 8-6　转子泵装配图中采用的特殊画法

4. 夸大画法

在装配图中，如绘制厚度很小的薄片、直径很小的孔、微小间隙等时，该部分可不按原比例而夸大画出，如图 8-2 和图 8-7 中的垫片的画法等。

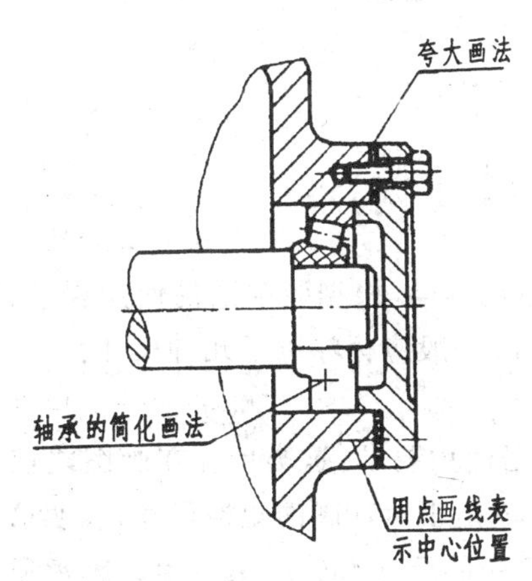

图 8-7　夸大画法和简化画法

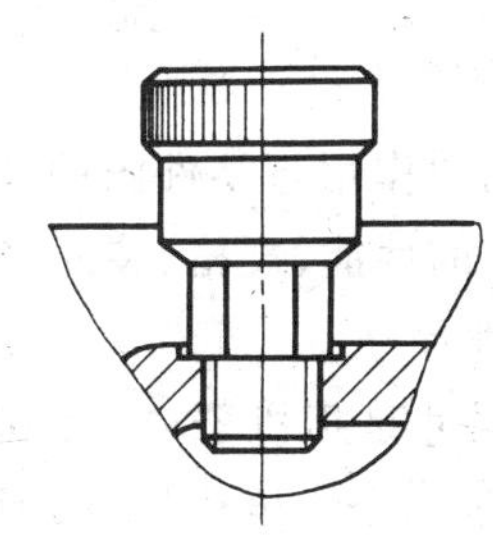

图 8-8　油杯组合件的表示法

5. 简化画法

装配图中应用的简化画法主要有下面几种：

1) 对于装配图中的螺栓连接等若干相同零件组，允许仅详细画出一处或几处，其余用点划线表示中心位置，如图 8-7 所示的螺钉连接的画法。

2）在装配图中，当剖切平面通过某些标准产品的组合件，或该组合件已在其他视图上表示清楚时，可以只画出其外形图，如图 8-8 所示的油杯组合件的表示法。装配图中的滚动轴承允许采用第六章表 6-10 中的简化画法，如图 8-7 所示。

3）在装配图中，零件的工艺结构，如小圆角、倒角、退刀槽等可简化不画。

4）在电枢、定子、变压器、散热器及其他类似部件的装配图中，片束或元件束、绕组及其他组合件应作整体物件表示，如图 8-9 所示。

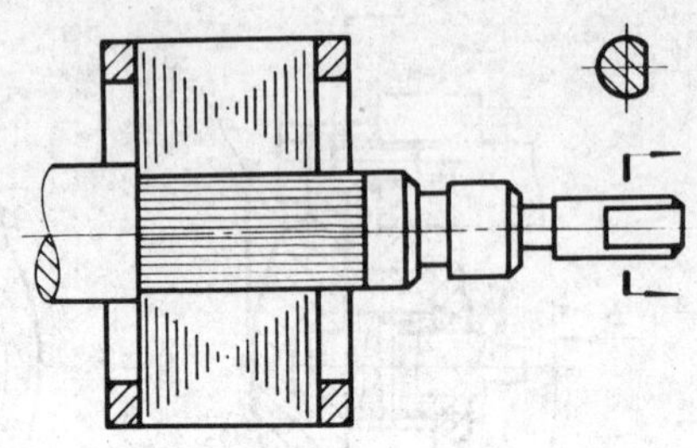

图 8-9　片束的表示法

5）在锅炉、化工设备的装配图中，可以用点画线表示密集的管子，如图 8-10 所示。

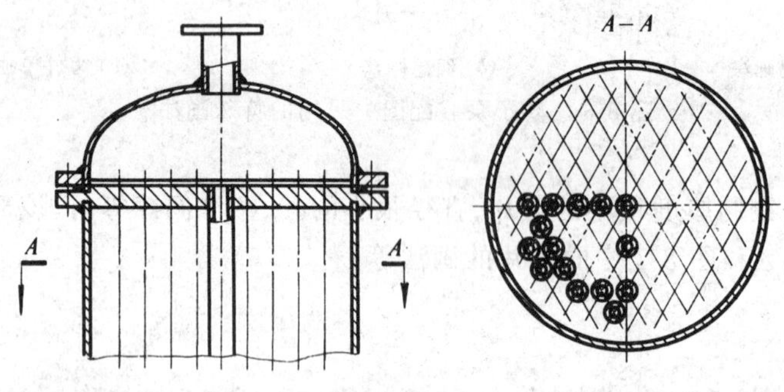

图 8-10　密集管子的表示法

第三节　装配图的尺寸标注

装配图的作用与零件图的作用不同，故其尺寸标注也不同。根据装配图的使用要求，只需标注与部件的性能、规格、装配、安装、运输等有关的尺寸。一般应标注以下几种尺寸：

1. 特性尺寸

特性尺寸是指机器或部件的性能和规格尺寸。根据使用要求，这类尺寸在画图之前已确定，是设计的一个主要依据。如图 8-2 中的尺寸 $\phi25$、$Rc1$ 就是表示球阀的规格尺寸，表明这种球阀是用在孔径为 1 英寸（25.4mm）的管子上。又如图 8-3 中的尺寸 $\phi30H7$ 表示滑动轴承所配用轴的公称直径为 $\phi30$。

2. 装配尺寸

为了保证装配体的性能，在装配图上需注出零件间的配合尺寸、主要的相互位置尺寸及装配时需加工的尺寸，作为设计零件及装配零件的依据。如图 8-3 中尺寸的 $\phi40H8/k7$、$50H9/f9$、$\phi10H9/f9$、$70H9/f9$ 等均为配合尺寸；尺寸 65 为主要的相互位置尺寸。

3. 安装尺寸

将部件安装到其他零部件上，或将机器安装到使用地点的基础上所必需的尺寸。如图 8-3 中的安装面积大小，螺钉通过孔中心位置及孔径等尺寸 ϕ14、25、140、40 等。

4. 外形尺寸

表示机器或部件的总长、总宽、总高，为机器或部件的包装、运输和安装使用提供了所占空间的尺寸。如图 8-3 中的尺寸 180、105、60 都属于外形尺寸。

5. 其他重要尺寸

这类尺寸有主要零件的一些计算尺寸、螺纹尺寸、啮合齿轮中心距、偏心距、运动零件极限位置尺寸等。如图 8-2 中 $M27 \times 1.5 - 7H/7g$ 是螺纹尺寸。

以上所列五类尺寸，彼此并不是孤立的，实际上有的尺寸往往同时具有几种不同的含义。例如图 8-2 中的 $Rc1$ 既是特性尺寸，又是安装尺寸。

第四节　装配图的零件序号、明细栏和技术要求

一、零件序号

为了便于看装配图，在装配图上必须对每种不同的零件进行编号，这种编号称零件的序号，用来指明各零件在装配图中的位置。同时，通过序号把视图和明细栏联系起来，这样看图时就能方便、全面地了解每一种零件的情况。

编注序号要做到依照顺序、排列整齐、布置匀称、清晰醒目。为此，必须遵守以下规则：

1) 从表示该零件较明显的视图上画一引出线（细实线），在引出线的起端画一小黑圆点，点在被编零件的投影区域内；在引出线的另一端（必须在视图轮廓以外），用细实线画一短横线或小圆，供填写零件序号用，如图 8-11(a) 所示。序号字高比该装配图中所注尺寸数字高度大一号或两号。

对于薄片或细小零件，在投影区域内无法画出小黑圆点时，可在引出线的起端画一箭头，指向所编零件的投影轮廓，如图 8-11(b) 所示。

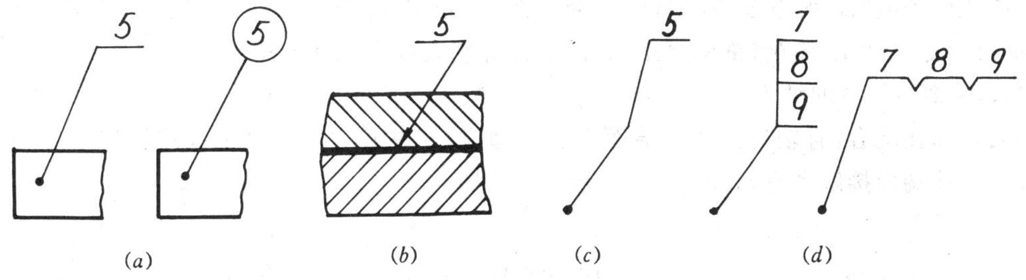

图 8-11　序号的编注方法

2) 引出线彼此不能相交，并尽可能少穿过其他零件的投影区域。当引出线通过有剖面线的区域时，不应与剖面线平行。也不要将引出线画成垂直线和水平线。

3) 需要时，引出线可画成折线，但只允许折一次，如图 8-11(c) 所示。

4) 对于相同的几个零件，一般只要从一处引出，只编一个序号。

5) 对一组紧固件或是装配关系清楚的零件组，可以采用公共引出线，如图 8-11(d) 所示。

6) 零件序号沿水平或垂直方向排列整齐、按序注写，其顺序可按顺时针或逆时针方向排

列，参看图 8-2 和图 8-3。

二、明细栏

明细栏是装配图中全部零件的详细目录，内容有序号、代号、名称、材料、数量及备注等。明细栏画成表格形式，应紧靠在标题栏的上方，如图 8-2 所示。如果标题栏上方地位不够时，可将其余部分排列在标题栏的左边，如图 8-3 所示。明细栏和标题栏的格式见第一章和附录。

明细栏中的零件序号，按顺序由下而上填写，以便必要时可增加零件项目。在生产实际中常把明细栏与装配图分开，单独画在另一图纸上，与其他图纸装订成册，作为装配图的附件，这时零件序号应按顺序由上向下填写。

填写标准件的名称时，还应注写出规格尺寸，如“螺栓 $M6\times16$”、“键 18×100”等，并将标准代号填入代号栏中。

材料一栏填写材料牌号，标准紧固件和部(组)件一般不填材料。

明细栏中的“数量”，是指装配图所表示的部件或机器中相同零件的数量。

为了便于生产管理，对部件中所有一般零件都应编代号，在代号栏中列出。

三、技术要求

装配图上的技术要求，一般包括下列三方面的内容：

1) 装配过程中的技术要求，如装配前清洗、装配时加工、指定的装配方法，装配后必须保证的精度等。

2) 检验、试验过程中的技术要求，如检验、试验的条件、方法和质量要求等。

3) 使用要求，如产品的基本性能、规格及使用时注意事项等。

上述技术要求的内容，应注写在标题栏上方或左方，并在标题“技术要求”下逐条编号，如图 8-2 和图 8-3 所示。

第五节　装配结构的合理性简介

画装配图时，必须考虑装配结构的合理性，不合理的结构不仅影响装配性能和精度的要求，而且给零件加工、装配、维修带来困难。下面介绍几种常见的装配结构。

1. 端面接触时的结构

当轴和孔配合，且轴肩与孔的端面互相接触时，应在孔边制成倒角或在轴肩根部切槽，以保证两零件端面接触良好，如图 8-12 所示。

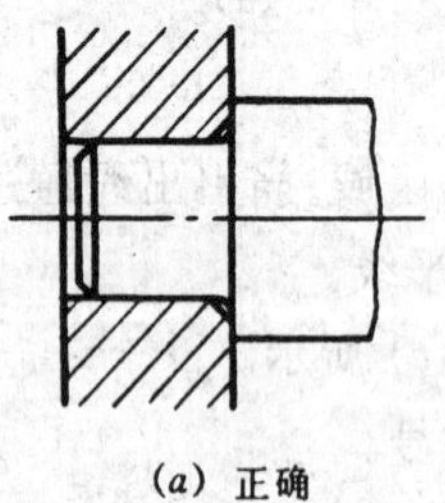

(*a*) 正确

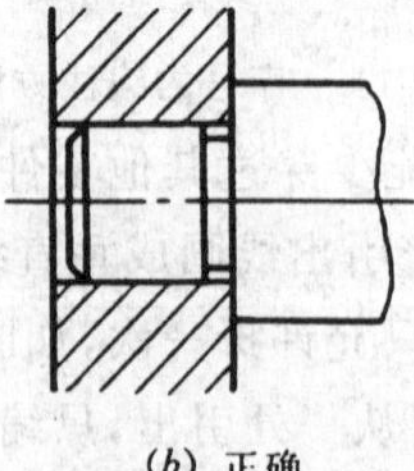

(*b*) 正确

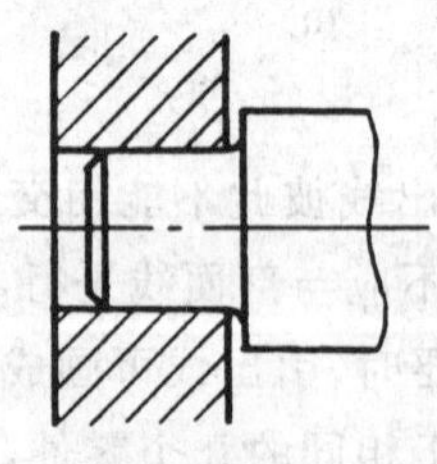

(*c*) 错误

图 8-12　端面接触时的结构

2. 两个零件之间接触面的数量

两个零件在同一方向的平面接触一般只能是一对，两个零件在同一方向的圆柱面接触一般也只能是一对，这样既便于装配又降低成本. 如图 8-13 和图 8-14 所示。

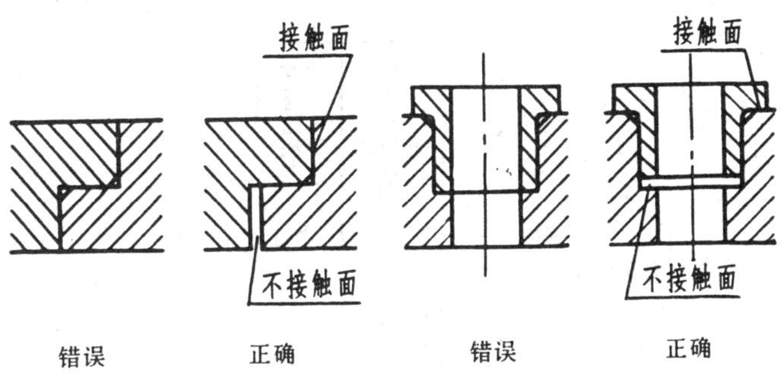

图 8-13 同一方向平面的接触

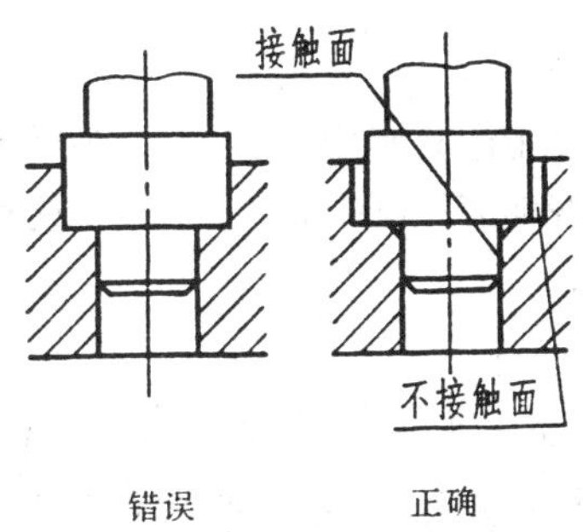

图 8-14 同一方向圆柱面的接触

第六节 由零件图画装配图

在进行产品或部件设计时，先要根据设计要求画出产品或部件的装配图；在完成零件设计后，要根据部件所属的零件图拼画成部件的装配图。现以图 8-1 和图 8-2 所示的球阀为例，说明由零件图画装配图的方法和步骤。

一、了解和分析所画的部件

在画装配图之前，首先应了解和分析部件的用途、性能、工作原理、结构特点和零件之间的装配关系，并认真阅读全部零件图。

图 8-1 和图 8-2 所示的球阀，是管道系统中用于启闭和调节流体流量的部件。它适用于无腐蚀性的石油及石油产品，工作温度低于 200℃，公称压力为 4MPa。它是由阀体 2、阀体接头 1、球 4 和阀杆 9 等 12 种零件组成。阀体 2 和阀体接头 1 用四组螺柱 6 和螺母 7 连接。在阀体、阀杆、阀体接头中间装有球 4 和两只密封圈 3。球 4 与密封圈 3 之间的接合面是 $S\phi45h11$ 球面。如图所示位置，阀门处于开启状态，管路左右相通。将扳手 12 旋转 90°，通过阀杆 9，带动球 4 也旋转 90°，球 4 中的孔与左右管路不通，这时阀门关闭。用螺纹压环 11 压紧密封环 10 和垫圈 8，起密封作用。

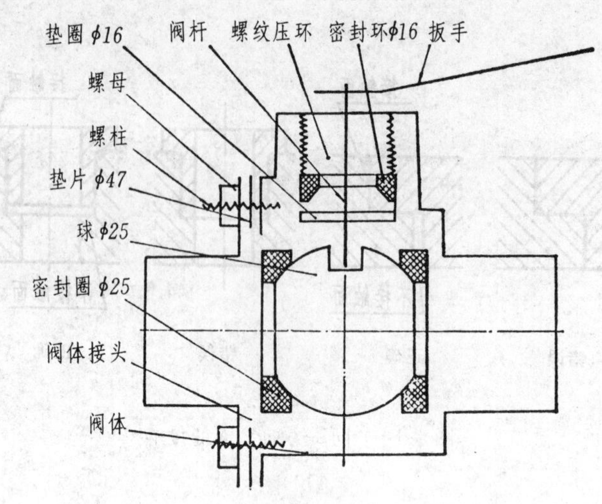

图 8-15　球阀的装配示意图

图 8-15 为球阀装配图的示意图。球阀中的主要零件阀体和阀体接头已由第七章中的图 7-2 和图 7-16 画出，其他主要零件见图 8-16 和图 8-17，螺柱和螺母可查阅有关手册。

二、确定表达方案

装配图视图表达的基本要求是：应正确、清晰地表达出部件的工作原理、各零件间的相对位置及其装配关系以及零件的主要结构形状。根据表达要求，应先确定表达方案，也就是视图选择。首先要选好主视图，然后配合主视图选择其他视图。

1. 主视图的选择

主视图的选择应符合下列要求：

1）一般应按部件的工作位置安放。当部件在机器上的工作位置倾斜时，可将其放正，使主要装配轴线垂直于某基本投影面，以便于画图。

2）应能较好地反映部件的工作原理和主要零件间的装配关系，因此一般都画成剖视图。

如图 8-2 所示，球阀的工作位置有多种情况，一般是将其通路放成水平位置。从对球阀各零件间装配关系的分析中可以看出，阀体、球、密封圈、阀体接头等部分和球、阀杆、密封环、螺纹压环、扳手等部分为球阀的两条主要装配轴线，它们互相垂直相交。因而，现使球阀通路成水平位置，以剖切平面过该两装配轴线的全剖视图选作球阀的主视图。

2. 其他视图的选择

根据装配图视图的表达要求，在主视图上未表达出来或表达不清楚的装配关系和结构形状，要选择适量的其他视图清楚地表达出来。

如图 8-2 所示，球阀沿前后对称平面剖开的主视图，清楚地反映了球阀的工作原理和各零件间的主要装配关系；但用以连接阀体接头和阀体的螺柱的分布情况和螺柱的连接关系、球阀的外形结构以及扳手的位置关系等，还没有表达清楚。于是，用半剖的左视图表达螺柱的分布和阀体、阀体接头的主要结构形状；用俯视图表达螺柱的连接关系和阀体、阀体接头的外形结构，以及扳手的位置关系等。

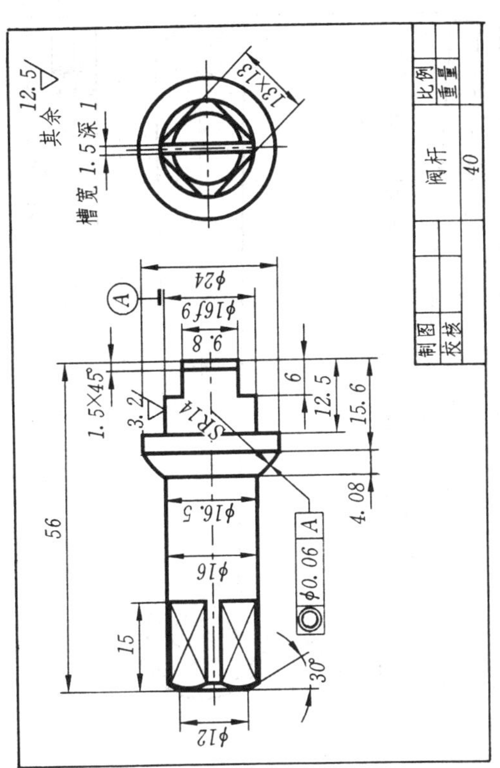

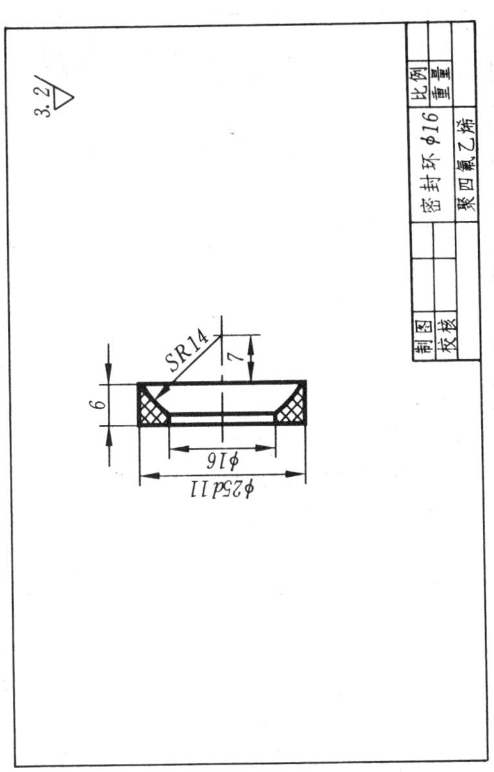

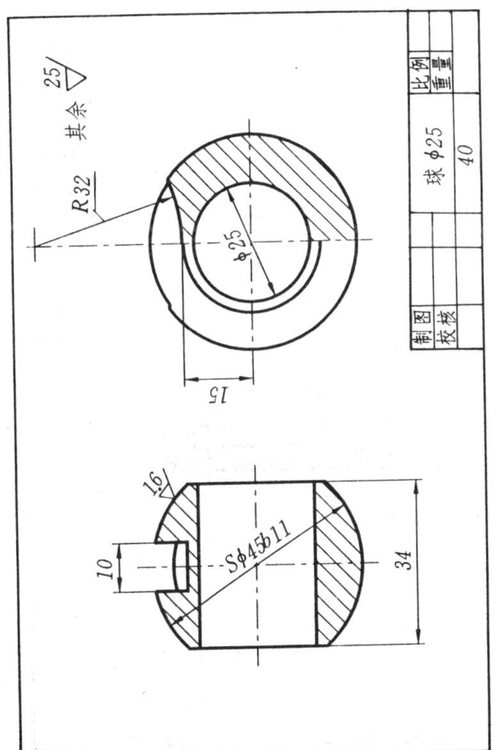

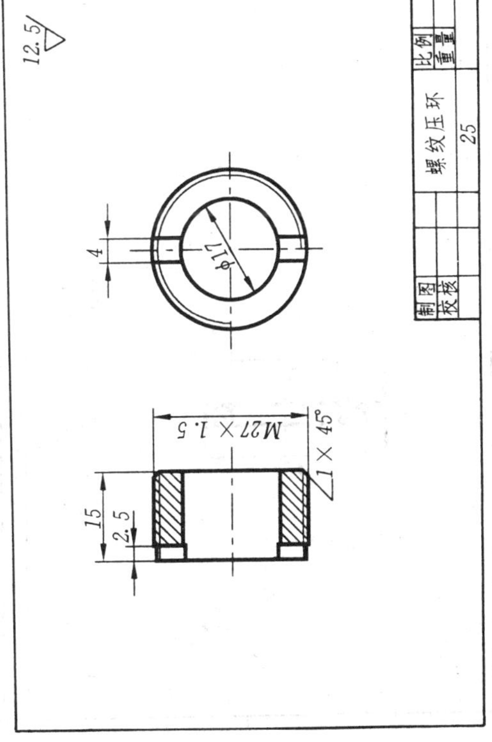

图 8-16　球阀零件图之一

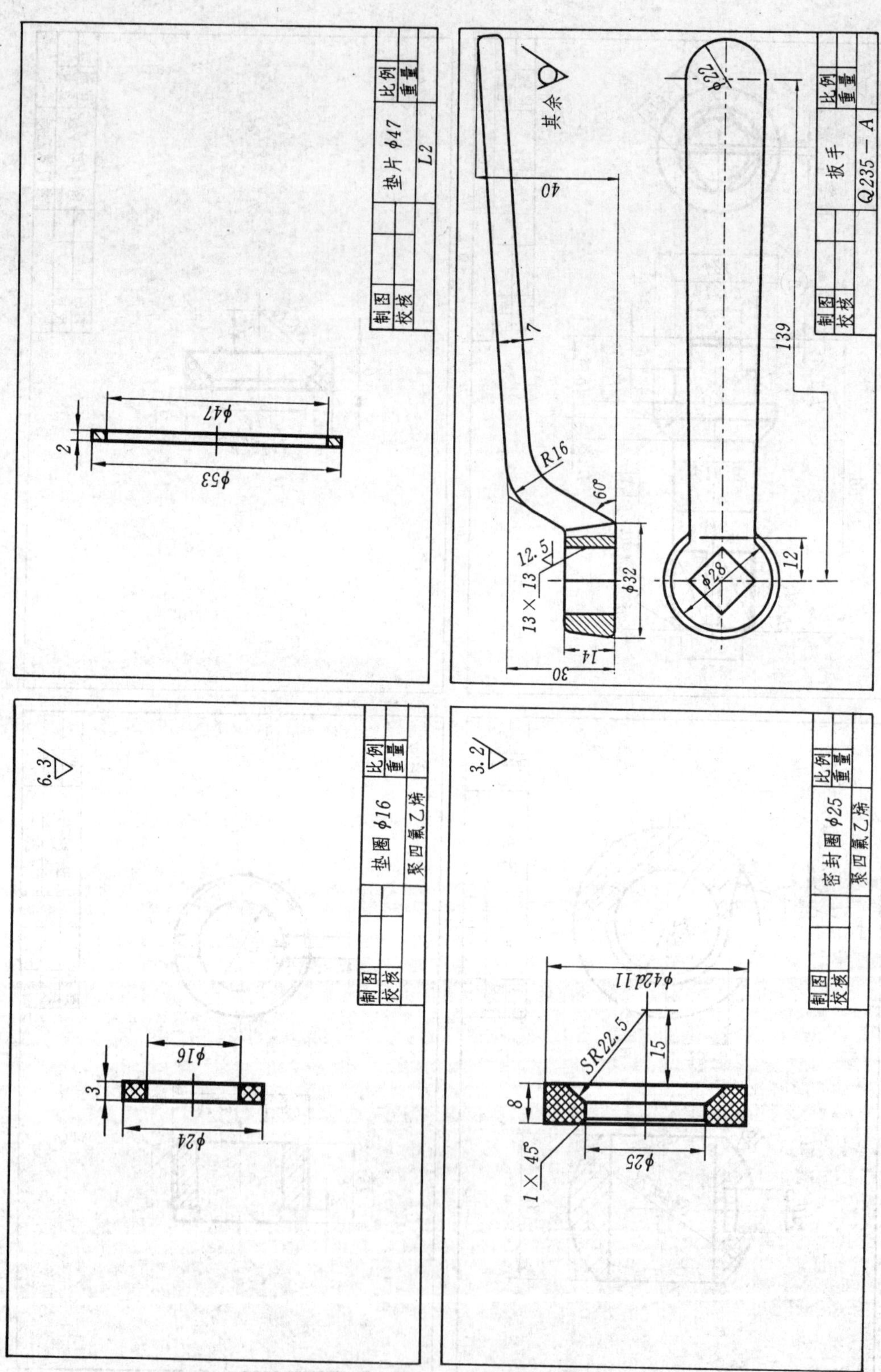

图 8-17　球阀零件图之二

最后考虑用局部视图、局部剖视和单独画法等各种表达方法补充表达尚未表示清楚的局部结构形状和装配关系，如图 8-2 中的单独画法。

三、画装配图的步骤

1) 按照选定的表达方案，根据所画对象的大小，决定图的比例、各视图的位置以及图幅大小。

2) 画各视图的主要轴线和基准线。例如主体零件(阀体、泵体、箱体等)或传动件(轴、阀杆等)的中心线、对称线或主要端面的轮廓线等，如图 8-18 所示。

3) 画装配体上的主要零件。例如先画主体(如阀体)或装配轴线上的主要零件，把它们作为画其他零件的基础，并将各个视图联系起来画，这样既能正确画出零件之间的装配关系，又能提高画图速度，如图 8-19 和图 8-20 所示。

4) 由内向外逐个画出各个零件(也可由外向里画)，画细小零件和结构，如螺纹、弹簧、键、倒角等，画出视图全部底稿，如图 8-21 所示。

5) 画剖面线(注意画剖面线的基本规则)、标注尺寸及配合等。经校对无误后，按线型规格对图线进行加深。

6) 编注零件序号，填写明细栏、技术要求。经过最后校核，在标题栏中签名并写明日期。

完成的球阀装配图如图 8-2 所示。

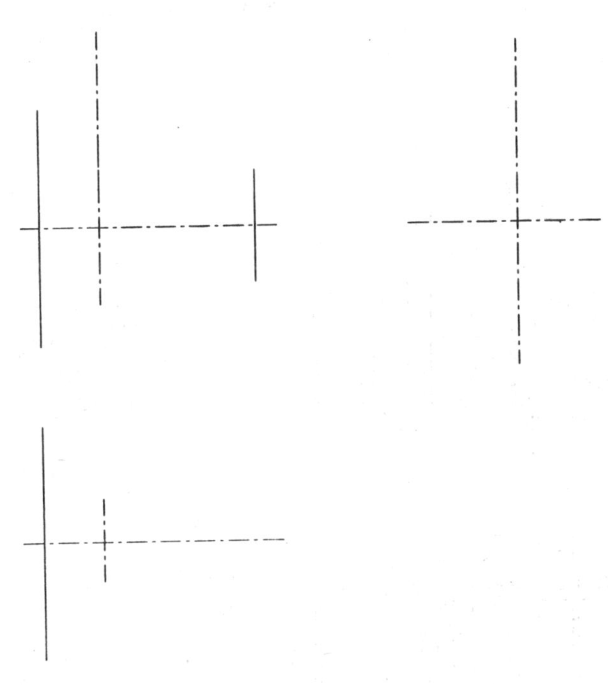

图 8-18　画各视图的主要轴线和基准线

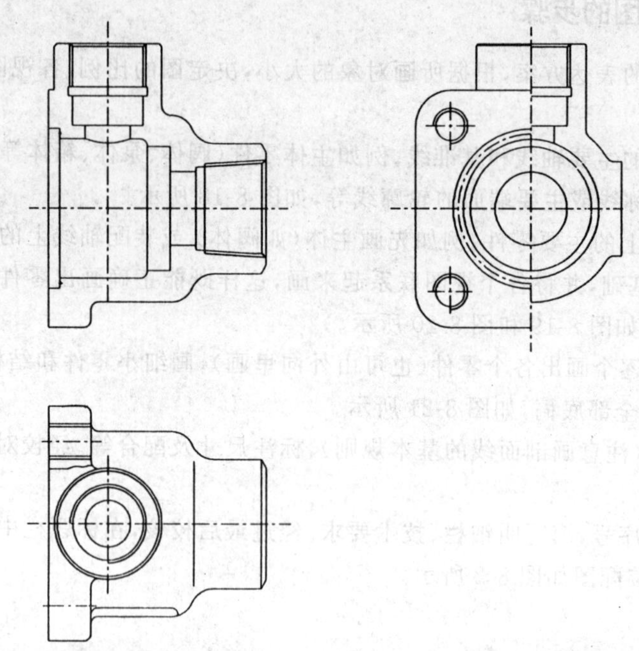

图 8-19　先画主体零件(阀体)的轮廓线,并将几个视图联系起来画

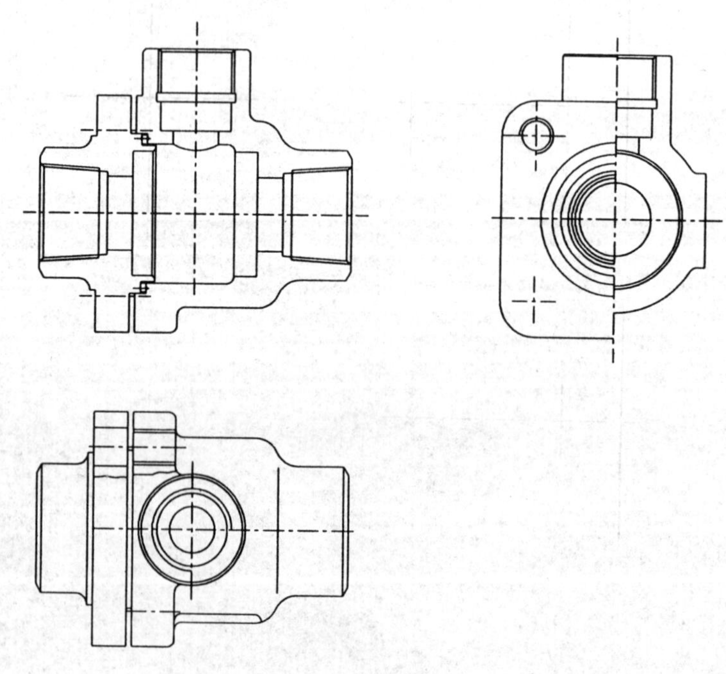

图 8-20　画阀体接头等其他主要零件

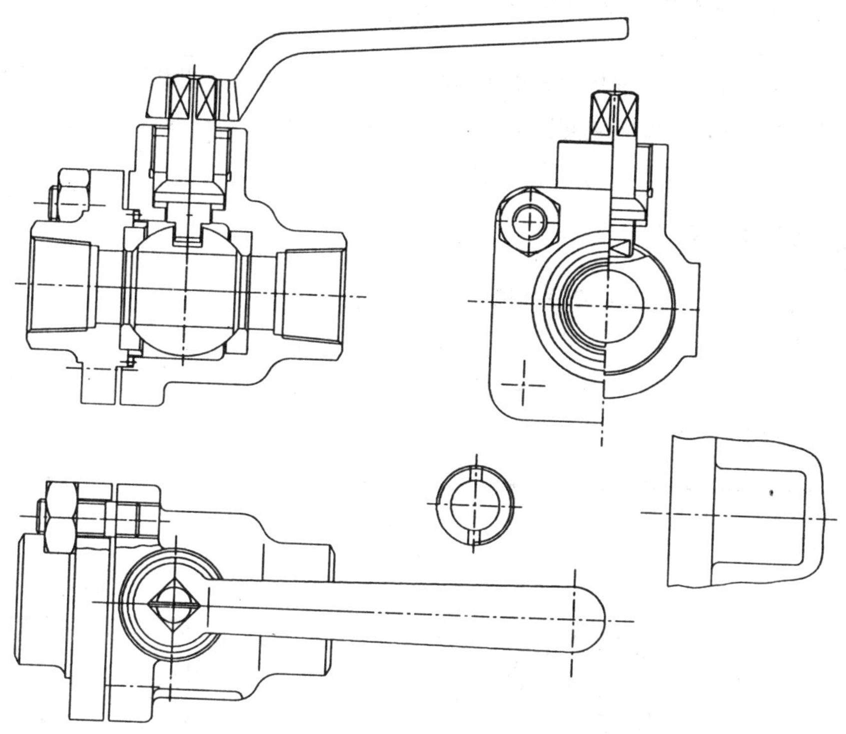

图 8-21　画其他零件，完成装配图

第七节　读装配图及由装配图拆画零件图

在工业生产中，从机器的设计到制造，都要用到装配图。在设计过程中，要按照装配图来拆画零件图；在装配机器时，要按照装配图来装配零件和部件；在技术交流时，需要参看装配图来了解工作原理和机械结构。因此，从事工程技术的工作人员都必须能读懂装配图。

读装配图的目的，是从装配图中了解部件(或机器)的性能、工作原理、装配关系以及零件的主要结构形状。

一、读装配图的方法和步骤

1. 概括了解

从标题栏和有关资料，了解部件(或机器)的名称、主要用途以及零件性能要求等。并从其零件数目、比例大小，估计装配体的复杂程度和体积大小。

2. 分析视图

了解装配图上各视图、剖视、断面的投影关系及表达意图，在此基础上再分析下面两个问题。

3. 分析工作原理及传动方式

根据有关视图并参阅有关说明资料，分析部件(或机器)的工作原理，搞清它的运行方式和运行系统。

4. 分析装配关系和零件的结构形状

分析零件之间配合关系，了解连接、定位、密封和润滑的方法，弄清装拆次序和零件的结构形状。

以上的步骤不是绝对的，而是相互关连、相互交错的。这里的介绍和下述的读装配图举例，仅作为学习时的参考。能否读懂装配图的根本问题，还是在于是否掌握投影原理和具有一定的机械知识及实际经验。

二、读装配图举例

例 8-1 读联动夹持杆接头的装配图

1. 概括了解

如图 8-22 所示，联动夹持杆接头是检验用夹具中的一个通用标准部件，用来连接检测用仪表的表杆。它由四种非标准零件和一种标准零件组成。

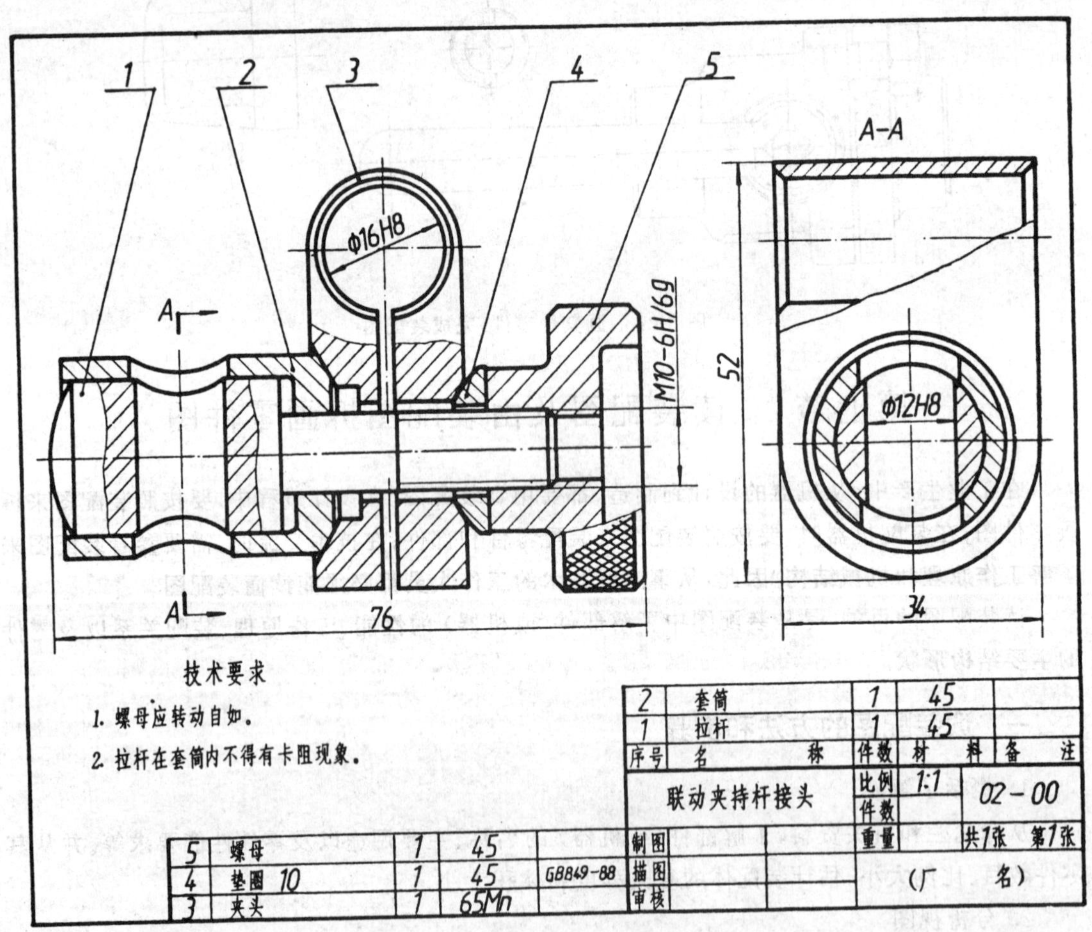

图 8-22 联动夹持杆接头的装配图

2. 分析视图

装配图中有两个基本视图，主视图采用局部剖视，清晰地表达了部件的工作原理和各组成零件的装配连接关系；左视图采用 $A-A$ 剖视及上部的局部剖视，进一步反映左方和上方两处夹持部位的结构和夹头零件的内、外形状。

3. 分析工作原理和装配关系

该部件用来连接检测用仪表的表杆。当使用检测仪表时，在本部件拉杆 1 左方的上下通孔 $\phi12H8$ 和夹头 3 上部的前后通孔 $\phi16H8$ 中分别装入 $\phi16f7$ 的仪表表杆，然后旋紧螺母 5，使拉杆 1 沿轴向向右移动，改变它与套筒 2 上下通孔的同轴位置，就可夹持拉杆左方通孔内的表杆；与此同时，收紧夹头 3 的缝隙，就可夹持上部圆柱孔内的表杆。

套筒 2 以锥面与夹头 3 左面的锥孔接触，垫圈 4 的球面和夹头 3 右面的锥孔接触，这些零件的轴向位置是固定不动的。拉杆 1 以右端的螺纹与螺母 5 相连接，使拉杆 1 可沿轴向移动。

4. 分析、看懂零件的结构形状

分析零件形状时，首先要把该零件从装配图中分离出来，具体方法是：

1）从零件序号及明细栏，了解零件的名称和作用；根据装配图的规定画法，找出这个零件在主视图的投影范围。

2）运用投影原理，找出这个零件在其他视图上的投影范围。

3）根据分离出来的投影和零件的作用特点，想象出这个零件的形状。

现以夹头 3 为例，分析其结构形状。其他零件由读者自行阅读分析。

夹头 3 是这个联动夹持杆接头部件的主要零件之一，由装配图主视图可见它的大致结构形状：上部是一个半圆柱体，下部为左、右两块平板，两块平板之间有一缝隙；在上部半圆柱体与左、右平板相接处，有一个前后贯通的、下部开口的圆柱孔，圆柱孔的开口与左、右平板之间的缝隙相连通；左平板上有阶梯形圆柱孔，右平板上有同轴线的圆柱孔，左、右平板孔口外壁处都有圆锥形沉孔。由装配图的左视图可见：夹头左、右平板的上端为矩形板，其前后壁与上部半圆柱的前、后端面平齐；平板的下端是与上端矩形板相切的半圆柱体。

根据以上对夹头结构形状的分析，将该零件从装配图中分离出来，并补全被其他零件遮挡的图线，如图 8-23 所示。

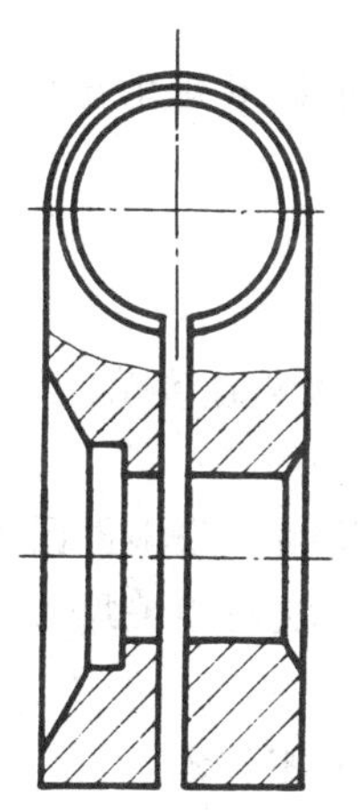

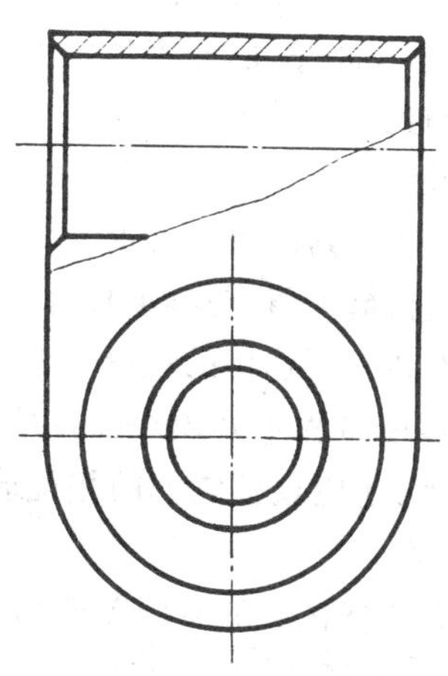

图 8-23　从装配图中分离并补全的夹头的视图

三、由装配图拆画零件图

在设计过程中，需要由装配图拆画零件图，简称拆图。拆图应在读懂装配图的基础上进行。拆图时要注意以下几点。

1. 关于零件的视图选择

一般来说，一个部件所有零件的主要结构在装配图中均已表达清楚了，因此，在拆图时可以直接从装配图拆画出零件图。但要注意切忌照抄装配图中的零件视图，而是应该结合第七章中所介绍的零件图的视图选择原则，重新考虑零件的视图选择。

2. 确定未表达完整的零件结构

有时某一零件的某一个局部没有在装配图上表达清楚，画零件图时则一定要表达清楚。这时，可以从该局部的作用，或从该局部与其相接触的零件的形状中获得启发，从而确定该局部的形状。

3. 增补省略的结构

对装配图因采用了简化画法而未表明的零件上的一些细小工艺结构，如小倒角、圆角、退刀槽等，拆图时应按设计和工艺要求全部补上。

4. 确定零件尺寸

装配图上已经标注的零件尺寸都应不加变动地在零件图上标注。凡注有配合的尺寸，应根据配合性质和标准公差等级，在零件图上注出配合部位的基本尺寸和公差带代号，或在基本尺寸后面注出极限偏差数值，或两者同时标注。

装配图上未标注的零件尺寸可从以下三方面得到：

1）一般尺寸按比例从装配图中直接量取，并取整数。

2）有关标准化的结构，如标准直径、标准长度、键槽、螺纹、倒角、退刀槽等，应查阅有关手册、标准，然后取标准数值。

3）有些尺寸需由公式计算确定，如齿轮齿顶圆、中心距等，其尺寸需根据模数、齿数计算决定。

对有装配关系的两零件，要特别注意使其基本尺寸相同，不要造成尺寸的矛盾，以免给装配工作带来困难或造成废品。

5. 确定零件的表面粗糙度和其他技术要求

零件的各表面都应注出粗糙度。粗糙度参数及其数值可根据下列几方面来确定，确定时可参考有关手册或技术资料。

1）零件各表面作用要求。

2）各种加工方法可能达到的粗糙度值。

3）各种配合要求的粗糙度值，与标准件有关的各表面要求粗糙度值。

4）同类型产品零件各表面选用的粗糙度值。

为了防止差错，在拆图过程中必须加强校核，除了应校核每一张零件图外，还要把相关零件图联系起来校核。另外，还应校核它们的相配合部分结构形状与相关尺寸是否一致，装配后能否保证部件正常工作等。

图 8-24 为由联动夹持杆接头的装配图拆画出的夹头 3 的零件图。

例 8-2　读柱塞泵的装配图(图 8-25)

1. 概括了解

图 8-25 所示柱塞泵是某一设备上的润滑油泵。首先可以通过阅读有关说明书、装配图中的标题栏、明细栏和技术要求等概括了解柱塞泵的功用、性能等；然后从外形尺寸和零件数量，知道此泵的体积大小和大致结构。图 8-26 所示是柱塞泵的轴测分解图。

2. 分析视图

柱塞泵采用了三个基本视图，两个单独画法。

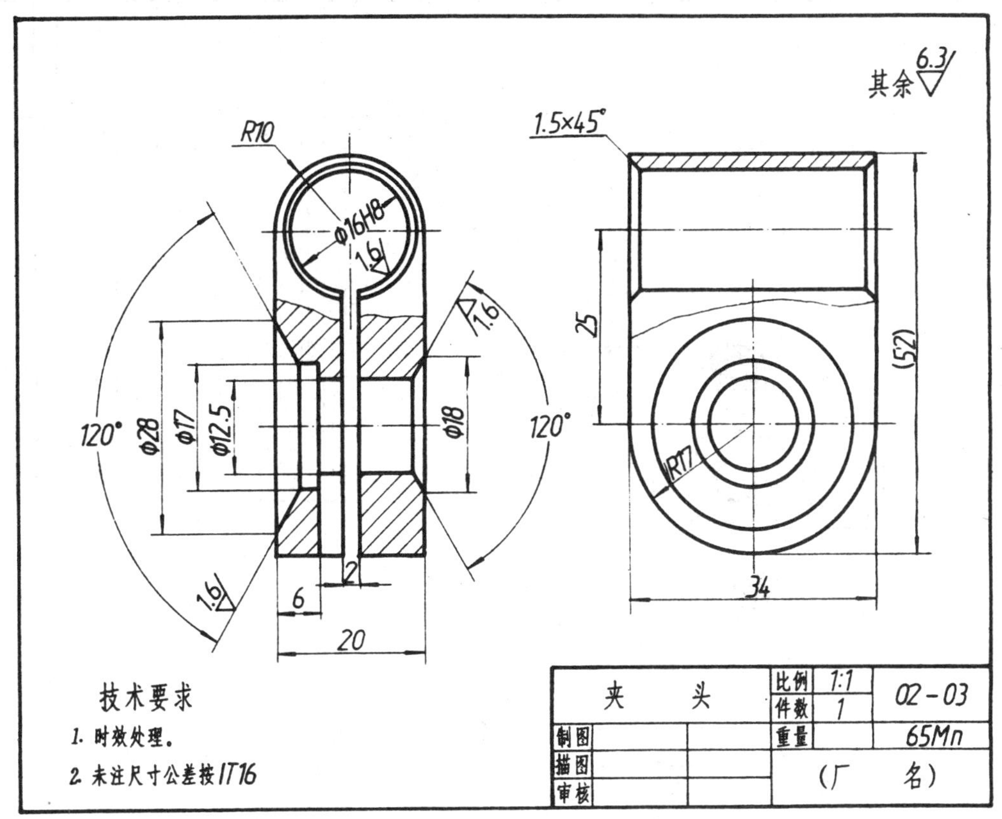

图 8-24 由装配图拆画出的夹头零件图

主视图采用全剖视图，表达了柱塞泵的工作原理和柱塞、泵体、管接头以及两个阀瓣等两条装配轴线上的装配结构。

俯视图采用了局部剖视，主要表达柱塞泵的外形结构和螺柱连接关系。

左视图用以表达柱塞泵的外形结构。

另外还有两个单独画法，用来表达上阀瓣和下阀瓣的部分结构形状。

3. 分析工作原理

柱塞泵的工作原理从主视图分析可知：装在泵体 5 内的柱塞 7 因连套 1 的带动而往复运动，当柱塞 7 向左移动时，泵的内部压力低于大气压，这时装在管接头 9 下方的下阀瓣 13 打开，油从进油口流入泵体，这是吸油的过程；当柱塞 7 向右移动时，柱塞压缩泵内的润滑油，这时下阀瓣 13 关闭，受压润滑油顶开出油口的上阀瓣 12，这是加压输油的过程，柱塞不断地往复运动，使润滑油被压入润滑系统，从而起到润滑设备的作用。

4. 分析装配关系和零件形状

柱塞 7 与连套 1 用销 2 连接。柱塞与衬套 6 的配合尺寸 $\phi30H7/f7$ 是基孔制的间隙配合，可使柱塞在衬套内作相对运动。衬套与泵体 5 的配合尺寸 $\phi36H7/js6$ 为基孔制的过渡配合，衬套在泵体内是无相对运动的。泵体左端用压盖 3 和填料 4 密封。压盖与泵体用双头螺柱 14 等连接。管接头 9 与泵体之间用管螺纹连接，管接头内部装有两个单向阀瓣 12 和 13，以保证油液单向进出。管接头上部用螺塞 10 封口。

零件的结构形状，可根据零件的作用、投影范围和装配关系来分析，一般可从主要零件开

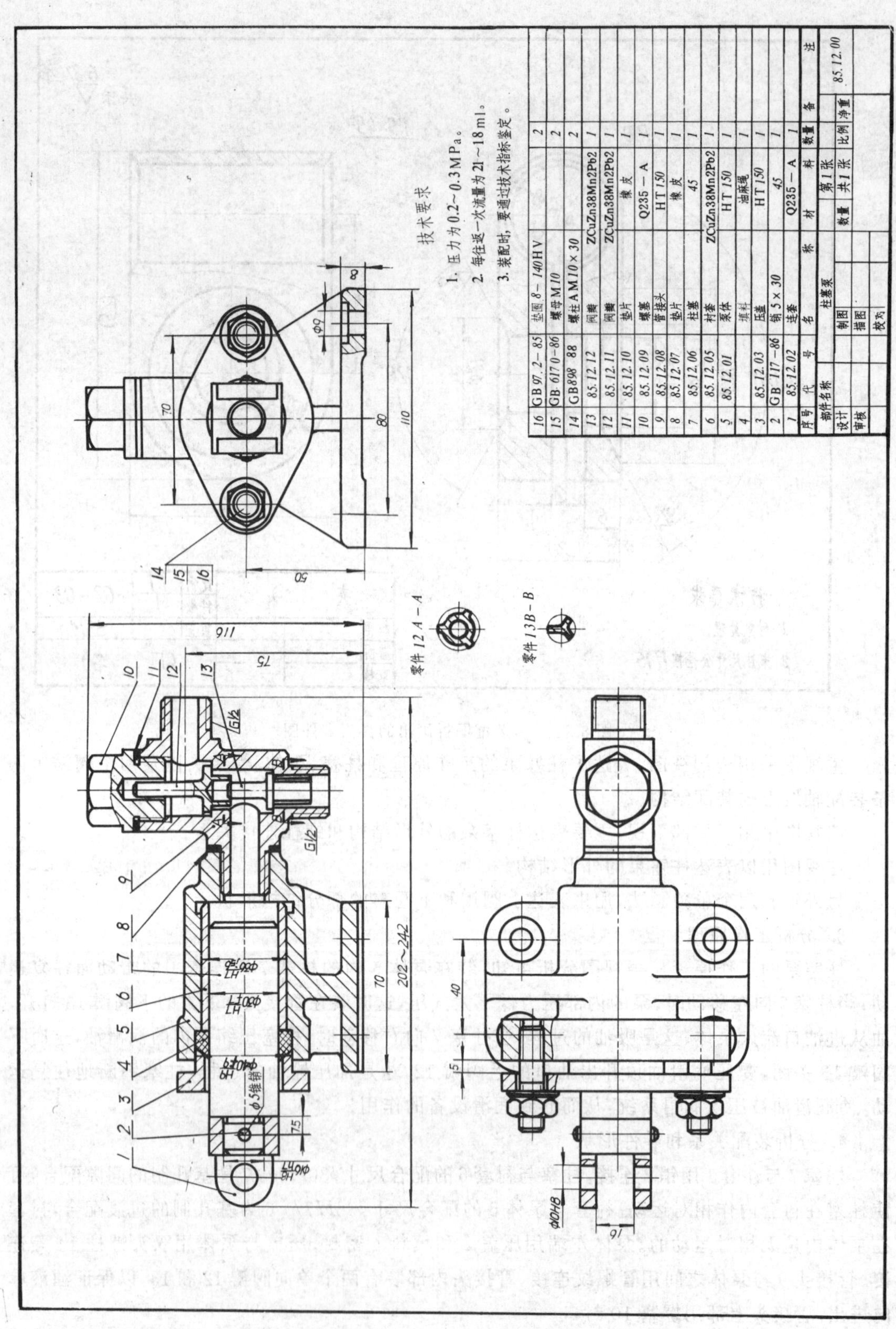

图 8-25　柱塞泵的装配图

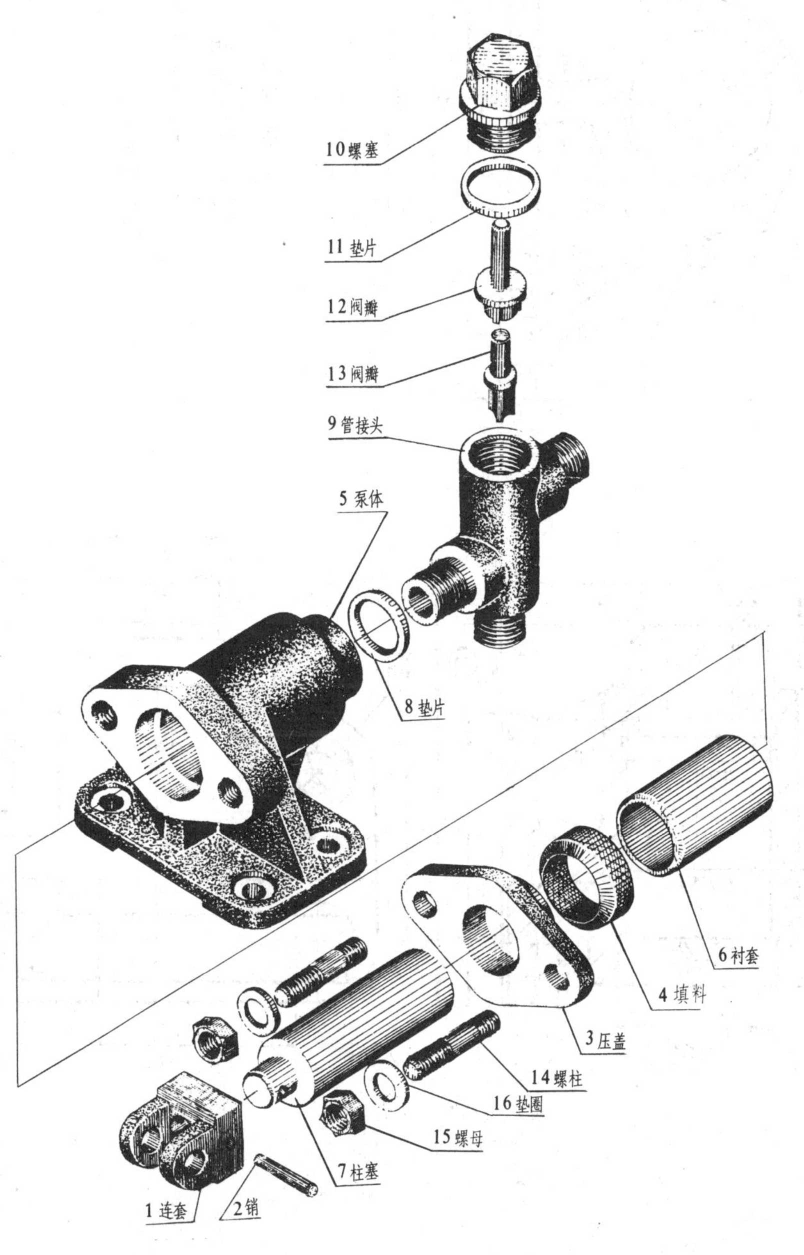

图 8-26　柱塞泵的轴测分解图

其余
A—A
技术要求
1. 铸件不应有气孔，并经过水压试验。
2. 未注尺寸公差按 GB/T 1804—m。
3. 铸造圆角R3。
泵体
HT 150
比例
数量
制图
校核
85.12.01

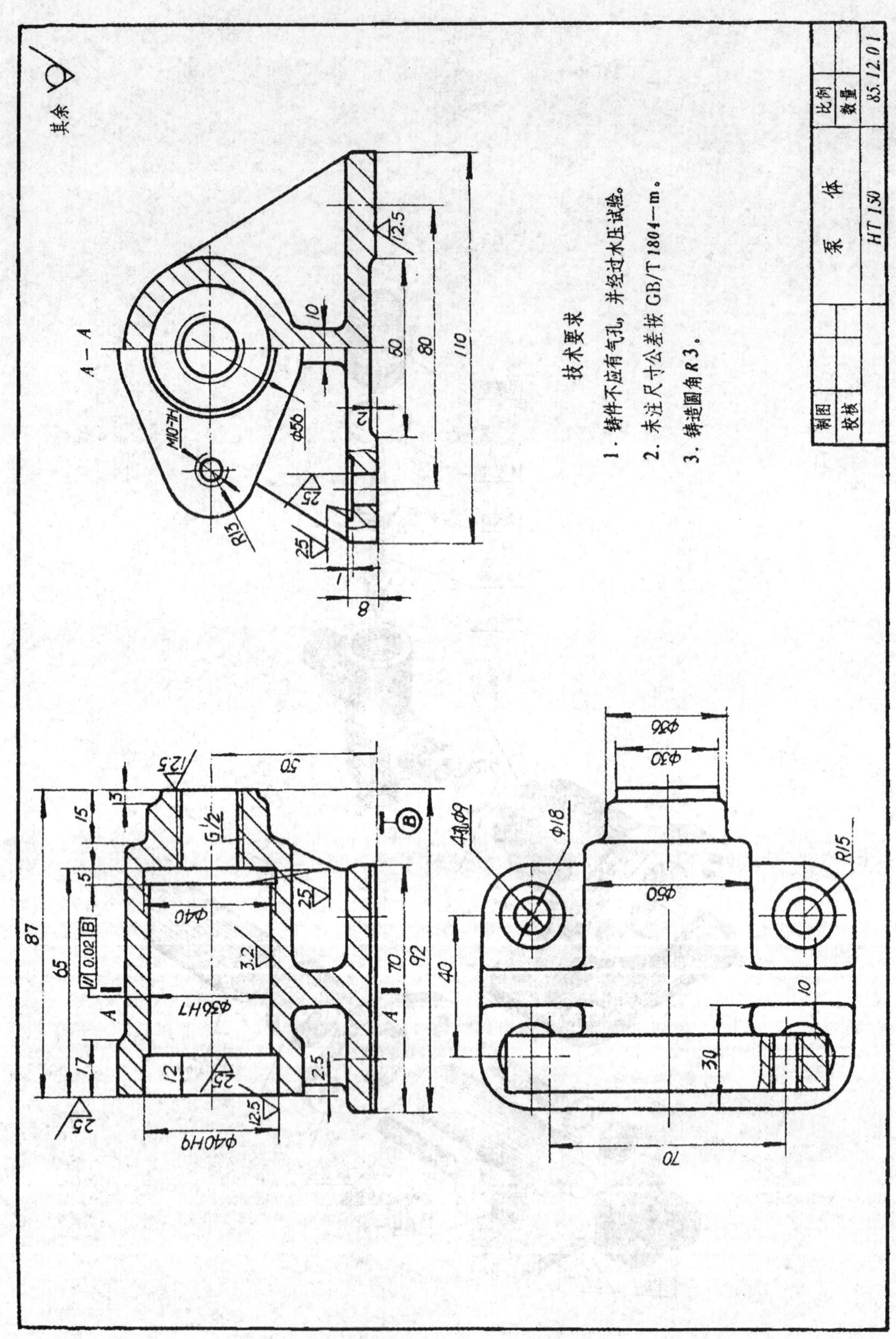

图 8-27　泵体的零件图

始。泵体是柱塞泵的主体零件，通过分析主视图的装配关系，可知泵体的内部结构，通过分析左视图和俯视图，可知泵体的外部结构。泵体的上部为圆柱形，内有圆柱孔，左端面为菱形，以便于与压盖连接；右边有管螺纹孔，用以与管接头连接。底板为长方形，有四个用于安装的螺栓孔。底板与上部圆柱形用肋板连接。泵体的结构形状和零件图可参看图 8-26 和图 8-27。其余零件的结构形状读者根据装配图和轴测分解图自行分析。

思 考 题

1. 装配图在生产中起什么作用？它应包括哪些内容？
2. 装配图有哪些特殊的表达方法？
3. 在装配图上要标注哪些尺寸？
4. 为什么在设计和绘制装配图时，要考虑装配结构的合理性？
5. 试述画装配图的步骤。
6. 试述读装配图的方法和步骤。
7. 由装配图拆画零件图需要注意哪些问题？

◯第九章

计算机交互绘图系统

本章要点　本章主要介绍AutoCAD基本概念和基本操作。要求掌握AutoCAD基本操作方法；掌握AutoCAD文件操作和显示控制的基本命令；熟悉如何在AutoCAD中进行作图环境的设置以及AutoCAD作图的一般操作流程。

第一节　概　　述

长期以来，无论是二维的平面图，还是三维的立体图，都以手工形式绘制，其结果是效率低，精度差，耗费大量人力和时间。随着计算机技术的发展，出现了计算机绘图(CG:Computer Graphics)，给绘图工作带来革命性的变革。计算机绘图的特点是速度快，精度高。当前在工业发达国家，工程图纸都是通过计算机来绘制的。目前我国的大型土建设计院、能源电力勘测设计部门、机电行业中的大中型企业，都纷纷甩掉图板，采用计算机绘图。计算机绘图已成为主要的出图方式，这就要求工程技术人员必须了解和掌握计算机绘图，熟悉计算机绘图基本原理和绘图支撑系统软件的操作流程。

计算机绘图是利用计算机进行图形及符号的生成、变换和显示。目前计算机绘图的方式主要有两类：

1. 编程绘图

利用图形软件包提供的图形命令和图形程序库，通过编程语言进行编程获得所需图形，并在屏幕上显示或输出设备上输出。当需要进行图形修改时，必须修改程序，再对程序进行编译和运行。

2. 交互式绘图

设计人员使用鼠标或键盘等输入装置，采用菜单驱动的方式输入各种命令和数据，生成所需图形，并利用图形编辑功能对图形进行交互修改。在作图及修改过程中，图形始终实时地显示在屏幕上。当获得满意结果后，可存盘或在输出设备(打印机或绘图机)上输出。

比较而言，交互式绘图方式界面友好，修改直观，是目前计算机绘图的主要处理方式。为此，我们选用在微机上广为流行的美国Autodesk公司的交互式绘图软件AutoCAD，介绍计算机绘图的基本概念以及计算机二维绘图和三维绘图。

计算机绘图是一门综合性较强的交叉学科，它建立在图学、应用数学和计算机科学三者有机结合的基础之上，需要学习许多基础的、技术基础的和专业的课程。我们在本书中主要着眼于学习实用绘图软件，了解计算机绘图的基本知识、基本技能和操作流程，为将来的进一步学习和提高打下基础。

计算机绘图是一门实践性很强的课程，实践的主要形式就是上机操作，多多练习。受篇幅所限，书中仅介绍了 AutoCAD2000 的常用操作和命令，需要更详细或更深入地了解 AutoCAD 操作和命令时，可参考 AutoCAD 有关使用手册。

第二节　AutoCAD 基本概念

一、AutoCAD 界面

界面是指绘图系统与使用者的中间媒介。通过用户界面，可向计算机提供各种数据和命令，以对计算机的运行处理进行操纵和控制。

AutoCAD 2000 是一个比先前版本功能强大得多的超级图形编辑器，因此显示在操作屏幕上的组成物件与以前版本也有较大差别。AutoCAD 2000 的屏幕布局如图 9-1 所示，包括：

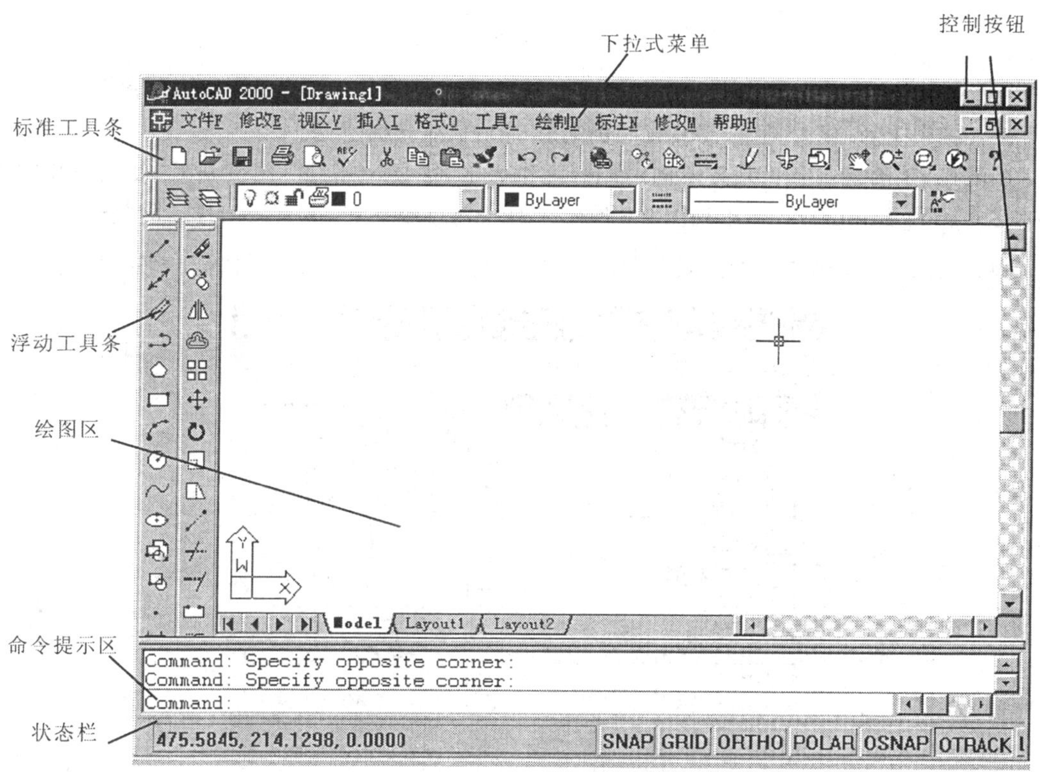

图 9-1　AutoCAD 2000 绘图屏幕

(1) 窗口控制按钮

AutoCAD 2000 提供有与 Microsoft Windows 相同的窗口控制按钮，它们的功能也相同。

(2) 下拉式菜单

AutoCAD 下拉式菜单包含了 AutoCAD 的大多数命令。当鼠标驱动光标移至绘图屏幕的最上方，点取选中的菜单条，即出现下拉式菜单。每条菜单对应一个命令。AutoCAD 下拉式菜单按功能不同分类组合，主菜单的名称及功能参见表 9-1 所示。菜单的配置可在文件 Acad.mnu 中找到。用户可以修改菜单文件，以适合自己的作图要求。

表 9-1 AutoCAD 下拉式菜单主菜单名称及功能

名 称	功 能
File	控制文件操作。
Edit	控制图形编辑。
View	控制图形观察方式。
Insert	控制图形插入方式。
Format	控制图形的绘制格式。
Tools	控制辅助工具使用。
Draw	绘制图形。
Dimension	尺寸标注。
Modify	图形修改。
Help	在线帮助。

(3) 工具条

工具条由一系列工具按钮组成,每个工具按钮即为形象化的一条 AutoCAD 命令。将光标移至工具按钮上,稍停片刻,该工具按钮的名称即显示在光标附近。

AutoCAD 的工具条也是按不同功能分类组合的,需要调用某一工具条时,使用下拉式菜单 [View]→[Toolbars…],出现图 9-2 所示工具条对话框。点选工具条名称前的复选框,然后点 Close 按钮,则全部点选的工具条出现在屏幕上。工具条可根据需要拖至屏幕的任何位置。

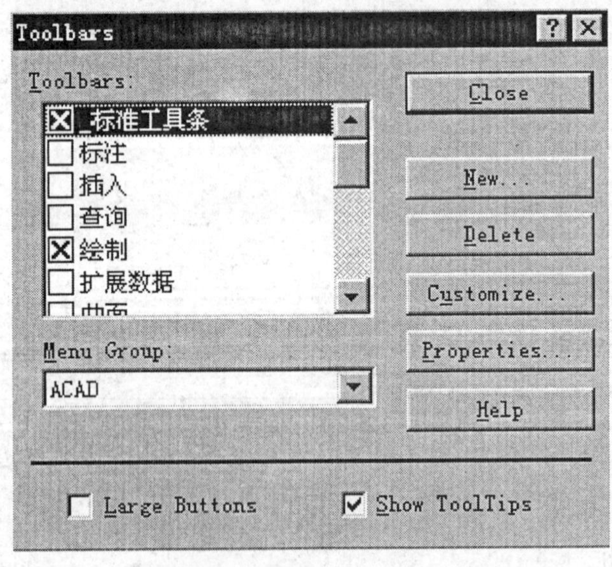

图 9-2 工具条对话框

(4) 作图区

绘制图形的工作区域。

(5) 命令提示窗口

输入命令或获取命令提示信息的区域。按 F2 键可以看到更多信息的文本窗口。

(6) 状态栏

显示当前工作状态。

二、AutoCAD 中的坐标系和坐标

1. 坐标系

AutoCAD 的缺省坐标系称为世界坐标系(WCS)。AutoCAD 中的世界坐标系包括 X 轴、Y 轴,如果在三维空间绘图,还有 Z 轴。X 轴为屏幕的水平方向,向右为正方向;Y 轴为屏幕的垂直方向,向上为正方向;Z 轴垂直于 XY 平面,且符合右手法则。

但是,用户可自定义自己的坐标系,即用户坐标系(UCS)。这在三维实体造型中尤其重要。用户可以通过改变原点位置,绕 X 或 Y 或 Z 轴旋转等来得到新的坐标系。在用户坐标系中,三根轴之间仍必须保持互相垂直。

2. 坐标

(1)绝对坐标

输入绝对坐标可以有:

1) 笛卡尔坐标:(x,y,z)

x 坐标表示水平方向位置,y 坐标表示垂直方向位置,在二维绘图中 z 坐标通常可以省略。图中任一点均用(x,y)形式定位。如 x 坐标为 3.5,y 坐标为 7.2,则输入格式是:3.5,7.2。

2)极坐标:距离<角度

可以输入某点离原点的距离及它在 XY 平面中的角度来确定该点,两值用"<"隔开。如 8.03<65 表示离原点距离为 8.03,相对于 X 轴为 65 度。

(2)相对坐标

1) 相对笛卡尔坐标:@dx,dy

相对坐标是对当前的用户坐标系统来说的。用户可以指出某一点到已知前一个坐标的相对距离,为此需要在点值前打入一个"@"。如已知前一点坐标是(10,6),如果打入:@2.5,-1.3,相当于指定该点的绝对坐标是(12.5,4.7)。

2) 相对极坐标:@距离<角度

这是以某一点为基准,以该点至下一点连线的距离及该连线与水平线的角度来表示。角度以逆时针方向为正值。

(3)上一次坐标:@

输入@符号本身相当于输入相对坐标"@0,0"。

三、AutoCAD 命令的使用方法

执行一个 AutoCAD 命令的操作,主要包括输入命令、指定选择项、输入数据等,图形编辑修改命令还需要选择图元目标。例如作与两物相切的一个圆,其操作的方法是:

Command: *CIRCLE* (输入命令)

Specify center point for circle or [(2P/3P/Ttr(tan,tan,radius))]: *TTR* (指定选择项)

Specify point on object for first tangent of circle: (选择在第一图元上的切点)

Specify point on object for second tangent of circle: (选择在第二图元上的切点)

Specify radius of circle: (输入半径)

AutoCAD 的主要操作包括:

1. 输入命令

在命令提示区出现“Command:”的状态下，表明 AutoCAD 此时处于命令状态并准备接受命令。可以通过下列任何一种方式输入命令：

(1)从键盘输入

从键盘简单地打入命令名，接着按空格键或回车键。

(2)从工具按钮输入

通过点取工具按钮的图标来选择 AutoCAD 命令。

(3)从下拉式菜单输入

将鼠标驱动光标移至绘图屏幕的最上方的下拉式菜单，点取菜单条及其后的子菜单项可以选择 AutoCAD 命令。

(4)重复命令

无论使用何种方法输入一个命令，都可以在下一个“Command:”提示符出现后，通过按空格键或回车键来重复这个命令。

中止一条命令的执行，可按 Esc 键。

2. 指定选择项

许多 AutoCAD 命令提示行中都有一些可供选择使用的操作项(通常用“/”符分隔)，用于完成用户指定的操作。每一个选择项都包含有一个或一个以上的大写字母，当用户指定使用某选择项时，只需键入大写字母即可。在选择项中通常有一项默认的缺省项显示在尖角括号“＜＞”内。若用户指定该项为选择项时，只需按下空格键或“Enter”键即可。

3. 输入数据

AutoCAD 数据是指执行命令时所需要的，用于指明执行动作的方式、位置和对象等的信息。AutoCAD 在需要输入信息时会给出提示，有时可有几种方法来回答某个提示。

AutoCAD 的数据形式主要有：

(1)指定点

点是输入数据最常用的方式。当 AutoCAD 出现“point:”提示时，它需要作图过程中某一点的坐标。AutoCAD 接受三维点(x,y,z)，但在二维平面作图中可省略 z 值，AutoCAD 会根据所设置的当前高度自动填入 z 值。AutoCAD 指定点的方法有：

1) 键盘输入。直接输入坐标后，按空格键或回车键。

2) 鼠标输入。利用鼠标将光标移至定点，按鼠标左键。

(2)数值

许多提示要求输入数值。AutoCAD 输入数值的方法有两种：

1)从键盘直接输入数值。输入数值时，可用下列字符：

＋ － 0 1 2 3 4 5 6 7 8 9 E . /

如：－35.7，7.2E＋6，2.5E－3。

2)输入两点。AutoCAD 自动计算两点间的距离作为所要求的数值。

(3)文字

当需输入图名、注释、尺寸大小等文字说明时，可用键盘输入。

4. 选择图元目标

AutoCAD 的有些命令，如图形编辑修改命令都会出现“Select objects:(选择目标)”的提示，目标选择的方法参见第十章。

四、AutoCAD 的几个功能键

AutoCAD 2000 在键盘上定义了一些功能键,操作时非常方便,也很有用。功能键上的定义参见表 9-2。

表 9-2　AutoCAD 2000 常用功能键

功能键	热　键	定　　义
F1		进入 AutoCAD 2000 帮助系统。
F2		文本显示与图形显示切换键。
F3	Ctrl+F	目标捕捉方式开关。
F5	Ctrl+E	等轴测平面自动切换开关。
F6	Ctrl+D	动态显示坐标开关。当其为 ON 时,光标移动,状态行的坐标数值随光标移动而变化。
F7	Ctrl+G	网点开关。
F8	Ctrl+L	正交方式开关。
F9	Ctrl+B	几何坐标捕捉方式开关。
F10	Ctrl+U	控制极坐标方式的显示开关。

五、AutoCAD 绘图的一般操作流程

利用计算机绘图,仅仅知道绘图命令还很不够,要做到绘图又快又好,还需要知道计算机绘图的一般步骤。用 AutoCAD 绘图的一般操作流程是:

1. 设置绘图环境,准备绘图

(1)根据图幅大小用 LIMITS 命令设置绘图界限。

(2)根据图元性质设置若干层,并给各层设置不同的线型和颜色。如一幅零件图可以设图形层、尺寸层、剖面线层、点画线层、虚线层和图幅层等。

(3)用 LTSCALE 命令设置合适的线型比例,以合适地显示点画线、虚线等。

在绘制新图时,最好采用 AutoCAD 提供的一种使用样板图(Template)的方法,即将已进行标准设置的图形存储起来,作为绘制新图时的基础图形。在样板图上除以上设置外,还可按国家标准绘出指定图幅的图框和标题栏等。

2. 用绘图命令绘制图形

选用合适的绘图命令绘制各种图元。绘图时注意:

(1) 按尺寸精确绘图。

(2) 根据图形元素性质不同,选定在合适的层上绘图。

3. 进行图形修改

通过图形修改命令生成所需要的图形。

4. 绘制剖面线

如果是剖视画法,需要在剖面线层用 BHATCH 命令绘制剖面线。

5. 对图形进行尺寸标注和其他标注

在尺寸层标注尺寸。注尺寸前要按图纸要求设定几种尺寸标注类型。

6. 图形存盘或绘图输出

用 SAVE 命令保存图形。用 PLOT 命令将图形打印输出。

第三节 AutoCAD 常用命令

AutoCAD 中有些命令是在图形绘制过程中进行辅助绘图操作的。主要有图形文件操作命令、显示控制命令等。它们的工具按钮在“– Standard Toolbar(标准工具条)”工具条上,如图 9-3 所示。

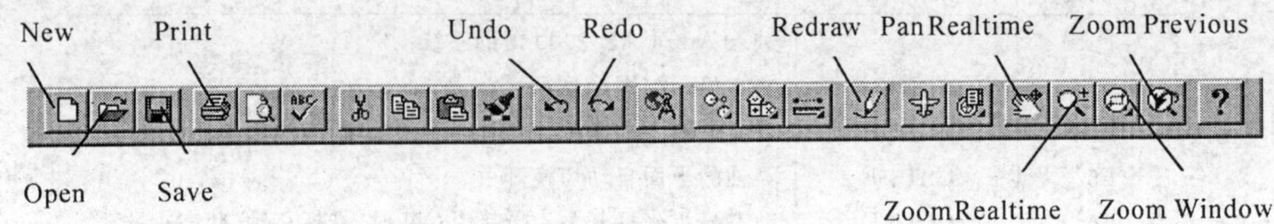

图 9-3 “标准”工具条

一、图形文件操作命令

AutoCAD 有关图形文件操作的命令主要有 NEW(建立新图)、OPEN(打开旧图)、SAVE(存图)、QUIT(退出 AutoCAD)等,见表 9-3。

表 9-3 AutoCAD 有关图形文件操作命令

命 令	功 能	菜 单 位 置
NEW	建立一张新图。	[File]→[New…]
OPEN	打开一张旧图。	[File]→[Open...]
SAVE	以.DWG 格式存储图形。	[File]→[Save]
QUIT	退出 AutoCAD。	[File]→[Exit]

表 9-3 中几个命令的操作要点是:

(1) 执行 NEW 命令时,AutoCAD 屏幕上出现如图 9-4 所示 Create New Drawing 对话窗口,提供使用如下三种方法开始绘制一幅新图。

Use a Wizard——使用向导。在向导中系统提供基于 ACADISO.DWT 或 ACAD.DWT 的绘制图形所需要的一切环境设置。AutoCAD 在使用向导中提供“Quick Setup(快速设置)”和“Advanced Setup(高级设置)”两个选择项。“快速设置”需要进行“Units(单位)”和“Area(区域)”两项设置;而“高级设置”比“快速设置”更为详细,需要进行五项设置,包括“Units(单位)”、“Angle(角度单位)”、“Angle Measure(角度测量)”、“Angle Direction(角度方向)”以及“Area(区域)”等。

Use a Template ——使用样板图。AutoCAD 提示选择一个 DWT 格式样板文件。

使用样板图可以将已进行标准设置的图形存储起来,并用作绘制新图时的基础图形。使用样板图避免了重复的设置过程,而且样板图提供了一种建立标准化的良好措施。

Start from Scratch ——使用缺省的绘图环境。AutoCAD 提供“English(英制)”和“Metric(公制)”两种绘图单位制。

(2) 执行 OPEN 命令时,AutoCAD 将弹出“Select Files”对话框,对话框有一个列表框,可以通过列表框选取要打开的图形文件的路径和文件名。对话框右边“Preview ”栏将预显指定文件的图形。点选“以只读方式打开”前的复选框可以按只读方式打开文件。

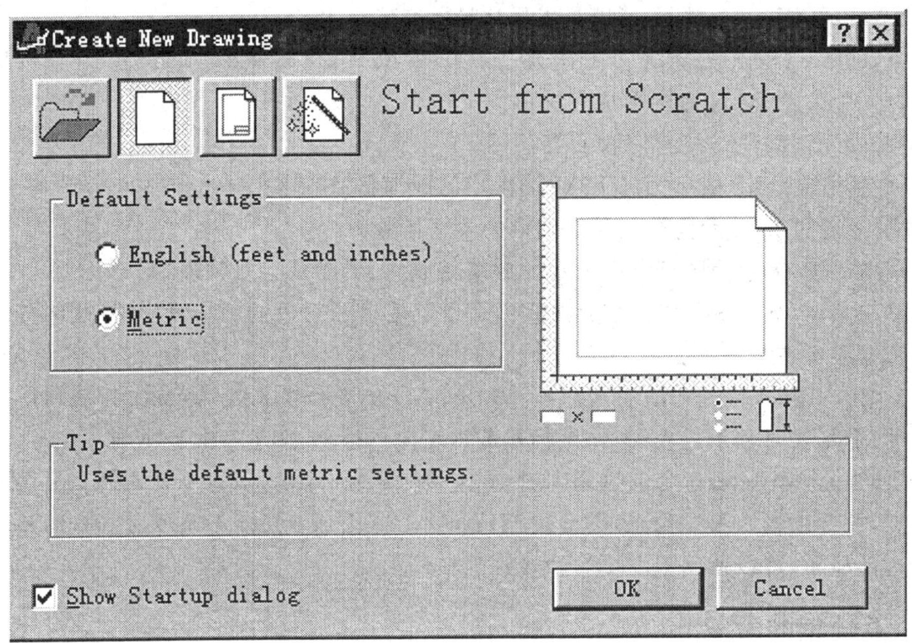

图 9-4 Create New Drawing 对话窗口

(3) 执行 SAVE 命令时，AutoCAD 将弹出“Save Drawing As”对话框，将当前屏幕上的图形储存为 .DWG 的文件，而且不退出绘图屏幕，可以继续画图。

(4)执行 QUIT 命令退出 AutoCAD 时，如果图形是新绘制或已修改的图形，AutoCAD 会询问是否保存图形。

二、显示控制命令

显示控制命令提供了改变屏幕上图形显示方式的方法，以利于操作者观察图形和方便作图。显示控制命令不能改变图形本身。改变显示方式后，图形本身在坐标系中的位置和尺寸均未改变。常用的图形显示控制功能有 Zoom(显示放缩)、Pan(平移)、Redraw(重画)、Regen(重新生成)等，见表 9-4 所示。

表 9-4 AutoCAD 图形显示控制功能

命 令	完成的功能	菜单位置
ZOOM	在不改变绘图原始尺寸的情况下，将当前图形显示尺寸放大或缩小。	[View]→[Zoom]
PAN	图形在屏幕上平移。	[View]→[Pan]
REDRAW	重画功能，消除屏幕上不需要的标志点。	[View]→[Redraw]
REGEN	重新生成图形。	[View]→[Regen]

ZOOM 命令是 AutoCAD 最常用的命令之一。ZOOM 命令的选择项有：

(1)All(A) ——将图限范围(LIMITS 定义范围)内的所有图形完整地显示在屏幕上。如果图形超限，则显示限定范围加图形中的超限部分。

(2)Center(C) ——给定显示中心，并给定高度。AutoCAD 据此显示图形。

(3)Dynamic(D) ——动态显示。

(4)Extents(E) ——将图形以最大尺寸显示在屏幕上。

(5)Previous(P) ——显示上一次通过 ZOOM 或 PAN 命令显示的图形，最多可以向后返回 10 幅 ZOOM 或 PAN 命令形成的图形。

(6)Scale(X/XP) ——有三种回答：

1) 直接输入数字，表示为 ZOOM A 图形的放缩倍数。

2) 数字后加 X，表示为当前显示图形的放缩倍数。

3) 后加 XP，表示为图纸空间大小的放缩倍数(处于图纸空间时用)

(7)Window(W) ——窗口缩放。它提示指定窗口两对角点的位置，并将此两对角点决定的窗口范围显示在屏幕上。

(8) <Realtime> ——缺省选择项。AutoCAD 出现一个放大镜光标。按住鼠标左键垂直向上拖动，图形实时显示放大；按住鼠标左键垂直向下拖动，图形实时显示缩小。

在要求输入 ZOOM 命令的选择项时，如直接点鼠标，AutoCAD 默认为该点是 Window 的第一角点，并要求输入第二角点，图形按 Window 方式缩放。在图形缩放后，圆、椭圆或弧有时会以多边形显示，可以使用 REGEN 命令恢复原来形状。

三、其他辅助命令

AutoCAD 辅助命令还有 UNDO(取消)、REDO(恢复)等，如表 9-5 所示。

表 9-5　AutoCAD 辅助命令

命　令	完成的功能	菜单位置
UNDO/U	取消操作。一个 U 命令只能取消最后一次操作命令。可连续打 U 命令取消多个操作命令。	[Edit]→[Undo]
REDO	在 U 或 UNDO 命令执行之后，立即(只限于立即)打入 REDO 命令，可恢复刚取消的命令，并恢复图形。REDO 命令只能恢复一次 U 或 UNDO 命令。	[Edit]→[Redo]

第四节　绘图准备

在 AutoCAD 中作图需要的准备工作与使用绘图板作图(手工绘图)类似。手工绘图需要确定图幅大小、准备线宽不同的铅笔、决定绘图比例等。AutoCAD 通过设定图限范围确定图幅大小，通过设定层确定图线的颜色(颜色不同，图形打印输出时可定义不同的线宽)和线型(如实线、中心线、虚线等)。AutoCAD 的绘图比例可在图形打印输出时给定。

一、LIMITS 设置图限范围

LIMITS 命令用来设定图形限定范围(网点显示范围)的极限尺寸。用户可以改变该极限尺寸的设定值，以便安排图形的位置。通常限定范围设定比作图范围大，以使所作图形均落在限定范围内。用 LIMITS 命令设定了图限范围后，并不能在屏幕上立即显示出来，必须用 ZOOM 命令中的 ALL 选择项来实现。

LIMITS 命令的菜单位置在：[Format] → [Drawing Limits]。命令的基本操作方法是：

Command： *LIMITS*

Reset Model space limits:(重置模型空间图限范围)

Specify lower left corner or [ON/OFF]<0.0000,0.0000>:指定绘图区左下角坐标或[打开/关闭]

如果给定图限范围的左下角坐标,AutoCAD 提示:

Specify upper right corner<420.0000,297.0000>: 指定绘图区右上角坐标

各选项的意义是:

(1)ON ——打开图限检查,以防止拾取点超出范围。

(2)OFF ——关闭图限检查(缺省设置),可以在图限范围之外拾取点。

(3)Lower left corner ——设置图限左下角坐标(缺省为 0,0)。

(4)Upper right corner ——设置图限右上角坐标(缺省为 420,297)。如果设定了限定范围检查(LIMITS 设为 ON),当图线画到限定范围之外时将提示"Outside limits(超界)"错误。

二、设定图层、颜色和线型

1. 图层的基本概念

图层(LAYER)是 AutoCAD 的一大特色。图层本身是不可见的。可以将图层理解为透明纸,图形的不同部分可以画在不同的透明纸上,最终将这些透明纸叠加在一起就是一张完整的图形。

当开始绘新图时,用户只有一个名字叫做 0 的图层,该图层不能删除或更名,它含有与图形块有关的一些特殊变量。

一幅图的层数没有限制,每一图层可以容纳的图元数目也没有限制。层名为字符,最多 31 个字符,如 DIM,CENTER 等。图层名显示在"Properties(属性)"工具条上。层可以设定颜色和线型,并可设定打开或关闭、冻结或解冻、锁定或解锁等。图线按当前层的颜色和线型画出。

设定图层的作用是明显的:

(1) 使图形清晰。例如一张简单的机械图,可把轮廓线放在一个图层上画出,设定颜色是白色(WHITE),线型为实线(CONTINUOUS);又把中心线放在某一图层上,设定颜色为绿色(GREEN),线型为中心线(CENTER);把尺寸标注放在某一图层上,设定颜色为蓝色(BLUE),线型为实线 (CONTINUOUS);这样不同类型的图放在不同的图层上,整张图看起来就很清楚。

(2) 便于绘图输出。由于每一图层设定一种颜色和一种线型,在绘图输出时,每种颜色可以定义不同的线宽,这样就可以绘制不同粗细的线型。

(3) 便于编辑修改。当图层图线需要修改颜色或线型时,只需修改该层的颜色或线型,则该层上的所有图线都得到修改,不必一条一条分别修改。

(4) 节省存图空间。同一图层具有统一线型和颜色,层上图线以此分类存储,结构紧凑,节省了存贮空间,便于分类管理。

2. LAYER(图层)

设定图层的命令是 LAYER。它的功能是:建立新的图层;设定当前的工作图层;修改层名;设定图层的颜色和线型;设定图层的打开或关闭、冻结或解冻、锁定或解锁等特性。该命令的下拉式菜单位置在 [Format(格式)] →[Layer...(图层…)]。点取该菜单,此时弹出"Layer Properties Manager"对话框,如图 9-5 所示。

通过此对话框可以从屏幕上直接设置与改变图层的状态和特性。

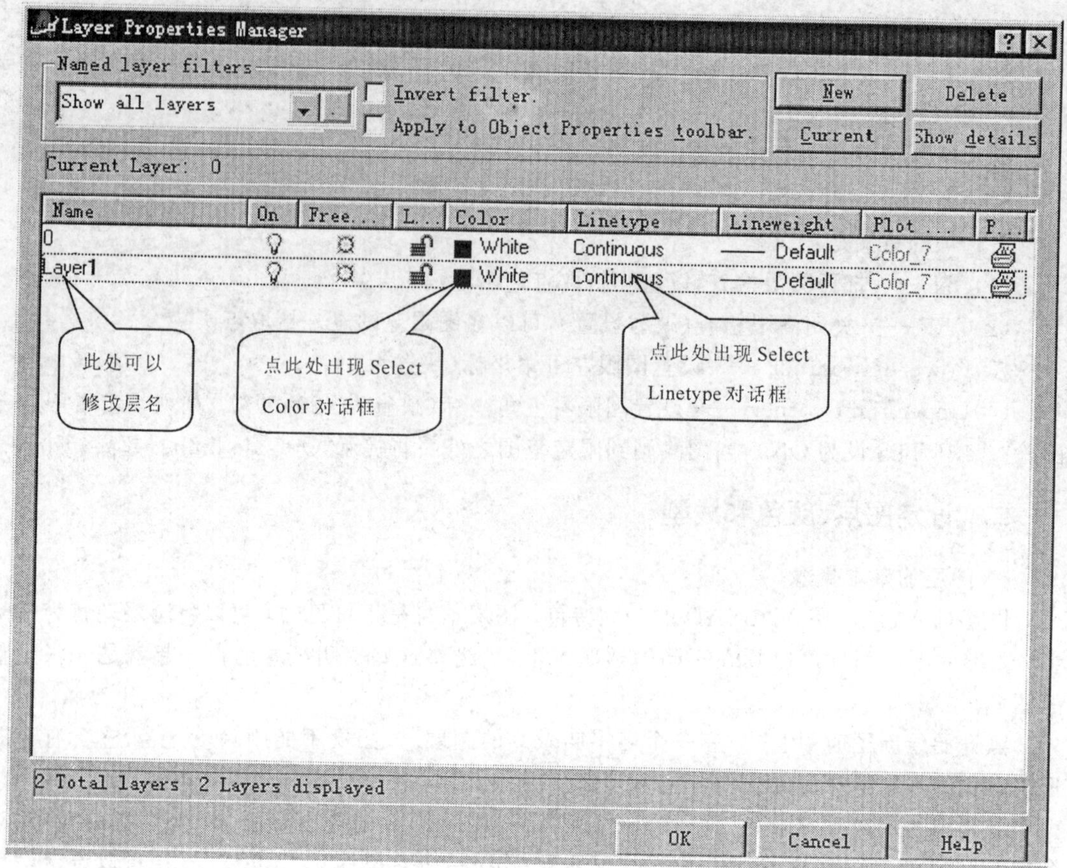

图 9-5 "Layer Properties Manager"对话框

(1) 新建一图层。点 New 按钮将新建图层,可以直接在图层名栏修改层名。

(2) 设定图层为当前层。可用鼠标按在该图层栏上,该栏颜色变亮,然后按 Current 按钮。

(3) 删除图层。可用鼠标按在该图层栏上,该栏颜色变亮,然后按 Delete 按钮。注意"0"层不能被删除。

(4)修改图层颜色。鼠标左键点击该图层栏上的颜色,出现"Select Color"对话框,可以修改图形颜色。AutoCAD 的颜色号由 1～255,能否全部显示与硬件配置有关。AutoCAD 原始设定颜色是白色。常用的标准颜色号与颜色的对应关系是:

1 ——Red	(红)	2 ——Yellow	(黄)
3 ——Green	(绿)	4 ——Cyan	(青蓝)
5 ——Blue	(蓝)	6 ——Magenta	(紫)
7 ——White	(白)		

(5)修改图层的线型。鼠标点击该图层栏上的线型,出现如图 9-6 所示"Select Linetype"对话框。AutoCAD 预定的线型为 CONTINUOUS。点 Load… 按钮可以选择装入各种线型。点中某线型,然后按 OK 按钮可以设置图层的线型。

(6)修改图层的状态。用鼠标左键点击该图层特性栏可以修改图层特性,包括 ON/OFF(开/关)、Freeze/Thaw(冻结/解冻)、LOck/Unlock(锁定/解锁)等。各种特性的意义是:

ON/OFF:打开/关闭某图层。图层关闭后该图层上的内容不可见,绘图时不输出,但某些命令,如 ZOOM、PAN、REGEN 等对该图层仍起作用。

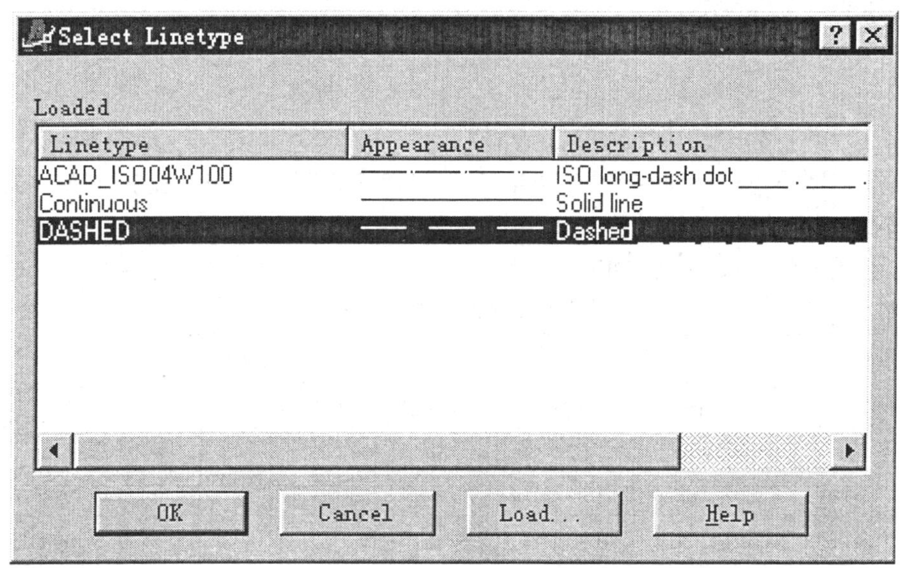

图 9-6 “Select Linetype”对话框

Thaw/Freeze：解冻/冻结某图层。图层冻结后，该图层上的内容不可见，绘图时不输出，ZOOM、PAN、REGEN 等命令对其也不起作用，因此操作执行速度加快。

Unlock/LOck：解锁/锁定某图层。图层锁定后，该图层上内容可见，绘图时能输出，但不能对其进行编辑修改等操作，也无法选中(它在图面上只是一个参考)。

OFF 只能用 ON 打开，Freeze 只能用 Thaw 解冻，LOck 只能用 Unlock 解锁，彼此不能混淆。

图层的操作也可使用“_Object Properties”工具按钮，如图 9-7 所示。

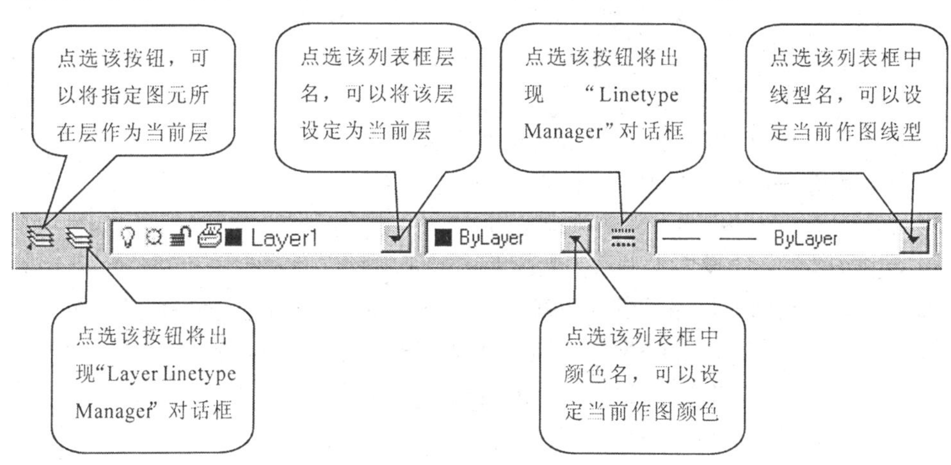

图 9-7 “_Object Properties”工具条

2. LTSCALE 设定线型比例

有时明明在图层上设置为中心线(CENTER)或虚线(DASHED)，可是画出来的线型看起来却像实线，这是因为线型比例太小或太大。这时可以用 LTSCALE 命令来改变在屏幕上显示的线型比例，AutoCAD 提供的缺省值为 1。操作的基本方法是：

Command： *LTSCALE*

Enter new linetype scale factor<1.0000>：(输入新的线型比例)

三、其他设定

在手工制图中，我们借助三角尺、丁字尺、圆规、方格纸等绘图工具及仪器，使作图准确，保证绘图质量，提高绘图效率。AutoCAD 也提供类似绘图工具，包括捕捉(SNAP)、栅格(GRID)和设置正交模式(ORTHO)等，如表 9-6 所示。

表 9-6　绘图辅助设定命令

命　　令	功　　能	菜单位置
SNAP	锁定光标每次移动量，以方便绘图并得到更精确的图形。	[Tools] →[Drawing Aids]
GRID	在屏幕上设定栅格，以便绘图时参考。	[Tools] →[Drawing Aids]
ORTHO	设定正交模式，画出的线为水平或垂直线。	[Tools] →[Drawing Aids]

1. 表中 SNAP 命令各选择项的意义

(1) Snap spacing ——锁定距离，即光标每次的移动量。

(2) ON ——设定锁定功能，光标每次按设定距离移动。

(3) OFF ——关闭锁定功能，光标自由移动。

(4) Aspect(A) ——设定水平(x)方向与垂直(y)方向增加量不同。

(5) Rotate(R) ——旋转某一角度。

(6) Style(S) ——选择标准或轴测样式。

(7) Type(T) ——选择类型，包括网格类型和极坐标两种。

2. 表中 GRID 命令各选择项的意义

(1) Grid spacing ——栅格距离。

(2) ON ——开启栅格状态，即显现栅格在屏幕上。

(3) OFF ——关闭栅格状态，在屏幕上不显现栅格。

(4) Snap(S) ——设定与 SNAP 相同。

(5) Aspect(A) ——设定水平与垂直的距离不同。

从 GRID 命令显示的栅格可看到图形界限(LIMITS)的范围，无栅格的部分为界限之外。GRID 值为 0 时，视为 GRID 与 SNAP 等值。如果删格太小，无法显示在屏幕上，会出现“Grid too dense to display”(栅格太密无法显示)的信息。

例 9-1　AutoCAD 2000 基本操作练习

(1) 练习功能键 F2 的操作

按下 F2，观察绘图屏幕与文字屏幕之间的切换。

(2) 练习功能键 F6 的操作

按下功能键 F6，并移动鼠标，注意屏幕左下方的 X，Y 坐标是否变化？

(3) 练习功能键 F7 的操作

按下功能键 F7，绘图区出现栅格，再按一次 F7 试一试。

(4) 练习 GRID 命令设置新的栅格距离

Command： *GRID*

Specify grid spacing(X) or ON/OFF/Snap/Aspect<10.00>： *5* （设定栅格距离为5）

再按 F7 看一看栅格距离的变化。

(5) 练习功能键 F9 的操作

按下功能键 F9,并移动鼠标,此时光标只能按某一锁定值移动,再按一次 F9 试一试。

(6) 练习 SNAP 命令设置新的锁定值

Command： *SNAP*

Specify snap spacing or ON/OFF/Aspect/Rotate/Style/Type<10.0000>： *5* （设定锁定距离为 5）

再按 F9 看一看鼠标移动步距的变化。

(7) 练习功能键 F8 的操作

按下功能键 F8,此时若绘直线只能画出垂直线或水平线,再按一次 F8 试一试。

(8) 练习用 LIMITS 命令设置图限范围,并用 ZOOM 命令 A 选择项在屏幕上显示该范围。

(9) 练习设置图层。

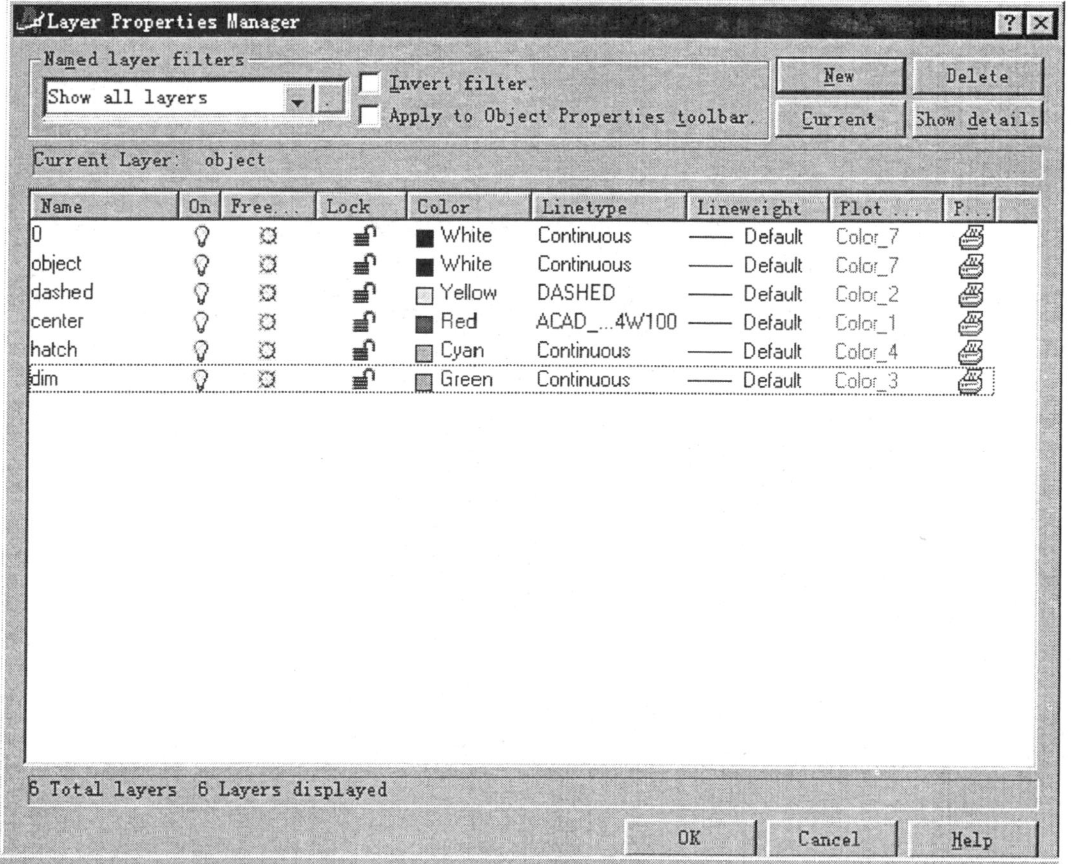

图 9-8 图层设置

(10)将图形储存起来，该图形可作为其他图形的原型图。

Command： *SAVE*

AutoCAD 将弹出对话框，在 File name 栏下输入文件名。

思 考 题

1. 什么是交互绘图系统？它有什么特点？
2. AutoCAD 中的命令有哪几种输入方式？它们各有什么特点？
3. AutoCAD 命令中涉及哪几类数据信息？它们的输入方法有什么不同？
4. AutoCAD 中的坐标有哪几种类型？
5. 简述 AutoCAD 中各个功能键的作用。
6. AutoCAD 中的图层有什么特性？
7. 在 AutoCAD 中，图层、颜色、线型三者之间有什么关系？
8. AutoCAD 中的 LTSCALE 命令具有什么功能？
9. AutoCAD 中的 ZOOM 命令完成什么功能？
10. 为什么在 AutoCAD 中绘图常常利用原型图？
11. 简述 AutoCAD 绘图的一般操作流程。

○第十章

计算机绘制二维平面图

本章要点 应熟练掌握 AutoCAD 绘制二维平面图的方法，包括如何绘制基本图元，如直线、圆、组线等；如何打剖面线和书写文字；如何利用目标捕捉进行精确绘图；如何对已有图形进行拷贝、阵列、对称、删除、修剪等操作；以及如何对二维图形进行尺寸标注和修改等。

工程图形主要包括二维图和三维图，其中二维图占 70%～80%。绘制二维图除需绘制直线、圆及圆弧等基本图素外，还有剖面线、尺寸及其他符号等。二维图还可分为零件图和装配图。获得二维图的方法有两种：一是直接绘制基本图元，再对图形进行编辑修改；二是通过绘制三维图再进行投影。这一章主要介绍 AutoCAD 绘制二维图的第一种方法，包括绘制基本图元（如直线、圆、圆弧和剖面线等）、图形编辑与修改以及对图形的尺寸标注等。

第一节　绘制基本图元

对于任何一幅图形，都是由一些基本图形元素，如直线、圆、圆弧、组线、文字等组合而成。因此，了解这些基本图形元素的画法是整个绘图的基础。

二维基本绘图命令的工具按钮在“Draw”工具条上，如图 10-1 所示。其中 Make Block（块），Insert Block（插入块），Hatch（图案填充）等命令将在第四节介绍。

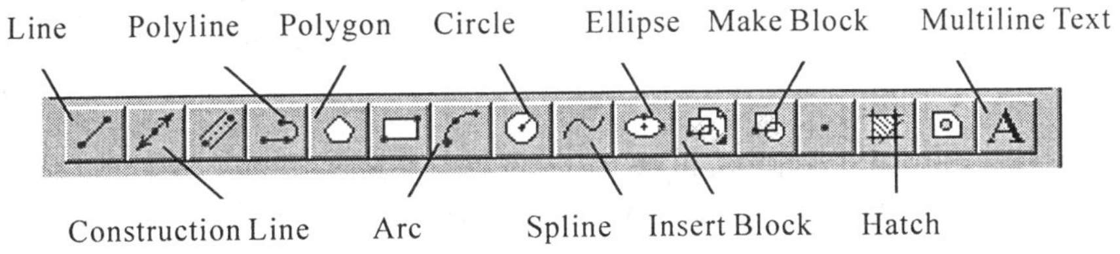

图 10-1 “Draw”工具条

一、绘制简单图元

1. LINE（画直线）

LINE 命令用来画直线或折线。直线是组成图形的基本图形元素之一，因此 LINE 命令是最基本的一条 AutoCAD 命令。它的菜单位置在 [Draw] →[Line]，操作的基本方法是：

Command： *LINE*

Specify first point： （输入直线或折线的起点坐标）

Specify next point or [Undo]： （输入下一点坐标或输入 U 回退一次）

Specify next point or [Undo]：（输入下一点坐标或输入 U 回退一次）

Specify next point or [Close/Undo]：（输入下一点坐标或输入 U 回退一次或输入 C 回到第一点）

LINE 命令的操作要点是：

1）最初由两点决定一直线；若继续输入第三点，则画出第二条直线；余依此类推。

2）坐标输入时可用光标指点输入坐标（此时若画水平线或垂直线时，可按 F8 进入正交模式 ORTHO），或用绝对坐标和相对坐标直接输入。

3）在"Specify first point："处直接打回车表示：① 若上次做出的是线，则从其终点开始绘图。② 若最后作的是弧，则从其终点及其切线方向作图，要求输入长度。

4）在"Specify next point or (Close/Undo)："处除可输入坐标外，还可打：

U ——回退一次，即消去最后画的一条线。

C(Close) ——从最后一段线回到起始点，即形成封闭图形，同时命令结束。

回车 ——命令结束。

2. XLINE（绘制无限长的直线（结构线））

XLINE 命令用来绘制无限长的直线。下拉式菜单位置在 [Draw] →[Construct Line]，AutoCAD 提供的选择项有：

(1) Hor(H) ——AutoCAD 提示指定一点，从而生成通过该指定点的水平直线。

(2) Ver(V) ——AutoCAD 提示指定一点，从而生成通过该指定点的垂直直线。

(3) Ang (A) ——AutoCAD 将提示：

Enter angle of xline(0) or < Reference >：

此时有两种选择：

1）直接给角度时，AutoCAD 提示输入一点，从而生成通过该点与 X 轴成指定角度的直线。

2）选择 R，AutoCAD 提示选择一条直线，并要求给定角度和输入一点，从而生成通过指定点，与所选直线成指定角度的直线。

(4) Bisect (B) ——生成角平分线。AutoCAD 要求指定该角度的顶点及此角度两条边的两个点。

(5) Offset(O) ——用偏移方式生成平行的直线。AutoCAD 提示：

Specify offset distance or Through< >：（偏移距离或 T 通过一点）

直接输入数据表示偏移距离，AutoCAD 提示选择直线，并询问向直线的哪一侧偏移。输入 T 表示通过指定点作偏移，AutoCAD 提示选择直线和给定一点。

(6)<Specify a point> ——给出结构线上一点，AutoCAD 提示再给定一点，从而生成经过这两点的一条直线。

3. CIRCLE（画圆）

CIRCLE 命令用来画整圆。下拉式菜单位置在 [Draw] →[Circle]，AutoCAD 提供 5 种画圆的方法，它们是：

(1)2P ——用直径的两端点决定一圆。AutoCAD 提示输入直径的两端点。

(2)3P ——三点决定一圆。AutoCAD 提示输入三点。

(3)TTR ——与两物相切配合半径决定一圆。AutoCAD 提示选择两物体，并要求输入半径。

(4)Center,Radius ——圆心配合半径决定一圆。AutoCAD 提示给定圆心和半径。

(5)Center,Diameter ——圆心配合直径决定一圆。AutoCAD 提示给定圆心和直径。

4. ARC(画圆弧)

ARC 命令用来画一段圆弧,它的菜单位置在 [Draw] →[Arc]。AutoCAD 提供 10 种画圆弧的方法以方便绘图。

(1)3-Point　　三点方式画弧。

(2)Start, Center, End　　以始点、圆心、终点方式画弧。

(3)Start, Center, Angle　　以始点、圆心、圆心角方式画弧。

(4)Start, Center, Length　　以始点、圆心、弦长方式画弧。

(5)Start, End, Angle　　以始点、终点、圆心角方式画弧。

(6)Start, End, Radius　　以始点、终点、半径方式画弧。

(7)Start, End,Direction　　以始点、终点、切线方向方式画弧。

(8)Center, Start, End　　以圆心、始点、终点方式画弧。

(9)Center, Start, Angle　　以圆心、始点、圆心角方式画弧。

(10)Center, Start, Length　　以圆心、始点、弦长方式画弧。

缺省状态时,AutoCAD 以逆时针画圆弧。如果用回车键回答第一提问,则以上次所画线或圆弧的终点及方向作为本次所画弧的起点及起始方向。这种方法特别适用于与上次线或弧相切的情况。

5. ELLIPSE(画椭圆)

ELLIPSE 命令用来画椭圆,它的菜单位置在 [Draw] →[Ellipse]。操作的基本方法是:

Command: <u>*ELLIPSE*</u>

Specify axis endpoint of ellipse or [Arc/Center]:

1) Axis endpoint ——给椭圆轴端点,接着 AutoCAD 提示:

Specify other endpoint of axis: 给轴另一端点。

Specify distance to other axis distance or [Rotation]: 给另一轴向径长或选 R 给旋转角度,角度的正弦为椭圆的离心率。

2) C(Center) ——给椭圆心,AutoCAD 提示:

Specify center of ellipse:椭圆心。

Specify end point of axis:一轴端点。

Specify distance to other axis distance or [Rotation]: 给另一轴向径长或选 R 给旋转角度,角度的正弦为椭圆的离心率。

3) Arc (A) ——绘制椭圆弧。AutoCAD 先绘制完整椭圆,然后提示:

Specify start angle or [Parameter]:(给起始角或参数)

选 P 代表选参数,AutoCAD 采用下面的参数方程计算椭圆弧:

P(u) = (Xcenter + a * cos(u)) * i + (Ycenter + b * sin(u)) * j

式中,Xcenter,Ycenter 分别表示椭圆心的 X 和 Y 坐标;a 和 b 分别表示椭圆长短轴长度的 1/2;i 和 j 分别表示 X 和 Y 方向的单位矢量;u 是参数,为 0°～360°之间的任意角度。

6. POLYGON(画正多边形)

POLYGON 命令可以画 3～1024 边的正多边形,下拉式菜单位置在 [Draw] →[Polygon]。POLYGON 命令画正多边形有三种方法:

(1) 设定外接圆半径(I),如图 10-2(*a*)所示。

(2) 设定内切圆半径(C),如图 10-2(*b*)所示。

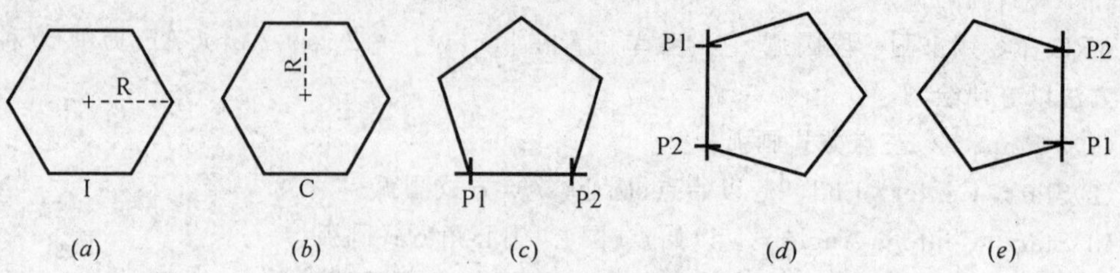

图 10-2 画正多边形的方法

(3) 设定正多边形的边长(Edge),如图 10-2(*c*)、(*d*)、(*e*)所示。

二、绘制组线(多义线)和样条曲线

1. PLINE(绘制组线(多义线))

PLINE 命令画组线(多义线)。组线由直线和弧组成,它作为一个整体保存在图中。组线有一系列附加特性,如组线可以带宽度,并且宽度可以变化(等宽度或锥度),可以作曲线拟合等。PLINE 命令的菜单位置在 [Draw] →[Pline]。

PLINE 命令中各选择项的意义如下:

(1)A(Arc) ——画弧。

(2)C(Close) ——与起点连接画闭合线。

(3)H(Halfwidth) ——输入半宽。

(4)L(Length) ——按前段线的方向画一条指定长度的线。

(5)U(Undo) ——取消上一步操作。

(6)W(Width) ——给组线的宽度。

(7)<End point of line> ——直线的终点。

选 A(画弧)选择项后,AutoCAD 继续提示:

Angle/CEnter/CLose/Direction/Halfwidth/Line/Radius/Second pt/Undo/Width/<Endpoint of arc>:

此时各选择项的意义如下:

(1)A(Angle) ——指定弧所对应的圆心角。

(2)CE(CEnter) ——输入弧心。

(3)CL(CLose) ——画封闭弧回到起点。

(4)D(Direction) ——指定画弧的切线方向。

(5)L(Line) ——恢复到画直线状态。

(6)H(Halfwidth) ——输入半宽。

(7)R(Radius) ——指定圆弧的半径。

(8)S(Second pt) ——指定圆弧经过的第二点。

(9)U(Undo) ——取消上一步操作。

(10)W(Width) ——指定组线的宽度。

(11)<Endpoint of arc> ——圆弧的终点。

PLINE 命令的操作方法是：

Command： *PLINE*

Specify first point： *3,3* （给定起点）

current line_width is 0.00

Specify endpoint of line or [Arc/Close/Halfwidth/Length/Undo/Width]： *W* （设定宽度）

Specify starting width<0.00>： *0.1* （起点宽 0.1）

Specify ending width<0.1>： *0.1* （终点宽 0.1）

Specify endpoint of line or [Arc/Close/Halfwidth/Length/Undo/Width]： *4,3* （给线的终点）

Specify endpoint of line or [Arc/Close/Halfwidth/Length/Undo/Width]： *W* （设定宽度）

Specify starting width<0.1>： *0.2*

Specify ending width<0.2>： *0*

Specify endpoint of line or [Arc/Close/Halfwidth/Length/Undo/Width]： *5,3* （给线的终点）

Specify endpoint of line or [Arc/Close/Halfwidth/Length/Undo/Width]： *<Enter>*

此时所作图如图 10-3(*a*)所示。

Command： *PLINE*

Specify first point： *7,3* （给定起点）

current line_width is 0.00

Specify endpoint of line or [Arc/Close/Halfwidth/Length/Undo/Width]： *W* （线宽）

Starting width<0.2>： *0.1*

Ending width<0.1>： *0.1*

Specify endpoint of line or [Arc/Close/Halfwidth/Length/Undo/Width]： *8,3*

Specify endpoint of line or [Arc/Close/Halfwidth/Length/Undo/Width]： *A* （画圆弧）

Angle/CEnter/CLose/Direction/Halfwidth/Line/Radius/Second pt /Undo/Width： *W* （给线宽）

Specify starting width<0.1>： *0.1*

Specify ending width<0.1>： *0*

Angle/CEnter/CLose/Direction/Halfwidth/Line/Radius/Second pt /Undo/Width： *8,4*

Angle/CEnter/CLose/Direction/Halfwidth/Line/Radius/Second pt /Undo/Width： *<Enter>*。

此时所作图形如图 10-3(*b*)所示。

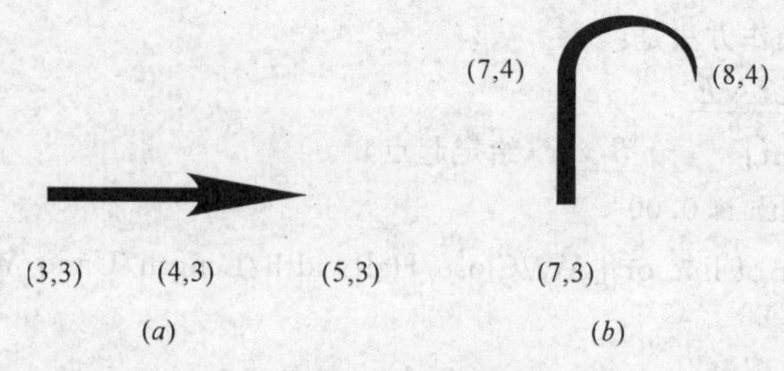

图 10-3 绘带组线

2. SPLINE(绘制样条线)

样条线可以通过 PLINE 命令绘制组线后,再通过 PEDIT 命令 S 选择项来获得。在 AutoCAD 2000 中还提供了一个 SPLINE 命令建立样条线。但两者所建立的样条线略有不同,后者是基于 NURBS 来构造的。SPLINE 命令的菜单位置在 [Draw] →[Spline]。

SPLINE 命令的操作方法是:

Command: <u>*SPLINE*</u>

Specify first point or [Object]: (输入第一点或选物体)

(1)Specify first point ——绘制样条曲线的起点。随后的提示是:

Specify next point: (输入控制点)

Specify next point or [Close/Fit Tolerance] <start tangent>:(输入点或封闭/拟合公差<起始相切>)

各选择项的意义是:

C(Close) ——封闭。产生一条封闭样条曲线。

F(Fit Tolerance) ——拟合公差。拟合公差主要控制曲线与控制点之间的贴合程度。如为 0 时,则样条曲线需精确地通过控制点。

point ——输入控制点。

如直接回车,随后的提示是:

Specify start tangent: (输入起点切线方向)

Specify end tangent: (输入终点切线方向)

(2)Object ——选择 PLINE 命令 S 选择项所得到的样条线,使之转换为 SPLINE 命令所得到的样条曲线。

三、书写文字和设置字体

AutoCAD 2000 将文字明确地分为段落文本和单行文本两种。AutoCAD 通过 STYLE 命令设置字体,通过 DTEXT 命令和 MTEXT 命令书写单行文本和段落文本。

1. STYLE(字型)

用 DTEXT 和 MTEXT 书写文字时,文字字型按照当前所设定的字型书写。AutoCAD 提供的默认字型是由 TXT. SHX 字体文件所支持的、字型名为 STANDARD 的标准字型。需要其他字型时,用设定字型的命令 STYLE,该命令的菜单位置在[Format] →[Text Style...]下。该命令将出现如图 10-4 所示“Text Style”对话框。

例如,作图需要用长仿宋体来书写文字,可以按下列步骤:

(1) 在“Style Name(字型名)”栏,点 New… 按钮可以设定字型名,如设定为“FST”。

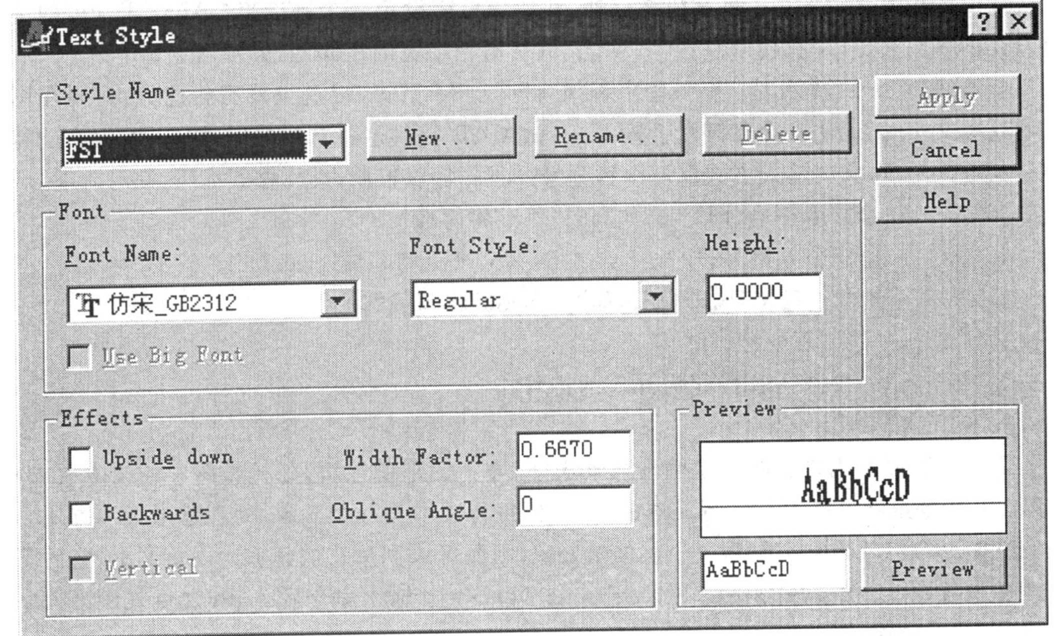

图 10-4 “Text Style”对话框

(2) 在“Font(字体)”栏通过列表框，选取 FST 字型的字体名“仿宋_GB2312”。

(3) 在“Effects(影响因素)”栏设定影响参数。各项的意义如下：

1) Width factor： （设定宽度比例，长仿宋体为 0.667）

2)Obliquing angle： （设定倾斜角）

3)Backwards： （是否反向书写）

4)Upside-down： （是否上下颠倒书写）

5)Vertical （是否垂直书写）

定义好字型后，将来选用字型时，以字型名为准。在 DTEXT 命令中换字型时用 S(Style)选择项。

2. DTEXT 书写文字

DTEXT 命令用来在图形中输入文字，作为图形的注解。它的下拉式菜单位置在 [Draw] →[Text] →[Single Line Text]。DTEXT 命令中的选择项有：

(1) Justify ——对齐方式。

(2) Style ——设定字体。

(3) Start point ——左对齐方式，给文字的起始位置。

选 J(对齐方式)后，AutoCAD 询问选何种对齐方式，对齐方式有：

1)Align ——对齐两点之间

2) Fit ——对齐两点之间

3)Center ——对齐中点

4) Middle ——对齐中央点

5)Right ——右对齐

6) TL ——顶左对齐

7)TC ——顶中对齐

8) TR ——顶右对齐

9)ML ——中左对齐

10)MC ——中中对齐

11)MR ——中右对齐

12) BL ——底左对齐

13)BC ——底中对齐

14)BR ——底右对齐

除 Align 和 Fit 需设定起点和终点外，其他均只需设定一个基准点。Align 和 Fit 的区别是：Fit 的字高固定，字宽随两点调节；Align 的字高与字宽的比固定，并随两点调节。

当出现“Text:”提示时，有一些字符如“ϕ”、“±”、“°”等，键盘上没有相应的键，要在图中书写这类文字时，无法直接在键盘上输入。AutoCAD 提供这些常用的但键盘上又没有的特殊字符的输入手段，它的输入方式靠两个百分号“%%”加以控制，具体格式如下：

%%d ——绘制度符号，即“°”。如“45%%d”将写成“45°”。

%%p ——绘制公差符号，即“±”。如“%%p0.05”将写成“±0.05”。

%%c ——绘制直径符号，即“ϕ”。如“%%c30”将写成“ϕ30”。

%%% ——绘制百分号，即“%”。

%%nnn ——绘制 ASCII 码为 nnn 的符号。

3. MTEXT(书写文字)

MTEXT 命令用来在图形中输入段落文字，作为图形的注解，如机械图中的技术要求等。DTEXT 命令虽然也能进行多行文本的输入，但每行文本是一个对象，处理起来很不方便。而 MTEXT 命令将整段文字作为一个整体来处理，因而可以利用它快速输入段落文本。它的下拉式菜单位置在[Draw]→[Text]→[Multiline Text…]。输入命令后 AutoCAD 提示当前字体和字高信息，并提示：

Specify first corner of text box：（指定文本框的第一角点）

Specify opposite corner or [Height/Justify/Rotation/Style/ Width]：（指定对角点或[高度/对齐方式/文本旋转角度/字高/字宽]：）

回答完上述提示后，出现如图 10-5 所示对话框。

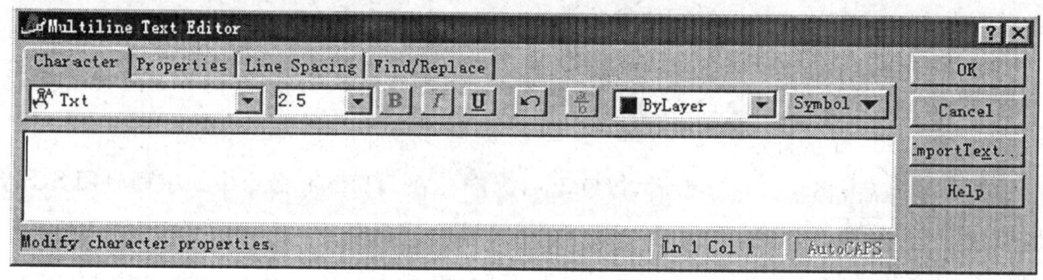

图 10-5 “Multiline Text Editor”对话框

对话框有四个标签栏。“Character(字符)”栏可以选择字体、字高、文本显示形式等，并在对话框的大空白部分输入段落文字；“Properties(特性)”栏可以设定文本样式、对齐方式、字符宽度、旋转角度等；“Line Spacing(行距)”确定文字行距；“Find/Replace(查找/替换)”栏具有通用的编辑功能，适用于大量文本中进行文本编辑。

第二节 AutoCAD 精确绘图

用光标直接在屏幕上指定点很难精确定位点的位置。在实际绘图中，精确定位点是建立一幅精确图形的首要任务。AutoCAD 提供了几种方法来精确定位点，如输入坐标值、SNAP 几何定位点等。这里介绍 AutoCAD 另一种精确定位点的方法 ——捕捉已有图元上的关键点(特征点)。

1. 目标捕捉原理

目标捕捉是指将点自动定位到与图形中相关的关键点(特征点)上，如线的端点、圆或圆弧的圆心等，如图10-6所示。这一工具对提高作图精度有很大的帮助。捕捉图形的特征点是由捕捉模式决定的。AutoCAD提供的捕捉模式有：

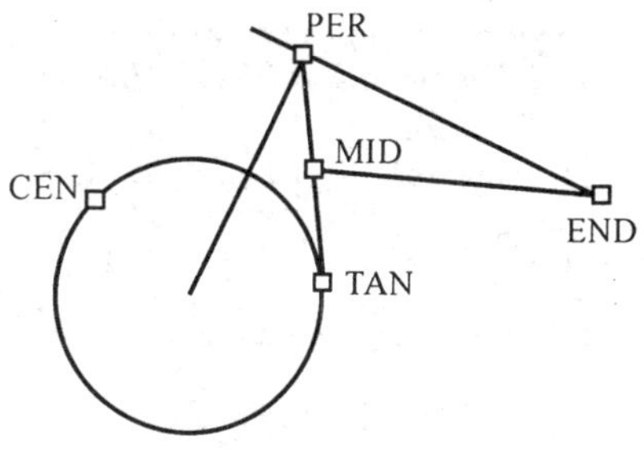

图 10-6　捕捉模式

(1)Nearest(NEA)——最近点。捕捉直线、组线、圆或弧上离选择框中心最近的点。

(2)Endpoint(END)——端点。捕捉直线、组线、圆弧的一个端点。

(3)Midpoint(MID)——中点。捕捉直线、组线、圆弧的中点。

(4)Center(CEN)——圆心。捕捉圆或椭圆的圆心。

(5)Node(NOD)——节点。捕捉节点。

(6)Quadrant(QUA)—— 象限点。捕捉圆或圆弧上距离光标最近的象限点，即0°、90°、180°、270°等点。

(7)Intersection(INT)——交点。捕捉直线、组线、圆或圆弧交点中与目标选择框中心最近的交点。

(8)Perpendicular(PER)——垂足点。捕捉目标直线、组线、圆或圆弧上的点，该点到出发点的连线与目标垂直或其切线垂直。

(9)Insertion(INS)——插入点。捕捉文字、块的插入点。

(10)Tangent(TAN)——切点。捕捉圆或弧上的点，该点与出发点的连线与圆或弧相切。

(11)APParent Intersection(APP)——明显相交。AutoCAD要求选取两物体，并捕捉到该两物体相交或延长相交的点。

(12)EXTension(EXT)——延伸点。捕捉直线、圆弧等的延伸点。

(13)PARallel(PAR)——平行扩展捕捉。捕捉某一直线的平行线上的点。

各种目标捕捉模式可以组合使用，如END、MID及INT三种方式。AutoCAD将选中离目标选择框最近的符合上述三条件之一的点。

2. 捕捉模式的输入

目标捕捉不是一个命令，它通常是响应系统要求输入点的位置，如“Specify point:”等的提示。调用目标捕捉模式有两种方式：

(1) OSNAP 固定捕捉方式

用OSNAP命令输入的目标捕捉方式(可以一种或多种)，在作图中一直起作用，直到关闭这些方式为止，下拉式菜单位置在[Tools]→[Select Object Snap...]，点击该菜单将出现如图10-7所示“Osnap Settings”对话框。

对话框中在“Object Snap modes”栏中打“√”号的目标捕捉模式起作用。如果选择 Select All 按钮，则全部模式选中，选择 Clear All 按钮，则关闭所有的物体捕捉模式。

(2) 临时指定目标捕捉方式

临时指定目标捕捉模式时，所选模式仅在该次命令中有效。为调用此方式，只需用相应模式的名字响应AutoCAD请求输入点的提示。命令的输入可以直接从键盘输入(前三个字母)，也可以从工具按钮上点中输入。目标捕捉的工具按钮在“Object Snap”工具条上，如图10-8所示。

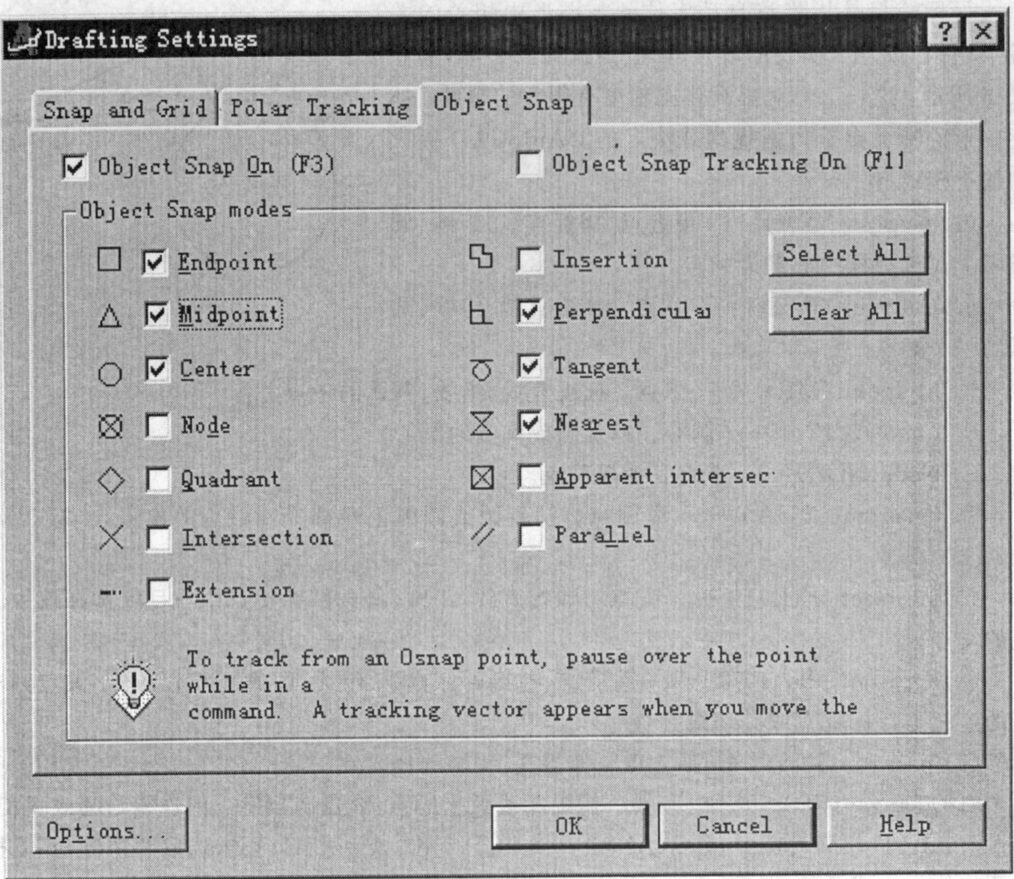

图 10-7 “Osnap Settings”对话框

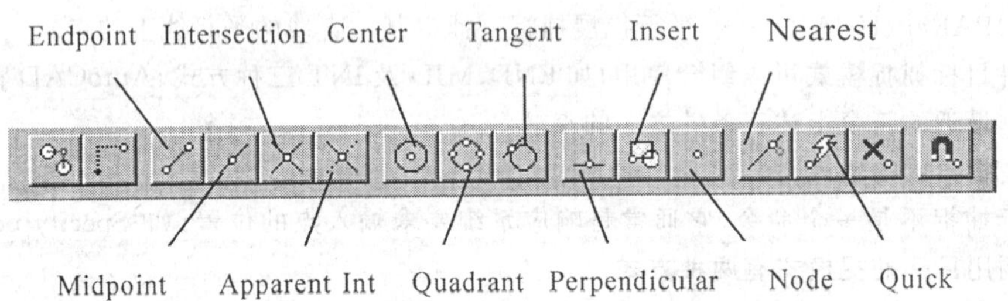

图 10-8 “Object Snap”工具条

例如需要作两圆的切线,键盘操作的基本方法是:

Command: <u>*LINE*</u>

Specify first point: <u>*TAN*</u>

to (选第一圆)

Specify next point or [Undo]: <u>*TAN*</u>

to (选第二圆)

Specify next point or [Undo]: <u>*<Enter>*</u>

如果选圆弧的点的位置不同,可能作出不同的切线,如图 10-9 所示。

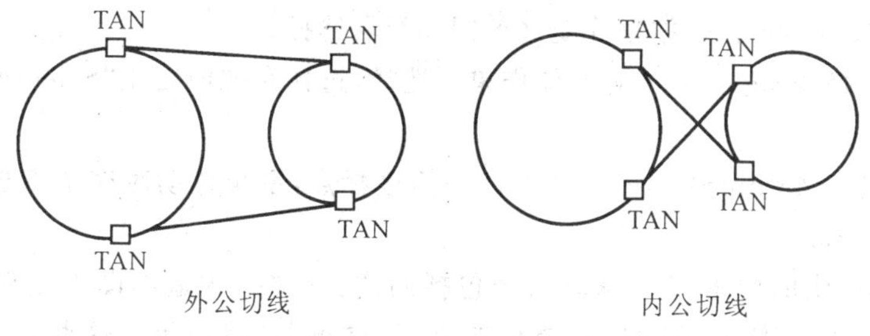

图 10-9　用目标捕捉作两圆的公切线

第三节　AutoCAD 图形编辑

AutoCAD 的强大功能在于图形的编辑，即对已存在的图形进行复制、移动、镜像、修剪等。本节介绍 AutoCAD 对图形的编辑命令。

AutoCAD 的图形编辑命令构成是：命令操作＋目标选择。AutoCAD 提供两种操作方式：

(1) 动名选项(Verb/Noun Selection)。先打入图形编辑命令，AutoCAD 通常不断提示：

Select Objects：(选择目标) 直到对这一提示响应回车。选择目标时可以任选一种方法，选中的目标变成虚线或增亮，同时 AutoCAD 提示有多少图元被选中，如选中的图元与前面的选择有重复，AutoCAD 还提示多少图元重复。

(2) 名动选项(Noun/Verb Selection)。先选目标，然后打图形编辑命令。选中的目标在图元的穴点(关键点)处有一小方框。

AutoCAD 的目标选择可以是下述方法的任意组合。

(1) 自动选择(AUto) ——选择结果视屏幕上的选择操作而定。用光标点击到图元，则为定点选择，点击物体为选择结果。注意：点选组线(多义线)时应点中组线的边缘。如果选择时指定的点落在屏幕上空白处，那么 AutoCAD 将把所选择指定的点视作 BOX 方式的第一个选择点，通过指定第二点形成窗口选择物体。

(2) W 窗口选(Window) ——选窗口对角两点形成窗口，则窗口内所围图元被选中。图元有任何一部分在窗外都不能被选中。

(3) C 窗口选(Crossing) ——选窗口对角两点形成窗口，则窗口内所围图元被选中。只要图元有任何一部分在窗内均被选中。

(4) BOX 选(BOX) ——选窗口对角两点形成窗口，如第二点在第一点右方，则为 W 窗口选，否则为 C 窗口选。

(5) 最后图元(Last) ——选中作图中的最后一个图元。

(6) 前选择集(Previous) ——选中前面构造或修改操作中最后选中的一个选择集。

(7) 移去(Remove) ——在选择集中移去选中的图元。

(8) 添加(Add) ——使用 Remove 选项后，再进入选择图元的操作。

(9) 返回(Undo) ——使刚才一次选择图元操作作废。

(10) WP 窗口选(WPolygon) ——与 Window 操作类似，但选择框为任一多边形。

(11) CP 窗口选(CPolygon) ——与 Crossing 操作类似，但选择框为任一多边形。

(12) 围栏选(Fence) ——选择与围栏相交的图元，围栏可以不封闭。

(13) 全部选(ALL) ——选中图形文件中的所有图元，包括冻结层和锁定层的图元。

(14) 组选(Group) ——按预先定义的图元组名选择。

(15)单一选择(SIngle)——对物体作单一选择,选择完成即终止“Select Objects:”提示序列。

(16) 多点选(Multiple) ——一次输入一组坐标点,系统自动对这些点进行搜索,选择经过这些点的所有图元。

AutoCAD 提供的图形编辑修改命令包括两类:一类是构造类图形编辑修改命令,如拷贝、镜像等;另一类是修改类图形编辑修改命令,如删除、裁剪等。这些命令的工具按钮在“Modify”工具条上,如图 10-10 所示。

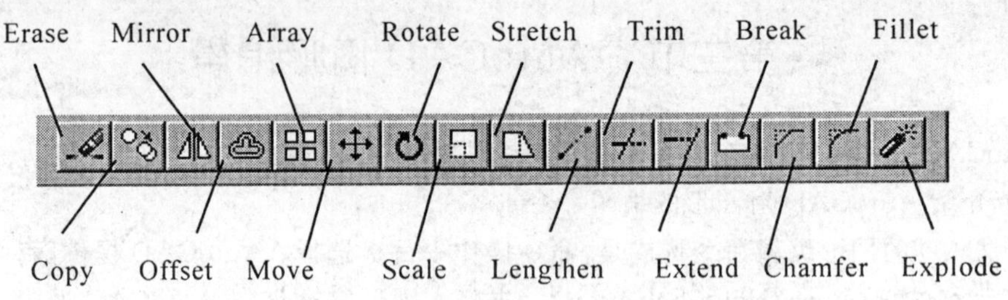

图 10-10 “Modify”工具条

一、构造类编辑修改命令

绘制简单图元命令只能生成一系列孤立的图元,要生成复杂图形,还需要其他编辑修改命令,如 ARRAY(阵列)、COPY(拷贝)、MIRROR(镜像)、CHAMFER(倒角)、FILLET(倒圆)、OFFSET(平行复制)等。

1. ARRAY(阵列)

ARRAY 命令用来将选中的图元按矩形或圆形的排列方式大量拷贝。它的菜单位置在[Modify] →[Array]。操作基本方法是:

Command: <u>*ARRAY*</u>

Select objects: (选择目标)

Select objects: (选择目标,直接打回车表示选择目标结束)

Enter the type of array [Rectangular/ Polar]<R>: (选择阵列类型[矩形阵列/圆形阵列])

此时选择的阵列方式有两种:

(1) P(Polar array) ——圆形阵列,如图 10-11 所示。

此后 AutoCAD 提示:

Specify center point of array (指定圆形阵列的阵列中心)

Enter the number of items in the array: (阵列相同图形个数,包括原来图形)

Specify the angle to fill(+=ccw,-=cw)<360> : (阵列角度,缺省为 360)

Rotated arrayed objects [Yes/No]<Y>: (阵列时是否随阵列中心旋转,缺省为 Y 表示旋转,输入 N 表示不旋转)

(2) R(Rectangular array) ——矩形阵列,如图 10-12 所示。

此后 AutoCAD 提示:

Enter the number of rows (---) : (行数)

Enter the number of columns (|||)： （列数）

Enter the distance distance between rows or specify units cell (---)： （行间距）

Enter the distance between columns(|||)： （列间距）

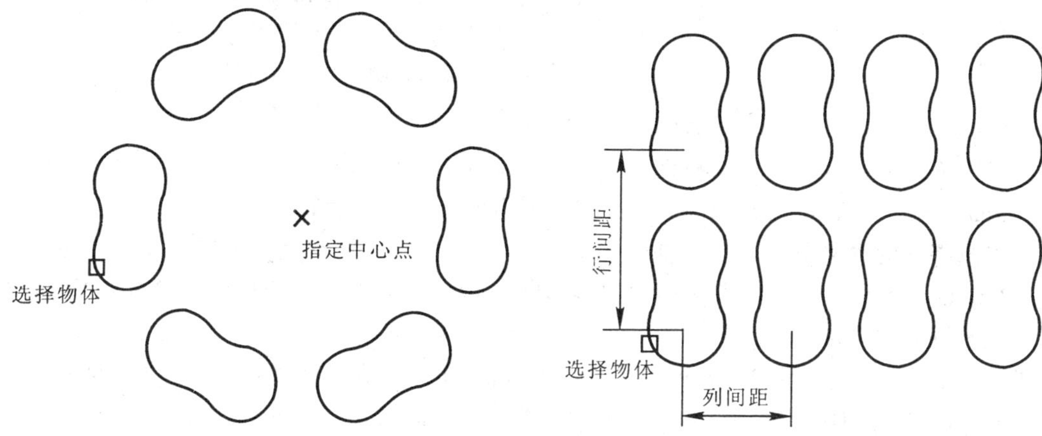

图 10-11 圆形阵列　　　　10-12 矩形阵列

图 2. COPY(拷贝)

COPY 命令用来复制画面上的图形，菜单位置在［Modify］→［Copy］。通过 M(Multiple) 选择项可进行多重拷贝，如图 10-13 所示。操作的基本方法是：

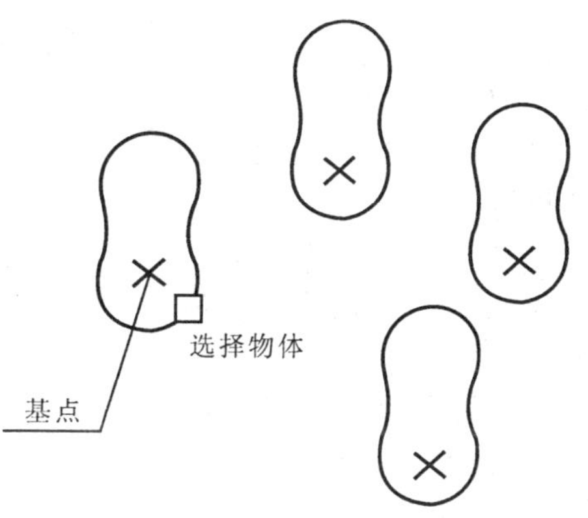

图 10-13 多重拷贝

Command： <u>*COPY*</u>

Select objects： （选择目标）

Select objects： （选择目标，直接打回车表示选择目标结束）

Specify base point or displacement， or［Multiple］： <u>*M*</u> （指定基点或位移或［多重拷贝］）

Specify base point： （基点）

Specify second point of displacement or ＜use first point as displacement＞：（位移点）

Specify second point of displacement or ＜use first point as displacement＞： （位移点）

Specify second point of displacement or ＜use first point as displacement＞： （位移点，直接回车代表结束）

3. MIRROR(镜像)

MIRROR 命令可以生成图形的对称图形，菜单位置在［Modify］→［Mirror］。对称直线需要选择直线上的两点，如图 10-14 所示。如果要生成正确的水平或垂直镜像，可按 F8 将正交模式 ORTHO 打开。

4. CHAMFER(倒角)

CHAMFER 命令可以对两条线或组线倒斜角，菜单位置在［Modify］→［Chamfer］。它的操作方法是：

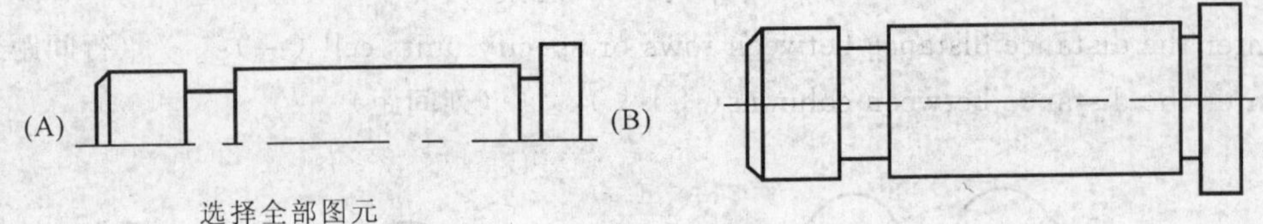

图 10-14　与 A、B 两点为对称

Command:　*CHAMFER*

(TRIM mode) Current chamfer Dist1 = 10.0000, Dist2 = 10.0000　(当前倒角距离)

Select first line or [Polyline/Distance/Angle/Trim/Method]:

各选择项的意义是：

Polyline (P) ——用于对组线(多义线)作倒角处理。对组线多边形进行倒角操作时，组线的折角处同时被倒角。

Distance(D) ——设定倒角距离。设定倒角距离时，两条线的距离可以不等。如设定两倒角距离均为 0，可使两直线相交连接。如设定两倒角距离太大，AutoCAD 提示：

Distance is too large.

* invalid *

Angle(A) ——通过指定第一条线的距离和角度的方式设定倒角距离。

Trim(T) ——控制是否修剪所要倒角的线段。

Method(M) ——控制使用 Distance(D)还是 Angle(A)进行倒角操作。

Select first line ——选择第一条线，AutoCAD 将提示输入第二条线，在两条线之间进行倒角操作。

5. FILLET(倒圆角)

FILLET 命令可以对两条线或组线倒圆角，菜单位置在[Modify] →[Fillet]。操作的方法是：

Command:　*FILLET*

(TRIM mode) Current fillet radius = 10.0000,

Select first object or [Polyline/Radius/Trim]:

各选择项的意义是：

Polyline(P) ——用于对组线(多义线)作倒圆处理。对组线多边形进行倒圆操作时，组线的折角处同时被倒圆。

Radius(R) ——通过选择 R(Radius)来设定倒圆半径。如设定倒圆半径为 0，可使两图元相交连接。如设定倒圆半径太大，AutoCAD 提示：

Radius is too large.

* invalid *

Trim(T) ——控制是否修剪选择的边。

Select first object ——选择第一个物体，AutoCAD 将提示输入选择第二个物体，在两物体之间进行倒圆操作。

6. OFFSET(平行复制)

OFFSET 命令可以复制一个与指定图元(如直线、圆、弧、组线等)平行并保持等距离的新图元，菜单位置在 [Modify] →[Offset]。操作的基本方法是：

Command: *OFFSET*

Specify offset distance or [Through]< >:　(给出平行线距离或通过点)

此时可以选择:

1)T,经过某一点,AutoCAD 将提示:

Select object to offset or <exit>:　(选平行复制的目标或<退出>)

Througth point:　(通过点)

此时作出一条通过该点的平行线。

Select object to offset or <exit>:　(选平行复制的目标或<退出>)

2)给距离,AutoCAD 提示:

Select object to offset or <exit>:　(选平行复制的目标或<退出>)

Specify point on side to offset?　(向哪边复制)

Select object to offset or <exit>:　(选平行复制的目标或<退出>)

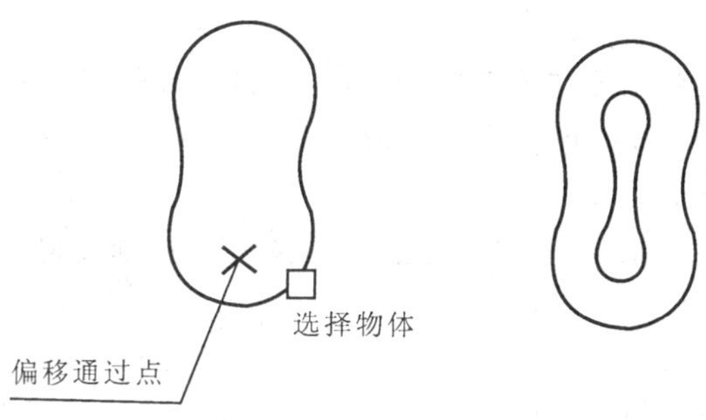

图 10-15　OFFSET 操作

三、修改类编辑命令

一幅图的完成不是一次就能画成的,需要作些辅助线,有时候由于误操作也会产生多余线条,因此需要对图线进行修改。AutoCAD 提供的修改类编辑命令有 ERASE(删除)、BREAK(打断)、TRIM(修剪)、EXTEND(延伸)、MOVE(移动)、ROTATE(旋转)、SCALE(缩放)、STRETCH(拉变)、CHANGE(修改)、EXPLODE(打散)、PEDIT(组线编辑)、SPLINEDIT(样条线编辑)等。

1. ERASE(删除)

ERASE 命令用来删除图形中的部分或全部图元,菜单位置在 [Modify] →[Erase]。当 AutoCAD 提示选择图元时,选中图元变虚,直至当对提示"Select Objects:" 直接回车响应时才执行删除工作。

OOPS 命令可以恢复最后一次 ERASE 命令删除的图形(仅限一次)。

2. BREAK(打断)

BREAK 命令用来将线、圆、弧和组线断开为两截,菜单位置在[Modify] →[Break]。操作的基本方法是:

Command: *BREAK*

Select object:　(选择要断开的目标)

这里选目标的方式只能用点选。

Specify second break point or [First point]:　(输入第二个打断点或[输入第一点])

此时有以下几种选择：

1）输入点。AutoCAD 把该点作为第二点而将刚选择目标时的指定点作为第一点，两点之间的图元部分被删除。

2）输入 F，表示需要输入第一点，AutoCAD 再提示输入第二点，此两点之间的图元部分被删除。

3）当用@响应第二点提示时，表示只是断开此图元而不做删除工作。@的意义是重复上一次坐标。

操作过程中要注意两点：

1)断开圆时要注意两点的顺序，AutoCAD 总是依逆时针断开。

2)第二点不一定要位于图元上。如果第二点位于图元内侧，AutoCAD 会自动找到图元上离该点的最近点，如果第二点位于图元的外侧，则将第一点与第二点最近的端点间的部分抹掉。

3. TRIM(修剪)

TRIM 命令用来以某些图元作为边界(剪刀)，将另外某些图元不需要的部分剪掉，菜单位置在 [Modify] →[Trim]。操作的基本方法是：

Command:　　*TRIM*

Current settings：Projmode = UCS Edge = None（当前设置：投影方式= UCS，边方式=不延伸）

Select cutting objects …

Select objects：　(选切边目标)

Select objects：　(选切边目标，回车结束选择；选中切边后，切边变虚)

Select objects to trim or [Project/Edge/Undo]：

此时可选择：

1）直接选目标，该目标部分被剪掉。此时选目标时只能用点选，如图 10-16 所示。

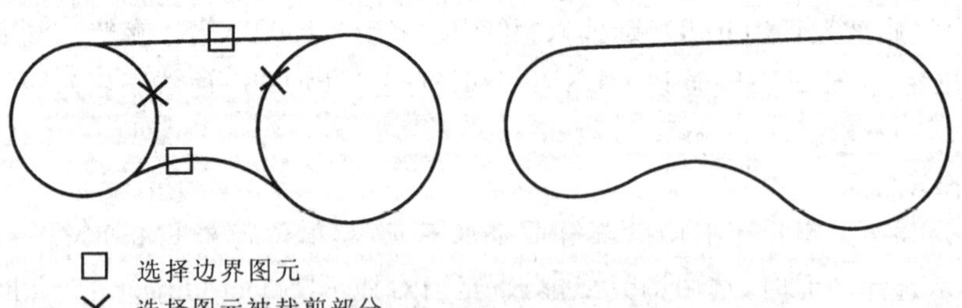

图 10-16　TRIM 操作

2)选 P(Project)，控制是否使用与指定投影方式。如果不进行投影，则系统只修剪三维空间相交的物体。否则，可修剪三维空间不相交物体。

3)选 E(Edge)，控制是否边界延伸。若选择不延伸(缺省)，则只修剪相交的物体边界。否则，只要边界延长线产生相交，即可进行修剪。

4) U(Undo) ——将刚剪掉的部分恢复。

下面是使用 TRIM 命令时经常遇到的错误信息：

No edges selected.　没有合适的边界。

Entity does not intersect an edge. 被修剪图元与修剪边界线不相交。

Cannot TRIM this entity. 被修剪部分不合法，如试图修剪块或文字等。

出现上述错误信息时，必须重新操作或只能尝试用其他命令。

4. EXTEND(延伸)

EXTEND 命令可以看作 TRIM 的反向操作命令。它的功能是以某些图元为边界，将另外一些图元延伸到此边界，菜单位置在［Modify］→［Extend］。操作的基本方法是：

Command： *EXTEND*

Current settings：Projmode = UCS Edge = None（当前设置：投影方式= UCS，边方式=不延伸）

Select boundary edges…

Select objects： （选边界目标）

Select objects： （选边界目标，回车结束选择）

Select object to extend or ［Project/Edge/Undo］：

此时可选择：

1) 直接选目标，该目标部分被延伸。选目标时只能用点选。AutoCAD 从距指定点最近的端点开始延伸。如有多条边界线，AutoCAD 延伸到最接近的边界线为止，如图 10-17 所示。

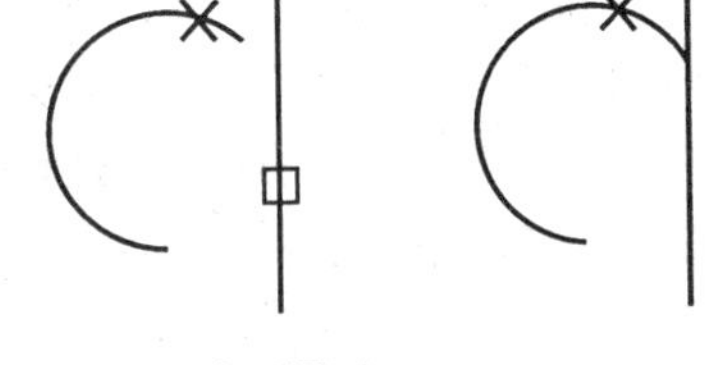

图 10-17 EXTEND 操作

2)选 P(Project)，控制是否使用与指定投影方式。如果不进行投影，则系统只延伸三维空间相交的物体。否则，可延伸三维空间不相交物体。

3)选 E(Edge)，控制是否边界延伸。若选择不延伸(缺省)，则只延伸到有相交的物体边界。否则，只要边界延长线产生相交，即可进行延伸。

4) U(Undo) ——将刚延伸的部分删除。

5. LENGTHEN(伸长)

LENGTHEN 命令的功能是用来改变图元的长度或获得图元的长度，菜单位置在［Modify］→［Lengthen］。操作的基本方法是：

Command： *LENGTHEN*

Select an object or ［DElta/Percent/Total/Dynamic］：(选择物体或差值/百分比/总长/动态)

各选择项的意义是：

DElta (DE) ——通过输入差值达到改变图元长度或圆心角的目的。正值为延长(或放大)，负值为缩短(或缩小)。

Percent(P) ——通过输入原来长度或角度大小的百分比达到改变图元长度或圆心角的目的。

Total(T) ——通过输入长度或圆心角的目标值达到改变图元长度或圆心角的目的。

DYnamic(DY) ——可动态地改变图元长度或圆心角

Select an object ——选择物体，得到物体的长度或圆心角。

6. MOVE(移动)

MOVE 命令是将图元从图形的一个位置移到另一个位置，菜单位置在［Modify］→［Move］下。MOVE 与显示控制命令中的 PAN(移动)命令不同，它们之间的区别是：可把屏幕看成图纸，图形画在纸上，PAN 命令只是把图纸平移，而图相对图纸不动。MOVE 命令是将图在图纸上的位置移动。

7. ROTATE(旋转)

ROTATE 命令用来将图元绕某一基准点作旋转，菜单位置在［Modify］→［Rotate］。操作的基本方法是：

Command： <u>*ROTATE*</u>

Current positive in UCS：ANGDIR＝counterclockwise ANGBASE＝0

Select objects： （选择要旋转的目标）

Select objects： （选择要旋转的目标，回车结束选择）

Specify base point： （基准点）

Specify rotation angle or［Reference］：

此时选择：

1）直接给出角度值，角度的正负方向按 ANGDIR 变量设置。

2）给出一点的位置，AutoCAD 计算该点和基准点的连线与水平线的夹角，并以此角度为旋转的角度。

3）R(Reference)——参照角度，AutoCAD 提示：

Specify the reference angle<>： （参考角度）

Specify the new angle ： （新角度）

AutoCAD 以(新角度—参考角度)作为旋转的角度值。

8. SCALE(缩放)

SCALE 命令用来将图元按一定比例放大或缩小，菜单位置在［Modify］→［Scale］。操作的基本方法是：

Command： <u>*SCALE*</u>

Select objects： （选择要缩放的目标）

Select objects： （选择要缩放的目标，回车结束选择）

Specify base point： （基准点）

Specify scale factor or［Reference］：

此时选择：

1）直接给出比例因子。

2）给出一点的位置，AutoCAD 计算该点和基准点的距离作为比例因子。

3）R(Reference)——参照长度，AutoCAD 提示：

Specify the reference length<>：——(参考长度)

Specify the new length ：——(新长度)

AutoCAD 以(新长度/参考长度)作为比例因子值。

9. STRETCH［拉变(拉伸)］

STRETCH 命令用来将图形某一部分拉伸、移动和变形，其余部分不动，菜单位置在［Modify］→［Stretch］。STRETCH 命令选择目标时只能用 C(Crossing 或 Cpolygon)模式来选择，目标全部在窗口内的图元不做变形而只做移动，而部分在窗口外的图元则发生变形，变形过程中窗口外的那个端点总保持不动。操作的方法是：

Command： *STRETCH*

Select objects to stretch by crossing-window or crossing-polygon...

Select objects ： *C* （用C模式选拉变目标）

first corner： （窗口的角点）

another corner： （窗口的对角角点）

Select objects： （回车结束选择）

Specify base point or displacement： （指定基点或位移量）

Specify second point of displacement： （指定第二点）。

图10-18(*a*)所示图形在STRETCH命令的作用下，产生如图10-18(*b*)所示的变化。

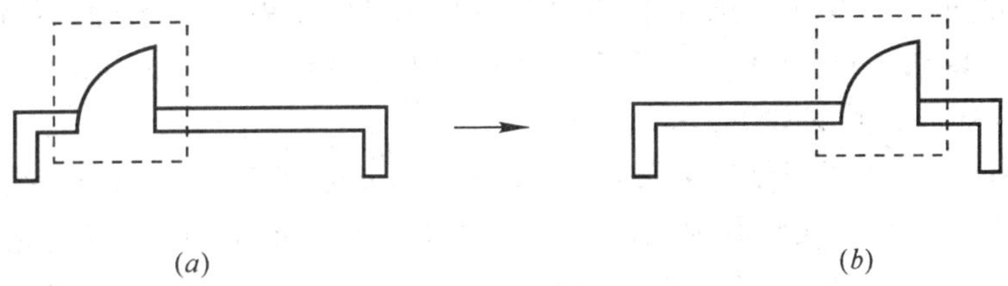

(*a*) (*b*)

图10-18 对图形的拉变

10. CHANGE（修改）

CHANGE命令是AutoCAD较常使用的修改命令。它的功能是改变图元尺寸、位置或修改图形的某些特性。菜单位置在［Modify］→［Properties…］。操作的方法是：

Command： *CHANGE*

Select objects： （选图元）

Select objects： （选图元，直接回车结束选择）

Specify Change point or [Properties]： （修改点或[修改特性]）

此时各选择项的意义是：

(1) 直接给点的位置。此时所选择的图元不同，其意义也不同，它们分别是：

1)直线——将靠近指定点的端点拉到指定点，直线的另一端点保持不动。

2)圆——圆心位置不动，圆通过该指定点。

3)BLOCK块——给定点成为新的插入点，提示输入新的旋转角度。

4)TEXT文字——文字的基准点移到新位置，并可确定新高、新的旋转角度、新字型和更改文字内容。

5) 多条线——所有被选线在该点相交，如果是正交模式（ORTHO打开），则产生水平或垂直线。

(2) P(Propterties)：改变特性，AutoCAD提示：

Enter property to change(Color/Elev/LAyer/LType/ltScale/LWeight/Thickness)?

此时各选择项的意义是：

1) C(Color)——改变图元颜色。

2) E(Elev)——改变图元标高。

3) LA(LAyer)——改变图元的图层。

4) LT(LType) ——改变图元的线型。

5)S(ltScale) ——改变图元的线型比例。

6)LW(LWeight) ——改变图元的线型宽度。

7) T(Thickness) ——改变图元的厚度。

修改图元特性时,一般不直接修改图元颜色和线型,而是修改图元所在的层。

11. EXPLODE (打散)

EXPLODE 命令将块与尺寸标注分解成单个图素,将组线分解为单个直线或弧。每一次只能分解一层,对于具有嵌套的复杂体,可多次执行 EXPLODE 命令。组线分解后失去宽度信息。EXPLODE 命令的菜单位置在 [Modify] →[Explode]。

12. PEDIT(组线编辑)

PEDIT 命令专门用来对组线(PLINE)进行修改。如果选择的图元不是组线,AutoCAD 将提示是否先转化为组线。像工程图样中的波浪线绘制,可以先用PLINE 命令绘制折线,然后用 PEDIT 命令的 S 或 F 选项修改。PEDIT 命令的菜单位置在 [Modify] →[Object] →[Polyline],各选择项的意义如下:

(1)C(Close)——首尾两点连接闭合组线。若组线已经闭合,则该选项变为打开(Open)。

(2)J(Join) ——将组线与其他弧、直线或组线相连组成新的组线。所连接的两条线必须严格地端点重合。闭合组线不能与其他线段连接。

(3)W(Width) ——对组线整体定义新的宽度。

(4)E(Edit vertex) ——编辑组线顶点。

(5)F(Fit curve) ——作过组线顶点的拟合曲线。

(6)S(Spline curve) ——作样条曲线。

(7)D(Devurve) ——将拟合线和样条曲线还原。

(8)L(Ltype gen) ——线型重新生成的选择项。选 OFF 时组线顶点以长划相连。

(9)U(Undo) ——取消刚作的 PEDIT 操作。重复此项可逐步退回。

调用 E(Edit vertex)选项时,在所选组线的第一个顶点处显示十字光标,并提示下列信息:

Next/Previous/Break/Insert/Move/Regen/Straighten/Tangent/Width/eXit<N>:

此时各选择项的意义为:

1)N(Next) ——将十字光标移至下一顶点。

2)P(Previous) ——将十字光标移至上一顶点。

3)B(Break) ——在所选顶点处将组线分成两段。

4)I(Insert) ——插入顶点。新加入的顶点位于十字光标之后。

5)M(Move) ——将当前选择的顶点移至新的位置上。

6)R(Regen) ——重新生成组线。

7)S(Straighten) ——将指定两点间的线段拉直。

8)T(Tangent) ——请求输入曲线拟合的切线方向。

9)W(Width) ——从当前顶点开始改变线宽。AutoCAD 提示:

Enter starting width< >:　　输入起点宽度

Enter ending width< >:　　输入终点宽度

10)X(eXit) ——退出 Edit vertex 选项。

第四节　AutoCAD 绘制机械图

机械图包括零件图和装配图，表达方法有视图、剖视、断面等。机械图的内容除了图形和尺寸外，零件图还有技术要求（粗糙度、形位公差、基准符号等）的标注，装配图还有零件序号和明细栏的书写。了解这些图样内容的画法，有利于提高绘图速度，具有很强的实用价值。

一、剖视和断面图的画法

剖视图和断面图的主要特点是需要绘制剖面线。绘制剖面线的方法不使用 LINE 命令一条一条地画，而是有专门绘制剖面线的方法，这个命令是 BHATCH（边界法画剖面线）。

1. BHATCH（边界法画剖面线）

BHATCH 命令用来绘制剖面线，它的菜单位置在 [Draw]→[Hatch...]。运行 BHATCH 命令后，AutoCAD 显示“Boundary Hatch（边界图案填充）”对话框，图 10-19 所示为“Boundary Hatch”对话框中的“Quick（快速）”选项卡。

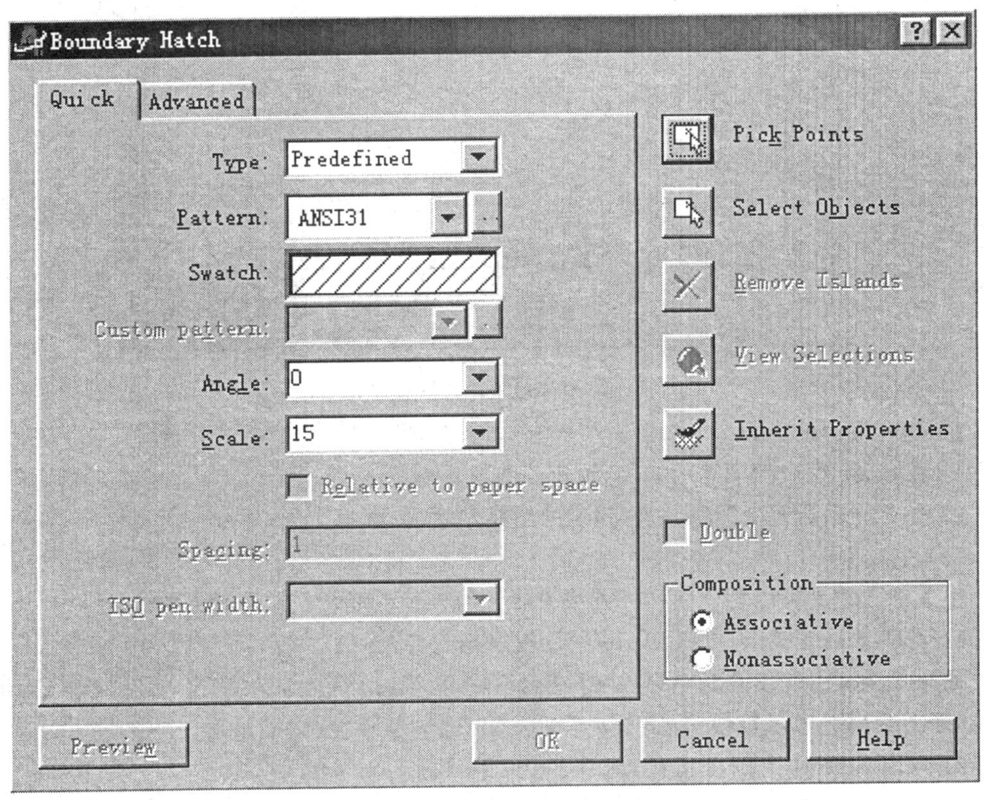

图 10-19　“Boundary Hatch”对话框

用 BHATCH 命令画剖面线的一般步骤是：

(1)选图案

点 Pattern 下拉菜单右旁按钮，AutoCAD 显示如图 10-20 所示“Hatch Pattern Palette（填充图案调色板）”对话框。对话框提供 ANSI（美国国家标准化组织）、ISO（国际标准化组织）、Other Predefined（其他预定义）和 Custom（自定义）四种选项卡，不同的选项卡对应不同的图案填充样式。可选择一种选项卡并点取一种图标作为剖面线图案。

选取了图案后,AutoCAD 回到"Boundary Hatch"对话框,图案名显示在 Pattern 栏内,图案样本显示在 Swatch 栏内。

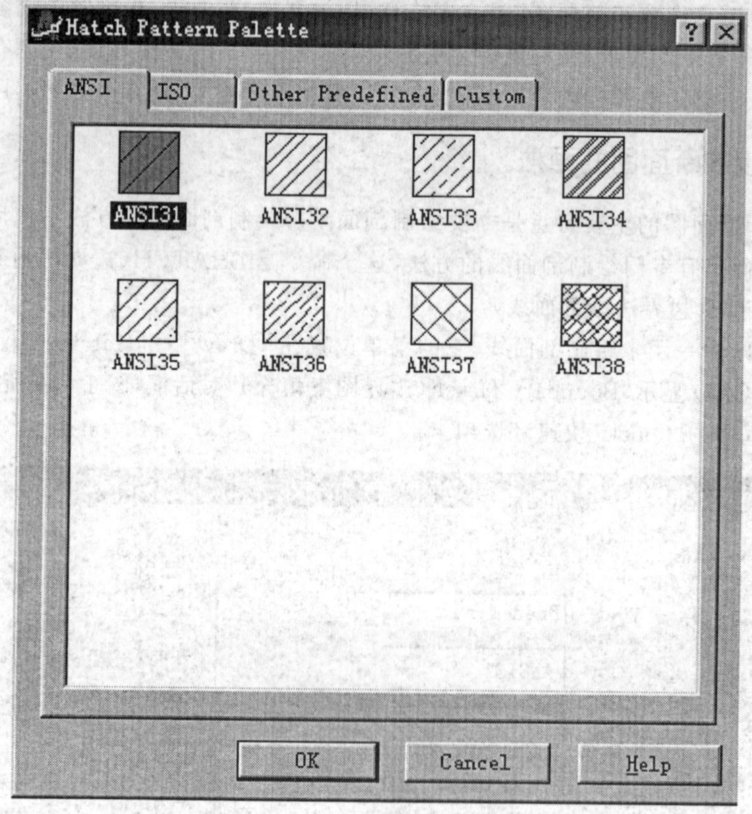

图 10-20 "Hatch Pattern Palette"对话框

(2)指定图案的参数

1) 在 Scale 栏改变图案的间隔(预定的图案比例为 1)。

2) 在 Angle 栏改变图案角度(预定的图案角度为 0°)。

(3) 生成剖面边界

生成剖面边界可以用下面两种方法中的任何一种或混合使用两种方法:

1) 点取 Pick Points 按钮,AutoCAD 提示输入内部点。

如果 AutoCAD 发现边界不封闭或点不在边界内,则会自动弹出 Boundary Definition Error 子对话框并显示错误信息。

2) 点取 Select Objects 按钮,选围成边界的目标。

另外,Remove Islands 按钮可清除边界中的内部孤岛。View Selections 按钮显示当前定义的图形边界。Inherit Properties 按钮可在屏幕上指定一个填充物体,并用它作为当前填充定义相联系的特性。

(4) 在 Composition 栏定义图案属性

选项"Associative"控制关联填充图案。点取该项后,若边界发生变化(如 STRETCH 操作),则填充图案关联变化。

(5) 点 OK 按钮实施操作

如果需要设置填充方式，可点 Advance 选项卡，通过“Island detection style”栏定义填充图案的建立方式。Normal —— 从外到内“偶”数区域不会被填充；Outer —— 只填充最外区域；Ignore —— 忽略内部区域，整个区域均被填充。

2. 剖视图和断面图的画法

剖视图和断面图除了轮廓线外，还需绘制剖面线和进行剖面位置的标注。以图 10-21 为例，它的画法步骤是：

1）轮廓线：应用绘制简单图元命令和图形编辑命令进行绘制。

2）剖面线：用 BHATCH 命令，选取 ansi31 为剖面线图案，选择合适的间隔，角度选择 0°。

3）剖面位置的标注包括三部分：短线、箭头和字母。短线和箭头的绘制用 PLINE 命令，字母书写用 DTEXT 命令。

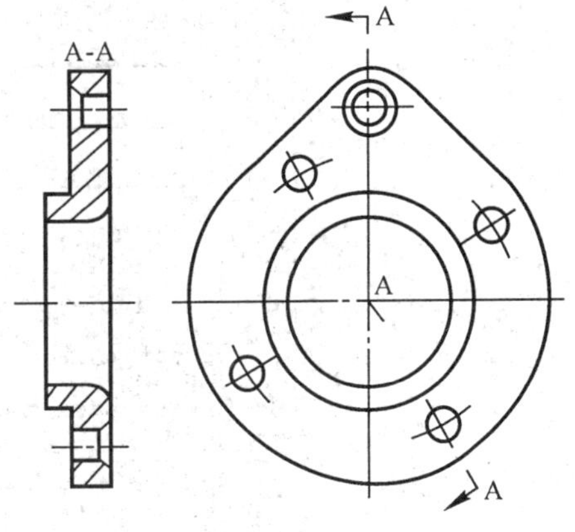

图 10-21 剖视图的画法

二、零件图的画法

零件图除了绘制轮廓线和尺寸标注外，相当一部分内容就是进行技术标注，包括粗糙度标注、形位公差标注、基准符号标注等。在标注这些符号时，每次都做大量的重复工作。采用 AutoCAD 的块和属性块的功能可以大大减少绘图的工作量。

1. 块的概念

块是由一系列图元组合而成的独立实体，该实体在图形中的功能与单一图元相同，一起放缩、旋转、移动、删除等，指定块的任何部分就选中了块(这一点类似于组线)。

块可以起一个名字保存于图中。块做成后，可以根据需要随时以任意比例和方向插入图形中的指定位置。块还可单独存盘以供其他图形调用。利用块的这一性质可以制成常用构件库和标准件库。

组成块的图元可以分别处在不同层上，可有不同的颜色和线型。在插入图形后，块的每个图元在原来的图层上画出，并用原来的颜色和线型。以下几种情况属于例外：

1）在实体的 0 层形成的块将插入到图形的当前层，而不是 0 层。

2）以 BYLAYER 或 BYBLOCK 定义的块，其颜色和线型将按当前层或实体的颜色和线型。

(1) BMAKE(定义图形块)

BMAKE 命令用来定义图形块。块将存于本图文件内，并只能由本图调用，菜单位置在 [Draw] →[Block] →[Make…] 。操作的方法是：

Command：　<u>*BMAKE*</u>

AutoCAD 将弹出如图 10-22 所示“Block Definition(块定义)”对话框。

在“Name：”栏指定块名；“Base point”区域指定基点，作为插入图形时的基准。指定基点是为了以后插入图形块时有参考点，即插入块时该基点与图形上的指定点对应，因此基点通常设在图形的特征点上；“Objects”区域为选择组成块的图元，被选图元中可包含其他块，单击 [Select] 按钮选择图元，单击 [Select] 按钮右边 [QuickSelect] 按钮可以建立由选择集所确定

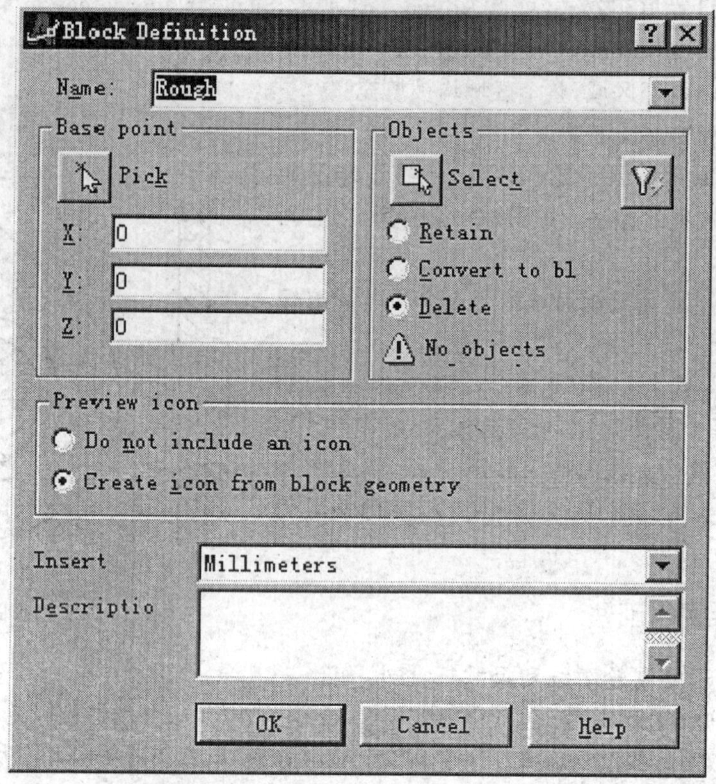

图 10-22 “Block Definition”对话框

的图块。“Objects”区域还提供三个单选按钮，它们的功能如下：

Retain ——块制成后，组成块的图形部分仍然保留。

Convert to block ——块制成后，组成块的图形部分被块所代替。

Delete ——块制成后，组成块的图形部分在图形中被删掉。

“Preview icon(预览图标)”区域设置块图形的图标。该区域有两个单选按钮：“Do not include an icon(不包括图标)”和“Create icon from block geometry(从块的几何图形中创建图标)”。

“Insertunit(插入单位)”栏插入块的单位。

“Description”区域中输入对所定义块的用途，或者另外的相关描述。

利用BMAKE 命令定义的块只能在同一图形中使用。在 AutoCAD 中还提供了 WBLOCK(写入块)命令，该命令可以将所选图形定义为块，然后把它作为一个独立图形写入磁盘中。具体操作方法与 BMAKE 命令类似。

(2) INSERT(插入块)

需要应用已存入的图形块时，可以用 INSERT 命令插入到当前图形中。插入的图形块可以 X、Y、Z 三个方向上按比例放缩，可以绕插入点旋转，菜单位置在 [Insert] →[Block…]。

操作的基本方法是：

Command:*INSERT*

AutoCAD 弹出如图 10-23 所示“Insert(插入)”对话框。

单击“Name:”栏下拉按钮可以选择块名。点击“Browse…”按钮将弹出选择图形文件“Select Drawing File”对话框，此时将所选文件图形作为一个块插入当前图形中。在“Insertion

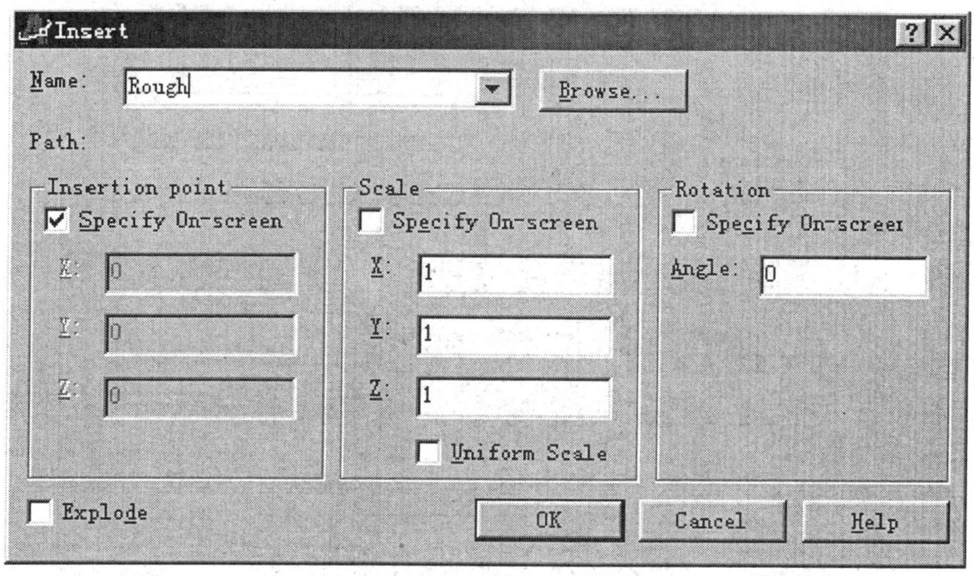

图 10-23 "Insert"对话框

point"区域指定图形上的插入点，该点与块的基点对应。选中"Specify on Screen"按钮表示直接在命令提示区指定插入点。在"Scale"区域指定不同方向的比例因子。若为负值，表示镜像插入，选中"Specify on Screen"按钮表示直接在命令提示区指定参数。在"Rotate angle"区域指定绕基点旋转角度，选中"Specify on Screen"栏表示直接在命令提示区指定参数。

块插入后在图形中的功能视为一个图元，无法对其中单一图元单独修改。如果有此必要，选中"Explode"栏表示插入时对块进行分解。

(3) ATTDEF(块的属性定义)

属性是属于块的非图形信息，它是块的一个组成部分，随块图形的每次插入，可由用户输入不同的值。属性可以修改，可对属性进行可见性控制，属性也可以提取。定义块的属性命令用 ATTDEF，它的操作方法是：

Command： *ATTDEF*

AutoCAD 弹出如图 10-24 所示"Attribute Definition(属性定义)"对话框。

1) Mode 栏定义属性的模式。各属性模式的意义是：

I(Invisible) ——属性显示的不可见模式。当只想把数据存储在图形中，而不想显示时，应选取该项。

C(Constant) ——属性值的恒定模式。如果定义的属性值为固定的字符串时，应选取该项。

V(Verify) ——属性值输入的验证模式。选取该项后，当插入属性文本时将校验属性值。

P(Preset) ——属性值的缺省模式。

2) Attribute 栏为定义属性

tag ——输入属性标志。用来储存输入的属性数据。属性标志不能为空。

prompt ——输入属性提示。插入属性块时提示用户输入对应的属性值。

value ——属性值。

3)Insertion point 插入点。点 Pick point< 可在屏幕上点取。

4)Text options 文本选择项。包括文本的对齐方式、文本字体、字高及旋转角度等。

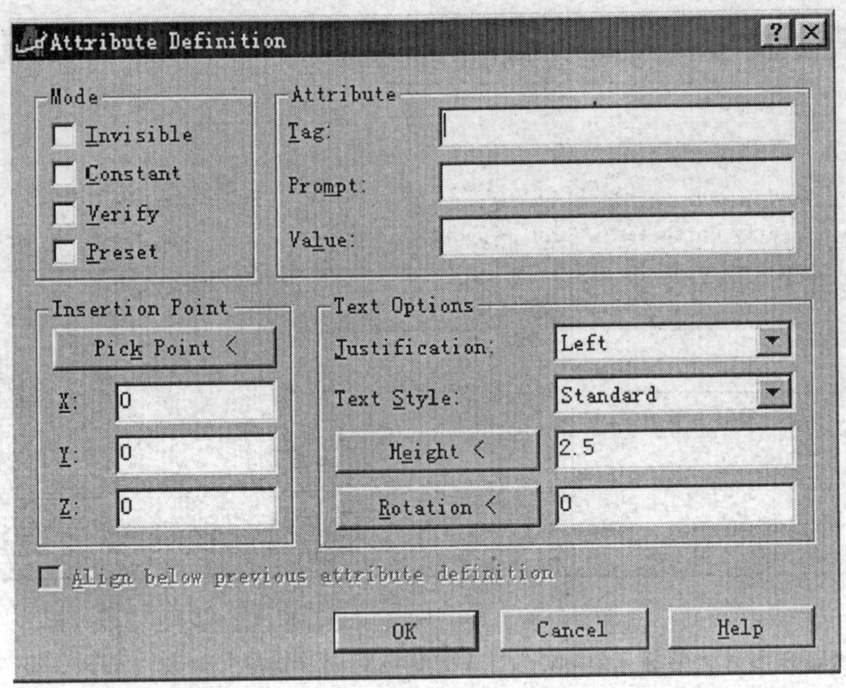

图 10-24 “Attribute Definition”对话框

2. 零件图的画法

零件图的轮廓线同样采用 AutoCAD 的绘制图元命令和图形编辑命令绘制，尺寸和形位公差采用尺寸标注命令进行标注，粗糙度标注和基准符号标注则可采用定义属性块和插入块的方式完成。下面以粗糙度标注为例，说明这些符号的生成步骤。

1）画粗糙度符号的线条。为了有利于将来插入该符号时可以任意比例放大，一般以一个单位的高度画线条。

2）用 ATTDEF 命令定义属性。如图 10-25(*a*)所示，属性标志为 RA，属性提示为 RA，缺省值为 3.2。注意书写文字是采用右对齐方式。

3）BMAKE 命令定义块，块名为 Rough。

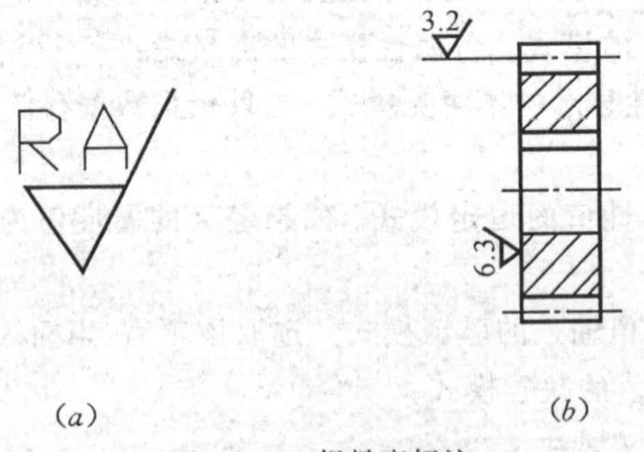

图 10-25 粗糙度标注

4）利用 INSERT 插入块在指定位置标注粗糙度符号，如图 10-25(*b*)所示。

三、装配图的画法

零件图和装配图都是工程设计人员的“语言”，但它们的侧重点不同。零件图着重于零件的结构和细节的描述，它包含零件的详细结构信息和零件的加工工艺信息（如表面粗糙度等）；而装配图则侧重于零件之间的装配关系、工作原理等。画装配图时，如果零件图已经存在，只需对零件图作少许改动，就可将零件图作为图形块插入到装配图中，给绘图工作带来很多方便。

绘制装配图的步骤一般是：

(1) 将零件图作成图形块。在作块的过程中，需要删除零件图中部分在装配图中不需要的视图，删除所有尺寸以及技术要求等，并且对在装配图中需要的部分作修改，以便在装配图中直接应用。

(2) 用 INSERT 命令插入文件块的方法逐个插入各个零件。注意各零件之间的相对位置关系，必要时插入后应用 MOVE（移动）、MIRROR（镜像）、ROTATE（旋转）等命令进行位置和方向的调整。

(3) 如果在插入时没有直接按打散方式插入，可应用 EXPLODE 命令打散各零件块。

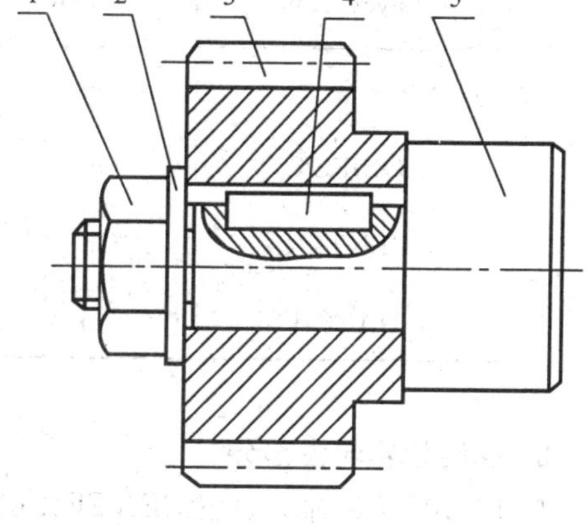

图 10-26 装配图的画法

(4) 应用编辑修改命令修改装配图，如图 10-26 所示。

此外，装配图中的序号标注可采用尺寸标注中的 LEADER 命令标注；明细栏只能在画好表格后，用 DTEXT 命令书写。

四、例题

例 10-1 用 AutoCAD 命令作如图 10-27 所示图形。

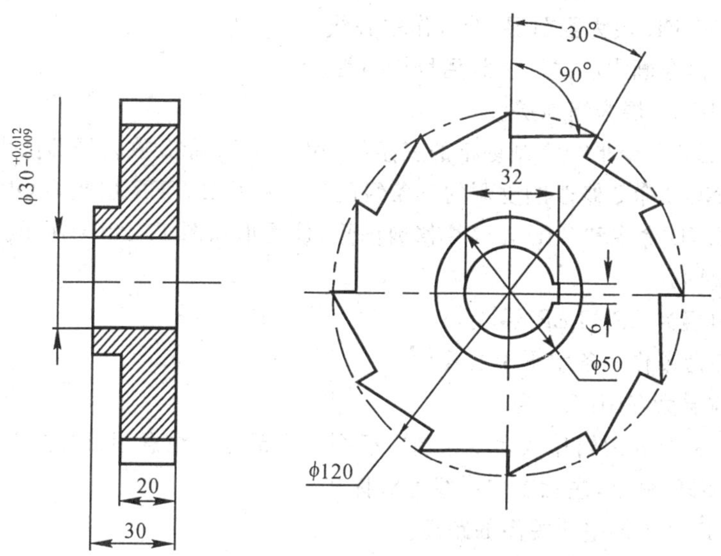

图 10-27 绘制复杂二维图形

作图步骤：

1. 作图环境设置

1）用 LIMITS 命令设置图限范围。左下角为(0,0)，右上角为(420,297)，然后用 ZOOM 命令 All 选择项显示全范围。

2）利用下拉式菜单[Format] → [Layer…]命令设置层

Layer name	State	Color	Linetype
0	On . .	white	CONTINUOUS
OBJECT	On . .	white	CONTINUOUS
CENTER	On . .	red	CENTER
HATCH	On . .	Cyan	CONTINUOUS

2. 绘制齿轮轮齿部分

1）用 LAYER 命令设置 CENTER 层为当前层，用 LTSCALE 命令设置适当的线型比例。此时，屏幕左上角显示当前图层为 CENTER 及层的颜色为红色。

2）用 CIRCLE 命令作 ϕ120 点划线外圆。

3）用 LAYER 命令设置 OBJECT 层为当前层。

此时，屏幕左上角显示当前图层为 OBJECT 及层的颜色为白色（黑色）。

4）作一个轮齿形状。注意用目标捕捉精确绘制直线。

5）用 ARRAY 命令 P 选项阵列轮齿。阵列个数为 12 个。此时所作图如图 10-28(*a*)所示。

3. 绘制齿轮键槽部分

1)用 CIRCLE 命令画齿轮突出部分的圆，半径为 25。

2)用 CIRCLE 命令画内圆，半径为 15。

3)设置 CENTER 层为当前层，准备作中心线。

4)用 LINE 命令画中心线。注意用目标捕捉。

5)设置 OBJECT 层为当前层。

6)用 OFFSET 命令平行复制键槽的三条线(用 ZOOM 命令放大局部操作)。

7)用 CHANGE 命令修改刚复制的三条线的层。从 CENTER 层改为 OBJECT 层。

8)用 EXTEND 命令和 TRIM 命令修剪图形，使图形如图 10-28(*b*)所示。

4. 绘制右视图

1)设置当前层为 CENTER 层。

2)用 LINE 命令作一条水平中心线。

3)设置当前层为 OBJECT 层。

4)用 LINE 命令和编辑修改命令绘制右视图上半部分。注意用目标捕捉。

5)用 MIRROR 命令，注意以中心线为对称。

6)用 MOVE 命令调整两视图的距离。

7)设置当前层为 HATCH 层。

8)用 BHATCH 命令作剖面线。

选 ANSI31 为剖面图案。此时所作的图形如图 10-28(*c*)所示。

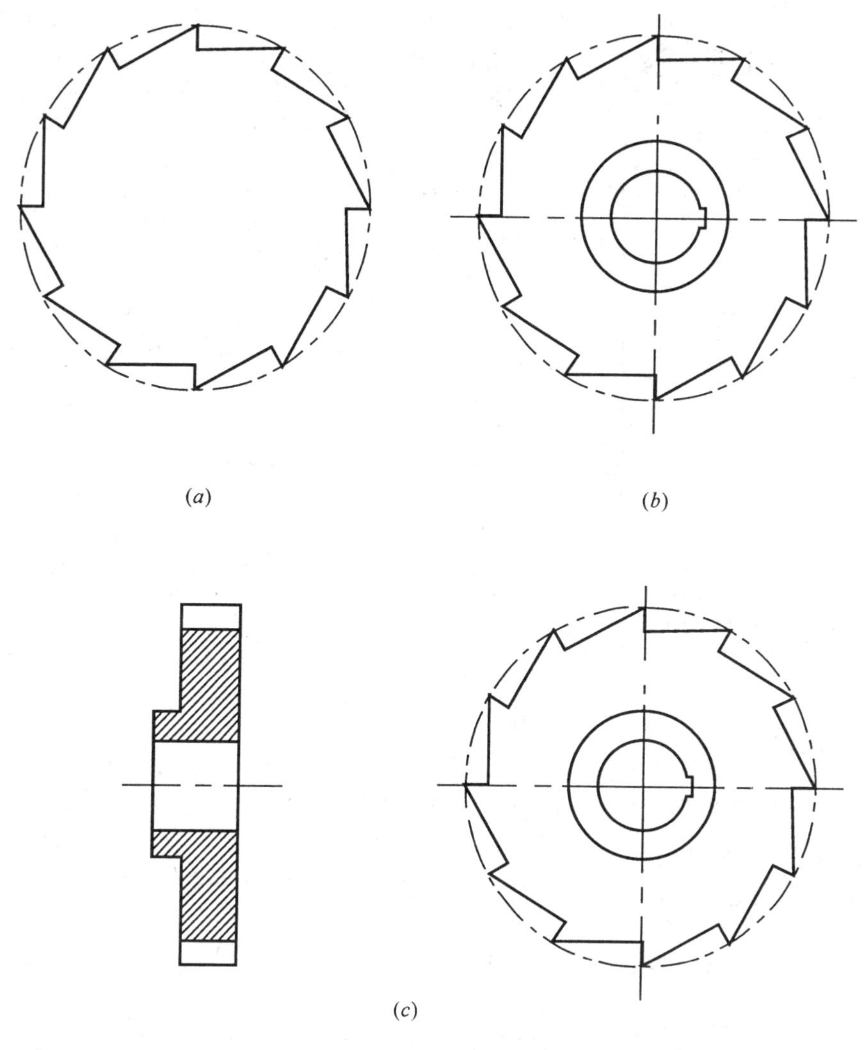

(a)　　(b)

(c)

图 10-28　作图步骤

第五节　AutoCAD 尺寸标注

一、尺寸标注概念

尺寸标注是一般绘图过程中不可缺少的步骤。AutoCAD 提供了一整套完整的尺寸标注命令，可以标注图面上的各种尺寸，包括线性尺寸、角度尺寸、直径、半径等。在进行尺寸标注时，AutoCAD 会自动测量对象的大小，并作为缺省的尺寸值进行标注。因此，在尺寸标注前，必须精确地构造图形。

AutoCAD 的尺寸标注形式完全由尺寸标注变量控制，尺寸标注过程中可按特定要求设定尺寸标注变量。因此，对于我国用户而言，在进行尺寸标注时，应按照我国的有关规定以及 AutoCAD 提供的各种尺寸标注变量控制选项选择合适的尺寸标注特性。

有关尺寸标注的基本名词和常用尺寸标注变量如图 10-29 所示。

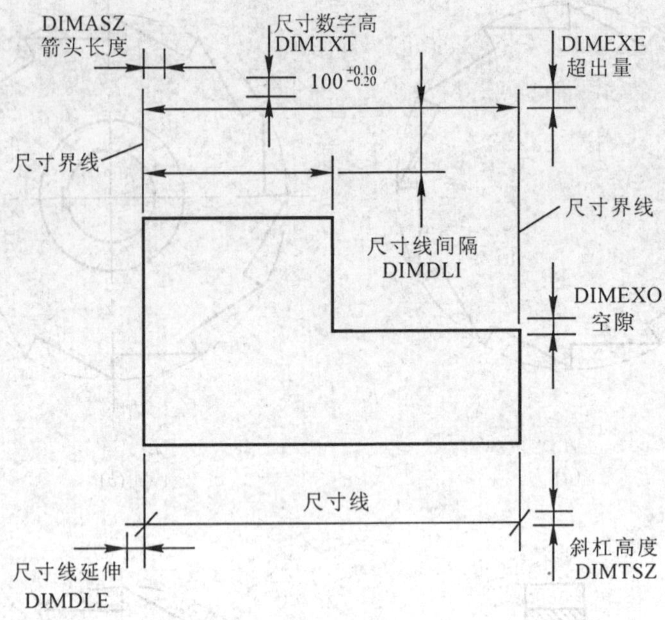

图 10-29 尺寸标注

二、标注尺寸

尺寸标注和修改命令的工具按钮在“Dimension”工具条上，如图 10-30 所示。

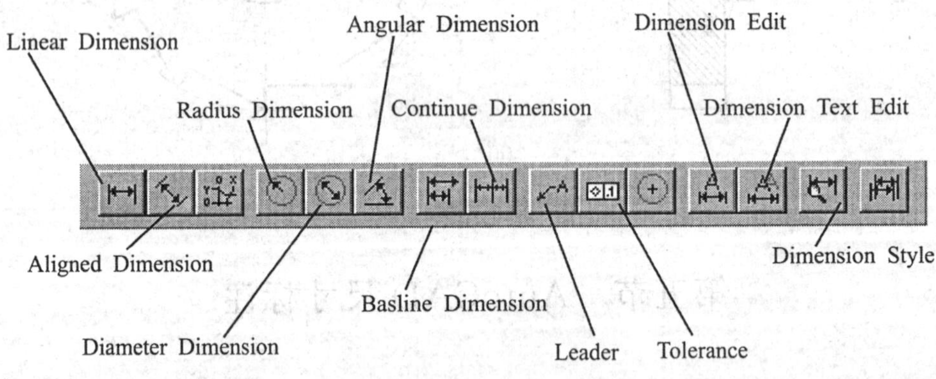

图 10-30 “Dimension”工具条

1. 长度型尺寸标注

长度型尺寸标注是指标注线性方面的尺寸，主要有直线尺寸标注(DIMLINear，包括水平标注、垂直标注)、对齐尺寸标注(DIMALIgned：与被标注的图元平行画尺寸线)、同基准尺寸标注(DIMBASEline：以前一尺寸第一条尺寸界线为基准连续标注并联式直线尺寸)、连续尺寸标注(DIMCONTinue：以前一尺寸第二条尺寸界线为基准连续标注串联式直线尺寸)。

下面以直线尺寸标注为例说明它们的标注方法。

Command： *DIMLIN*

Specify first extension line origin or <select object>:

对此提示有两种响应方法:

(1) 在图上指定一点 ——选第一条尺寸界线始点。再提示:Specify second extension line origin:(选第二条尺寸界线始点)

(2) 打回车或空格,AutoCAD 提示:Select object to dimension:(选要标注的线、弧或圆)

确定尺寸界线的引出点后,AutoCAD 提示:

Specify dimension line location or [Mtext/Text/Angle/Horizontal/Vertical/Rotated]:(标注线位置,尺寸线或其延长线通过此点,选 M 时给出多行文字,选 T 时给出标注文字,选 A 时给出标注文本角度,选 H 时标注水平尺寸,选 V 时标注垂直尺寸,选 R 时给旋转角度标注其他方向尺寸)

Dimension text = 测量值

选 T 时要求输入尺寸文本,有三种响应:

1) 回车,按测量值标注。

2) 如需输入前缀或后缀,先输入前缀后再打< >,再打后缀,然后回车。< >代表计算数值。

3) 直接输入指定的尺寸标注文本。

在尺寸标注过程中,指定第一始点、第二始点时通常用目标捕捉模式,可用 OSNAP 预先设定。使用 DIMBASE 命令和 DIMCONT 命令时,必须是预先有 DIMLIN 或 DIMALI 命令标注的尺寸作为基准。DIMBASE 命令自动以基准尺寸中的第一条尺寸界线作为自己的第一条尺寸界线,尺寸线也自动偏移避免重叠,偏移的距离由变量 DIMDLI 控制。DIMCONT 命令自动以基准尺寸的第二条尺寸界线作为自己的第一条尺寸界线,尺寸线也自动与前一个尺寸的尺寸线对齐。

2. 角度标注 DIMANGULAR

DIMANGULAR 命令标注角度型尺寸,菜单位置在 [Dimension]→[Angular]下。操作的基本方法是:

Command: <u>*DIMANG*</u>

Select arc, circle, line, or <specify vertex>:

此时有如下几种选择:

1) 选一条线,AutoCAD 要求给出第二条线,标注两线间的夹角。

2) 选圆,AutoCAD 以圆心为顶点,拾取圆时的点为第一点,并要求输入第二点,标注第一点与圆心的连线和第二点与圆心的连线的夹角。

3) 选圆弧,AutoCAD 以圆心为顶点,标注第一端点与圆心的连线和第二端点与圆心的连线的夹角。

4) 回车,AutoCAD 要求输入三点,并以第一点为顶点,标注第二点与第一点的连线和第三点与第一点的连线的夹角。

Specify dimension arc line location or [Mtext/Text/Angle]:(尺寸线位置,输入 M 写多行文本,输入 T 写单行文本,输入 A 旋转文本角度)

3. 圆弧标注

圆弧尺寸标注包括:直径标注(DIMDIAmeter:标注圆或圆弧的直径尺寸)、半径标注(DIMRADius:标注圆或圆弧的半径尺寸)。下面以直径标注为例说明它们的标注方法:

Command： *DIMDIA*

Select arc or circle：(选圆或弧上的一点)

Dimension text ＝ 测量值

Dimension line location (Mtext/Text/Angle)：(尺寸标注位置，输入 M 写多行文本，输入 T 写单行文本，输入 A 旋转文本角度)

4. 旁注线标注 LEADER

LEADER 命令的功能用指引线引出标注，如倒角标注、装配图零件序号标注等。菜单位置在 [Dimension] →[Leader] 下。操作的方法是：

Command： *LEADER*

Specify leader start point： (导引线的起点)

Specify next point： (导引线的另一点，该点与起点画箭头线，以下类似画线功能)

Specify next point or[Annotation/Format/Undo] ＜Annotation＞： (导引线的另一点，打 F 控制旁注线格式，包括 Spline (样条线)，STraight(直线)，Arrow(箭头线)，None(无箭头线)等；选 A 或直接回车表示输入注释文本，包括 Mtext(多行文本注释)，Tolerance(形位公差注释)，Block (块注释)，None(无注释)等；打 U 表示导引线回退一步)。

三、尺寸标注变量

图形中尺寸标注的模式由一组尺寸标注变量控制。AutoCAD 给定尺寸变量缺省值，用户需要改变某变量时，可在“Command：”提示符下直接输入变量名修改。

常用的尺寸标注变量及其缺省值见表 10-1 至表 10-4 所示。

表 10-1 控制尺寸文本的尺寸变量

变量名	意　　义	缺省值
DIMTXT	尺寸文字的高度。	2.5
DIMLFAC	尺寸标注测量时的一个整体比例系数。所有尺寸标注所测得的线性距离(包括直径、半径)在编辑成尺寸文字之前，都乘上当前的 DIMLFAC 值。	1.00
DIMTAD	控制尺寸文字在尺寸线上方还是在尺寸线中间。当 DIMTAD ＝ OFF 时在尺寸线中间，DIMTAD ＝ ON 时在尺寸线上方。	ON
DIMTIH	控制标注线性尺寸时且尺寸文字容纳在尺寸界线之间时尺寸文字的方向。当 DIMTIH ＝ OFF 时，文字方向与尺寸线方向一致；DIMTIH＝ON 时，文字总是水平标注。	OFF
DIMTOH	与 DIMTIH 类似，但它控制尺寸界线外的文字方向。当 DIMTOH ＝ OFF 时，文字方向与尺寸线方向一致；DIMTOH＝ON 时，文字总是水平标注。	OFF
DIMTIX	控制尺寸文字是否写在尺寸线内。DIMTIX ＝ ON 时，强迫尺寸文字写在尺寸界线内。DIMTIX ＝ OFF 时，根据两尺寸界线之间的距离而定。	OFF

续　表

变量名	意　　　义	缺省值
DIMZIN	控制尺寸文字中部分文字的显示。 如 DIMZIN ＝ 4 时，抑制文字的个位 0 的显示，即 0.50000 显示为.50000。如 DIMZIN＝8 时则抑制小数点后尾部的 0 的显示，即 3.0000 显示为 3。	8
DIMTOL	控制是否标注上下偏差。当 DIMTOL ＝ OFF 时，不标上下偏差。当 DIMTOL ＝ ON 时，标注上下偏差。上偏差由变量 DIMTP 控制，下偏差由变量 DIMTM 控制。	OFF
DIMTP	上偏差值。AutoCAD 对 DIMTP 采用正值，即在数值前自动加正号。如 DIMTP 和 DIMTM 数值相同，AutoCAD 自动在数值前加±号。	0.00
DIMTM	下偏差值。AutoCAD 对 DIMTM 采用负值，即在数值前自动加负号。如要下偏差为正时，必须给 DIMTM 负值。	0.00

表 10-2　控制尺寸界线的尺寸变量

变量名	意　　　义	缺省值
DIMEXE	控制尺寸界线超出尺寸线的长度，	1.25
DIMEXO	控制尺寸界线始点与标注图元的偏移量，	1.25

表 10-3　控制尺寸线的尺寸变量

变量名	意　　　义	缺省值
DIMDLI	用 BASeline 命令标注尺寸时，尺寸线与前一尺寸线自动偏移的距离。	3.75
DIMTOFL	当标注线性尺寸且尺寸文字在尺寸界线之外时，如 DIMTOFL＝ON，则在尺寸界线内仍画一条尺寸线，否则尺寸界线之间没有尺寸线。	ON

表 10-4　控制尺寸箭头的尺寸变量

变量名	意　　　义	缺省值
DIMASZ	设置尺寸肩头长度。	2.5
DIMSAH	当 DIMSAH ＝ ON 时，尺寸线两端用 DIMBLK1(第一个箭头)和 DIMBLK2(第二个箭头)定义的块标注。 当 DIMSAH ＝ OFF 时，尺寸线两端用 DIMBLK 定义的块标注。	OFF
DIMBLK	箭头块的名字。该块的图形代替尺寸箭头。名字为空串时，绘制箭头。	空串
DIMBLK1	箭头块的名字。该块代替尺寸线与第一尺寸线处的箭头。但只有 DIMSAH＝OFF 时才起作用。	空串
DIMBLK2	箭头块的名字。该块代替尺寸线与第二尺寸线处的箭头。但只有 DIMSAH＝OFF 时才起作用。	空串

四、尺寸编辑修改

尺寸编辑修改命令是对已标注尺寸的修改。操作的方法是：

Command： *DIMEDIT*

Enter type of dimension editing [Home/New/Rotate/Oblique] <Home>：（输入 H 将尺寸文字的位置和角度恢复到原定义状态；输入 N 更新已标注的尺寸文字；输入 R 旋转尺寸文本角度；输入 O 使尺寸界线与尺寸线成一角度）

五、尺寸标注样式

尺寸标注样式可以设置一组尺寸变量并作为一种样式用一个名字保存起来。需要时可以调用这种样式，这时当前尺寸标注变量就采用了这种样式设定的值，避免了总需修改尺寸变量的麻烦。

尺寸标注样式用下拉式菜单 [Dimension] →[Style...]设定。点取该项，将弹出如图 10-31 所示"Dimension Style Manager（标注样式管理器）"对话框。

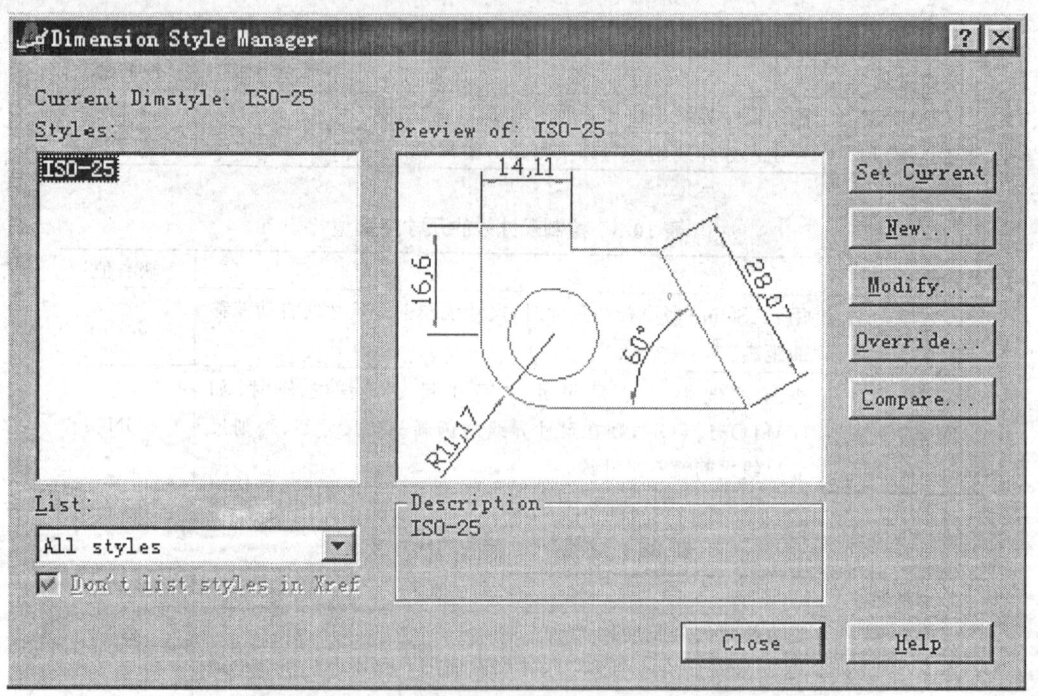

图 10-31 "Dimension Style Manager（标注样式管理器）"对话框

可以设定多种尺寸标注样式，每个样式可以设定各自相应的尺寸变量值。当某一尺寸标注需要某个尺寸标注样式时，只要选择这个尺寸标注样式即可，不必记忆各种尺寸变量值。该对话框中各选择项的含义如下：

1. Current Dimstyle（当前标注样式）：当前的尺寸标注样式。

2. Style（样式）：显示已有的尺寸标注样式。

3. List（列表）：单击下拉列表框右边箭头，显示列表内容的类型。分为"All style（所有样式）"和"Style in Used（使用样式）"两种。

4. Preview of(预览):预览选中的标注样式。

5. Description(说明):说明选取的尺寸标注样式。

6. Set Current (置为当前):建立当前尺寸标注类型。

7. New (新建):新建尺寸标注类型。单击该按钮,出现"Create New Dimension Style(创建新标注样式)"对话框。

8. Override (替换):单击该按钮,出现"Override Current Style(替换当前样式)"对话框。

9. Compare (比较):比较几种标注样式在参数上的区别。

10. Modify (修改):修改选中的尺寸标注样式的参数值。单击该按钮,将出现图 10-32 所示的"Modify Dimension Style(修改标注模式)"对话框。

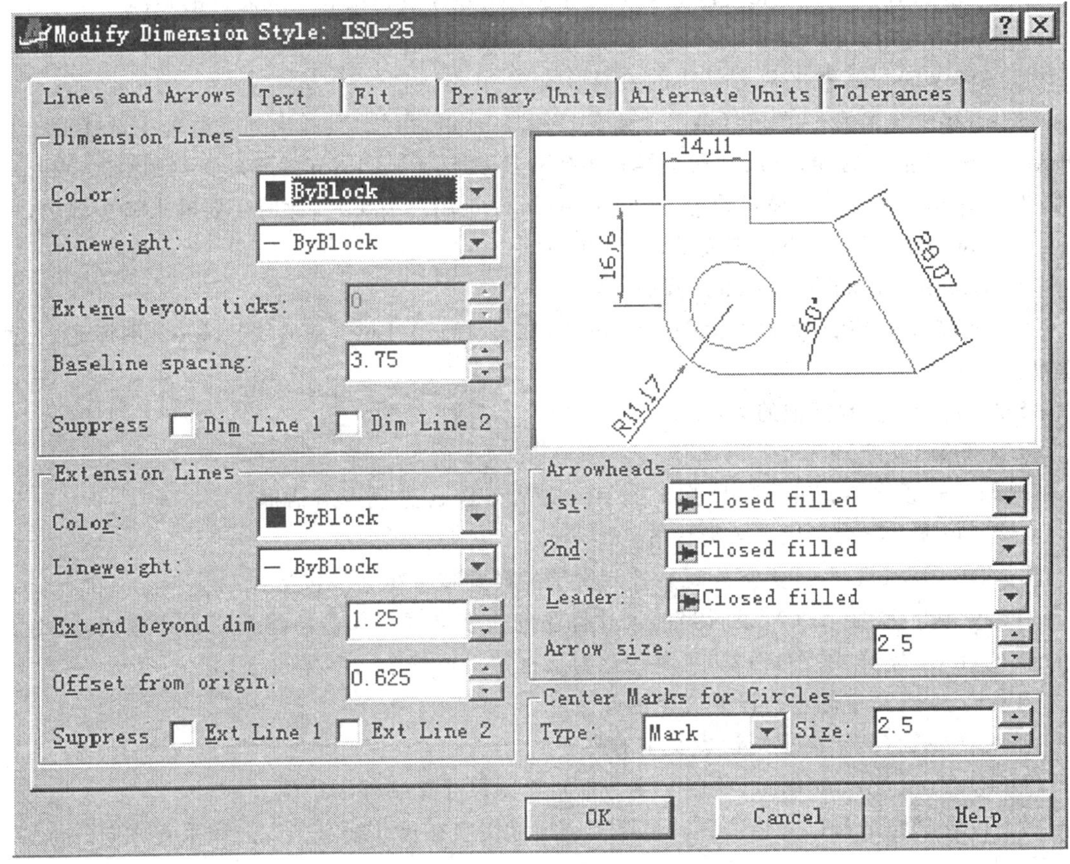

图 10-32 "Modify Dimension Style(修改标注模式)"对话框

该对话框分别有修改尺寸标注的"Lines and Arrows(直线和箭头)"、"Text(文字)"、"Fit(调整)"、"Primary Units(主单位)"、"Alternate units(换算单位)"、"Tolerance(公差)"等 6 个选项卡。

(1) Lines and Arrows(直线和箭头)

如图 10-32 所示,Lines and Arrows 选项卡主要包括以下内容:

1)Dimension Lines(尺寸线):控制尺寸线的绘制形式。

Color(颜色):定义尺寸线的颜色。

Lineweight(线宽):定义尺寸线的宽度。

Extend beyond ticks(超出标记):定义将标注线延长到尺寸界线之外的距离。该值大于0时,将标注线延伸到尺寸界线之外。该选项只有当选择了至少一个倾斜的箭头样式后才会生效。

Baseline spacing(基线间距):控制同基准长度尺寸标注时尺寸线之间的距离。

Suppress(抑制):控制第一条或第二条尺寸标注线的可见性。

2)Extension Lines(尺寸界线):控制尺寸界线的绘制形式。

Color(颜色):定义尺寸界线的颜色。

Lineweight(线宽):定义尺寸界线的宽度。

Suppress(抑制):控制第一条或第二条尺寸界线的可见性。

Extend beyond dim lines(超出尺寸线):定义尺寸界线超出尺寸线之外的距离。

Offset from origin(原点偏移):定义从选择的定义点到尺寸界线起点的距离。

3)Arrowheads:控制尺寸箭头的绘制形式。

"1st(第一个箭头)"、"2nd(第二个箭头)"和"Leader(引线)":弹出列表菜单中选择第一个和第二个尺寸箭头的样式。尺寸箭头样式主要有:None(无)、Close(封闭)、Dot(圆点)、Oblique(斜线)、Open(打开)等。还可设定为"User Arrow…(用户箭头)",此时需要输入箭头块名。

Arrow size(箭头大小):定义尺寸箭头的大小。

4) Center Marks for Circles:圆心标记

Type(类型):控制圆心的显示形式。包括Mark(标记)、Line(中心线)、None(不标记)三种选择。

Size(大小):控制标记的大小。

(2) Text(文字)

选取该选项卡后,AutoCAD弹出图10-33所示Text选项卡对话框。

该选项卡主要包括以下主要内容:

1) Text appearance(文字外观):控制文字的样式和字高等。包括:

Text style(文字样式):设置当前尺寸标注的文字样式。单击该编辑栏右边按钮,将出现"Text Style(文字样式)"对话框,可利用该对话框定义或修改文字样式。

Text color(文字颜色):设置文字的颜色。

Text height(文字高度):设置文字的高度。

Draw frame around text(绘制文字边框):绘制尺寸文字外围边框。

2) Text Placement(文字位置):主要控制尺寸文字在尺寸线水平方向和垂直方向的位置。分别是:

Vertical(垂直方向):在尺寸线垂直方向上文字的位置。包括:Centered(置中)、Above(上方)、Outside(外面)和JIS日本标准)。

Horizontal(水平方向):在尺寸线水平方向上文字的位置。包括:Centered(置中)、At Ext Line 1(靠第一条尺寸界线)、At Ext Line 2(靠第二条尺寸界线)、Over Ext Line 1(放在第一条尺寸界线上)、Over Ext Line 2(放在第二条尺寸界线上)。

Offset from dimension Line(与尺寸线偏移的距离):设置尺寸文字偏离尺寸线的偏移量。

3) Text Alignment(文字对齐):控制文字的书写方向。包括:

Horizontal(水平对齐)、Aligned with dimension line(与尺寸线平行)和ISO Standard(按

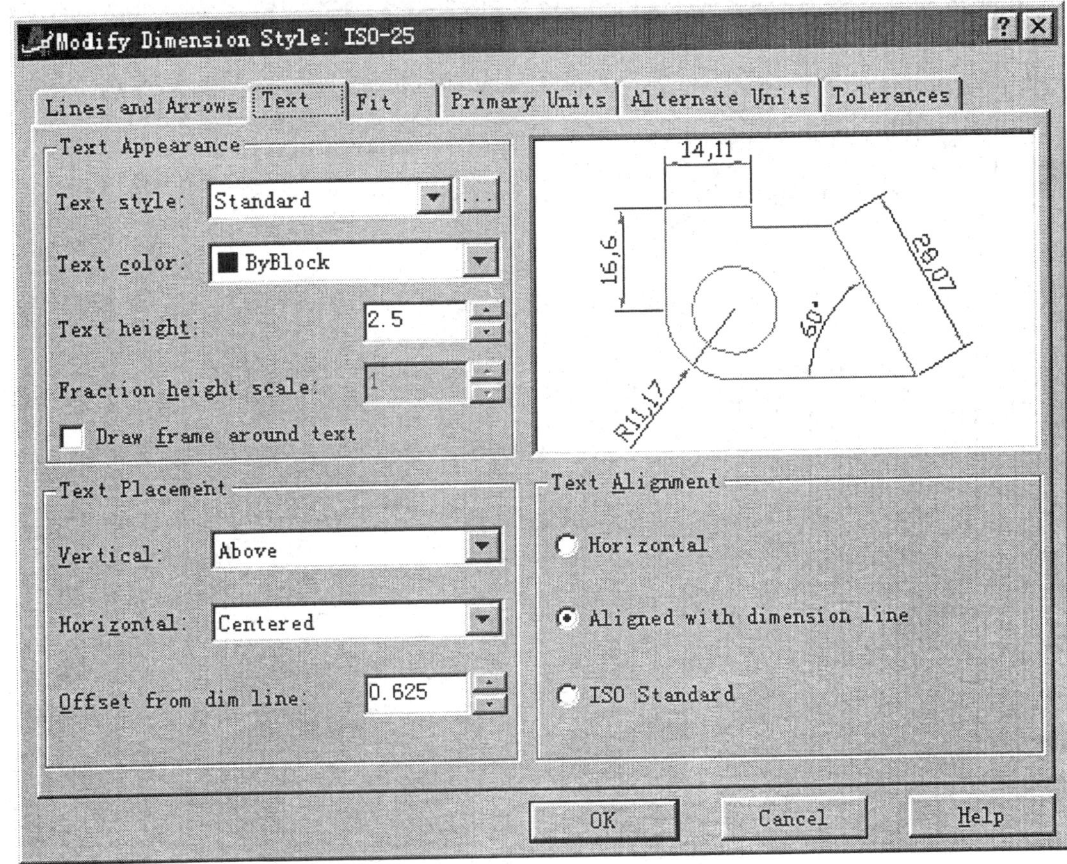

图 10-33　Text 选项卡

国际标准化组织标准）。

(3) Fit（调整）

选取该选项卡后，AutoCAD 弹出图 10-34 所示 Fit 选项卡对话框。

该选项卡主要包括以下几项内容：

1) Fit Options（调整选项）：根据尺寸界线之间的空间，控制文字与箭头在尺寸界线的内或外。包括如下一些选项：

Either the text or the arrows, whichever fits best：如果空间足够大，尺寸文本和箭头均放置在尺寸界线之间。如果不够大，但是可放置尺寸文本时，则将尺寸文本放在尺寸界线之间，尺寸箭头放置在尺寸界线之外。若可以放置尺寸箭头则放置尺寸箭头，而将尺寸文本放置在尺寸界线之外。如果空间太小，两者均放置在尺寸界线之外。

Arrows：若尺寸界线内的空间足够大，尺寸文本和箭头均放置在尺寸界线之间。如果不够大，但是可放置尺寸箭头时，则将尺寸箭头放在尺寸界线之间，尺寸文本放置在尺寸界线之外。若可以放置文本而不能放置尺寸箭头，则两者均放置在尺寸界线之外。

Text：若尺寸界线内的空间足够大，尺寸文本和箭头均放置在尺寸界线之间。如果不够大，但是可放置尺寸文本时，则将尺寸文本放在尺寸界线之间，尺寸箭头放置在尺寸界线之外。若可以放置箭头而不能放置尺寸文本，则两者均放置在尺寸界线之外。

Both text and arrows：保持文字和箭头的最佳效果。

Always keep text between ext lines：总是将文字放在尺寸界线之内。

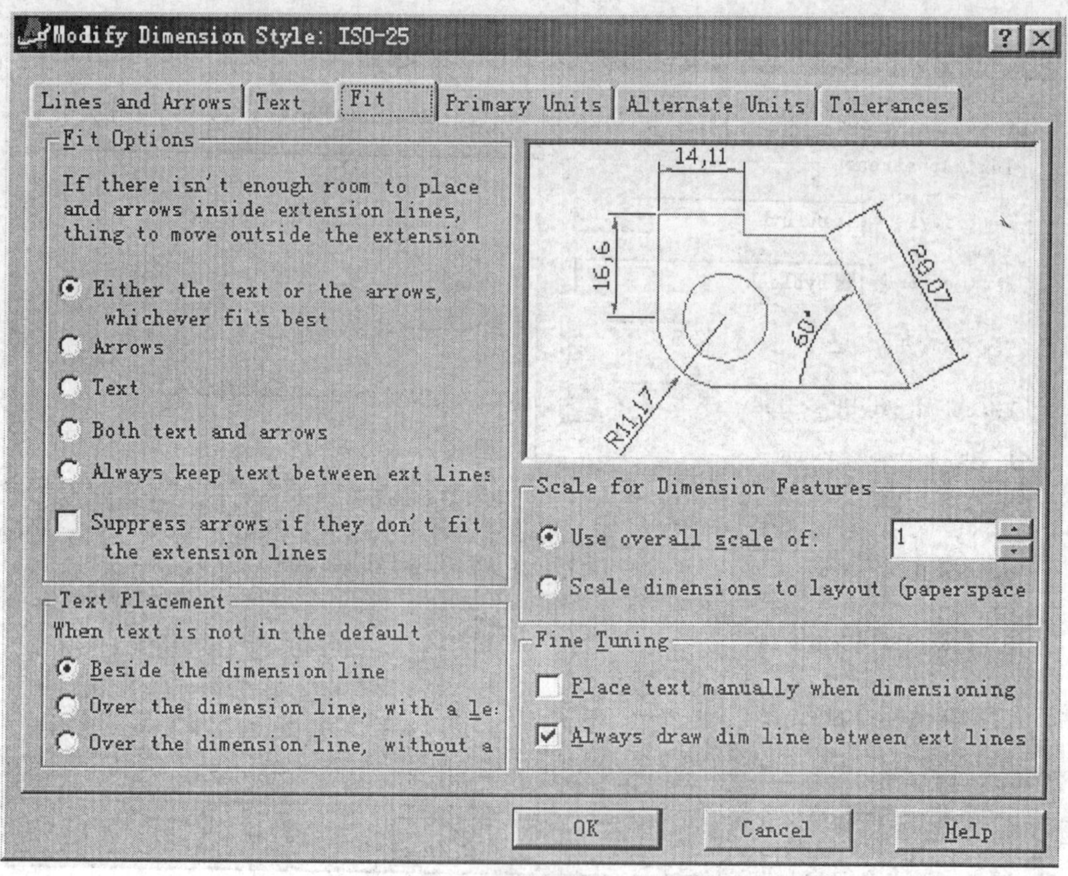

图 10-34 "Fit 选项卡"对话框

Suppress arrows if they don't fit inside extension lines：若不能放在尺寸界线之间，则抑制箭头。

2) Text Placement(文字位置)：定义文字的位置。

当尺寸文字不在缺省位置时，AutoCAD 可以根据如下选项定义文字的位置：

Beside the dimension line：将文字放在尺寸线的一边。

Over the dimension line, with a leader：用引线，将文字放在尺寸线的上方。

Over the dimension line, without a leader：不用引线，将文字放在尺寸线的上方。

3) Scale for Dimension Features(标注特征比例)：调整整个尺寸标注的比例。可有如下两个选择项：

Use overall scale of：设置全局比例。定义应用到每个尺寸标注元件上的总体比例系数。

Scale dimensions to layout(paper space)：按照布局调整标注的比例。

4) Fine Tuning(精细调整)：设置一些附加的调整选项。可有如下两个多重选项：

Place text manually when dimensioning：忽略正常的水平放置，而放在用户提示的位置。

Always draw dim line between ext lines：总是在尺寸界线之间绘制尺寸线，即使尺寸箭头在尺寸界线外面。

(4) Primary Units(主单位)

选取该选项卡后，AutoCAD 弹出图 10-35 所示 Primary Units 选项卡对话框。

该选项卡主要包括以下几项内容：

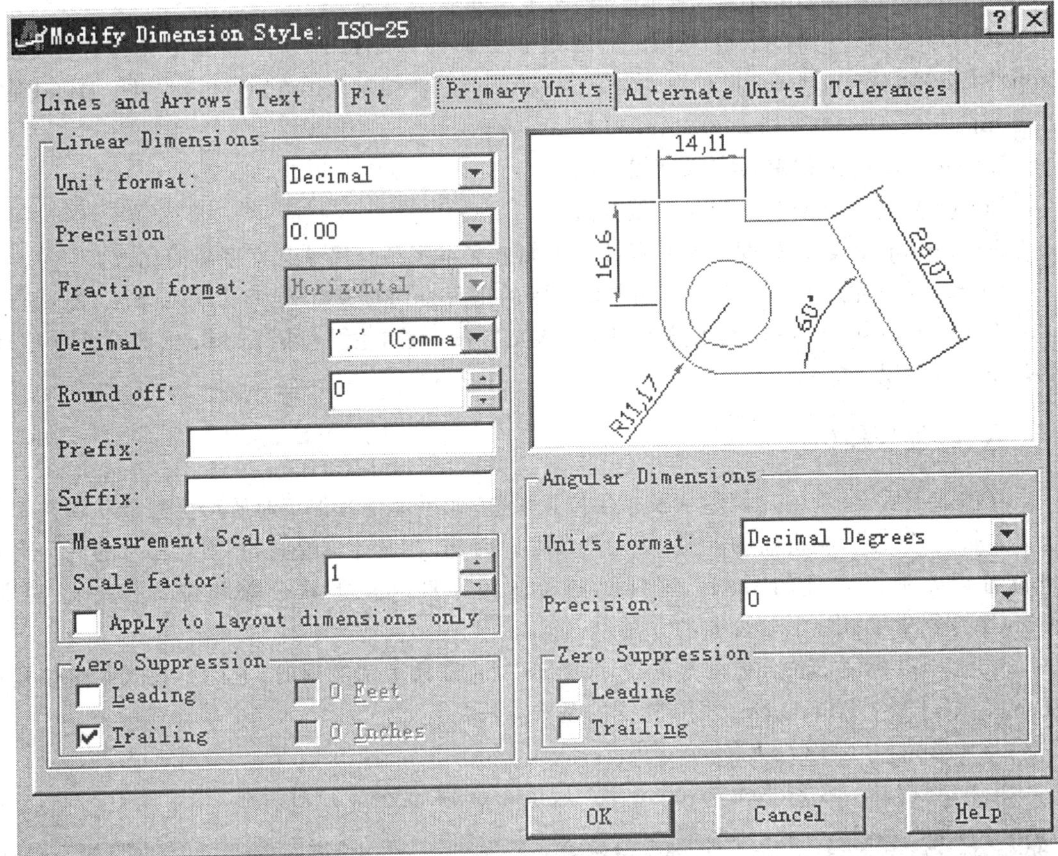

图 10-35 “Primary Units 选项卡”对话框

1) Linear Dimensions(线性标注)

在该设置区内,可设置有关线性标注的主单位参数,包括:

Unit format:单位格式,确定标注尺寸时所使用的单位制。

Precision:确定标注尺寸的精度。

Fraction format:设置分数格式。

Decimal:小数分隔符。符号可以是 Period(句号)、Comma(逗号)、Space(空格)等三种。

Round off:确定数字的取舍精度。

Prefix:在尺寸标注文字前面加前缀。

Suffix:在尺寸标注文字后面加后缀。

Measurement Scale:测量单位比例。可通过 Scale factor(比例因子)和 Apply to layout dimensions only(仅应用到布局标注)这两项来设置尺寸的比例。

Zero suppression:消除不必要的零的标注。主要包括 Leading(消除前导零)和 Trailing(消除尾后零)。

2)Angular Dimensions(角度标注)

在该区域同样设置角度标注的单位格式、精度和消零等。

(5) Alternate Units(换算单位)

控制变换测量单位的显示等。

(6) Tolerance(公差)

用于为尺寸文本设定公差，包括上偏差、下偏差等。

Method(方式)：确定公差类型。可通过它上面的预览图像选择合适的公差类型，包括None(无公差)、Symmetrical(对称公差)、Deviation(上下偏差)、Limits(极限尺寸)、Base(基本尺寸)等。

Upper Value(上偏差)：定义上偏差值。

Lower Value(下偏差)：定义下偏差值。

Scaling for height(高度比例)：尺寸上下偏差文本字高与尺寸文本字高的比例。

Vertical(垂直方向)：控制上下偏差值文字的垂直方向对齐方式，有上、中、下三种。

Zero suppression：消除上下偏差中不必要的零的标注，主要包括 Leading(消除前导零)和Trailing(消除尾后零)。

六、形位公差标注

零件加工后，会产生几何形状及相互位置误差。如果零件在加工时所产生的形状误差和位置误差较大，就会影响机器的质量、使用寿命等。因此，在设计零件时，必须对零件的几何形状和位置误差加以合理的限制。这种限制通过对零件规定形状公差和位置公差来实现。AutoCAD 提供了标注形位公差的方法。

AutoCAD 标注形位公差时是通过 TOLERANCE 命令来实现的。它的下拉式菜单位置在[Dimension] → [Tolerance…]下，操作的基本方法是：

Command: <u>*TOLERANCE*</u>

此时出现如图 10-36 所示“Geometric Tolerance(形位公差)”对话框。

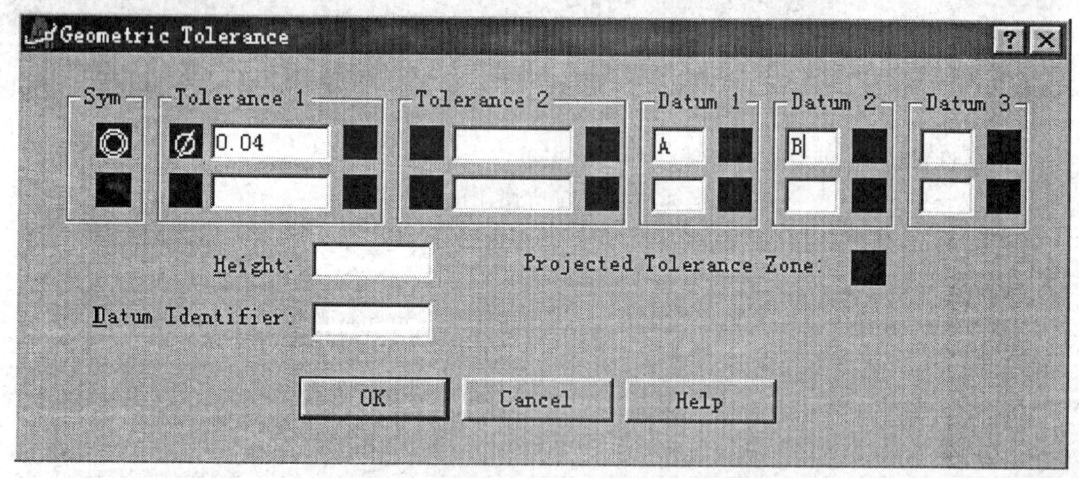

图 10-36 “Geometric Tolerance”对话框

图 10-36 中，“Sym”栏用于显示公差符号，点击该栏将出现“Symbol(符号)”对话框。“Tolerance”栏输入公差值，包括“Dia”(直径)、“Value”(公差值)、MC(材质条件)等；“Datum 1”、“Datum 2”、“Datum 3”栏分别输入第一、第二、第三基准，包括“Datum”(基准代号)，“MC”(材质条件)等。

用形位公差命令标注公差，不能画出置引线，AutoCAD 可以通过启动 Leader 命令来实现带引线的形位公差标注。具体操作见 Leader 命令。

七、二维图形的尺寸标注

例 标注如图 10-37 所示图形尺寸。

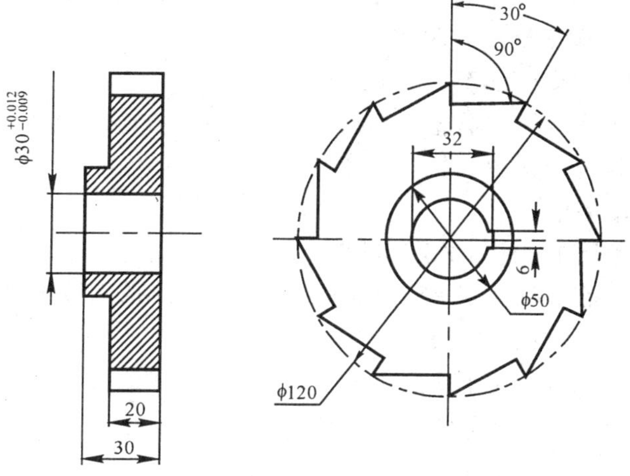

图 10-37 尺寸标注示例

主要练习：

1)熟悉各种尺寸的标注方法。

2)熟悉尺寸标注的修改方法。

3)学习尺寸变量的设置。

标注步骤：

1. 环境设置

1)用 OPEN 命令调用前次练习图形。

2)新建 DIM 层,颜色为 YELLOW,线型为 CONTINUOUS;并设 DIM 层为当前层。

3)通过“Dimension Style Manager”对话框设置两种尺寸标注格式：

尺寸变量	DIMSTYLE1	DIMSTYLE2
DIMTXT	3.5	3.5
DIMASZ	3.5	3.5
DIMTAD	ON	ON
DIMZIN	8	8
DIMTIH	OFF	OFF
DIMTOFL	ON	ON
DIMEXO	0	0
DIMDLI	8	8
DIMEXE	2	2
DIMTOL	OFF	ON
DIMTP		0.012
DIMTM		0.009

2. 标注主视图尺寸

1)选择标注格式 DIMSTYLE1。

以下标注尺寸时,注意用目标捕捉选取尺寸界线起始点。

2)用 DIMANG 命令标注 30°角度尺寸和 90°角度尺寸(用 ZOOM 命令放大局部)。

3)用 DIMDIA 命令标注 ϕ120 尺寸。

4)用 DIMDIA 命令标注 ϕ50 尺寸。

5)用 DIMLIN 命令标注垂直尺寸 6(用 ZOOM 命令放大局部)。

6)用 DIMLIN 命令标注水平尺寸 32。

3. 标注右视图尺寸

1)选择或调用尺寸标注格式 DIMSTYLE2。

2)用 DIMLIN 命令标注垂直尺寸 ϕ30、上偏差为 0.012,下偏差为 −0.009。

3)调用标注方式 DIMSTYLE1。

4)用 DIMLIN 命令标注水平尺寸 20。

5)用 DIMBASE 命令标注水平尺寸 30。

思考题

1. 直线与组线的功能有何区别?
2. 如何绘制与一条直线及一个圆均相切的圆?
3. 如果想在图中书写汉字,应该采用什么方法?
4. AutoCAD 提供了哪些选择目标的方法? 它们各用于什么场合?
5. AutoCAD 中 ARRAY、COPY 及 MIRROR 命令有什么异同? 它们各用于什么场合?
6. AutoCAD 中 TRIM 和 EXTEND 命令各用于什么场合?
7. AutoCAD 中 CHAMFER 和 FILLET 命令有什么异同? 各用于什么场合?
8. 在 AutoCAD 中,块是如何定义的? 它有哪些作用?
9. 如何将已绘制好的零件图拼装成装配图?
10. AutoCAD 提供哪些尺寸标注命令?
11. AutoCAD 中的尺寸标注变量有什么作用?
12. 如何在一张图中定义多种尺寸标注格式?

○第十一章

计算机绘制三维立体图

本章要点 本章主要介绍 AutoCAD 绘制三维图形的两种方法，即等轴测绘图和实体造型；要求熟悉 AutoCAD 绘制正等轴测图的方法和三维实体的构造方法。

三维图形富有立体感，形象直观，也是一种常需绘制的图形。特别是三维实体，不仅只用于出图，还能获得实体的体积、惯性矩、重心等几何量，并且实体模型可用于其后的有限元分析以及生成刀具轨迹等。对三维实体图形可以通过投影自动得到二维图。

第一节　等轴测绘图

在 AutoCAD 中，等轴测绘图只是一种二维绘图技术。使用等轴测绘图方法能绘出非常逼真的三维图形，但 AutoCAD 不承认它为三维图形。例如，不能通过旋转获得其他三维图形等。AutoCAD 提供的等轴测绘图方法仅仅是为了辅助用户作出等轴的投影图。

1. 等轴坐标轴

在开始作等轴投影图之前，首先应调用 SNAP 命令选择相应的捕捉模式。

Command：　*SNAP*

Specify snap spacing or [ON/OFF/Aspect/Rotate/Style/Type]＜10.00＞：　*S*　（选捕捉模式）

Enter snap grid style [Standard /Isometric]＜S＞：　*I*　（选等轴模式）

Specify vertical spacing＜10.00＞：　（输入纵向栅格点的距离）

此时屏幕上的十字光标由正交状态变为成 60°夹角的交叉状态。

在进行等轴测绘图时，等轴形式可以显示在左平面、上平面、右平面三个平面中的任一平面，定义这些面的线成 30°、60°、90°或 150°。其中 90°、150°为左平面，150°、30°为上平面，90°、30°为右平面，如图 11-1 所示。

2. ISOPLANE 等轴测平面

在作等轴测图过程中，常常需要将光标从一种等轴平面状态转换为另一种等轴平面状态，ISOPLANE 命令可以完成这个功能。操作的基本方法是：

Command：　*ISOPLANE*

Enter isometric plan setting [Left/Top/Right]＜Top＞：　（选定等轴测平面）

各选择项的意义如下：

1)L(Left) ——选左平面。

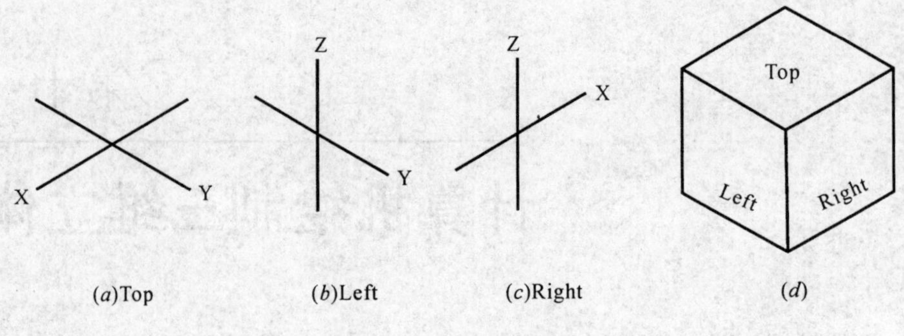

图 11-1 正等轴测平面

2)T(Top) ——选上平面。

3)R(Right) ——选右平面。

在作等轴测图过程中，可以使用 Ctrl-E 自动切换选择作图平面。ORTHO、GRID 和 SNAP 命令在等轴测绘图模式中仍然保持其原来的功能，但是它们现在都以等轴平面为参考坐标系。

3. 等轴圆

大多数绘图命令如 CIRCLE、POLYGON 等并不受等轴测绘图模式的影响，但是在等轴测绘图模式中的 ELLIPSE 命令适用于画等轴圆。圆在等轴测图形中自动地显示为椭圆。在等轴模式下 ELLIPSE 命令多了一个选项 Isocircle。在作等轴圆时一定要注意当前的等轴平面是否正确，否则不能绘制出正确的等轴圆。操作的基本方法是：

Command： <u>*ELLIPSE*</u>

Specify axis endpoint of ellipse or [Arc/Center/Isocircle]： <u>*I*</u> （画轴测圆）

Specify center of circle： （给圆心）

Specify radius of isocircle or [Diameter]： （给半径或选 D 给直径）

给出圆心和半径或直径，即画出等轴图的椭圆。

例 11-1 利用 AutoCAD 命令作图 11-2 所示轴承架的轴测图。

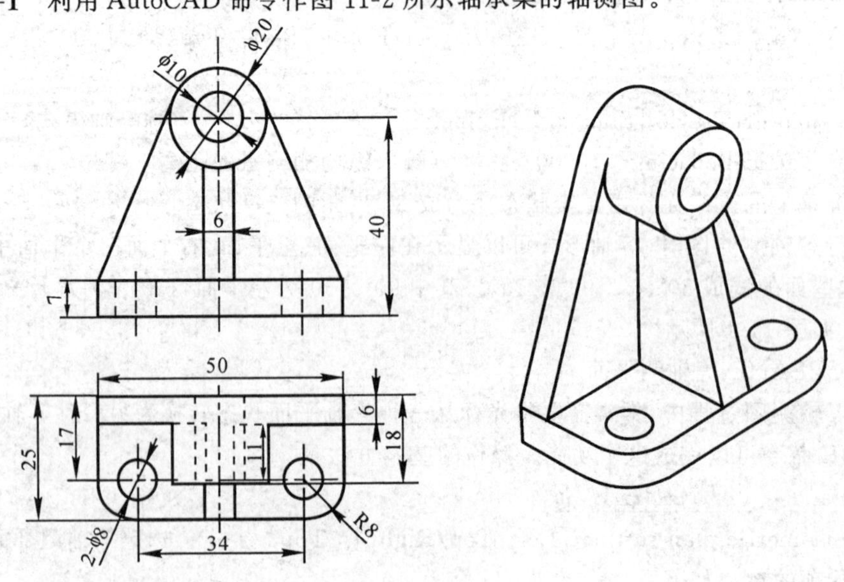

图 11-2 轴承架

作图步骤：

1. 设定作图环境

1) 用 LIMITS 命令确定绘图极限范围；用 ZOOM A 显示图限范围。

2)将 Snap_Style 选项改为等轴模式。

Command： <u>*SNAP*</u>

Specify snap spacing or [ON/OFF/Aspect/Rotate/Style/Type]<10.00>： <u>*S*</u> （选模式）

Enter snap grid style [Standard /Isometric]<S>： <u>*I*</u> （选等轴模式）

Specify vertical spacing<10.00>： （输入纵向栅格点的距离）

2. 绘制底板

用 LINE 命令作轴承架底板。通常采用相对极坐标方式确定点的坐标，所作图形如图 11-3(*a*)所示。

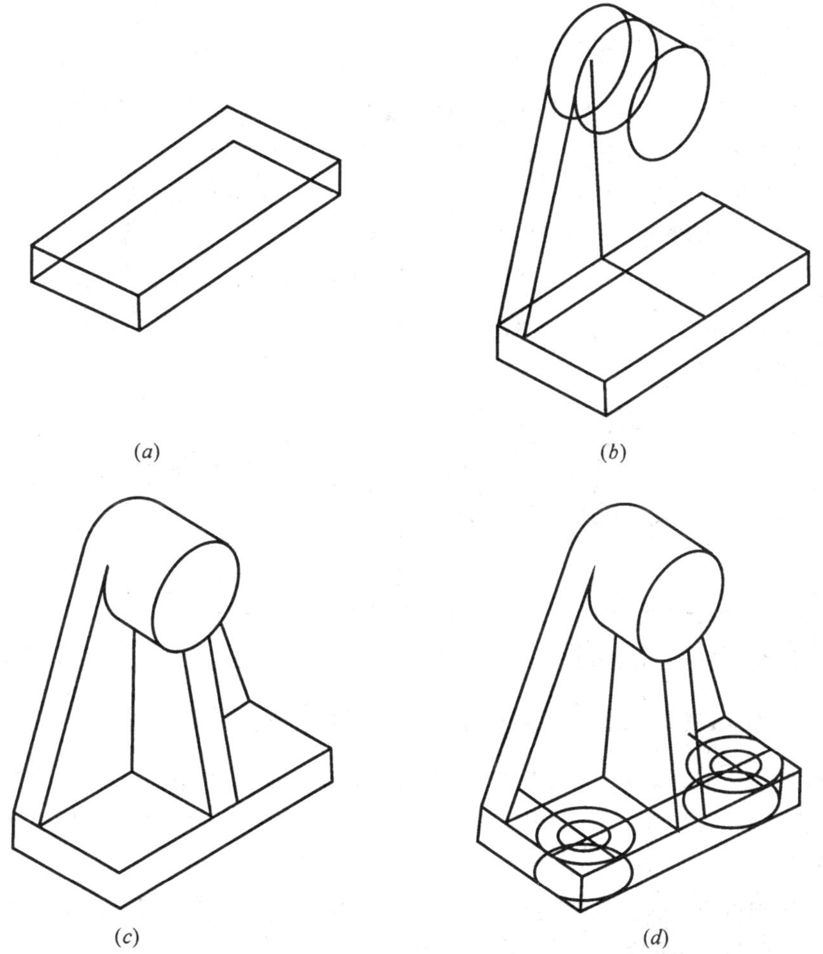

图 11-3　例 11-1 作图步骤

3. 绘制轴承座圆柱和支撑肋

1)绘制底板上平面和正立后平面的轴向对称线(作为辅助线)。

2)按 Ctrl-E 切换到 RIGHT 平面。

3)用 ELLIPSE 命令作轴承座外圆柱(共作三个椭圆,如图 11-3(*b*)所示)。

4)用 LINE 命令作支撑肋。

5)用 TRIM 命令和 ERASE 命令修改图形,此时图形如图 11-3(*c*)所示。

4. 绘制底板圆柱和圆柱孔

1)按 Ctrl-E 切换到 TOP 平面。

2)用 ELLIPSE 命令作底板圆柱和圆柱孔,如图 11-3(*d*)所示。

5. 完成轴承座

1)用 ERASE 命令和 TRIM 命令修改或删除任何不可见和不需要的部分。

2)按 Ctrl-E 切换到 RIGHT 平面。

3) 用 ELLIPSE 命令作轴承座孔,如图 11-2 所示。

第二节　AutoCAD 三维实体造型

一、三维实体造型的基本概念

三维实体造型是用计算机及其图形系统来描述空间实体形状,模拟实体动态处理过程的技术,它是真正实现计算机辅助设计的基本手段。目前实体造型技术已在计算机辅助设计、计算机辅助教学、计算机视觉、机器人仿真、景物模拟、动画设计等领域得到广泛应用。

AutoCAD 的实体模型是客观物体的三维图形。AutoCAD 构筑三维实体的基本方法是先构筑基本立体图元,然后将这些基本实体通过布尔运算(即并、交、差集合运算)生成组合实体。

AutoCAD 提供了六种基本实体模型:长方体、圆锥体、圆柱体、球体、环形体和楔体,如图 11-4 所示。

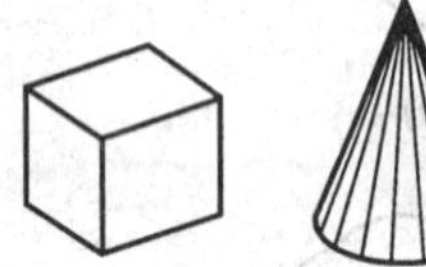

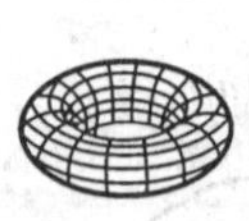
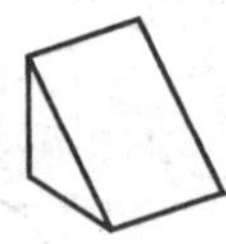

图 11-4　AutoCAD 基本图素

另外,还可通过对二维图形进行拉伸和旋转来构造基本体素。

AutoCAD 构造复杂体的方法是通过布尔运算,布尔运算的方法有三种:并、交、差。

二、UCS(User Coordinate System) 用户坐标系统

AutoCAD 最初固定的坐标系,其原点(0,0,0)是固定的,所有的点都以该点为参考点,因而其坐标也是惟一的,称为世界坐标系(World Coordinate System, 简写为 WCS)。

UCS 允许以上一次定义的坐标原点为参考点,重新定义一个新的坐标原点位置,这样在一幅图形中,用户可以定义多个各有自己的原点(0,0,0)的坐标系。用户可以重新定义轴的方向,但三坐标轴仍然相互垂直,并符合右手法则。

UCS 命令就是用来定义新的直角坐标系,菜单位置在［Tools］→［UCS］。UCS 命令的各选择项意义如下:

(1)New ——新建坐标系。

1)origin of new UCS ——定义相对于当前 UCS 的新的坐标原点。

2)ZA(ZAxis)——在当前 UCS 下定义新的 Z 轴方向。

3)3(3point)——选择三个点构成新坐标系。其第一点为新原点,第二点为新坐标系 X 轴上一点,第三点为 XY 平面具有正 Y 值的一点。

4)OB(OBject)——用户指定新的实体确定新的坐标系。新坐标系的 Z 轴方向指向该实体的延伸方向(Z 轴方向),原点及 X 轴的确定遵循以下原则:

弧:原点为圆心点,离选择圆弧最近的端点为 X 轴。

圆:原点为圆心点,X 轴经过作圆时所指定的点。

尺寸标注:原点为标注文字的中心点,X 轴为绘制作图时的 X 轴。

直线:原点为离选点最近的端点,X 轴与直线重合,XY 平面不变。

组线:原点为起始点,X 轴指向下一顶点。

型、文字、块:原点为插入点,X 轴为插入时指定的旋转轴。

5)F(Face)——指定物体的某个面作为新坐标系的 XOY 平面。

6)V(View)——新坐标系原点不变,XY 平面平行屏幕。

7)X——新坐标系原点不变,X 轴不变,Y 和 Z 轴转动指定角度。

8)Y——新坐标系原点不变,Y 轴不变,X 和 Z 轴转动指定角度。

9)Z——新坐标系原点不变,Z 轴不变,X 和 Y 轴转动指定角度。

(2)M(Move)——移动坐标系。

(3)G(orthoGraphic)——确定正投影的方向。

(4)P(Prev)——返回到前一个坐标系。最多可返回 10 个用户定义的坐标系。

(5)R(Restore)——调用已存储的一个用户坐标系。

(6)S(Save)——命名并存储当前用户坐标系。

(7)D(Del)——删除已存储的用户坐标系。

(8)A(Apply)——将新的 UCS 应用于某视窗或全部视窗。

(9)?——列出已存储的用户坐标系。

(10)World——返回到世界坐标系。

三、三维形体显示

1. VPOINT 视点

VPOINT 命令是对一个立体图形,设定不同的观察位置(视点),来画出其视图。观察点是由用户决定的一个(X,Y,Z)坐标点,AutoCAD 假定将图形放在坐标原点上,用户从给定的坐标点看图形。

如视点为(0,0,1)应理解为从 Z 轴上的点(0,0,1)开始,向坐标原点看图形。如果不是生成透视图,它与视点(0,0,10)的意义相同。视点(0,0,1)相当于画俯视图,视点(-1,0,0)相当于画左视图,视点(0,-1,0)相当于画主视图。VPOINT 命令的操作方法是:

Command: <u>*VPOINT*</u>

Current view direction: VIEWDIR=0.0000,0.0000,1.0000

Specify a viewpoint or [Rotate]/<display compass and tripod>:

此时有三种选择:

1) 直接输入视点坐标值(X,Y,Z)。

2) 直接打回车。AutoCAD 显示一个罗盘和坐标轴系。罗盘是一个球面的三维表示图,其中心为北极，对应于直角坐标系中的(0,0,1)，内圆代表赤道大圆线，圆上所有点的Z坐标为零，钟表12点位置对应(0,1,0)，3点和9点对应(－1,0,0)和(1,1,0)，6点对应(0, －1,0)。大圆上的点代表南极。

3）输入R，定义观察角度。AutoCAD提示：

Enter angle in X－Y from X axis <270.00>：(在X－Y平面上与X轴的夹角)

Enter angle from X－Y plane<90.000>：(与X－Y平面的夹角)

VPOINT命令的下拉式菜单在［View］→［3D Viewpoint］下，如图11-5所示。

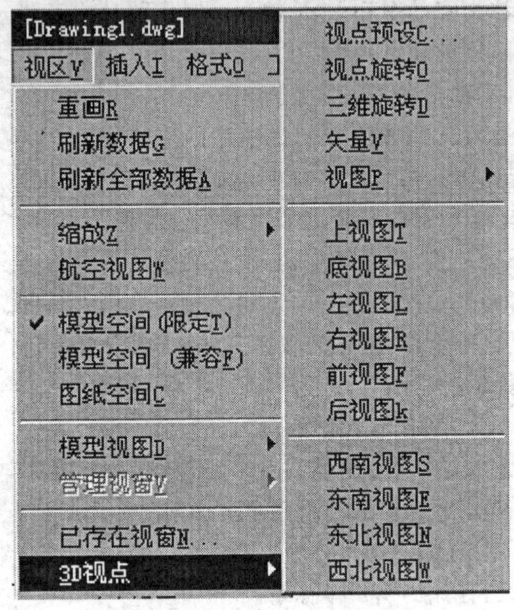

图11-5 “3D Viewpoint”菜单

2. HIDE 消隐

HIDE命令用来消去立体图形的隐藏线，使图形清晰。消隐后的图形不能存盘，只能存未消隐的图形。菜单位置在［View］→［Hide］。

将系统变量DISPSILH设置为1时，可得到图形轮廓的消隐图。

3. PLAN 平面图

PLAN命令用来画某一坐标系的XY平面图。操作的基本方法是：

Command： <u>*PLAN*</u>

Enter an option ［Current ucs>/Ucs/World］<Current>：

此时可选择：

1) Current ucs ——生成当前用户坐标系的XY平面图。

2) U(Ucs) ——生成指定用户坐标系的XY平面图，AutoCAD将询问指定UCS的名称。

3) W(World) ——生成世界坐标系(WCS)的平面视图。

四、创建三维实体

AutoCAD创建三维实体的工具按钮在“Solids”工具条上，如图11-6所示。

1. 创建基本体素

AutoCAD提供参数化生成基本体素的方法，如表11-1和图11-7所示。

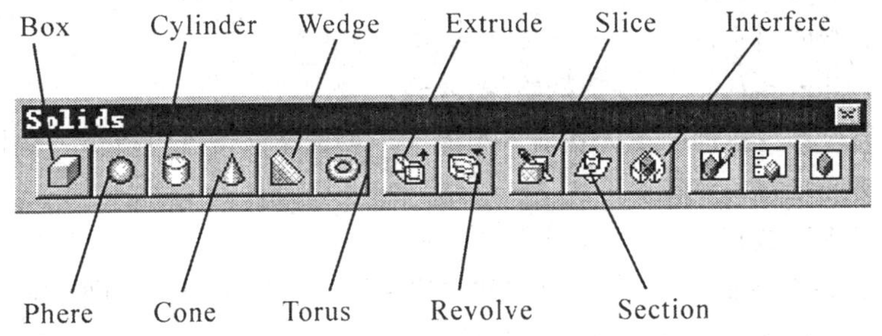

图 11-6 “Solids”工具条

表 11-1 AutoCAD 基本体素

命　令	生成的基本体	所需要的基本参数
BOX	长方体	长 L、宽 W、高 H
CYLINDER	圆柱体	底圆半径 R、高 H
CONE	圆锥体	底圆半径 R、高 H
SPHERE	球	球的半径 R
TORUS	圆环	圆环半径 R、管子半径 r
WEDGE	楔体	长 L、宽 W、高 H

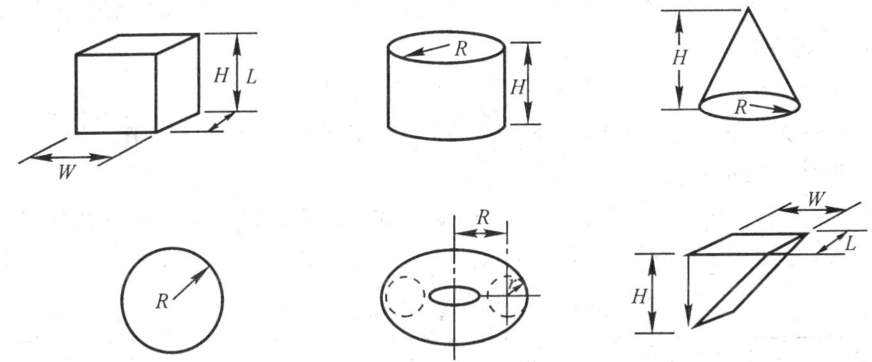

图 11-7 AutoCAD 基本体素及基本参数

创建基本体素的菜单位置在 [Draw] →[Solids] 。

2. 创建复杂体素

(1)EXTRUDE 拉伸

EXTRUDE 命令是通过拉伸一平面图形，如圆、椭圆、多边形、组线等，赋以高度值和向实体内的收缩角，形成三维实体。菜单位置在[Draw] →[Solids] →[Extrude]。操作的基本方法是：

Command：　*EXTRUDE*

Current wire frame density：ISOLINES = current

Select objects：　(选希望拉伸的图元)

Specify height of extrusion or [Path]：(指定拉伸高度或路径)

选择拉伸高度后的提示是：

Specify angle of taper for extrusion <0>: （收缩角）

选择路径后给的提示是：

Select extrusion path: （选择路径）

选择的路径应不与拉伸的图元在同一平面上。可选择的路径包括直线、圆、圆弧、椭圆、椭圆弧、组线(多义线)、样条线等。

(2) REVOLVE 旋转

REVOLVE 命令是将一个封闭图形(如二维多义线与样条线、多边形、圆、椭圆等)绕指定中心轴旋转得到旋转体，菜单位置在 [Draw] →[Solids] → [Revolve]下。操作的基本方法是：

Command: *REVOLVE*

Current wire frame density: ISOLINES = current

Select objects: （选取要旋转的图元）

Specify start point for axis of revolution or define axis by [Object/X(axis)/Y/(axis)]: （确定旋转轴）

各选择项的意义如下：

1) start point for axis 输入轴线的起点，然后问：

Specify endpoint of axis: （轴线的终点）

Specify angle of revolution <360>: （旋转角度）

2) O(Object) ——选取已有直线或组线作为旋转轴。AutoCAD 询问：

Select an object: （选直线或组线作为旋转轴线，离选点最近的直线端点为基点，按右手规则确定正的旋转方向）

Specify angle of revolution <360>: （旋转角度）

3) X(axis)或 Y(axis) ——以当前 UCS 的 X 轴或 Y 轴正向为旋转轴。

3. 复杂形体的构造

AutoCAD 可以通过布尔运算(并、交、差)组合其他实体来创建复杂实体，它包括如表11-2所示的三类方法。

表 11-2 AutoCAD 中的布尔运算

命 令	布尔运算	功 能	菜单位置
UNION	并	合并两个或多个实体形成一个新的拼合实体	[Modify] → [Boolean] → [Union]
INTERSECT	交	产生新的拼合实体，它包含两个或多个已有实体的公共(重叠)部分	[Modify] → [Boolean] → [Intersect]
SUBTRACT	差	从一些实体中减去一些实体以形成新的实体	[Modify] → [Boolean] → [Subtract]

4. 形体修改

对生成的实体经常需要进行修改，如倒角、圆弧过渡、剪切等。

(1) CHAMFER 倒角

CHAMFER 命令可以对实体自动进行布尔并运算(内倒角)或布尔差运算(外倒角)生成倒角，菜单位置在 [Modify] →[Chamfer]，操作的基本方法是：

Command: *CHAMFER*

(TRIM mode) Current chamfer Dist1 = 10.000, Dist2 = 10.000

Select first line or [Polyline/Distance/Angle/Trim/Method]:

Select base surface: （选择基面）

选择三维实体的某一条边后，共享这条边的两个面中的一个增亮，然后提示：Enter surface selection option [Next/OK(current)]<OK>:

1) 回车(OK) ——认可该面为基面。

2) N(Next)——相邻面增亮，并确认为基面。

Specify base surface chamfer distance <10.0000>: （输入基面的倒角距离）

Specify other surface chamfer distance <10.0000>: （输入另一面的倒角距离）

Select an edge or [Loop]: （选择倒角边或[环路]）

环路是表示对基面上所有边均倒角。

(2) FILLET 圆角

FILLET 命令用来对实体自动进行布尔并运算（内圆角）或布尔差运算（外圆角）生成圆角，菜单位置在 [Modify] →[Fillet] 下，操作的基本方式是：

Command: *FILLET*

Current settings: Mode = TRIM fillet radius = 10.000

Select first object or [Polyline/Radius/Trim]: （选择第一个物体或[多义线/半径/修剪]）

选择三维实体的某一条边后，AutoCAD 提示：

Enter fillet radius<10.000 >: （输入圆角的半径）

Select an edge or [Chain/Radius]:（选择一条边或[链/半径]）

选择"链(C)"是表示对多条彼此相接边同时倒圆角；选择"半径(R)"表示重新设置半径；直接选择边表示对该边倒圆角。

(3) SLICE 截切

SLICE 命令用来对一个或多个实体进行截切，将实体一分为二。菜单位置在 [Draw] →[Solids]→[Slice] 下，操作的基本方法是：

Command: *SLICE*

Specify first point or slicing plane by[Object/Zaxis/View/XY/YZ/ZX/3points]:（指定一点或由物体/Z 轴/观察平面/XY 面/YZ 面/ZX 面/3 点定义截切平面）

各选择项的意义是：

Object(O) ——将指定物体所在的平面作为截切平面。

Zaxis(Z) ——通过指定截切平面上的一点以及该平面的法线上一点确定截切平面。

View(V) ——指定一点，通过该点与当前观察平面平行的平面为截切面。

XY/YZ/ZX ——指定一点，通过该点与当前 UCS 中的 XY 或 YZ 或 ZX 平面平行的平面为截切面。

3pionts ——指定三点，该三点所在的平面为截切面。

确定截切平面后，AutoCAD 提示保留哪一侧的实体。

Specify a point on desired side of the plane or [Keep both sides]:（在保留实体的一侧指定一点或[保留切开后得到的两实体]）

"保留切开后得到的两实体"选择项是保留截切平面两侧的实体。"在保留实体的一侧指定一点"是指定一点，在该点平面一侧实体保留，另一侧删除。

(4) SECTION 剖面

SECTION 命令用来产生实体的剖视效果。菜单位置在 [Draw] →[Solids]→[Section]下，操作的基本方法是：

Command： *SECTION*

Specify first point or section plane by[Object/Zaxis/View/XY/YZ/ZX/3points]：(指定一点或由物体/Z 轴/观察平面/XY 面/YZ 面/ZX 面/3 点定义截切平面)

各选择项意义同 SLICE 命令。

建立的剖切平面是一个或多个封闭的多边形，并且重合在原实体内。可以将该多边形通过 MOVE 命令移出，用 BHATCH 命令绘剖面线，再重新移回到原来位置而得到剖视效果。

5. 创建三维实体的投影图和视图

(1) SOLVIEW

SOLVIEW 命令建立实体投影图。菜单位置在[Draw] →[Solids] →[Setup] →[View]下，操作的基本方法是：

Command： *SOLVIEW*

Enter an option [Ucs/Ortho/Auxiliary/Section]：

Ucs(U) ——用指定 UCS 创建浮动视窗。视窗投影与指定 UCS 中 XOY 平面平行。

Ortho(O) ——创建显示某投影图的正交投影图的视窗。提示拾取已建视窗的一条边。

Auxiliary(A) ——创建显示任意方向投影图的视窗。提示确定与所建视窗垂直的平面上两点，并确定在投影面的哪一侧观看。

Section(S) ——创建显示任意方向截面的视窗。提示确定与所建视窗垂直的平面上两点，并确定在投影面的哪一侧观看。

上述操作完成后，AutoCAD 提示输入视图比例，视图中心，视窗的两个角点和视图名。

(2) SOLDRAW

SOLDRAW 命令生成视图，菜单位置在[Draw] →[Solids] →[Setup] →[Drawing] 下，操作的基本方法是：

Command： *SOLDRAW*

AutoCAD 提示选择由 SOLVIEW 命令生成的视图窗口边界，AutoCAD 自动将该视图生成二维视图。如果该视图为 SOLVIEW 命令中的 Section(S)选项创立的投影图，AutoCAD 自动按当前图案及参数对剖面区域进行填充生成剖视图。

例 11-2 用 AutoCAD 命令构造如图 11-8 所示图形实体。

作图步骤：

1. 设置作图环境

设置 LIMITS 为(0,0)，(240,160)，然后用 ZOOM 命令 A 选项显示图限范围。

2. 用二维绘图命令作底面轮廓

在用二维绘图命令作底面轮廓时，注意要用 PEDIT 命令将轮廓改为组线。

3. 生成实体

1)用 EXTRUDE 命令拉伸该轮廓成一三维实体，拉伸高度为 8，收缩角为 0°。用 VPOINT 命令设置观察点为(−1，−1，1)，此时所作图形如图 11-9 所示。

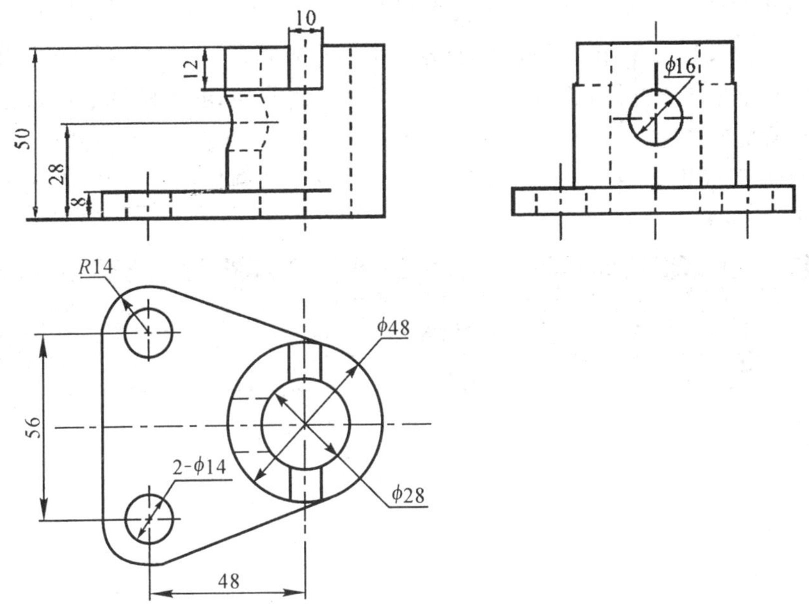

图 11-8　实体平面图

2)用 UCS 命令 O 选项将原点设定到右边大圆弧的圆心，建立新的用户坐标系。

3)用 CYLINDER 命令作三个圆柱。半径分别为 24,7,7;高度分别为 50,8,8。

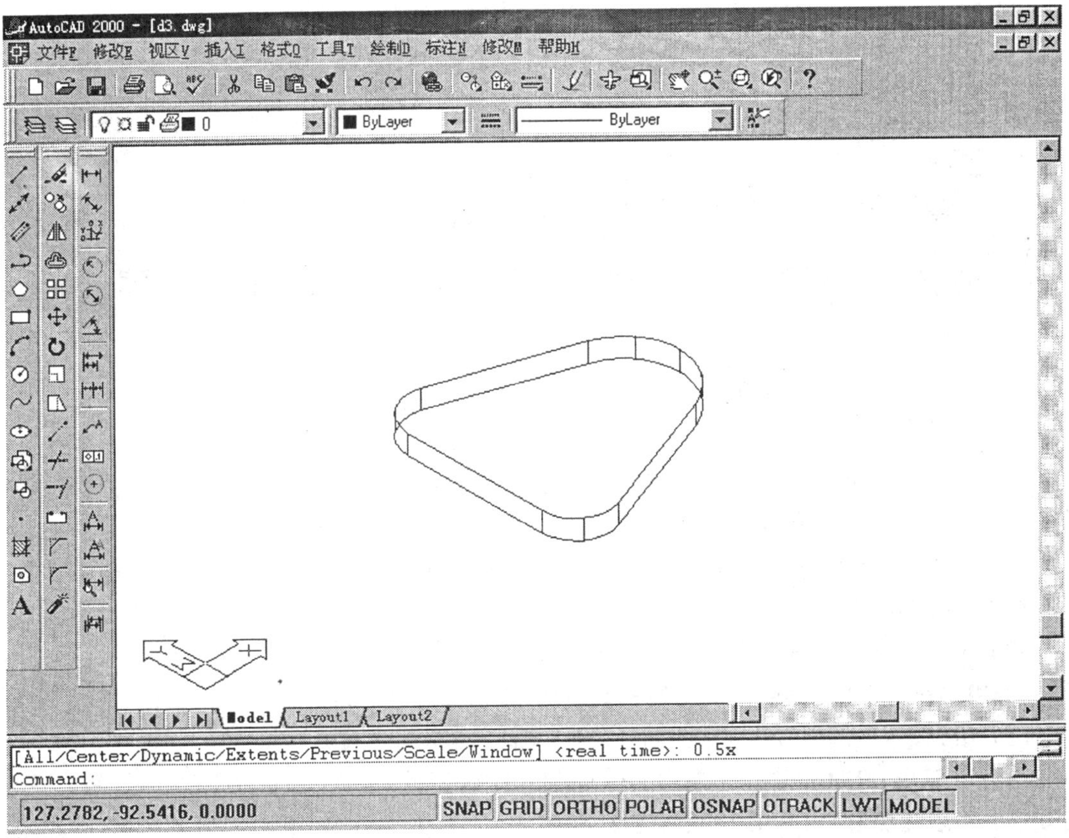

图 11-9　构造实体步骤之一

4)用 UNION 命令对底座和大圆柱取并运算。

5)用 CYLINDER 命令作一圆柱,半径为 14,高度为 50。

6)用 BOX 命令作长方体,长为 10,宽为 50,高为 12。并用 MOVE 命令移到合适位置(沿 Z 轴方向移 44 长度单位)。

7)用 SUBTRACT 命令对基本实体与刚作的长方体和圆柱作差运算,此时所作的图应如图 11-10 所示。

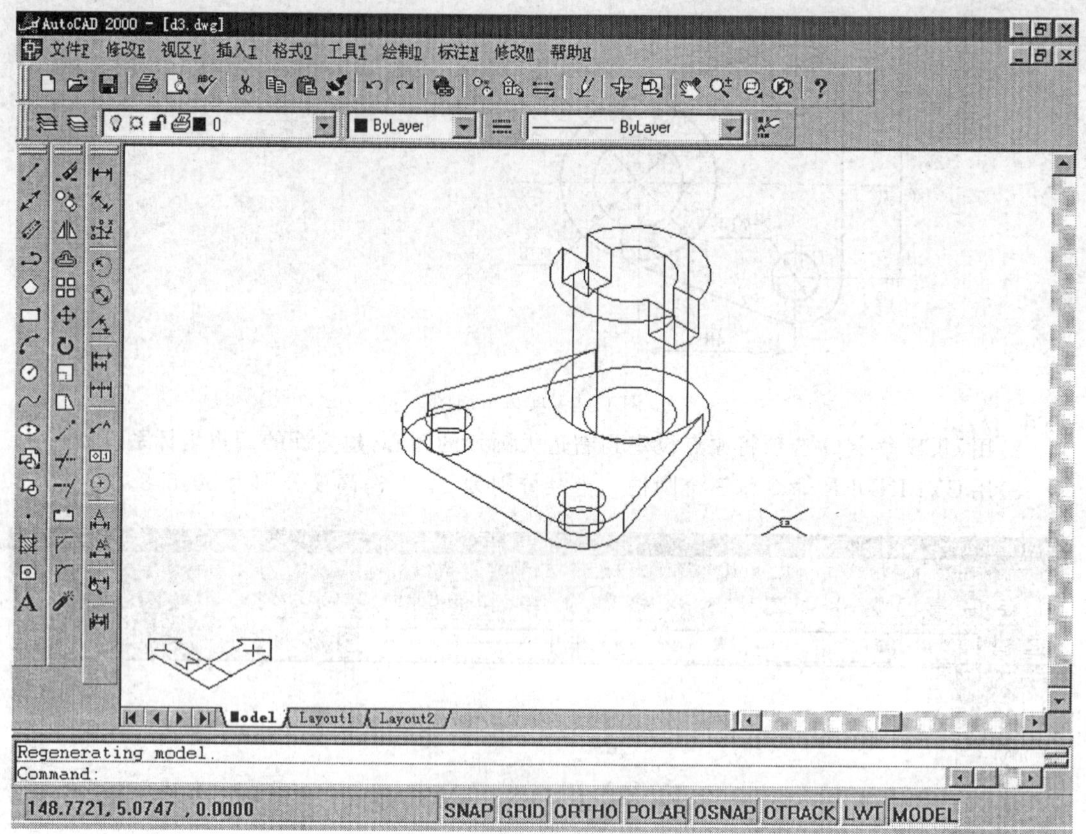

图 11-10 构造实体步骤之二

8)用 UCS 命令定义新的坐标系。操作的基本方法是:

Command: *UCS*

Enter an option [New /Move/orthoGraphic/ Prev/Restore/Save/Del/? /World]<World>: *N* (建立新的坐标系)

Specify origin of ucs or[ZAxis/3point/Object/Face/View/X/Y/Z]<0,0,0>: *Y* (X 和 Z 坐标轴绕 Y 轴旋转)

Specify rotation angle about Y axis<0>: *−90* (顺时针旋转 90 度)

9)用 CYLINDER 命令作半径为 8,高度为 25 的圆柱。

10)用 MOVE 命令移动刚作的圆柱(沿 X 轴移 28 长度单位)。

11)用 SUBTRACT 命令将基本实体与刚作的圆柱做差运算。

12)将系统变量 DISPSILH 设置为 1。

13)用 HIDE 命令消隐,观察图形。此时所作的图应如图 11-11 所示。

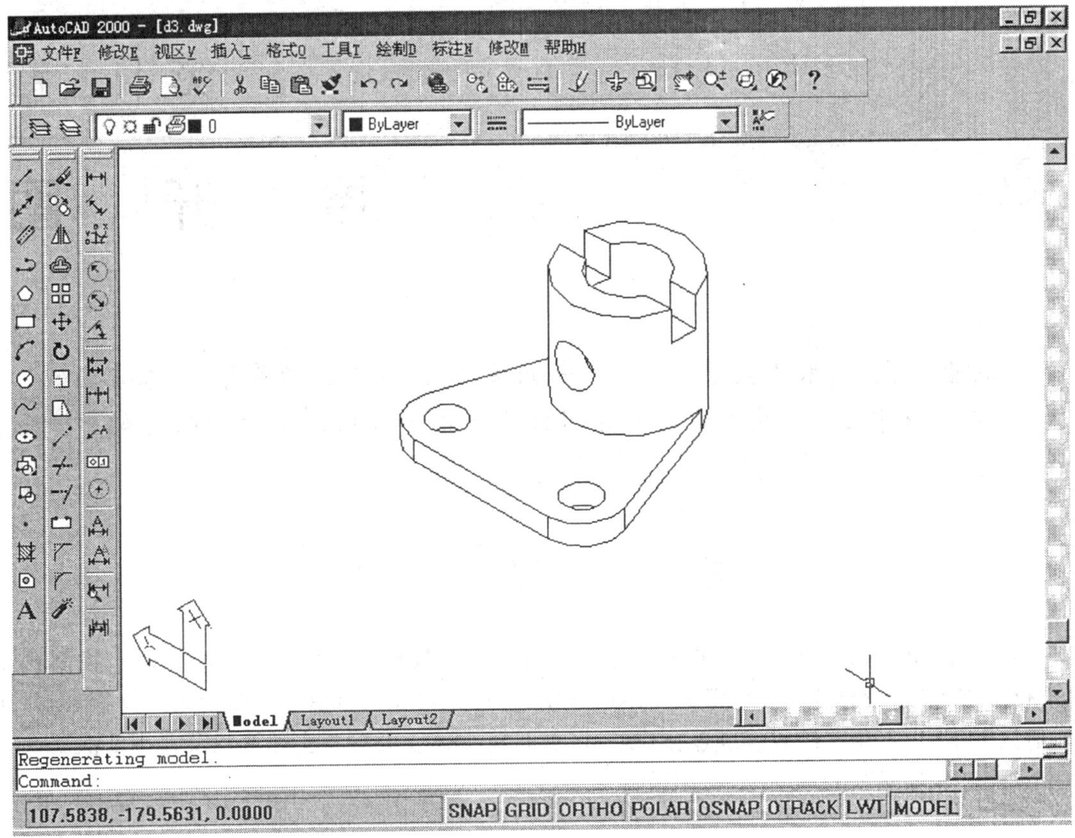

图 11-11　构造实体步骤之三

思 考 题

1. 如何正确绘制正等轴测圆？
2. 何谓世界坐标系？何谓用户坐标系？它们之间有何关系？
3. 利用 AutoCAD 三维实体造型功能能够建立哪些基本立体模型？
4. 如何得到一个实体的正面投影图、水平投影图、侧面投影图？
5. AutoCAD 三维实体造型系统中有哪些实体运算方法？
6. 对 AutoCAD 实体有哪几种显示方法？

◯第十二章

展　开　图

本章要点　本章主要介绍各种平面体、曲面体表面的展开。要求掌握平面体表面、可展曲面的展开图画法和不可展曲面展开图的近似画法。

第一节　展开图概述

在机械、电气、化工等部门，很多设备是由各种金属板材加工而成的，如电气柜、控制箱壳体、化工管道等。设计这类产品需先画出展开图（也称为放样），再由展开图精确计算板料，并准确地按图下料，再用咬缝或焊缝连接。展开图就是将立体表面按其实际形状及大小依次展平在一个平面上，如图12-1所示。

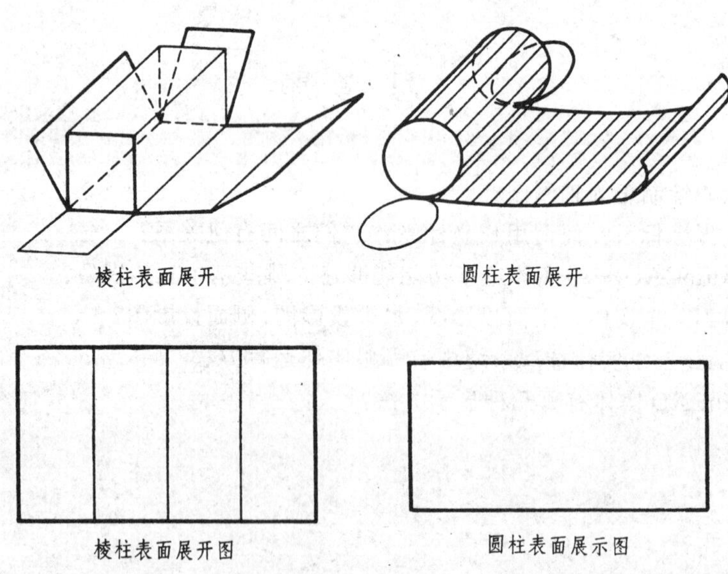

图12-1　棱柱体和圆柱体的表面展开图

展开图画得正确与否直接影响金属板制件的质量。展开图作得准确，不但能保证质量，而且能节约材料，降低成本。有的曲面可以展在一个平面上，称为可展曲面，如圆柱面、圆锥面等就是属于可展曲面。这种曲面可准确作出它的展开图。有的曲面是不能展开在一个平面上的，称为不可展曲面，如球面、螺旋面等属于不可展曲面。这种曲面只能近似作出它的展开图。本章仅介绍立体表面展开的原理及作图方法，在实际生产中，还应该考虑板材的厚度、材料的性能以及加工工艺等问题。

第二节　平面立体的表面展开

平面立体的表面是由平面多边形组成的，作平面立体的表面展开图，就是求出这些平面多边形的实形，并依次排列在一个平面上。

一、棱柱管的展开

图 12-2(*a*) 所示为斜口四棱柱管的两个视图，图 12-2(*b*) 所示为其展开图。展开图的作图方法是：按各底边的实长展成一条水平线，标出 E、F、G、H、E 等点，由这些点向上作垂直线，在其上量取各棱线的实长，得各端点 A、B、C、D、A，依次连接这些端点。

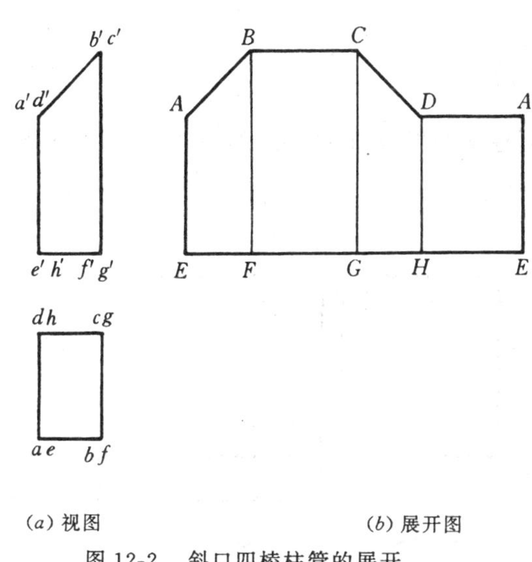

(*a*) 视图　　(*b*) 展开图

图 12-2　斜口四棱柱管的展开

二、正四棱台表面的展开

图 12-3(*a*) 所示为正四棱台的视图。正四棱台的棱面是四个相等的等腰梯形，其表面展开图是由四个等腰梯形依次连接而成。

为了作出这个梯形，连接一条对角线，将梯形分成两个三角形。求出这两个三角形三条边实长即可画出等腰梯形。等腰梯形的上、下底边实长 a、b 在四棱台俯视图上已反映，梯形的腰和对角线实长用直角三角形法求出，如图 12-3(*b*) 所示。求得梯形上、下底边的实长 a、b 及腰 Ⅱ、对角线实长 Ⅰ 后即可画出梯形。所求展开图如图 12-3(*c*) 所示。

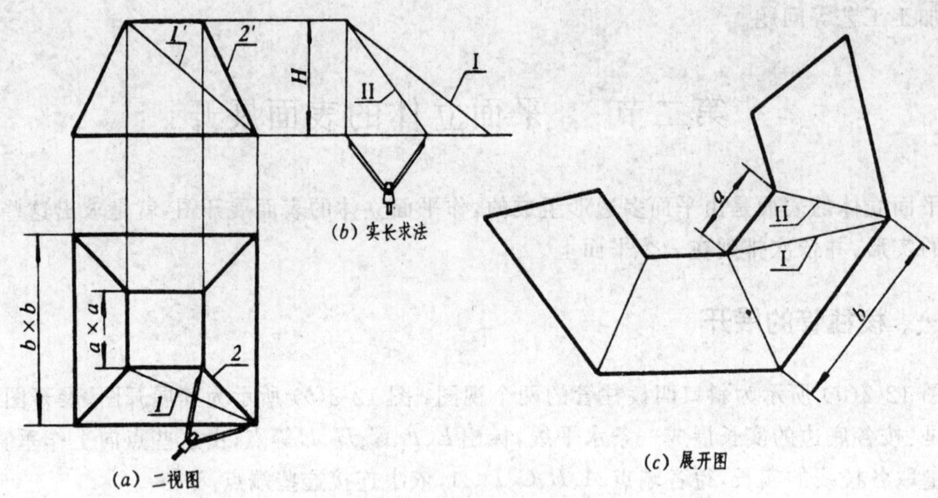

图 12-3　正四棱台表面的展开

第三节　可展曲面的展开

一、正圆柱管的展开

不带斜截口的正圆柱管的展开图为一矩形，可用计算法求得。矩形的高为管高 H，长为 πD，如图 12-4 所示。

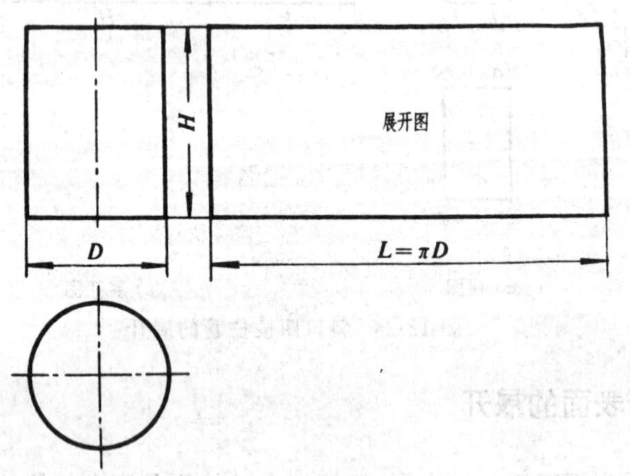

图 12-4　正圆柱管的展开

二、斜截圆柱管的展开

图 12-5 所示斜口圆管的展开，与展开平口圆管基本相同，但是斜口展成曲线，其画法如下：

首先将俯视图(圆)分为12等分,在每一等分点上作出圆柱表面素线在主视图上的投影。由于素线都平行于正面投影面,所以反映实长。然后在主视图右边作一直线,使它的长度等于圆周的展开长度 πD。将此直线段分为12等分,由各分点作垂直线,并在垂直线上截取线段分别等于相应的各素线长度,然后光滑连接各端点即得所求展开图。

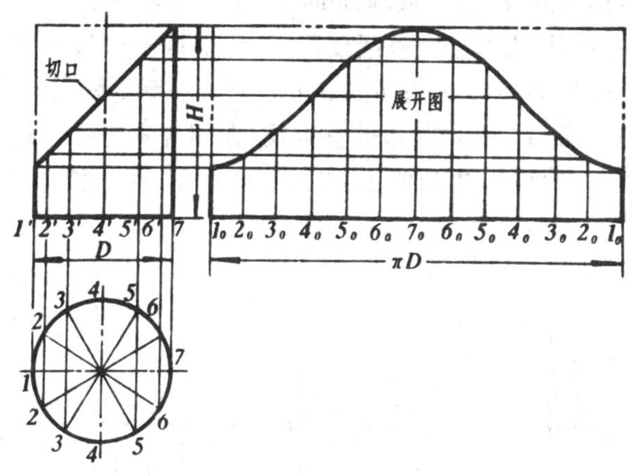

图 12-5　斜口圆管的展开

三、等径直角管接头的展开

管道中的等径直角管接头是两个等径垂直相交的圆柱面,其相贯线的正面投影为一直线,它与轴线成45°。从图12-6中可以看出,如果把圆柱面 B 改变位置,使它的轴线与圆柱面 A 的轴线重合(如图中用双点划线画出的位置),则 A、B 两圆柱面变成高度为 $H = H_a + H_b$ 或 $H = H_1 + H_2$ 的一个圆柱面,因此它们的展开图合起来应是一个长方形。长方形的高 $H = H_a + H_b = H_1 + H_2$,长方形的长 $L = \pi D$。相贯线的展开曲线作法与斜截圆柱表面展开曲线作法相同,如图12-6所示。

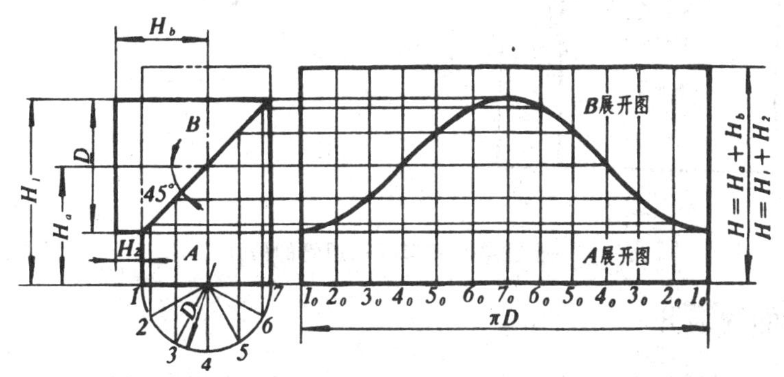

图 12-6　等径直角管接头的展开

四、不等径三通管的展开

图 12-7 所示是由两个不等径圆柱垂直相交形成的三通管展开图的画法。

先作圆柱面 Ⅰ 的展开图。根据等分素线在主视图、左视图上反映实长这一特性，直接从相贯线左视图上各点，通过投影方法，作出展开图中相贯线的展开曲线。即取线段 1_0—1_0 使等于 πD_1，等分后得点 1_0、2_0、3_0、…。从各点引线段的垂直线，在其上截取相应素线实长，用光滑曲线连接各端点即得相贯线的展开曲线，完成圆柱面 Ⅰ 的展开图，如图 12-7 的右图所示。

再作圆柱面 Ⅱ 的展开图。先作出完整圆柱面 Ⅱ 展开图 —— 长方形，再求出相贯线展开曲线。在长方形上截取点 a_1、b_1、c_1、d_1、…，使 a_1b_1、b_1c_1、c_1d_1、… 等于弦长 $\overline{a''b''}$、$\overline{b''c''}$、$\overline{c''d''}$、…（近似地取弦长代替弧长）。过点 a_1，b_1，c_1，d_1 作长边的垂直线，在相应垂直线上截取线段，使其长度等于穿过相贯线的圆柱素线的长度，作法如图 12-7 的下图所示。用光滑曲线连接各端点即得所求相贯线的展开曲线。

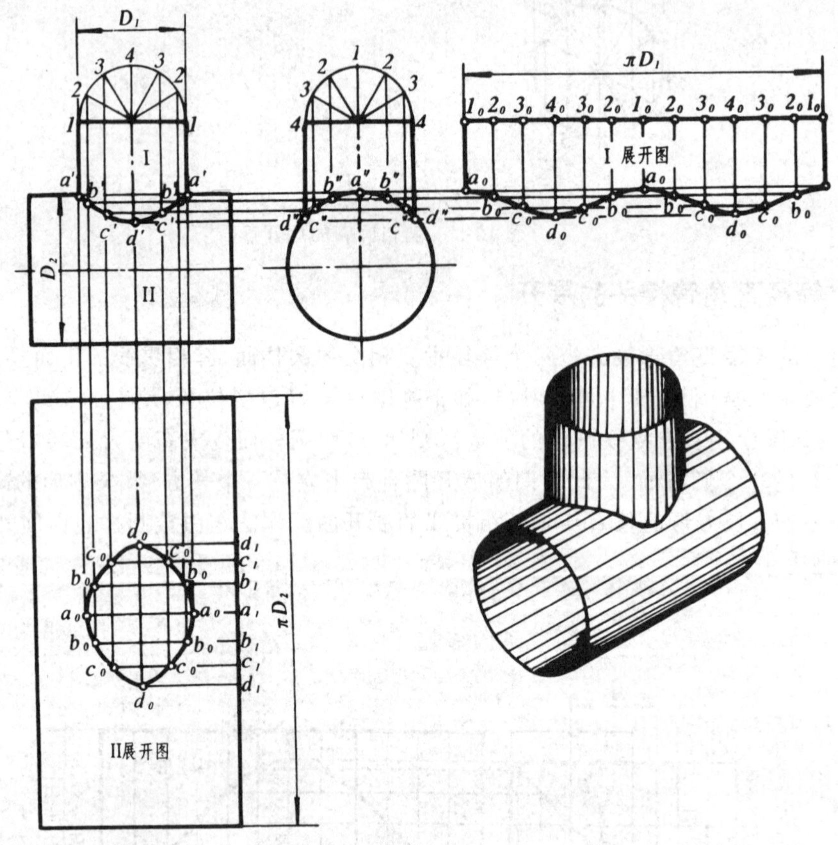

图 12-7　不等径三通管的展开

五、圆锥面的展开

圆锥表面展开图是扇形。它的作法如下（图 12-8）：首先作出圆锥的 12 条等分素线，然后把圆锥看作 12 个棱锥，作出 12 个棱锥表面展开图。作半径等于圆锥母线实长的圆弧，在此圆弧上截取弦长$\overline{1_0 2_0}$、$\overline{2_0 3_0}$、$\overline{3_0 4_0}$、…、使之分别等于底圆弦长$\overline{12}$、$\overline{23}$、$\overline{34}$、…，即可完成作图。

上述这种利用相交于一点的素线来画展开图的方法，称为放射线法。

也可以用计算方法来作圆锥的展开图。展开图扇形半径$R=\sqrt{H^2+(D/2)^2}$，扇形中心角$\alpha=360°\cdot\pi D/2\pi R=180°\times D/R$，式中$H$为圆锥高度，$D$为底圆直径。

六、斜截圆锥管的展开

斜截圆锥管展开图的作法如下（图 12-9）：

1）先画出完整圆锥表面展开图，并作出等分素线。

2）求出斜截后各素线实长，只要从该素线的投影和截面交点作水平线使之与轮廓素线相交，再在扇形展开图上确定出截断的素线实长（如图上用细实线画的圆与相应素线的交点为截断后素线的端点）。

3）用光滑曲线连接各端点，即得所求切口展开曲线。

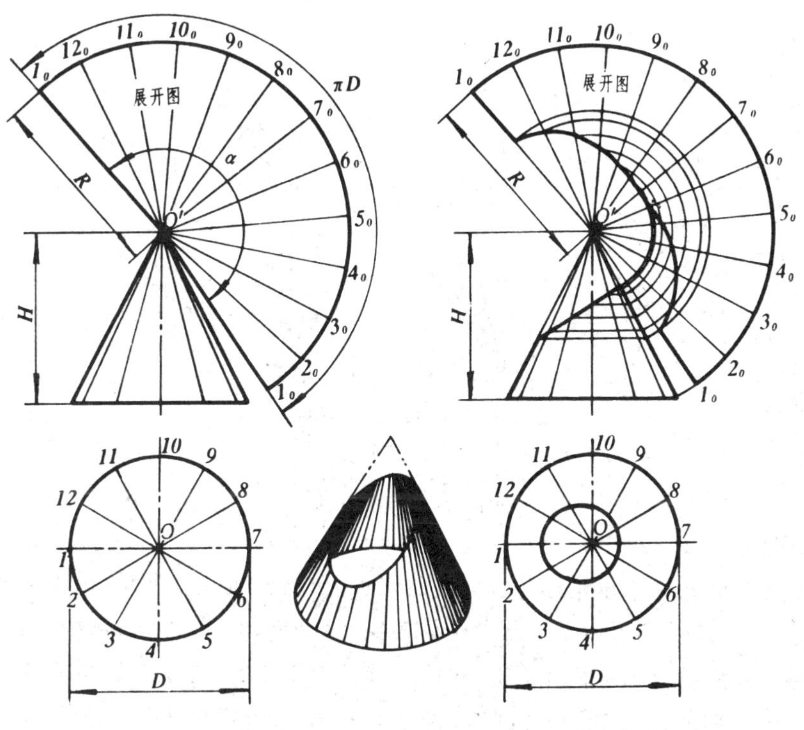

图 12-8　圆锥面的展开　　　　图 12-9　斜截圆锥管的展开

七、变形接头展开

图 12-10 所示为一上圆下方变形接头，它的上口用来连接圆管，下口用来连接方管。

（1）分析

这个变形接头上口是圆形，下口是方形。圆形上口部分必须由曲面围成，方形下口部分必须由平面围成，因此这个变形接头可由平面与曲面组合而成。将四方形下口四个顶点与圆形上口四个等分点连接起来，把这个变形接头当作由四个三角形平面和四个斜圆锥面组合而成，由此可作出它的展开图。

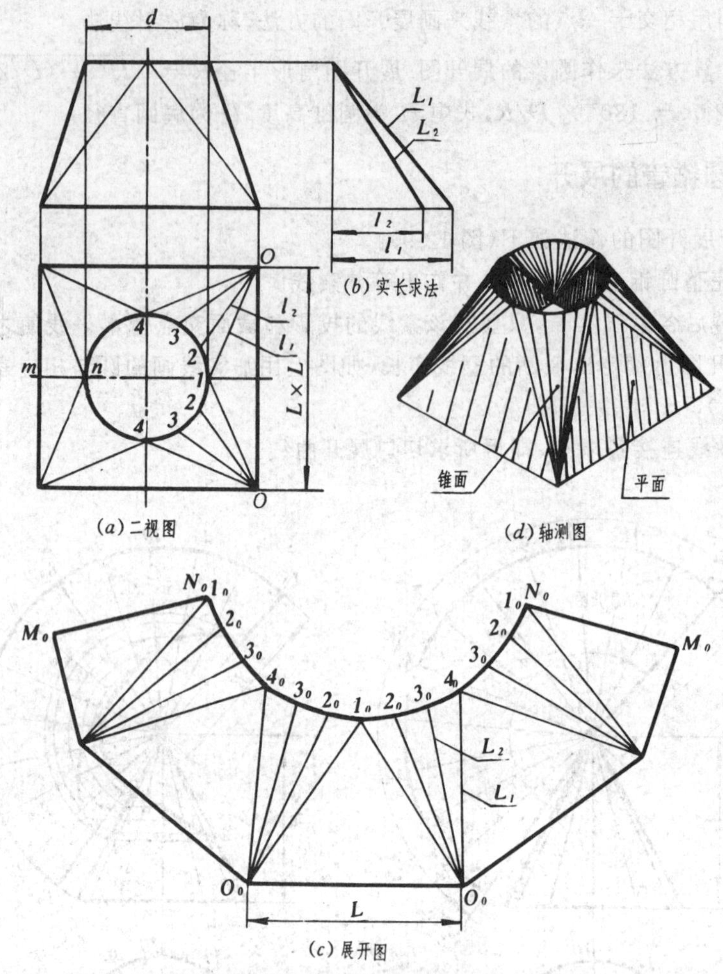

图 12-10　变形接头的展开

(2) 作图

利用直角三角形法求出锥面等分素线的实长，如图 12-10(b) 所示。以 L 为底，L_1 为腰作等腰三角形，这个等腰三角形就是三角形平面的实形(展开图)。以 O_0 为圆心，L_2 为半径作圆弧；以点 1_0 为圆心，弦长$\overline{12}$ 为半径作圆弧，这两个圆弧交于点 2_0，再以点 2_0 为圆心，弦长$\overline{23}$ 为半径作圆弧；以 O_0 为圆心，L_2 为半径作圆弧，两圆弧交于点 3_0，最后以点 3_0 为圆心，弦长$\overline{34}$ 为半径作圆弧；以 O_0 为圆心，L_1 为半径作圆弧，两圆弧交于点 4_0。然后用光滑曲线连接 1_0、2_0、3_0、4_0，即得锥面展开图。依次作出其余三角形和锥面展开图，即得变形接头的展开图，如图 12-10(c) 所示。

第四节　不可展曲面的近似展开

作不可展曲面的展开图时，可假想把它划分成若干与它接近的可展曲面的小块，按可展曲面进行近似展开；或者把它分成若干与它接近的小块平面进行近似展开。

一、正螺旋面的近似展开

这种近似画法的基本根据是把正螺旋面(一整圈)展开图当作一个扇形。这个扇形素线的长度等于正螺旋面素线实长,内、外圆周长等于正螺旋面上内、外螺旋线展开长度。它的作法如下(图 12-11):

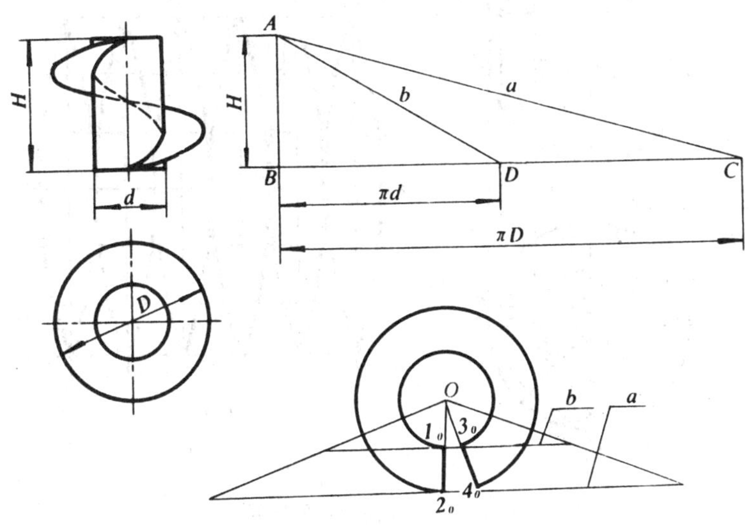

图 12-11　正螺旋面的近似展开

1) 作出内螺旋线展开长度。作直角三角形 ABD,使 AB 等于导程 H,BD 等于内圆周长 πd,那么斜边 AD 等于 b 即为内螺旋线长度。

2) 作外螺旋线展开长度。作直角三角形 ABC,使 AB 等于导程 H,BC 等于外圆周长 πD,那么斜边 AC 等于 a 即为外螺旋线长度。

3) 作出近似展开图。作一等腰梯形,使上底等于 b,下底等于 a,高等于$(D-d)/2$。延长等腰梯形的两腰使之相交于点 O,以点 O 为圆心,分别以 $O1_0$、$O2_0$ 为半径作两圆弧。在大圆弧上量取弧长$\overset{\frown}{2_0 4_0}$等于 a,得点 4_0。连接点 O、4_0,交小圆弧于点 3_0。所得扇形即为所求正螺旋面近似展开图。

二、球面的近似展开

常用的球面展开图的近似画法是将球面分成若干小部分,再把每一小部分近似当作圆柱面。圆柱面的展开图就是小部分球面的近似展开图。其作图步骤如下(图 12-12):

1) 通过轴线作铅垂面将球等分,例如 12 等分。

2) 将每部分半圆周也等分,例如六等分。过各等分点作纬圆水平面投影及切线 ab、cd、ef,如图 12-12(a) 所示。用柱面 $0_0a_0b_0$ 近似代替该小部分球面的一半。

3) 过点 3_0 作互相垂直两直线。在垂直线上取点 4_0、5_0、6_0,使 $3_04_0=4_05_0=5_06_0=\frac{1}{6}\pi R$,如图 12-12($b$)。

4) 分别过点 3_0、4_0、5_0 作水平线。在这些水平线上分别量取 $a_0b_0=ab$,$c_0d_0=cd$,$e_0f_0=ef$,得点 a_0、b_0、c_0、d_0、e_0、f_0;

5）将点 b_0、d_0、f_0、6_0 和 e_0、c_0、a_0 用光滑曲线连接起来，再对称地画出下半部分即得 1/12 球面的近似展开图(柳叶曲线)。

6）用上述同样方法画出 12 个柳叶形(图 12-12(*b*) 中只画出 6 个)，即为所求。

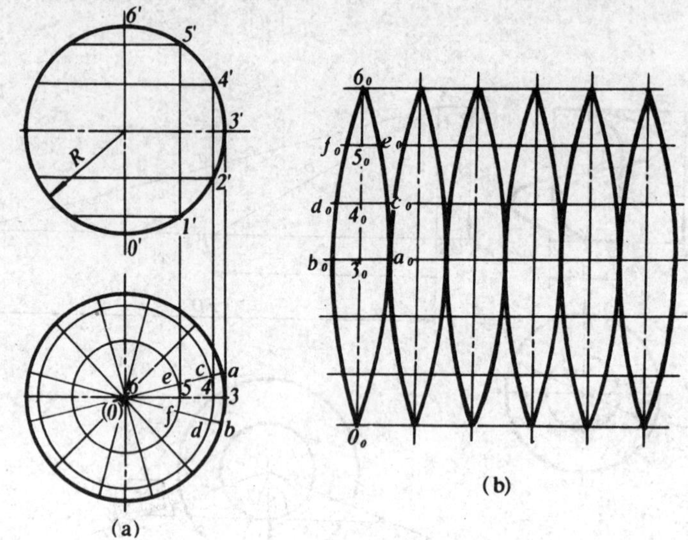

图 12-12　球面的近似展开

思考题

1. 试述可展曲面和不可展曲面的区别。
2. 为什么相交管道(例如三通管) 要在准确作出相贯线后，才能分别展开?
3. 怎样作方圆过渡管的展开图?
4. 对不可展曲面，采用什么方法进行近似展开?

◯第十三章

焊　接　图

本章要点　通过本章的学习，要求熟悉焊接的基本知识，熟悉焊缝符号及其标注方法，掌握焊接图的画法。

焊接是将需要连接的焊件在连接部分加热到熔化状态或半熔化后再用压力使它们连接起来，或在其间加入其他熔化状态的金属，使它们冷却后连成一体，因此焊接是一种不可拆的连接。焊接所用设备简单，生产效率高，焊缝强度大，密封性好，所以在机械制造、化工、造船、建筑结构及其他工业中广泛使用。

零件在焊接时，常见的焊接接头有：对接接头、搭接接头、T 型接头和角接接头等。焊缝型式主要有对接焊缝、点焊缝和角焊缝等，如图 13-1 所示。

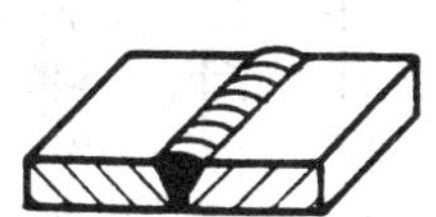

对接接头

(*a*) 对接焊缝

搭接接头

(*b*) 点焊缝

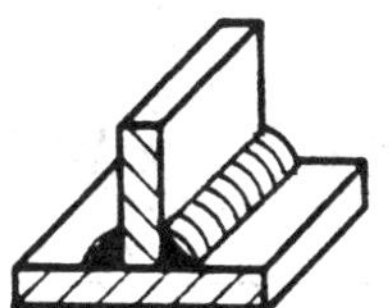

T 形接头

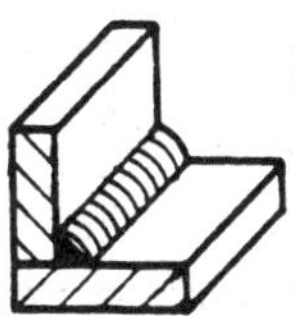

角接接头

(*c*) 角焊缝

图 13-1　常见的焊接接头和焊缝形式

第一节　焊缝符号及其标注方法

在图样上，焊缝通常可用焊缝符号和焊接方法的数字代号来标注。

一、焊缝符号

在 GB324 — 88“焊缝符号表示法”中，对焊缝符号作了规定，GB12212 — 90 规定了焊缝符号的尺寸和比例。如需进一步了解焊缝坡口的基本形式与尺寸，可查阅标准(GB985 — 88 和 GB986 — 88)。

焊缝符号一般由基本符号与指引线组成，必要时还可以加上辅助符号、补充符号和焊缝尺寸符号。

1. 基本符号

表示横截面形状，用 0.7b 的粗实线绘制（b 为图样中轮廓线的宽度）。常用焊缝的基本符号、图示法及标注方法示例，见表 13-1，其他焊缝的基本符号可查阅 GB324 — 88。

表 13-1　常用焊缝的基本符号、图示法及标注方法示例

名　称	符　号	示意图（断面）	图示法	标注方法
I 形焊缝	‖		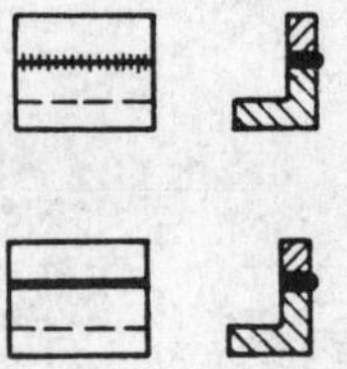	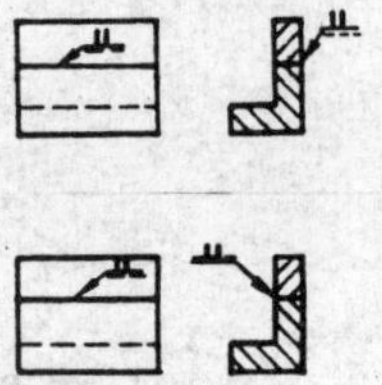
V 形焊缝	V		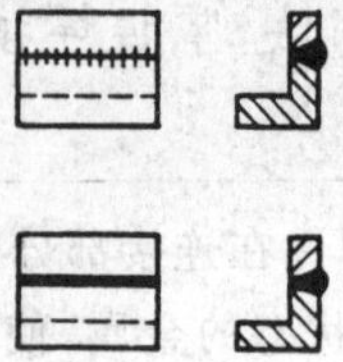	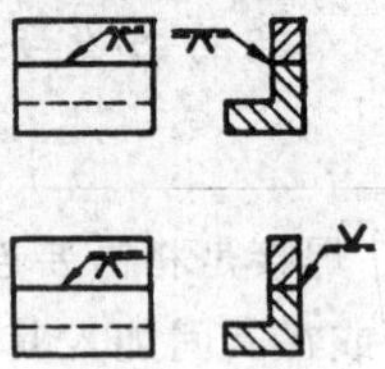
角焊缝	◺		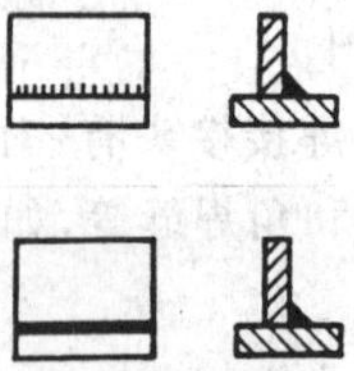	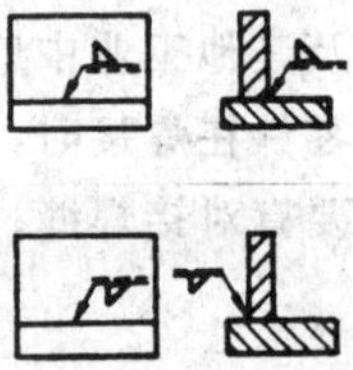
点焊缝	○		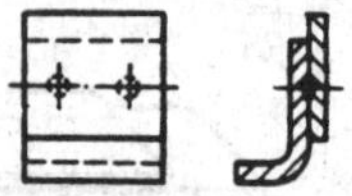	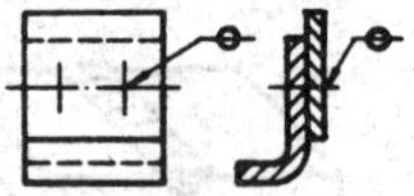

2. 辅助符号

表示焊缝表面形状特征，用 0.7b 粗实线绘制，见表 13-2。

不需要确切地说明焊缝的表面形状时，可以不用辅助符号。

表 13-2　辅助符号及标注示例

名　称	符　号	形式及标注示例	说　明
平面符号	—	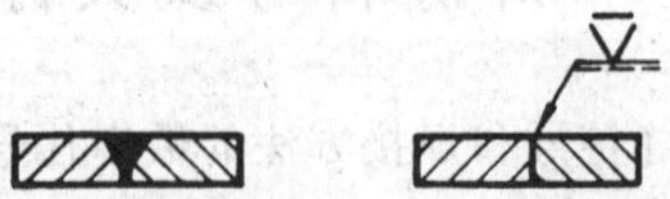	表示 V 形对接焊缝表面齐平（一般通过加工）。
凹面符号	◡		表示角焊缝表面凹陷。
凸面符号	◠	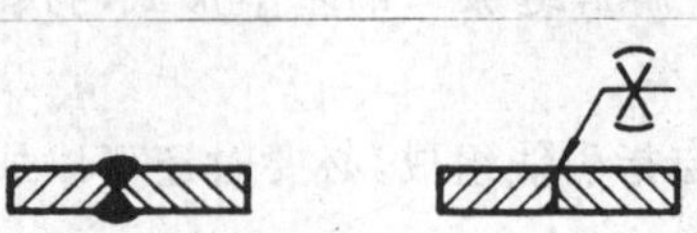	表示 X 型对接焊缝表面凸起。

3. 补充符号

为了补充说明焊缝的某些特征，用 0.7b 的粗实线绘制补充符号，见表 13-3。

表 13-3　补充符号及标注示例

名　　称	符　　号	形式及标注示例	说　　明
带垫板符号	▭		表示V形对接焊缝背面底部有垫板。
三面焊缝符号	⊏		工件三面施焊，开口方向与实际方向一致。
周围焊缝符号	○		表示在现场沿工件周围施焊。
现场符号	▶		
尾部符号	<	5 ◺ 100 < 111 4条	表示用手工电弧焊，有 4 条相同的角焊缝。

4. 指引线

一般由带有箭头的指引线（简称箭头线）和两条基准线（一条为实线，另一条为虚线）两部分组成。用细线绘制。画法如图 13-2 所示。箭头线用来将整个焊缝符号指到图样上的有关焊缝处，必要时允许弯折一次。基准线的上面和下面用来标注各种符号和尺寸，基准线的虚线可画在基准线的实线下侧或上侧。基准线一般应与图样的底边平行。

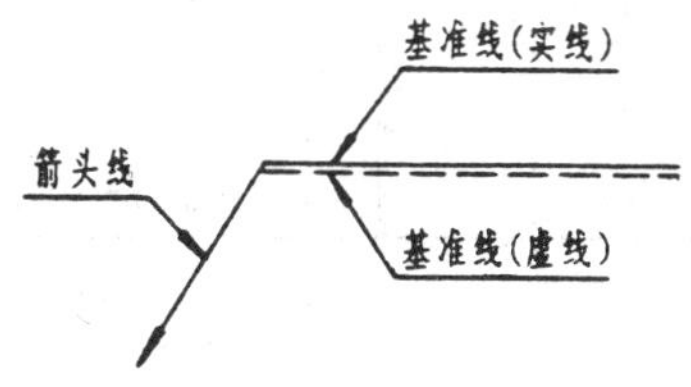

图 13-2　指引线的画法

二、符号在图样上的位置

为了能在图样上确切地表示焊缝的位置，GB324 — 88 将基本符号相对基准线的位置作了如下规定：

1) 如果焊缝在接头的箭头所指的一侧，基本符号标在基准线的实线一侧，如图 13-3(a) 的左图或右图所示。

2）如果焊缝在接头的非箭头所指的一侧，基本符号标在基准线的虚线一侧，如图 13-3(b)的左图或右图所示。

3）标注对称焊缝及双面焊缝时，可不加虚线，对称焊缝如图 13-13(c) 的左图所示，双面焊缝如图 13-3(c) 的右图所示。

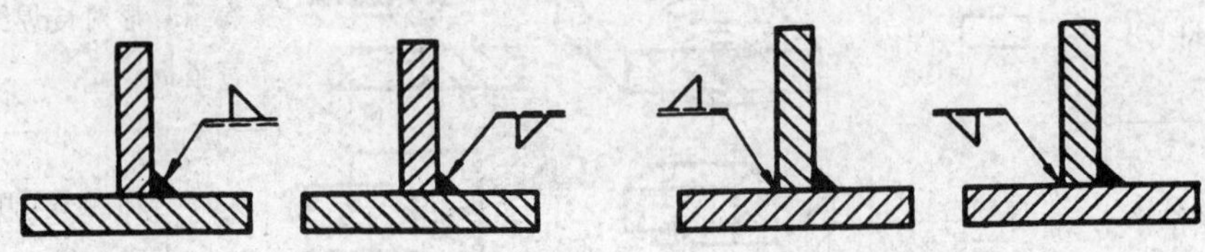

(a) 焊缝在接头的箭头所指的一侧　　(b) 焊缝在接头的非箭头所指的一侧

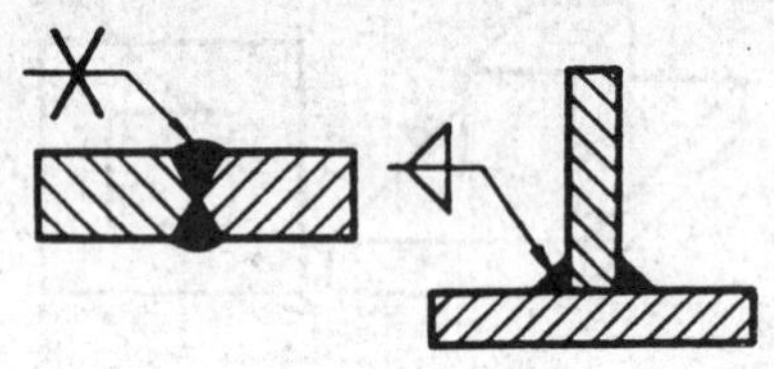

(c) 对称焊缝与双面焊缝

图 13-3　基本符号相对基准线的位置

三、焊接方法的表示代号

焊接的方法很多，常用的有电弧焊、接触焊、电渣焊、点焊和钎焊等，其中以电弧焊的使用最为广泛。焊接方法可用文字在技术要求中注明，也可用数字代号直接注写在尾部符号中。常用的焊接方法数字代号见表 13-4。

表 13-4　常用的焊接方法及数字代号

焊接方法	数字代号	焊接方法	数字代号
手工电弧焊	111	激光焊	751
埋弧焊	12	氧 - 乙炔焊	3
电渣焊	72	硬钎焊	91
电子束焊	76	点焊	21

四、焊缝的画法及标注示例

1. 焊缝的画法

1）在垂直于焊缝的剖视图或断面图中，一般应画出焊缝的形式并涂黑，如图 13-4(a)、(b)、(c)、(e)、(f) 所示。

2）在视图中，可用栅线表示可见焊缝（栅线段为细实线段，允许徒手绘制），如图 13-4(b)、(c)、(d) 所示；也可用加粗线（$2b \sim 3b$）表示可见焊缝，如图 13-4(e)、(f) 所示。但在同一图样中，只允许采用一种画法。

3）一般只用粗实线表示可见焊缝，如图 13-4(*a*) 所示。

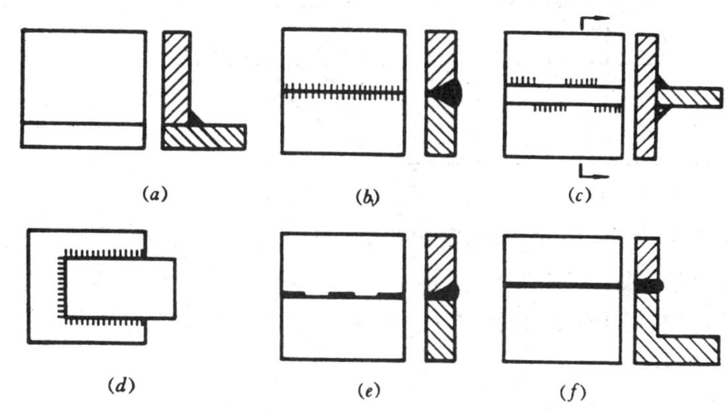

图 13-4　焊缝的画法示例

2. 常见焊缝的标注示例

常见焊缝的标注示例见表 13-5。

表 13-5　焊缝的标注示例

接头型式	焊缝型式	标注示例	说　　明
对接接头			111 表示用手工电弧焊，V 形焊缝，坡口角度为 α，对接间隙为 b，有 n 条焊缝，焊缝长度为 l。
T 形接头			表示在现场装配时进行焊接。表示双面角焊缝，焊角高度为 K。
			$n \times l(e)$ 表示有 n 条对称断续角焊缝。l 表示焊缝的长度，e 表示断续焊接的间距。
			Z 表示交错断续角焊缝。

续　表

接头型式	焊缝型式	标注示例	说　　明
角接接头	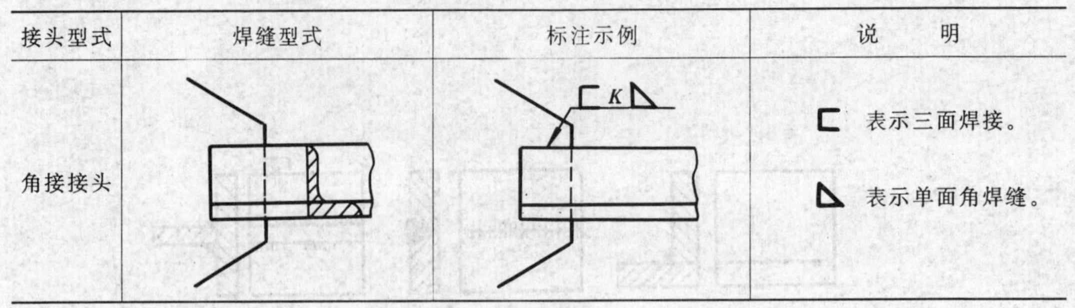		⊏ 表示三面焊接。 ◺ 表示单面角焊缝。

当同一图样上全部焊缝所采用的焊接方法完全相同时，焊缝符号尾部表示焊缝方法的代号可省略不注，但必须在技术要求中注明："全部焊缝均采用 …… 焊"等字样；当大部分焊接方法相同时，也可在技术要求或其他技术文件中注明："除图样中注明的焊接方法外，其余焊缝均采用 …… 焊"等字样。

第二节　焊接图画法

焊接件图样应能清晰地表示出各焊件的相互位置，焊接要求以及焊缝尺寸等。如不附有焊件详图时，还应表示出各焊件的形状、规格大小及数量。

焊接图应具有以下内容：

1）表达焊接件结构形状的一组视图。

2）焊接件的规格尺寸，各焊件的装配位置尺寸以及焊后加工尺寸。

3）各焊件连接处的接头型式、焊缝符号及焊缝尺寸。

4）构件装配、焊接以及焊后处理、加工的技术要求。

5）说明焊件型号、规格、材料、重量的明细栏及焊件相应的编号。

6）主标题栏。

焊接图的表达形式和特点：

(1) 整件形式

其特点是：在一张图上，不仅表达了各焊件的装配、焊接要求，而且还表达每一焊件的形状和大小，除了较复杂的焊件和特殊要求的焊件外，不再另绘焊件图。这种图样形式表达集中，出图快，适用于修配或小批量生产。

(2) 分体形式

其特点是：它附有每一焊件的详图。焊接件图重点表达装配连接关系，是用来指导焊件的装配、施焊及焊后处理的依据。各种焊件的形状、规格、大小分别表示在各焊件图上，这种图样形式完整、清晰、方便，交流、看图比较单纯；适用于大批量生产、分工较细的情况。

(3) 列表形式

其特点是：当结构复杂、各焊件之间的焊缝型式和焊缝尺寸不便于在图上清晰表达时，可采用列表形式将相同规格各焊件的同一种焊缝型式及尺寸集中表示。

图 13-5 是机座的焊接图。从图中可以看出，它是以整体形式来表示的。由底板、侧板、肋板和圆筒四部分组成。焊缝均为角焊缝，有单面焊，也有双面焊，焊角高度均为 4mm。技术要求说明，焊缝均采用手工电弧焊焊接而成。其余与一般图样基本相同。

其余
38
25
25
6.3
φ20
φ40
5
4
6
24
4
4
78
8
4
4
8
5
1
2
3
4
8
70
12.5
80
2－φ11
12.5
6
15
55
技术要求
1.焊缝均采用手工电弧焊。
2.切割边缘表面粗糙度 Ra 值为 100μm。
3.所有焊缝不得有不透、熔蚀等缺陷。
4 圆筒 Q235－A 1
3 肋板 Q235－A 1
2 侧板 Q235－A 1
1 底板 Q235－A 1
序号 代号 名称 材料 数量 备注
部件名称 机座 第 张 93.11.00
设计 制图 数量 共 张 比例 净重
审核 描图
批准 校对

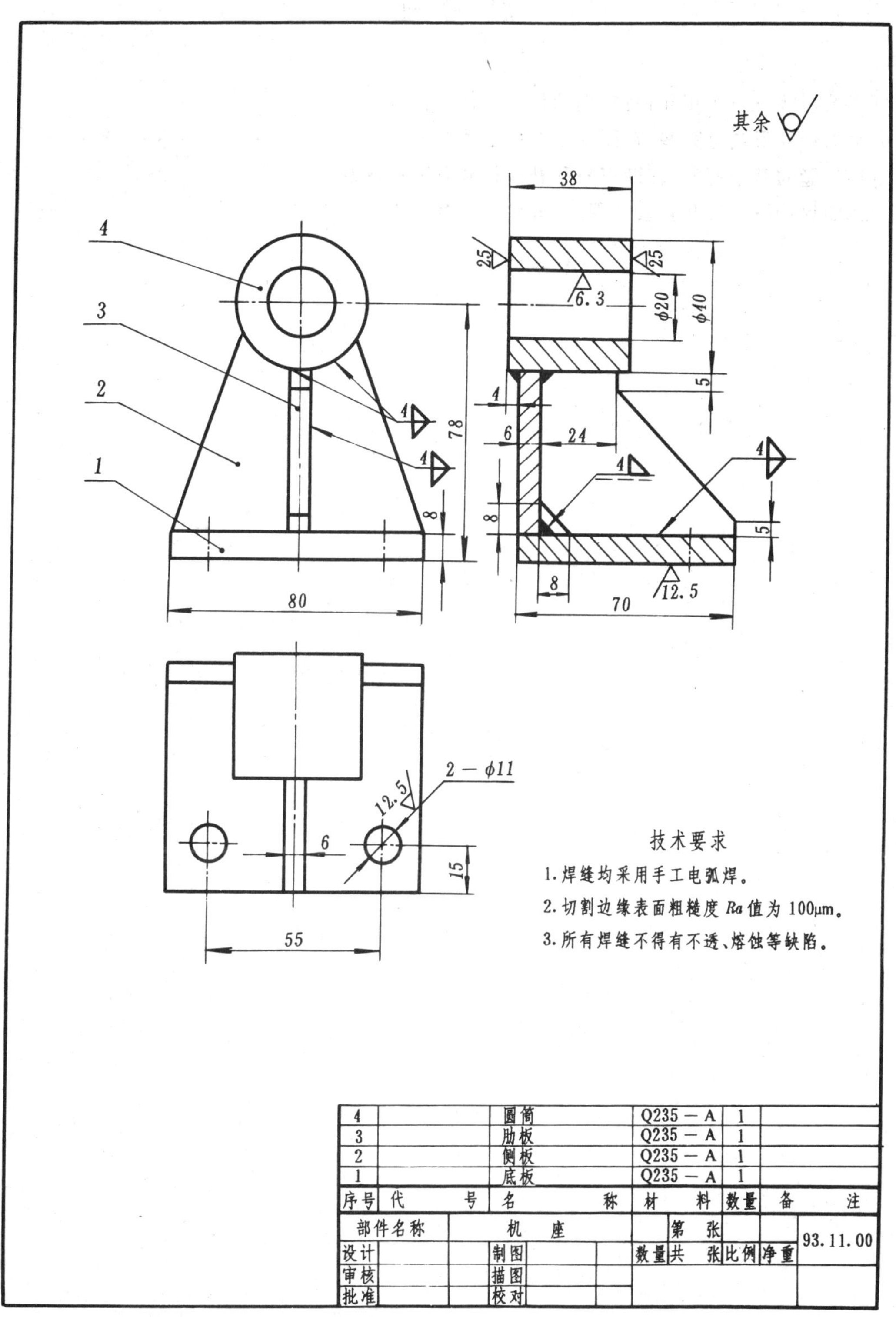

图 13-5　机座焊接图

思考题

1. 常用的焊接方法有哪几种?它们的代号是什么?
2. 常见的焊缝形式有哪些?在图样中如何表达焊缝?
3. 试述焊缝的基本符号、辅助符号和补充符号有哪些区别?
4. 常用的焊接图有哪几种表达形式,分别说明其特点?

附　　录

一、标题栏和明细栏

1. 标题栏格式、大小(GB10609.1－89)

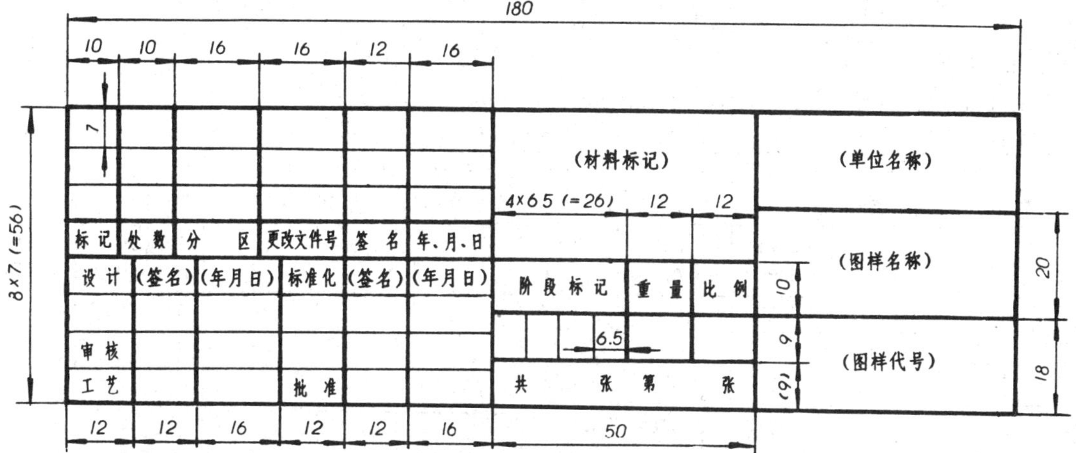

2. 明细栏格式、大小(GB10609.2－89)

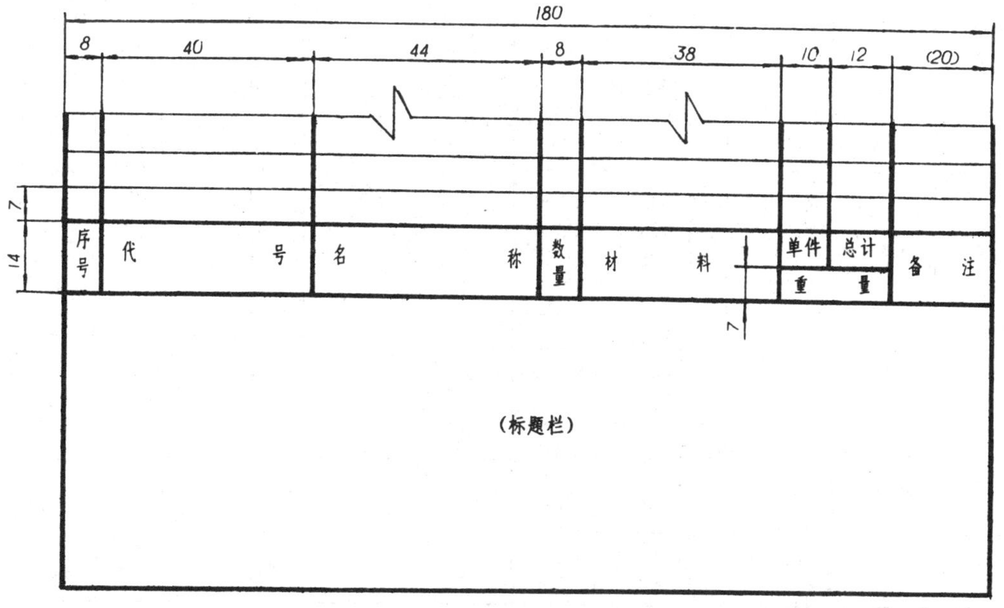

二、螺纹

表 1　普通螺纹的基本牙型和基本尺寸（GB192－81，GB196－81）

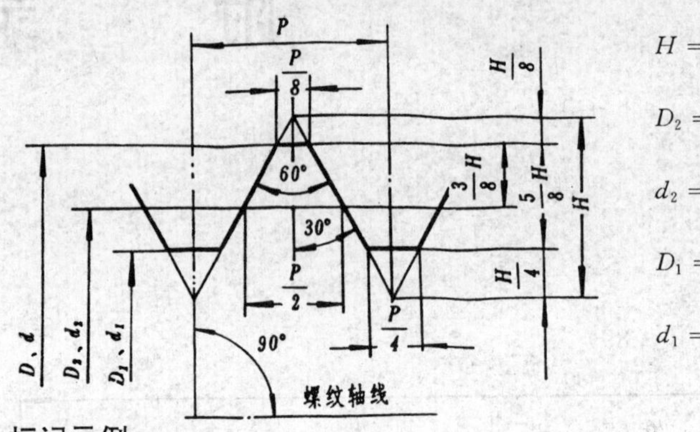

$$H=\frac{\sqrt{3}}{2}P$$

$$D_2=D-2\times\frac{3}{8}H=D-0.6495P$$

$$d_2=d-2\times\frac{3}{8}H=d-0.6495P$$

$$D_1=D-2\times\frac{5}{8}H=D-1.0825P$$

$$d_1=d-2\times\frac{5}{8}H=d-1.0825P$$

标记示例

右旋粗牙普通螺纹，直径为 24mm，螺距 3mm 的标记：$M24$

左旋细牙普通螺纹，直径为 24mm，螺距 2mm 的标记：$M24\times 2LH$

mm

公称直径 D 或 d		螺　距	中　径	小　径
第一系列	第二系列	P	D_2 或 d_2	D_1 或 d_1
4		(0.7)	3.545	3.242
		0.5	3.675	3.459
	4.5	(0.75)	4.175	3.959
5		(0.8)	4.480	4.134
		0.5	4.675	4.459
6		(1)	5.350	4.917
		0.75	5.513	5.188
8		(1.25)	7.188	6.647
		1	7.350	6.917
		0.75	7.513	7.188
10		(1.5)	9.026	8.376
		1.25	9.188	8.647
		1	9.350	8.917
		0.75	9.513	9.188
12		(1.75)	10.863	10.106
		1.5	11.026	10.376
		1.25	11.188	10.647
		1	11.350	10.917
	14	(2)	12.701	11.835
		1.5	13.026	12.376
		1	13.350	12.917
16		(2)	14.701	13.835
		1.5	15.026	14.376
		1	15.350	14.917
	18	(2.5)	16.376	15.294
		2	16.701	15.835
	18	1.5	17.026	16.376
		1	17.350	16.917
20		(2.5)	18.376	17.294
		2	18.701	17.835
		1.5	19.026	18.376
		1	19.350	18.917
	22	(2.5)	20.376	19.294
		2	20.701	19.835
		1.5	21.026	20.376
		1	21.350	20.917
24		(3)	22.051	20.752
		2	22.701	21.835
		1.5	23.026	22.376
		1	23.350	22.917
	27	(3)	25.051	23.752
		2	25.701	24.835
		1.5	26.026	25.376
		1	26.350	25.917
30		(3.5)	27.727	26.211
		2	28.701	27.835
		1.5	29.026	28.376
		1	29.350	28.917
	33	(3.5)	30.727	29.211
		2	31.701	30.835
		1.5	32.026	31.376
36		(4)	33.402	31.670
		3	34.051	32.752
		2	34.701	33.835
		1.5	35.026	34.376

注：表中有括号的螺距数值为粗牙螺距。

表 2　梯形螺纹基本尺寸(GB5796.3－86)

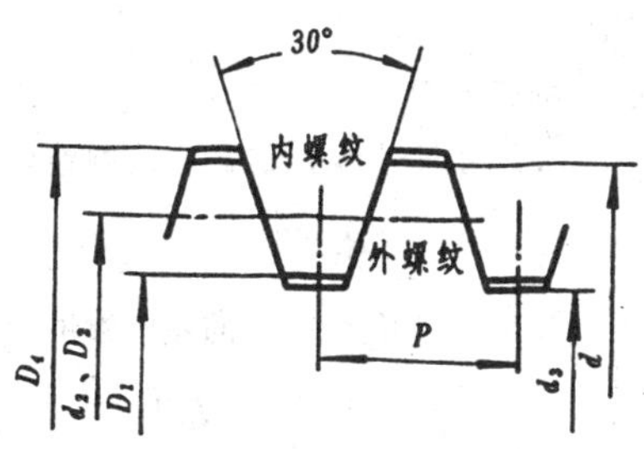

标记示例

1. 公称直径 $d = 40$mm、螺距 $P = 7$mm、中径公差带为 $7H$ 的左旋梯形螺纹：
   $Tr40 \times 7LH - 7H$
2. 公称直径 $d = 40$mm、螺距 $P = 7$mm、中径公差带为 $7e$ 的右旋双线梯形螺纹：
   $Tr40 \times 14(P7) - 7e$

mm

公称直径 d（外螺纹大径）第一系列	公称直径 d（外螺纹大径）第二系列	螺距 P	外螺纹小径 d_3	外、内螺纹中径 d_2、D_2	内螺纹大径 D_4	内螺纹小径 D_1
10		1.5	8.2	9.25	10.3	8.5
		2	7.5	9.00	10.5	8.0
	11	2	8.5	10.0	11.5	9.0
		3	7.5	9.5		8.0
12		2	9.5	11.0	12.5	10.0
		3	8.5	10.5		9.0
	14	2	11.5	13.0	14.5	12.0
		3	10.5	12.5		11.0
16		2	13.5	15.0	16.5	14.0
		4	11.5	14.0		12.0
	18	2	15.5	17.0	18.5	16.0
		4	13.5	16.0		14.0
20		2	17.5	19.0	20.5	18.0
		4	15.5	18.0		16.0
	22	3	18.5	20.5	22.5	19.0
		5	16.5	19.5	22.5	17.0
		8	13.0	18.0	23.0	14.0
24		3	20.5	22.5	24.5	21.0
		5	18.5	21.5	24.5	19.0
		8	15.0	20.0	25.0	16.0
	26	3	22.5	24.5	26.5	23.0
		5	20.5	23.5	26.5	21.0
		8	17.0	22.0	27.0	18.0
28		3	24.5	26.5	28.5	25.0
		5	22.5	25.5	28.5	23.0
		8	19.0	24.0	29.0	20.0
	30	3	26.5	28.5	30.5	27.0
		6	23.0	27.0	31.0	24.0
		10	19.0	25.0	31.0	20.0

公称直径 d（外螺纹大径）第一系列	公称直径 d（外螺纹大径）第二系列	螺距 P	外螺纹小径 d_3	外、内螺纹中径 d_2、D_2	内螺纹大径 D_4	内螺纹小径 D_1
32		3	28.5	30.5	32.5	29.0
		6	25.0	29.0	33.0	26.0
		10	21.0	27.0	33.0	22.0
	34	3	30.5	32.5	34.5	31.0
		6	27.0	31.0	35.0	28.0
		10	23.0	29.0	35.0	24.0
36		3	32.5	34.5	36.5	33.0
		6	29.0	33.0	37.0	30.0
		10	25.0	31.0	37.0	26.0
	38	3	34.5	36.5	38.5	35.0
		7	30.0	34.5	39.0	31.0
		10	27.0	33.0	39.0	28.0
40		3	36.5	38.5	40.5	37.0
		7	32.0	36.5	41.0	33.0
		10	29.0	35.0	41.0	30.0
	42	3	38.5	40.5	42.5	39.0
		7	34.0	38.5	43.0	35.0
		10	31.0	37.0	43.0	32.0
44		3	40.5	42.5	44.5	41.0
		7	36.0	40.5	45.0	37.0
		12	31.0	38.0	45.0	32.0
	46	3	42.5	44.5	46.5	43.0
		8	37.0	42.0	47.0	38.0
		12	33.0	40.0	47.0	34.0
48		3	44.5	46.5	48.5	45.0
		8	39.0	44.0	49.0	40.0
		12	35.0	42.0	49.0	36.0

表 3　用螺纹密封的管螺纹(GB7306—87)

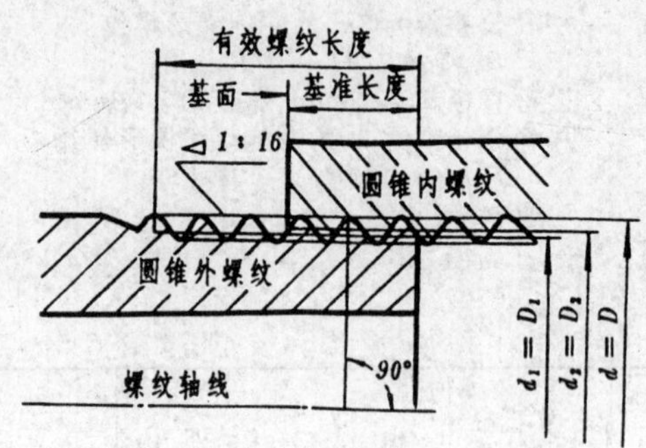

标记示例

1. 尺寸代号为 $1\frac{1}{2}$ 的右旋圆锥内螺纹：

$$Rc1\frac{1}{2}$$

2. 尺寸代号为 $1\frac{1}{2}$ 的左旋圆锥外螺纹：

$$R1\frac{1}{2}-LH$$

3. 尺寸代号为 $1\frac{1}{2}$ 的右旋圆柱内螺纹：

$$Rp1\frac{1}{2}$$

mm

尺寸代号	每 25.4 mm 内的牙数 n	螺距 P	牙高 h	圆弧半径 $r\approx$	基面上的直径			基准距离	有效螺纹长度
					大径 $d=D$	中径 $d_2=D_2$	小径 $d_1=D_1$		
1/16	28	0.907	0.581	0.125	7.723	7.142	6.561	4.0	6.5
1/8					9.728	9.147	8.566		
1/4	19	1.337	0.856	0.184	13.157	12.301	11.445	6.0	9.7
3/8					16.662	15.806	14.950	6.4	10.1
1/2	14	1.814	1.162	0.249	20.955	19.793	18.631	8.2	13.2
3/4					26.441	25.279	24.117	9.5	14.5
1	11	2.309	1.479	0.317	33.249	31.770	30.291	10.4	16.8
$1\frac{1}{4}$					41.910	40.431	38.952	12.7	19.1
$1\frac{1}{2}$					47.803	46.324	44.845		
2					59.614	58.135	56.656	15.9	23.4
$2\frac{1}{2}$					75.184	73.705	72.226	17.5	26.7
3					87.884	86.405	84.926	20.6	29.8
$3\frac{1}{2}$					100.330	98.851	97.372	22.2	31.4

注：1. 本标准包括了圆锥内螺纹与圆锥外螺纹和圆柱内螺纹与圆锥外螺纹两种联结形式，适用于管子、管接头、旋塞、阀门和其他螺纹联结的附件。

2. 尺寸代号为 $3\frac{1}{2}$ 的螺纹，限用于蒸汽机车。

表 4　非螺纹密封的管螺纹(GB7307 — 87)

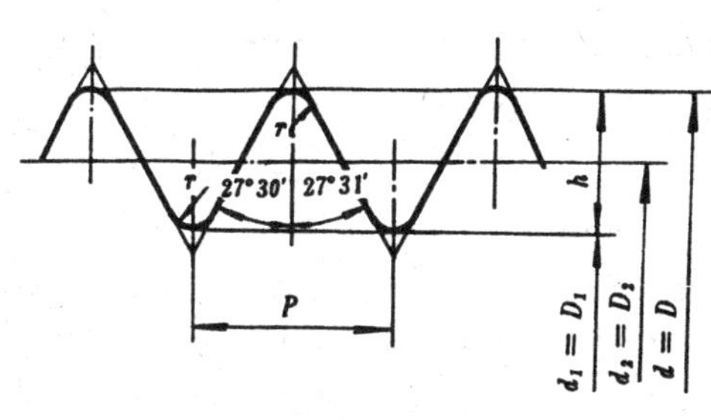

标记示例

1. 尺寸代号为 $1\frac{1}{2}$ 的右旋内螺纹：

$G1\frac{1}{2}$

2. 尺寸代号为 $1\frac{1}{2}$ 的用于低压管路的右旋内螺纹：

$G1\frac{1}{2}D$

3. 尺寸代号为 $1\frac{1}{2}$ 的右旋 A 级外螺纹：

$G1\frac{1}{2}A$

4. 尺寸代号为 $1\frac{1}{2}$ 的左旋 B 级外螺纹：

$G1\frac{1}{2}B-LH$

mm

尺寸代号	每 25.4mm 内的牙数 n	螺距 P	牙高 h	圆弧半径 r ≈	大径 $d = D$	中径 $d_2 = D_2$	小径 $d_1 = D_1$
1/16	28	0.907	0.581	0.125	7.723	7.142	6.561
1/8					9.728	9.147	8.566
1/4	19	1.337	0.856	0.184	13.157	12.301	11.445
3/8					16.662	15.806	14.950
1/2	14	1.814	1.162	0.249	20.955	19.793	18.631
5/8					22.911	21.749	20.587
3/4					26.441	25.279	24.117
7/8					30.201	29.039	27.877
1	11	2.309	1.479	0.317	33.249	31.770	30.291
$1\frac{1}{8}$					37.897	36.418	34.939
$1\frac{1}{4}$					41.910	40.431	38.952
$1\frac{1}{2}$					47.807	46.324	44.845
$1\frac{3}{4}$					53.746	52.267	50.788
2					59.614	58.135	56.656
$2\frac{1}{4}$					65.710	64.231	62.752
$2\frac{1}{2}$					75.184	73.705	72.226
$2\frac{3}{4}$					81.534	80.055	78.576
3					87.884	86.405	84.926
$3\frac{1}{2}$					100.330	98.851	97.372
4					113.030	111.551	110.072

注：1. 本标准的圆柱管螺纹适用于管接头、旋塞、阀门及其他附件。

2. 内螺纹中径只规定一种公差带、不用代号表示。推荐用于低压水、煤气等管路的内螺纹，中径公差等级代号用 D。

3. 外螺纹中径公差分 A 和 B 两个等级。

三、常用的标准件

表 5　六角头螺栓

C 级(GB5780 － 86)、*A* 和 *B* 级(GB5782 － 86)、细牙 － *A* 和 *B* 级(GB5785 － 86)

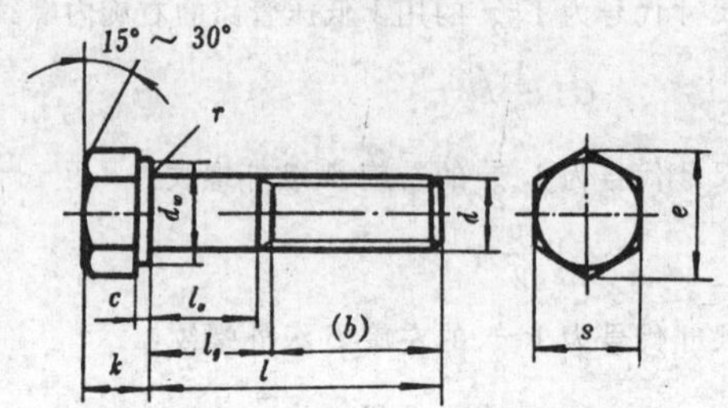

标记示例

螺纹规格 $d = M12$，公称长度 $l = 80$mm，性能等级为 8.8，表面氧化，*A* 级的六角头螺栓：

螺栓　GB5782 － 86　$M12 \times 80$

mm

螺纹规格	d	$M5$	$M6$	$M8$	$M10$	$M12$	$M16$	$M20$	$M24$	$M30$
	$d \times P$			$M8 \times 1$	$M10 \times 1$	$M12 \times 1.5$	$M16 \times 1.5$	$M20 \times 2$	$M24 \times 2$	$M30 \times 2$
b 参考	$l \leqslant 125$	16	18	22	26	30	38	46	50	66
	$125 < l \leqslant 200$			28	32	36	44	52	60	72
	$l > 200$						57	65	73	85
c_{max}		0.5		0.6			0.8			
dw_{min} 产品等级	A	6.9	8.9	11.6	14.6	16.6	22.5	28.2	33.6	
	B、C	6.7	8.7	11.4	14.4	16.4	22	27.7	33.2	42.7
k 公称		3.5	4	5.3	6.4	7.5	10	12.5	15	18.7
r_{min}		0.2	0.25	0.4		0.6		0.8		1
e_{min} 产品等级	A	8.79	11.5	14.38	17.77	20.03	26.75	33.53	39.98	
	B、C	8.63	10.89	14.20	17.59	19.85	26.17	32.95	39.55	50.85
S_{max} ＝ 公称		8	10	13	16	18	24	30	36	46
l 公称 商品规格范围		25 ~ 50	30 ~ 60	35 ~ 80	40 ~ 100	45 ~ 120	55 ~ 160	65 ~ 200	80 ~ 240	90 ~ 300

l 系 列：25、30、35、40、45、50、55、60、65、70、80、90、100、110、120、130、140、150、160、180、200、220、240、260、280、300

注：1. $l_{公称}$ 在商品规格范围内，夹紧长度 $lg(\max) = l - b_{参考}$，光杆长度 $ls(\min) = lg(\max) - 5P$（P 为粗牙螺距）。

2. 商品等级：*A* 用于 $d \leqslant 24$mm 和 $l \leqslant 10d$ 或 $l \leqslant 150$mm 的螺栓；

B 用于 $d > 24$mm 和 $l > 10d$ 或 $l > 150$mm 的螺栓。

表 6　双头螺柱（GB897 ～ 900 － 88）

$b_m = 1d$（GB897 － 88）、$b_m = 1.25d$（GB898 － 88）、$b_m = 1.5d$（GB899 － 88）、$b_m = 2d$（GB900 － 88）

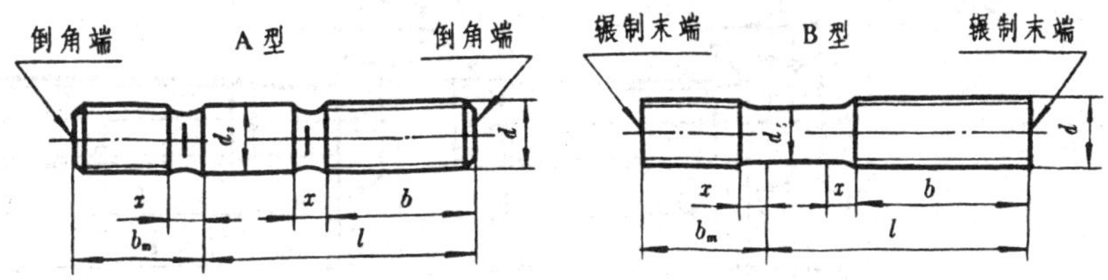

$x = 1.5P$　　$d_s \approx$ 螺纹中径（仅适合于 B 型）

标记示例

1. 两端均为粗牙普通螺纹，$d = 10$mm，$l = 50$mm，性能等级为 4.8 级，不经表面处理，B 型、$b_m = 1.5d$ 的双头螺柱：螺柱 GB899 － 88　$M10 \times 50$
2. 旋入机件一端为粗牙普通螺纹，旋螺母一端为螺距 $P = 1$mm 细牙普通螺纹，$d = 10$mm，$l = 50$mm，性能等级为 4.8 级，不经表面处理，A 型、$b_m = 1d$ 的双头螺柱；螺柱 GB897 － 88 $AM10 - M10 \times 1 \times 50$

mm

螺纹规格 d	b_m（公称）				l/b	
	GB 897	GB 898	GB 899	GB 900	GB897、GB898、GB899	GB900
$M5$	5	6	8	10	$\frac{16\sim20}{10}$、$\frac{25\sim50}{16}$	$\frac{16\sim20}{10}$、$\frac{25\sim45}{16}$
$M6$	6	8	10	12	$\frac{20}{10}$、$\frac{25\sim30}{14}$、$\frac{35\sim70}{18}$	$\frac{20}{10}$、$\frac{25}{14}$、$\frac{30\sim70}{18}$
$M8$	8	10	12	16	$\frac{20}{12}$、$\frac{25\sim30}{16}$、$\frac{35\sim90}{22}$	$\frac{20}{12}$、$\frac{25}{16}$、$\frac{30\sim100}{22}$
$M10$	10	12	15	20	$\frac{25}{14}$、$\frac{30\sim35}{16}$、$\frac{40\sim120}{26}$、$\frac{130}{32}$	$\frac{25}{14}$、$\frac{30}{16}$、$\frac{35\sim110}{26}$、$\frac{120\sim130}{32}$
$M12$	12	15	18	24	$\frac{25\sim30}{16}$、$\frac{35\sim40}{20}$、$\frac{45\sim120}{30}$、$\frac{130\sim180}{36}$	$\frac{25}{16}$、$\frac{30\sim35}{20}$、$\frac{40\sim110}{30}$、$\frac{120\sim170}{36}$
$M16$	16	20	21	32	$\frac{30\sim35}{20}$、$\frac{40\sim50}{30}$、$\frac{60\sim120}{38}$、$\frac{130\sim200}{44}$	$\frac{32}{20}$、$\frac{35\sim45}{30}$、$\frac{50\sim110}{38}$、$\frac{120\sim200}{44}$
$M20$	20	25	30	40	$\frac{35\sim40}{25}$、$\frac{45\sim60}{35}$、$\frac{70\sim120}{46}$、$\frac{130\sim200}{52}$	$\frac{35\sim40}{25}$、$\frac{45\sim60}{35}$、$\frac{70\sim120}{46}$、$\frac{130\sim200}{52}$
$M24$	24	30	36	48	$\frac{45\sim50}{30}$、$\frac{60\sim70}{45}$、$\frac{80\sim120}{54}$、$\frac{130\sim200}{60}$	$\frac{45\sim50}{30}$、$\frac{60\sim70}{45}$、$\frac{80\sim120}{54}$、$\frac{130\sim200}{60}$
$M30$	30	38	45	60	$\frac{60}{40}$、$\frac{70\sim90}{50}$、$\frac{100\sim120}{66}$、$\frac{130\sim200}{72}$、$\frac{210\sim250}{85}$	$\frac{50}{40}$、$\frac{60\sim80}{50}$、$\frac{90\sim120}{66}$、$\frac{130\sim200}{72}$、$\frac{210\sim250}{85}$
$M36$	36	45	54	72	$\frac{70}{45}$、$\frac{80\sim110}{60}$、$\frac{120}{78}$、$\frac{130\sim200}{81}$、$\frac{210\sim300}{97}$	$\frac{60}{45}$、$\frac{70\sim110}{60}$、$\frac{120}{78}$、$\frac{130\sim200}{81}$、$\frac{210\sim300}{97}$

注：1. l（系列）：16、20、25、30、35、40、45、50、55、60、65、70、75、80、85、90、95、100、110、120、130、140、150、160、170、180、190、200、210、220、230、240、250、260、280、300；

2. P—— 螺距。

表 7 开槽圆柱头螺钉(GB65－85),开槽盘头螺钉(GB67－85)

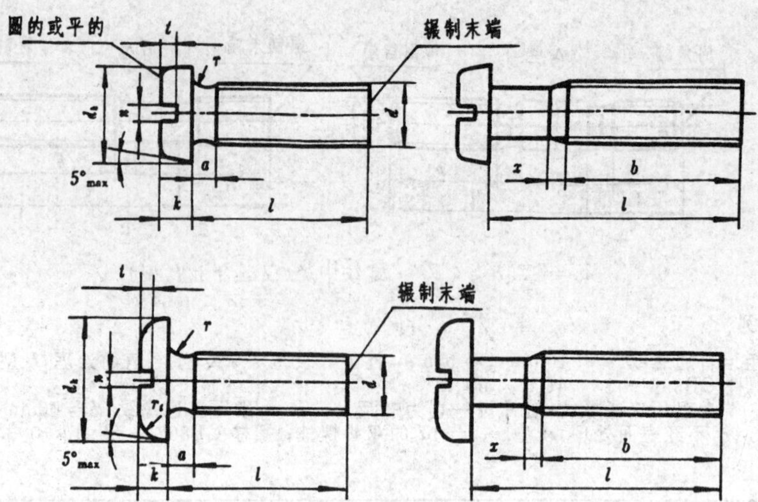

无螺纹部分杆径≈中径或＝螺纹大径,$a=2P$,$x=2.5P$

标记示例

1. 螺纹规格 $d=M5$,公称长度 $l=20$mm,性能等级 4.8,不经表面处理的开槽圆柱头螺钉:

   螺钉 GB65－85　M5×20

2. 螺纹规格 $d=M5$,公称长度 $l=20$mm,性能等级 4.8,不经表面处理的开槽盘头螺钉:

   螺钉 GB67－85　M5×20

mm

螺纹规格 d	P	b min	n 公称	r min	l 公称	GB65－85			GB67－85			
						d_k max	k max	t min	d_k max	k max	t min	r_f 参考
M3	0.5	25	0.8	0.1	4～30				5.6	1.8	0.7	0.9
M4	0.7	38	1.2	0.2	5～40	7	2.6	1.1	8	2.4	1	1.2
M5	0.8	38	1.2	0.2	6～50	8.5	3.3	1.3	9.5	3	1.2	1.5
M6	1	38	1.6	0.25	8～60	10	3.9	1.6	12	3.6	1.4	1.8
M8	1.25	38	2	0.4	10～80	13	5	2	16	4.8	1.9	2.4
M10	1.5	38	2.5	0.4	12～80	16	6	2.4	20	6	2.4	3

注:1. 长度 l 系列:4、5、6、8、10、12、(14)、16、20、25、30、35、40、45、50、(55)、60、(65)、70、(75)、80,有括号的尽可能不采用。

2. 公称长度 $l \leqslant 40$mm 的螺钉和 M3、$l \leqslant 30$mm 的螺钉,制出全螺纹($b=l-a$)。

3. P—— 螺距。

表 8　开槽沉头螺钉(GB68 — 85)

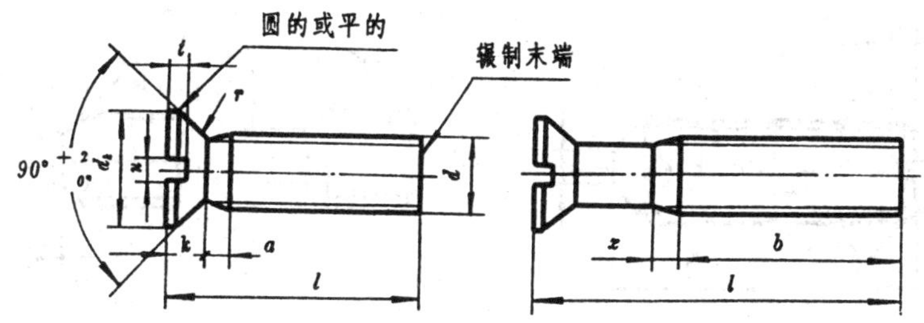

无螺纹部分杆径 ≈ 中径或 = 螺纹大径，$a = 2P$，$x = 2.5P$

标记示例

螺纹规格 $d = M5$、公称长度 $l = 20$mm、性能等级为 4.8、不经表面处理的开槽沉头螺钉：

螺钉 GB68 — 85　$M5 \times 20$

mm

螺纹规格 d		$M3$	$M4$	$M5$	$M6$	$M8$	$M10$
P		0.5	0.7	0.8	1	1.25	1.5
b min		25	38				
d_k 理论值 max		6.3	9.4	10.4	12.6	17.3	20
k max		1.65	2.7		3.3	4.65	5
n 公称		0.8	1.2		1.6	2	2.5
r max		0.8	1	1.3	1.5	2	2.5
t	max	0.85	1.3	1.4	1.6	2.3	2.6
	min	0.6	1.0	1.1	1.2	1.8	2.0
l		5 ～ 30	6 ～ 40	8 ～ 50	8 ～ 60	10 ～ 80	12 ～ 80

l(系列)：5 ± 0.3，6 ± 0.3，8 ± 0.3，10 ± 0.3，12 ± 0.4，(14 ± 0.4)，16 ± 0.4，20 ± 0.4，25 ± 0.4，30 ± 0.4，35 ± 0.5，40 ± 0.5，50 ± 0.5，(55 ± 0.6)，60 ± 0.6，(65 ± 0.6)，70 ± 0.6，(75 ± 0.6)，80 ± 0.6

注：1. l 系列中有括号的尽可能不采用。

2. 公称长度 $l \leqslant 45$mm 的螺钉和 $M3$、$l \leqslant 30$mm 的螺钉，制出全螺纹〔$b = l - (k + a)$〕。

3. P—— 螺距。

表 9　紧定螺钉(GB71－85、GB73－85、GB75－85)

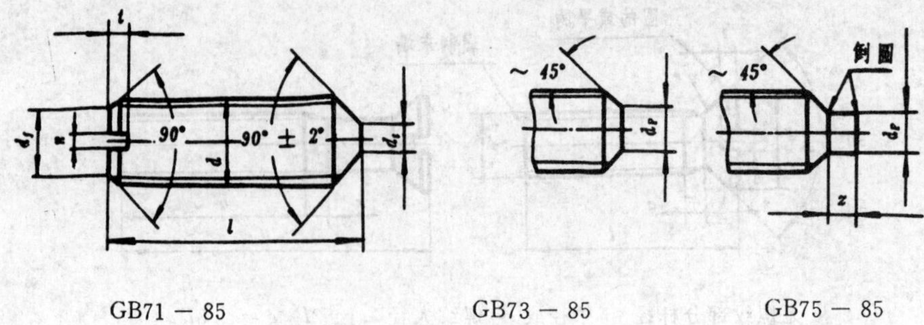

GB71－85　　GB73－85　　GB75－85

标记示例

螺纹规格 $d=M5$、公称长度 $l=12$mm、性能等级为 14H 级、表面氧化的开槽锥端紧定螺钉：

螺钉 GB71－85　$M5\times12$

mm

螺纹规格 d	d_f	n 公称	t		d_t	d_p		z		l		
			min	max	max	min	max	min	max	GB71－85	GB73－85	GB75－85
$M3$	螺纹小径	0.4	0.8	1.05	0.3	1.75	2	1.5	1.75	4～16	3～16	5～16
$M4$		0.6	1.12	1.42	0.4	2.25	2.5	2	2.25	6～20	4～20	6～20
$M5$		0.8	1.28	1.63	0.5	3.2	3.5	2.5	2.75	8～25	5～25	8～25
$M6$		1	1.6	2	1.5	3.7	4	3	3.25	8～30	6～30	8～30
$M8$		1.2	2.0	2.5	2	5.2	5.5	4	4.3	10～40	8～40	10～40
$M10$		1.6	2.4	3	2.5	6.64	7	5	5.3	12～50	10～50	12～50
$M12$		2	2.8	3.6	3	8.14	8.5	6	6.3	16～60	12～60	16～60

l(系列)：3±0.2,4±0.3,5±0.3,6±0.3,8±0.3,10±0.3,12±0.4,16±0.4,20±0.4,25±0.4,30±0.4,35±0.5,40±0.5,45±0.5,50±0.5,60±0.6

注：1. 公称长度小于表中最小长度的短螺钉，倒角和锥端，应制成 120°。

2. $d\leqslant M5$ 的螺钉(GB71－85)，不要求锥端有平面部分，可以倒圆。

表 10　六角螺母——A 级和 B 级

1 型(GB6170 — 86)、1 型细牙(GB6171 — 86)、2 型(GB6175 — 86)、2 型细牙(GB6176 — 86)、薄螺母(GB6172 — 86)、薄螺母 —— 细牙(GB6173 — 86)、厚螺母(GB56 — 88)

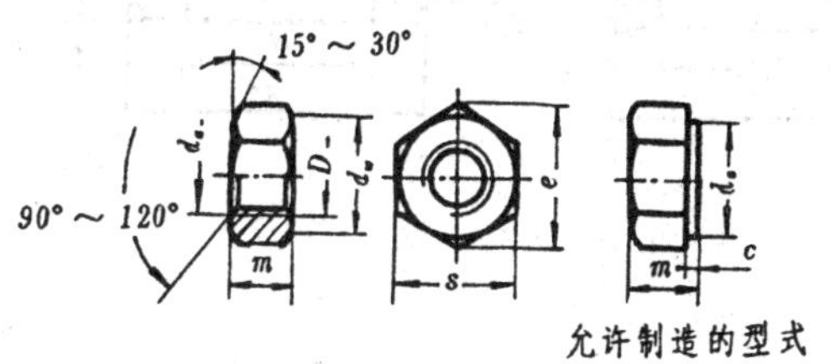

允许制造的型式

标记示例

1. 螺纹规格 $D = M12$、性能等级为 10、不经表面处理、A 级 1 型六角螺母：

螺母 GB6170 — 86　$M12$

2. 螺纹规格 $D = M16 \times 1.5$、性能等级为 04 级、不经表面处理、A 级的六角薄螺母：

螺母 GB6173 — 86　$M16 \times 1.5$

mm

螺纹规格										
螺纹规格	D	$M5$	$M6$	$M8$	$M10$	$M12$	$M16$	$M20$	$M24$	$M30$
	$D \times P$			$M8 \times 1$	$M10 \times 1$	$M12 \times 1.5$	$M16 \times 1.5$	$M20 \times 2$	$M24 \times 2$	$M30 \times 2$
c max		0.5		0.6			0.8			
d_a min		5	6	8	10	12	16	20	24	30
d_w min		6.9	8.9	11.6	14.6	16.6	22.5	27.7	33.2	42.7
e min		8.79	11.05	14.38	17.77	20.03	26.75	32.95	39.55	50.85
s max		8	10	13	16	18	24	30	36	46
m max	GB6170 GB6171	4.7	5.2	6.8	8.4	10.8	14.8	18	21.5	25.6
	GB6175 GB6176	5.1	5.7	7.5	9.3	12	16.4	20.3	23.9	28.6
	GB6172 GB6173	2.7	3.2	4	5	6	8	10	12	15
	GB56 — 88						25	32	38	55

表 11　平垫圈(GB97.1－85、GB97.2－85)、小垫圈(GB848－85)

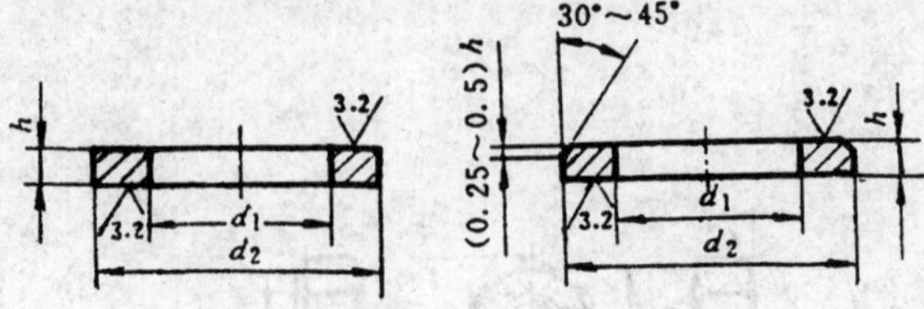

标记示例

1. 标准系列、公称尺寸 d = 8mm、性能等级为 140HV 级平垫圈：

   垫圈 GB97.1－85 8－140HV

2. 标准系列、公称尺寸 d = 8mm、性能等级为 140HV 级的倒角型平垫圈：

   垫圈 GB97.2－86 8－140HV

3. 小系列、公称尺寸 d = 8mm、性能等级为 140HV 级的平垫圈：

   垫圈 GB848－85 8－140HV

mm

公称尺寸（螺纹规格）d	GB97.1－85			GB97.2－85			GB848－85		
	d_1 公称 min	d_2 公称 max	h 公称	d_1 公称 min	d_2 公称 max	h 公称	d_1 公称 min	d_2 公称 max	h 公称
3	3.2	7	0.5				3.2	6	0.5
4	4.3	9	0.8				4.3	8	0.5
5	5.3	10	1	5.3	10	1	5.3	9	1
6	6.4	12	1.6	6.4	12	1.6	6.4	11	1.6
8	8.4	16	1.6	8.4	16	1.6	8.4	15	1.6
10	10.5	20	2	10.5	20	2	10.5	18	1.6
12	13	24	2.5	13	24	2.5	13	20	2
16	17	30	3	17	30	3	17	28	2.5
20	21	37	3	21	37	3	21	34	3
24	25	44	4	25	44	4	25	39	4
30	31	56	4	31	56	4	31	50	4
36	37	66	5	37	66	5	37	60	5

表 12　普通平键　型式尺寸(GB1096 — 79)

(1990 年确认有效)

A 型　　　　B 型　　　　C 型

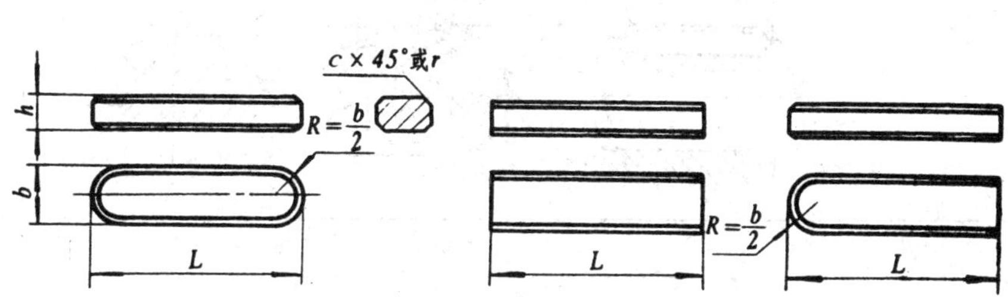

标记示例

圆头普通平键 A 型：$b = 18$mm、$h = 11$mm、$L = 100$mm：键　18 × 100　GB1096 — 79

方头普通平键 B 型：$b = 18$mm、$h = 11$mm、$L = 100$mm：键　B18 × 100　GB1096 — 79

单圆头普通平键 C 型：$b = 18$mm、$h = 11$mm、$L = 100$mm：键　C18 × 100　GB1096 — 79

mm

b	2	3	4	5	6	8	10	12	14	16	18	20	22	25
h	2	3	4	5	6	7	8	8	9	10	11	12	14	14
c 或 r	0.16 ~ 0.25			0.25 ~ 0.4			0.40 ~ 0.60					0.60 ~ 0.80		
L	6 ~ 20	6 ~ 36	8 ~ 45	10 ~ 56	14 ~ 70	18 ~ 90	22 ~ 110	28 ~ 140	36 ~ 160	45 ~ 180	50 ~ 200	56 ~ 220	63 ~ 250	70 ~ 280
L 系列	6、8、10、12、14、18、20、22、25、28、32、36、40、45、50、56、63、70、80、90、100、110、125、140、160、180、200、220、250、280													

表 13　平键　键和键槽的剖面尺寸(GB1095－79)

(1990 年确认有效)

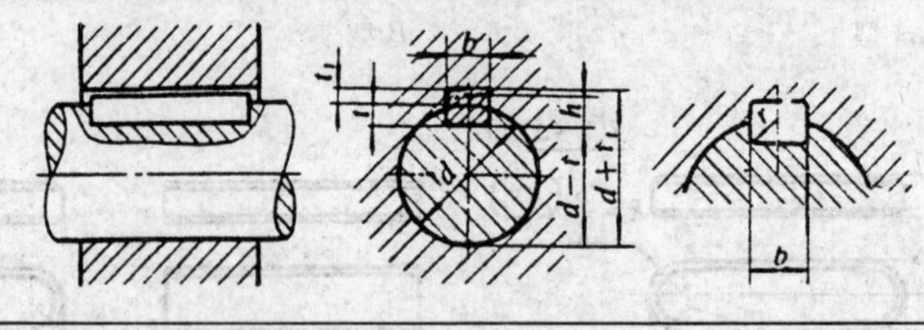

mm

轴	键	键槽											
		宽度 b						深度				半径 r	
			极限偏差					轴 t		毂 t_1			
公称直径 d	公称尺寸 b×h	公称尺寸 b	较松键联结		一般键联结		较紧键联结	公称尺寸	极限偏差	公称尺寸	极限偏差		
			轴 H9	毂 D10	轴 N9	毂 Js9	轴和毂 P6					最小	最大
自 6～8	2×2	2	+0.025	+0.060	－0.004	±0.0125	－0.006	1.2		1			
＞8～10	3×3	3	0	+0.020	－0.029		－0.031	1.8		1.4		0.08	0.16
＞10～12	4×4	4						2.5	+0.1 0	1.8	+0.1 0		
＞12～17	5×5	5	+0.030	+0.078	0	±0.015	－0.012	3.0		2.3			
＞17～22	6×6	6	0	+0.030	－0.030		－0.042	3.5		2.8		0.16	0.25
＞22～30	8×7	8	+0.036	+0.098	0	±0.018	－0.015	4.0		3.3			
＞30～38	10×8	10	0	+0.040	－0.036		－0.051	5.0		3.3			
＞38～44	12×8	12						5.0		3.3			
＞44～50	14×9	14	+0.043	+0.120	0	±0.0215	－0.018	5.5		3.8		0.25	0.40
＞50～58	16×10	16	0	+0.050	－0.043		－0.061	6.0	+0.2 0	4.3	+0.2 0		
＞58～65	18×11	18						7.0		4.4			
＞65～75	20×12	20						7.5		4.9			
＞75～85	22×14	22	+0.052	+0.149	0	±0.026	－0.022	9.0		5.4			
＞85～95	25×14	25	0	+0.065	－0.052		－0.074	9.0		5.4		0.40	0.60
＞95～110	28×16	28						10.0		6.4			

注：$(d-t)$ 和 $(d+t_1)$ 两组合尺寸的极限偏差按相应的 t 和 t_1 的极限偏差选取，但 $(d-t)$ 极限偏差值应取负号(－)。

表 14 半圆键

键和健槽的剖面尺寸(GB1098 — 79)
(1990 年确认有效)

键的型式和尺寸(GB1099 — 79)
(1990 年确认有效)

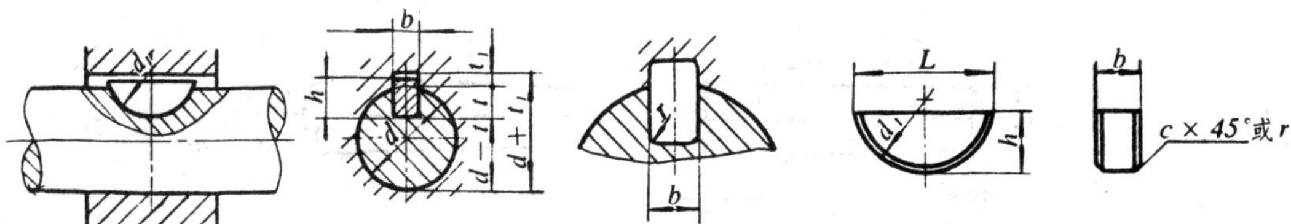

标记示例

半圆键 $b=6$mm, $h=10$mm, $d_1=25$mm：键 6 × 25 GB1099 — 79

mm

<table>
<tr><td colspan="2">轴径 d</td><td colspan="8">键的公称尺寸</td><td colspan="7">键 槽</td><td rowspan="5">半径
r</td></tr>
<tr><td rowspan="4">键传递扭矩用</td><td rowspan="4">键定位用</td><td colspan="2" rowspan="2">键宽 b</td><td colspan="2" rowspan="2">高度 h</td><td colspan="2" rowspan="2">直径 d_1</td><td rowspan="4">L
≈</td><td rowspan="4">c</td><td colspan="3">槽宽 b(同键宽 b)</td><td colspan="4" rowspan="2">深 度</td></tr>
<tr><td colspan="3">极限偏差</td></tr>
<tr><td rowspan="2">公称尺寸</td><td rowspan="2">偏差
$h9$</td><td rowspan="2">公称尺寸</td><td rowspan="2">偏差
$h11$</td><td rowspan="2">公称尺寸</td><td rowspan="2">偏差
($h12$)</td><td colspan="2">一般键联结</td><td>较紧键联结</td><td colspan="2">轴 t</td><td colspan="2">毂 t_1</td></tr>
<tr><td>轴 $N9$</td><td>毂 $Js6$</td><td>轴和毂 $P9$</td><td>公称尺寸</td><td>极限偏差</td><td>公称尺寸</td><td>极限偏差</td></tr>
<tr><td>自 3~4</td><td>自 3~4</td><td>1.0</td><td rowspan="7">0
−0.025</td><td>1.4</td><td rowspan="3">0
−0.060</td><td>4</td><td>0
−0.120</td><td>3.9</td><td rowspan="7">0.16
~
0.25</td><td rowspan="7">−0.004
−0.029</td><td rowspan="7">±0.012</td><td rowspan="7">−0.006
−0.031</td><td>1.0</td><td rowspan="5">+0.1
0</td><td>0.6</td><td rowspan="13">+0.1
0</td><td rowspan="6">0.08
~
0.16</td></tr>
<tr><td>>4~5</td><td>>4~6</td><td>1.5</td><td>2.6</td><td>7</td><td rowspan="4">0
−0.150</td><td>6.8</td><td>2.0</td><td>0.8</td></tr>
<tr><td>>5~6</td><td>>6~8</td><td>2.0</td><td>2.6</td><td>7</td><td>6.8</td><td>1.8</td><td>1.0</td></tr>
<tr><td>>6~7</td><td>>8~10</td><td>2.0</td><td>3.7</td><td rowspan="3">0
−0.075</td><td>10</td><td>9.7</td><td>2.9</td><td>1.0</td></tr>
<tr><td>>7~8</td><td>>10~12</td><td>2.5</td><td>3.7</td><td>10</td><td>9.7</td><td>2.7</td><td>1.2</td></tr>
<tr><td>>8~10</td><td>>12~15</td><td>3.0</td><td>5.0</td><td>13</td><td rowspan="3">0
−0.180</td><td>12.7</td><td>3.8</td><td rowspan="6">+0.2
0</td><td>1.4</td></tr>
<tr><td>>10~12</td><td>>15~18</td><td>3.0</td><td>6.5</td><td rowspan="8">0
−0.090</td><td>16</td><td>15.7</td><td>5.3</td><td>1.4</td><td rowspan="7">0.16
~
0.25</td></tr>
<tr><td>>12~14</td><td>>18~20</td><td>4.0</td><td rowspan="7">0
−0.030</td><td>6.5</td><td>16</td><td>15.7</td><td rowspan="7">0.25
~
0.40</td><td rowspan="7">0
−0.030</td><td rowspan="7">±0.015</td><td rowspan="7">−0.012
−0.042</td><td>5.0</td><td>1.8</td></tr>
<tr><td>>14~16</td><td>>20~22</td><td>4.0</td><td>7.5</td><td>19</td><td>0
−0.210</td><td>18.6</td><td>6.0</td><td>1.8</td></tr>
<tr><td>>16~18</td><td>>22~25</td><td>5.0</td><td>6.5</td><td>16</td><td>0
−0.180</td><td>15.7</td><td>4.5</td><td>2.3</td></tr>
<tr><td>>18~20</td><td>>25~28</td><td>5.0</td><td>7.5</td><td>19</td><td rowspan="5">0
−0.210</td><td>18.6</td><td>5.5</td><td>2.3</td></tr>
<tr><td>>20~22</td><td>>28~32</td><td>5.0</td><td>9.0</td><td>22</td><td>21.6</td><td>7.0</td><td rowspan="5">+0.3
0</td><td>2.3</td></tr>
<tr><td>>22~25</td><td>>32~36</td><td>6.0</td><td>9.0</td><td>22</td><td>21.6</td><td>6.5</td><td>2.8</td></tr>
<tr><td>>25~28</td><td>>36~40</td><td>6.0</td><td>10.0</td><td>25</td><td>24.5</td><td>7.5</td><td>2.8</td><td rowspan="3">+0.2
0</td><td rowspan="3">0.25
~
0.40</td></tr>
<tr><td>>28~32</td><td>40</td><td>8.0</td><td rowspan="2">0
−0.036</td><td>11.0</td><td rowspan="2">0
−0.110</td><td>28</td><td>27.4</td><td rowspan="2">0.40
~
0.60</td><td rowspan="2">0
−0.036</td><td rowspan="2">±0.018</td><td rowspan="2">−0.015
−0.051</td><td>8.0</td><td>3.3</td></tr>
<tr><td>>32~38</td><td>—</td><td>10.0</td><td>13.0</td><td>32</td><td>0
−0.250</td><td>31.4</td><td>10.0</td><td>3.3</td></tr>
</table>

注：$(d-t)$ 和 $(d+t_1)$ 两组合尺寸的极限偏差按相应的 t 和 t_1 的极限偏差选取。但 $(d-t)$ 极限偏差值应取负号(—)。

表 15　圆锥销(GB117－86)

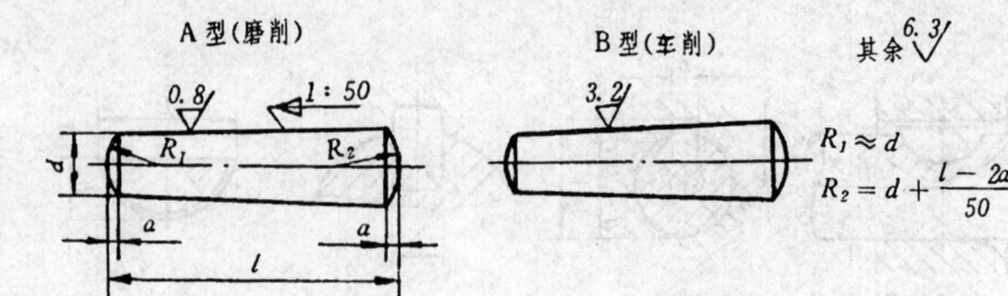

标记示例

公称直径 $d = 10$mm、长度 $l = 60$mm、材料为 35、经热处理硬度 28～38HRC 和表面氧化处理的 A 型圆锥销的标记示例：

销 GB117－86　$A10 \times 60$

mm

d	公称	0.6	0.8	1	1.2	1.5	2	2.5	3	4	5
	min	0.56	.76	0.96	1.16	1.46	1.96	2.46	2.96	3.95	4.95
	max	0.6	0.8	1	1.2	1.5	2	2.5	3	4	5
a	≈	0.08	0.1	0.12	0.16	0.2	0.25	0.3	0.4	0.5	0.63
l	公称	4～8	5～12	6～16	6～20	8～24	10～35	10～35	12～45	14～55	18～60
d	公称	6	8	10	12	16	20	25	30	40	50
	min	5.95	7.94	9.94	11.93	15.93	19.92	24.92	29.92	39.9	49.9
	max	6	8	10	12	16	20	25	30	40	50
a	≈	0.8	1	1.2	1.6	2	2.5	3	4	5	6.3
l	公称	22～90	22～120	26～160	32～180	40～200	45～200	50～200	55～200	60～200	65～200
长度 l 的系列		2、3、4、5、6、8、10、12、14、16、18、20、22、24、26、28、30、32、35、40、45、50、55、60、65、70、75、80、85、90、95、100、120、140、160、180、200。									

表 16 圆柱销(GB119 — 86)

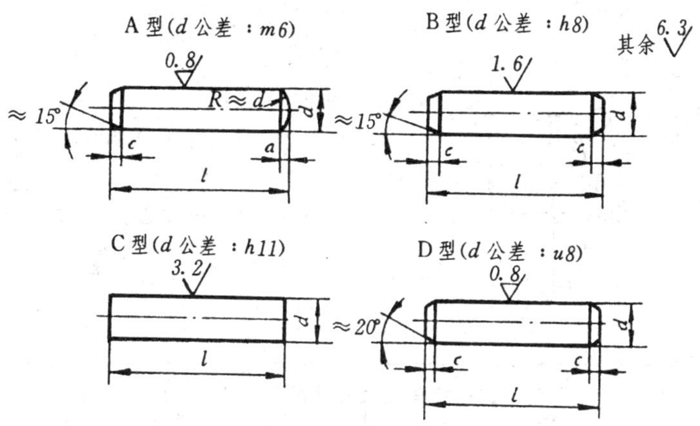

标记示例

公称直径 $d=8$mm、长度 $l=30$mm、材料为 35 钢、热处理硬度 28 ～ 38HRC、表面氧化处理的 A 型圆柱销的标记示例：

销 GB119 — 86 $A8\times30$

mm

	公 称		0.6	0.8	1	1.2	1.5	2	2.5	3	4	5
d	A 型	min	0.602	0.802	1.002	1.202	1.502	2.002	2.502	3.002	4.004	5.004
		max	0.608	0.808	1.008	1.208	1.508	2.008	2.508	3.008	4.012	5.012
	B 型	min	0.585	0.786	0.986	1.186	1.486	1.986	2.486	2.986	3.982	4.982
		max	0.6	0.8	1	1.2	1.5	2	2.5	3	4	5
	C 型	min	0.54	0.74	0.94	1.14	1.44	1.94	2.44	2.94	3.925	4.925
		max	0.6	0.8	1	1.2	1.5	2	2.5	3	4	5
	D 型	min	0.618	0.818	1.018	1.218	1.518	2.018	2.518	3.018	4.023	5.023
		max	0.632	0.832	1.032	1.232	1.532	2.032	2.532	3.032	4.041	5.041
a		≈	0.08	0.10	0.12	0.16	0.20	0.25	0.30	0.40	0.50	0.63
c		≈	0.12	0.16	0.20	0.25	0.30	0.35	0.40	0.50	0.63	0.80
l		公称	2 ～ 6	2 ～ 8	4 ～ 10	4 ～ 14	4 ～ 16	6 ～ 20	6 ～ 24	8 ～ 30	8 ～ 40	10 ～ 50
	公 称		6	8	10	12	16	20	25	30	40	50
d	A 型	min	6.004	8.006	10.006	12.007	16.007	20.008	25.008	30.008	40.009	50.009
		max	6.012	8.015	10.015	12.018	16.018	20.021	25.021	30.021	40.025	50.025
	B 型	min	5.982	7.978	9.978	11.973	15.973	19.967	24.967	29.967	39.961	49.961
		max	6	8	10	12	16	20	25	30	40	50
	C 型	min	5.925	7.91	9.91	11.89	15.89	19.87	24.87	29.87	39.84	49.84
		max	6	8	10	12	16	20	25	30	40	50
	D 型	min	6.023	8.028	10.028	12.033	16.033	20.041	25.048	30.048	40.060	50.07
		max	6.041	8.050	10.050	12.060	16.060	20.074	25.081	30.081	40.099	50.109
a		≈	0.80	1.0	1.2	1.6	2.0	2.5	3.0	4.0	5.0	6.3
c		≈	1.2	1.6	2.0	2.5	3.0	3.5	4.0	5.0	6.3	8.0
l		公称	12～60	14～80	18～95	22～140	26～180	35～200	50～200	60～200	80～200	95～200
长度 l 的系列			2、3、4、5、6、8、10、12、14、16、18、20、22、24、26、28、30、32、35、40、45、50、55、60、65、70、75、80、85、90、95、100、120、140、160、180、200。									

表 17　普通圆柱螺旋压缩弹簧(GB2089－94)

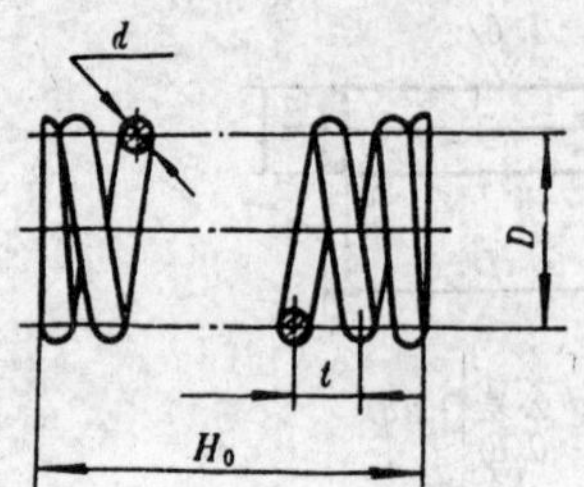

标记示例

YA 型弹簧，材料直径 1.6mm，弹簧中径 10mm，自由高度 24mm，精度为 2 级，左旋：

YA1.6 × 10 × 24 － 2 左 GB/T2089 － 94

mm

材料直径 d	弹簧中径 D	节距 ≈ t	试验负荷 P_s (N)	最大芯轴直径 D_{xmax}	最小套筒直径 D_{rmin}	自由高度 H_0	有效圈数 n 圈	弹簧刚度 P' (N/mm)	试验负荷下变形量 F_s	展开长度 L
1	8	3.12	40.9	6	10	24	6.5	2.97	13.8	214
	10	4.31	32.7	8	12	30	6.5	1.52	21.5	267
1.6	10	3.55	126	7.4	12.6	24	5.5	11.8	10.7	236
	14	5.42	90.1	10.4	17.6	40	6.5	3.63	24.8	374
2	16	5.74	144	12	20	30	4.5	8.57	16.8	327
						48	7.5	5.14	28.1	478
	20	7.85	115	15	25	55	6.5	3.04	38.0	534
						65	7.5	2.63	43.9	597
2.5	16	5.40	273	11.5	20.5	35	5.5	17.1	15.9	377
						48	7.5	12.6	21.7	478
	25	9.57	174	19.5	30.5	58	5.5	4.40	38.9	589
						90	8.5	2.90	60.1	825
3	20	6.63	363	14	26	38	4.5	22.2	16.3	408
						50	6.5	15.4	23.6	534
	30	11.2	242	24	36	70	5.5	5.39	44.9	707
						100	8.5	3.49	69.5	990
3.5	20	6.51	557	13.5	26.5	45	5.5	33.7	16.5	471
						58	7.5	24.7	22.6	597
	30	10.3	371	23.5	36.5	55	4.5	12.2	30.5	613
						95	8.5	6.46	57.5	990
4	25	8.11	665	18	32	45	4.5	36.0	18.5	511
						70	7.5	21.6	30.9	746
	35	12.1	475	27	43	65	4.5	13.1	36.3	715
						100	7.5	7.86	60.5	1045
4.5	30	9.76	789	22.5	37.5	65	5.5	27.3	28.9	707
						90	8.5	17.6	44.7	990
	40	13.9	592	41.5	48.5	70	4.5	14.1	42.1	917
						115	7.5	8.44	70.2	1138
5	30	9.74	1083	22	38	65	5.5	41.6	26.1	707
						85	7.5	30.5	35.5	895
	35	11.5	928	26	44	60	4.5	32.0	29.0	715
						95	7.5	19.2	48.4	1045
	40	13.4	812	31	49	85	5.5	17.5	16.3	942
						110	7.5	12.9	63.2	1194
	50	18.2	650	41	59	110	5.5	8.98	72.4	1178
						150	7.5	6.58	98.7	1492

表 18　深沟球轴承(GB/T276 — 94)

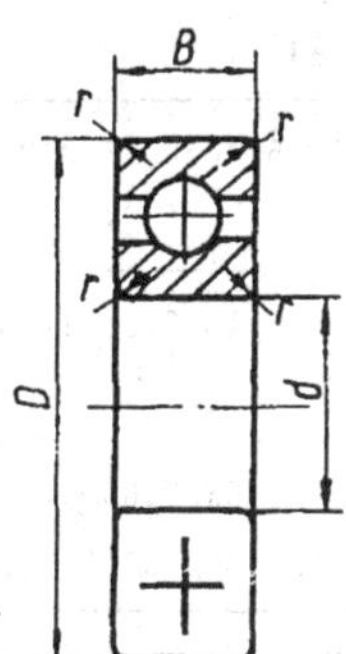

标记示例

深沟球轴承、02 系列、内径为 25mm：

滚动轴承　6205　GB/T276 — 94

mm

10 系列					02 系列					03 系列				
轴承代号	尺寸				轴承代号	尺寸				轴承代号	尺寸			
	d	D	B	r_{smin}		d	D	B	r_{smin}		d	D	B	r_{smin}
6000	10	26	8	0.3	6200	10	30	9	0.6	6300	10	35	11	0.6
6001	12	28	8	0.3	6201	12	32	10	0.6	6301	12	37	12	1
6002	15	32	9	0.3	6202	15	35	11	0.6	6302	15	42	13	1
6003	17	35	10	0.3	6203	17	40	12	0.6	6303	17	47	14	1
6004	20	42	12	0.6	6204	20	47	14	1	6304	20	52	15	1.1
6005	25	47	12	0.6	6205	25	52	15	1	6305	25	62	17	1.1
6006	30	55	13	1	6206	30	62	16	1	6306	30	72	19	1.1
6007	35	62	14	1	6207	35	72	17	1.1	6307	35	80	21	1.5
6008	40	68	15	1	6208	40	80	18	1.1	6308	40	90	23	1.5
6009	45	75	16	1	6209	45	85	19	1.1	6309	45	100	25	1.5
6010	50	80	16	1	6210	50	90	20	1.1	6310	50	110	27	2
6011	55	90	18	1.1	6211	55	100	21	1.5	04 系列				
6012	60	95	18	1.1	6212	60	110	22	1.5	6403	17	62	17	1.1
6013	65	100	18	1.1	6213	65	120	23	1.5	6404	20	72	19	1.1
6014	70	110	20	1.1	6214	70	125	24	1.5	6405	25	80	21	1.5
6015	75	115	20	1.1	6215	75	130	25	1.5	6406	30	90	23	1.5
6016	80	125	22	1.1	6216	80	140	26	2	6407	35	100	25	1.5
6017	85	130	22	1.1	6217	85	150	28	2	6408	40	110	27	2
6018	90	140	24	1.5	6218	90	160	30	2	6409	45	120	29	2
6019	95	145	24	1.5	6219	95	170	32	2.1	6410	50	130	31	2.1
6020	100	150	24	1.5	6220	100	180	34	2.1	6411	55	140	33	2.1

注：10 系列在代号中“1”省略，02、03、04 系列在代号中“0”省略。

四、常用的机械加工一般规范和零件结构要素

表 19　标准尺寸(GB2822 — 81)　　mm

$R10$	1.00,1.25,1.60,2.00,2.50,3.15,4.00,5.00,6.30,8.00,10.0,12.5,16.0,20.0,25.0,31.5,40.0,50.0,63.0,80.0,100,125,160,200,250,315,400,500,630,800,1000
$R20$	1.12,1.40,1.80,2.24,2.80,3.55,4.50,5.60,7.10,9.00,11.2,14.0,18.0,22.4,28.0,35.5,45.0,56.0,71.0,90.0,112,140,180,224,280,355,450,560,710,900
$R40$	13.2,15.0,17.0,19.0,21.2,23.6,26.5,30.0,33.5,37.5,42.5,47.5,53.0,60.0,67.0,75.0,85.0,95.0,106,118,132,150,170,190,212,236,265,300,335,375,425,475,530,600,670,750,850,950

注:1. 本表仅摘录 1 ～ 1000mm 范围内优先数系 R 系列中的标准尺寸。

2. 使用时按优先顺序($R10$、$R20$、$R40$)选取标准尺寸。

表 20　零件倒圆与倒角(GB6403.4 — 86)　　mm

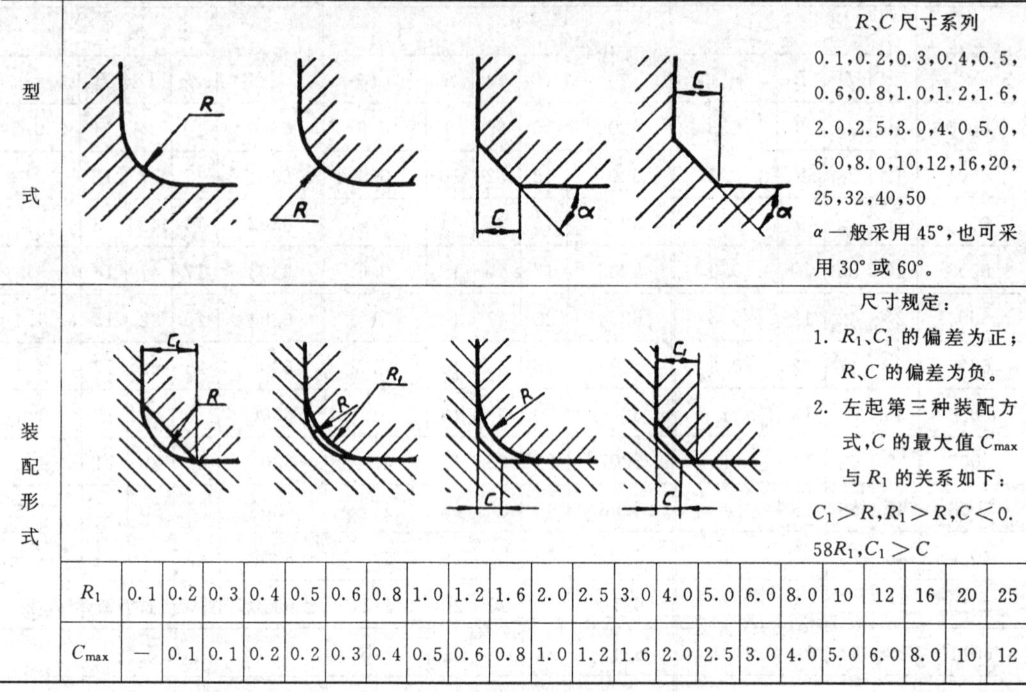

型式 — R、C 尺寸系列

0.1,0.2,0.3,0.4,0.5,0.6,0.8,1.0,1.2,1.6,2.0,2.5,3.0,4.0,5.0,6.0,8.0,10,12,16,20,25,32,40,50

α 一般采用 45°,也可采用 30° 或 60°。

装配形式 — 尺寸规定:

1. R_1、C_1 的偏差为正;R、C 的偏差为负。
2. 左起第三种装配方式,C 的最大值 C_{max} 与 R_1 的关系如下:

$C_1 > R, R_1 > R, C < 0.58R_1, C_1 > C$

R_1	0.1	0.2	0.3	0.4	0.5	0.6	0.8	1.0	1.2	1.6	2.0	2.5	3.0	4.0	5.0	6.0	8.0	10	12	16	20	25
C_{max}	—	0.1	0.1	0.2	0.2	0.3	0.4	0.5	0.6	0.8	1.0	1.2	1.6	2.0	2.5	3.0	4.0	5.0	6.0	8.0	10	12

表 21　砂轮越程槽(GB6403.5 — 86)　　mm

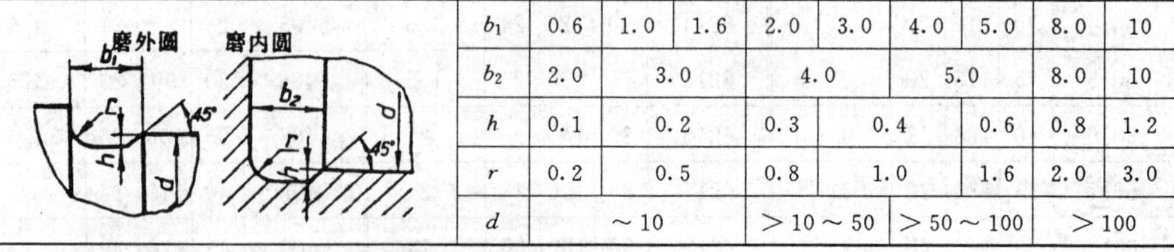

b_1	0.6	1.0	1.6	2.0	3.0	4.0	5.0	8.0	10
b_2	2.0	3.0		4.0		5.0		8.0	10
h	0.1	0.2		0.3	0.4		0.6	0.8	1.2
r	0.2	0.5		0.8	1.0		1.6	2.0	3.0
d	～10			>10 ～ 50		>50 ～ 100		>100	

注:1. 越程槽内二直线相交处,不允许产生尖角。

2. 越程槽深 度 h 与圆弧半径 r,要满足 $r \leqslant 3h$。

3. 磨削具有数个直径的工件时,可使用同一规格的越程槽。

4. 直径 d 值大的零件,允许选择小规格的砂轮越程槽。

5. 砂轮越程槽的尺寸公差和表面粗糙度根据该零件的结构、性能确定。

表 22　普通螺纹的收尾、肩距、退刀槽、倒角(GB3 — 79)

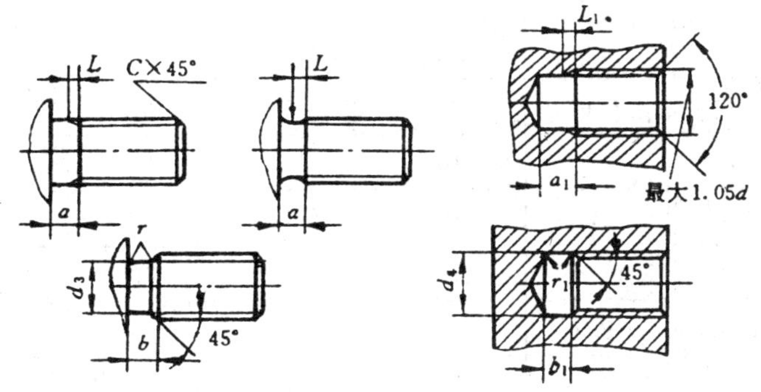

mm

螺距 P	粗牙螺纹大径 d	外螺纹 螺尾 L (不大于) 一般	外螺纹 肩距 a (不大于) 一般	外螺纹 退刀槽 b 一般	外螺纹 退刀槽 r ≈	外螺纹 退刀槽 d_3	倒角 C	内螺纹 螺尾 L_1 (不大于) 一般	内螺纹 肩距 a_1 (不小于) 一般	内螺纹 退刀槽 b_1 一般	内螺纹 退刀槽 r_1 ≈	内螺纹 退刀槽 d_4
0.5	3	$2.5P$	$3P$	$3P$	$0.5P$	2.2	0.5	$2P$	3	2	$0.5P$	3.3
0.6	3.5					2.5			3.2			3.8
0.7	4					2.9	0.6		3.5	3		4.3
0.75	4.5					3.3			3.8			4.8
0.8	5					3.7	0.8		4			5.3
1	6,7					$d-1.6$	1		5	4		$d+0.5$
1.25	8					6	1.2		6	5		
1.5	10					7.7	1.5		7	6		
1.75	12					9.4	2		9	7		
2	14,16					$d-3$			10	8		
2.5	18,20,22					$d-3.6$	2.5		12	10		
3	24,27					$d-4.4$			14	12		
3.5	30,33					$d-5$	3		16	14		
4	36,39					$d-5.7$			18	16		
4.5	42,45					$d-6.4$	4		21	18		
5	48,52					$d-7$			23	20		
5.5	56,60					$d-7.7$	5		25	22		
6	64,68					$d-8.3$			28	24		

注:1. 外螺纹倒角和退刀槽过渡角可按 60° 或 30° 制做。当螺纹按 60° 或 30° 倒角时,倒角深度约等于螺纹牙高。

2. 内螺纹倒角一般是 120° 锥角,也可以是 90° 锥角。

表 23　螺栓和螺钉的通孔(GB5277－85)

mm

螺纹规格 d	通孔 d_h 精装配	通孔 d_h 中等装配	通孔 d_h 粗装配	螺纹规格 d	通孔 d_h 精装配	通孔 d_h 中等装配	通孔 d_h 粗装配
$M5$	5.3	5.5	5.8	$M27$	28	30	32
$M6$	6.4	6.6	7	$M30$	31	33	35
$M8$	8.4	9	10	$M33$	34	36	38
$M10$	10.5	11	12	$M36$	37	39	42
$M12$	13	13.5	14.5	$M39$	40	42	45
$M14$	15	15.5	16.5	$M42$	43	45	48
$M16$	17	17.5	18.5	$M45$	46	48	52
$M18$	19	20	21	$M48$	50	52	56
$M20$	21	22	24	$M52$	54	56	62
$M22$	23	24	26	$M56$	58	62	66
$M24$	25	26	28	$M60$	62	66	70

表 24　紧固件用沉孔(GB152.1～4－88)

1. 铆钉用通孔直径(GB152.1－88)

mm

铆钉公称直径 d		2	2.5	3	4	5	6	8	10	12	16	20	24	30	36
通孔直径 d_h	精装配	2.1	2.6	3.1	4.1	5.2	6.2	8.2	10.3	12.4	16.5				
	粗装配								11	13	17	21.5	25.5	32	38

2. 沉头用沉孔(GB152.2－88)

mm

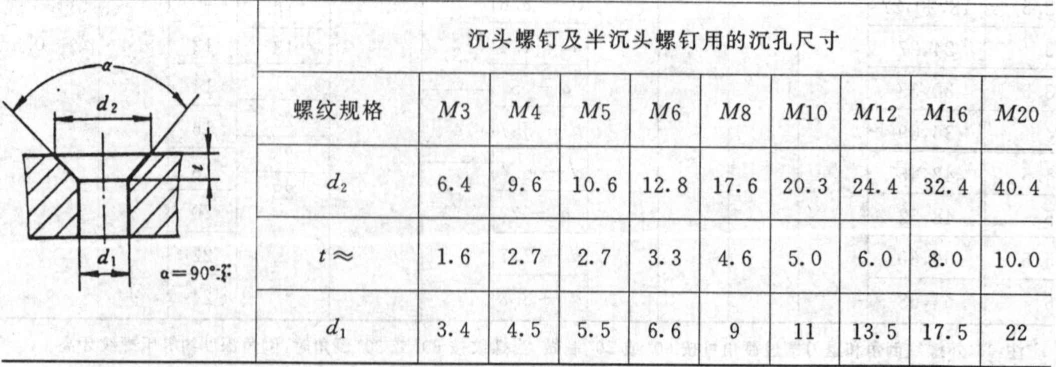

沉头螺钉及半沉头螺钉用的沉孔尺寸

螺纹规格	$M3$	$M4$	$M5$	$M6$	$M8$	$M10$	$M12$	$M16$	$M20$
d_2	6.4	9.6	10.6	12.8	17.6	20.3	24.4	32.4	40.4
$t\approx$	1.6	2.7	2.7	3.3	4.6	5.0	6.0	8.0	10.0
d_1	3.4	4.5	5.5	6.6	9	11	13.5	17.5	22

续　表

3. 圆柱头用沉孔(GB152.3 — 88)

内六角圆柱头螺钉(GB70 — 85)用的圆柱头沉孔尺寸

mm

螺纹规格	$M3$	$M4$	$M5$	$M6$	$M8$	$M10$	$M12$	$M16$	$M20$	$M24$	$M30$	$M36$
d_2	6.0	8.0	10.0	11.0	15.0	18.0	20.0	26.0	33.0	40.0	48.0	57.0
t	3.4	4.6	5.7	6.8	9.0	11.0	13.0	17.5	21.5	25.5	32.0	38.0
d_3							16	20	24	28	36	42
d_1	3.4	4.5	5.5	6.6	9.0	11.0	13.5	17.5	22.0	26.0	33.0	39.0

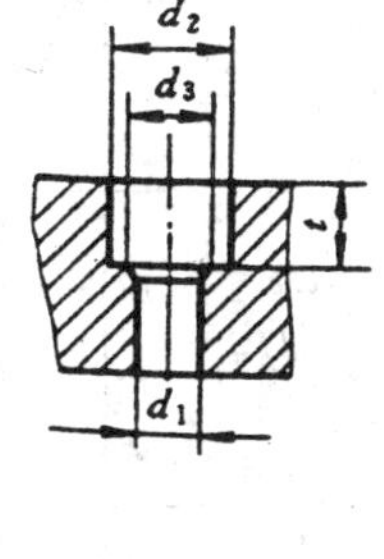

开槽圆柱头螺钉(GB65 — 85)及内六角花形圆柱头螺钉(GB2671 — 86)用的圆柱头沉孔尺寸

螺纹规格	$M4$	$M5$	$M6$	$M8$	$M10$	$M12$	$M16$	$M20$
d_2	8	10	11	15	18	20	26	33
t	3.2	4.0	4.7	6.0	7.0	8.0	10.5	12.5
d_3						16	20	24
d_1	4.5	5.5	6.6	9.0	11.0	13.5	17.5	22.0

4. 六角头螺栓和六角螺母用沉孔(GB152.4 — 88)

mm

螺纹规格	$M3$	$M4$	$M5$	$M6$	$M8$	$M10$	$M12$	$M16$	$M20$	$M24$	$M30$	$M36$
d_2	9	10	11	13	18	22	26	33	40	48	61	71
d_3							16	20	24	28	36	42
d_1	3.4	4.5	5.5	6.6	9.0	11.0	13.5	17.5	22.0	26	33	39

注：尺寸 t 只要能制出与通孔轴线垂直的圆平面即可。

五、基本偏差和极限偏差数值

表 25　轴的基本

基本尺寸 mm														基	本		
		上偏差 es															
		所有标准公差等级												$IT5$ 和 $IT6$	$IT7$	$IT8$	$IT4$ 至 $IT7$
大于	至	a	b	c	cd	d	e	ef	f	fg	g	h	js	j			
—	3	−270	−140	−60	−34	−20	−14	−10	−6	−4	−2	0		−2	−4	−6	0
3	6	−270	−140	−70	−46	−30	−20	−14	−10	−6	−4	0		−2	−4		+1
6	10	−280	−150	−80	−56	−40	−25	−18	−13	−8	−5	0		−2	−5		+1
10	14	−290	−150	−95		−50	−32		−16		−6	0		−3	−6		+1
14	18																
18	24	−300	−160	−110		−65	−40		−20		−7	0		−4	−8		+2
24	30																
30	40	−310	−170	−120		−80	−50		−25		−9	0		−5	−10		+2
40	50	−320	−180	−130													
50	65	−340	−190	−140		−100	−60		−30		−10	0		−7	−12		+2
65	80	−360	−200	−150													
80	100	−380	−220	−170		−120	−72		−36		−12	0		−9	−15		+3
100	120	−410	−240	−180													
120	140	−460	−260	−200		−145	−85		−43		−14	0		−11	−18		+3
140	160	−520	−280	−210													
160	180	−580	−310	−230													
180	200	−660	−340	−240		−170	−100		−50		−15	0	偏差 $=\pm\frac{IT_n}{2}$，式中 IT_n 是 IT 值	−13	−21		+4
200	225	−740	−380	−260													
225	250	−820	−420	−280													
250	280	−920	−480	−300		−190	−110		−56		−17	0		−16	−26		+4
280	315	−1050	−540	−330													
315	355	−1200	−600	−360		−210	−125		−62		−18	0		−18	−28		+4
355	400	−1350	−680	−400													
400	450	−1500	−760	−440		−230	−135		−68		−20	0		−20	−32		+5
450	500	−1650	−840	−480													
500	560					−260	−145		−76		−22	0					0
560	630																
630	710					−290	−160		−80		−24	0					0
710	800																
800	900					−320	−170		−86		−26	0					0
900	1000																
1000	1120					−350	−195		−98		−28	0					0
1120	1250																
1250	1400					−390	−220		−110		−30	0					0
1400	1600																
1600	1800					−430	−240		−120		−32	0					0
1800	2000																
2000	2240					−480	−260		−130		−34	0					0
2240	2500																
2500	2800					−520	−290		−145		−38	0					0
2800	3150																

注：① 基本尺寸小于或等于 1mm 时，基本偏差 a 和 b 均不采用。② 公差带 $js7$ 至 $js11$。若 IT_n 值是奇数，则取偏差 $=\pm\frac{IT_n-1}{2}$。

偏差数值(GB/T 1800.3-1998)　　μm

偏差数值														
	下偏差 ei													
≤*IT*3 >*IT*7	所有标准公差等级													
k	*m*	*n*	*p*	*r*	*s*	*t*	*u*	*v*	*x*	*y*	*z*	*za*	*zb*	*zc*
0	+2	+4	+6	+10	+14		+18		+20		+26	+32	+40	+60
0	+4	+8	+12	+15	+19		+23		+28		+35	+42	+50	+80
0	+6	+10	+15	+19	+23		+28		+34		+42	+52	+67	+97
0	+7	+12	+18	+23	+28		+33		+40		+50	+64	+90	+130
								+39	+45		+60	+77	+108	+150
0	+8	+15	+22	+28	+35		+41	+47	+54	+63	+73	+98	+136	+188
						+41	+48	+55	+64	+75	+88	+118	+160	+218
0	+9	+17	+26	+34	+43	+48	+60	+68	+80	+94	+112	+148	+200	+274
						+54	+70	+81	+97	+114	+136	+180	+242	+325
0	+11	+20	+32	+41	+53	+66	+87	+102	+122	+144	+172	+226	+300	+405
				+43	+59	+75	+102	+120	+146	+174	+210	+274	+360	+480
0	+13	+23	+37	+51	+71	+91	+124	+146	+178	+214	+258	+335	+445	+585
				+54	+79	+104	+144	+172	+210	+254	+310	+400	+525	+690
0	+15	+27	+43	+63	+92	+122	+170	+202	+248	+300	+365	+470	+620	+800
				+65	+100	+134	+190	+228	+280	+340	+415	+535	+700	+900
				+68	+108	+146	+210	+252	+310	+380	+465	+600	+780	+1000
0	+17	+31	+50	+77	+122	+166	+236	+284	+350	+425	+520	+670	+880	+1150
				+80	+130	+180	+258	+310	+385	+470	+575	+740	+960	+1250
				+84	+140	+196	+284	+340	+425	+520	+640	+820	+1050	+1350
0	+20	+34	+56	+94	+158	+218	+315	+385	+475	+580	+710	+920	+1200	+1550
				+98	+170	+240	+350	+425	+525	+650	+790	+1000	+1300	+1700
0	+21	+37	+62	+108	+190	+268	+390	+475	+590	+730	+900	+1150	+1500	+1900
				+114	+208	+294	+435	+530	+660	+820	+1000	+1300	+1650	+2100
0	+23	+40	+68	+126	+232	+330	+490	+595	+740	+920	+1100	+1450	+1850	+2400
				+132	+252	+360	+540	+660	+820	+1000	+1250	+1600	+2100	+2600
0	+26	+44	+78	+150	+280	+400	+600							
				+155	+310	+450	+660							
0	+30	+50	+88	+175	+340	+500	+740							
				+185	+380	+560	+840							
0	+34	+56	+100	+210	+430	+620	+940							
				+220	+470	+680	+1050							
0	+40	+66	+120	+250	+520	+780	+1150							
				+260	+580	+840	+1300							
0	+48	+78	+140	+300	+640	+960	+1450							
				+330	+720	+1050	+1600							
0	+58	+92	+170	+370	+820	+1200	+1850							
				+400	+920	+1350	+2000							
0	+68	+110	+195	+440	+1000	+1500	+2300							
				+460	+1100	+1650	+2500							
0	+76	+135	+240	+550	+1250	+1900	+2900							
				+580	+1400	+2100	+3200							

表 26　孔的基本

基本尺寸 mm		基本偏																				
		下偏差EI																				
		所有标准公差等级												IT6	IT7	IT8	≤IT8	>IT8	≤IT8	>IT8	≤IT8	>IT8
大于	至	A	B	C	CD	D	E	EF	F	FG	G	H	JS	J			K		M		N	
—	3	+270	+140	+60	+34	+20	+14	+10	+6	+4	+2	0		+2	+4	+6	0	0	−2	−2	−4	−4
3	6	+270	+140	+70	+46	+30	+20	+14	+10	+6	+4	0		+5	+6	+10	−1 +Δ		−4 +Δ	−4	−8 +Δ	0
6	10	+280	+150	+80	+56	+40	+25	+18	+13	+8	+5	0		+5	+8	+12	−1 +Δ		−6 +Δ	−6	−10+Δ	0
10	14	+290	+150	+95		+50	+32		+16		+6	0		+6	+10	+15	−1 +Δ		−7 +Δ	−7	−12+Δ	0
14	18																					
18	24	+300	+160	+110		+65	+40		+20		+7	0		+8	+12	+20	−2 +Δ		−8 +Δ	−8	−15+Δ	0
24	30																					
30	40	+310	+170	+120		+80	+50		+25		+9	0		+10	+14	+24	−2 +Δ		−9 +Δ	−9	−17+Δ	0
40	50	+320	+180	+130																		
50	65	+340	+190	+140		+100	+60		+30		+10	0		+13	+18	+28	−2 +Δ		−11+Δ	−11	−20+Δ	0
65	80	+360	+200	+150																		
80	100	+380	+220	+170		+120	+72		+36		+12	0		+16	+22	+34	−3 +Δ		−13+Δ	−13	−23+Δ	0
100	120	+410	+240	+180																		
120	140	+460	+260	+200		+145	+85		+43		+14	0		+18	+26	+41	−3 +Δ		−15+Δ	−15	−27+Δ	0
140	160	+520	+280	+210																		
160	180	+580	+310	+230																		
180	200	+660	+340	+240		+170	+100		+50		+15	0	偏差 $=\pm\frac{IT_n}{2}$ 式中 IT_n 是 IT 值数	+22	+30	+47	−4 +Δ		−17+Δ	−17	−31+Δ	0
200	225	+740	+380	+260																		
225	250	+820	+420	+280																		
250	280	+920	+480	+300		+190	+110		+56		+17	0		+25	+36	+55	−4 +Δ		−20+Δ	−20	−34+Δ	0
280	315	+1050	+540	+330																		
315	355	+1200	+600	+360		+210	+125		+62		+18	0		+29	+39	+60	−4 +Δ		−21+Δ	−21	−37+Δ	0
355	400	+1350	+680	+400																		
400	450	+1500	+760	+440		+230	+135		+68		+20	0		+33	+43	+66	−5 +Δ		−23+Δ	−23	−40+Δ	0
450	500	+1650	+840	+480																		
500	560					+260	+145		+76		+22	0					0		−26		−44	
560	630																					
630	710					+290	+160		+80		+24	0					0		−30		−50	
710	800																					
800	900					+320	+170		+86		+26	0					0		−34		−56	
900	1000																					
1000	1120					+350	+195		+98		+28	0					0		−40		−65	
1120	1250																					
1250	1400					+390	+220		+110		+30	0					0		−48		−78	
1400	1600																					
1600	1800					+430	+240		+120		+32	0					0		−58		−92	
1800	2000																					
2000	2240					+480	+260		+130		+34	0					0		−68		−110	
2240	2500																					
2500	2800					+520	+290		+145		+38	0					0		−76		−135	
2800	3150																					

注：1. 基本尺寸小于或等于 1mm 时，基本偏差 A 和 B 及大于 $IT8$ 的 N 均不采用。

2. 公差带 $JS7$ 至 $JS11$，若 IT_n 值数是奇数，则取偏差 $=\pm\frac{IT_n-1}{2}$。

3. 对小于或等于 $IT8$ 的 K、M、N 和小于或等于 $IT7$ 的 P 至 ZC，所需 Δ 值从表内右侧选取。例如：18 至 30nm 段的 $K7$：$\Delta=8\mu m$，所以 $ES=-2+8=+6\mu m$；18 至 30nm 段的 $S6$：$\Delta=4\mu m$，所以 $ES=-35+4=-31\mu m$。

4. 特殊情况：250mm 至 315mm 段的 $M6$，$ES=-9\mu m$（代替 $-11\mu m$）。

基本偏差数值(GB/T 1800.3 —1998)

μm

差　数　值																		
上偏差 ES													Δ值					
≤*IT*7	标准公差等级大于 *IT*7												标准公差等级					
P 至 *ZC*	*P*	*R*	*S*	*T*	*U*	*V*	*X*	*Y*	*Z*	*ZA*	*ZB*	*ZC*	*IT*3	*IT*4	*IT*5	*IT*6	*IT*7	*IT*8
在大于 *IT*7 的相应数值上增加一个Δ值	−6	−10	−14		−18		−20		−26	−32	−40	−60	0	0	0	0	0	0
	−12	−15	−19		−23		−28		−35	−42	−50	−80	1	1.5	1	3	4	6
	−15	−19	−23		−28		−34		−42	−52	−67	−97	1	1.5	2	3	6	7
	−18	−23	−28		−33		−40		−50	−64	−90	−130	1	2	3	3	7	9
						−39	−45		−60	−77	−108	−150						
	−22	−28	−35		−41	−47	−54	−63	−73	−98	−136	−188	1.5	2	3	4	8	12
				−41	−48	−55	−64	−75	−88	−118	−160	−218						
	−26	−34	−43	−48	−60	−68	−80	−94	−112	−148	−200	−274	1.5	3	4	5	9	14
				−54	−70	−81	−97	−114	−136	−180	−242	−325						
	−32	−41	−53	−66	−87	−102	−122	−144	−172	−226	−300	−405	2	3	5	6	11	16
		−43	−59	−75	−102	−120	−146	−174	−210	−274	−360	−480						
	−37	−51	−71	−91	−124	−146	−178	−214	−258	−335	−445	−585	2	4	5	7	13	19
		−54	−79	−104	−144	−172	−210	−254	−310	−400	−525	−690						
	−43	−63	−92	−122	−170	−202	−248	−300	−365	−470	−620	−800	3	4	6	7	15	23
		−65	−100	−134	−190	−228	−280	−340	−415	−535	−700	−900						
		−68	−108	−146	−210	−252	−310	−380	−465	−600	−780	−1000						
	−50	−77	−122	−166	−236	−284	−350	−425	−520	−670	−880	−1150	3	4	6	9	17	26
		−80	−130	−180	−258	−310	−385	−470	−575	−740	−960	−1250						
		−84	−140	−196	−284	−340	−425	−520	−640	−820	−1050	−1350						
	−56	−94	−158	−218	−315	−385	−475	−580	−710	−920	−1200	−1550	4	4	7	9	20	29
		−98	−170	−240	−350	−425	−525	−650	−790	−1000	−1300	−1700						
	−62	−108	−190	−268	−390	−475	−590	−730	−900	−1150	−1500	−1900	4	5	7	11	21	32
		−114	−208	−294	−435	−530	−660	−820	−1000	−1300	−1650	−2100						
	−68	−126	−232	−330	−490	−595	−740	−920	−1100	−1450	−1850	−2400	5	5	7	13	23	34
		−132	−252	−360	−540	−660	−820	−1000	−1250	−1600	−2100	−2600						
	−78	−150	−280	−400	−600													
		−155	−310	−450	−660													
	−88	−175	−340	−500	−740													
		−185	−380	−560	−840													
	−100	−210	−430	−620	−940													
		−220	−470	−680	−1050													
	−120	−250	−520	−780	−1150													
		−260	−580	−840	−1300													
	−140	−300	−640	−960	−1450													
		−330	−720	−1050	−1600													
	−170	−370	−820	−1200	−1850													
		−400	−920	−1350	−2000													
	−195	−440	−1000	−1500	−2300													
		−460	−1100	−1650	−2500													
	−240	−550	−1250	−1900	−2900													
		−580	−1400	−2100	−3200													

表 27　常用及优先用途轴的极限偏差

<table>
<tr><th rowspan="3">基本尺寸
mm</th><th colspan="12">公差带(带圈者为优先公差带),μm</th></tr>
<tr><th>a</th><th colspan="2">b</th><th colspan="3">c</th><th colspan="4">d</th><th colspan="2">e</th></tr>
<tr><th>11</th><th>11</th><th>12</th><th>9</th><th>10</th><th>⑪</th><th>8</th><th>⑨</th><th>10</th><th>11</th><th>7</th><th>8</th></tr>
<tr><td>>6～10</td><td>−280
−338</td><td>−150
−240</td><td>−150
−300</td><td>−80
−116</td><td>−80
−138</td><td>−80
−170</td><td>−40
−62</td><td>−40
−76</td><td>−40
−98</td><td>−40
−130</td><td>−25
−40</td><td>−25
−47</td></tr>
<tr><td>>10～18</td><td>−290
−400</td><td>−150
−260</td><td>−150
−330</td><td>−95
−138</td><td>−95
−165</td><td>−95
−205</td><td>−50
−77</td><td>−50
−93</td><td>−50
−120</td><td>−50
−160</td><td>−32
−50</td><td>−32
−59</td></tr>
<tr><td>>18～30</td><td>−300
−430</td><td>−160
−290</td><td>−160
−370</td><td>−110
−162</td><td>−110
−194</td><td>−110
−240</td><td>−65
−98</td><td>−65
−117</td><td>−65
−149</td><td>−65
−195</td><td>−40
−61</td><td>−40
−73</td></tr>
<tr><td>>30～40</td><td>−310
−470</td><td>−170
−330</td><td>−170
−420</td><td>−120
−182</td><td>−120
−220</td><td>−120
−280</td><td rowspan="2">−80
−119</td><td rowspan="2">−80
−142</td><td rowspan="2">−80
−180</td><td rowspan="2">−80
−240</td><td rowspan="2">−50
−75</td><td rowspan="2">−50
−89</td></tr>
<tr><td>>40～50</td><td>−320
−480</td><td>−180
−340</td><td>−180
−430</td><td>−130
−192</td><td>−130
−230</td><td>−130
−290</td></tr>
<tr><td>>50～65</td><td>−340
−530</td><td>−190
−380</td><td>−190
−490</td><td>−140
−214</td><td>−140
−260</td><td>−140
−330</td><td rowspan="2">−100
−146</td><td rowspan="2">−100
−174</td><td rowspan="2">−100
−220</td><td rowspan="2">−100
−290</td><td rowspan="2">−60
−90</td><td rowspan="2">−60
−106</td></tr>
<tr><td>>65～80</td><td>−360
−550</td><td>−200
−390</td><td>−200
−500</td><td>−150
−224</td><td>−150
−270</td><td>−150
−340</td></tr>
<tr><td>>80～100</td><td>−380
−600</td><td>−220
−440</td><td>−220
−570</td><td>−170
−257</td><td>−170
−310</td><td>−170
−390</td><td rowspan="2">−120
−174</td><td rowspan="2">−120
−207</td><td rowspan="2">−120
−260</td><td rowspan="2">−120
−340</td><td rowspan="2">−72
−107</td><td rowspan="2">−72
−126</td></tr>
<tr><td>>100～120</td><td>−410
−630</td><td>−240
−460</td><td>−240
−590</td><td>−180
−267</td><td>−180
−320</td><td>−180
−400</td></tr>
</table>

<table>
<tr><th rowspan="3">基本尺寸
mm</th><th colspan="12">公差带(带圈者为优先公差带),μm</th></tr>
<tr><th>e</th><th colspan="5">f</th><th colspan="3">g</th><th colspan="3">h</th></tr>
<tr><th>9</th><th>5</th><th>6</th><th>⑦</th><th>8</th><th>9</th><th>5</th><th>⑥</th><th>7</th><th>5</th><th>⑥</th><th>⑦</th></tr>
<tr><td>>6～10</td><td>−25
−61</td><td>−13
−19</td><td>−13
−22</td><td>−13
−28</td><td>−13
−35</td><td>−13
−49</td><td>−5
−11</td><td>−5
−14</td><td>−5
−20</td><td>0
−6</td><td>0
−9</td><td>0
−15</td></tr>
<tr><td>>10～18</td><td>−32
−75</td><td>−16
−24</td><td>−16
−27</td><td>−16
−34</td><td>−16
−43</td><td>−16
−59</td><td>−6
−14</td><td>−6
−17</td><td>−6
−24</td><td>0
−8</td><td>0
−11</td><td>0
−18</td></tr>
<tr><td>>18～30</td><td>−40
−92</td><td>−20
−29</td><td>−20
−33</td><td>−20
−41</td><td>−20
−53</td><td>−20
−72</td><td>−7
−16</td><td>−7
−20</td><td>−7
−28</td><td>0
−9</td><td>0
−13</td><td>0
−21</td></tr>
<tr><td>>30～50</td><td>−50
−112</td><td>−25
−36</td><td>−25
−41</td><td>−25
−50</td><td>−25
−64</td><td>−25
−87</td><td>−9
−20</td><td>−9
−25</td><td>−9
−34</td><td>0
−11</td><td>0
−16</td><td>0
−25</td></tr>
<tr><td>>50～80</td><td>−60
−134</td><td>−30
−43</td><td>−30
−49</td><td>−30
−60</td><td>−30
−76</td><td>−30
−104</td><td>−10
−23</td><td>−10
−29</td><td>−10
−40</td><td>0
−13</td><td>0
−19</td><td>0
−30</td></tr>
<tr><td>>80～120</td><td>−72
−159</td><td>−36
−51</td><td>−36
−58</td><td>−36
−71</td><td>−36
−90</td><td>−36
−123</td><td>−12
−27</td><td>−12
−34</td><td>−12
−47</td><td>0
−15</td><td>0
−22</td><td>0
−35</td></tr>
</table>

续　表

<table>
<tr><td rowspan="3">基本尺寸
mm</td><td colspan="12">公差带(带圈者为优先公差带),μm</td></tr>
<tr><td colspan="5">h</td><td colspan="3">js</td><td colspan="3">k</td><td>m</td></tr>
<tr><td>8</td><td>⑨</td><td>10</td><td>⑪</td><td>12</td><td>5</td><td>6</td><td>7</td><td>5</td><td>⑥</td><td>7</td><td>5</td></tr>
<tr><td>>6～10</td><td>0
−22</td><td>0
−36</td><td>0
−58</td><td>0
−90</td><td>0
−150</td><td>±3</td><td>±4.5</td><td>±7</td><td>+7
+1</td><td>+10
+1</td><td>+16
+1</td><td>+12
+6</td></tr>
<tr><td>>10～18</td><td>0
−27</td><td>0
−43</td><td>0
−70</td><td>0
−110</td><td>0
−180</td><td>±4</td><td>±5.5</td><td>±9</td><td>+9
+1</td><td>+12
+1</td><td>+19
+1</td><td>+15
+7</td></tr>
<tr><td>>18～30</td><td>0
−33</td><td>0
−52</td><td>0
−84</td><td>0
−130</td><td>0
−210</td><td>±4.5</td><td>±6.5</td><td>±10</td><td>+11
+2</td><td>+15
+2</td><td>+23
+2</td><td>+17
+8</td></tr>
<tr><td>>30～50</td><td>0
−39</td><td>0
−62</td><td>0
−100</td><td>0
−160</td><td>0
−250</td><td>±5.5</td><td>±8</td><td>±12</td><td>+13
+2</td><td>+18
+2</td><td>+27
+2</td><td>+20
+9</td></tr>
<tr><td>>50～80</td><td>0
−46</td><td>0
−74</td><td>0
−120</td><td>0
−190</td><td>0
−300</td><td>±6.5</td><td>±9.5</td><td>±15</td><td>+15
+2</td><td>+21
+2</td><td>+32
+2</td><td>+24
+11</td></tr>
<tr><td>>80～120</td><td>0
−54</td><td>0
−87</td><td>0
−140</td><td>0
−220</td><td>0
−350</td><td>±7.5</td><td>±11</td><td>±17</td><td>+18
+3</td><td>+25
+3</td><td>+38
+3</td><td>+28
+13</td></tr>
</table>

<table>
<tr><td rowspan="3">基本尺寸
mm</td><td colspan="12">公差带(带圈者为优先公差带),μm</td></tr>
<tr><td colspan="2">m</td><td colspan="3">n</td><td colspan="3">p</td><td colspan="3">r</td><td>s</td></tr>
<tr><td>6</td><td>7</td><td>5</td><td>⑥</td><td>7</td><td>5</td><td>⑥</td><td>7</td><td>5</td><td>6</td><td>7</td><td>5</td></tr>
<tr><td>>6～10</td><td>+15
+6</td><td>+21
+6</td><td>+16
+10</td><td>+19
+10</td><td>+25
+10</td><td>+21
+15</td><td>+24
+15</td><td>+30
+15</td><td>+25
+19</td><td>+28
+19</td><td>+34
+19</td><td>+29
+23</td></tr>
<tr><td>>10～18</td><td>+18
+7</td><td>+25
+7</td><td>+20
+12</td><td>+23
+12</td><td>+30
+12</td><td>+26
+18</td><td>+29
+18</td><td>+36
+18</td><td>+31
+23</td><td>+34
+23</td><td>+41
+23</td><td>+36
+28</td></tr>
<tr><td>>18～30</td><td>+21
+8</td><td>+29
+8</td><td>+24
+15</td><td>+28
+15</td><td>+36
+15</td><td>+31
+22</td><td>+35
+22</td><td>+43
+22</td><td>+37
+28</td><td>+41
+28</td><td>+49
+28</td><td>+44
+35</td></tr>
<tr><td>>30～50</td><td>+25
+9</td><td>+34
+9</td><td>+28
+17</td><td>+33
+17</td><td>+42
+17</td><td>+37
+26</td><td>+42
+26</td><td>+51
+26</td><td>+45
+34</td><td>+50
+34</td><td>+59
+34</td><td>+54
+43</td></tr>
<tr><td>>50～65</td><td rowspan="2">+30
+11</td><td rowspan="2">+41
+11</td><td rowspan="2">+33
+20</td><td rowspan="2">+39
+20</td><td rowspan="2">+50
+20</td><td rowspan="2">+45
+32</td><td rowspan="2">+51
+32</td><td rowspan="2">+62
+32</td><td>+54
+41</td><td>+60
+41</td><td>+71
+41</td><td>+66
+53</td></tr>
<tr><td>>65～80</td><td>+56
+43</td><td>+62
+43</td><td>+73
+43</td><td>+72
+59</td></tr>
<tr><td>>80～100</td><td rowspan="2">+35
+13</td><td rowspan="2">+48
+13</td><td rowspan="2">+38
+23</td><td rowspan="2">+45
+23</td><td rowspan="2">+58
+23</td><td rowspan="2">+52
+37</td><td rowspan="2">+59
+37</td><td rowspan="2">+72
+37</td><td>+66
+51</td><td>+73
+51</td><td>+86
+51</td><td>+86
+71</td></tr>
<tr><td>>100～120</td><td>+69
+54</td><td>+76
+54</td><td>+89
+54</td><td>+94
+79</td></tr>
</table>

续　表

基本尺寸 mm	s 6	s 7	t 5	t 6	t 7	u ⑥	u 7	v 6	x 6	y 6	z 6
＞6～10	+32 +23	+38 +23	—	—	—	+37 +28	+43 +28	—	+43 +34	—	+51 +42
＞10～14	+39 +28	+46 +28	—	—	—	+44 +33	+51 +33	—	+51 +40	—	+61 +50
＞14～18			—	—	—			+50 +39	+56 +45	—	+71 +60
＞18～24	+48 +35	+56 +35	—	—	—	+54 +41	+62 +41	+60 +47	+67 +54	+76 +63	+86 +73
＞24～30			+50 +41	+54 +41	+62 +41	+61 +48	+69 +48	+68 +55	+77 +64	+88 +75	+101 +88
＞30～40	+59 +43	+68 +43	+59 +48	+64 +48	+73 +48	+76 +60	+85 +60	+84 +68	+96 +80	+110 +94	+128 +112
＞40～50			+65 +54	+70 +54	+79 +54	+86 +70	+95 +70	+97 +81	+113 +97	+130 +114	+152 +136
＞50～65	+72 +53	+83 +53	+79 +66	+85 +66	+96 +66	+106 +87	+117 +87	+121 +102	+141 +122	+163 +144	+191 +172
＞65～80	+78 +59	+89 +59	+88 +75	+94 +75	+105 +75	+121 +102	+132 +102	+139 +120	+165 +146	+193 +174	+229 +210
＞80～100	+93 +71	+106 +71	+106 +91	+113 +91	+126 +91	+146 +124	+159 +124	+168 +146	+200 +178	+236 +214	+280 +258
＞100～120	+101 +79	+114 +79	+119 +104	+126 +104	+139 +104	+166 +144	+179 +144	+194 +172	+232 +210	+276 +254	+332 +310

（公差带（带圈者为优先公差带），μm）

表 28　常用及优先用途孔的极限偏差

基本尺寸 mm	A 11	B 11	B 12	C ⑪	D 8	D ⑨	D 10	D 11	E 8	E 9	F 6	F 7	F ⑧	F 9
＞6～10	+370 +280	+240 +150	+300 +150	+170 +80	+62 +40	+76 +40	+98 +40	+130 +40	+47 +25	+61 +25	+22 +13	+28 +13	+35 +13	+49 +13
＞10～18	+400 +290	+260 +150	+330 +150	+205 +95	+77 +50	+93 +50	+120 +50	+160 +50	+59 +32	+75 +32	+27 +16	+34 +16	+43 +16	+59 +16
＞18～30	+430 +300	+290 +160	+370 +160	+240 +110	+98 +65	+117 +65	+149 +65	+195 +65	+73 +40	+92 +40	+33 +20	+41 +20	+53 +20	+72 +20
＞30～40	+470 +310	+330 +170	+420 +170	+280 +120	+119 +80	+142 +80	+180 +80	+240 +80	+89 +50	+112 +50	+41 +25	+50 +25	+64 +25	+87 +25
＞40～50	+480 +320	+340 +180	+430 +180	+290 +130										
＞50～65	+530 +340	+380 +190	+490 +190	+330 +140	+146 +100	+170 +100	+220 +100	+290 +100	+106 +60	+134 +60	+49 +30	+60 +30	+76 +30	+104 +30
＞65～80	+550 +360	+390 +200	+500 +200	+340 +150										
＞80～100	+600 +380	+440 +220	+570 +220	+390 +170	+174 +120	+207 +120	+260 +120	+340 +120	+126 +72	+159 +72	+58 +36	+71 +36	+90 +36	+123 +36
＞100～120	+630 +410	+460 +240	+590 +240	+400 +180										

（公差带（带圈者为优先公差带），μm）

续 表

基本尺寸 mm	公差带(带圈者为优先公差带),μm														
	G		*H*							*Js*			*K*		
	6	⑦	6	⑦	⑧	⑨	10	⑪	12	6	7	8	6	⑦	8
>6～10	+14 +5	+20 +5	+9 0	+15 0	+22 0	+36 0	+58 0	+90 0	+150 0	±4.5	±7	±11	+2 -7	+5 -10	+6 -16
>10～18	+17 +6	+24 +6	+11 0	+18 0	+27 0	+43 0	+70 0	+110 0	+180 0	±5.5	±9	±13	+2 -9	+6 -12	+8 -19
>18～30	+20 +7	+28 +7	+13 0	+21 0	+33 0	+52 0	+84 0	+130 0	+210 0	±6.5	±10	±16	+2 -11	+6 -15	+10 -23
>30～50	+25 +9	+34 +9	+16 0	+25 0	+39 0	+62 0	+100 0	+160 0	+250 0	±8	±12	±19	+3 -13	+7 -18	+12 -27
>50～80	+29 +10	+40 +10	+19 0	+30 0	+46 0	+74 0	+120 0	+190 0	+300 0	±9.5	±15	±23	+4 -15	+9 -21	+14 -32
>80～120	+34 +12	+47 +12	+22 0	+35 0	+54 0	+87 0	+140 0	+220 0	+350 0	±11	±17	±27	+4 -18	+10 -25	+16 -38

基本尺寸 mm	公差带(带圈者为优先公差带),μm														
	M			*N*			*P*		*R*		*S*		*T*		*U*
	6	7	8	6	⑦	8	6	⑦	6	7	6	⑦	6	7	⑦
>6～10	-3 -12	0 -15	+1 -21	-7 -16	-4 -19	-3 -25	-12 -21	-9 -24	-16 -25	-13 -28	-20 -29	-17 -32	—	—	-22 -37
>10～18	-4 -15	0 -18	+2 -25	-9 -20	-5 -23	-3 -30	-15 -26	-11 -29	-20 -31	-16 -34	-25 -36	-21 -39	—	—	-26 -44
>18～24	-4 -17	0 -21	+4 -29	-11 -24	-7 -28	-3 -36	-18 -31	-14 -35	-24 -37	-20 -41	-31 -44	-27 -48	—	—	-33 -54
>24～30													-37 -50	-33 -54	-40 -61
>30～40	-4 -20	0 -25	+5 -34	-12 -28	-8 -33	-3 -42	-21 -37	-17 -42	-29 -45	-25 -50	-38 -54	-34 -59	-43 -65	-39 -64	-51 -76
>40～50													-49 -65	-45 -70	-61 -86
>50～65	-5 -24	0 -30	+5 -41	-14 -33	-9 -39	-4 -50	-26 -45	-21 -51	-35 -54	-30 -60	-47 -66	-42 -72	-60 -79	-55 -85	-76 -106
>65～80									-37 -56	-32 -62	-53 -72	-48 -78	-69 -88	-64 -94	-91 -121
>80～100	-6 -28	0 -35	+6 -48	-16 -38	-10 -45	-4 -58	-30 -52	-24 -59	-44 -66	-38 -73	-64 -86	-58 -93	-84 -106	-78 -113	-111 -146
>100～120									-47 -69	-41 -76	-72 -94	-66 -101	-97 -119	-91 -126	-131 -166

六、常用工程材料

表 29　钢与铸铁

名　称	牌　号	应用举例	说　明
碳素结构钢	Q215－A	拉杆、套圈、铆钉、螺栓、短轴、心轴，负荷不大的凸轮、吊钩、垫圈及焊接件。	牌号由屈服点的字母Q（"屈"字的汉语拼音首位字母），屈服点数值（单位MPa），单位等级符号（A、B等）和脱氧方法符号（沸腾钢用F，半镇静钢用b）按顺序写成。
	Q235－A	有较高强度和硬度，是一般机械的主要材料，吊钩、拉杆、车钩、套圈、气缸、齿轮、螺栓、螺母、连杆、轮轴、楔、盖及焊接件等。	
	Q275	转轴、心轴、销轴、链轮、刹车杆、螺栓、螺母、垫圈、连杆、吊钩、楔、齿轮、键以及其它强度需较高的零件。这种钢焊接性尚可。	
优质碳素结构钢	15	塑性、韧性、焊接性和冷冲性均极良好，但强度较低。用于制造受力不大、韧性要求较高的零件、紧固件、冲模锻件及不要热处理的低负荷零件，如螺栓、螺钉、拉条、法兰盘及化工贮器、蒸汽锅炉等。	牌号的两位数字表示平均含碳量的万分之几，如45号钢即表示平均含碳量为0.45%。 含锰量较高的钢，须加注化学元素符号"Mn"。
	20	用于不受很大应力而要求很大韧性的各种机械零件，如杠杆、轴套、螺钉、拉杆、起重钩等。也用于制造压力＜6MPa、温度＜450℃的非腐蚀介质中使用的零件，如管子、导管等。	
	25	性能与20号钢相似，用于制造焊接设备，以及轴辊子、连接器、垫圈、螺栓、螺钉、螺母等。焊接性及冷应变塑性均好。	
	30	具有良好的强度和韧性综合性能。在化工机械方面，用于制造应力不大、工作温度不高于150℃的零件，如螺钉、丝杆、拉杆、套筒、轴等。	
	35	性能与30号钢相似，用于制造曲轴、转轴、轴销、杠杆、连杆、横梁、星轮、圆盘、套筒、钩环、垫圈、螺钉、螺母等。一般不作焊接用。	
	45	用于强度要求较高的零件，如汽轮机的叶轮、压缩机、泵的零件等。	
	50	用于耐磨性要求高、动负荷及冲击作用不大的零件，如锻造齿轮、拉杆、轧辊、轴、磨擦盘、次要弹簧、农业机械上用的掘土犁铧、重负荷心轴与轴等。这种钢焊接性不好。	
	15Mn	它的性能与15号钢相似，但其淬透性、强度和塑性比15号钢都高些。用于制造中心部分的机械性能要求较高且需渗碳的零件。这种钢焊接性好。	
	45Mn	用于受磨损的零件，如转轴、心轴、齿轮、叉、啮合杆、螺栓、螺母、螺钉。焊接性较差。负荷较大，还可做离合器盘、花键轴、万向节、凸轮轴、曲轴、汽车后轴、双头螺柱、地脚螺栓等。	
	65Mn	强度高，淬透性较好，脱碳倾向小，但有过热敏感性，易产生淬火裂纹，并有回火脆性。适宜作大尺寸的各种扁、圆弹簧，如座板簧、弹簧发条。	

续　表

碳素工具钢	T7 T7A	能承受震动和冲击的工具，硬度适中时有较大的韧性。用作：凿子、钻软岩石的钻头、冲击式打眼机钻头、大锤等。	用“碳”或“T”后附以平均含碳量的千分数表示，有T7～T13。高级优质碳素工具钢须在牌号后加注“A”。 平均含碳量约为0.7～1.3%。
	T8 T8A	有足够的韧性和较高的硬度，用于制造能承受震动的工具，如钻中等硬度岩石的钻头，简单模子，冲头等。	
合金结构钢	20Mn2	对于截面较小的零件，相当于20Cr钢，可作渗碳小齿轮、小轴、活塞销、柴油机套筒、气门推杆、钢套等。	牌号前面两位数字表示钢中平均含碳量万分之几，随后以化学元素符号标出钢中所含各主要元素，后为表示合金元素含量的数字(平均含量的百分之几)。合金元素平均含量小于1.5%，仅标注元素，大于1.5%时，才标出含量数字。
	45Mn2	用于制造在较高应力与磨损条件下的零件。在直径≤60mm时，与40Cr相当。可做万向节轴、齿轮、蜗杆、曲轴等。	
	15Cr	船舶主机用螺栓、活塞销，凸轮，凸轮轴，汽轮机套环，以及机车用小零件等，用于心部韧性较高的渗碳零件。	
	40Cr	用于较重要的调质零件，如汽车转向节、连杆、螺栓、进气阀，重要齿轮、轴等。	
	35SiMn	除要求低温(－20℃)，冲击韧性很高时，可全面代替40Cr钢作调质零件，亦可部分代替40CrNi钢。此钢耐磨、耐疲劳性均佳，适用于作轴、齿轮及在430℃以下的重要紧固件。	
	18CrMnTi	工艺性能特优，用于汽车、拖拉机上的重要齿轮和一般强度、韧性均高的减速器齿轮，供渗碳处理。	
一般工程用铸造碳钢	ZG230－450	铸造平坦的机件，如机座、变速箱壳体等。	ZG是“铸钢”两字汉语拼音首位字母，后面数字分别表示屈服点和抗拉强度的数值，单位是MPa。
	ZG270－500	用于各种形状的机件，如飞轮、机架、蒸汽锤、水压机工作缸、横梁等，焊接性尚可。	
	ZG310－570	用于各种形状的机件，如联轴器、轮、汽缸、齿轮、齿轮圈及重负荷的机架等。	
灰铸铁	HT150	用于制造端盖、汽轮泵体、轴承座、阀壳、管子及管路附件、手轮；一般机床底座、床身、滑座、工作台等。	“HT”为灰、铁两字汉语拼音的第一个字母。后面一组数字，表示抗拉强度值，单位为MPa。
	HT200	用于制造汽缸、齿轮、底架、机体、飞轮、齿条、衬筒；一般机床铸有导轨的床身及中等压力(8MPa以下)的液压筒、液压泵和阀体等。	
	HT250	用于制造阀壳、油缸、联轴器、机体、齿轮、齿轮箱外壳、飞轮、衬筒、凸轮、轴承座等。	
	HT300 HT350	用于制造齿轮、凸轮、车床卡盘、剪床、压力机的机身；导板、六角自动车床及其它重负荷机床铸有导轨的床身；高压液压筒、液压泵和滑阀的壳体等。	
球墨铸铁	QT400－15 QT450－10 QT500－7 QT600－3	具有较高强度的塑性。广泛用于制造受磨损、高压力和受冲击的零件，如轧辊、曲轴、凸轮轴、齿轮、汽缸套、活塞环、摩擦片、中低压阀门、千斤顶底座、轴承座等。	“QT”是球墨铸铁的代号，它是“球、墨”两字汉语拼音的第一个字母，后面的数字分别表示抗拉强度(MPa)和延伸率(%)的大小。

表 30　有色金属材料

名　称	牌　号	应用举例	说　明
铸造铜合金	ZCuSn5Pb5Zn5	用于较高负荷、中等滑动速度下工作的耐磨耐腐蚀零件，如轴瓦、衬套、缸套、活塞、离合器、泵体、压盖、蜗轮等。	牌号由基本金属及主要合金元素的化学符号表示。主要合金化元素后的数字是其名义百分含量。若其含量大于或等1% 时，用整数标注，若小于1% 时，一般不标注。 “Z”表示铸造，是“铸”字汉语拼音字母的第一个大写字母，冠在牌号之前。
	ZCuSn10Pb1	用于高负荷(20Mpa)以下和高滑动速度(8m/s)下工作的耐磨零件，如连杆、衬套、轴瓦、齿轮、蜗轮等。	
	ZCuPb15Sn8	用于表面压力高又有侧压力的轴承、冷轧机的铜冷却筒、内燃机的双金属轴瓦、最大负荷达70MPa的活塞销套、耐酸配件。	
	ZCuAl10Fe3	用于要求强度高、耐磨、耐蚀的重要铸件，如轴套、螺母、蜗轮以及250℃以下工作的管配件。	
	ZCuAl10F3Mn2	用于要求强度高、耐磨、耐蚀的零件，如齿轮、轴承、衬套、管嘴以及耐热管配件。	
	ZCuZn38	用于一般结构件和耐蚀零件，如法兰、阀座、支架、手柄和螺母等。	
	ZCuZn38Mn2Pb2	一般用途的结构件，船舶、仪表等使用的外形简单的铸件，如套筒、衬套、轴瓦、滑块等。	
铸造铝合金	ZAlSi12	这是铝硅合金。用于制造汽缸活塞以及在高温工作的受冲击载荷的复杂薄壁零件。	
	ZAlMg5Si1	这是铝镁合金。用于制造高耐蚀性或在高温条件下工作的零件。	
	ZAlZn11Si7	这是铝锌合金。耐蚀性差，铸造性能较好，可不热处理。用于制造形状复杂的大型薄壁零件。	

表 31　非金属材料

名　称		牌　号	应用举例	说　明
工业用硫化橡胶板	耐酸碱橡胶板	2707 2709	具有耐酸碱性能，在温度－30～＋60℃的20%浓度的酸碱液体中工作。用作冲制密封性能较好的垫圈。	较高硬度 中等硬度
	耐　油橡胶板	3707 3709	可在一定温度的机油、变压器油、汽油等介质中工作，适用冲制各种形状的垫圈。	较高硬度
	耐　热橡胶板	4708 4710	可在－30～＋100℃、且压力不大的条件下，于热空气、蒸汽介质中工作，用作冲制各种垫圈和隔热垫板。	较高硬度 中等硬度
尼龙	尼龙 66 尼龙 1010		用以制作机械传动零件；有良好的灭音性，运转时噪声小，常用来做齿轮等零件。	有高的抗拉强度和良好的冲击韧性，一定的耐热性(可在100℃以下使用)，能耐弱酸、弱碱，耐油性良好。
石棉制品	橡　胶石棉盘根(JC67－82)	XS450 XS350	适用于作蒸汽机、往复泵的活塞和阀门杆上作密封材料。	该型号盘根只有F(方形)形。
	油　浸石棉盘根(JC68－82)	YS350 YS250	适用于回转轴、往复活塞或阀门杆上作密封材料，介质为蒸汽、空气、工业用水、重质石油产品。	盘根形状分F(方形)、Y(圆形)、N(扭制)三种，按需选用。
酚醛层压布板(GB5129.3－85)		PFCC1 PFCC2	机械性能好，用以制造各种机械零件。	厚度0.4～100mm。
工业用毛毡(FJ314－81)		各类毛毡均有品号	用作密封、防漏油、防震、缓冲衬垫等。按需要选用细毛、半粗毛、粗毛。	厚度为1.5～25mm。
聚四氟乙稀		SFL－4～13	用于腐蚀介质中，起密封和减磨作用，用作垫圈等。	耐腐蚀、耐高温(＋250℃)并具有一定的强度、能切削加工成各种零件。
工业有机玻璃(GB7134－86)			适用于耐腐蚀和需要透明的零件。	耐盐酸、硫酸、草酸、烧碱和纯碱等一般酸、碱以及二氧化硫、臭等气体腐蚀。 板材厚度1～45mm。

七、常用的热处理和表面处理名词解释

表 32　热处理和表面处理名词解释

名　词	解　　释	应　　用
退　火	退火是将钢件（或钢坯）加热到临界温度。* 以上 30～50℃，保温一段时间，然后再缓慢地冷下来（一般用炉冷）	用来消除铸锻件的内应力和组织不均匀及晶粒粗大等现象。消除冷轧坯件的冷硬现象和内应力，降低硬度以便切削
正　火	正火也是将坯件加热到临界温度以上，保温一段时间然后用空气冷却，冷却速度比退火快	用来处理低碳和中碳结构钢件及渗碳机件，使其组织细化增加强度与韧性。减少内应力，改善低碳钢的切削性能
淬　火	淬火是将钢件加热到临界温度以上，保温一段时间然后在水、盐水或油中（个别材料在空气中）急冷下来，使其得到高硬度	用来提高钢的硬度和强度，但淬火时会引起内应力使钢变脆，所以淬火后必须回火
表面淬火 高　频 表面淬火	表面淬火是使零件表面获得高硬度和耐磨性，而心部则保持塑性和韧性 利用高频感应电流使钢件表面迅速加热，并立即喷水冷却，淬火表面具有高的机械性能，淬火时不易氧化及脱碳，变形小，淬火操作及淬火层易实现精确的电控制与自动化，生产率高	对于各种在动负荷及摩擦条件下工作的齿轮、凸轮轴、曲轴及销子等，都要经过这种处理。 表面淬火必须采用含碳量大于 0.35% 的钢，因为含碳量低淬火后增加硬度不大，一般都是些淬透性较低的碳钢及合金钢（如 45，40Cr，40Mn2，9CrSi 等）
回　火	回火是将淬硬的钢件加热到临界温度以下的某一种温度后，保温一定时间然后在空气中或油中冷却下来	用来消除淬火后的脆性和内应力，提高钢的冲击韧性
调　质	淬火后高温回火，称为调质	用来使钢获得高的韧性和足够的强度，很多重要零件是经过调质处理的
时　效	低温回火后，精加工之前，加热到 100～160℃，保持 10～40 小时。对铸件也可用天然时效（放在露天中一年以上）	使工件消除内应力，稳定形状，用于量具、精密丝杆、床身导轨、床身等
渗　碳	渗碳是向钢表面层渗碳的过程，一般渗碳温度 900～930℃，使低碳钢或低碳合金钢的表面含碳量增高到 0.8%～1.2%，经过适当热处理表面层得到的高的硬度和耐磨性，提高疲劳强度	为了保证心部的高塑性和韧性，通常采用含碳量为 0.08～0.25 的低碳钢和低合金钢，如齿轮、凸轮及活塞销等
氮　化	氮化是向钢表面层渗氮的过程，目前常用气体氮化法，即利用氨气加热时分解的活性氮原子渗入钢中	氮化后不再进行热处理，用于某种含铬、钼或铝的特种钢，以提高硬度和耐磨性，提高疲劳强度及抗蚀能力
氰　化	氰化是同时向钢表面渗碳及渗氮的过程，常用液体碳化法处理，不仅比渗碳处理有较高硬度和耐磨性而且兼有一定耐磨蚀和较高的抗疲劳能力。在工艺上比渗碳或氮化时间短	主要用于提高各种高速钢刀具的耐磨性，对于各种中碳钢及合金钢的小型结构零件获得一层很薄的碳化层，增加表面耐磨性及疲劳强度。也可用于低碳钢结构零件代替渗碳法，称深碳化法或液体渗碳法
发　黑 发　蓝	使钢的表面形成氧化膜的方法叫“发黑、发蓝”	钢铁的氧化处理（发黑、发蓝）可用来提高其表面抗腐蚀能力和使外表美观，但其抗腐蚀能力并不理想，一般只能用于空气干燥及密闭的场所
硬　度	材料抵抗硬的物体压入其表面的能力称“硬度”。根据测定的方法不同，可分布氏硬度、洛氏硬度和维氏硬度 硬度的测定是检验材料经热处理后的机械性能 —— 硬度	*HB*（布氏硬度）：用于退火、正火、调质的零件及铸件的硬度检验 *HR*（洛氏硬度）：用于经淬火、回火及表面渗碳、渗氮等处理的零件硬度检验

* 不同钢号的临界温度是不同的，一般为 710～750℃，个别合金钢为 800℃ 或 900℃。

参考书目

1. 王之煦、吴元骥主编.画法几何及工程制图.第3版.杭州:浙江大学出版社,1996
2. 王之煦、许杏根编著.简明机械设计手册.北京:机械工业出版社,1997
3. 同济大学、上海交通大学等院校《机械制图》编写组编.机械制图(非机械类各专业用).第4版.北京:高等教育出版社,1997
4. 唐一帆、王之煦、吴国政、吴元骥.机械制图自学指导.福州:福建科技出版社,1985
5. 高俊亭、董克强、朱冬梅主编.工程制图.北京:高等教育出版社,1995
6. 石焕增、戴时超主编.工程制图.北京:北京理工大学出版社,1995
7. 许锡祺、徐伯康主编.机械制图.北京:中央广播电视大学出版社,1989
8. 白世清、卢振荣主编.工程制图基础.西安:西安交通大学出版社,1997
9. 柯纯、吴中奇主编.工程制图.第2版.杭州:浙江大学出版社,1991
10. 施岳定.改革工程制图机械基础系列课程,培养高水平设计人才.见谭建荣、陆国栋编.面向21世纪工程图学教学改革及学科发展研究.北京:国防工业出版社,1998
11. 大连理工大学工程画教研室编.机械制图.第4版.北京:高等教育出版社,1993
12. 清华大学工程图学及计算机辅助设计教研室编.机械制图.第3版.北京:高等教育出版社,1990
13. 叶连思等编.Auto CAD 12.0高级应用技术与范例.北京:学苑出版社,1993
14. 陆国栋、谭建荣、施岳定.浙江大学国家工程制图教学基地的建设思路和初步实践:江西科学.1998
15. 刘志虹、张芳编著.Auto CAD14中文版教程.北京:电子工业出版社,1998
16. 谭建荣、张树有、陆国栋、施岳定编.图学基础教程.北京:高等教育出版社,1999